商管叢書 全華圖書 BUSINESS MANAGEMENT

Consumer Behavior : An Introduction

消費者行為

第7版

汪志堅 著

七版序

1990 年代，剛讀博士班與拿到博士學位的前後，社會上有很多感觸，認為沒有給予教科書寫作者應有的回饋或尊重。經過 20 幾年，社會上早已不討論此事，論文的重要程度優於教科書，幾乎已成了學界的潛規則。登一篇頂尖期刊，受到學界的欽佩，但看到誰正在寫教科書，往往是一句「辛苦了」，然後就轉換話題了。後來，更進一步的演變成很多學生不買教科書。身為學校老師，可以體會這種無奈，即使到現在，仍完全無法想像在沒有任何書籍的情況下，學生如何學習。就算準備了很多講義，學生像看戲一樣，獲得的知識也僅是片斷殘缺。至於學生辯解說：網路什麼都有，沒有必要使用一本教科書，就更加無言。

第七版V.2

紀錄一個小故事，其實這個版本，應該是第八版了，或者是第七版 V2。2020 年 10 月 18 日，我交出了第七版的手稿。因緣巧合，使得原本的第七版 V1 並沒有製作出版。繳出稿件之後，全世界都遇到新冠肺炎的挑戰，遠距上課成為常態。值此同時，各大學也在檢討授課週數，許多大學都將授課週數從 18 週調整為 16+2 週，也就是 16 週的課堂上課，外加 2 週的彈性學習。扣除期中考與期末考，若再扣除第一週，合理的教科書章節數是 14 章。但本書原先章節安排是 16 章。似乎不符合新制的課堂需求。

因此，有了重新再改版的想法，原本的第七版 V1，也就沒印製了。取而代之的，是再改版為第七版 V2。這個第七版 V2，除了章節整併之外，還增添了許多內容，但為避免內容過多，也刪節了許多內容。許多寫作風格的調整，一併記錄於後。

增列重點標題

網路時代，每個消費者閱讀文字的能力，以及閱讀文字的習慣，已經改變了，人們不再喜歡閱讀長篇文字，推特 twitter 最初只允許 140 個字母，即使後來放寬，也是只有 280 個字母，Instagram 則是以圖片為主。

即然長篇大論已非趨勢，小品文已是網路時代的新常態，本書也就要與日俱進的改變。因此，從本版開始，本書盡量增加標題，縮減段落長度，讓讀者更容易理解每一段落的重點。

從第七版開始，即使在本書的個案，也設法在幾個段落，就增加一個重點標題，幫助讀者掌握重點。

增加圖形

在社交媒體的年代，一圖勝過千文，無論是 Facebook、Instagram 或是 LINE，圖形的吸引力都大過文字。在網路上，搞笑梗圖（迷因圖）更已成為病毒式傳播的主流。從第七版開始，本書也盡量加上了圖形，讓讀者更容易掌握本書的重點。

個案討論也提供測驗題

個案討論可以從故事中學習，是本書的特色，但如果同學沒有事先預習，也沒有專心聽故事，容易淪為「看連續劇」的情境，無法達到預期的學習效果。為此，第七版開始，增列了個案的複習測驗題，讓老師可以了解同學的學習狀況。測驗題中，有個案內的情境的詢問，也有消費者知識的詢問，可以分辨出進行個案討論時，同學是否用心，是否有閱讀個案。老師可以使用各種搶答系統，在個案討論前，或是個案討論後，進行施測。個案提供了測驗題之後，個案討論時，學生不再可以不必聽課，這可以大幅的提高個案討論時的學生注意力。

將參考文獻移至網路

對學校老師來說，參考文獻是重要的。在此次版本中，我們更新了大部分的參考文獻。但對於想要獲取新知的大學生來說，並不太在意參考文獻的存在。因此，本版重新調整參考文獻，將必要的參考文獻移至網路，減少紙張篇幅，降低書本的成本。

七版序

將專業名詞的英文置於標題

在論文中，通常不會把專業名詞的英文置於標題，教科書也常比照辦理，但若將英文名稱與中文名稱並列於標題，讀者將更容易閱讀。因此，從第七版起，本書從新安排了英文名詞的位置，盡量將英文專業名詞與中文並列於標題。

將國外學者姓名翻譯為中文

在商管類的學術論文中，我們通常不會把外國學者姓氏翻譯為中文，這可讓讀者快速的找到原文。但在教學現場，常常看到學生因為不會念外國學者姓氏，而產生焦慮，或者直接稱呼外國學者姓氏的第一個英文字，例如 W 學者，這其實不利於溝通。因此，本書減少出現國外作者姓名的機會，本書相信學生是來學習知識的，至於原本提出該論述的作者姓氏，可能不是學生感興趣的。但有些理論，已成為通俗的知識，許多人會希望知道原本提出該知識的人是誰，此時本書不但列出外國學者的原文姓氏，並試圖翻譯，讓讀者更容易念出該學者的姓氏。

增列創意思考單元

在本版本中，增列了創意思考的單位，提出了十四個創意思考的練習，讓老師可以在課堂中，讓同學們人能夠換位思考，用不同的角度來思考事情。這是本版的一個嘗試，希望能讓同學能夠有趣的進行學習。

感謝全華的持續耕耘

很佩服全華願意繼續在教科書的領域，持續耕耘。教科書市場的萎縮，並無需諱言，但教科書仍有存在之價值，也是不爭事實。如何將書籍調整成符合讀者需求，變成為教科書作者必須迎接的挑戰。

開始修改第七版之時，已經從教授升任終身特聘教授了。一直在想，終身特聘教授與教授之間，該有什麼不同呢？或許，伴隨著終身特聘教授這一個職稱，應該是對於社會貢獻的責任。不知道做什麼樣的事情才是具有社會貢獻，把一本教科書改好，雖然幾乎沒有什麼經濟報酬，但對於培育卓越的人才，應該有一些實質的幫助吧！

汪志堅 謹識

2021 年 11月

作者序

雖然自己的文學造詣不好，但不知道從什麼時候開始，我就很喜歡（enjoy）寫序的時間與過程，因為「可以寫序」代表整個工作要告一段落了，代表有初步的結果了，序言的進行不代表工作已圓滿完成，工作可能還有很多改進的空間，但至少代表了階段性工作的告一段落。更重要的是，序言代表可以對一些人表達感謝之意，這些感謝之意，在平常並不容易說出口。

消費者行為是行銷的重要領域，企業在激烈變化的環境下，若能充分掌握瞭解消費者行為，將能提早掌握市場，動燭機先。這也是消費者行為逐漸倍受重視的原因之一。

這本消費者行為，是設計提供給初學消費者行為的學生，或是想要對消費者行為有所了解的實務界工作者。因為這樣的目的，使得本書儘量選擇較為容易了解的主題與內容，進行介紹。當然，消費者行為的教科書為數衆多，各有優點，本書則試圖以台灣與華人的觀點，對消費者行為進行初步、概念性、導論性的介紹。

本書以簡單易懂的文字，深入淺出地針對消費者行為進行介紹，使初學者很容易進入狀況。書中廣泛使用發生在台灣的實例，以及讀者週遭的事件，儘量設法讓讀者很容易產生共鳴，希望能夠適合本土的消費者行為教育。另外，在選擇題材時，本書儘量結合時代脈動，涵蓋最新的消費者行為理論與課題，包括網路消費行為等新興研究領域，在本書中也有簡要介紹。

本書雖是入門書籍，但為了讓學習者對特定主題有興趣時，可用本書為基礎，繼續深入研究，本書儘量維持文獻引用的完整性，讓有興趣的讀者，可以進一步深入研究。另外，本書也以專章的方式，討論消費者行為的研究，並羅列了一些消費者行為的相關期刊，有志於消費者行為研究的讀者，可以有進一步研讀資料、進行學術或實務的消費者行為研究的空間。

「莊子 ‧ 逍遙遊」中提到「鷦鷯巢於深林，不過一枝；偃鼠飲河，不過滿腹」，這比喻的雖然是「人應知足，貪多無益」，但其實也可拿來比喻學問的無窮盡。若把消費者行為的所有學問，比喻成川流不息的河水，則本書所討論的內容，不過是偃鼠腹中之水，不過爾爾。更何況，本書中的種種學問，全是諸多學術先進的研究成果，在許多消費者行為教科書中也多被提及，本書不過是進行整理的工作，將這些消費者行為學問，以另外一個形式呈現在讀者的面前。

教科書的內容多是前人智慧的結晶，用比較不恰當的字眼形容，本書大部分的內容其實是「拾人牙慧」，沒有學術先進的諸多消費者行為研究，不會有本書的產生，沒有市面上的許許多多中文、英文的消費者行為教科書，也不會有本書的誕生。這些我不熟識的學術界先進的努力，才是這門學問得以繼續發揚光大的主要原因。

本書的撰寫，最早來自於畢業自中央大學企管所，目前從事行銷工作的舍妹汪麗絹的構想，本書前面幾個章節的許多文獻內容，也是由汪麗絹幫忙整理的。這些初稿資料，對於這本書的成形，有決定性的貢獻。雖然後來因為工作繁忙，而無法繼續幫忙整理後段的資料，不過有她的幫助，讓這本書的完成，加快不少。

本書的完成，最重要的是要感謝全華圖書工作團隊的幫忙，諸多的俗務，讓本書的撰寫進度始終落後，還好有這些同仁的盡心盡力與忍耐，謹此向這些工作同仁致謝，他們的盡責，是本書得以付梓出版的最重要關鍵。

始終覺得生命中有很多的貴人相助，雖然取得博士學位已經十多年，也逐步從助理教授升等到教授，但仍然感謝許多老師在過去的栽培，這些老師包括台北大學商學院方文昌院長，博士班的恩師經濟部黃營杉部長，碩士班的恩師薛義誠教授，行銷學的啓蒙老師李小梅教授，消費者行為權威的林建煌老師，以及許許多多無法逐一列名的老師。

這些人的提攜，讓我時時感念，在此佔用篇幅，向他們表達謝意。當然，也要感謝我相識已經二十多年的太太，以及我可愛的小孩，您們是我生命中快樂的泉源。

汪志堅 謹識

於國立台北大學資管所

目次

第一篇　緒論

CHAPTER 01 概論

第二篇　影響消費者行為的個人因素

CHAPTER 02 知覺、學習與記憶

CHAPTER 03 動機與價值

contents

目次

contents

第五篇 消費行為的新興課題

CHAPTER 12 創新的採納

CHAPTER 13 網路消費行為

CHAPTER 14 消費者行為研究

第六篇 個案

目次

第一篇 緒論

CHAPTER 1

概論

多樣化的消費者行為

消費者行為是個很迷人的學科領域，在這學科中，每個人都是被討論的標的，討論每一個理論，回想自己的狀況，就能有所啓發。

消費者是如何進行決策的呢？這也是消費者行為課題

消費者購買決策影響因素眾多。身為消費者的您，在購買商品之前，會考慮什麼呢？身為消費者的您，是否不自覺的就做了某些購買決策呢？您在購買商品之前，是否考慮了所有因素呢？您花多少時間，考慮您的購買決策呢？當您是個消費者的時候，您有注意到這些問題嗎？

了解消費者是為了要當行銷者，記得要把消費者和行銷者的角色互換

當您轉換角色，改從廠商的角度出發時，身為行銷工作者的您，知道消費者是如何進行購買決策的嗎？您知道消費者在進行購買決策的時候，考量到了哪些因素？您覺得消費者通常很理性的思考所有的因素嗎？還是通常很直覺地進行決策，而沒有多加思索？您覺得消費者是理性的嗎？還是消費者並非理性？針對這些問題，您自己的答案並非問題的重點，真正的重點是社會上存在很多消費行為並非根據成本與效益來進行決策。真正的重點是身為行銷工作者，您必須知道消費者如何進行購買決策。

消費者考慮的因素眾多

消費者要考慮的因素似乎很多，而且，很多時候並不是很理性的考慮。或者更正確的來說，消費者考慮的因素，並非只有成本效益，還有很多因素，都會影響到消費者行為。

看似不理性的行為，也可能是深思熟慮的結果

位於繁忙市區或高速公路休息站的加油站，常沒有任何贈品，也沒有跟各銀行合作提供信用卡折扣，對消費者來說，似乎較不划算。如果您也覺得那些在市區加油站或高速公路休息站加油的消費者很傻，那這些消費者可能也會告訴您，繞路去那些有贈送贈品或信用卡折扣的加油站，才是不聰明的舉動，他們可能很理直氣壯的告訴您，如果多

花幾公里的距離去較便宜的加油站，多花的油錢以及耗費的時間，可能超過了贈品的價值或折扣。

每個消費者的決策都不一樣

所以，消費者應該要事先規劃好何時加油，然後在經過較為廉價的加油站時順道加油嗎？這的確是非常理性的做法，但消費者真的都會這樣做嗎？

身為消費者的您，是否曾經為了節省幾元，而千里迢迢跑到某一個距離很遠的大賣場去購物。身為消費者的您，是否曾經買一些幾乎不使用的東西？您是否曾因為某些產品的外型或外包裝，而決定購買某些東西？

消費者並非絕對理性

消費者是怎麼進行決策的呢？在大部分情況下，消費者其實並沒有辦法進行完全理性的消費決策，而是僅以某些資訊來進行決策判斷，消費者知道某個賣場正在大特賣，但其實並不一定完全知道到底有多便宜，以及自己到這個賣場要花費多少成本。消費者常在特賣的時候，買了一些自己不需要的東西。

您發現了嗎？低脂的優酪乳經常使用曲線瓶，原因是消費者會直覺的把曲線瓶投射成喝了之後身材會玲瓏有緻。消費者覺得果汁牛奶應該是黃色，草莓牛奶應該是粉紅色，草莓果醬應該是深紅色，而不管這些顏色有些時候其實是色素的產物。身為行銷工作者，必須注意到消費者並非絕對理性。而本書重點便是討論這些非理性的消費行為。不過，這裡的「非理性」並不意謂著罪惡，也不意味著這些消費者是「需要改進的」，因為，人類生活本來就不是只有理性，因為有「感性」的成分，人類的生活才這麼多采多姿。

如同章前討論所述，本書討論的是消費者的行爲，這種行爲有理性的成分，也有非理性的成分。在經濟學家的眼中，均衡價格與數量是需求線與供給線的交叉點所獲得的數值，但在消費者行爲學者眼中，價格是消費者願意付出的價格，與供給雖然有關，但還跟很多因素有關，而需求則是價格決定後，有多少消費者願意以該價格購買產品。需求與價格，都是經濟學家與消費者行爲學者關心的課題，但對於消費者行爲學者來說，他們更關心消費者的想法，以及有哪些因素會影響消費者的想法與做法，經濟學者關心價格與數量，但消費行爲學者更關心品牌名稱、包裝、廣告、標價方式、價格折扣、賣場氣氛、消費者間互動等。

本章將先討論消費者行爲所討論的範圍，並簡要說明爲何要討論消費者行爲，以及與消費者行爲所涵蓋的主要主題與範圍。

1-1 消費者行為的範圍

一、消費者、購買者、顧客

顧名思議，消費者行爲（Consumer Behavior）所探討的是消費者所從事的行爲，但一個人之所以被稱爲消費者，是因爲他消費某項產品或服務，但該產品或服務不一定是這個消費者所購買的。

產品或服務可能是由消費者購買的，而且購買是消費者行爲這門學問的重要主題，因此，消費者行爲這個學科，也可以被稱爲購買者行爲（Buyer Behavior）。

不過，購買除了是消費者購買外，也可以是「組織購買」，組織購買確實是行銷學的領域之一，但大部分消費者行爲學者並不認爲組織購買是消費者行爲的核心。把消費者行爲取名爲購買者行爲，可能會讓讀者誤以爲消費者購買與組織購買應該各佔一半，因此，大部分的教科書，還是偏好使用「消費者行爲」這樣的名稱。已經購買的消費者，可以算是顧客（customer），但消費者行爲並不是只討論這些已經成爲顧客的人，因此比較少人將這學科稱爲顧客行爲。

二、消費行為並非侷限於購買

另外，消費行爲也並非僅侷限於購買，某些消費者並不直接參與購買活動，但卻是消費者，例如：嬰幼兒產品的使用者爲嬰幼兒，但購買者爲父母，可是若某項產品不能獲得嬰幼兒的喜愛，則父母並不會購買。因爲消費行爲並不只是購買，因此比較多的消費者行爲研究者，比較偏好消費者行爲這個名詞，而較不常使用購買者行爲來稱呼這個領域。

也就是說，我們所討論的消費者行爲，雖基於廠商希望消費者購買的立場進行討論，但探討的標的並非僅侷限於購買，而是包括所有的消費行爲。簡單地說，產品或服務的使用或採用與否、使用後的滿意或不滿意、消費者間的訊息傳播、廠商對於消費者的說服等，都是消費者行爲所探討的領域範圍。消費者行爲所探討的不僅止於購買，因此，消費者研究也並非以購買與否爲限，許多初學者很容易認爲，進行任何消費研究，都應該考慮到消費者是否購買，以消費者是否購買作爲最終的應變數。

除了購買，消費者行爲討論的範圍至少還包括廣告說服、產品態度、通路選擇、購買決策、產品（服務）的採用與使用、使用後滿意與不滿意、顧客忠誠、消費者口碑訊息傳遞等。

圖 1-1 消費者行為探討範圍示例

三、影響購買行為的因素眾多且複雜

在此必須說明，影響消費者購買行爲的因素非常眾多而複雜，許多消費者行爲研究的成果，雖無法直接解釋購買行爲，但對於廠商仍是很有貢獻。影響購買決策的因素眾多，強求每一個消費者行爲研究都要連接到購買決策，不僅不合宜且不切實際。

簡單舉例來說，廣告效果的研究，只能討論到消費者對於廣告的態度，或者消費者是否注意到廣告，要眞的了解廣告是否有效，必須要看廣告的最終結果，即銷售額是否獲得成長。但影響銷售額成長的變數非常多，同一產品同時打出的廣告也非常多，要如何得知銷售額的成長與單一廣告的關聯呢？此一問題並無簡單的答案，但對消費行爲研究者來說，此一答案也沒有太多探究的意義。如果我們知道消費者對廣告的態度愈正面，銷售額就會獲得成長，因此，若我們知道消費者對某一個廣告抱持正面態度，大概就可以推論該廣告可能對銷售額有助益。相反的，如果消費者對另一廣告的態度沒有那麼正面，則廠商在選擇廣告時，就會有所依據。至於何時該上哪一檔廣告，對產品的銷售有多少助益等，已是實務操作課題。實務的操作，往往必須考慮非常多的課題，諸如廣告預算等，而這都會影響到實際的決策作為。

四、消費者行為跨越眾多學科領域

消費者行爲主要研究的是顧客在市場中的行爲，這個領域將消費行爲視爲是人類行爲中的一部分，因此大量使用行爲科學的研究成果來解釋消費行爲。早在 1960 年代，學者就已經發現，想要用經濟學來解釋消費行爲，會有很多無法清楚解釋的地方，因此，這個領域大量使用心理學、社會學、人類學等知識。當然，管理學、經濟學、傳播學等領域的知識，也被大量使用於此學科。這種把行爲科學領域納入管理學科的風潮，也逐漸地吹到其他領域，例如從 1990 年代起，財務管理的許多研究者，開始從事財務行爲學的研究，就是類似的情況。

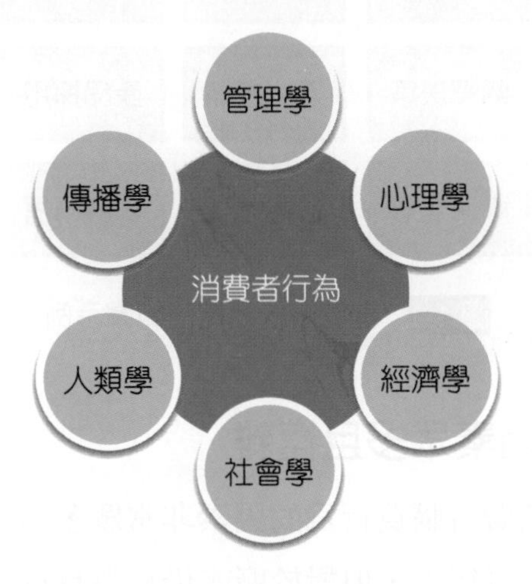

圖 1-2　消費者行為與其他學科的關係

五、耐久品、工業品、服務的消費行為都涵蓋在消費者行為範疇

雖然許多消費者行爲研究，都將討論標的集中在會反覆購買的消費性產品，但耐久財、工業品、服務等的購買與消費，也都在消費者行爲的討論範疇內。近來也確實有愈來愈多的消費者行爲研究，討論到較少重複購買的耐久性產品（耐久財）、供作組織使用或生產活動使用的工業品，以及無形服務的購買與消費行爲。

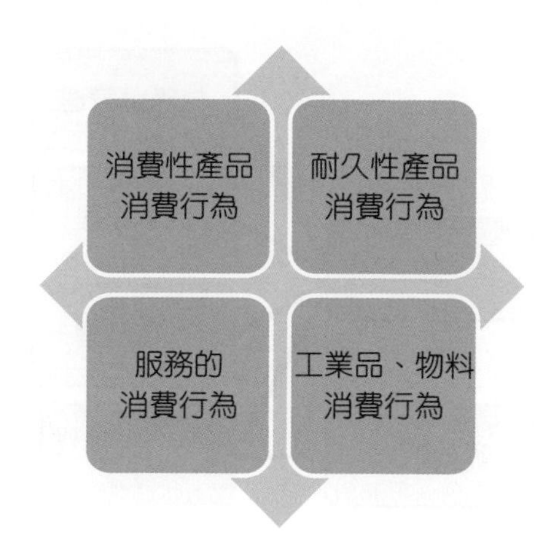

圖 1-3 消費品、耐久品、工業品、服務都涵蓋在消費者行為

1-2 消費者行為是行銷的基礎

消費者行爲是行銷的基礎，了解消費者行爲有助於行銷活動的進行，但是必須了解消費者行爲不等於行銷，行銷包含全部的行銷活動，也包含消費者行爲。消費者行爲的很多部分，與行銷功能相關，但也有與行銷沒有密切相關的部分。以下簡要討論。

一、消費者行為與行銷領域密切相關，但不完全相同

消費者行爲泛指個人在消費過程中，所有的行爲，以及影響行爲的因素。而行銷的目的，是支援企業活動，將產品或服務提供給顧客。顧客在購買方面的相關行爲，有助於行銷策略的制定與執行，但行銷功能中的供應鏈管理、成本管控、銷售人員管理等活動，雖與消費者有關，但並非消費者行爲關心的重點。簡單的說，從消費者出發的觀點，是消費者行爲的範疇。但從企業出發的觀點，是行銷領域的範疇。兩者有相當的重疊部分，但也有不相重疊的地方。

消費者行爲研究會討論到心理學層面、社會學層面，甚至於人類學層面的課題，但行銷討論的主題，則與企業經營息息相關。因此，消費者不等同於行銷，而且有些消費行爲研究並非爲了行銷用途而進行。但不容否認，消費者行爲確實與行銷領域密切相關。

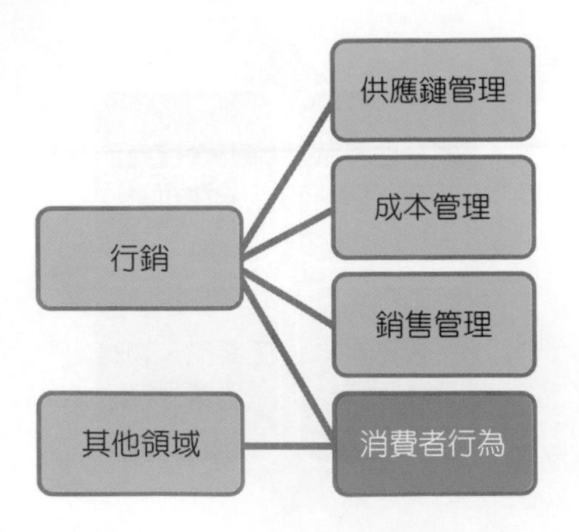

圖 1-4　消費者行為與行銷領域密切相關，但不完全相同

二、市場區隔與消費者行為

行銷管理活動中，爲了選擇目標市場，行銷教科書通常提出了市場區隔（簡稱 STP）這個觀念，S、T、P 分別是 Segmenting（市場區隔）、Targeting（選擇目標市場）、Positioning（產品定位）三個英文單詞的縮寫。也就是說，行銷活動必須要先「將所有的潛在顧客進行區隔，之後選定目標市場，然後發展產品或服務的定位」。而要對潛在顧客進行市場區隔，就必須對於潛在顧客進行了解，這就是消費者行爲涵蓋的內容。

也就是說，要進行 STP 市場區隔策略，就必須先了解消費者。

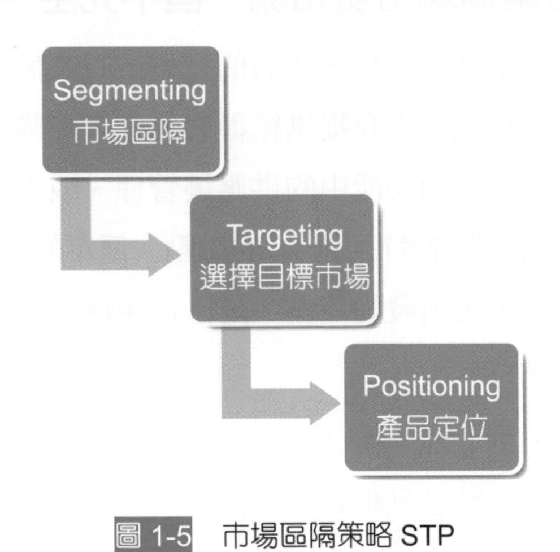

圖 1-5　市場區隔策略 STP

三、4P 與消費者行為

幾乎每一本行銷教科書中，都會明確提到有四個行銷組合策略，簡稱 4P：Product 產品、Price 價格、Place 通路、Promotion 促銷。在進行這四個 P 的行銷策略時，了解消費者的可能反應，將有助於行銷決策的進行。

在消費者行爲研究中，最常討論的是促銷 Promotion，但這只是因爲促銷相關研究較爲方便進行，並非指消費者行爲只與促銷有關。事實上，消費者對於新產品的接受度、產品定價與購買意願、通路選擇與產品態度…等，都是消費者行爲所關心的課題。

圖 1-6 行銷上的 4P

四、4C 與消費者行為

最近幾年，除了 4P 之外，行銷教科書也會討論到 4C，4C 分別是 Consumer 消費者需求、Cost 消費者購買商品的成本、Convenience 消費者的便利性、Communication 如何和消費者溝通，這 4 個 C 中，第一個 C 是消費者需求，當然是消費者行爲的一部分，但其他三個 C，也與消費者行爲息息相關。第二個 C 是消費者購買商品所實際負擔的成本，是廠商行銷決策的結果，對於消費者購買意願會有重大影響。第三個 C 是消費者的便利性，是一種無形的成本，經常是廠商的通路策略的結果，也會影響消費者的購買行爲。第四個 C 是如何與消費者溝通，也就是如何說服消費者，這當然需要充分了解消費者，才能讓溝通策略達到效果。

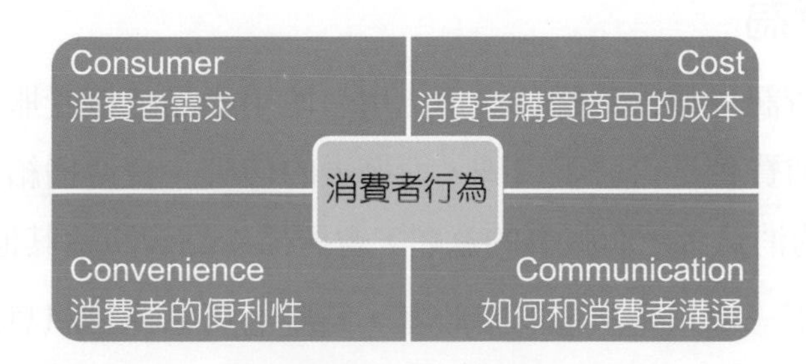

圖 1-7 行銷上的 4C

1-3 有哪些消費者行為

雖然可以概略的說，消費者行爲指的是消費者針對消費活動所採取的行動，但這並不意味消費者行爲只討論購買行爲，許多非直接連接到購買決策的行爲，同樣是消費者行爲所討論的標的。

一、消費者的角色

在消費活動中，消費者所扮演的角色，除了購買者外，還包括發起者、影響者、決策者、使用者等，花錢購買的購買者，只是消費者扮演的角色中的一種而已。

在關於家庭與組織購買決策的章節，會討論到消費者扮演的各種角色，包括：啓動者、分析者、守門員、影響者、決定者、購買者、使用者等。

二、購買行為類型

即使只把焦點放在購買者這個角色，其行爲也不是三言兩語可以解釋清楚，在購買的過程中，可以依據購買決策程序的複雜程度，將購買行爲區分成複雜性的購買行爲、降低失調的購買行爲、習慣性的購買行爲、尋求變化的購買行爲等，每一種類型的購買行爲，有本質上的差異。

在方案評估、購買行動、購買情境的章節中，會討論到各種類型的購買行爲。

三、購買決策階段

將焦點放在購買決策的階段時，可以發現，購買只是購買行爲中的一部分而已。在購買之前，消費者會經歷「問題認知」、「資訊搜尋」、「選項評估」等階段，直到確認購買決策後，才進行購買。而購買決策制定後，購買行爲並非就此結束，「購後行爲」仍是行銷工作者必須注意的重點。

四、資訊傳播行為

消費者會搜尋資訊，以作爲購買決策之用。使用產品或接受服務之後，滿意度與不滿意度，會影響到消費者是否發表口碑，而發表的口碑，會傳播給其他的消費者。某些具有意見領袖傾向的消費者，有較高的意願，會傳播產品資訊給其他消費者。

因此，消費者不一定只是訊息的接收者，某些消費者還是訊息的提供者，有些消費者則是訊息的傳播者，甚至於主動協助產品資訊傳播，這在網路行銷領域，稱爲病毒式行銷。在資訊傳播的過程中，廠商不能僅是關心廣告傳播，關於口碑傳播，以及消費者在資訊傳播中所扮演角色，也要注意。

五、其他各種消費行為

消費者行爲包含的範圍廣泛，只要是跟廣義的商品或服務消費有關的行爲，有些行爲或許比較特殊一點，例如消費者對於品牌的杯葛抵制，也是消費者行爲，受限於教科書篇幅，難以用專章專節來討論這多元的消費者行爲，但仍屬於消費者行爲的範疇。

消費者的角色

- 啓動者、分析者、守門員、影響者、決定者、購買者、使用者、其他角色

購買行為類型

- 複雜性的購買行為、降低失調的購買行為、習慣性的購買行為、尋求變化的購買行為、其他購買行為

購買決策階段

- 問題認知、資訊搜尋、選項評估、購買活動、購後行為

資訊傳播行為

- 產品資訊搜尋、搜尋口碑、發表口碑、傳播口碑、病毒式行銷

其他消費行為

圖 1-8　各種的消費行為

1-4 影響消費者行為的因素

所有消費者所從事的行爲活動，都可算是消費者行爲這個領域所涵蓋的範圍。除了消費者所展現的消費行爲活動外，會影響這些消費行爲活動的因素，也是消費者行爲這個領域所希望討論的主題。也就是說，消費者行爲領域，涵蓋的範疇包括：(1) 消費者的各種行爲；(2) 影響消費行爲的因素。

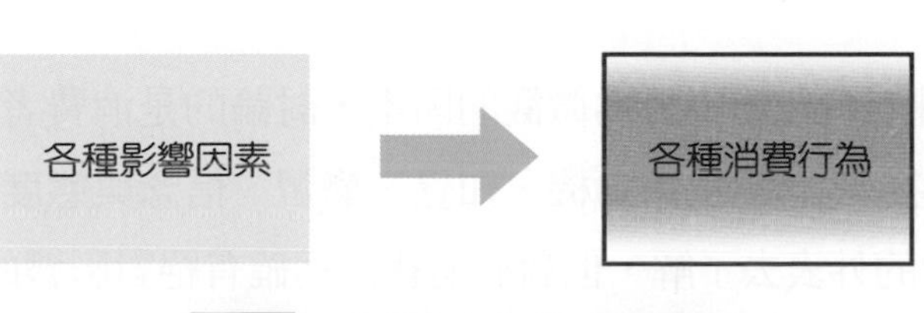

圖 1-9　消費者行為的涵蓋範圍

照片 1-1

油品的品質沒有太大的差異，因此加油站會採用各種贈品與促銷活動，吸引汽機車駕駛人前往加油。許多時候，駕駛人甚至會繞遠路到比較多贈品的加油站消費。相反的，高速公路休息站附設的加油站，通常沒有豐富的贈品，不過仍有許多貪圖方便或油箱已見底的汽車駕駛選擇前往加油。消費者行為複雜之處，就在於消費行為並非單純的供給與需求決定價格，許多人的因素，影響消費活動的進行。

照片地點：基隆市，全國加油站。

我們可以逐步展開以說明消費者行爲涵蓋的範疇。首先，先從影響消費行爲的因素切入，整體來說，影響消費行爲的因素眾多，爲方便討論，這些因素從宏觀到微觀，可區分成文化因素、社會因素、個人因素與心理因素等四類因素。

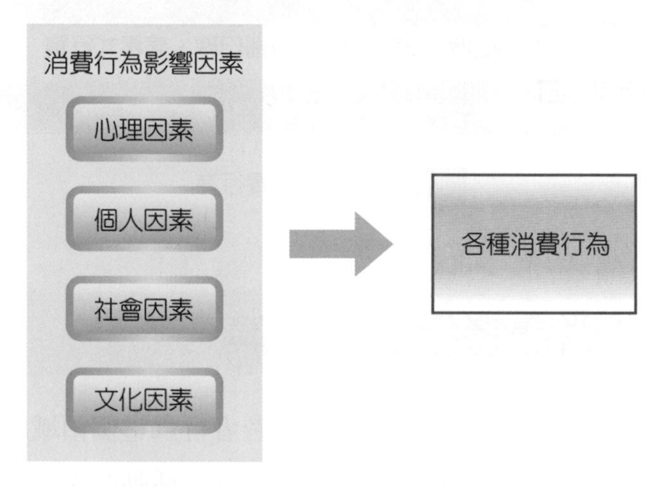

圖 1-10 消費者行為影響因素的構面區分

一、心理因素

心理因素是影響消費行爲中最爲微觀的因素，討論的是消費者內在心理狀況對於消費行爲的影響，這些心理狀況包括動機、知覺、學習、信念與態度等，這些心理因素都是廠商難以從消費者的外表去了解，但對於消費行爲確有絕對影響的因素。

二、個人因素

而比心理因素還具體一點的，是消費者的個人因素，討論內容包括消費者的年齡與生命週期、職業與所得、生活型態等。

人格特質與自我概念等因素，可以算是心理因素，也可以算是個人層面的因素。

照片 1-2

舉凡有人潮的地方，就有消費活動，也就有廣告、有促銷，消費者行為就是討論消費者所採取的各種行為，以及影響消費行為的各種因素。

照片地點：香港市區。

三、社會因素

社會因素討論的是消費者所處的社會環境，對於消費行爲的影響。人是群居的動物，這意味著消費行爲的進行，並非消費者一個人自己所做的決定，消費者所處的社會，對於消費行爲有絕對性的影響。消費者的參考群體、家庭與社會階級，是常被討論的社會因素。

四、文化因素

除了社會因素以外，跨國家與地域的文化因素，也會影響消費行爲，亞洲社會的集體主義文化，歐美國家普遍存在的個人英雄主義文化，影響不只一個國家、地區的消費行爲，因此也是常被討論的消費行爲影響因素。各地區的文化差異，以及與主流文化並存的次文化，也都是經常被討論的影響消費行爲的因素。

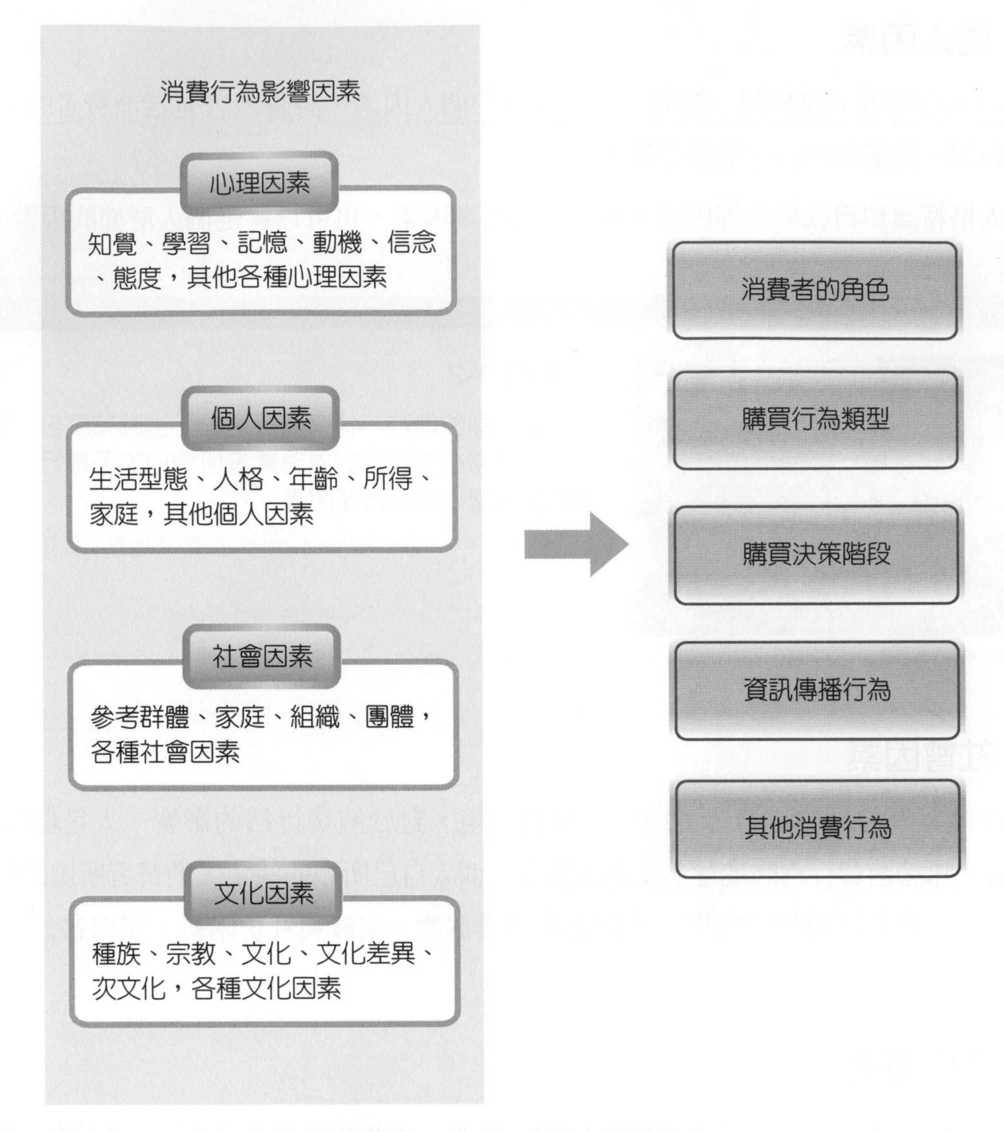

圖 1-11　消費者行為的討論內容

本書定位爲入門書，限於篇幅，僅針對消費者行爲中較爲重要的主題進行介紹。本書盡量以深入淺出的方式，介紹各個章節，並盡量減少生硬的學術理論，避免內容艱澀的主題，設法提高學習興趣。

不過，初學者千萬不要排斥理論，消費者行爲的理論，都是爲了解決消費者實務上碰到的問題，這些理論非常具有實務的價值，理論與實務就在一線之間。

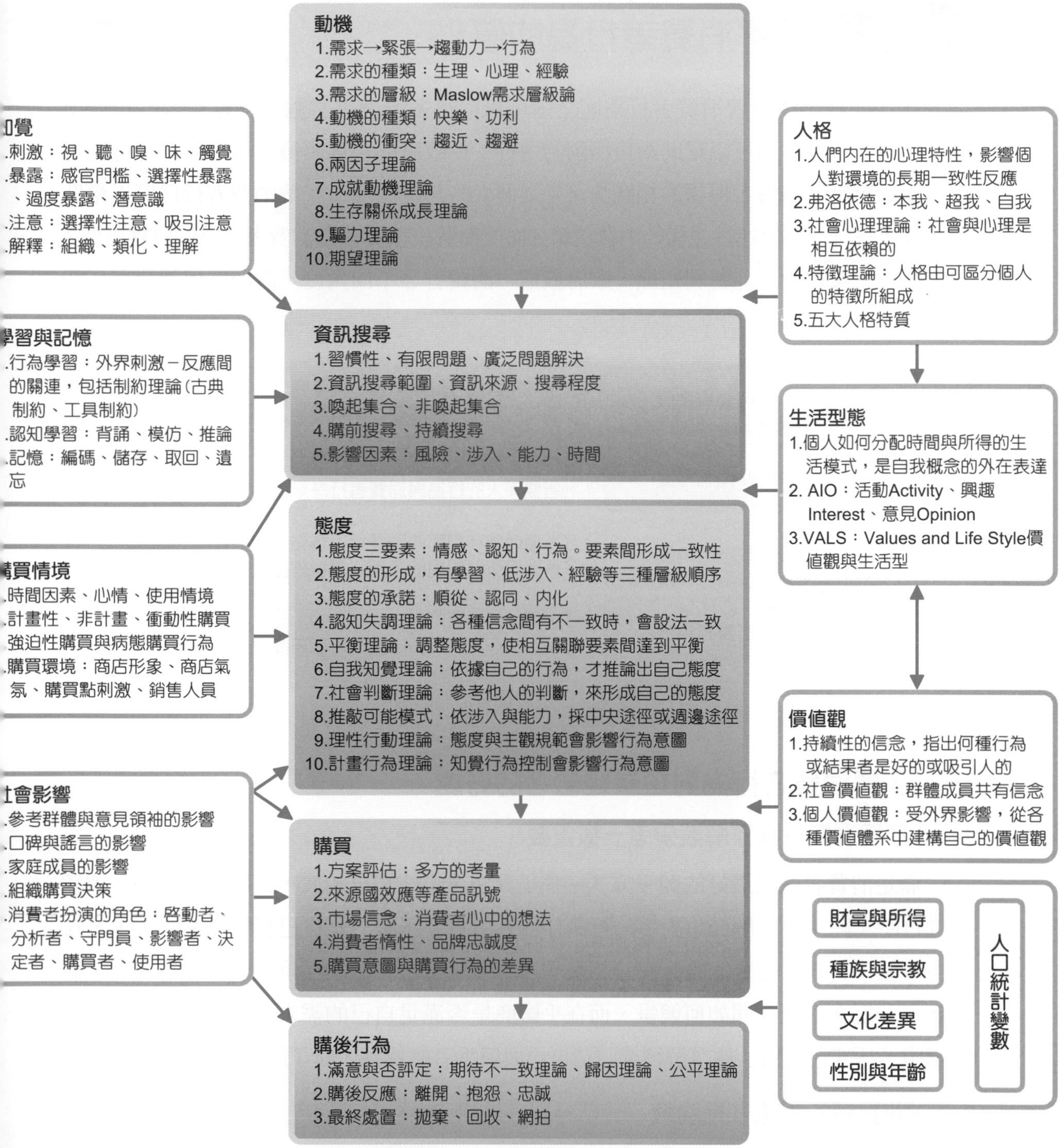

動機
1.需求→緊張→趨動力→行為
2.需求的種類：生理、心理、經驗
3.需求的層級：Maslow需求層級論
4.動機的種類：快樂、功利
5.動機的衝突：趨近、趨避
6.兩因子理論
7.成就動機理論
8.生存關係成長理論
9.驅力理論
10.期望理論

知覺
1.刺激：視、聽、嗅、味、觸覺
2.暴露：感官門檻、選擇性暴露、過度暴露、潛意識
3.注意：選擇性注意、吸引注意
4.解釋：組織、類化、理解

學習與記憶
1.行為學習：外界刺激－反應間的關連，包括制約理論(古典制約、工具制約)
2.認知學習：背誦、模仿、推論
3.記憶：編碼、儲存、取回、遺忘

購買情境
1.時間因素、心情、使用情境
2.計畫性、非計畫、衝動性購買
3.強迫性購買與病態購買行為
4.購買環境：商店形象、商店氣氛、購買點刺激、銷售人員

社會影響
1.參考群體與意見領袖的影響
2.口碑與謠言的影響
3.家庭成員的影響
4.組織購買決策
5.消費者扮演的角色：啟動者、分析者、守門員、影響者、決定者、購買者、使用者

資訊搜尋
1.習慣性、有限問題、廣泛問題解決
2.資訊搜尋範圍、資訊來源、搜尋程度
3.喚起集合、非喚起集合
4.購前搜尋、持續搜尋
5.影響因素：風險、涉入、能力、時間

態度
1.態度三要素：情感、認知、行為。要素間形成一致性
2.態度的形成，有學習、低涉入、經驗等三種層級順序
3.態度的承諾：順從、認同、內化
4.認知失調理論：各種信念間有不一致時，會設法一致
5.平衡理論：調整態度，使相互關聯要素間達到平衡
6.自我知覺理論：依據自己的行為，才推論出自己態度
7.社會判斷理論：參考他人的判斷，來形成自己的態度
8.推敲可能模式：依涉入與能力，採中央途徑或週邊途徑
9.理性行動理論：態度與主觀規範會影響行為意圖
10.計畫行為理論：知覺行為控制會影響行為意圖

購買
1.方案評估：多方的考量
2.來源國效應等產品訊號
3.市場信念：消費者心中的想法
4.消費者惰性、品牌忠誠度
5.購買意圖與購買行為的差異

購後行為
1.滿意與否評定：期待不一致理論、歸因理論、公平理論
2.購後反應：離開、抱怨、忠誠
3.最終處置：拋棄、回收、網拍

人格
1.人們內在的心理特性，影響個人對環境的長期一致性反應
2.弗洛依德：本我、超我、自我
3.社會心理理論：社會與心理是相互依賴的
4.特徵理論：人格由可區分個人的特徵所組成
5.五大人格特質

生活型態
1.個人如何分配時間與所得的生活模式，是自我概念的外在表達
2. AIO：活動Activity、興趣Interest、意見Opinion
3.VALS：Values and Life Style價值觀與生活型

價值觀
1.持續性的信念，指出何種行為或結果者是好的或吸引人的
2.社會價值觀：群體成員共有信念
3.個人價值觀：受外界影響，從各種價值體系中建構自己的價值觀

人口統計變數
- 財富與所得
- 種族與宗教
- 文化差異
- 性別與年齡

圖 1-12 消費者行為的討論內容

1-5 了解消費者行為的優點

爲什麼我們要學習消費者行爲呢？這可以從很多方面來討論，從經營者的角度出發，了解消費者行爲可以幫助銷售活動的進行；從政府的角度出發，了解消費者行爲可以幫助政府制定消費者保護的相關決策；從個人的角度出發，了解消費者行爲可以幫助消費者了解自己爲何進行這樣的消費決策，而使消費決策更符合消費者自己的眞實需要。以下將從企業經營、非營利組織、政府機構、消費者等不同角度，說明爲何要學習消費者行爲。

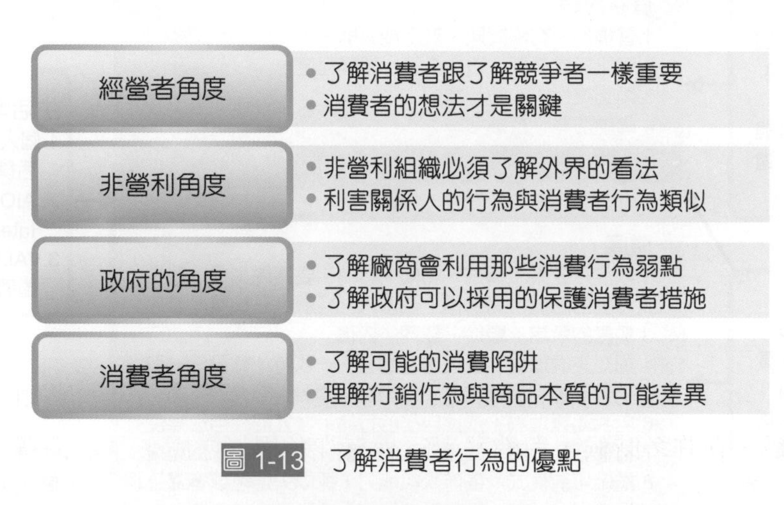

圖 1-13 了解消費者行為的優點

一、了解消費者行為對企業經營者的好處

(一) 了解消費者跟了解競爭者一樣重要

滿足消費者就是最好的競爭方式。孫子兵法說：「知己知彼，百戰不殆」，行銷活動進行時，除了要了解競爭對手的行銷作爲外，更要了解的是自己目標顧客的需求，在很多時候，與其說是幾家廠商在互相競爭，不如說是幾家廠商在爭取消費者的認同，消費者不一定在乎廠商間如何競爭，而在乎廠商是否滿足自己的需求。因此在現今的行銷活動中，「知己知彼」應該解釋成認清自己與競爭者的條件、並了解消費者的行爲。

(二) 消費者的想法才是關鍵

了解消費者行爲，可以幫助管理決策的進行。若企業經營者不了解消費者行爲，可能只會從企業經營管理的角度出發，而未注意到消費者的眞實需求。經營者可能致力於提升產品品質，而未注意到消費者關心的是產品的樣式或顏色，經營者也可以因爲銷售績效的不佳，而決定將產品降價，但卻未注意到，之所以銷售狀況不佳，是因爲低價傳達給消費者低品質的訊號，而讓消費者不願購買，再次降價只讓消費者更加卻步和不願購買。消費者行爲，不像經濟學所說的價格決定需求量那麼簡單，也不像生產與作業管理所說的，將品質提升、生產效率提升，就能夠換來消費者的青睞。充分了解消費者行爲，將消費者行爲與企業管理、生產管理、經濟學等學科的知識結合，將可幫助企業經營者進行最妥適的管理決策。

二、了解消費者行為對非營利組織經營者的好處

(一) 非營利組織必須了解外界的看法

對於非營利組織（Not for Profit Organization；NPO）的經營者來說，若能了解消費者行爲，將可更容易掌握其服務對象的想法，以及其會員或經費支持者的想法。非營利組織的種類繁多，大體上是爲了特定組織使命而存在、非以營利爲主要目的，這些非營利組織，可能是學校、醫院、宗教團體、學術團體、社團、慈善團體，但無論是哪一種非營利團體，都必須面對他們的「顧客」、「會員」、「經費支持者」，有些非營利組織同時面對很多不同的人，有些非營利組織只面對自己的「會員」。

(二) 利害關係人的行為與消費者行為類似

雖然每一種非營利組織的特性差異很大，但相同的是，這些非營利組織的利害關係人所展現的行爲，在許多時候，與消費者行爲有許多相似之處，了解消費者行爲，將有助於非營利組織的行銷活動進行。

三、了解消費者行為對政府機構人員的好處

政府的許多施政，目的在於保護民眾，避免民眾在消費行爲中受到廠商的不公平待遇，是政府存在的功能之一。

(一) 了解廠商會利用那些消費行為弱點

廠商若能了解消費者行爲，將有助於產品的銷售，針對消費者的「弱點」，設計最能被消費者接受的產品、推出最能吸引消費者的廣告、提出最動聽的說詞，但當廠商的作爲超過界限，進而影響到消費者的權益，甚至欺騙消費者時，政府就必須發揮其保護民眾的角色。消費者保護法、行政院消費者保護委員會、各縣市消費者保護官等便是這個背景下的產物。非屬政府機構的消費者團體（如財團法人消費者文教基金會等），扮演的也是類似的角色。

了解消費者行爲，將有助於讓這些政府機構人員了解廠商進行各種行銷活動時，背後所基於的消費者行爲理論基礎，充分了解這些消費者行爲理論基礎，將有助於制定各

種消費者保護決策，使消費者不易被虛僞不實的廣告或行銷作爲所影響，藉由了解消費者的可能盲點，制定法律規定，禁止廠商進行容易讓消費者誤解的行爲，強制其必須揭露某些資訊，對於消費者權益的保護相當重要。

(二) 了解政府可以採用的保護消費者措施

並不是只有消費者保護相關機構的政府人員，才必須要閱讀與學習消費者行爲，消費者無所不在，商務活動影響到的消費者層面也非常廣泛。舉例來說，思慮可能模式提到，消費者如果缺乏思慮的能力或動機時，則會以週邊的線索來進行決策。應用在健康食品方面，因爲消費者通常缺乏生物科技的知識，缺乏思慮某項食品產品品質的能力，因此容易因爲食品上的衛生福利部標示著「食」字號開頭的公文編號，而誤以爲該食品具政府檢驗合格，或具有保健功效，但該「食」字號的公文，只是告訴廠商該產品屬於食品，無須報請核准。消費者若對「食」字號的公文的眞實涵義並不了解，很容易被「食」字號的公文這項「線索」所誤導，誤以爲產品是政府背書的產品，根據對消費者行爲的了解，消費者這種採用週邊線索的行爲是被驗證爲普遍存在，這時候，政府能做的，便是強制廠商不得將「食」字號的公文編號放在產品中。政府並且規定，如果要強調食品的保健功效，則要另外保健食品標章。

政府爲了保護消費者，訂有很多相關法規，例如消費者保護法、商品標示法、健康食品管理法、有機農產品有機轉型期農產品標示及標章管理辦法等，以規定各種保護消費者的方法：

1. **哄抬物價**

   有些時候，因爲商品漲價，引起消費者搶購的熱潮，這種搶購常會引來新聞報導，此時社會大眾也常會將目光轉向政府，認爲政府應該從公平交易法的角度，來制止囤積居奇與哄抬物價。但是，了解消費者行爲，有助於知悉此一商品漲價與搶購背後的消費者行爲，對於研擬因應措施，將會有很幫助。

2. **定型化契約**

   爲了保護消費者，訂有消費者保護法。規定有定型化契約的條款，定型化契約中之條款違反誠信原則，對消費者顯失公平者，無效。

3. **鑑賞期**

   網路交易或街頭推銷，七日內可以退貨，無須說明理由及負擔任何費用。不過，這裡指的是看到產品後不滿意可以退貨，而不是指可以試用。

4. **廣告承諾**

廣告是一種對於消費者的承諾，企業經營者應確保廣告內容之眞實，其對消費者所負之義務不得低於廣告之內容。

5. **商品標示**

商品標示，不可以虛僞不實或引人錯誤，商品標示應以中文爲主，進口商品應加上中文。應該標示的項目至少包括：廠商名稱、電話、地址及商品原產地、主要成分、淨重、容量、製造日期。

6. **健康食品標示**

健康食品爲法律定義的名詞，需要符合規範，才能稱爲健康食品。不得涉及醫療效能之內容。若要宣稱保健功效，必須有科學證據，而且申請查驗登記，並取得許可。

食品非依規定進行查驗登記，並取得許可，不得標示或廣告爲健康食品。

7. **有機農產品標示**

通過驗證才能標示爲有機。符合規範的進口有機產品，也可以標示爲有機。必須有認證機構的證明。

四、了解消費者行為對個人的好處

(一) 了解可能的消費陷阱

人人都是消費者，因此即使一位讀者並未從事行銷或消費者保護的相關工作，了解消費者行爲仍然很有意義。消費者行爲的相關知識，可以幫助個人認清自己所採行的購買行爲背後的理論基礎，進而了解廠商採取各種行銷作爲背後的目的。看清廠商行銷作爲的眞正目的，可以幫助消費者免於陷入廠商所設定的「消費陷阱」，而作出更爲「理性」且「符合眞正需要」的購買決策。

(二) 理解行銷作為與商品本質的可能差異

舉例來說，廣告代言人的研究中，告訴我們消費者會有愛屋及烏的情況，因此喜愛名模特兒的消費者，會願意購買她擔任廣告代言人所推薦的產品，哪怕代言的人可能根本沒有使用過該產品。而充分了解消費者行爲的讀者，在面對類似的行銷活動時，將可以比較清楚的看清廠商行銷作爲與產品本身條件的分界，避免受到太多與產品無關的行銷活動干擾，而影響到購買決策。也就是說，了解消費者行爲的個人，將有可能可以成爲比其他消費者精明的「消費高手」。

一、選擇題

(　　)1. 以下關於消費者行為研究的陳述，何者錯誤？ (A) 每個消費者行為研究，都應該連結到購買決策 (B) 影響消費者購買行為的因素非常眾多而複雜 (C) 影響銷售額成長的變數非常眾多，難以得知銷售額成長與單一廣告的關係 (D) 消費者行為跨越眾多學科領域。

(　　)2. 消費者行為討論到很多購買活動，為什麼不將消費者行為直接改名為購買者行為？ (A) 主要是因為消費者行為領域都不討論組織購買行為與家庭購買行為 (B) 主要是因為消費者行為可以將範圍侷限到個別消費者 (C) 主要是因為購買行為討論的只有供需平衡 (D) 主要是因為消費者行為不局限於購買，許多消費者並不直接參與購買行動。

(　　)3. 消費者行為，是否等同於行銷？ (A) 消費者行為就是行銷，完全相同 (B) 消費者行為討論消費過程中的所有行為，以及影響行為的因素，有與行銷相關的因素，也有與行銷沒有密切相關的因素 (C) 消費者行為等於行銷，因此，行銷功能中的供應鏈管理、成本管控、銷售人員管理，也都是消費者行為關心的重點 (D) 消費者行為的研究，都是為了行銷用途的。

(　　)4. 行銷領域經常討論到 STP，請問 S 是指什麼？ (A) Service 服務 (B) Segmenting 市場區隔 (C) Sale 銷售 (D) Systems 系統。

(　　)5. 行銷領域經常討論到 STP，請問 T 是指什麼？ (A) Technology (B) Targeting (C) Technique (D) Time。

(　　)6. 行銷領域經常討論到 STP，請問 P 是指什麼？ (A) Price (B) Position (C) Product (D) Promotion。

(　　)7. 行銷策略的 4P，是指哪四項？ (A) Product、Price、Place、Promotion (B) Position、People、Price、Promotion (C) Person、People、Position、Profile (D) Promotion、People、Position、Place。

(　　) 8. 行銷策略中的 4C，均與消費者行為密切相關。請問這 4C 是指哪些？ (A) Consumer 消費者需求、消費者成本 Cost、消費者便利性 Convenience、與消費者溝通 Communication (B) Consumer 消費者、資訊科技 Computer、通訊科技 Communication、消費者口碑 Comment (C) Consumer 消費者、企業 Company、競爭 Competition、合作 Cooperation (D) Contemporary 當代、Company 企業、Cost 成本、計算 Calculus。

(　　) 9. 下列何者不是學習消費者行為的主要理由？ (A) 從經營者的角度出發，了解消費者行為可以幫助銷售活動的進行 (B) 從政府的角度出發，了解消費者行為可以幫助政府制定消費者保護的相關決策 (C) 從個人的角度出發，了解消費者行為可以幫助消費者了解自己為何進行這樣的消費決策 (D) 提升經營效率，降低成本。

(　　) 10. 以下關於了解消費者行為對於企業經營者好處的陳述，何者錯誤？ (A) 消費者不一定在乎廠商間如何競爭，而在乎廠商是否滿足自己的需求 (B) 經營者可能致力於提升產品品質，而未注意到消費者關心的是產品的樣式或顏色，導致銷售不佳 (C) 經營者可能因為銷售狀況不佳，而將產品降價，但卻沒注意到低價傳達給消費者低品質的訊號，再次降價只讓消費者更加卻步與和不願購買 (D) 了解如何欺瞞消費者。

(　　) 11. 以下關於了解消費者行為對於非營利組織經營者好處的陳述，何者錯誤？ (A) 非營利組織不以營利為主要目的，因此沒有顧客，無需關心消費者行為 (B) 非營利組織必須面對他們的「顧客」、「會員」、「經費支持者」等利害關係人，這些利害關係人的行為與消費者行為有相似之處 (C) 了解消費者行為，有助於非營利組織的行銷活動進行 (D) 消費者行為可以幫助非營利組織了解服務對象的想法。

(　　) 12. 以下關於了解消費者行為對於個人的好處的陳述，何者錯誤？ (A) 可以幫助個人釐清自己所採行的購買行為背後的理論基礎 (B) 可以了解廠商採取各種行銷作為背後的目的 (C) 可以幫助消費者免於陷入廠商所設定的消費陷阱 (D) 若未從事行銷或消費者保護工作，則了解消費者行為對個人沒有多少好處。

(　　) 13. 以下關於消費者行為涵蓋範圍的陳述，何者錯誤？ (A) 主要焦點只放在購買行為，與購買行為無關者，就不是涵蓋範圍 (B) 包括消費行為的影響因素 (C) 包括消費者的各種行為 (D) 消費者行為也可用於非營利組織。

(　　) 14. 影響消費者行為的因素不包括那些類別？ (A) 文化與社會因素 (B) 個人因素 (C) 心理因素 (D) 生產成本。

(　　) 15. 關於影響消費行為的心理因素的陳述，何者錯誤？ (A) 心理因素是影響消費行為中最微觀的因素 (B) 包括動機、知覺、學習、信念、態度等，都是心理狀況的因素 (C) 心理因素都是廠商難以從消費者外表去了解的因素 (D) 不可能討好每一個消費者，因此無須在乎個別消費者的心理因素。

二、問答題

1. 請舉一個「不理性的消費行為」的例子。
2. 請說明消費者行為和其他學科的關係。
3. 請說明我們為什麼要學習消費者行為，並從企業經營者、非營利組織經營者、政府機構人員、個人等角度加以說明。
4. 請說明消費者行為影響因素有哪些，並請列舉說明各類別影響因素包含哪些細項影響因素。
5. 請說明消費者行為的組成，並說明各類別消費者行為包含的細項內容。

第二篇
影響消費者行為的個人因素

知覺、學習與記憶

感官刺激與消費者行為

包裝在行銷溝通上，扮演非常重要的角色。同樣的商品，不同的包裝，可以形塑的產品形象各有不同。第一次購買該商品的消費者，必須憑藉著產品包裝，加以評判是否該購買這個商品。曾經購買過該商品的消費者，藉由產品包裝來回憶過去的消費經驗。包裝所引發的視覺刺激，對於消費者的購買行為有相當程度的影響。

感官刺激是食物消費的關鍵

同樣的食物，經過不同的廚師料理、不同的刀工、不同的烹飪程序、不同的火候、不同的調味、不同的擺盤，決定了該食物的口味，也決定了該食物是否能榮登美食排行榜。知名美食之所以受歡迎，之所以賣到好價錢，是因為該食物能夠刺激消費者的感官。這些美食在嗅覺、味覺、視覺上面，都略勝一籌，才能受人歡迎。

感官刺激會影響消費行為

感官刺激決定了消費者的行為，貨架上，我們可以找到各種包裝的零食、糖果、餅乾，包裝各異，色彩繽紛爭奇鬥豔，口感也有很大的不同，吸引消費者的目光。在冰箱中，我們可以找到各式各樣口味的飲料，這些飲料有的是幾十年的老口味，也有多年來銷售量非常穩定的傳統口味，還有講究創新求變的新飲料。這些飲料躺在偌大的便利商店冰箱中，等待消費者的青睞。零食、飲料在便利商店的銷售額中，佔有相當重要的地位，其高利潤比率的特性，持續吸引廠商推出新的零食、飲料產品，試圖搶佔便利商店的市場。

味覺：食物消費的關鍵

各種感官刺激，是影響消費者購買意願的重要關鍵。感官刺激包括很多，味覺是其中一種，許多零食與碳酸飲料，雖然被營養學者批評為「無營養的垃圾食物」，但這並沒有讓消費者因此而卻步，許多零食，依舊吸引著消費者，許多廠牌的可樂、汽水、沙士，銷售依舊長紅。從化學成分來說，這些零食的成分不外乎碳水化合物、油脂、香料，而碳酸飲料的成分，更不外乎碳水化合物、碳酸氣、人工香料，但不同廠牌調配出來不同的碳酸飲料，能夠獲得消費者青睞的程度也不一樣。

嗅覺：迷人的香味

食物引發的感官刺激，不是只有味覺，嗅覺也是關鍵，舉例來說，咖啡的口味雖然很重要，但香味也是重要的考量因素。許多人喝咖啡是衝著咖啡迷人的香味而來，一杯很好入喉的咖啡，如果沒有迷人的香氣，恐怕還是很難獲得消費者的青睞。

視覺：包裝的設計

除了味覺與嗅覺，零食、飲料如果要想賣出好價錢，包裝的設計恐怕也必須特別費心考量，必須讓消費者一眼看來，覺得很高級、很令人賞心悅目。包裝設計本身並不影響產品的口味或香氣，但卻會影響消費者的感覺，當消費者對於該飲料連看都不看一眼時，銷售額就無法太令人滿意。相反的，如果包裝設計非常令人激賞，每個消費者都忍不住會多看一眼，則消費者購買該飲料的可能性將會大幅增加。

觸覺：外包裝的觸感

除了要兼顧味覺、嗅覺、視覺之外，食物包裝材料與外形的選擇也很重要，具質感的材料，可滿足消費者的觸覺，流線型的包裝瓶身，讓消費者很容易握取，這都有助於消費者的購買選擇。相反的，如果瓶身握起來感覺非常粗糙，則很難吸引消費者購買。

消費者的決策過程，受消費者的多重感官知覺所影響，這些感官知覺，包括視覺、聽覺、嗅覺、味覺、觸覺等。即使是很簡單的飲料購買，也可能會受到包括視覺、嗅覺、味覺、觸覺的知覺影響。對於一個廠商來說，如果只是單純的把食物與飲料看成是僅與味覺有關，就太過簡化消費者的知覺與決策過程了。

照片 2-1

便利商店貨架上，色彩繽紛、包裝各異的零食，吸引者消費者的目光，而各種糖果、零食、餅乾，口味各異，試圖贏得消費者的青睞。

照片來源：全家便利商店。

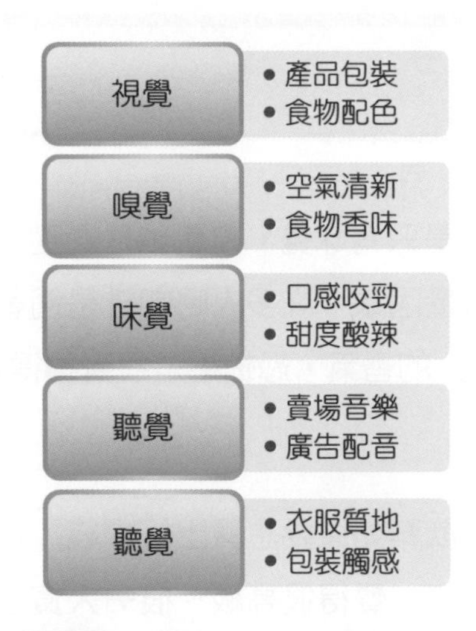

圖 2-1 零售消費的感官刺激範例

本書是要針對消費者的行爲以及影響其行爲的因素進行討論，而影響消費者行爲最重要的因素，當然是消費者各種感官所接受到的訊息，對於自身展現出來的行爲所造成的影響。

本章將針對消費者感官會接受到的訊息的知覺，以及針對感官刺激所進行的學習，以及學習後的記憶，來進行討論。記憶下的資訊，才會成爲消費者未來的消費決策的影響因素。

圖 2-2 消費者的知覺解釋

知覺解釋感官接受器所傳遞的訊息

知覺（Perception）指的是感官接收器暴露在感官刺激（Stimulate）時，注意到感官接收器所傳送來的訊息，而對感官接受器所傳送過來的訊號進行解釋的過程。

感官刺激所獲得的資訊，進入學習機制

感官刺激稍縱即逝，感官獲得的資訊，如果經過我們的學習，將會進入我們的記憶。「學習」是指一種經由經驗，而在行爲上產生「相當長久」的改變，這種經驗可以是感官刺激後的產物，也可以不經過自己的親身經歷，而是從觀察其他人的經歷中獲得。所謂的「他山之石可以攻錯」、「以史爲鑑」，就是指從他人的經驗中學習，所謂的「前事不忘，後事之師」，就是指從自己或他人的經驗中學習。

學習獲得的知識將影響消費行為

學習不是只發生在學校中，也不是只包括「書本」的學習，它是一種進行式的過程，發生在所有的日常生活中，包括我們在內的所有消費者，都隨時處在學習的狀況中。當我們暴露於新的刺激與資訊，或者是接收到某種「當下次遇到相似情況時，應該要修改行爲」的訊息回饋時，我們會將此資訊，整理成爲知識，並加以儲存。此一個獲得資訊、整理資訊、加以儲存的過程，就是學習。

了解消費者如何學習，有助於設計出行銷溝通活動

學習所涵蓋的範圍很廣，許多領域（例如：教育、組織行爲等領域）也都討論到學習。心理學家提出了許多理論來解釋學習的過程，最常被提到的是「行爲學習理論」（Behavioral Learning Theory）與「認知學習理論」（Cognitive Learning Theory）。

了解各種學習理論，對從事消費行爲工作的行銷人員來說很重要，因爲知道消費者的學習過程，可以幫助行銷人員，製作出更容易與消費者溝通的行銷刺激，幫助消費者學習攸關於產品的事實與對產品的感覺，進而影響消費者的購買決策。

2-1 感官刺激

人們會透過人體的五種感官接收器（眼睛、耳朵、鼻子、口腔與皮膚）來接受外界包括視覺、聽覺、嗅覺、味覺與觸覺等方面的刺激。所謂的外在的刺激，也就是感官上的刺激，可以經由許多管道來接收。例如：我們可以「看」到一則廣告、「聽」到一曲音樂、「聞」到皮衣的皮革味、「吃」到新口味的洋芋片或是「摸」到柔軟的蠶絲被。從接收到這些刺激開始，就展開了整個知覺的過程。

知覺與感覺（Sensation）是不同的，感覺是指我們的感官接收器（眼睛、耳朵、鼻子、口腔與皮膚）對於基本的刺激物（例如：光線、顏色、聲音、氣味和質地）的立即反應，感覺仍未經過注意與解釋的過程，而知覺則指的是這些感覺，從暴露階段到被注意及解釋的過程。

各種感官刺激的接收，和生理構造有很大的關係，不同消費者對於外界刺激反應的差異，很多時候是導因於生理因素的差異。

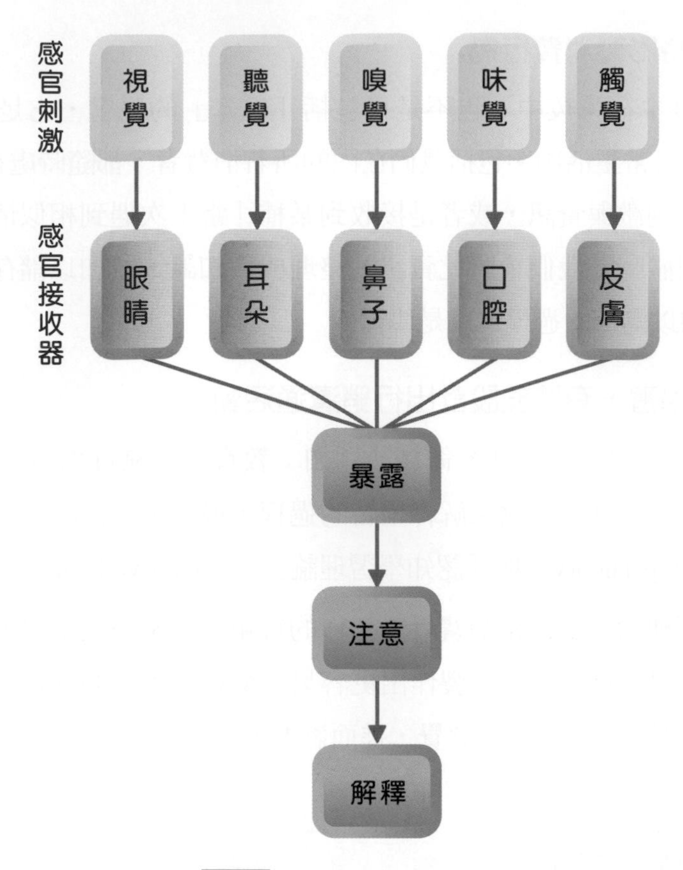

圖 2-3 消費者的知覺過程

一、視覺

行銷人員會在廣告、店面設計與產品包裝等等方面，大量運用視覺上的刺激來傳達行銷的訊息。視覺上的刺激則包括顏色、大小與外形等。

從色彩學的角度來說，顏色可以分爲暖色調（例如：紅色、橘色和黃色）與冷色調（例如：綠色、藍色與紫色）。暖色調通常會產生較高的喚起、激勵與興奮感；反之，冷色調則讓人感覺更放鬆、平靜、愉悅，滿意度常常會變高，購買意願也會提升 [1]。冷色調適合被用在希望讓消費者感到平靜或輕鬆的場域，例如醫院或是 SPA，暖色調則適合被用於想要激勵消費者心情的場域，例如夜店。另外，顏色的飽和度也會影響人們心理的情緒與反應，飽和度較高的色彩比起飽和度較低的色彩，更能夠使人們感覺興奮。

顏色也會因爲不同的文化而有不同的意涵 [2]。例如：在中國，紅色代表喜慶，西方國家則認爲白色才是婚禮的顏色。中國的喜帖是紅色，日本及韓國的喜帖是白色，但對中國而言，白色代表的是訃聞。在韓國，新店舖開張時，會有非常醒目的白色大型祝賀花籃，這種白色花籃，在臺灣很容易與喪禮產生聯想。

產品的外型也會影響消費者對產品的知覺[3]，例如：曲線型優酪乳的外型，讓人一看就聯想到其強調的低脂肪低熱量，可讓人健康苗條的訴求。相反的，重視成本效率的外型設計，很容易給人低價的印象。而明亮燈光的咖啡店，讓人們願意在咖啡店內談公事，但略爲昏暗燈光的環境，則讓人有休閒放鬆的感覺。

二、聽覺

聲音和音樂是行銷人員最常用的工具之一。動人的聲音、迷人的音樂，經常是很具說服力。

(一) 聲音速度

一般來說，聲音及音樂的速度與類型也會影響消費者心理的反應和心情。廣播節目主持人通常會以比平常說話速度快一些的速度來傳達訊息。之所以如此，是因爲節省時間，以及認爲消費者喜歡這種速度，但較快的聲音是否有較高的說服效果，則有不同的看法，持正面意見的聽眾，以說話的速度來推斷說話者的自信，認爲說話速度較快的人必定深信他們自己所說的內容，不過，另外有一種反面意見看法，認爲較快的說話速度，會使聽眾沒有足夠的時間可以深入了解其所傳達的論點[4-7]。

(二) 音樂節奏

音樂是生活中相當重要的一部分，也是重要的行銷刺激，有很多研究討論音樂對於消費行爲的影響[8-13]。節奏較快的音樂會讓人感覺較有活力，節奏慢的音樂則使人有平靜的感覺。在賣場播放的音樂類型，對消費行爲也會產生很有趣的影響。播放慢節奏音樂的賣場會增長消費者駐足與消費的時間，因此會比播放快節奏音樂的賣場有較高的銷售業績[8]。餐廳內如果播放節奏快的音樂則會使消費者吃東西的速度加快，因此可以增加餐廳的翻桌率（迴轉率），進而提昇銷售額。相反的，如果播放慢節奏的音樂，可以讓顧客慢慢用餐，讓顧客享受用餐時的氣氛[9]。

音樂的風格也可能會影響消費者。悲傷的曲風會使消費者覺得時間過的比較慢，但快樂的曲風則使消費者對賣場的滿意度較高。喜歡與熟悉的音樂可以增加好心情，不熟悉與不喜歡的音樂則會增加不好的心情[10,11]。

廣告中也經常運用音樂的旋律來影響消費者對廣告或產品的情緒與反應。在網路還不普及的年代，廣告常將訂購電話號碼用哼唱的方式呈現，增加消費者對訂購電話號碼的記憶力，但網路的時代，電話號碼背誦的需求降低，就比較少有利用歌曲幫助記憶電話號碼的廣告。另外，廣告中的背景音樂類型也會影響廣告的效果與態度。背景音樂若能和廣告畫面相配合，則會提高對廣告訊息的記憶 [12, 13]。

三、嗅覺

嗅覺對於消費者行爲的影響，雖然比較難以進行研究，但這影響是很顯而易見的，也有很多研究證實嗅覺會影響消費行爲 [14-18]。

(一) 嗅覺與情緒

咖啡不只要好喝，還要聞起來香！氣味可以引發不同的情緒與感覺，例如對很多人來說，薄荷或類似的味道可以令人振奮或有提神效果，可以用來做提神用。薰衣草或類似的香味，則讓人感到輕鬆，可以用來作爲沐浴乳。我們對於氣味的某些反應可能和早期的經驗有關，喚起某些記憶，但也可能純粹就是讓人產生正面的感覺。

(二) 大眾喜歡的香味

香味是很個人的，並不是每一種香味，都是廣受歡迎。但有些香味確實比較容易受多數人喜愛。舉例來說，大部分消費者都可以接受香草的氣味，因此，香草這個氣味被廣泛地運用於餅乾、咖啡、冰淇淋、香水及古龍水等各式各樣的產品上。

(三) 香味與個人品味

香味也可能連接到消費者個人品味的呈現，許多消費者相信他們所擦的香水或古龍水可以呈現出他們的個性，認爲香水、古龍水這樣的產品還成爲傳達個人特質的一項溝通產品。因此，某些香水廠商還會設計幾個有關消費者個性的問題，針對每個人的不同回答，推薦不同款式氣味的香水，以吸引消費者的選購。

(四) 香味誘發購買慾望

零售賣場業者也相信某些氣味可以吸引消費者。某些量販店捨棄將烘培麵包的烤爐設在消費者接觸不到的作業區的做法，將烘培麵包的區域規劃在消費者可以接觸到的食品區，以便讓消費者直接聞到麵包的香味，以吸引消費者購買，這味道還會吸引消費者對其它食品的購買慾望。

(五) 氣味與文化背景

消費者對於氣味的反應還會受到文化背景的影響。例如：臭豆腐的味道對許多臺灣人而言是愈臭愈香，但對其他歐美地區人士則是敬謝不敏，不敢領教。歐洲國家消費者

喜愛的濃郁風味起士，對不習慣的亞洲消費者來說是臭的不得了。東南亞國家消費者熱愛的榴鏈，許多國家消費者完全無法忍受。

照片 2-2

消費者對於氣味的反應，會受文化背景的影響。舉例來說，在臺灣非常著名的臭豆腐、臭臭鍋，對外國人來說，卻難以想像。許多不明就裡的外國人，會認為臭臭鍋或臭豆腐是過期、腐敗的食物，是食品不衛生的結果，但事實上，所有臺灣人都大致了解，臭臭鍋與臭豆腐的衛生條件沒有問題，只是氣味比較特殊罷了。許多消費者還特別偏愛這種氣味。

照片地點：台北，深坑，著名的三媽臭臭鍋連鎖。.

四、味覺

味覺會影響消費者對食品與飲料產品的選擇 [19-23]。雖然愈來愈多的消費者知道食用低熱量、清淡口味食品對於身體健康的重要性，但是味覺仍是左右消費者選用與否的重要因素。因此，好味覺仍是提供低熱量健康食品廠商面臨的主要挑戰。

(一) 收集消費者的味覺偏好

許多賣場爲了增加食品與飲料的銷售量，會提供試吃與試喝的機會，以吸引消費者購買。

在產品上市前會進行口味測試，藉以瞭解消費者對新口味的看法，以作爲產品開發與行銷的依據。產品口味測試時，經常使用盲眼口味測試（Blind Taste Test）的方式，這種測試法「不讓受測者知道測試產品的品牌與包裝，來了解消費者對於味覺的看法」。不過，這種盲眼口味測試有時容易忽略某些其它重要元素。

(二) 個人化的味覺與文化、習慣

但必須注意，口味也有習慣與情感的議題需要考慮。飲料公司可能進行盲眼測試之後，認爲某個口味較受消費者歡迎，而調整的配方，但忽略了消費者對傳統口味的情感因素，而導致推出後市場反應不佳。許多百年老店，號稱百年來風味不變，就是因爲希望贏得消費者在情感上的支持。

味覺通常是很個人感覺的，同一種東西某個人嚐起來覺得味道好，但另一個人不見得會有同樣的看法。同樣的，味覺的偏好也會受到不同文化的影響，例如：泰國人偏好酸辣口味，中國的四川人偏好麻辣口味，而韓國人也普遍喜歡辣味，但該辣味與四川的麻辣並不相同。

五、觸覺

觸覺會影響消費者對產品的判斷。例如：當我們在購買衣服時會用手來「感覺」品質，衣服若摸起來很光滑，像絲的感覺，可能會覺得品質較佳，如果摸起來較粗，則可能會認爲品質較差。在購買過程中，許多產品消費者通常都希望在購買之前能夠觸摸感覺一下。例如：鞋子、衣服、珠寶等產品，在購買決策中，觸覺是一項重要的過程與決定因素。

(一) 觸覺是網路購物的障礙

觸覺的必要性，也是妨礙型錄郵購、網路購物之類的遠距購物活動的重要限制，型錄購物與網路購物無法讓消費者在購買前碰觸到商品，如果消費者傾向於希望在購買前能「摸一下」商品，則型錄購物與網路購物將無法滿足消費者這項需求。此時， 如何用文字來形容觸感，便成爲行銷人員的挑戰。

(二) 觸覺會誘發情緒

就像其他感官刺激一樣，觸覺也使心理或心情產生振奮或放鬆的效果。例如：按摩會使人們感覺輕鬆舒適。

也有研究指出，銷售人員的肢體碰觸動作，會影響消費效果，在西方社會，被銷售人員身體接觸到的消費者，較可能對店面和銷售人員產生正面的評價，在餐廳中有被服務人員身體接觸到的消費者，也會傾向給予較多的小費[24]。但相同的，觸覺的效果也有文化上的差異，也有性別的差異，對於異性的身體碰觸，很可能會有性騷擾的疑慮，另外，有些民族對於身體的碰觸，會感覺很不自在。但有些民族，則非常習慣各種的肢體接觸，並將之視爲是社交活動的一部分。

視覺

表現在廣告、店面設計與產品包裝等方面，運用視覺上的刺激來傳達行銷的訊息，吸引消費。視覺上的刺激則包括顏色、大小與外形等。

聽覺

聲音和音樂是行銷中常見使用素材，例如廣告的背景音樂與畫面的配合可加深觀衆對於廣告的記憶。

嗅覺

氣味可以引發不同的情緒與感覺，而且消費者對於氣味的反應還會受到文化背景的影響。

味覺

味覺會影響消費者對食品與飲料產品的選擇，因此許多公司在產品上市前會進行口味測試，藉以瞭解消費者對新口味的看法，以作為產品開發與行銷的依據。

觸覺

影響消費者對產品的判斷而觸覺的必要性，也是妨礙型錄郵購、網路購物之類的遠距購物活動的重要限制。

圖 2-4 感官刺激

2-2 知覺的暴露階段

感官接收到訊號，開啓了知覺過程，而知覺過程的第一個階段，是暴露（Exposure）階段，當人們的感官器官接收到刺激時，暴露階段就開始了。本節討論到暴露階段的感官門檻、選擇性暴露、過度暴露、潛意識知覺等主題。

一、感官門檻

所謂的暴露，指的就是人們注意到其感官接受器所收到的刺激程度。有時消費者對於某些刺激會很專注，但有時則會忽略某些刺激。有時候，因爲刺激太多，而使我們忽

略了其他的刺激，或是過於專心於某些刺激，而忽略掉其他的刺激，某些時候，則是因爲刺激的量不夠大，導致消費者忽略掉或沒有注意到這些刺激。這些都是相當常見的現象。

要瞭解爲何會有這種程度上的差別，就必須瞭解感官門檻（Sensory Threshold）。所謂的感官門檻，指的是「刺激能夠被感官接收到的最低刺激強度」。感官門檻又可以分爲「絕對門檻」與「差異門檻」。

(一) 絕對門檻（Absolute Threshold）

絕對門檻指的是「能夠被某一特定感官感受到的最小刺激量」。絕對門檻在行銷設計上是一項重要考量因素。例如：高速公路上的廣告看板字體若小的讓通過的車輛駕駛看不清楚，那麼表示這些字體大小沒有達到駕駛的視覺絕對門檻，駕駛的視覺感官並沒有感受到這項刺激物，連帶使得廣告效果大打折扣。

絕對門檻經常是消費者的先天感官能力限制，無法突破，例如：多大的字體，消費者才看得到，多大的聲音，消費者才能聽得到，烤麵包的香味，至少要在多少的距離內，消費者才會聞得到。

(二) 差異門檻（Differential Threshold）

差異門檻指的是「感官系統能夠偵測到二個刺激之間的改變或差異的能力」。一般而言，我們稱能夠「足以偵測到二個刺激之間有差異的最小差異值」爲「洽感差異（Just Noticeable Difference）」。

人們能夠偵查出二個刺激間有差異是一種相對的效果，而非絕對的差異。例如：在吵雜的餐廳內，輕聲細語說話效果不佳，但在安靜地圖書館中，即使是輕聲細語說話，仍會讓其他人覺得吵雜[25]。所以，差異門檻重視的是該刺激與周圍環境的相對效果，而非該刺激本身的絕對大小。

差異門檻的概念因爲是由十九世紀的心理學家韋伯 Ernst Weber 所提出，所以，差異門檻的概念也被稱爲是韋伯法則（Weber's Law）。Weber 法則認爲「一開始第一個刺激如果愈強，那麼第二個刺激要達到能讓人們感覺到有差異的話，則所需要增加的強度則需愈大」。此關係可由下列公式來說明：

$$\frac{\Delta s}{S} = K$$

S：一開始的刺激強度；

Δs：一個刺激能夠被偵測到的最小改變量；

K：一個常數。

例如：假設原本 2 公斤包裝的產品，需要增加到 2.2 公斤，消費者才能察覺出有所改變，則 K=0.1。那麼，包裝是 5 公斤的產品，必須要增加到 5.5 公斤，消費者才會察覺出有差異。此處的 Δs，不一定是增加的改變量，也有可能是減少的改變量。

差異門檻的觀念，對行銷人員來說很具有啓發性，但差異門檻的常數 K 是否存在，並非行銷人員關心的重點。

(三) 絕對門檻與差異門檻的應用

感官絕對門檻與差異門檻的觀念，可以廣泛運用在很多場合。舉例來說，氣溫會影響到食品的銷售，不過，並不是只有氣溫的高低會影響食品的銷售，氣溫的變化量也會影響到食品的銷售。

1. **溫度變化與冰品火鍋銷售**

   天氣熱時，冰淇淋賣得很好。天氣冷時，火鍋賣得很好。但冰淇淋與火鍋的銷售，不只取決於氣溫，還取決於溫度的變化量。在冬天，冷氣團或寒流來襲時，氣溫低於攝氏 10 度或更低，某些高緯度地區的國家或城市，還會下雪。寒流過後，氣溫回暖到 20 多度，消費者感覺到熱，會想要吃冰淇淋。但在夏天，熱浪來襲，氣溫高達攝氏 36 度以上，某些城市或地區甚至會高達 40 度以上，此時若有冷氣團或颱風，氣溫下降到 20 多度，此時消費者感覺到冷，會想要吃火鍋。

   溫度的高低，可以視爲是一種感官的絕對門檻，當低氣溫時，不會有太多的消費者想要買冰淇淋；當高氣溫時，不會有太多的消費者想要吃火鍋。

   溫度的變化，則可以視爲是一種感官的差異門檻。冬天裡的豔陽天，雖然氣溫還遠低於夏天的氣溫，但高於冬天的日常氣溫，因此會讓人想要吃冰淇淋；夏天裡的冷氣團，雖然氣溫還遠高於冬天的氣溫，但低於夏天的日常氣溫，因此會讓人想要吃火鍋。這種消費行爲與溫度變化的關聯，跟消費者衣著的慣性有關，冬天衣物厚重，即使氣溫突升，消費者也不會立即改穿夏天薄衣，這導致於冬天的氣溫若上升，消費者就想要吃冰淇淋。

2. **是否希望消費者察覺有差異**

   差異門檻可以是增加，也可以是減少，各有行銷意涵。有時，行銷人員不希望讓消費者察覺到二種刺激之間的差異。最常見的就是縮小包裝的尺寸，或小幅提高售價，調整的幅度若在洽感差異內，那麼消費者就不會感覺到。舉例來說，當紙漿價格提高時，若不希望衛生紙價格上漲，則有一種可能的做法是將衛生紙面積稍微縮小。只要縮小的面積不大，在洽感差異的範圍內，消費者可能不會察覺。

有時，行銷人員又希望消費者能夠察覺到二種刺激之間的差異。例如：促銷降價的幅度必須大於洽感差異，這樣消費者才會感受到價格的優惠，進而刺激消費者的購買慾望。

(四)負向的差異門檻

在差異門檻的應用時，也可以朝向負面的減少刺激量，來引發消費者的主意。故意減少的刺激量，幅度必須要能夠引發注意，才能發揮效果。最簡單的例子，是在充滿眾多聲光效果的廣告中，安排單純素雅的廣告，或者在五顏六色的海報牆中，刻意安排設計成只有大規模留白的海報，讓海報因爲感官刺激量較小而感到突出。消費者有可能因爲感官刺激量的降低，而注意到這則廣告。

當然，這則減少感官刺激的廣告，是否能吸引消費者的注意，跟感官的差異量是否達到門檻有關。如果減少的刺激量大到一定程度，且持續一定時間，消費者可能會注意到。消費者對於較大的聲光刺激，會容易注意到。但聲光刺激突然消失，有可能是理所當然的。此時，如何確定負向差異門檻能達到效果，必須事前試驗以達到驗證。

二、選擇性暴露

消費者通常會「選擇自己有興趣的刺激，而忽略其他的刺激」，這就是一種選擇性暴露（Selective Exposure）。例如：旅遊雜誌的讀者不會去搜尋所有的旅遊資訊，僅會選擇性地尋找和旅遊目的地有關的資訊。

(一)選擇性暴露避免資訊過載

選擇性暴露的產生主要是基於知覺阻絕與知覺防禦的概念。消費者隨時接觸到各式各樣的刺激，但這些刺激，可能與消費者無關，這些無關於消費者的刺激，若消費者不加以忽略，將會發生「資訊過多，超過認知負荷範圍，難以進行分析以作爲決策之用」的資訊過載（Information Overload）的情況，因此，選擇性暴露是消費者避免資訊過載的第一個過濾機制。

照片 2-3

路邊廣告看板，看似雜亂無章，但並非全無效果。消費者不可能同時注意到全部的看板，而是會很快速地、選擇性地從近二十個看板中，看到自己關心的訊息，例如：想買房子的消費者，看到了房屋廣告，想買汽車的消費者，看到了汽車廣告，想到量販店的消費者，看到了量販店廣告。您看到了什麼？

照片地點：新北市新店區，環河快速道路。本看板因為太過吸引駕駛人，且違反道路法規，已被拆除。

(二) 媒體互動性影響選擇性暴露

某些媒體可以讓消費者有較大的自主權，有較高的互動性，可以進行選擇性暴露，有些媒體則比較不容易讓消費者有這種自主權，互動性較低，此時難以進行選擇性暴露，除了離開該媒體，別無他法。舉例來說，雜誌讓消費者有比較大的自主權，當消費者沒有興趣時，可以快速的翻過，但電視給予消費者的自主權就沒那麼多，當消費者遇到沒有興趣的主題時，並沒有辦法讓電視快轉，消費者能做的，是用電視遙控器轉台。

網路廣告的彈出式視窗，強迫消費者閱讀廣告，消費者看到廣告不是感興趣的主題，就立即將廣告關閉，也可以算是一種選擇性暴露。

三、過度暴露

消費者若暴露在同一個刺激下太久或太頻繁，就會產生習慣性（Habituation），自然就視而不見，而失去了對該刺激的注意力。例如：一則新的廣告剛出現時，消費者會特別注意，但若時間一久就不再引起特別的注意。這種因爲「廣告過度暴露所導致的廣告效果下降」，被稱之爲廣告疲勞（Advertising Wearout）[26-28]，這也是爲什麼行銷人員經常會拍攝新的廣告影片的原因

四、閾下知覺

大多數的行銷人員都認爲廣告訊息必須超過消費者的意識察覺的門檻（The Threshold of Awareness；又稱爲 Limen）才能引起效果，但仍有許多人認爲，「低於最小門檻的訊息，仍有可能被無意識地接收」，這種知覺稱之爲閾下知覺（Subliminal Perception）（閾發音爲ㄩ丶，漢語拼音 yu）。閾下知覺，發生在當某感官刺激低於消

費者的意識能夠察覺到的水準時，或者因爲某些原因使得消費者的認知系統並未處理該感官刺激。

(一) 閾下知覺跟潛意識不是同一件事

有人將閾下知覺翻譯爲潛意識，這樣的翻譯方式雖然易懂，但因爲「潛意識」這個名詞還有另外的意思，易導致混淆，因此本書並不鼓勵將閾下知覺翻譯爲「潛意識」。

(二) 最早的閾下知覺實驗

在數十年前曾受到相當多的重視與討論，起因來自於 1957 年 10 月在紐澤西州的一項試驗。實驗者在一個露天電影院播放電影時，每隔五秒穿插了三千分之一秒的「吃爆米花」與「喝可樂」的訊息，這種速度一般人是無法察覺到的。該研究結果發現爆米花與可樂的銷售量都大幅增加。但因爲這項研究沒有控制組的對照，因此在可信度上的爭議很大且受到廣泛的討論。該研究的結論是否正確，是否有僞造研究結論的嫌疑，也被很多人質疑。

無論如何，某些消費者與行銷者相信閾下意識的影響，也有許多研究持續討論閾下知覺的廣告 [29-32]。

(三) 閾下知覺廣告技巧

常見的閾下知覺技巧爲嵌入（Embeds）。例如：將一些細小的文字或圖案安排在平面廣告之中，來試圖暗中影響讀者。將細小的 Sex（性）字眼投射在冰塊中，企圖引起消費者在性方面的幻想。另外， 還有在錄音帶中嵌入一些聲音，來企圖影響消費者的行爲。某些錄音帶會嵌入一些自然界的聲音，以幫助消費者達到戒菸、減肥、增加自信等效果。有些消費者相信這種說法，因此願意購買這種宣稱有閾下知覺效果的音樂。

雖然許多消費者研究者與行銷業者對閾下知覺感到很有興趣，但是閾下知覺對消費者行爲的影響，在研究上並沒有得到太多的支持，仍未能確定是否能達到廣告效果。

2-3 知覺的注意階段

同一時間裡，消費者可能暴露於相當多刺激中。例如：雖然現在你正在閱讀這本書的內容，但同時間內，你其實還暴露於其它的刺激中，包括書桌、筆、音樂、燈光、其他人的談話聲等。消費者所面對的刺激太多，因此，多是處於感官過度負載（Sensory Overload）的狀態，也就是「接收到過多的感官刺激，難以處理」。

要同時處理所有的刺激是一件相當困難的事，因此必須決定哪些是值得處理，這就是注意的概念。注意指的是個人將其部分的認知資源（即內心的活動）分配給某個刺激的過程。這種分配會受到刺激本身與接收者本身特性（當時的內心狀態）的影響。

一、選擇性注意

大腦處理訊息的能力有限，因此，要注意哪些訊息具有選擇性，消費者會「從眾多訊息中，選擇只注意某些訊息」，稱爲選擇性注意（Selective Attention）。

另外，注意是能夠切割，或者是允許多工，即所謂的一心多用。人們可以將注意的資源分成好幾個部分，同時注意數件事情。例如：一邊開車，一邊跟旁人聊天。

(一) 訊息的多工注意

雖然注意可以多工，但注意的能力是有限的。因爲處理訊息的資源有限，能夠同時處理數件事情的條件是：這幾件事情處理起來是不需要太費力或已經很熟練，例如：開車時，如果路狀不熟，還要分心與其他人講話，容易錯過路口，甚至發生意外狀況。

(二) 知覺警戒（Perceptual Vigilance）

知覺警戒與選擇性注意有關的，還有知覺警戒與知覺防禦。

消費者「對於和目前需求有關的刺激會特別注意」，稱之爲知覺警戒。例如：若消費者最近想要換車，那麼該消費者就會對車子的廣告特別注意。過去的經驗會影響消費者對刺激的重視程度，例如：若有過不好的經驗時，對於有關該種產品的訊息會特別注意。

(三) 知覺防禦（Perceptual Defense）

知覺防禦意味著人們會看所想要看的，「對於不想看的訊息，會不去注意」。如果某項刺激會威脅到個人，那麼人們可能不會去處理這個刺激，或者會扭曲它的意義，使得該刺激較能被接受。

廣告中，並不喜歡提及死亡，就是因爲對許多消費者來說，死亡是不被喜歡的訊息。因此，人壽保險、意外保險的廣告，都是建立在死亡後留下保險金給受益人的前提，但保險公司卻不常以死亡作爲廣告的主要訴求，因爲死亡可能誘發知覺防禦。

(四)習慣性

另外，前面所提到的過度暴露，會讓消費者產生習慣性，這也會影響消費者對該刺激物的注意。當消費者產生慣性時，對於該訊息就會「視而不見」。

二、吸引注意的方法

消費者每天所面臨的刺激相當多，因此，如何能吸引使消費者注意，是行銷工作者的一項重要課題。基本上，所製作的刺激與消費者自身相關、使人愉悅的刺激、讓人驚訝的刺激、所製作的刺激很容易處理這四種型式，比較容易吸引消費者注意。

(一)所製作的刺激和自身有關

與自身有關的刺激，因爲對人們生活具有潛在影響力，所以較有可能捕捉到消費者的注意。這樣的刺激會吸引消費者的注意。

另外，刺激中若包含與消費者相似的資料，也會讓消費者認爲是與自身相關的刺激。例如：廣告中出現職業婦女的角色，就容易吸引職業婦女共鳴與注意。戲劇（Drama）的呈現方式因爲可以將消費者帶入戲劇中，使廣告中的內容能夠和消費者產生相關，所以也是使刺激能和自身相關的一種做法，在網路上流傳的許多微影音影片，也是利用了戲劇的成分，設法讓廣告影片與消費者相關[33-35]。

廣告內參雜修辭疑問句（Rhetorical Question），也會讓消費者認爲該刺激是與自身有關[36]。修辭疑問句是「以問句的方式陳述廣告訴求，用於加重語氣，它並不是眞正的問句」。例如：「想要贏得千萬元獎金嗎？」沒有人眞正期待這個問題被回答，因爲答案很明顯。廣告中運用修辭疑問句的目的，是希望將消費者帶進該廣告，藉此吸引消費者的注意。有一支波蜜果菜汁的廣告以「青菜在哪裡？」這個疑問句，大大地吸引消費者的注意。

(二)使人愉悅的刺激

使人愉悅的刺激也可以吸引消費者的注意。有很多種方式可以讓刺激令人愉悅，以下只是舉例。

1. **幽默**

   幽默感則是其中的元素之一。例如：要讓演講更爲成功，穿插一些幽默的話語是一項重要的準則。幽默感也經常運用在電視廣告中。

2. **視覺吸引力**

在具吸引力的視覺效果方面，例如：在廣告中使用名模等具有吸引力的模特兒，或者是穿著火辣曝露的性感辣妹，可以喚起消費者正面的情感及基本的性吸引，因此，能夠吸引消費者的注意。以一隻非常可愛的小狗或小貓作爲影片的主角，也都成功吸引消費者的注意。不過哪些是具吸引力的視覺效果，不同人會有不同的判斷，不同的文化也會有差異。例如：肌肉發達的健美男子，對某些人來說非常具有吸引力，但某些人則覺得很不喜歡。東方人喜歡女生皮膚白皙，甚至有一白遮三醜的說法，但是歐美人士則喜歡將皮膚曬黑，因爲這代表生活品質好，可以經常渡假曬太陽。

3. **令人愉悅的音樂**

另外，使人愉悅的刺激要素還包括音樂。熟悉或受歡迎的、愉悅或懷舊的音樂都會受到消費者很大的注意。音樂被廣泛運用於電視廣告與賣場中，其效果也因爲不同的特性或類型而有不同。

(三) 讓人驚訝的刺激

讓人驚訝的刺激可以從產品或包裝上著手，也可以在行銷溝通內容或廣告型式上著墨。讓人驚訝的刺激，重點在於出乎意料。很難在書中舉出令消費者驚訝的案例，原因很簡單，當消費者第一次看到時，會感到驚訝，但下次再看到時，就視爲理所當然了。因此，只要是先前被廣泛熟知的案例，就不可能讓消費者感到驚訝。

(四) 所製作的刺激很容易處理

和自身有關的刺激、使人愉悅的刺激與讓人驚訝的刺激，都是幫助提高消費者注意該刺激的動機，而很容易處理的刺激則是直接影響消費者的訊息處理能力。顯眼的刺激、具體的刺激與和其它刺激顯著不同的刺激，都能使消費者更容易注意到。全版的報紙廣告比半版的報紙廣告引人注意，動態的霓虹燈看板會比靜態的更容易吸引消費者目光。這是因爲全版廣告與動態霓虹燈看板，比半版廣告與靜態霓虹燈看板，來的顯眼的關係。

2-4 知覺的解釋階段

解釋（Explanation）指的是消費者賦予所接收到感官刺激的意義。紅燈停，綠燈行，這是我們賦予號誌燈號刺激的解釋。紅燈本來沒有任何意義，是我們賦予它意義。

組織、類化與理解這三項過程會影響消費者對該刺激的解釋。分別討論如後。

一、組織（Organize）

決定一項刺激將會如何被解釋的關鍵，在於這項刺激和其他事件、感覺或印象之間的關係。解釋階段的組織，是指我們的大腦會基於某些基本組織原則，「將接收到的感覺，和其他已存在記憶中的感覺相連結」。這些基本組織原則是以完形心理學（Gestalt Psychology）爲基礎 [37, 38]。

完形（Gestalt）這個字是德文，是形狀的意思，完形心理學也被稱爲是格式塔學派，這應該是用發音來命名的。完形心理學的主要觀點，在於人們會從整體完整的刺激來進行解釋，而非針對每個個別的部分，人們認爲個別分析該刺激的各項元素沒有辦法捕捉到全貌。完形心理學認爲消費者會將各個感官刺激的形態與輪廓組織起來，而非獨立看待各個接收到的感官刺激。完形的觀點認爲人們會用不同的原則來組織刺激，以下是幾個可被用來解釋消費行爲的原則。

(一) 封閉性原則

封閉性原則（Closure）指「人們傾向於將不完整的刺激視爲是完整的刺激」。也就是我們會根據先前的經驗，將不完整的部分塡補起來。這就是爲什麼我們在街上看到一些霓虹燈，縱使幾個燈泡不亮，但我們還是了解其意義。或者是聽到部分的旋律，仍能知道是哪首歌曲。

(二) 相似性原則

相似性原則（Similarity）指「人們傾向於將外表特徵相似的刺激歸爲同一類」。綠巨人食品（Green Giant）就是利用這個原則，重新設計其冷凍蔬菜產品線的包裝，統一生產線內所有不同的產品的外包裝。

(三) 主題或背景性原則

主題或背景性（Figure-ground）原則指的是「人們傾向於將某部分的刺激是主題，而另一部分的刺激則是背景，人們的焦點會直接專注在主題上」。因此，行銷人員必須設法將所要傳達的主要資訊設計成主題，而非被當成是背景。

(四) 接近性原則

接近性（proximity）原則是指「人們傾向於將將彼此靠近的物體視爲是一個群體」。因此，當商店陳列商品時，陳列的區域會影響消費者對於該商品的看法。

(五)對稱性原則

對稱性（Symmetry）原則是指「人們傾向於將對稱、相似且圍繞中心點的物體，視為是一個群體」。因此，在商品設計時，如果有兩個訴求在視覺上是對稱的，則這兩個訴求容易被視為是一個群體。

(六)共同命運原則

共同命運（Common Fate）原則是指「人們傾向於將動態相近、方向趨勢相近的物體，視為一個群體」，例如一些產品被排列成一個看似移動的趨勢線，則這些產品會被視為是同一個群體。

(七)連續性原則

連續性（Continuity）原則是指「人們傾向於將物體看成連續的，而非分離的多個物體」。

(八)過往經驗原則

過往經驗（Past Experience）原則是指「人們傾向於利用過去經驗來解讀新的物體」。這在新產品接受方面，經常為影響消費者的行為，消費者會用原有的產品習慣，來評價新產品。

完形心理學對於視覺整體性有獨特的論述，在設計及美學領域被廣泛使用，也確實能解釋很多消費者的知覺。

消費者在面對感官刺激時，可能同時適用多個原則，也可能只適用其中一個原則。

二、類化（Categorization）

類化是一項「藉由和先前的知識連結，而辨認或瞭解某項刺激的心理過程」，發生在當消費者辨識某刺激，且因此知道這刺激是什麼的時候。先前的知識會影響消費者對他們在環境中知覺到的事情所賦予的意義。換句話說，除非人們可以將在環境中知覺到的事情和他們已經知道的事情聯想在一起，否則將無法進行解釋。

(一)輪廓或劇本

人們先前的知識會包含許多事實，這些事實會被組織成輪廓或劇本。

1. **輪廓**（Schema）

所謂的輪廓，在心理學中也被翻譯成基模，這個字源自於希臘字，有外形輪廓的意思。在解釋階段，輪廓或基模是「將某件事、物體的相關資訊組織在一起的認知結構」[39]。例如：我們若提到木瓜，則會有「橘黃色的果肉」、「子很多」、「含酵素可以幫助消化」等一連串的資訊，輪廓（或基模）將木瓜的相關資訊，組織在一起。

2. **劇本**（Script）

劇本指的則是一連串事件或行爲的相關知識，也就是如何做某件事情的相關知識。例如：我們對洗衣服會有一套劇本：掏掏衣服的口袋、將衣服顏色分類、放進洗衣袋、放進洗衣機、加入洗衣粉、蓋上洗衣機的蓋子、按下洗衣機的操作按鈕。這些知識可以幫助人們更輕易地完成事情。

劇本可以幫助行銷人員瞭解消費者如何購買及使用某項產品，並將該品牌產品納入劇本中藉以影響消費者的購買。例如：一粒曼陀珠（糖果）是改善心情的一部分，這可幫助消費者解釋曼陀珠的價値，當消費者希望改變心情時，他的記憶告訴他，程序（劇本）之一是先買個曼陀珠（糖果）來吃。

（二）分類法分類或目標導向分類

除了輪廓與劇本反應了我們先前知識的內容之外，先前的知識還會被透過各種分類法，例如分類法分類（Taxonomic Categories）與目標導向分類（Goal-derived Categories）二種方法來加以組織。

例如：某個消費者，心理上對於健怡可口可樂的分類，由上到下歸類於「飲料類」、「氣泡飲料（或碳酸飲料）」類與「低熱量氣泡飲料（或低熱量碳酸飲料）」。

同樣的健怡可口可樂，若以目標導向分類，則可歸類到「減肥或保持身材時喝的飲料」、「看電影時喝的飲料」與「吃 pizza 時喝的飲料」等三個類別。

雖然產品是同一個，但在不同的類化下，面對的競爭產品可能不同[40]。

三、理解（Comprehension）

類化只是反應一項辨識刺激（What is it ?）的過程，理解則是「從感官刺激中獲得較高層次意義的過程」（What does it mean?）。也就是說，理解是消費者運用他們先前的知識與類化後的知識，對該刺激產生某些較高層次意義的過程。

理解又可分爲主觀理解（Subjective Comprehension）與客觀理解（Objective Comprehension）[41,42]。

(一)客觀理解(Objective Comprehension)

客觀理解反應著消費者「確實地了解或學習到某項溝通內容的程度」。行銷人員可以透過儘可能地簡化訊息、增加暴露於消費者的機會與時間、以各種不同的方式來多方面傳達訊息，以增加消費者客觀理解知識的能力[17]。

(二)主觀理解(Subjective Comprehension)

主觀理解指的是消費者從某溝通中，「自行推論出訊息所要傳達的意義」。如同類化一樣，主觀理解也和先前的知識有關，消費者會根據溝通的特徵與先前的知識，來進行推論(Inference)。因此，行銷人員就可以在產品或服務的四個行銷組合(產品、價格、促銷、通路)上，藉由設計和消費者先前知識相吻合的溝通物，來影響消費者的主觀理解。

2-5 行為學習

「學習(Learning)」是指一種經由「透過他人的教導、外部的資訊、或自身行爲獲取的經驗，來取得知識或提高能力的過程。」透過學習之後，消費者可能會在行爲上產生「相當長久」的改變。

學習不一定需要自己直接經歷，也有可能從觀察其他人的經歷中獲得。所謂的「他山之石可以攻錯」、「以史爲鑑」，就是指從他人的經驗中學習，所謂的「前事不忘，後事之師」，就是指從自己或他人的經驗中學習。

學習不是只發生在學校中，也不是只包括「書本」的學習，它是一種進行式的過程，發生在所有的日常生活中，包括我們在內的所有消費者，都隨時處在學習的狀況中。

當我們暴露於新的刺激與資訊，或者是接收到某種「當下次遇到相似情況時，應該要修改行爲」的訊息回饋時，我們會將此資訊，整理成爲知識，並加以儲存。此一個獲得資訊、整理資訊、加以儲存的過程，就是學習。學習所涵蓋的範圍很廣，許多領域(例如：教育、組織行爲等領域)也都討論到學習。

心理學家提出了許多理論來解釋學習的過程，最常被提到的是「行爲學習理論」(Behavioral Learning Theory)與「認知學習理論」(Cognitive Learning Theory)。行爲學習包括古典制約與工具制約，而認知學習包括背誦、代理學習與模仿、推論。

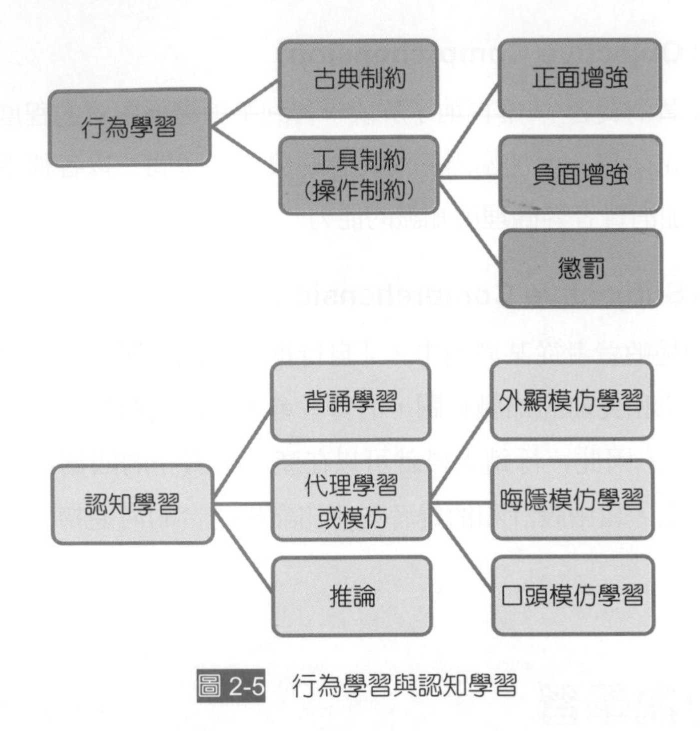

圖 2-5 行為學習與認知學習

照片 2-4

在臺灣的風景區，產品都有標價，而且通常是不二價，消費者已經不習慣討價還價了。但在包括中國大陸與許多國家在內的風景區，討價還價卻是常態。遊客通常需要幾次的經驗，學習到如何討價還價，並適應當地的討價還價的交易模式。

照片地點：新北市，烏來風景區。

「行爲學習理論」（Behavioral Learning Theory）又被稱之爲「刺激—反應理論」（Stimulus-Response Theory），此理論是從簡單的刺激—反應之間關聯的觀點來出發，假定「學習的發生是因爲接受到外界刺激而產生反應，造成行爲的改變，不強調內心思考過程的運作狀況」。

描述此行爲學習理論觀點的心理學家，將內心思考過程視爲是一個「黑箱」，也就是說，不強調內心思考過程的運作狀況，而只是強調可以觀察到的行爲部分[43]。早期發展的行爲學習理論包括古典制約理論與工具制約理論兩種。

圖 2-6 刺激—反映理論觀點的學習過程

一、古典制約理論（Classical Conditioning）

古典制約理論是「一種關聯學習，學習到制約與非制約刺激經常性配對出現的關聯，使得非制約刺激也會呈現與制約刺激相同的反應」。

(一) 古典制約的發生

古典制約理論中，討論刺激與反應之間的關聯，假設有一個會單獨引起某種反應的 A 刺激（制約刺激；Conditioned Stimulus），與一開始本身不會引起這種反應的中立刺激 B 刺激（非制約刺激；Unconditioned Stimulus）配對共同出現，經過一段時間重複出現後，因為 B 刺激（中立刺激）已經被認為和 A 刺激（制約刺激）相關，因此，單獨出現 B 刺激（中立刺激）也會產生類似於 A 刺激（制約刺激）所造成的反應，這種現象就叫做古典制約 [44]。

1. **動物的實驗結果**

   第一個提出此現象，並用狗來驗證此理論的心理學家是俄國學者帕伕洛夫（Ivan Pavlov）。帕伕洛夫一開始便安排將不會引起狗流口水的中立刺激（鈴聲，B 刺激），與之前狗一看到就會引起分泌唾液的制約刺激（肉團，A 刺激）配對共同出現，每次搖鈴（B 刺激）時就會給狗肉團（A 刺激），過了一陣子，等狗熟悉此狀況後，他發現，即使只有搖鈴聲（B 刺激），沒有給肉團（A 刺激），狗還是會分泌唾液。

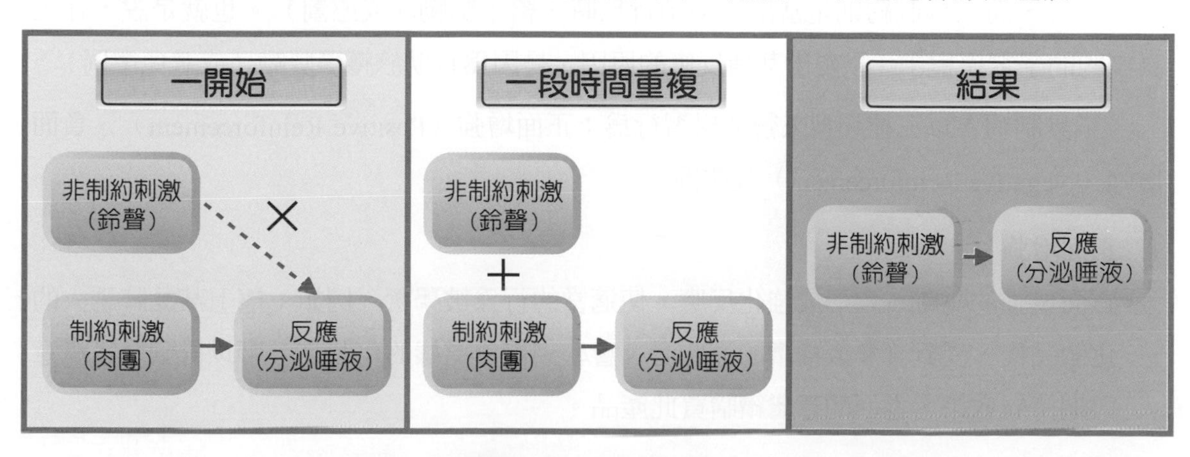

圖 2-7 古典制約的過程

2. **古典制約的應用**

帕伕洛夫所提出的古典制約理論，可以應用到消費行銷工作上。行銷工作者把可以產生人類基本本能需求（飢餓、口渴、性渴望、其他基本本能等）的線索，和譬如品牌之類的制約刺激，進行配對，當此兩項刺激（品牌與基本本能需求）不斷同時發生，而產生古典制約效應時，消費者會不自覺的學習到，當暴露於此品牌時，就會產生飢餓、口渴或性渴望的感覺。

二、工具制約理論

「工具制約（Instrumental Conditioning）」又稱作「操作制約（Operant Conditioning）」。當消費者「學習到進行某種行爲會獲得某個正面的結果，或是避免從事某種行爲，以免招致某種負面結果的行爲學習過程」，就是「操作制約」或「工具制約」。

(一) 行為會導致的後果

對行銷工作者來說，可以應用工具制約理論，透過給予某些獎勵或懲罰，來使消費者從事某項行爲，或不從事某項行爲。在這裡，所謂的「工具」，等同或類似於獎勵或懲罰。工具制約意即以獎勵或懲罰來制約消費者。

(二) 工具制約與古典制約的差別

工具制約與古典制約不同之處，在於工具制約討論的是具有自主性的行爲，而古典制約理論討論的行爲中，大部分的行爲反應，是屬於本能的需求（例如：分泌唾液或口渴），相當簡單，且無法有意識的控制，或者從生理學的角度來說，屬於交感神經所控制的部分。工具制約理論中討論的行爲反應，是因爲要達成某種目的，而故意地呈現。

古典制約理論是強調二種刺激（制約刺激與非制約刺激）密切配對，所產生的行爲學習結果，而工具制約則是當出現某項行爲時，給予獎勵（或懲罰）。也就是說，在工具制約的學習過程中，呈現出某種反應的原因，是因爲有助於獲得獎勵（或避免懲罰）。

工具制約會以三種類型來營造學習行爲：正面增強（Positive Reinforcement）、負面增強（Negative Reinforcement）及懲罰。

1. **正面增強**

正面增強的獎勵，會形成強化反應，使適當的行爲被學習，例如：擦上某品牌誘人的化妝品後，受到許多人稱讚的消費者，會學到使用這樣的化妝品，可以得到令人滿意與期待的效果，進而願意繼續購買此產品。

2. **負面增強**

負面增強的情況，是指學習從事某種行爲，來避免不愉快的感覺。和正面增強一樣，負面增強也會強化反應，使適當的行爲被學習。例如：腋下沒有噴除汗噴劑的女性，在擁擠的車箱內，會令許多乘客感到厭惡，不喜歡接近。這樣的訊息傳達了：如果這位女性事先有使用除汗噴劑這項產品，就可以避免這種負面的結果，因而增強購買意願。

3. **懲罰**

懲罰則是指當消費者出現某種行爲後，會產生不愉快的感覺，而令消費者停止或減少該項行爲。例如：廣告說：「您還在使用某種老舊的產品嗎？您眞是瘋了！」強調如果繼續使用該老舊產品，就是「瘋了」，讓消費者感覺使用老舊產品會是一種懲罰。

(1) 動物的實驗結果

著名心理學家史金納（B. F. Skinner）的一項動物實驗，證明工具制約的效果。史金納對實驗的鴿子或其他動物等，予以系統性的獎勵，而教會這些動物跳舞、打乒乓球等等行爲。這種讓動物學習特殊技能的做法，其實在馬戲團與傳統雜耍團中已被充分利用，只不過，以系統性的實驗研究來探討此種工具制約，必須追溯到史金納的實驗 [45]。

史金納對鴿子進行正面增強、負面增強與懲罰等三個工具制約實驗，在正面增強實驗中，鴿子若壓拉桿（操作行爲），史金納就會給鴿子食物吃（獎勵），鴿子就會學到，當要吃東西時，就會去壓拉桿。在負面增強實驗中，若壓拉桿（操作行爲）的話，史金納會停止對鴿子的電擊（避免負面的結果）。正面增強與負面增強這兩種情況，都會使鴿子持續去壓拉桿，達到學習的目的。相對的，在懲罰的鴿子實驗中，當鴿子壓拉桿時，史金納會給予鴿子電擊（不愉快的感覺），因此鴿子會學習到不去壓拉桿，這同樣也達到學習的目的。工具制約的三種學習類型如表所示。

表 2-1　工具制約的學習類型：正面增強、負面增強、懲罰

工具制約類型	操作行為	結果／獎懲	學習的行為
正面增強	壓拉桿	給鴿子食物吃	未來會持續壓拉桿
	化妝	受到同伴稱讚	繼續用與購買該化妝品

工具制約類型	操作行為	結果／獎懲	學習的行為
負面增強	壓拉桿	停止對鴿子電擊	未來會持續壓拉桿
	使用除汗劑	避免腋下異味	使用與購買該除汗劑
懲罰	壓拉桿	對鴿子電擊	停止壓拉桿
	不使用某產品	被同伴恥笑	開始使用某產品

2-6 認知學習

相對於行為學習理論不強調內在心智處理的「黑箱」過程，認知學習理論（Cognitive learning Theory）則是「強調心智過程的重要性，主張學習包含著複雜的內心處理資訊的過程，主張個人能夠充分運用環繞在周圍訊息，來主宰環境的問題解決」。

認知學習理論認為即使非常簡單的學習，也不是僅靠刺激與反應就可得到的結果，而是基於認知才會產生的。

動物實驗

認知學習的研究始於庫勒（Kohler）在 1925 年進行的實驗[46,47]，他將一隻猴子關在籠子內，並將香蕉放在籠子外，猴子看得到但用手拿不到的地方。籠內放了一根棍子，猴子必須學習利用棍子，才能取得香蕉。在此實驗中，學習過程並非靠著刺激和反應而得（非古典制約），也不是給予獎勵或懲罰，才讓猴子學習運用棍子來取得食物（非工具制約），而是透過猴子內心認知的過程。庫勒的研究，是以猴子為實驗對象，選取猴子可能是因為猴子的智商較高，較為接近人類，若是像工具制約一樣，選用鴿子做實驗，是否能得到認知學習的結果，則令人存疑。也就是說，認知學習或許與智商有關。

認知學習涵蓋了人類在解決各種問題，或因應各種狀況時，所發生的全部心智活動，對於行銷人員而言，有三種認知學習的方法特別重要：重複機械性地背誦學習、觀察學習或代理學習／模仿、推論。

一、背誦學習（Rote Learning）

背誦學習是指「因為不斷重複而記憶下來的學習」。在沒有制約之下，學習兩種或多種觀念之間的關聯，就是所謂的重複機械性地背誦學習。一則簡單的訊息重複幾次後，不知不覺地將這則訊息深入其腦海。廣告詞（Slogan）使用的原理就是背誦學習。

很多熟悉的不能再熟悉的廣告台詞，都是因爲消費者反覆聽到之後，背誦學習下來的。簡單舉個例子，「不在乎天長地久，只在乎曾經擁有（Titus 鐵達時手錶廣告台詞）」、「鑽石恆久遠，一顆永流傳（De Beers 鑽石廣告台詞）」、「六分鐘護一生（子宮頸抹片檢查）」、「Trust me, you can make it！（媚登峰塑身美容廣告台詞）」。這些廣告台詞，並沒有非制約刺激或直接的獎賞、懲罰，屬於背誦學習。

二、觀察學習（Observational learning）或代理學習／模仿理論（Vicarious Learning/Modeling Theory）

觀察學習、代理學習、模仿理論，是指消費者「未必需要實際親身體驗某種獎賞或懲罰才能學習，而是可以觀察別人行爲所衍生的結果、想像某種行爲會衍生何種結果、或者是從別人口中被告知某種行爲會衍生的結果，來修正自己的行爲」。

有些學習建立在觀察之上，因此稱爲觀察學習，因爲不是親身從事的行爲，因此稱之爲代理學習或模仿。觀察學習、代理學習、模仿理論這三者雖不完全相同，但在本書中，並不細分這三者的差異。

從模仿的方式來看，可以將代理學習分成三種學習方式，包括外顯模仿學習、晦隱模仿學習（Covert Modeling）及口頭模仿學習（Verbal Modeling）[48-51]。

（一）外顯模仿學習（Overt Modeling）

外顯模仿學習就是「直接觀察別人行爲所衍生的結果，來調整自己行爲」的一種學習方式。消費者在日常生活中，不斷的利用外顯模仿學習，來模仿別的消費者的行爲。因爲外顯模仿學習的存在，使得新的商品會產生擴散作用，更多的消費者成爲產品的購買者。

某些產品因爲特性使然，消費者難以進行外顯模仿學習，此時廠商有可能利用廣告的方式，營造消費者可以外顯模仿的情境。例如：女性內衣是極難發生外顯模仿的產品，因爲沒有任何女性消費者可以藉由觀察，知悉其他女性消費者的內衣消費行爲。但內衣廠商可利用廣告，彌補此一產品擴散的限制。消費者在女性內衣廣告中，看到模特兒穿著內衣的示範，進而調整自己購買內衣的行爲，就是一種外顯模仿學習。

（二）晦隱模仿學習（Covert Modeling）

晦隱模仿學習就是「想像某種行爲會衍生何種結果，來調整自己行爲」的學習方式。例如：想像穿上性感內衣，將會多麼吸引自己的愛人，或者想像戴上名設計師所設計的鑽石項鍊，會受到朋友的羨慕。晦隱模仿學習的重點是想像，而不是推論。

（三）口頭模仿學習（Verbal Modeling）

口頭模仿學習則是「根據別人所說，其他人將會如何處理，來調整自己的行爲」的學習方式。也就是說，沒有眞的看到別人怎麼做，而是聽到別人說，他是怎麼做。

舉例來說，家庭親子教養，消費者經常透過口頭模仿學習來學習，並不常眞的觀察到其他人的家庭親子教養行爲。再舉例來說，消費者並不知悉其他消費者會怎麼處理家庭關係、兩性關係、親密關係，家庭關係雖可以藉由連續劇的演出來傳達給消費者，但帶有太多戲劇成份。而兩性關係、親密關係，則更難以透過戲劇來傳達。此時，根據朋友或兩性專家所說，口頭模仿別人怎麼處理兩性關係或親密關係，便成爲常態。

三、推論（Reasoning）

推論是指「利用思考與認知，將既有的資訊與知識，和新的資訊加以重組、合併，從而形成新的連結或觀念」。

（一）對於新產品的推論

舉例來說，當您看到自動駕駛的電動車時，您可能用推論的方式，來了解這台自動駕駛的電動車，並將自動駕駛的電動車比喻爲您已收悉的汽車。您會注意到自動駕駛的電動汽車與一般汽車，都有油門、都有煞車、都有方向盤、都有一些共同的控制設備。因此，您推論「在相同的目的下，理應具有其他相同的特徵」。由於一般汽車會有照後鏡，因此您也認爲自動駕駛電動車也應該有這些功能。

（二）消費者的錯誤推論

消費者可能做出正確的推論，也可能錯誤推論。有時廠商會「善用」消費者自己的推論。舉例來說，廠商將優酪乳的瓶身設計爲曲線瓶，讓消費者自行推論優酪乳有助於維持身材。許多廠商喜歡把營養補充品設計成藥錠的外型，其實也就是希望消費者將此一營養補充品推論爲藥品。

2-7 記憶

記憶（Memory）就是「將以往學習獲得的知識與經驗累積儲存，以及日後將儲存的資訊從大腦中取回的過程。」

消費者會把過去學習到的許多經驗與知識儲存在大腦中，並在需要的時機或是適當的刺激下，想起這些經驗或知識。這些經驗與知識，包括：產品的知識、服務的知識、逛街的經驗、消費的經驗、使用的經驗、接受售後服務的經驗、抱怨的經驗等等。如果消費者在購買某項產品時，能夠想起某個品牌名稱及其屬性與特色，那麼這位消費者就有可能會購買與使用該品牌，或至少將該品牌納入備選方案。相反的，即使消費者以往曾經購買或使用過某品牌產品，但在購買時，消費者無法回憶曾使用過該產品，則此一記憶並不會成為決定購買的因素。所以，記憶在消費者的購買決策過程中，扮演一個非常重要的角色。

目前對於記憶的研究，都是從資訊處理（Information Processing）的觀點出發，為方便說明，我們通常假設人類的大腦在某些方面和電腦很類似，資料輸入後，經過處理，以便日後的使用。此一過程包括編碼、儲存（Storage）與取回（Retrieval）等三個階段 [52-54]。

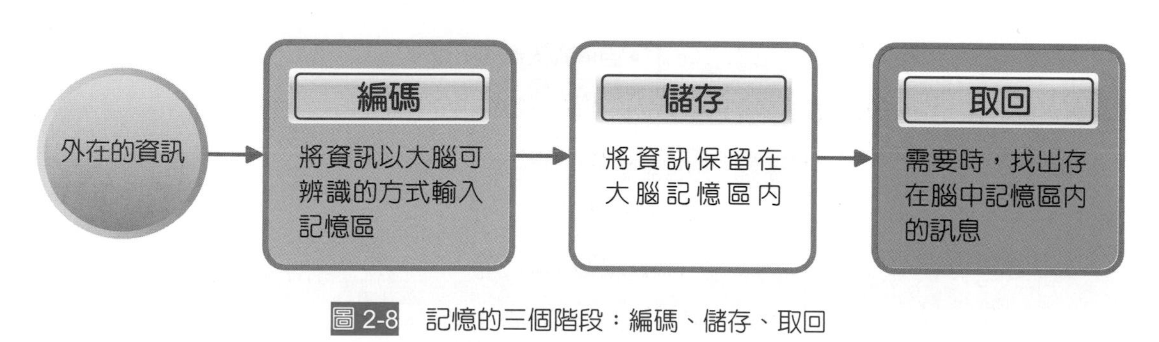

圖 2-8 記憶的三個階段：編碼、儲存、取回

一、編碼（Encoding）

編碼階段就是「將資訊以可辨識的方式輸入」。資訊的編碼是一種心智處理的過程，編碼將幫助決定資訊在記憶中如何被呈現，及幫助之後記憶的取回。一般來說，輸入的資訊，若和既有記憶中的其他資訊密切關聯，則被保留在記憶中的機會就愈大 [55-57]。

舉例來說，若產品的品牌名稱和產品的特色產生關聯（例如：「足爽」與香港腳有關聯，很容易聯想），當消費者看到這個品牌名稱時，會因為這個名稱和原本記憶中的產品特色關係密切，因此，容易將這個品牌保留在記憶中。在足爽與香港腳的例子中，取名叫做足爽，會比取其他抽象的品牌名稱，來得更容易記憶。

編碼是消費者處理資訊的方式，實際上使用的編碼方式很多，消費者在一開始接觸到某項刺激時，可以簡單地先從該刺激的感官意義（Sensory Meaning）的角度來處理，來進行編碼，例如：車子的顏色或外型，就是一種感官的意義，例如：March 汽車曾經推出粉紅色、粉藍色等顏色的汽車，有可能會讓消費者將 March 汽車編碼歸類爲女性用車。當然，編碼也可以從較爲抽象的層次上來進行，例如：從有錢人抽雪茄，或時髦的男人會戴耳環等這類的象徵性關聯的語意意義（Semantic Meaning）角度上來處理。

二、記憶的儲存（Storage）

儲存階段就是將「新取得的資訊，和已經在記憶中的資訊整合，並存放起來」。

討論記憶的儲存時，就必須討論記憶的類型，記憶有三種不同的類型，分別爲感官記憶、短期記憶與長期記憶。

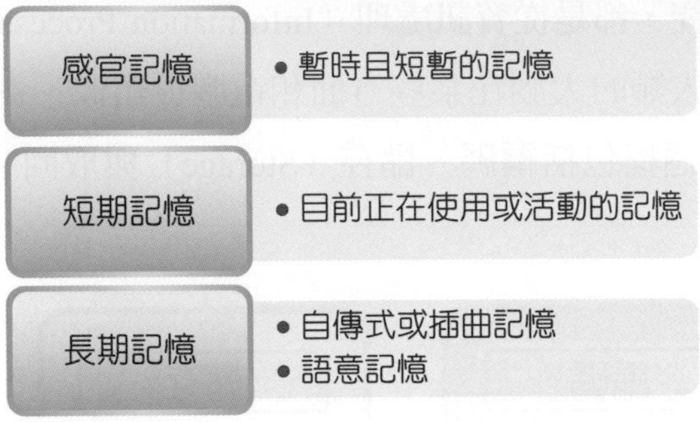

感官記憶	• 暫時且短暫的記憶
短期記憶	• 目前正在使用或活動的記憶
長期記憶	• 自傳式或插曲記憶 • 語意記憶

圖 2-9 感官記憶、短期記憶、長期記憶

照片 2-5

在公路邊的汽車旅館，吸引的是長途旅行、必須找地方歇腳的消費者，以及雖已事先訂房，但初次來訪，正在找尋旅館確實位置的顧客。由於位於公路邊，車速不慢，因此，如何讓開車經過的消費者，看到汽車旅館招牌時，可以立刻察覺到這就是想要住宿的旅館，就成為汽車旅館品牌設計的重點。圖中的汽車旅館以大大的 6 字，吸引消費者的注意。

照片地點：美國，芝加哥市郊。

(一) 感官記憶（Sensory Memory）

感官記憶是比短期記憶還要短的記憶，所有的外部資料或刺激，都會也都需要透過感官來接收，在進一步處理這些外部的刺激或資訊之前，感官「會以感官所眞實接收到

的形式，先暫時且非常短暫地被存放在記憶儲存區中」。感官記憶大概只保持一、二秒鐘的時間，但很重大的刺激，可能會保持較久，這種保持較久的刺激，通常與心理的創痛或特殊的喜悅有關，這一、二秒的短暫記憶，被稱之爲感官記憶。

1. **回聲記憶**（Echoic Memory）**及圖像記憶**（Iconic Memory）

   最常被討論到的感官記憶是聲音與影像的感官記憶[58-61]，包括回聲記憶（Echoic Memory），意指我們「所聽到的感官刺激暫存於腦海」，以及圖像記憶（Iconic Memory），意指我們「所看到的感官刺激暫存於腦海」。

這些感官記憶資訊是生理系統自動存放在儲存區內的，並不需要我們刻意的注意或是刻意的存放。例如：當我們開車時，從車外快速地閃過一個麥當勞的標記，雖然我們視線很快速的離開這個影像，但這個影像會自動留存在腦中一、二秒的時間，如果在這一、二秒鐘的時間內，我們並沒有決定要進一步的處理這個訊息，那麼這個影像就會從感官記憶中消失。相反的，如果在這一、二秒鐘的時間內，消費者產生處理該訊息的動機，這個訊息就會從感官記憶中，移到下一個記憶的層級（短期記憶），以便進一步的處理。從這種角度來說，路邊的招牌要大到駕車者看到的二秒之後開始反應（靠邊停靠），仍不會錯過，才是合宜的安排。

(二)短期記憶（Short-Term Memory）

短期記憶是正在使用或活動的記憶[62]。代表那些「剛剛從感官記憶被移置到短期記憶，且正被依據既有的知識來編碼，或加以解釋的資訊」。換句話說，短期記憶指的是「目前正在使用或活動的記憶」，它比較像是電腦系統中正在使用的檔案，或是電腦系統中記憶體內的資料，所以又被稱爲運轉中的記憶（Active or Working Memory）。

1. **短期記憶容量：米勒法則**（Miller's Law）

   短期記憶的容量，可以資訊組來衡量。短期記憶資訊的儲存，是指經由組成（Chunking）的過程，將數個小片段，合併成爲較大的資訊組（Chunk）。所謂的一個資訊組，是指此人熟悉的，且可以被此人視爲一個單位來操作的資訊結構。短期記憶的容量是有限的，根據米勒（Miller）的一篇經典論文所提出的米勒法則（Miller's Law）的說法，「短期記憶的容量大約在七個資訊組左右」。也有許多人認爲短期記憶一次只能處理三到七個資訊組（Chunks），而三到四組是最適的規模[63,64]。一旦在短期記憶的資訊超過這個量，則會產生資訊負荷過量（Information Overload）的現象。

例如：在沒有經過特定記憶的情況下，您可以記住一組電話號碼，但若有太多組電話號碼，沒有紙筆的幫忙，大部分人並不一定能夠記憶下來。當消費者到超市購買東西時，如果只打算購買牛奶與衛生紙時，消費者有較大的機會記起所要買的這二項產品，但是消費者如果必須要購買牛奶、茶、面紙、衛生紙、醬油、蘋果、蛋、羊肉、布丁、冰淇淋、糖、米、麵粉、可樂、沙茶醬等許多產品，除非用紙筆記下，否則，消費者有很大的機會，會忘記某一項或二項東西，或者根本忘記大半的東西。

現在許多手機的應用程式安裝，或是網站登錄，或是信用卡刷卡，常常要進行使用者的電話簡訊身份驗證，此時會傳送一個簡訊，使用者必須將該號碼輸入到應用程式或網站。此時，使用者會發現，他可以約略勉強紀錄 4 到 6 碼的無意義數字，但如果簡訊驗證碼超過 7 碼，使用是很難記錄下來的。這就是消費者短期記憶的限制。

2. **維持性背誦**（Maintenance Rehearsal）

短期記憶既然成爲短期，顧名思義，其儲存的時間也很短，必須經由維持性複誦[65]，「不斷地將資訊在內心反覆存取，才能使感官記憶保留在短期記憶中，或轉入長期記憶」。若沒有能夠加以複誦並移轉的話，則短期記憶往往會在三十秒鐘內流失。例如：和一個新認識的人交換名片，知道對方的姓名，如果沒有進一步地加以複誦，則可能在三十秒鐘之後就不記得這個名字了。

3. **推敲活動**（Elaborative Activities，**或譯爲思慮活動**）

短期記憶中的另一個資訊處理活動是推敲活動（Elaborative Activities，或譯爲思慮活動）。所謂的推敲活動，就是「運用長期記憶區內所儲存的價值觀、態度、信念和感受，來解讀評估短期記憶中的各項資訊，並將過去長期記憶區儲存的相關資訊，納入現在正在運轉的短期記憶中，藉以修改記憶，或是增加新的記憶」。

4. **意象處理**（Imagery Processing）

不像感官記憶所儲存的只是感官眞實接收到的形式，短期記憶還可能以與語意有關的方式，或所謂的意像處理，來儲存記憶。意像（Imagery）是感官對某種構想、感受或事物的具體表現，可以直接反應出過去的部分體驗。例如：當聽到「蘋果」這二個字時，短期記憶除了「蘋果」二個字之外， 則還可能會從這句話的意義來記憶，例如：它的外觀、聞起來的味道、咬起來的聲音、顏色、童話故事中的白雪公主……等。當然，現在的消費者聯想到的可能不是農產品，而是手機與電腦。

簡單來說，意象處理「不只是紀錄感官訊息，還以與語意有關的方式，賦予意義」。

(三)長期記憶(Long-Term Memory)

長期記憶區內的資訊,「往往可以儲存一段相當長的時間,甚至於一輩子」。儲存的資料類型眾多,包含觀念、事件、感受等。家裡的地址、飢餓的感覺、騎腳踏車的技巧、走路的能力等,都是長期記憶的例子。

從認知心理學的觀點來看,長期記憶的儲存可以分爲二種類型,自傳式或情節式記憶與語意記憶[65]。

1. **自傳式或情節式記憶**(Autobiographical or Episodic Memory)

   自傳式或情節式記憶[66, 67],指的是發生在自己身上的「事件與和事件有關的知識所形成的個人記憶,包括過去的經驗,和與這些過去經驗連結的情感與情緒感受」。例如:人們的第一次約會、結婚典禮、畢業典禮、生小孩等,通常都會引起某些鮮明的意像與感受。此種自傳式或情節式記憶的儲存方式,是依照資訊取得的先後順序來儲存,以該事件發生的時間爲軸,而將相關的事件內容,儲存在長期記憶區。

   例如:若要你回想上次和男(女)朋友的約會,可能會依據當天時間的先後,逐一回想起當天所經歷的各項活動。行銷人員通常都會設法喚起消費者的自傳式記憶,進一步希望消費者能因此對其產品產生需求與正面的感受。

2. **語意記憶**(Semantic Memory)

   自傳式或情節式記憶反應的是和自己有關事情的儲存,但是在長期記憶中,有許多的資訊或知識,並非全和我們特殊的經驗有關,而是我們對「某種觀念所具備的知識與感受,與個人經驗無關,並非以事件發生程序的方式儲存在記憶區」。

   語意記憶的來源可以來自於自傳式記憶,也可能是經由認知學習而來,通常包括客觀性的知識,例如:我們對貓、狗、小鳥等寵物的記憶,有一部分可能來自於自己飼養的貓、狗、小鳥,或是其他型式的學習,例如:從書本學習或是來自他人的說法等。

   語意記憶的儲存方式,是依照資訊中的重要觀念,來加以儲存。例如:你對出國旅遊的記憶,乃依旅遊的方式:商務旅行、自助旅行、參加旅行團,來作爲儲存編組的主要依據,又譬如,將 BMW 品牌歸類爲「豪華轎車」,但將 Ford 歸類爲平價車。

   一般而言,人類的知識(Knowledge)大部分是屬於語意式記憶,尤其是學校所教學的知識,有其資訊的結構與內容,而不是單單依照時間發生先後的流水帳記憶方式[68, 9]。

三、記憶儲存

（一）通常只討論長期記憶的儲存

前面提到感官記憶、短期記憶與長期記憶等三種記憶中，感官的記憶延續時間極短，因此，若要討論記憶儲存，通常只討論短期記憶與長期記憶。傳統的觀點認爲，短期記憶與長期記憶是不同的系統，但最近愈來愈多的研究從處理本質的角度上來看，則認爲二者高度相關。

（二）長期記憶以網路的方式儲存

大多數的學者都認爲，長期記憶的記憶形式，是一種像是蜘蛛網一樣的網路（Network）形式，這個網路包含許多的節點（Nodes），及存在於這些節點間的許多相關連的連結線，稱之爲「知識結構」（Knowledge Structure）。這樣的比喻，在資訊管理或資訊科學領域，被稱爲知識樹或知識本體（Ontology）。

舉一個簡化後的長期記憶結構來進行討論，可樂（或汽水、碳酸飲料、軟性飲料）的長期記憶網路結構中，包含許多的節點（例如：解渴、顏色、生日派對、蘋果、流汗……等等），以及連結線（例如：存在於可樂與解渴之間的連結線、紅色與蘋果之間的連結線、生日派對與蛋糕之間的連結線……等等）。儲存在記憶的節點裡頭的訊息，包括觀念、事件與感受等各種類型。這些記憶或是所謂的知識結構（知識本體），會直接或間接因爲「可樂（或汽水、碳酸飲料、軟性飲料）」這個線索（Cue），而聯想起來，所激發的這一套完整的知識結構，又稱之爲基模或輪廓（英文爲 Schema，中文可翻譯爲基模或輪廓，本章前段關於知覺的解釋階段曾經討論過）。這種連結不同的觀念，來對某種事務賦予完整意義的過程，稱之爲聯想性連結（Associative Links）。行銷人員有一項重要的工作，就是要使品牌與消費者所想要的產品利益產生連結。

新進入短期記憶的資訊，會不斷地與留存在長期記憶節點內的既有資訊，進行編排分類與重組的處理，整個網路的結構關係也會隨之調整，這種過程稱之爲活化作用（Activation）。當處理的愈深入，這項新資訊（短期記憶）愈有可能融入舊的知識中，進入長期記憶，產生一套新的知識結構。當你感覺到口渴時，會想到各種事物（整個知識結構），包括各種可以解渴的產品品牌，例如：可口可樂、百事可樂、黑松沙士、舒跑運動飲料、泰山純水等等（這些被喚起的品牌稱爲「喚起集合（Evoke Set）」）。當有一種新品牌進入你的長期記憶時，會將這個新品牌和喚起集合中的品牌放在一起，當以後想到解渴飲料時，就會多了一個新的項目了。相反的，如果一個新品牌，並沒有與

舊有長期記憶，產生網路結構的連結，則當想到解渴飲料時，腦中出現很多品牌，但不含這個新品牌，也就是說，這個新品牌不在喚起集合，則這個新品牌被青睞的機會就大幅減少。

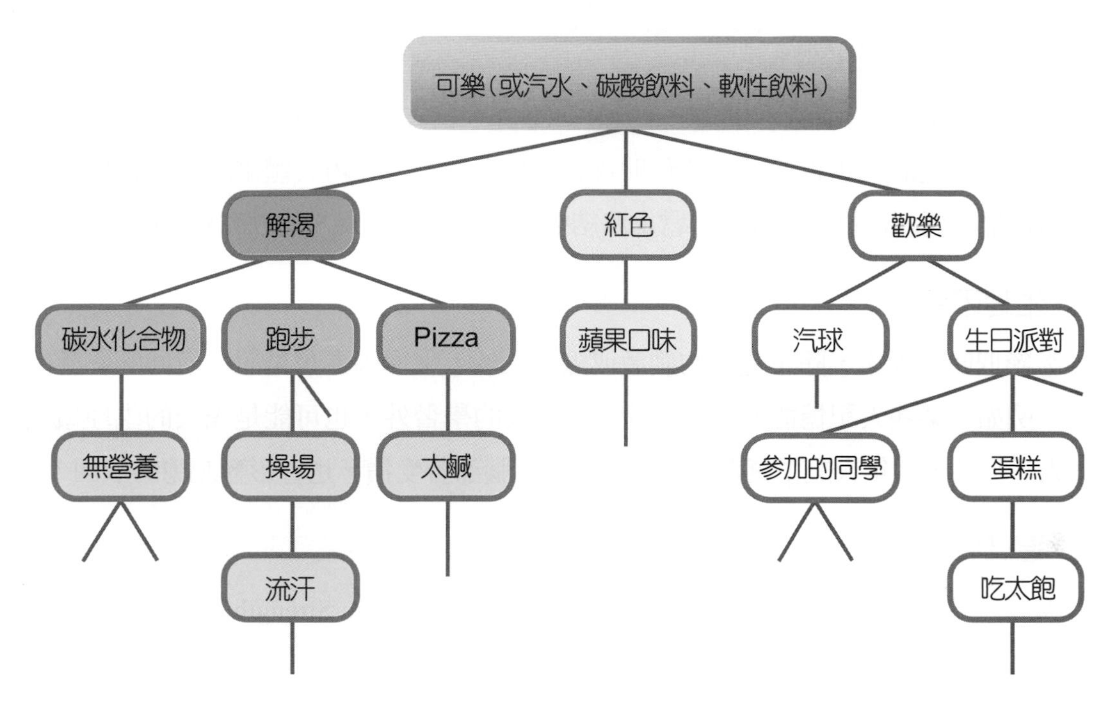

說明：長期記憶中會有很多的網路與節點，本圖只是示意，圖中的線段意謂著還有很多節點沒畫在本圖中。

圖 2-10　可樂的長期記憶網路結構

四、記憶的取回（Retrieval）

取回階段是指「從大腦內取回所需資訊的過程」。很多因素會影響到記憶的取回 [69-74]。

(一) 取回線索

取回是指從長期記憶中回復資訊的過程。雖然我們的長期記憶區中，儲存相當多的資訊，但是如果沒有適當的刺激或線索，我們是無法記憶起這些資訊，我們需要找到長期記憶網路結構的任何一個點，從這個點追溯到其他點，最後找到所需要找到的記憶。

例如：若要你回憶上一次出國渡假的情況，你可能說出當地的物價很便宜、海水很清澈、浮潛、魚很多、天氣很熱、很愉快等，最後，您想到很多事情的細節。一般情況下，我們有可能無法回憶起每件事情，可能忘記旅館的名稱，忘記了旅館的浴室沒有浴缸（只有蓮蓬頭）、也很有可能不記得午餐吃什麼。不過，某些事情只要有些許線索提示，你就有可能又回想起來。例如：你可能忘了所住的飯店名字，但是如果有人問你是不是住在「某某飯店」，你可能就想起來就是住在「某某渡假村」裡，或者是在拿出你和餐廳服務員的合照，你就想起當天是吃什麼午餐了。

(二) 取回能力的強化

世界各地都有許多關於記憶訓練的課程（例如：許多強調快速記憶訓練的補習班），升學補習班的老師，也會發明很多幫助背誦的技巧，這些技巧大體來說，就是增加記憶的網路結構，讓記憶更容易取回。當網路結構愈多，強度愈大，就愈容易取回記憶。

(三) 生理因素

影響取回的因素，除了適當的刺激或線索之外，生理因素也是記憶取回的影響因素之一。例如：某些人記憶能力特強，除了是後天的學習外，也可能是先天的生理機能異於常人，另外，老年人記憶衰退，經常記不住，腦部若受損，也會影響記憶的取回。

(四) 連結強度

除此之外，記憶網路結構中的相關連結線的強度（Trace Strength），也會影響記憶的取回。例如「可樂」和「碳水化合物」這二個節點間的連結強度，可能大於「可樂」與「歡樂」之間，因此，當提到「可樂」時，「碳水化合物」這項訊息，會比「歡樂」這項訊息來的容易讓人回憶起。也就是說，我們會先想到結構強度較強的記憶，如果網路結構強度不夠，就很容易想不起來，或者花很多時間才想起來。

(五) 活化伸展

另一個影響記憶取回的因素，爲活化作用的伸展（Spreading of Activation）。當某個節點上的記憶被活化（Activate）時，某部分的活化作用，會伸展到鄰近節點的記憶，鄰近節點的記憶也會被取回，也就是說愈鄰近的節點記憶愈容易被回憶起。例如，若提到「可樂」，則「歡樂」會比「生日派對」更容易被回憶起，因爲歡樂比較鄰近於可樂。

(六) 情境因素

情境因素也會影響記憶的取回。回憶某件事時，其所處的情境，和當初學習這件事時的情境相同，則容易回想起。這稱之爲情境回憶（State-Dependent Retrieval）。

例如：升學補習班可能告訴學生，在準備考試的內容時，要依照各個科目的考試時間來安排各科目的複習時間，如果早上九點到十點半考英文，那麼安排每天早上同一個

時間來複習英文，則會幫助考試時對內容的回憶。有些人會說，應該在類似於考場的教室背誦資料，因爲考試時的環境與背誦的環境相同，有助於情境回憶。

(七)熟悉程度

熟悉程度也會影響回憶的程度，當熟悉程度愈高，節點與節點間的連結強度將會愈強，有助於記憶的取回。因此，行銷人員要不斷地建立及維持消費者對其產品的熟悉度，才能讓消費者記得該產品。不過，過度熟悉也不一定是好事，如果過度熟悉，會讓消費者覺得大部分的資訊都是已經知道的事，這可能會降低消費者對相關訊息的重視程度，造成不良的學習或回憶。另外，突出或特殊的資訊，也會影響對該資訊的回憶，舉例來說，當消費者想到一個飲料瓶的外型時，如果此外型非常普通，則很難直接連結到某一個品牌。這解釋了爲何較不尋常的廣告或獨特的包裝，可以幫助消費者對品牌的回憶。

五、記憶的遺忘

(一)暫時遺忘與永遠遺忘

記憶並非永遠不會忘記，有些時候，連結已經非常薄弱，因此，無法再被取回，或者需要耗費非常久的時間，才能被取回。有些記憶，則是永遠也無法取回了。生理學家或醫學界，對於記憶是否會被永久遺忘，有其基於生理學的解釋，簡單來說，並非所有在長期記憶中的資訊都可以被取回，許多資訊也會被我們遺忘，而且，可能是永久的遺忘，但這個遺忘，很可能在某些罕見的線索被提出時，又喚起記憶 [75-77]。

舉例來說，我們可能會忘記小學老師的名字、忘記小學畢業旅行的過程、忘記書本的內容。可是，當我們回到校園，見到同學時，可能突然想起老師的名字。

(二)遺忘的原因

會造成記憶的遺忘，往往來自於兩種原因：衰微（Decay）與干擾（Interference）。

1. **衰微（Decay）**

   衰微主要是指「記憶的節點與節點間的連結強度降低，低到無法用某個節點去連接到下一個節點」。如果記憶衰微，就不會想起來該記憶。

2. **干擾**

   干擾則是指某個節點連結出的資訊過多，以致於無法找到所要的資訊。舉例來說，當我們的社交圈非常固定時，我們會記得每個人的名字。但對於擁有多個身份，社交圈廣闊，資訊彼此干擾，使得我們不容易記住每個人的名字。

一、選擇題

(　　) 1. 感官所接收到的最低刺激強度，稱為： (A) 感官門檻 (B) 知覺曝露 (C) 閾下知覺 (D) 臨界負荷量。

(　　) 2. 感官的相對門檻（差異門檻）指的是：
(A) 能夠被某一特定感官感受到的最低刺激量
(B) 人們注意到感官接收器所收到的刺激
(C) 感官系統能夠偵測到兩個刺激之間改變或差異的能力
(D) 消費者會選擇有興趣的刺激，而忽略其他的刺激。

(　　) 3. 關於恰感差異的陳述，何者錯誤？
(A) 能夠被足以偵測到二個刺激之間有差異的最小差異值
(B) 人們能夠偵查出兩個感官刺激間有差異是一種相對的效果，而非絕對的差異
(C) 可以解釋安靜的圖書館，輕聲細語說話仍會讓人覺得吵雜
(D) 恰感差異必須是正向值，也就是新的刺激必須高於原有刺激，不可以是低於原有刺激。

(　　) 4. 知覺過程的選擇性暴露，指的是： (A) 穿著暴露以吸引目光 (B) 消費者會選擇有興趣的刺激，而忽略其他刺激 (C) 選擇性暴露的基本假設是所有資訊都納入考慮，不會有資訊過載的疑慮 (D) 指的是感官系統能夠偵測到兩個刺激之間改變或差異的能力。

(　　) 5. 關於閾下知覺（Subliminal perception，也有人翻譯為潛意識知覺）的陳述，何者正確？
(A) 閾下知覺指的是低於最小門檻的訊息，仍有可能被無意識地接收
(B) 已有非常多研究確認閾下知覺是真實存在的
(C) 意思就是選擇性的記憶。下意識地記錄下自己有興趣的訊息
(D) 只發生在當刺激強度高於消費者的意識能夠察覺到的水準，且消費者對於該訊息有注意。

(　　) 6. 知覺過程的知覺警戒，指的是：(A) 消費者對於與目前需求有關的感官刺激會特別注意 (B) 指的是感官系統能夠偵測到兩個刺激之間改變或差異的能力 (C) 指的是消費者會選擇有興趣的刺激，而忽略其他的刺激 (D) 發生在當刺激高於消費者感官的絕對門檻，但低於消費者的意識能夠察覺到的水準。

(　　) 7. 人們傾向於將不完整的刺激視為完整的刺激，稱為：(A) 封閉性原則 (B) 相似性原則 (C) 主題或背景性的區分 (D) 知覺警戒。

(　　) 8. 解釋階段的相似性原則指的是：
(A) 人們傾向於將不完整的刺激視為完整的刺激
(B) 消費者會將外表特徵相似的刺激歸為同一類
(C) 人們會認為某部分的刺激是主題，而另一部分的刺激是被背景
(D) 除非人們可以將在環境中知覺到的事情和他們已經知道的事情聯想在一起，否則無法進行解釋。

(　　) 9. 先前的知識可以夠過分類法分類與目標導向分類這兩種方式來組織，下面哪一種方式屬於目標導向分類？
(A) 零卡可樂屬於飲料類—氣泡飲料—低熱量飲料
(B) 零卡可樂歸類於減肥或保持身材時喝、看電影時喝、吃 pizza 時喝
(C) 木瓜會有橘黃色的果肉、子很多、含有酵素可以幫助消化
(D) 洗衣服時，要先將衣服分類、放進洗衣袋、放進洗衣機、放入洗衣粉、蓋上蓋子。

(　　) 10. 不強調內心思考過程的運作狀況，而只強調可以觀察到的行為部分。這是哪一種學習？(A) 認知學習 (B) 行為學習 (C) 主觀理解 (D) 模仿學習。

(　　) 11. 當消費者學習到「進行某種行為會獲得某種正面的結果」，或「避免從事某種行為，以免招致某種負面的結果，就是：(A) 古典制約 (B) 工具制約或操作制約 (C) 代理或模仿學習 (D) 刺激與反應理論。

(　　) 12. 直接觀察別人行為所衍生的結果來調整自己行為，這是哪一種學習方式？(A) 外顯模仿學習 (B) 晦隱模仿學習 (C) 口頭模仿學習 (D) 推論。

(　　) 13. 下列何種記憶的有效時間最短？(A) 感官記憶 (B) 短期記憶 (C) 長期記憶 (D) 自傳式或情節式記憶。

(　　) 14. 人類的知識，尤其是學校所教的知識，大部分屬於：(A) 語意記憶　(B) 自傳式記憶　(C) 情節式記憶　(D) 回聲記憶。

(　　) 15. 以下關於記憶取回的陳述，何者正確？
(A) 取回是指從短期記憶中回復資訊的過程
(B) 影響取回因素眾多，但不包括生理因素
(C) 記憶網路中的連結強度，會影響到記憶的取回
(D) 是否能回想某一個記憶，取決於還記得多少，並無關於該記憶的相關線索。

二、問答題

1. 請說明何謂感官門檻。絕對門檻和差異門檻指的各是什麼。
2. 請說明什麼是閾下知覺。
3. 請解釋何謂完形心理學。
4. 請解釋行為學習理論和認知學習理論的差別。
5. 請解釋感官記憶、短期記憶和長期記憶的內涵。

第二篇
影響消費者行為的個人因素

CHAPTER 3

動機與價值

商品價值的決定

情人節花束的價值，不僅止於花束，還包括情人節，還包括願意在一年裡面花束最貴的時間仍願意買一大束花的「誠意」。情人節大餐的價值不僅止於餐點，還包括願意把情人節的唯一晚間聚餐時間留給對方，以及願意在一年裡面餐廳最貴的時間，仍耗費鉅資跟情人共度晚餐的「誠意」。

消費者賦予商品的意義

從消費者的角度出發，產品的價值，並不完全取決於商品本身，而是取決於消費者對該商品所賦予的意義。如果消費者願意為該商品賦予價值，則該商品就是具有價值的產品。相反的，如果消費者棄之如敝屣，則該商品也就沒有價值。

鑽石價值的賦予

鑽石的價值是消費者賦予的，而不是商品本身具有的。若從化學成分的角度出發，鑽石只是一種純碳，是宇宙間最常見的化學元素之一，單以化學成分來說，鑽石跟製造鉛筆筆芯的石墨的成分很類似，只不過，鑽石的硬度相當高。

由於鑽石被認定是高價值、具有愛情成分的、時尚的、高貴的，因此，消費者在需要表達愛意時，會產生購買鑽石的動機，消費者在希望表現自我的高貴品味時，也會產生購買鑽石的動機。

另類鑽石的價值

成分相同或相似的人工鑽石（或是稱為合成鑽石。以前曾被稱為蘇聯鑽，但現在較少有這樣的稱呼），也具有與天然開採鑽石一樣的特性，而且隨著技術進步，天然開採鑽石與人工合成鑽石之間的差距已經愈來愈小，2018 年起美國聯邦貿易委員會認為人工合成鑽石也是鑽石的一種，而且認為不可在商業行銷中，以合成一詞製造對手的合成鑽石不是真鑽石的印象。

還有一種被稱為莫桑石（或稱摩星石，英文為 Moissanite）的人造礦石，成份與鑽石不同，主要成分為碳化矽，自然界只有在一些隕石中可以發現，但可以工業化生產，硬度略低於鑽石，但折射率略高於鑽石，色散也略佳，非常適合作為閃耀奪目的戒飾、首飾，價格卻遠低於天然鑽石。

價值是消費者決定的

無論天然鑽石、合成鑽石、莫桑石之間的特性差異如何，真正的重點是社會上的消費者，是否也認為人工合成鑽石與天然開採鑽石相同？是否認為比鑽石還耀眼的莫桑石可以拿來做為定情物？如果，大家都認為價值相同，他們的售價就會趨於一致，如果被認為是不同的東西，他們的售價就會出現很大的落差。

藍寶石與紅寶石哪一個比較好，玉器、琥珀、石英與翡翠，哪個比較有價值，都是一樣的道理，端看消費者覺得哪一項比較有價值。

「消費者爲什麼要去購買這項東西？」是行銷人員最先要面對的基本問題。以市售的瓶裝水爲例，爲什麼消費者願意花費比自來水還要貴百倍或千倍的價錢來購買這項產品呢？是爲了方便性或安全上的考量？健康的顧慮？還是地位的象徵呢？了解消費者的爲何作出此種行爲的原因，也就是了解消費者的動機，行銷人員才能夠針對這些動機區隔出市場，再針對不同的市場區隔擬定對應的行銷策略。

雖是同一個行爲，不同消費者之所以採行該行爲的理由卻不一定相同，吃素的消費者可能是因爲健康的理由而吃素，也可能因爲宗教的緣故，或是想要「還願」，不同的理由採行的吃素行爲可能各不相同，對於「素食」定義的嚴謹程度也會有所差異，也就是說，行爲背後的動機各不相同，而不同的動機也會呈現出具有本質上差異的行爲。

3-1 動機

當消費者的某項需求被喚起時，心理會產生一種緊張的狀態（需求未能滿足的狀態），驅使消費者企圖去降低或消除這項需求，以降低這種緊張狀態。動機（Motivation）就是指「驅使人們想要採取行動來朝向目標，以消除或降低緊張狀態的一股驅動力，這個驅動力可能源於人們自己（內生動機），也可能源於外部（外生動機），這種動機可能導因於需求的增加，也可能導因於現況的不足。」，而更簡單的來說，動機就是「驅使人們想要採取行動來朝向目標的驅動力」，但這驅動力並不一定眞的已經導致行爲，許多時候，消費者空有動機，但仍未付諸行動。

因此動機包括二種要素：驅動力與目標。驅動力提供行動的能量；目標則是引導這股能量進行的方向。例如：當一個人感覺肚子餓時，爲了消除飢餓感，會去購買便當；感覺到口渴時，會去購買飲料來解渴。

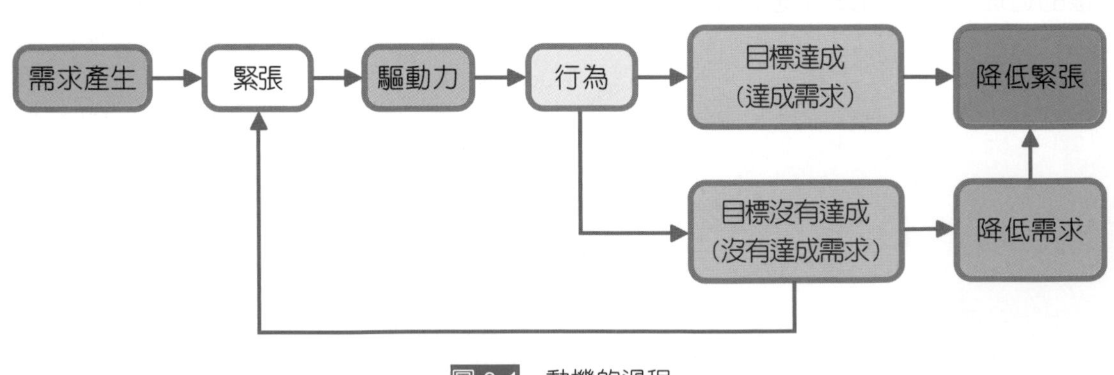

圖 3-1 動機的過程

動機驅動消費者從事某種行為的因素，包括內在的生理需求及認知因素。以下將討論動機的強度與涉入、動機與需求、快樂性與功利性動機。另外，有很多理論討論的主題與動機相關，也將一併簡要討論。

一、動機的種類

「起心動念」這個詞語，雖是修習佛教者常用，但也很適合用來解釋動機。「起心動念」的大意是「心中興起採取什麼行動的念頭」，這念頭其實就是一種動機。消費者之所以會從事某些行為，是因為消費者產生的一些念頭，這念頭就是動機，而這念頭的來源，來自於「需求」或「需要」。

需要與需求是多元的，有各種不同類型、不同來源，以下先針對需要與需求的多元類型進行討論。

(一) 需要與需求的區分

在中文，「需要」與「需求」，是兩個不同的詞，在英文，Need 與 Demand 也是不同的兩個字詞。在消費者行為這個學術領域上，很多學者會想要將之區分。可是離開了學校，或者到了不同的領域，這兩個名詞可能是混用的。

在現實社會中，「需求」與「需要」這兩個名詞，經常是被混用的。因此，本書並不希望強制區分這兩個名詞。我們只要知道，有一些需要或需求是很基本的，是維持生命所需的，有些則是心理層次的，並非基本需要，本節後段討論到的需求層級論中的自我實踐的需求，就是一種心理層次的。

簡單地說，本書在以下的討論，不刻意區分需要與需求。

(二) 生理性與心理性的區分

人類有許多「維持生命的基本需要」，例如：食物、空氣、水等，稱為生理性需要（Biogenic Needs）。天氣熱想要降溫；天氣冷想要保暖；口渴想要喝飲料；飢餓想要吃東西；這都是生理性的需要。

但人類也有很多的需要並非與生俱來，而是「後天產生，受到文化的規範而來的需要」，稱之為心理性需要（Psychogenic Needs），包括權力、地位、感情、虛榮等。例如：物質主義導向的社會，消費者會將所得分配在能彰顯財富與地位的產品上，而注重利他主義的社會中，會將財富捐獻給需要幫助的弱勢團體。想要獲得成就感，也是心理性的需要。

(三)功能性、經驗性、象徵性、社交性的區分

人類的需要眾多且複雜，除了上述心理性需要與生理性需要的分類之外，還有許多學者從各種不同的角度提出不同的分類。以消費行爲的角度來看，消費者的需要或動機可以分爲功能性、經驗性、象徵性、社會性[1,2]。

1. **功能性**（Functional Needs）

   功能性需要是指想要「能夠達到什麼功能、解決目前的某一個問題、預防未來可能發生的問題、解決衝突等」，是指結果。功能性需要經常是對應到功利性的動機。

2. **經驗性**（Experiential Needs）

   經驗性需要則是指「對感官愉悅、多樣性及認知上刺激的需要，是一種希望經歷該種體驗的需要」。

3. **象徵性**（Symbolic Needs）

   象徵性需要是指「人們希望藉由事物來表達、彰顯他們自己的需要」，例如表達自己的品味與格調，或者表達自己是個愛好運動的人，或者利用奢侈性的產品來彰顯自己的成就。

4. **社交性**（Social Needs）

   社交性需要是指「與他人進行社交活動時，受到他人肯定的需要」。社交性與象徵性需要，意思接近，可以視爲同義，但也有人認爲兩者不同。象徵性需要也常常是爲了社交上的需要。因此有些人將兩者視爲相同，但也有人認爲兩者仍有差距。社交性需要與社會規範密切相關，消費者希望受到他人的肯定。人們是樂於群居，並會重視他人對於自己的想法的，因此會有社交性的需要。當然，愈是喜歡獨處的消費者（具有獨處偏好的消費者），社交性的需要會愈少。

照片 3-1

逛街除了可以買東西，以滿足物質需要，還可以為消費者創造快樂，許多人是以逛街為樂。因此，如何創造舒適的環境，讓消費者隨時能夠來逛逛，便成為許多購物商場設計的重點。只要讓購物商場成為消費者假日的去處，就有可能爭取到亮麗的業績。

照片地點：桃園，中壢市郊，大江購物商場。

(四)功利性與快樂性的區分

功利性動機（Utilitarian Motivation）是指可以「滿足消費者功能性需要，透過功能性屬性提供，達到消費者解決問題的目的，或使消費者達成某項功能或任務」。而快樂性動機（Hedonic Motivation，或譯爲享樂性動機）則是「帶給消費者情感、美的感官經驗或是提供感官上的愉悅、幻想及歡樂的感覺」。

研究發現，這兩種動機並存於消費活動中，也就是說，消費活動存在有功利性動機與快樂性動機，所不同之處在於兩者各自所佔的比重。例如：看電視除了消磨時間（快樂性動機）以外，還有增長知識的功能（功利性動機）[3,4]。

(五)內生動機與外生動機的區分

動機可以來自於消費者自己，也可以是來自外部的，包括一些獎勵，或者是外人對於消費者的期待[5]。來自「來自個人內心的驅動力」，可以稱爲內生動機（Intrinsic Motivation），來自「外部所產生的驅動力」，稱爲外生動機（Extrinsic Motivation）。

內生動機來自消費者本身，可以是生理的動機，也可以是心理的動機，讓自己感到滿意。外生動機是指外部的獎勵，可以是經濟性的，例如得到報酬、實質獎賞、省下金錢，也可以是心理性的，例如獲得別人的口頭肯定、贏得別人欽羨的眼神。

二、動機的強度

動機是一股不能觀察到的內部力量，但我們可以從一個人的行爲當中，去推測其動機的存在。一個消費者願意花多少時間、精神、金錢來達成一個目標，可以反應出這個消費者想達成此目標的動機強度，也就是驅動力的大小。

而驅動力的大小，則和消費者目前狀況與理想的目標距離有關。當目前的狀態改變時，消費者就會改變動機。例如：已經一整天沒有吃飯，那麼想要吃東西的動機，會大於二個小時之前才剛吃過飯的消費者。在購物商場逛街很久之後，消費者會感到腳酸且疲累，希望能夠坐下來稍事休息。此時，就近出現的咖啡店，就能滿足這樣的動機。

動機的強度也決定於需要的重要性，愈重要的需要，消費者會愈強烈地追求。

三、動機與涉入

動機的最終結果是喚起在消費者內心的一種稱爲涉入（Involvement）的狀態。因此，思考動機強度的另一個方法，是透過涉入程度的觀念[6]。涉入程度是指消費者「關

心程度或覺得重要的程度」，與該消費者的攸關程度愈大，消費者就愈有動機去滿足需要。

討論消費者涉入時，需要說明所討論的是消費者對於哪一種標的物的涉入，這裡的標的物，可以是：產品、廣告、購買情境。

1. **產品涉入**（Product Involvement）

   產品涉入意指「消費者對於該產品或服務的關心程度或覺得重要的程度」。

2. **廣告涉入**（Advertising Involvement）

   廣告涉入意指「消費者對於該廣告的關心程度或覺得重要的程度」。

3. **購買涉入**（Purchase Involvement）

   購買涉入意指「消費者對該次購買的關心程度或覺得重要的程度」。

根據消費者投入的時間、精力的程度，可將商品分爲高度涉入商品和低度涉入商品。根據廣告與消費者的攸關程度，可以區分爲高廣告涉入與低廣告涉入。根據消費者是否覺得此次購買是重要的，可以區分爲高購買涉入與低購買涉入。

在消費者行爲，涉入是個重要的觀念，在很多討論消費行爲的研究中，都會使用到涉入這個觀念。在第六章的購買決策討論中，也會再次討論到。

四、動機的衝突

動機與目標息息相關，而目標有正有負，負向的目標，是指希望規避的目標，反映在行爲上，則產生趨近與規避這兩種行爲。當目標爲正向時，也就是正向的動機，會使我們會採取某些行動或事物來趨向此目標，例如：當我們希望滿足某些社會需求（交朋友）時，會參加某些聯誼活動；當目標是負向時，會使我們規避某些行爲或事物，例如：爲避免感染到痢疾或傳染病，而停止前往到流行痢疾或傳染病的旅遊地點。

由於消費者在進行購買決策時，可能同時會有許多項動機產生，往往容易造成動機衝突（Motivation Conflicts）[7]。一般來說，衝突的形式有三種：趨近—趨近衝突、趨近—規避衝突與規避—規避衝突。

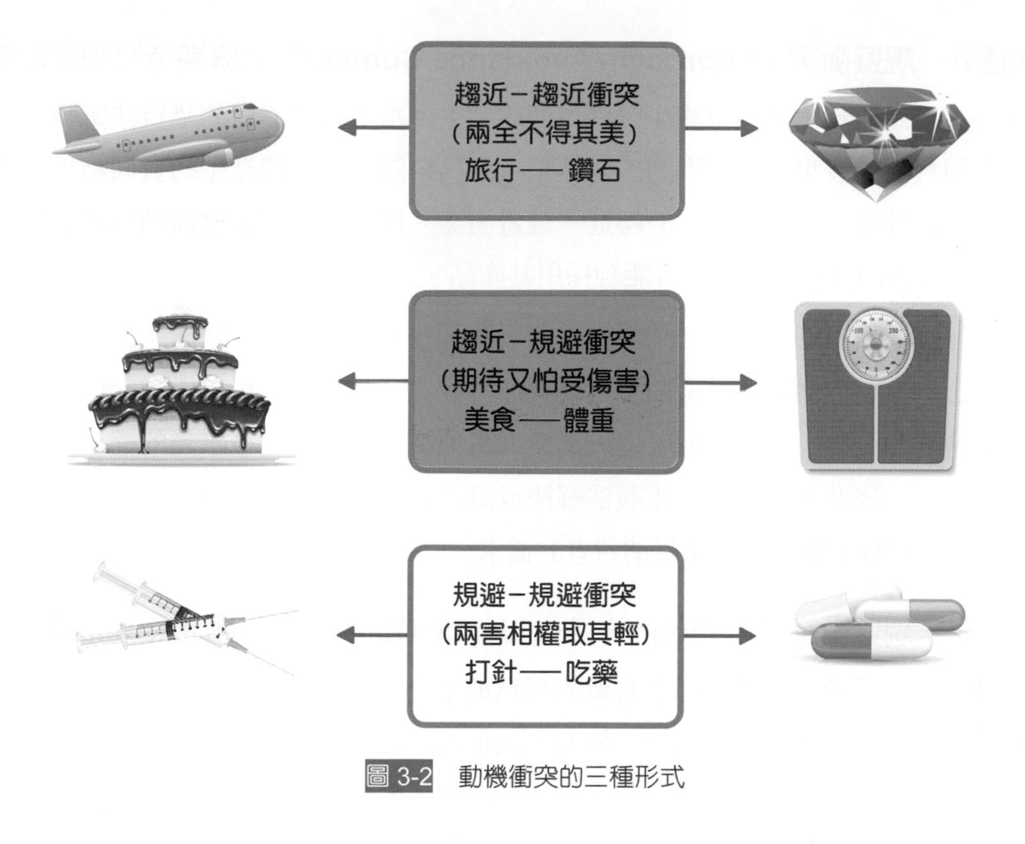

圖 3-2 動機衝突的三種形式

(一)趨近─趨近衝突（Approach-Approach Conflict）：兩全不得其美

當消費者「面臨二種行爲或事物都可以趨向所想要的目標，皆可滿足需求，但卻必須從二者之中擇一而爲」，就是一種趨近－趨近衝突。這兩種行爲或事物的吸引力如果愈是相近，則衝突就愈大。例如：身上擁有一筆獎金的消費者，可能面對著用來買鑽石戒指（可能是被自我表達或愛現的需求所驅動）或安排渡假（可能是被新奇的需求所趨動）這種「兩全不得其美」的抉擇時，就產生了趨近－趨近衝突。

消費者面臨的此二種行爲或事物通常都各自擁有優缺點，當消費者在二個衝突間做出抉擇後，會因爲被迫放棄某項選擇而產生一種擁有所選擇事物或行爲的缺點，但失掉所放棄選擇之優點的不平衡（Dissonance）狀態，並懷疑該項決定是否明智，而造成不愉快的感覺。爲了降低這種認知失調（Cognitive Dissonance）的感覺，消費者會想辦法說服自己他們的選擇是明確的。爲了讓消費者降低認知失調的感覺，行銷人員可以在其產品的廣告上同時強調多種利益，讓消費者覺得選擇這項產品的利益較多。

(二)趨近—規避衝突(Approach- Avoidance Conflict):既期待又怕受傷害

許多產品或服務本身也會產生一些負面的結果，當消費者面對的購買決策會「同時產生正面與負面的後果，希望得到正向結果，但又希望規避附帶產生的負向結果」時，就產生了「既期待又怕受傷害」的趨近－規避衝突。行銷人員都希望他們的產品和服務能夠趨近消費者的目標，使消費者能夠採用其產品。

不過，通常所有的產品都會造成某些趨近和某些規避的結果。例如：美味的蛋糕會造成感官上的愉悅與滿足，吸引消費者購買（可能是被新奇性的需求所驅動而趨近），但高熱量會導致發胖，身材變形，造成消費者避免採購（可能是被維護的需求所驅動，而進行規避）。因此，行銷人員應設法解決或降低這樣的衝突，例如：生產低脂、低熱量但口感依然很棒的點心，來滿足消費者的需求。

(三)規避—規避衝突(Avoidance-Avoidance Conflict):兩害相權取其輕

消費者有時需要「在幾個都不喜歡的行爲或事物中做出選擇」，就會產生一種「兩害相權取其輕」的規避－規避衝突。例如：汽車故障就是這樣的狀況，既不想花錢修理舊車，也不想花錢買新車。此時行銷人員通常都是強調選擇消費者事先不曉得的利益來吸引消費者選擇其產品或服務。例如：強調此時購車可以享有三十萬零利率的分期付款方案，降低花錢買新車的負面感覺。醫療上也常有這樣的情況發生，例如：在吃藥與打針之間作一個選擇，也是一種規避－規避衝突。

五、明顯動機與隱藏動機

有時候，消費者購買某項產品或服務，是爲了滿足內心的需要，或是爲了解決某些問題。例如：消費者購買香水，並不是爲了那些有香味的水，而是爲了浪漫、對異性的吸引力、感官上的快樂及其他情緒性和心理性的利益。行銷工作者必須發覺其產品或品牌所能滿足的動機或需要，然後才能據以研擬適當的行銷策略。

消費者的購買動機有些是「人們自己知道，且願意告訴別人的動機」，稱之爲明顯性動機（Manifest Motives），但有些動機，則是「人們自己不知道，或者不願意承認的動機」，稱之爲潛藏性動機（Latent Motives）。

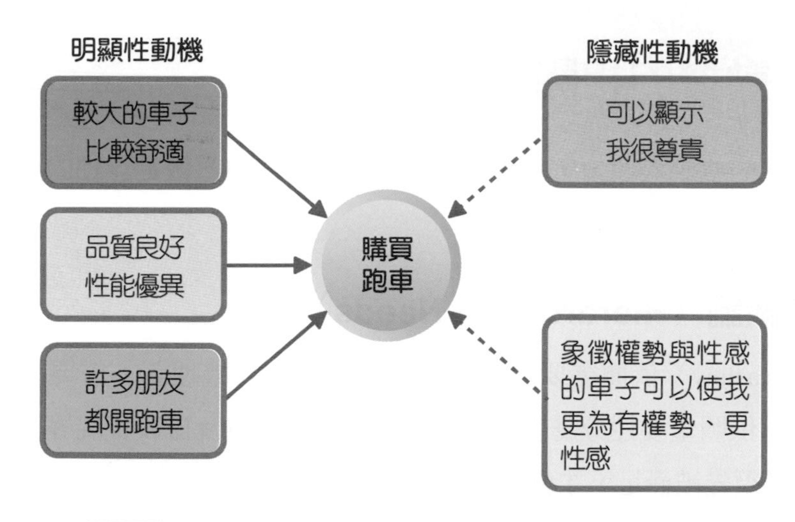

圖 3-3 明顯性動機與隱藏性動機對購買行為的影響示例

六、發掘隱藏動機的方法

明顯性動機很容易確定，通常直接詢問就可以獲得答案。但潛藏性動機的確定比較困難，很難用直接的方法獲得，通常採用的是間接的方法。發掘潛藏性動機最常見的間接方式是投射技術（Projective Technique）。比較常用的投射技術包括：文字聯想法、文句完成法、故事完成法、分析與應用、漫畫法、第三人法、圖片回答法。

表 3-1 幾種常用的投射技巧

I 聯想技巧	
文字聯想法	請受測者說出聽到某字彙後想到的事物。
II 完成技巧	
文句完成法	要求受測者完成一句話，例如：「購買汽車的人是為了_____。」
故事完成法	要求受測者完成一個已提示一部分的故事。
分析與應用	分析這些回答，確定受訪者所表達的主題為何，利用內容分析來檢視所回答的主題與主要觀念。
III 建構技巧	
漫畫法	要求受測者寫出漫畫中某個人物所說的話或所想的事。
第三人法	要求受測者說明為何「大部分的女人」、「大多數的醫生」或「一般人」為何會購買或使用某項產品。 採購清單法（對持有某購物清單的人加以描述）與皮包遺失法（對皮包與購物清單一起遺失的人加以描述）也都屬於第三人法。
圖片回答法	要求受測者根據一張圖片上的人物來述說此人購買或使用產品的故事。

3-2 動機的相關理論

學者還提出一些動機理論，將人們的各種動機與需要，做更詳細的分類，還幫助我們了解消費者採取特定消費行爲的原因。

一、需要層級論（Hierarchy of Needs）

馬斯洛（Maslow）依據需要的階層性，提出一套動機理論：需要層級理論[8]，將「人類的需要可依照重要性分爲生理、安全、歸屬、尊重及自我實現等五個需要層級，較基本的需要必須先被滿足，才會重視上一層次的需要」。

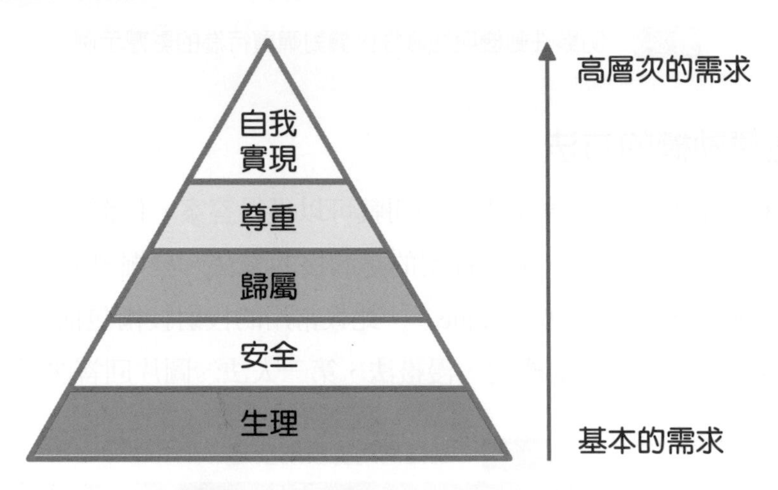

圖 3-4　需要層級理論的五個需要層級

需要層級理論的基本論點，是較低層次的需要，比其他較高層次的需要來得更爲基本或重要，較低層次的需要（基本的需要）滿足之後，才會重視上一層次的需要。

(一) 生理的需要（Physiological Needs）

生理的需要是指「生理上自然產生的需要，是最低層次也是最基本的需要」，維持著生命的存續。食物、水、空氣、睡眠等就是這一類的需要。此類基本需要沒有先被滿足之前，其他層次的需要也不會被追求。

需要層級理論對於消費者行爲是很有啓發的。舉一個例子：早餐時段路邊攤的飯糰，提供「生理的需要」的滿足，消費者此時關心重點是止住飢餓。

(二)安全的需要(Safety Needs)

馬斯洛所提出的第二個層級需要是安全的需要，例如：購買保險即是爲了生命的不確定性所做的保障；汽車強調安全性的訴求也是爲了滿足消費者這個層級的需要。除了肉體上的安全之外，馬斯洛的安全需要還包含心理上的安全。例如：穩定性、熟悉性、可預測性及可控制性等，都是相當重要的心理上的安全需要。

舉一個食品業的例子，有機食品、生機飲食、無農藥食品是要提供消費者一個安全的飲食，避免農業、重金屬之類的負擔，滿足的是「安全的需要」。

(三)歸屬的需要(Belongingness Needs)

歸屬感是指對社會的需要，需要被社會其他人接納，渴望獲得別人的愛情與友誼。當消費者想要購買那些被其他人所尊敬的產品，並得到同儕間的認同、愛慕和歸屬感時，即表示此消費者正在試圖滿足歸屬感的需要。卡片、花朵及各型各色的禮物等購買，都是用來拉進人與人之間關係，滿足歸屬感需要的手段之一。

舉一個餐飲業的例子，中式、西式餐廳提供聚餐的空間，讓消費者可以與其親朋好友聚餐，滿足消費者「歸屬的需要」。

(四)尊重的需要(Ego and Esteem Needs)

馬斯洛的第四層級需要是尊重需要，包括對自己的地位、成就等的需要與被他人賞識、讚美等的需要。例如：我們會努力工作追求成功，來贏得自己或他人的尊敬，我們也可能以透過購買某項名牌產品來贏得他人的讚美。

舉一個餐飲業得例子：消費者在高檔餐廳用餐，備受禮遇，證明自己的成功，將自己歸類爲上流階級，滿足其被他人「尊重的需要」。

(五)自我實現的需要(Self-Actualization Needs)

最後，當生理、安全、歸屬感與尊重的需要都被滿足之後，人們會開始尋求最高層級的自我實現需要。自我實現的需要就是自我滿足、實現個人潛能的需要。例如：社區大學的成立目的之一就是爲了讓社區的成年人或年長者可以有一個實現個人潛能或達到自我滿足的園地。

舉一個餐飲業的例子：某些消費者可能以嚐遍天下高檔美食爲自我實現的標的，此時有「米其林」光環的餐廳，成爲朝聖的目標。

需要層級理論反映了大部分人的行爲動機。然而，並非所有人的優先順序都是如此，不同的文化背景，其需要的重要性順序就不見得相同。有些人會爲了實現自我而甘願餐風露宿，爲了理想而犧牲生命。

馬斯洛（Maslow）的需要層級理論（Hierarchy of Needs），已被收錄到管理學、心理學、組織行爲等各領域的教科書，在許多高中的公民教科書也有收錄。

二、兩因子理論（Two-Factor Theory）

赫茲伯格（Fredrick Herzberg）所提出的兩因子理論[9]，又可稱爲雙因素理論、雙因子理論、保健因子激勵因子理論，此理論將「影響需要的因素，區分爲保健因子，以及激勵因子，不具有保健因子，將會不滿意，但只具有保健因子，並不會滿意。需要具有激勵因子，才會滿意」。

(一) 保健因子

如果欠缺該因子，或當事人不滿意該因子，將造成不滿。但如果具有該因子，只是能避免不滿，達不到激勵作用。

(二) 激勵因子

如果具有該因素，且消費者滿意該因子，可以讓當事人感到滿意。

(三) 兩因子理論的應用

以食品餐飲業爲例，衛生條件爲保健因子，如果食品餐飲店不具備基本的衛生條件，則消費者一定會感到不滿意。但是，衛生只是具備保健因子，好吃才是食品餐飲店的激勵因子，消費者要感到滿意，必須感受到餐飲是好吃的。

三、成就動機理論（Achievement Motivation Theory）

馬克里蘭（David McClelland）的成就動機理論[10]，「從成就動機的角度出發，將動機分爲權力（Power）、歸屬（Affiliation）與成就（Achievement）三種」。因爲有三種需要，因此又稱三種需要理論（Three Needs Theory），可以對應到兩因子理論，易於記憶。

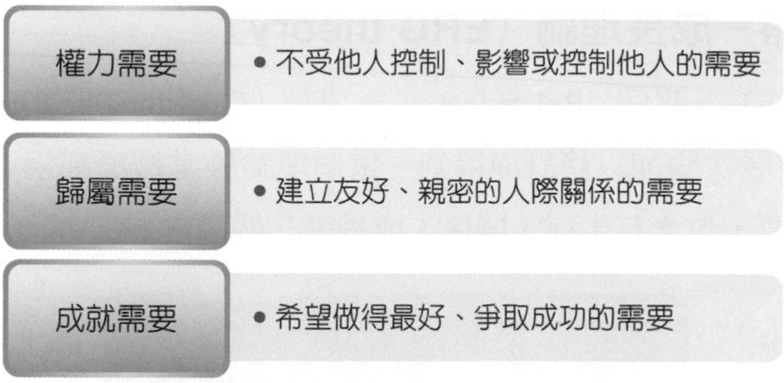

權力需要	• 不受他人控制、影響或控制他人的需要
歸屬需要	• 建立友好、親密的人際關係的需要
成就需要	• 希望做得最好、爭取成功的需要

圖 3-5 成就動機理論（三種需要理論）

(一) 權力需要（Need for Power）

不受他人控制、影響或控制他人的需要。

(二) 歸屬需要（Need for Affiliation）

建立友好、親密的人際關係的需要。

(三) 成就需要（Need for Achievement）

希望做得最好、爭取成功的需要。

此三種動機，經常被用來討論組織激勵活動。不過，其運用也不僅止於組織管理。在行銷活動上也可使用，用於討論產品如何滿足消費的成就動機。

(四) 成就動機理論的應用

舉例來說，消費者的「權力需要」是希望不受他人控制，而可以自選內容的線上媒體平台，就可以滿足消費者不受他人控制的需要。

另外，社交媒體可以滿足消費者的「歸屬需要」，讓消費者可以建立友好親密的線上虛擬人際關係，這也是各種社交媒體不但歷久不衰，且新的社交媒體還持續出現的主要原因。

另外，在 Web 2.0 時代，激發消費者的成就動機，可能是許多 Web 2.0 網站成功的關鍵，消費者希望獲得更多的關注，達到成功的感覺，而願意在網站上貢獻內容（知識、圖片、影像…），以達成消費者自身的「成就需要」。

四、生存－關係－成長理論（ERG theory）

生存（Existence）—關係（Relatedness）—成長（Growth）理論是由阿德佛（Clayton Alderfer）根據需要層次論加以修訂而得到。這個理論經常被簡稱為 ERG 理論 [11]。此理論認為「人類的需要，包含有生存、關係、成長等三個因素」。

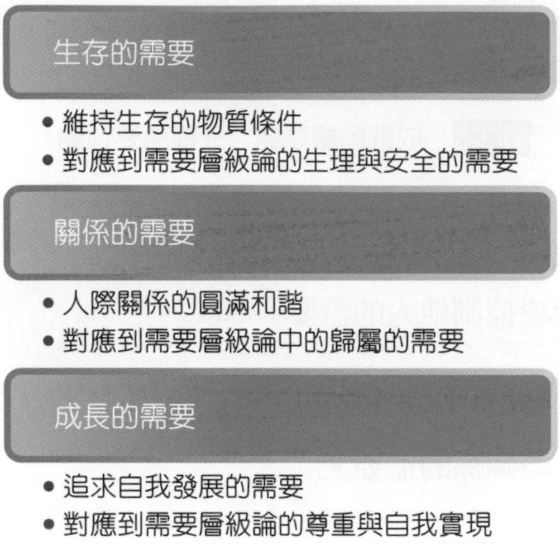

生存的需要
- 維持生存的物質條件
- 對應到需要層級論的生理與安全的需要

關係的需要
- 人際關係的圓滿和諧
- 對應到需要層級論中的歸屬的需要

成長的需要
- 追求自我發展的需要
- 對應到需要層級論的尊重與自我實現

圖 3-6　生存—關係—成長理論（ERG 理論）

(一) 生存的需要

指維持生存的物質條件，對應到需要層級論中的生理與安全的需要。例如早餐的飯團，提供生存的需要。

(二) 關係的需要

指人際關係的圓滿和諧，對應到需要層級論中的歸屬的需要。例如在咖啡廳與酒吧聊天，關鍵是人際關係的需要，飲食（生存的需要）並非重點。專攻午餐聚餐的餐廳，必須同時滿足生存的需要與關係的需要。

(三) 成長的需要

指個人追求自我發展的需要，對應到需要層級論中的尊重的需要與自我實現的需要。例如獨自米其林頂尖餐廳享用美食，滿足自己想要到米其林餐廳用餐的「成長的需要」。宴請他人到米其林頂尖美食餐廳用餐，同時滿足「生存的需要」、「關係的需要」與「成長的需要」。

此理論提出的主要原因是因爲需要層級理論的五個層級，雖是不錯的觀念，但人們的需要是否眞能區分爲五個層級？這五個層級是否眞的依序滿足？有商榷的空間。

在生存－關係－成長理論中，認爲各種需要不必依序滿足。另外，如果較高層次的需要無法被滿足，則滿足較低層次需要的欲望就會加深。

(四)生存—關係—成長理論的應用

用食品餐飲業的例子來說明此一理論，並非所有食品餐飲業都需要同時滿足生存、關係、成長這三種需要，一個提供消費者間交流爲主的咖啡廳或酒吧，主要供應的產品是沒有太多熱量的咖啡與酒類，雖無法滿足消費者生存的需要，但仍可吸引足夠的消費者青睞。另外，有消費者會想要獨自享用米其林頂尖美食，而不一定要聚餐（只有「成長的需要」而無「關係的需要」），有人則想要招待別人到米其林美食餐廳聚餐，飽餐一頓，滿足「生存的需要」並兼具「關係的需要」與「成長的需要」。

生存－關係－成長理論還預測高層次需要未能滿足時，可用加強滿足低層次的需要來彌補。簡單的說，餐廳如果沒有很好吃、環境不優，至少份量充足，可作爲彌補。這論點也與需要層級論不同。

五、驅力理論（Drive Theory）

驅力理論（或翻譯爲驅動力理論）認爲「人們之所以從事某種行爲，是因爲需求未能滿足所產生的緊張狀態，此一緊張狀態就是驅力」。

圖 3-7 驅力理論

驅力理論在 1920 年代即已被伍德沃斯（Robert Sessions Woodworth）提出[12]，包括知名的心理分析學者弗洛依德（Sigmund Freud）等，都討論過驅力理論的相關概念。心理學家用驅力來解釋動機，認爲個體內部狀況（如飢餓、口渴等）所產生的驅力，是採行行爲的主因。驅力理論認爲，生理需要引起緊張或造成驅力狀態，此時，必須從事某種活動以滿足需要，才能降低驅力。因此，其運作順序爲：需要→驅力→行爲。赫爾提出驅力減少理論（Drive Reduction Theory）[13]，意思「跟驅力理論相近，都是指人們之所以從事某種行爲，是因爲需求未能滿足所產生的緊張狀態，此一緊張狀態就是驅力」。

簡單的說，驅力理論認爲內在生理需要所引起的不愉快或緊張狀態，是驅動消費者進行某項行爲的原因，例如：飢餓、口渴。

六、期望理論（Expectancy Theory）

期望理論是由維克托・弗魯姆（Victor H. Vroom）在 1960 年代所提出[14]。期望理論「主張人們之所以採取特定的行爲，是因爲他們期望採取此一行爲可以獲得某些結果」，而消費者是否渴望、喜歡此一結果，決定了該行爲的動機。此一理論的核心關鍵是對於不同動機的認知過程（cognitive process），是一種面對選擇時，採行的心智程序。

期望理論可以用於解釋消費者行爲，也可以用於組織行爲，要讓人們採取某項行爲，就必須讓人們了解：(1) 此一行爲的結果；(2) 他們欲求的東西是和該行爲聯繫在一起的；(3) 只要採取該行爲就能獲致該結果。

期望理論認爲消費者進行某項行爲，是因爲期望藉此行爲達到某種想要的結果，期望理論重視的是認知因素，而非僅出自內在的生理需要。驅動力理論與期望理論兩者並不矛盾，因爲動機的形成，本來就包括生理與認知這兩部分。

3-3 價值觀

當消費者感覺飢餓時，驅動消費者購買食物的動機是很直接地，是來自生理的需求。不過，人類的動機通常會受到其信念所影響，即使是像食物的購買選擇這麼簡單的活動，也受到價值觀的影響。

價值觀是一種選擇，舉例來說，吃素有益健康的價值觀，認定吃素勝過葷食。確保家庭安全是重要的價值觀，認定家庭安全勝過財富。重視自尊的價值觀，認定低薪但有尊嚴是勝過高薪但無尊嚴的工作。認定鑽石代表著真愛的價值觀，認定購買鑽石勝過購買其他商品。價值觀不是指單一購買決策的選擇，而是一整個價值體系，指引消費者一系列的購買決策偏好。不是決定了吃一次素食的決策，而是決定了吃素的習慣。

一、價值觀與價值體系

大部份關於價值觀定義的討論，喜歡追溯到羅柯吉（Rokeach）在 1968 年所發表的論文[92]與 1973 的「態度、信念與價值觀」一書中所做的定義[15]，他認爲所謂的價值或價值觀，是消費者「對於某種特定存在（或行爲模式）的偏好勝過另一對應存在（或行

爲模式）的持久性（Enduring）信念」，其被視爲指引消費者生活中行爲的重要原則。從這個定義中，可以看到與文化有關的三個觀念：價值觀、信念、指引（攸關於原則）。

(一)價值觀是一種信念

價值觀（Values），是「一種持續性的信念，以指出哪一項事、物、行爲、或結果是好的或吸引人的」[16]。價值具有多面向的特質（Multifaceted Nature），在不同研究中，均各依其研究的脈絡，對於價值賦予不同的概念化（Conceptualization），但大抵來說，價值觀是一種存在於消費者心中的持久性信念。

例如：認爲吃素有益健康、確保家庭安全是重要的、有自尊是好的、鑽石是眞愛的表徵。價值觀是在各種情況和時間下，引導我們行爲的標準。例如：我們對環境的重視程度，會影響我們對塑膠袋的使用、保特瓶的回收、廚餘的處理、垃圾的分類等行爲的投入程度。在消費活動上，人類的價值觀扮演一個非常重要的角色，許多商品的購買，是因爲消費者相信這些產品可以幫助他們達到一個與價值相關（Value-Related）的目標。

(二)價值觀是一種選擇

價值觀是一種何者較爲重要的選擇。我們所擁有整套的價值觀，和個別價值觀間的相對重要性，架構了我們的價值系統（Value System）。我們在某種情況下的行爲通常受到某一個價值相對於其他價值的重要性程度所影響。例如：決定要在星期六或假日下午陪伴家人，還是要去健身房運動，乃是決定於家人與健康的相對重要性位置。個人的價值系統不但會影響消費者的消費型態，具有相同價值體系的消費者，對於同一個行銷策略，也可能會產生相類似的反應。對於行銷人員而言，了解目標顧客的個人價值系統，及其所在的共同價值觀念則相當重要[94, 95]。

(三)社會價值觀與個人價值觀

價值觀可以分爲社會價值觀與個人價值觀。所謂的社會價值觀（Social Values），是「社會大部分成員對於事、物、行爲、或結果的評價，所具有的共同想法」。社會價值觀是群體成員所共同擁有，且幾乎成爲其他人對此群體的共同印象。也就是說，社會價值觀指的是一社會或群體的正常行爲。而個人價值觀（Personal Values）則指「個人對於事、物、行爲、或結果的評價，是個人從社會價值觀中篩選，並根據自身的偏好，所發展出來屬於自己的價值觀」，其指的是個人的正常行爲。個人價值觀反應著個人從各種社會價值觀或價值系統中所做的選擇，它決定了個人的獨特行爲，當然也包括消費行爲。

價值觀的衡量方式可以從文化的背景上來推敲，也可以利用一步步手段—目的鏈分析方法（Means-End Chain Analysis）來找出個人的價值觀，另外也有一些學者提出以量表的方式來衡量[17, 19, 20]。以下則介紹幾種價值觀量表。

照片 3-2

鑽石與珠寶的物理成分只是碳與礦石，但消費者賦予它的價值，遠超過於物理價值。很多時候，物品的價值，來自於全體社會的消費者的價值判斷，電話號碼尾數 88，對美國人來說，價值不會超過尾數 44，但在香港與台灣，尾數 44 是很少人能夠接受。消費者購買珠寶，所購買的是珠寶背後的社會價值判斷。

照片地點：桃園，中壢市郊，大江購物商場。

二、問卷為基礎的價值觀衡量

價值觀量表眾多，但也有一些很經典的量表。以下僅作很簡短的介紹，有興趣者可以進一步查詢閱讀。

(一) 洛基奇價值量表

心理學家（Miton Rokeach）[21-23]認爲價值觀和目標及達成目標的行動有關，因此將價值分爲目標價值（Terminal Values）與工具價值（Instrumental Values）二部分。Rokeach 的價值量表（Rokeach Value Scale；RVS）是透過詢問受測者對於各種目標及各種工具的重要性進行排序，來衡量受測者的個人價值觀。通常研究者會將所衡量出的價值觀和性別、年齡、種族等人口統計變數及各種諸如品牌選擇、產品使用等消費決策進行分析，以找出彼此的關係。

(二) 舒華茲價值量表

心理學家（Shalom Schwartz）[24]挑戰洛基奇所提出的目標價值與工具價值分類，而進一步提出十種價值類型，及四個包含這十種價值類型的較高階價值領域。特定價值的追求可能與其他價值相符或相衝突。例如：遵從長者（順從）會與社會穩定（安全）相符，但會與追求自身歡愉的價值觀（享樂主義）相衝突。

（三）LOV 量表

LOV（List of Values）也是經常被使用的量表[25, 26]，因爲 Rokeach 價值量表所分析出的整體價值觀，若轉換到針對某些產品的價值觀時，會產生一些差異，所以，在行銷領域上 Rokeach 價值量表並沒有很廣泛地被運用[23]，因此就有更直接可以運用在行銷上的 LOV 量表提出。

LOV 量表作法是從 Rokeach 價值量表中抽取幾項敘述問題來讓消費者評比。它依照每個消費者所自認爲優先尊崇的價值觀，將消費者區分爲九種區隔群體：包括與他人的溫馨關係、自我滿足、興奮、自尊、尊崇、歸屬感、安全、成就感、樂趣與享受。

二、手段－目的鏈分析方法衡量價值觀

消費者購買一項商品或服務，並非購買的是這項商品或服務的本身，而是購買這項商品或服務所帶來的利益。因此，我們可以知道，當消費者購買一輛汽車，此消費者並非購買一個一千多公斤重的車體，而是購買這輛汽車帶來的運輸性。當消費者希望他們的車子能夠配備人體工學設計的座椅時，如果座椅的線條與結構並沒有讓消費者感覺到更舒適，那麼這樣的設計線條與結構對消費者來說，就沒有什麼用了。換言之，只有當這些特徵或屬性能夠提供某些基本的需求或價值時，才會顯得有意義。

行銷人員可以利用手段—目的鏈分析方法，透過瞭解消費者認爲重要的屬性，來洞悉消費者的價值觀。以此方法回推揭發那些驅動其屬性重要性權重的價值觀[27-30]。

例如：假設消費者喜歡淡啤酒（Light Beer），因爲它的熱量比一般啤酒低。如果問他爲何啤酒熱量低是重要的，消費者可能會說「因爲我不想要變胖」。如果進一步再問消費者爲什麼不想變胖時，這位消費者可能會回答「因爲我想要健康」或是「因爲變胖會不好看」。

從以上的例子可以看出手段—目的鏈像梯子一樣一層層進行分析，所以又稱爲階梯法（Laddering）。首先，消費者提供一項其認爲重要的屬性（熱量），然後提出這項屬性所提供的具體利益（不會變胖），接著又指出這項利益重要的原因在於該項利益供給某些工具價值（對人健康有幫助的），所以又稱爲利益鏈法（Benefit Chain）。而這整個過程稱之爲手段－目的鏈分析方法，原因在於能知道最後狀態或目標價值的手段。

透過手段—目的鏈分析方法，行銷業者可以知道哪些價值對消費者來說是重要的，然後就可以強調和這些價值一致的產品屬性[31,32]。

三、商品價值與價值觀的異同

價值觀的英文是 values，商品、服務、活動的價值所使用的英文也是 value，兩者有些接近。中文想要區分這兩個觀念並不容易，也沒有絕對必要進行明確的區分。

前已述及價值觀是一種持續性的信念，以指出哪一項行為或結果是好的或吸引人的。而產品、服務、活動是否具有價值，包含了貨幣層面價值，也包含了非貨幣層面。

舉例來說，前述討論到了功利性動機與快樂性動機，這兩種類型的動機，需要用產品的功利性價值與快樂性價值來分別滿足。這時候討論的價值，是指產品的價值，而非消費者的價值觀。但消費者的價值觀，會影響到他關心產品的哪一種價值。

簡單的說，談到消費者的價值觀是指評判哪一項行為或結果是好的或吸引人的，是一種個人的選擇。而產品、服務、活動的價值，則是為消費者帶來的各種層面的利益。

一、選擇題

(　　) 1. 以下關於動機的陳述，何者正確？ (A) 動機是驅使人類行為朝向某個目標，以消除或降低緊張狀態的一股內在驅動力 (B) 是一種持續性的信念，以指出哪一種行為或結果是好的或吸引人的 (C) LOV 與 VALS 都是衡量動機的方法 (D) 動機主要是心理的層面，與生理因素沒有多大關係。

(　　) 2. 以下哪個名詞，指的是和個人的攸關程度？ (A) 人格特質 (B) 涉入程度 (C) 態度 (D) 行為意圖。

(　　) 3. 消費者渴望自己能夠實現個人潛能，或達到自我滿足，屬於馬斯洛（Maslow）需要層級論中的哪一層級的需求？ (A) 自我實現 (B) 尊重 (C) 歸屬 (D) 生理。

(　　) 4. 人類的需要可依照重要性分為生理、安全、歸屬、尊重及自我實現等五個需要層級，較基本的需要必須先被滿足，才會重視上一層次的需要。這是指什麼？ (A) 需要層級理論 (B) 兩因子理論 (C) 成就動機理論 (D) 生存－關係－成長理論。

(　　) 5. 影響需要的因素，區分為保健因子，以及激勵因子，不具有保健因子，將會不滿意，但只具有保健因子，並不會滿意。需要具有激勵因子，才會滿意。這是指什麼？ (A) 需要層級理論 (B) 兩因子理論 (C) 成就動機理論 (D) 生存－關係－成長理論。

(　　) 6. 從成就動機的角度出發，將動機分為權力（Power）、歸屬（Affiliation）與成就（Achievement）三種。這是指什麼？ (A) 需要層級理論 (B) 兩因子理論 (C) 成就動機理論 (D) 生存－關係－成長理論。

(　　) 7. 人類的動機，包括生存、關係、成長等三個因素。 (A) 需要層級理論 (B) 兩因子理論 (C) 成就動機理論 (D) 生存－關係－成長理論。

(　　) 8. 人們之所以從事某種行為，是因為需求未能滿足所產生的緊張狀態，此一緊張狀態就是驅力。這是指什麼？ (A) 驅力理論（驅動力理論） (B) 驅力減少理論 (C) 期望理論 (D) 成就動機理論。

(　　) 9. 跟驅力理論相近，都是指人們之所以從事某種行為，是因為需求未能滿足所產生的緊張狀態，此一緊張狀態就是驅力。這是指什麼？ (A) 需要層級理論 (B) 驅力減少理論 (C) 期望理論 (D) 成就動機理論。

(　　) 10. 主張人們之所以採取特定的行為，是因為他們期望採取此一行為可以獲得某些結果。這是指什麼？ (A) 需要層級理論 (B) 驅力減少理論 (C) 期望理論 (D) 成就動機理論。

(　　) 11. 不受他人控制、影響或控制他人的需要。這是指成就動機理論裡面的哪一項需要？ (A) 權力需要（Need for Power） (B) 歸屬需要（Need for Affiliation） (C) 成就需要（Need for Achievement） (D) 價值需要（Need for Values）。

(　　) 12. 消費者渴望被別人所接納，尋求其他人的認同，是屬於馬斯洛（Maslow）需要層級論中的哪一層級的需求？ (A) 自我實現 (B) 尊重 (C) 歸屬 (D) 生理。

(　　) 13. 「一種持續性的信念，以指出哪一項行為或結果是好的或吸引人的」，這是指？ (A) 價值觀 (B) 動機 (C) 態度 (D) 人格特質。

(　　) 14. 決定要在星期六或假日下午陪伴家人，還是要去健身房運動，乃是決定於家人與健康的相對重要性位置。這指的是什麼？ (A) 價值觀 (B) 動機 (C) 態度 (D) 自我實現。

(　　) 15. 當某個價值關被群體成員所共同擁有，而且幾乎成為對此群體的刻板印象，我們稱為： (A) 社會價值觀 (B) 個人價值觀 (C) 生活型態 (D) 集體意識。

二、問答題

1. 請說明何謂動機，並請繪圖說明動機的過程。
2. 請解釋快樂性和功利性動機。
3. 請舉例說明動機衝突的三種形式。
4. 請說明購買動機中的明顯性動機與隱藏性動機。
5. 請說明何謂價值觀。

第二篇
影響消費者行為的個人因素

CHAPTER 4

人格與生活型態

江山易改、本性難移

有一句俗話「江山易改、本性難移」，形容的是一個人的性格，並不容易改變。古人在觀察人性時，發現人們的一些個性、性情、習慣，是很難改變的，因此，用了一個很誇張的比喻，認為性情的改變比自然環境的改變，還要困難很多。

性情的改變，當然不會比自然環境的改變還要困難，不過，性情確實是個非常穩定、持久不變的特性，人們對某一事物的態度，可能會隨著單一刺激，而造成改變，例如：非常喜歡某一家牛肉麵店的牛肉麵，但可能因為某一次消費的不愉快經驗，而改變其態度。但一個人的個性與生活型態，是非常難改變。

有些人的人格特質，屬於保守性格，這樣的人，通常也不願意接受新事物，或者是說，不會主動接受新事物。這樣的人，經常會有懷舊的傾向，以古為尊，認為以前、古時候的事物，比現在、未來的事物，來得好。也就是說，具有保守性格傾向的消費者，創新性較為不足，懷舊傾向較高，這類的消費者，普遍性的較無法接受高科技產品，在產品擴散過程中，屬於晚期採用者。

有些人的生活型態，屬於熱愛戶外生活，只要有空閒，就希望能夠去旅遊，而且，通常選擇的旅遊地點為郊外或自然景觀景點。但也有些人，並不喜愛旅遊，真要去旅遊時，喜歡享受大飯店，居住在城市，到人工的遊樂園遊玩，對於遊山玩水，興趣不大。

繁忙的紐約是否好玩、悠閒的峇里島是否讓人喜歡，端視消費者個人的生活型態而定。有些人的旅遊，一定要住大飯店，一定要三餐吃大餐，有些人的旅遊，輕車簡從，搭火車或公車，到各地吃當地小吃，或根本吃速食，或是回飯店吃泡麵，有些人則根本認為，旅遊是花錢又不切實際的休閒。

對行銷工作者來說，無法改變消費者的人格特性，也不可能影響消費者的生活型態，能夠做的，是迎合消費者的生活型態來設計產品，或者進行符合消費者人格特性與生活型態的行銷溝通方案。當消費者認為，所謂的旅遊，就是接近大自然，此時，設計的旅遊景點是工業化的大都市，不但沒有意義也不符合消費者需求。

您喜歡看旅遊雜誌、旅遊頻道嗎？對於不常旅遊的人來說，旅遊雜誌與旅遊頻道，是非常奇怪的一種媒體，它所介紹的景點，如果自己已經去過，那幹嘛還需要看它的介紹，如果自己還沒有去過，那為何需要看一個自己還沒有去的地方，除非這個景點是自己即將去的地方，否則，對於不常旅遊的人來說，旅遊雜誌與旅遊頻道，並無法吸引這些消費者的注意。相反的，對於非常熱愛旅遊活動的人來說，即使因為可支配所得的關係，而不常出去旅遊，但因為旅遊活動已是生活型態中的一部分，閱讀旅遊雜誌、收看旅遊頻道，更是一種享受。

旅遊雜誌只是一個例子而已，類似的情況，還發生在報紙的體育版、運動雜誌與運動頻道上面，對於運動迷來說，報紙的體育版、運動雜誌與運動頻道上刊載的資訊，非常吸引人。但對於非運動迷來說，誰打贏哪一場的足球賽，昨天職棒的賽事是誰贏誰輸，這關我什麼事！對於非運動迷來說，報紙的體育版，跟分類廣告一樣，屬於無用的幾張紙。

不管您是哪一種人，您都必須承認，有另一群的消費者，擁有和您不一樣的人格特質與生活型態。

4-1 何謂人格特質

消費者行爲人格特性（Personality）是人們內在的一些心理特性，影響個人對環境刺激的長期一致性反應，是一種維持相對一致行爲模式的傾向。例如：我們描述某個朋友的人格特質是「樂觀的、外向的、富挑戰精神的」，此時，我們是依據這位朋友長期以來，在各種環境中所展現出來的行爲，來描述他的人格特性，當然，反映在行爲上，也包括面對廠商的行銷活動時，所產生的反應。

一、人格的定義

對於人格特質，目前並沒有一致同意的定義，不過仍有很多人嘗試對人格特質進行定義。美國心理學會提供的定義是：「人格特質是從個人的行爲、態度、感覺、習慣模式所推論出來的一種相對穩定、一致且持久性的內部特性（https://dictionary.apa.org/personality-trait）」。人格特質的研究，可用於彙整、預測、解釋個人行爲，是相當重要的心理學觀念。

二、人格的多重構面

人格特性並非只有一個構面，兩個人之間，或許其中某一項心理特性是相同的，但其他部分的心理特性可能是不同的。因爲每個人的心理特性的組合不同，因此，造成每個人的人格特質也會有所不同，但也許在某一方面，這兩個人又是相同的。例如：兩個人可能都很固執，但一個人很積極，另一個人則是非常的被動。

三、人格可能來自遺傳或生長環境

人格特性有部分來自遺傳，我們會聽到「他遺傳了他父親的固執」，就是指人格特質遺傳的部分，但除了遺傳之外，人格特質還會受到生長過程中的環境所影響，例如：「他含著金湯匙出世，所以從小受寵，導致個性驕縱。」這些說法，則反映了環境會影響個人的人格特質。

四、人格具有某種程度的穩定性

所謂的「江山易改，本性難移」是指人格的穩定性。一般來說，人格特性具有相當穩定且持續的特性，但也有可能在面對重大事件後而有所改變。短期來說，如果沒有重

大事件，人格是不會快速改變的。可是，隨著周遭環境、工作、生活型態、社交圈的改變，長期來說，人格特性還是有可能產生變化的。

五、人格與動機都會引導行為

人格特性和動機一樣，都會驅動與引導人類的行為，但兩者的運作方式不同。在前一章所提到的動機，指的是驅使人類行為朝向某個目標的一股力量，是啓動行為的原動力，而本章所探討的人格特性，則是指在不同的情境中，引導人們選擇行為，以達成目標的內在心理特質，反映了個人在各種重複發生的情境中，共通的反應或行為。

人格理論與動機理論有高度的相關，但究竟何種理論應該歸類於動機理論或人格理論，有時會引起爭議。此處我們將從人們所擁有共同特性的角度上所發展的理論歸類為動機理論，而從強調個人差異性的角度上出發的理論則歸類為人格理論。

六、人格、動機與價值觀的差異

人格特質強調個人差異，是一種個人的特性，使得人們在各種事物活動上都展現出相類似的反應或行為，人格的影響是普遍的，而非只是特定活動或特定事物。動機則是針對特定活動或特定事物的趨動力，事物的不同，衍生的動機也會不同。至於價值觀，則是分辨兩種（或兩種以上）具體或抽象事物何者較有價值的評判。

照片 4-1

有人願意把錢花在名牌包包，也有人願意花很多的錢，買一台高檔的登山自行車，加上昂貴的運動服裝與配備。對喜好自行車運動的消費者來說，好的自行車，以及好的排汗衫、運動服裝、各種配備，有實質的價值。但對於不喜好這種生活型態的消費者來說，與其買這些東西，不如買個名牌包包，上班時可以成為同事們討論的話題。喜好親近大自然的消費者，可能希望騎自行車來親近大自然，但也有可能希望開休旅車去旅遊。這可顯露出消費者生活型態的多元化。

照片來源：意念圖庫 idea 104。

4-2 早期的人格理論

在心理學領域，人格特質是非常重要的領域，也是影響消費行爲的重要因素。如果要充分了解人格特質的相關學說，應該要進一步閱讀心理學的相關書籍。以下只是簡要的介紹。心理學家提出了許多研究人格特性的方法，以下則介紹幾種在消費者研究領域上比較常被提到的分析方法。

一、本我、自我、超我

心理分析之父佛洛依德（Sigmund Freud）[1] 認爲，一個成年人的人格特性，是來自於渴望滿足其生理上的需求，與想要符合社會規範的需求，兩者之間的衝突與掙扎。這個掙扎是發生於「本我」、「超我」與「自我（Ego）」等三個系統之間。本我、自我、超我是心理分析理論（Psychoanalytic Theory）提出的觀點，此理論認爲是「人格特性的產生，源自於在心中的一組有力量、潛意識的內在掙扎」。

本我

完全和立即性的滿足有關，避免痛苦與獲得愉悅的內在動力基本來源，代表著潛意識的驅動力與衝動，引導人們精神動力朝向歡愉的行為前進，而且不考慮任何的結果。

超我

精神的道德面，反應與社會有關的理念，剛好壓制本我自私滿足的追求。

自我

- 介於本我與超我之間的中介角色，試圖平衡本我與超我之間的衝突，幫助行為。
- 能夠為外界社會所接受。

圖 4-1 心理分析三個系統

（一）本我（Id）

「本我」與完全和立即性的滿足有關，它是避免痛苦與獲得愉悅的內在動力基本來源，代表著潛意識的驅動力與衝動，引導人們精神動力朝向歡愉的行爲前進，而不考慮任何的結果。

(二)超我（Super Ego）

「超我」剛好相反於本我，是精神的道德面，反應與社會有關的理念，剛好壓制本我自私滿足的追求。

(三)自我（Ego）

「自我」是介於本我與超我之間的中介角色，試圖平衡本我與超我之間的衝突，幫助行為能夠為外界社會所接受。

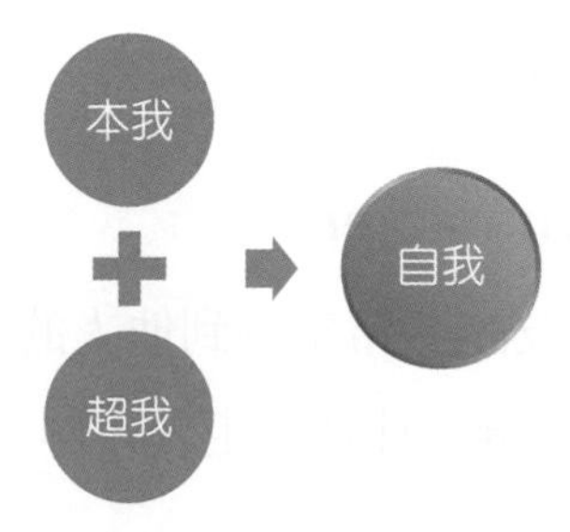

說明：本圖將本我、自我、超我的關係加以簡化解說，但不代表自我就是本我與超我的相加，而是自我會受到本我與超我的影響。

圖 4-2 本我、自我、超我的示意關係

佛洛依德的心理分析理論，對於後續人格特性的理論發展有相當大的影響，但他雖開創了心理分析這個領域，不過，持平而論，並非所有的後續研究者都認同他的觀點。

二、社會心理與人格

社會心理學（Social Psychology）「把心理學從個體擴展到了群體，將討論範圍擴及個體受群體影響後的心理，以及個人和群體間的關係與互動。」佛洛依德雖然開啓了心理分析的領域，主要著作包括：夢的解析、性學三論、圖騰與禁忌。但他討論到很多「夢」、「性衝動」，研究方向有些另類。許多佛洛依德的門徒或學生，並不贊成佛洛依德所提出的人格特性絕大部分是受到無法消除的「性衝動」與相關衝突所影響，他們認為個人的人格特質受到如何處理人與人之間關係的影響大於性衝動所造成的影響。因為是「受到佛洛依德的影響，但延伸到社會與文化觀點的心理分析理論」，被統稱為「新佛洛依德學派」（Neo-Freudianism）。

佛洛依德凡事都從生理的角度來解釋心理，但屬於新佛洛依德學派的荷妮（Karen Horney），主張社會與文化都會影響到人格[2]。從社會心理的角度出發，個人與社會相互依賴，個人致力於滿足社會的需要，而社會則協助個人達成其目標與理想。社會心理理論與心理分析理論不同之處主要在於：人格特性的塑造上，心理分析理論強調的是心理變數的觀點，而社會心理理論則認爲社會變數的重要性大於心理變數的重要性；原始佛洛依德的心理分析，認爲行爲的動機是來自於爲了要解決內心的衝突，特別是「性」方面，而社會心理理論認爲行爲的動機是直接滿足社會的需求。

荷妮並非師承弗洛伊德，而是師承佛洛伊德的朋友卡爾·亞伯拉罕（Karl Abraham）。荷妮由所提出的人格特性分類方法，是社會心理理論的早期研究。她將人類的人格特性依照人與人之間的關係分成三個類別：順從的（Compliant）、積極的（Aggressive）與孤僻的（Detached）。

(一) 順從性格（Compliant Character）

順從類型的人會尋求他人的友誼、希望得到他人的接受、欣賞與愛，並試著使自己成爲受人喜愛與令人愉快的人，這群人往往會走入人群。

(二) 積極性格（Aggressive Character）

相反地，積極類型的人則重視個人的成就超過友誼，會追求權力與他人的讚賞，這群人常會與其他人對抗。

(三) 孤僻性格（Detached Character）

最後，孤僻類型的人內心是獨立的，不欠人情，個人的選擇極少受到社會規範的影響，這群人往往選擇遠離人群。

荷妮開啓了社會心理的研究，社會心理理論眾多，對於消費者行爲的解釋，有很大的助益[3]。而用來測量此三種人格特質傾向的量表則被稱爲 CAD（Compliant, Aggressive, and Detached）量表[4]。

三、分析心理學與人格

另外一位著名的佛洛依德門徒尤格（Carl Jung，或翻譯爲榮格）無法認同佛洛依德在人格特性上對性這方面的重視與強調。他發展出另一套心理分析方法，也就是所謂的分析心理學（Analytical Psychology）。

分析心理學由「尤格所帶頭發展的心理學學派，認爲人的心靈包含有意識的自我、潛意識兩大部分」。尤格相信人類人格特質的塑造是受到自我與集結潛意識（Collective Unconscious）所影響。所謂的集結潛意識是指一個人過去所累積與繼承的經驗與記憶。

集結潛意識會形成原型（Archetypes），也就是共有的觀點和行爲型態。分析心理學與心理分析理論這兩個名詞很容易搞混，系出同源，但實質內容已經不同。

四、現象分析方法

現象分析方法（Phenomenological Approaches）[5] 提出的論點在於「人格特性是透過個人對於生活事件的解釋塑造而成」。現象分析方法關心的重點包括兩種主觀經驗，第一種主觀經驗是人們如何與他人相處，第二種體驗是所謂的內部監控，或者人們對自己的傾向的直覺。

從現象分析方法的觀點，一個人若覺得沮喪，此人如何解釋關鍵事件與這個解釋的本質才是造成沮喪狀態的原因，而非內在的衝突或特徵。舉例來說，面對大的危機，有人樂觀以對，有人則是充滿悲觀。

(一)內外控人格

此方法的主要觀念之一，在於內外控（Locus of Control）的人格 [6]，意即「人們對某些事情發生原因的解釋。會對結果好壞負責是屬於內控（Internal Locus of Control）的人，而外控（External Locus of Control）的人則會將責任歸咎於他人」。將產品失敗的原因歸咎於自己的內控性消費者會感覺到慚愧與自責，而那些將產品失敗原因歸咎於其他外部原因的外控性消費者則會感到生氣與憤怒。

當然，並非只有內外控才能用現象分析方法來解釋，很多人格特性都展現在對於生活事件的解釋。

4-3 人格特質

人格特質（Personality Traits，或譯爲特徵）理論提出的觀點在於：「人格是由可以描述與區別每個個人的特質（特徵）所組成」。關於人格的特質理論相關討論，在心理學與人格的相關教科書，都可找到詳細的討論，特質理論的早期討論，則可以參考 [7,8]。

人格特質理論從計量的觀點上來探討人格特質。例如：人們可以社會地交際程度（外向的特徵）來區別個人，某些人被描述成是內向的人（安靜、保守），有些則是外向的人。最常被提到與消費行爲有關的特徵包括：創新性（Innovativeness）[9]、物質主義（Materialism）[10]、自我意識（Self-Consciousness）[11] 及認知需求（Need for cognition）[12] 等。許多消費者行爲研究並未針對全部的人格構面，而是針對特定的人格構面。

人格特質的論述，主張不同的人在各種人格特質構面上，存有可測量的差異，因此，可用來從事市場區隔。而且個人特質是穩定的，不容易隨環境或情境的變動而有所改變。例外，個人特質可由行爲指標的衡量來推論得知。

以下是幾個常見的人格特質衡量方法。

一、卡特爾16因子人格特質（Cattell's 16 Personality Factors (16PF)）

卡特爾（Raymond Bernard Cattell）是人格特質理論的早期研究者，他提出「十六項影響個人行爲基本特徵」。卡特爾相信幼年時期建立的人格特性，都是經由學習而來，或是與生俱來的，他並提出一種獨特的分類方式，將個人的特徵區分爲由外在行爲所代表的表面特徵（Surface Traits），及導致外在行爲發生的來源特徵（Source Traits）。卡特爾相信只要觀察到彼此之間高度相關的表面特徵，就可以發掘出這些不明顯的來源特徵。例如：如果觀察一個人的行爲，發現具有仁慈、易相處與樂群的表面特徵，那麼就可以推斷出這個人「外向的」這項來源特徵[13,14]。

卡特爾所提出的十六項來源特徵，包括：樂群性、聰慧性、情緒穩定性、恃強性、興奮性、有恆性、敢爲性、敏感性、懷疑性、幻想性、世故性、憂慮性、激進性、獨立性、自律性、緊張性。

二、愛德華15構面個人特性偏好量表

愛德華（Allen L. Edwards）所發展的個人特性偏好量表（Edwards Personal Preference Schedule；EPPS）[15] 中包含了十五種特徵。此量表是一種強制選擇、客觀性、非投射性的量表，受訪者在題項中，直接進行選擇。量表共有225題，施測時間約略爲45分鐘。此量表經常使用在行銷領域上，但是結果並不一致。

臺灣的心理出版社有出版完整的愛德華（艾德華）個人偏好量表中文版（量表代碼86160），有需要者可以購買使用。

愛德華個人偏好量表的十五個構面分別是：成就、順從、秩序、尋求表現、自主、隸屬、內在感受、求助、支配、卑屈、關懷照顧、改變、耐力、異性戀、攻擊。

三、傑克森12構面基本人格量表

傑克森（Douglas N. Jackson）所發展的基本人格量表（Basic Personality Inventory）[16]，有12個構面，240個題項。12個構面包括：疑病症、抑鬱症、否認、人際關係問題、疏離、迫害思想、焦慮、思維障礙、衝動表達、社交內向、自我折舊、偏差。

臺灣的心理出版社有出版基本人格量表（量表代碼 86020），是由臺灣學者修訂的量表，並非原始的 Basic Personality Inventory，共有 10 個構面，150 題。構面數與題數並不相同。有需要者可以購買使用。

四、明尼蘇達多項人格量表

明尼蘇達多項人格量表（Minnesota Multiphasic Personality Inventory, MMPI）[17-20] 最早是由海斯威（S.R.Hathaway）及麥肯勒（J.C.Mckinley）所發展，1941 年起由明尼蘇達大學出版，因此命名爲明尼蘇達大學多項人格問卷。此問卷經過改版，問卷內容主要側重於研究精神疾病，預測精神病人的心理活動，也用於司法審判、犯罪調查、求職與就業、心理諮商。

常用的版本爲 MMPI-2-RF，共 338 題。MMPI-2 則爲 567 題。目前發展的是 MMPI-3。

五、五大人格

人格特質是一種心理特質的組合，在成年之後會趨於穩定，並會影響其個體行爲。人格特質爲心理學領域的重要課題，相關研究眾多，被提出的人格構面眾多。但是，過多的構面，常使研究難以聚焦。

爲了讓人格特質更容易研究，開始有學者將人格特質的構面進行合併，五大人格特質就是這種簡化構面後的產物。許多學者紛紛提出他們所認爲的五大因素（Big Five Model 或 Five Factor Model），以及發展 NEO-PI（Neo Personality Inventory）來測量五大人格特質 [21-23]。

(一) 有很多種五大人格

在區分成五種人格構面的過程中，不同學者也提出不同的版本。其中有一個版本，縮寫字剛好是 OCEAN，較容易背誦，因此較常被使用。爲避免混淆，本書僅針對這個較常見的版本進行介紹。這五大類的人格特質構面，包括：外向性、開放性、情緒穩定性、嚴謹性、親和性。

1. **外向性**（Extraversion）

   若一個人愈喜歡與人接觸、喜歡參與社交活動，則其外向性愈高。

2. **開放性**（Openness to Experience）

   對於不熟悉的新事物、經驗的接受度。若一個人興趣越多樣化、對新事物接受度高，其開放性越高。

3. **情緒穩定性**（Emotional Stability）**或神經質**（Neuroricism）

   係指情緒是否穩定，是否有大幅度的情緒變化，指一個人能承受情感刺激之程度，當一個人所能接受的刺激越多，愈不會有大幅度的情緒起伏，則其情緒穩定性越高。有些研究會使用「神經質」來代替情緒穩定性。

   稱爲情緒穩定性的目的，很明顯地是爲了湊出 OCEAN 這個縮寫字。

4. **嚴謹性**（Conscientiousness）

   做事或對於事物的嚴謹程度與專注性，對所追求的目標之專心與集中的程度。

5. **親和性**（Agreeableness）

   親和性也可譯爲宜人性，是指人際導向是否傾向於順從性。若願意與他人合作、聽從他人指示，人際順從性強、配合度愈高，則親和性（宜人性）愈高。

六、24 項性格優勢與美德

由彼得森（Christopher Peterson）和塞利格曼（Martin Seligman）所提出的性格優勢與美德（Character Strengths and Virtues），提出了 24 項性格，會影響到幸福[24]。24 個性格實在太多了，因此將之歸類爲六類。這個領域因爲討論的是心理的正向性，因此被稱爲正向心理學。以有別於經常討論負面層次的人格研究。

1. **智慧及知識**：創意，好奇，開明，愛學習，智慧
2. **勇氣**：英勇，堅毅，正直，熱情與幹勁
3. **仁愛**：愛，善良，人際交往能力
4. **公義**：團隊精神，公平，領導能力
5. **節制**：寬恕和憐憫，謙虛，謹慎，自我控制
6. **靈性及超越**：審美和優秀，感恩，希望，幽默，靈性

七、人格特質與消費者研究

近年來，預測消費行為一直是人格特性研究的目標。研究者都試著嘗試要以人格特質，來預測品牌或商店的偏好及其他消費者行為，但結果常常發現：可以用人格特性來解釋產品選擇或其他消費行為的變異量並不大。而且，縱使可以用來解釋，還可能因為具有共同人格特質的人，在人口統計變數上可能很不一致，而大眾媒體都是以人口統計變數的基礎來從事市場區隔，因此很難根據人格特質來從事市場區隔。另外，人格特性量表是否具有足夠的信度與效度，也是消費者研究上的重要問題。

雖然過去以人格特質來預測消費行為並不一定成功，但是，也因此刺激了更多新的方向。其中之一，是將人格特質當作干擾變數，來探討其對決策過程中各階段的影響。另一個方向則是在運用上，將人格特質結合個人的社經條件一起研究，使得這些資料變得更有用。

人格特質對於消費行為的影響，應該是存在的，只不過，人格特質有可能不是直接影響，而是干擾變數，會干擾消費行為。另外，人格特質也可能與消費者的社經條件產生交互作用，影響消費行為。還有一種可能是特定人格構面（例如創新性、物質主義、懷舊、認知需要…等），對於消費行為會產生影響，而非一般性的人格構面對於消費行為產生影響。

八、品牌人格

品牌人格並非人的人格，而是把人格特質理論應用到行銷。也就是說，像是發展人格一樣，發展出品牌人格（Brand Personality）[25]。品牌人格與個人人格特質無關，只是借用人格特質的觀念，運用於品牌。品牌人格的構面，可能包括真誠（Sincerity）、興奮（Excitement）、能耐（Competence）、成熟高雅（Sophistication）和堅韌（Ruggedness）之類的。

例如：某一品牌的香水可能意味著熱情、媚惑與冒險，而另一品牌的香水，則被視為具有復古與高貴的特質。此種情況下，此兩種品牌的香水都具有自己的人格，而且吸引著不同特質消費者的購買。

4-4 生活型態

生活型態（Lifestyle）「反映個人如何分配其時間與所得的生活模式，是個人自我概念的外在表達」。也就是說，我們所選擇的生活型態會受到自己的所得與能力限制，也會受到我們現在與想要的自我概念所影響。因此，在探討生活型態之前，必須先了解自我概念。

一、自我概念

自我概念（Self-Concept）[26, 27] 是「對自己的信念，通常自我概念回答了「我是誰？」這樣的問題．描繪對於自己的想法、感受、態度」。

生活型態可以反映在一個人所從事的活動、興趣與意見，以及人口統計變數上，它會影響人類的需求與態度，然後更進一步的影響我們的消費行爲。前一節曾經提到，要單單以人格特性來預測消費行爲常常是不成功的，但若能結合生活型態一同探討，則更容易幫助行銷業者界定有意義的市場區隔。因此，許多行銷業者都會追蹤與瞭解主要目標市場的生活型態趨勢，然後反應在行銷活動上，以吸引目標顧客。

二、心理圖析

心理圖析（Psychographics）[28, 29] 是將「人格、價值觀、意見、態度、興趣、生活型態等心理變數，加以量化的方法，將人們區分爲若干個區隔」。透過心理圖析的方式，可以幫助行銷人員區隔消費者，並調整行銷策略以迎合不同市場區隔的需求。

（一）AIO 量表

心理圖析的衡量方法之一，是針對消費者所從事的活動（Activities）、興趣（Interests）與意見（Opinions）等三個構面，列出許多敘述句，並由大量的受測者逐一指出其同意或不同意的程度，然後根據結果將有相似答案的受測者歸爲同一個群體，每個群體則代表著擁有相似的生活型態。因此，原先所用的測量工具稱爲 AIO 量表。後來進行生活型態分析，除了運用 AIO 的原始架構之外，還常常會加入價值觀、人口統計變數、人格特質、媒體型態與使用率等，來讓研究者更清楚各種區隔的描繪 [30]。

(二) VALS (Values and Lifestyle Survey)

先前有提到進行生活型態調查時,除了 AIO 之外,還會加入價值觀、人口統計變數、人格特質等變數。其中最廣被用來從事生活型態分析的心理圖析工具是 VALS(Values and Lifestyle Survey)[31]。VALS 最先是史丹佛研究中心(Stanford Research Institute,SRI,設於史丹福大學)於 1970 年代針對美國消費者的人口統計變數、價值、態度和生活型態等變數進行調查的工具。他們利用 VALS,將美國成年人分成九個不同的價值觀與生活型態區隔,許多行銷業者還利用這個結果來辨識潛在的目標市場,及發展更佳的行銷活動。VALS 也是他們的註冊商標,其他人發展的量表不可取名爲 VALS。

不過到了 1980 年代,VALS 已經變得過時,且無法有效預測當時消費者的行爲,因此漸漸受到許多的批評。到了 1990 年代,更因爲嬰兒潮出生的嬰兒已經長大、媒體選擇增加及價值觀與生活型態的改變,VALS 更無法成爲描述 1990 年代消費者的工具,也因此史丹佛研究中心便進而發展出 VALS2[32,33]。

VALS2 這項新的調查僅包括與消費者行爲有關的項目,所以比起 VALS 而言,VALS2 與消費行爲的相關性更大。VALS2 這項調查根據美國消費者對 170 項產品的消費行爲爲基礎,包含了四個人口統計變數與三十五個態度陳述句,從消費者的資源(Resources)與消費者的自我導向(Self-Orientations)這二個構面,將美國消費者區分成八個區隔群體[34]。

照片 4-2

每個人的生活型態,有明顯的差異。假日時,有人逛街購物,有人在家看電視、打電腦,有人打麻將,也有人喜歡出外旅遊。出外旅遊時,有人喜歡去大都市,有人喜歡尋幽攬勝,有人則希望接觸大自然。有人到了紐約的時代廣場,覺得非常興奮,但有人覺得除了人群,什麼都沒有。有人看到熊貓非常興奮,有人則覺得跟玩具一樣,沒什麼驚奇感。

照片地點:四川,成都,臥龍。

VALS2 所區別出八個區隔，則簡單介紹如下。這八種區隔，被廣泛收錄在消費者行爲的教科書中，但必須說明的是，這不過是某次美國消費者調查研究的成果，不同國家、不同社會、不同時間點所進行的消費者生活型態調查，可能會有所不同。不過，生活型態是非常穩定的，並不會隨時改變，因此，其依然有參考的價值。

1. **實現者**（Actualizers）：所擁有的資源最高，教育程度與所得水準高，擁有高度自信，能夠放任自己追求任何形式的自我導向。
2. **履行者**（Fulfilleds）：屬於負責任的成熟人士，受過良好的教育，重視秩序，擁有高所得，且對家庭感到滿意。
3. **成就者**（Achievers）：所擁有的資源也是屬於較高的，生活重點放在工作與家庭上面，希望在工作上能夠成功。
4. **經驗者**（Experiencers）：是一些會花很多時間在運動或社交活動的精力旺盛的年輕人。
5. **信仰者**（Believers）：所擁有的資源居中，教育程度低，具有根深蒂固的道德觀，遵守傳統的規範，屬於原則導向的人。
6. **奮鬥者**（Strivers）：是一些藍領階級，希望能夠迎頭趕上其它成功人士的人，屬於地位導向。
7. **製造者**（Makers）：對於物質上的財富並不感興趣，重視的是家庭與工作，屬於行動導向的人。
8. **苦幹者**（Strugglers）：所得水準最低，所有的行爲都是爲了生存，所以並沒有顯示任何的自我導向。

除了美國運用 VALS 或 VALS2 來描述其消費者之外，這項技術也被其他國家運用，不過有些修正。例如：在日本並不是用資源與自我傾向二個構面來區隔，而是改採自我表達、成就與傳統等三個構面來作爲區隔的基礎 [35]。

另外，雖然這項 VALS 或 VALS2 分析方法，已被廣泛的運用在行銷領域上，但是它還是有一些爭議。有些研究人員認爲 LOV 量表（List of Values）會比 VALS 更適合區隔市場，但這並沒有一致的結論 [36]。

一、選擇題

(　　)1. 江山易改，本性難移，指的是： (A) 人格特質 (B) 生活型態 (C) 價值觀 (D) 動機。

(　　)2. 從個人的行為、態度、感覺、習慣模式所推論出來的一種相對穩定、一致且持久性的內部特性。這是指什麼？ (A) 人格特質 (B) 生活型態 (C) 價值觀 (D) 動機。

(　　)3. 關於人格的陳述，何者正確？ (A) 具有單一構面 (B) 翻臉如翻書，人格特質是很容易改變的 (C) 兩個人之間，在某一項人格上可能是相同的，此時，在所有人格構面上通常也會相同 (D) 人格可能有一部分是來自於遺傳，也有可能一部分來自後天環境。

(　　)4. 心理分析之父是誰？ (A) Freud（佛洛依德） (B) Aristotle（亞里斯多德） (C) Maslow（馬斯洛） (D) Euclid（歐基里德）。

(　　)5. 以下關於佛洛伊德（Sigmund Freud）心理分析理論（Psychoanalytic Theories）的陳述，何者錯誤？ (A) 認為人的每個成長階段所產生的衝突，會影響到日後個人的人格特質 (B) 是本我（Id）、超我（Super ego）與自我（Ego）之間的掙扎 (C) 認為人格特性的產生，源於心中一組有力量、潛意識的內心掙扎 (D) 區分為五大因素，簡稱五大人格。

(　　)6. 精神的道德面，反應與社會有關的理念，剛好壓制自私滿足的追求，這指的是甚麼？ (A) 本我（Id） (B) 自我（Ego） (C) 超我（Super ego） (D) 價值觀。

(　　)7. 試圖平衡精神的道德面，也試圖滿足自私的追求，這指的是甚麼？ (A) 本我（Id） (B) 自我（Ego） (C) 超我（Super ego） (D) 五大人格。

(　　)8. 以下關於佛洛伊德（Sigmund Freud）心理分析理論（Psychoanalytic Theories）的陳述，何者正確？ (A) 主張一個成年人的人格特性，來自於滿足其生理上的需求，與想要符合社會規範的需求，兩者之間的衝突與掙扎 (B) 五大人格就是心理分析理論的產物 (C) 創新性、物質主義、自我意識、認知需要等，都在心理分析理論中討論到 (D) 區分為五大因素，簡稱五大人格。

(　　) 9. 個人與社會相互依賴，個人致力於滿足社會的需要，社會則協助個人達成其目標與理想。這是哪種理論的論述： (A) 社會心理理論 (B) 特徵理論 (C) 心理分析理論 (D) 自我知覺理論。

(　　) 10. 人格特性是由可以描述與區別每個個人的特徵所組成，這是指哪種人格理論？ (A) 特徵理論 (B) 社會心理理論 (C) 心理分析理論 (D) 佛洛伊德理論。

(　　) 11. 將人格特質區分為開放性（Openness）、嚴謹性（Conscientiousness）、外向性（Extraversion）、親和性（Agreeableness）、情緒穩定性（Emotional Stability）或神經質（Neuroricism），這可稱為： (A) 社會心理理論 (B) 心理分析理論 (C) 佛洛伊德理論 (D) 五大人格。

(　　) 12. 請問人格特質的 OCEAN 五大人格中，O 是指什麼？ (A) 開放性（Openness） (B) 客觀性（Objective） (C) 意見性（Opinions） (D) 戶外生活性（Outdoor）。

(　　) 13. 對於新事物的接受度，是人格特質的 OCEAN 五大人格中的哪一個？ (A) 開放性（Openness） (B) 嚴謹性（Conscientiousness） (C) 外向性（Extraversion） (D) 親和性（Agreeableness）。

(　　) 14. AIO（Activities, Interests, Opinions）量表，所測量的是？ (A) 人格特質 (B) 動機 (C) 操作制約 (D) 生活型態。

(　　) 15. 下面哪一種量表，不是用來衡量生活型態？ (A) AIO（Activities, Interests, Opinions）量表 (B) VALS（Values and Life Style）量表 (C) 五大人格量表 (D) VALS II（第二代 Values and Life Style）量表。

二、問答題

1. 請解釋何謂人格。
2. 請解釋「本我」、「超我」、「自我」。
3. 請說明社會心理理論和分析心理學的內容。
4. 請說明人格特性在消費者研究上的問題。
5. 請說明何謂生活型態。

第三篇
消費行為

CHAPTER 5

態度

您相信網路傳來的訊息嗎？

謠言（或是假訊息）是個非常古老的主題，近來因為社群媒體的訊息傳播，使得此一主題再次被重視。並賦予了新的名字：假訊息。假訊息與謠言雖不完全相同，但有接近之處。成語中的「三人成虎」、「曾參殺人」，都是說明假訊息（或謠言）對真相與當事人極具殺傷力。不過，謠言之所以會被傳播，也是因為訊息接收者對於謠言，抱持相信的態度。

曾參殺人是出自於《戰國策．秦策二》的故事，故事應該是假的。故事的意思是有個人殺了人，但被誤傳成曾子殺了人（曾子的本名為曾參，是孔子的弟子，又被稱為曾子。），曾子的母親起先不信，但經人再三的傳言，曾子的母親信以為真，丟下正在織的布，嚇得逃跑了，以避免被曾子牽連。故事意思是謠言傳播了很多次之後，就會被信以為真。為什麼謠言講幾次之後，曾子的母親就相信他會殺人？因為一般人接收到訊息後，態度可能改變。但不是每個人都會改變態度。是否改變態度，要看訊息內容的合理性，以及發訊者是誰。而在這個故事中，曾參殺人的訊息被不同人傳播，增加了訊息的可信度。

網路上，有很多用即時通訊軟體（LINE、Facebook Messenger 與類似軟體）轉寄的訊息，或是張貼在社群網站 Facebook、Twitter 的訊息，或是內容農場的訊息，因為未被證實，或者包含有假訊息的成分因此常被稱為網路謠言。這些流傳的謠言中，有些為真，有些為假，有些真假參半（有真的成分，也有假的地方）。消費者相信這些謠言嗎？如果不相信這些，或是半信半疑，為何又會幫助轉寄傳播這些訊息呢？

「假訊息」顧名思義為「假」，但真假由誰認定？而「謠言」這個詞，雖然帶有負面的意義，但必須澄清的是，一般我們所說的謠言，是指消費者認為未被澄清、帶有不確定正確性的訊息。謠言有可能是一種早期的資訊，雖未被證實，但終究會被證實確認的（確認該訊息為真，或是確認為誤）。謠言也有可能是不正確的資訊，因為某種刻意或非刻意的傳播，而傳送出來的錯誤訊息，其終究會被闢謠、公開否認。此時，這謠言就是假訊息。謠言也可以是已經被闢謠、公開澄清過的訊息，但因為澄清的內容，並無法取得消費者的相信，而使得謠言繼續不斷地被傳播。

收到並閱讀一則訊息後，消費者會加以評價，將該則訊息，依其可能的真實程度，歸納為「值得相信」、「待確認」、「不值得相信」的訊息，依其與自己攸關的程度，歸納為與自己「攸關」、「有些相關」、「無關」的訊息。每個消費者，在面對一則訊息時，會發展出屬於自己的態度，確認自己相信或不相信該訊息，也確認該訊息與自己是否有關。

如果，這則訊息是來自一位具有高度公信力和高知名度的名人或是新聞媒體所發送，消費者可能比較相信這個訊息。如果，這個訊息是來自於名不見經傳的人所發送，或是來自於信譽不佳的傳播媒體或內容網站，消費者可能對此訊息存疑。如果，消費者發現，這則訊息是由一位自己不喜歡的人所發送，則消費者可能因此而認為該訊息是假的。相反的，如果該訊息是消費者所喜愛的明星發出，消費者可能會覺得，該訊息的可信度很高。

如果，一則訊息與消費者的生活息息相關，例如：開車的消費者，收到一則網路謠言，內容是某某石油公司的油品品質較差，消費者可能會非常關心這則訊息。但同樣一則訊息，對於每天搭乘捷運、火車、公共汽車通勤的消費者來說，卻是沒有太大的意義。因為俗話說的好「事不關己，己不關心」。

同樣是一則訊息，消費者對於此則訊息的態度，卻很可能不太一樣，關心這則訊息的消費者，會設法求證這則訊息，並且將訊息轉寄給可能也關心同一訊息的消費者，以設法尋求其他消費者的認同。對於不關心這則訊息的消費者來說，可能完全不理會這則訊息，或是在閱讀完訊息後，隨手把這則訊息給刪掉。這些流傳的謠言，經常託稱訊息來源是來自「某醫師」、「某知名研究機構」、「某專業團體」、「某公正人士」，以便告訴訊息接收者「此則訊息是值得信賴的」。為何要拖稱這些訊息是來自於這些專業人員呢？主要是因為消費者對於訊息的態度，並非只與訊息內容本身有關，還與訊息內容之外的週邊線索有關，這些週邊線索，會影響消費者的態度。

關於假新聞、假訊息的討論，也可以參閱作者的另一本專書《假新聞：來源、樣態與因應策略》[1]。

「態度（Attitude）」是指「對某一標的事物的評價，這個標的事物可以是人們（包括自己）、產品、廣告或事件等各類型標的物，是學習得來的一種持續、普遍的評價」。從以上定義可知，態度是持續性與普遍性的，例如：某個人看到其他人亂丟垃圾所呈現的負面態度，是不會因爲時間久了，而有不同的態度反應，而且，並不是只有對這次看到的事件，才有這樣的態度，而是對任何人亂丟垃圾都會產生相同的負面態度。

被評價的標的物，稱之爲態度標的物（Attitude Object）。態度標的物涵蓋種類範圍很廣，可以是非常針對特定商品的購買或使用行爲（例如：使用某某牌的洗髮精，而不是使用另一牌子洗髮精的行爲），也可以是更一般性與消費有關的行爲（例如：多久應該洗一次頭髮）。

態度是一種評價，也就是內心的傾向，可以用來預測行爲。例如：態度可以幫助人們決定要和誰約會、決定要看什麼類型的電影、決定是否會重視資源回收等等的行爲。本章將介紹態度的功能、態度是如何被形成、如何衡量態度及探討態度與行爲之間的複雜關係。

5-1 態度構成的三要素

態度是由「情感（Affect）」、「行爲（Behavior）」與「認知（Cognition）」等三要素所共同組成，稱之爲態度的 ABC 模型[2]。情感指的是對態度標的物的感受，例如討厭蟑螂是一種情感層面的態度；行爲則包含著針對該標的物，想要有所行動的意圖（意圖並不一定眞的會付諸行動） 或實際的行動；認知則是指消費者對態度標的物的信念、想法與屬性評估。

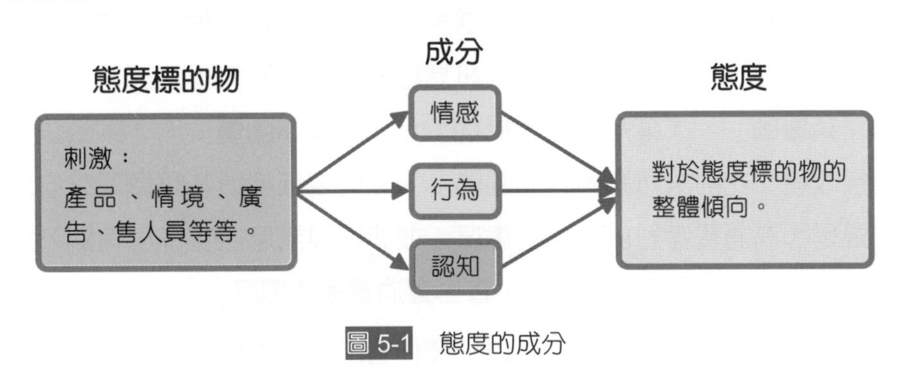

圖 5-1　態度的成分

此模型強調知道（認知）、感覺（情感）與行動（行爲）之間的交互關係，認爲消費者的態度並非單一地由他們的信念、行動或感覺所決定，而是三種成分相互影響而來。

照片 5-1

消費者對於各種商品的態度，會影響消費者的購買意願，而態度包含情感、行為、認知等構面，這三個構面會存在一致性，認知到該商品是高品質，在情感上認同時，採取購買行動的可能性就會增加。而在進行不同類型的消費活動時，情感、行為與認知有不同的影響順序。

照片地點：台北市，大直，美麗華購物商場。

(一) 廣義的態度與狹義的態度

必須說明的是，在這裡，我們將態度區分爲情感、行爲、認知等三個要素，但在很多時候，我們又把態度、情感、行爲、認知當成四個概念，而非把情感、行爲、認知當成是態度的一部分。這點，其實是「廣義」或「狹義」的態度的區別，並沒有衝突。

當我們所稱的態度是指狹義的態度時，是對「所針對的標的物（包括有形或無形標的物）」的「整體評價」，但我們所稱的態度若是廣義的態度時，是指除了整體評價以外，還包括對於這個標的物的情感、行爲、認知。如果我們清楚理解廣義與狹義態度的區分，就會知道本章所討論的態度，其實是廣義的態度，包括了情感、行爲與認知這三個元素。

(二) 態度是常見用詞，意義多元

態度之所以會有這種廣義與狹義的區分，是因爲態度是一個通俗的用詞，在我們生活之中已被廣泛使用。舉例來說，當我們說「服務人員的態度很不好」，可能意指的是展現於外的行爲，而非他發自內心的想法。此時的態度，是指「行爲」。再舉例來說，當我們說對於「電動機車的態度」，我們想講的可能是指對於電動機車的認知。當我們說，對於「某某網紅的態度」，此時講的可能是指對於該網紅的情感。現實生活中，態度是非常常見的用語，意義非常多元。

一、態度三要素的影響順序

態度組成中的這三種要素是很重要的，但其重要性的高低，和消費者對該態度標的物的動機水準有關。根據這三種要素之間的關係，或者說是影響順序的不同，研究者歸納出三種不同的影響的層級（Hierarchies of Effects）來解釋這三種要素相互影響的順序。

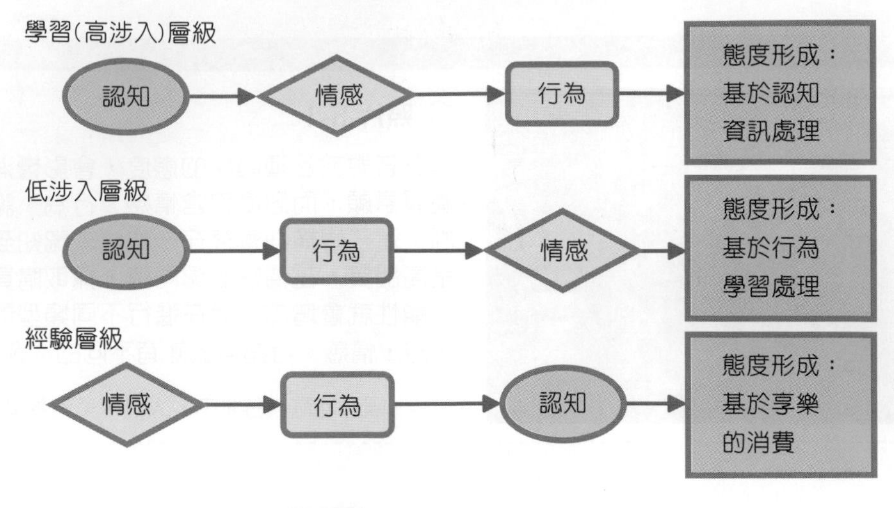

圖 5-2 態度的三種影響層級

(一)學習層級（高涉入）購買決策下的態度形成

在學習層級（Learning Hierarchy）中，三要素的影響順序是先有認知，然後產生情感，最後才是行爲。學習層級（高涉入）購買決策下的態度形成順序爲：認知→情感→行爲。

這是一種標準的態度形成方法。此種層級假設品牌的信念會加強我們對該品牌的情感。換言之，品牌信念會引起品牌情感，品牌情感則更進一步影響品牌的購買和使用。例如：假設你正在規劃春節旅遊的地點，在幾個選擇的地點中你會去瞭解這些地點的距離、交通成本、旅館的供應、可以有些什麼樣的活動等等資訊，在思考這些資訊後，你會對於前往某個地點產生很興奮，很高興的感覺，或是判斷出哪個是你最喜歡，你眞的很想要去的地點。最後基於這些情感或感覺，你會作出選擇。

學習層級假設消費者的購買決策過程是屬於高度涉入[3]，人們有高度的動機先去尋找許多資訊，仔細的評估每一項選擇，進行認知思考，然後產生感情，最後才採取行動，也就是基於認知資訊處理來形成態度。

(二)低涉入層級購買決策下的態度形成

另外一種是透過低涉入層級（Low-Involvement Hierarchy）來形成態度。三要素的影響順序是先有認知，然後產生行爲，最後才是情感。低涉入層級購買決策下的態度形成順序爲：認知→行爲→情感。

消費者一開始對某品牌並沒有強烈的偏好，但僅會搜尋有限的資訊，就採取購買行動，然後在產品購買或使用後才會對此產品產生評價或情感[4, 5]。這種類型的態度形成是透過消費者購買產品之後所得到的經驗好壞而來，也就是基於行爲學習而來。

例如：消費者可能知道一些飲料的品牌或產品，但並不會非常仔細瞭解之間的差異後，才選擇某種飲料來飲用， 而是等到飲用之後，才產生對此種飲料的評價。因此，對行銷人員而言，對於低涉入層級的這類產品，並不需要過於強調產品的屬性，因爲消費者根本不會太注意。

(三) 經驗層級購買決策下的態度形成

根據經驗層級（Experiential Hierarchy）的觀點，消費者會先對該產品有情感反應，然後便會採取購買行動，最後才透過購買或使用後的經驗，發展出對該產品的信念，或學習到一些有關該產品的知識。三要素的影響順序是先有情感，然後產生行爲，最後才是認知。經驗層級購買決策下的態度形成順序爲：情感→行爲→認知。

換句話說，消費者對該產品的感覺，或者是該產品爲他們帶來的樂趣，會影響其購買行爲，並在購買與使用該產品之後形成態度。此經驗層次的觀點，強調態度會受到經驗的影響，因此有了體驗行銷的講法。由史密特（Schmitt）提出的體驗行銷（Experiential Marketing）[6-8]，是指讓「讓消費者觀察或參與，感受到刺激，而引發動機，進而產生消費行爲，產生認同」。體驗行銷從消費者的角度出發，透由親身的體驗，不論是實際接觸或網路傳播，使消費者能對產品感同身受，進而對產品產生連結，促進購買。

一般說來，態度除了會受產品本身的屬性所影響外，還會受到產品無形的屬性，或消費者對刺激物的反應所影響，例如：包裝的設計或廣告、品牌名稱等，都會影響消費者對於產品的態度。有些時候，消費者並不會十分在意產品的實際屬性，在這時候，行銷人員可以直接透過引發消費者良好的情感，來影響消費者的購買行爲，而不需要先讓消費者瞭解產品。因爲，在這種情況下，產品的好壞並不是太大的重點。

二、態度三要素的一致性

雖然態度的三要素是以層級的角度來發展，但是通常會相互一致。也就是說，當態度的某一個要素改變時，另外兩個態度要素也會跟著產生變化。了解這種態度的一致性，可有助於行銷策略、廣告溝通方案的擬定，例如：行銷業者可以從銷售人員的訓練、包裝的設計、賣場的佈置、或提供廣告、資訊等刺激，來影響消費者對產品的信念與感受，在三要素一致性的特性下，就可以間接影響消費者的行爲。

圖 5-3 態度三要素的一致性示意圖

雖然許多學者認爲情感、認知、行爲這三個要素必須有一致性，不過，一致性有時並不存在，因爲影響行爲的因素非常眾多。舉例來說，某位消費者對某品牌筆記型電腦持有正面的信念、對這個品牌與該款筆記型電腦的設計也有正面的情感反應，經過研究者的問卷測量結果，也顯示出該消費者正面的信念與感受，但是，這位消費者並沒有擁有該款筆記型電腦，或購買其他類型產品，所以研究者會斷定此消費者對該項產品的認知、情感、與行爲要素之間並沒有一致性。

(一) 態度三要素的不一致

但事實上，有很多的原因，會降低認知、情感與可見行爲要素之間的一致性。舉例來說，消費者若缺乏動機或需要時，認知與情感之間的正面反應，並不會轉化爲具體的行動。例如：縱使消費者對該產品瞭解很清楚，也很喜歡，但是因爲認爲不需要擁有一台手提電腦，或者已經有一台電腦，所以不會促使消費者購買這台電腦。而消費者如果沒有購買能力，儘管對該產品有強烈的喜好與認識，但還是不會購買。

如果同時間消費者的購買行爲不只這一項產品，則消費者會有取捨的情況發生，此時，消費者可能不買手提電腦或改買其他較便宜的機種，然後將省下來的錢購買其他產品。另外，若消費者對該產品的認知與情感要素都很薄弱，或是在購物時獲得到新的資訊時，那麼消費者對該產品的最初態度可能會有變化，當然也就影響到購買的行動。

(二) 影響最終購買決策的因素眾多

家庭成員的需求，也會影響最後的購買行爲。雖然測量消費者的態度，發現對該產品擁有正面的認知與情感要素，但他還是可能會購買其它的產品，以滿足家庭成員的需求。

在測量態度時，通常沒有考慮到購買情境，但是許多購買行爲，卻是針對特定情境而發生，或是在特定情境中購買。例如：如果消費者打算在不久的將來購買新車，那麼他的舊車需要換輪胎時，可能會先去更換最便宜的輪胎，而不會選擇他最滿意，但價格較高的輪胎。

當然，也有可能認知、情感與行爲達到一致，但測量出來的結果卻不一致。這主要是因爲要衡量態度的各個層面具有困難性，消費者可能不願意或無法明確的表達對某產品的所有信念與情感，因爲測量的誤差，使得測量出來認知、情感和行爲要素就有可能不一致，但實際上這三要素卻可能一致。下一節會簡單介紹常用的態度衡量方式。

5-2 態度的理論

消費者的態度是如何產生的？對學術與實務工作者來說，是值得關心的主題，洞悉態度形成的原理，就能影響消費者。爲了解釋態度的形成與變遷，以下則介紹幾個有關態度形成與變遷的理論。

在討論這些態度理論時，讀者可能會發現，這些理論怎麼看起來很像啊！這是很合理的，因爲理論的目的是解釋消費者的行爲。當某個理論可以解釋大部分的行爲，但有一些例外狀況無法解釋，此時就會出現另一個理論，這個較新的理論要解釋之前未能解釋的部分，又希望涵蓋先前的理論，因此，各個理論會有一些重疊之處。

對於希望充分了解消費者行爲的行銷工作者來說，重點應該要放在這些理論可以給行銷工作者什麼樣的啓發。

一、認知失調理論（Cognitive Dissonance Theory）

當你購買東西時，你是否曾經對你的決策感覺到有些不安，不確定這個決策是否正確。其實這樣的感覺是正常的，大多數的人都曾經有過這樣的感覺。在心理學上，我們稱這樣的狀況爲認知失調。心理學家費丁格（Leon A. Festinger）觀察這樣的現象，並提出「認知失調理論」解釋此現象[9]。

認知失調理論乃是「基於認知的一致性原則所發展出來的理論，認爲人們若發生認知不一致，會產生不舒服的緊張狀況」。認知一致性原則（Principle of Cognitive Consistency）的基本概念在於「消費者所擁有的各種信念必須彼此一致。當消費者的信念不一致時，會使消費者產生想要降低這種不一致狀況的緊張或驅動力」。

因此，我們很少會聽到某個人說「這個品牌的香水是我最喜歡的香水，但它的味道讓我覺得噁心」這樣的評論，因爲在這句話中的二種認知並不一致，比較有可能的說法是「這個品牌香水是我最喜歡的香水，但這個品牌香水中的某一種系列的味道，讓我覺得噁心」。

(一) 消費者會設法避免認知失調

認知失調理論認為當消費者面對態度或行為上的不一致時，會採取改變行為或態度來解決此種不一致。認知失調理論觀察到，消費者會先依據某些對標的物的評估，而作出購買決策，購買之後，會對這項購買決策產生質疑，懷疑自己是否作了正確的判斷，也就是說，發生了認知失調的狀況。最後，消費者會設法提高對此標的物的正面評價，來解決內心的不安，避免失調狀況的發生。

(二) 行銷人員應該降低消費者購後可能產生的認知失調

認知失調理論可以解釋為何消費者在購買某項產品之後，有時反而會更注意有關此產品的資訊，因為此消費者正透過瞭解更多該產品的優點，來提高對此產品的評價，以消除認知失調的感覺。所以，對於行銷業者而言，行銷人員在售後，還必須提供進一步的正面資訊，來使消費者能夠增強對該品牌產品的正面態度，以解決消費者的認知失調。在預售房屋現場，消費者做出了購買的決定，這個決定是非常重大的，因為大部分的消費者，一生都只能做出一、二次的購屋決策。此時，銷售人員大聲恭喜消費者，並向在場人員宣布，工作人員紛紛向買主恭喜，這些做法，都是要設法加強消費者對於此項預售屋產品的信心，避免產生認知失調的情況。

二、平衡理論（Balance Theory）

海德（F. Heider）的平衡理論認為「態度標的事物、個人、其他相關人，這三者之間的關係，會產生平衡。平衡關係裡面，有三個態度：其他人對該事物的態度、自己對該事物的態度、自己對其他人的態度，態度不一致時，會改變態度以取得平衡」。當某人不贊同他所尊敬的意見領袖對某項標的物的感受或看法時，其內心會產生了認知失調的壓力。同樣基於認知一致性原則，這個人會降低對此意見領袖的尊敬，或者是開始贊同此意見領袖的看法 [10]。

平衡理論考慮到人們所認為可能有相互關聯的三要素之間的關係。這個平衡理論認為人們渴望這三個要素之間的關係，是和諧或平衡的，如果不和諧或不平衡，則內心會產生一種緊張的狀態，而這種緊張狀態要一直等到認知改變，恢復平衡之後才會消除。

(一) 平衡理論的示例

我們可以用下列的例子來說明平衡理論。假設林貞貞和王莉莉這兩個人，是非常要好的朋友，林貞貞本身是非常激進的環保人士，反對使用稀有動物皮毛所製作的產品，但後來，林貞貞發現王莉莉喜歡稀有動物皮毛所製的皮毛，此時出現了不平衡。因此，她可以採取兩種方式，來重新獲得平衡，一爲不再反對使用稀有動物所製作的產品，甚至也開始喜歡使用。二是不再視王莉莉爲最好的朋友，甚至開始討厭王莉莉。林貞貞、王莉莉、皮毛製品三者之間的關係如圖所示。實線表示之前已存在的評價，虛線表示新的評價，符號 + 表示喜歡，符號 - 表示不喜歡。

平衡理論可以解釋爲何行銷業者對其產品代言人的選擇會如此重視。因爲當廠商將其產品和廣告明星產生關聯時，若目標消費者對該廣告明星有正面的態度，但對產品原來印象並不好時，消費者可能會調整對產品的態度，提高對該產品的評價。不過，消費者也可能因爲這樣的關聯，而降低對該廣告明星的喜好，使得能在對產品與廣告明星之間的態度取得一致與平衡。因此，對廣告明星而言，也必須愼選形象較佳的產品來代言，才不會降低自己受歡迎的程度。這也是爲什麼許多明星會愼選代言產品的原因。

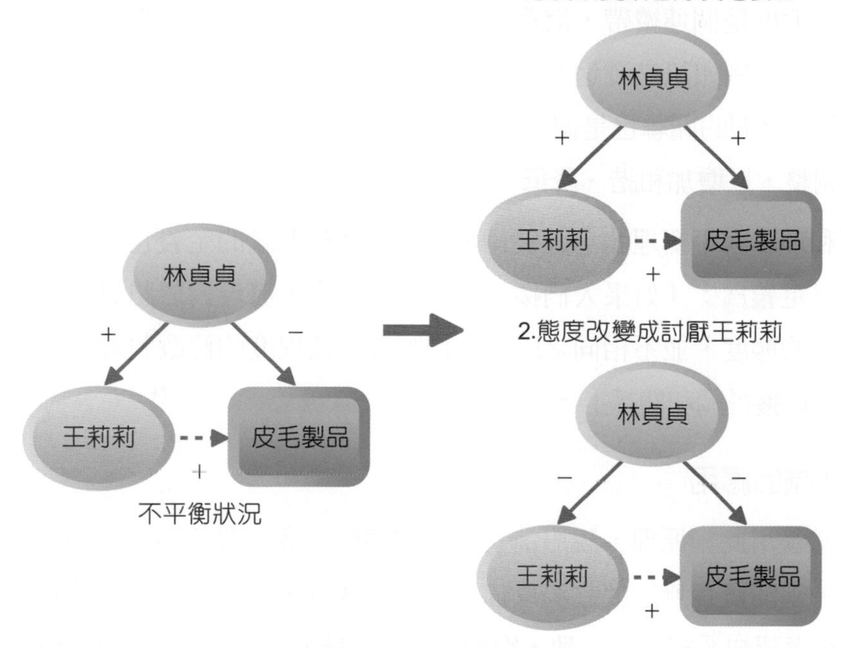

圖 5-4 海德的平衡理論

(二)平衡理論只有討論愛惡兩極，沒有討論到程度

平衡理論在應用時，有受到一些質疑。質疑之一是程度上的問題，平衡理論只有喜歡與不喜歡這兩種感受，但沒有討論到程度的問題。在許多情況中，或許實際上只需要降低不喜歡的程度，即可解決內心因爲不平衡而產生的緊張狀態，並達到平衡，並不一

定需要一百八十度地從原先的不喜歡轉變爲喜歡。其次，平衡理論是以三個要素之間的關聯來討論，但實際情況下，可能有更多人或物，涉及這個關係之中。以上述例子，很可能王莉莉雖然喜歡皮毛製品，但王莉莉力行徹底的垃圾分類與資源回收，對於林貞貞來說，可能某種程度又改變了平衡。平衡理論並沒有討論到這種複雜的狀況。

三、調和理論（Congruity Theory）

調和理論（或翻譯爲一致性理論、和諧理論）[11] 與平衡理論則都是討論態度的一致，都可用於討論說服溝通與態度改變，都是認爲消費者傾向於讓認知系統內部的各個組成分間保持一致。

由奧斯戈（Osgood）與田納本（Tannenbaum）所提出的調和理論，針對海德的平衡理論進行調整，海德理論針對三角關係的平衡，而三角關係間只有正向或負向兩種情境，但調和理論將此一正向與負向態度的二分法，修改成爲正向到負向之間的連續帶，消費者對於產品的態度是個連續帶，消費者對於特定人（例如訊息發送者）的關係也是個連續帶，該特定人（例如訊息發送者）對於標的物的關聯也是個連續帶。而訊息發送者與標的物（產品）之間的關聯也是個連續帶。調和理論並沒有認定會正負翻轉以達到平衡，而是會進行調整，以增加和諧、降低不和諧。

因爲調和理論與平衡理論意義很相近，因此調和理論的定義也很類似於平衡理論。調和理論可以定義爲：「如果人們接收到說服訊息後，發現對於訊息內容的態度，與對於訊息發送者的態度，並不相同之時，人們將會某種程度的修改對於訊息內容或訊息發送者的態度，以獲得調和關係」。

(一) 調和理論的應用

廠商經常善用此一原理，說服消費者改變態度。當消費者抱持正面態度時，廠商無需進行說服。當消費者無態度立場或抱持負面態度時，廠商藉由邀請消費者喜愛的代言人，產生消費者認知系統的不一致，影響消費者，讓消費者改變態度，變成喜歡該產品，或者不那麼討厭該產品。

舉例來說，消費者對於他人（例如特定公眾人物）的態度，並非單純的正面或負面二分法，而是一個喜好或討厭程度。消費者對於爭議議題（例如是否使用核能、支持統獨）的態度，也是一個贊同或反對程度，而非單純的贊同或反對二分法。當他人對於該爭議議題表達意見時，消費者對於該人的態度、消費者對於該爭議議題的立場、以及該人對於該爭議議題的表態，三者之間會重新形成和諧或調和關係。

(二)調和理論與平衡理論的異同

此理論看起來與平衡理論非常類似，但沒有完全相同。首先，調和理論相信態度會改變，但並不一定會正負翻轉，平衡理論因爲只討論正負向態度，並簡化成消費者會翻轉態度，較無法解釋只是改變某一程度的態度（而沒有翻轉正負向）。依據調和理論，消費者會改變態度以提高和諧（調和），減緩了不一致的程度，但正負方向的不一致可能依然存在。

當不一致發生時，對於人的態度會改變？還是對於事件的態度會改變，來形成新的和諧（調和）關係？這應該是依情況而定，有些時候改變的是對於人的態度，有些時候是改變對於事件的態度。

另外，公眾人物對於該立場的主張，是否令人相信或懷疑，也是需要討論的。有些時候公眾人物雖然提出立場，但消費者並不相信公眾人物眞的抱持該立場，此時調和理論並不會發揮作用。舉例來說，以核能這個爭議課題來說，消費者討厭核能發電，消費者也並沒有很喜歡某位公眾人物，但這位公眾人物最近發表強烈反對核能發電的言論，此時，因爲該公眾人物的立場與此消費者立場相同，從調和理論的論述，消費者對於這位公眾人物的看法應該要改觀，但是，如果消費者認爲該公眾人物的論述是「違心之論」，只是爲了換取民眾支持，該公眾人物不可能眞心這麼說，此時，消費者並不會理會公眾人物的論述，調和理論不會發揮作用。

四、自我知覺理論（Self-Perception Theory）

自我知覺理論[12]是由心理學家班姆（Daryl J. Bem）所提出。自我知覺理論認爲，人們「藉由解釋他們自己行爲所代表的意義，來說明他們本身抱持的態度」。有時候消費者並不知道或並不確定他們的眞實態度，當被問到他們的態度爲何時，他們會檢視自己的行爲，然後再推論出自己的態度」。該理論提出的論述指出，如果我們已經自主地購買某項產品，我們會推論自己必定對這項產品的態度是正面的，所以才會購買，以便維持一致性。這種情況通常發生在低涉入產品的購買行爲中，因爲消費者對於低涉入產品的購買，一開始便是處於缺乏強烈內在態度的情境。

自我知覺理論可以用來解釋伸腳入門技術（Foot-in-the-Door Technique）這種銷售策略的效果。此種技術是基於觀察到「消費者一開始如果同意一項小的請求，那麼他就較容易再應允另一項請求」[13]。伸腳入門技術一開始指的是家戶推銷員登門拜訪時，若能說服消費者開門傾聽其介紹，那麼基於自我知覺理論，消費者爲了維持一致性，則很有可能會購買該銷售人員所介紹的產品。

行銷業者廣泛地應用伸腳入門技術。例如：化妝品專櫃銷售人員以說服消費者接受試用其產品的方式，增加消費者購買的可能性，這也是基於伸腳入門技術。消費者可能會認爲自己喜歡這項產品，才願意停下來花時間聽銷售人員的介紹與試用該產品，如果該產品確實還不錯，那麼成交的機會就比較大。

五、社會判斷理論（Social Judgment Theory）

社會判斷理論[14, 15]由穆扎弗·謝里夫（Muzafer Sherif）、卡羅琳·謝里夫（Carolyn Wood Sherif），以及卡爾·霍夫蘭德（Carl Iver Hovland）三名心理學家共同提出。主張「人們會根據他們對態度標的物既有的認知或感受，來同化有關此標的物的新訊息」。先前的態度扮演著參考架構的角色，新的訊息則依照此既有的標準來被歸類。

初次理解這個理論的人，很容易搞不清楚這個理論爲何被冠上「社會」，而認爲這個理論應該是要跟社交、社會規範有關才對。但這個理論並沒有社會規範或是社交方面的涵意。這個理論屬於社會心理學學派的理論，可用於解釋人們如何判斷他人提供的說服訊息。此理論強調判斷是基於比較的，比較新訊息與原有觀念之後，會產生接受區與拒絕區，對於接受區的訊息會予以接受，對於與現有想法明顯有很大不同的拒絕區訊息，則無法發揮說服效果。在最初的專書中，標題是社會判斷（Social Judgment），副標題則是溝通與態度改變的同化與對比效果（Assimilation and Contrast Effects in Communication and Attitude Change）。

(一) 同化與對比效果（Assimilation and Contrast Effects）

這個態度標準是非常主觀的，同化與對比效果是此一理論非常重要的一個觀念，在於認爲每個人對於訊息究竟可以接受或不可以接受的標準都不盡相同，「每個人在態度標準上，都有一個接受與拒絕的區間（Latitudes of Acceptance and Rejection），落在態度標準可接受區間內的想法，會被欣喜地接受，產生同化效果，相反的，落在態度標準可接受區間之外的想法，則會被拒絕，產生對比效果」。

(二) 社會判斷理論的應用示例

例如：如果某人對於男人下廚煮飯已經抱持正面的態度，則他比較可能會接受「以鼓勵男人下廚爲劇情的醬油廣告」。但若此人對男人下廚持負面態度時，則會對這樣的廣告內容產生反感。

一般而言，消費者若對態度標的物的涉入程度愈高時，他的可以接受區間會愈小，也就是說，此消費者愈不能忍受與其原有的立場有稍稍不同的意見；相反的，對態度標的物涉入程度低的消費者，因爲沒有太固定的看法，因此接受區間會較大，可以接受更多不同的意見。

六、推敲可能性模式（Elaboration Likelihood Model；ELM）

從訊息處理的角度來看態度如何形成，可以從訊息處理的推敲可能性模式，或譯爲思慮可能模式 [16-18] 來說明。由裴悌（R. E. Petty）與卡西波（J. T. Cacioppo）所提出的推敲可能性模式，認爲「根據涉入程度與處理資訊能力的不同，人類處理訊息可以有中央處理路徑與邊陲處理路徑兩種模式，高涉入且具有處理資訊能力時，會使用中央處理路徑來處理訊息，也就是仔細思考訊息的內容以進行決策。不具低涉入或不具有資訊處理能力時，會使用邊陲處理路徑來處理訊息，也就是利用周邊線索來進行決策。」

(一) 中央處理路徑（Central Processing Route）

當涉入程度高時，消費者會以中央處理路徑的模式來處理訊息，意即消費者會「積極地注意與努力仔細思考訊息的內容，深入推敲與解釋該訊息，並形成態度」。因此，所用來呈現支持產品訴求的證據品質扮演著一個關鍵性角色。仔細根據產品規格來評估產品差異，就是一種中央處理途徑。

(二) 邊陲處理路徑（Peripheral Processing Route）

邊陲處理途徑也可翻譯爲週邊處理途徑。當涉入程度低時，或不具有資訊處理能力時，消費者會以邊陲處理路徑的模式來處理訊息，也就是說消費者「不會深入思考訊息內容，僅會草率地注意著訊息，傾向於簡單地根據週邊線索，例如：音樂、包裝、場景、代言人…等等，很快地作出推論」。相反於中央訊息處理模式是由訊息本身決定消費者的態度，邊陲處理路徑則是由訊息的形式來決定消費者的態度。

根據產品的品牌、包裝等周邊線索，來決定購買哪一個產品，就是一種邊陲處理路徑的做法。

七、理性行動理論

理性行動理論（Theory of Reasoned Action）[19-21] 也翻譯爲理性行爲理論，是由費雪賓（Martin Fishbein）與阿耶茲（Icek Ajzen）所提出，此理論主張「人們的行爲意圖會受到態度及主觀規範的影響，而行爲意圖會進一步影響行爲」。

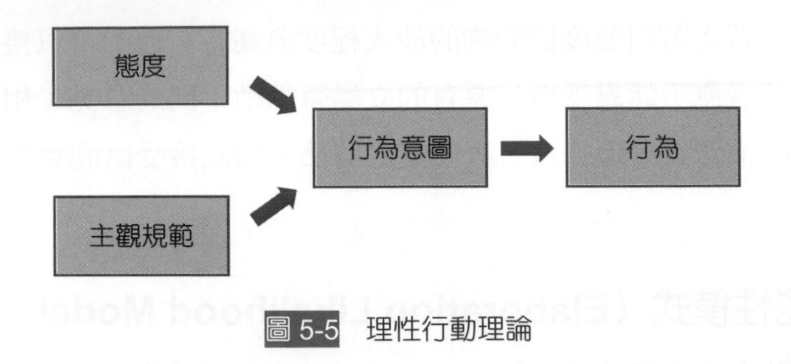

圖 5-5 理性行動理論

此理論的主要觀點在於一個人的行為意圖，會受到態度及主觀規範的影響，行為意圖則是行為的前奏。例如：一位大學教授可能喜歡上某款進口跑車，不論價格、性能、外觀等方面都讓此消費者非常滿意，但最後此消費者並沒有購買。沒有購買的原因，是因為他擔心他的大學同儕認為他太虛榮，也擔心開這樣的車去學校上課會太招搖，引起同事或學生的非議。也就是說，這些主觀規範影響他對這輛車子的購買意圖。這也是為什麼大學校園裡面， 跑車的比率始終不高的原因之一。

(一) 主觀規範是理性行動的一部分

主觀規範（Subjective Norms）指的是「主觀覺得社會上其它人對自己的期望」，主觀規範的衡量方式為眾人對此人的期待與規範的信念，乘以此人遵守這些人個別不同的期待與規範的動機，並加總起來。

從字面上來看，理性行動理論中，應該要有「理性」的成分，可是前述說明並沒有理性這個因素的存在，此處所說的理性，是消費者的態度，取決於所有影響態度的因素，而社會規範就是其中的一項因素。把社會規範考慮進去，是理性的一部分。

八、計畫行為理論（Theory of Planned Behavior）

計畫行為理論 [22] 是由阿耶茲（Icek Ajzen）根據理性行動理論為基礎而修正提出，此理論主張「人們的行為意圖會受到態度、主觀規範、知覺行為控制所影響，而行為意圖會進一步影響行為」。

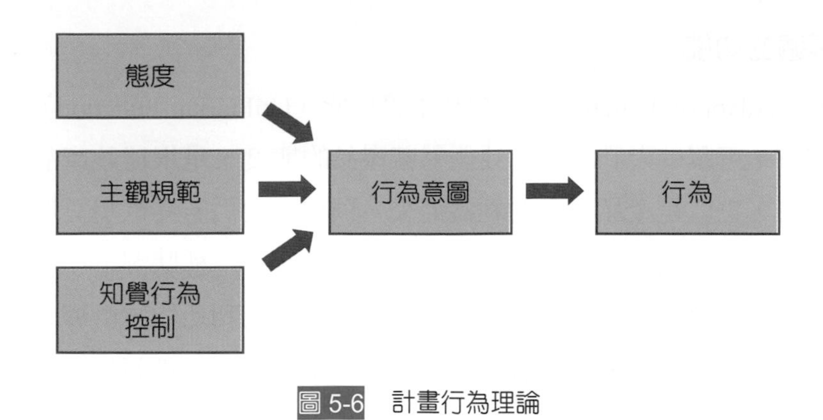

圖 5-6 計畫行為理論

(一) 想做不一定做得到

知覺行爲控制（Perceived Behavior Control）是計畫行爲理論裡面的最重要觀念，這是指「個人是否具有自我效能，是否覺得執行特定行爲存有困難度」。舉例來說，戒菸行爲，消費者可能認爲該戒菸（態度），身邊親朋好友也覺得該戒菸（社會規範），但自己缺乏意志力，知覺到不具有行爲控制能力，則消費者不會採取該項行爲。

因此，計畫行爲理論比較適用於消費者想做、計畫做，但不一定做得到的行爲。從字面上來看，計畫行爲理論中，應該要有「計畫」的成分，可是前述說明並沒有「計畫」這個因素的存在，此處所說的「計畫」，是消費者計畫要做，但不一定眞的會做，因爲消費者可能發現，自己其實做不到。

5-3 態度的功能與承諾

對於消費者來說，態度可以用來扮演什麼功能呢？態度能夠做什麼？消費者形成態度之後，該態度會持續穩定嗎？還是隨時改變呢？消費者對於態度是否會形成承諾？這會影響到我們是否需要重視消費者的態度。

一、態度的功能

態度功能理論（Functional Attitudes Theory）[23, 24] 從態度如何幫助社會行爲的角度提出，認爲「態度具有許多功能，態度的形成有助於心理運作，對於人們是重要的」。此理論說明態度可以有下列幾種功能：

(一)適應調適的功能

適應調適(Adaption Function)或功利主義功能(Utilitarian Function)和基本的獎賞與懲罰原則有關,可幫助人們決策。我們對某產品的態度,是根據該產品所帶給人們愉悅或痛苦的經驗,也就是產品本身的利益而來。例如:我們若喜歡臭豆腐的味道,那麼對臭豆腐這項產品,我們就會發展出一個正面的態度。在這種狀況下,態度有助於購買決策過程決定何者爲優?何者爲劣?適應調整功能具有功利功能,引導消費者朝向令其愉悅的事物。擁有態度之後,消費者在進行消費決策時,不必重新思考每一個構面,而是直接用態度來做購買決策。

(二)價值表達的功能

扮演含有價值表達功能(Value-Expressive Function)的態度,表達了消費者的中心價值或自我概念。個人對某產品態度的形成,乃是因爲該產品對此人所造成的觀感(例如:甚麼樣的人會買價值千萬的跑車?甚麼樣的人會買最頂級、最昂貴的行動電話?甚麼的人會買名牌包?),而非僅只是該產品本身的利益。人們對某項產品抱持某種態度,這可以表達他的價值觀。消費者不一定進行購買活動,光是態度,就足以表達他的價值觀。

(三)自我防禦的功能

態度也可以扮演自我防禦的功能(Ego-Defensive Function),避免自己與某個具有負面形象的標的物連結在一起。舉例來說,即溶咖啡剛被發明時,家庭主婦因爲擔心自己能幹主婦的形象認知受到威脅,因而抗拒使用即溶咖啡粉來沖泡咖啡。在都會區的咖啡簡餐店,因爲害怕美食形象受到威脅,因此拒絕使用調理包來準備餐點。對某種標的物抱持負面態度,可以避免自己與該標的物被連結在一起。另外,消費者對於具有負面社會形象的企業,抱持負面的態度,也是一種自我防禦的功能,避免自己與這個負面形象企業連結在一起。

(四)知識的功能

知識的功能(Knowledge Function)是指某些態度反映人們對該標的物之知識,這可以用於決策之用。消費者不必重新回憶這些知識,以及知識背後的論述,而是直接使用知識所形成的態度,來進行購買決策。

舉例來說，當我們對於人工香料、化學調味料、防腐劑產生負面的態度時，此態度將有助於我們形成對於不熟悉產品的購買決策，當一項產品標榜絕不添加人工香料、化學調味料、防腐劑時，此一知識功能有助於購買決策的進行。

（五）態度的多重功能

對某個標的物的態度，可以含有一個以上的功能，但大多數而言，會有一項功能比較明顯，行銷業者則會以該功能作爲產品廣告的訴求重點。例如：若某一地區的消費者對某種咖啡產品的態度，是絕大多數來自於其功利主義的功能，而非含有價值涵意的功能，那麼消費者對於廣告文案「來自雲林的最新鮮咖啡豆」、「沒有農藥的有機咖啡」（功利主義的功能）的反應，會比文案「浪漫的生活享受」（含有價值涵意的功能）更正面。但相反的，同樣是咖啡產品，如果某一個區域的消費者，到咖啡廳是爲了休閒，則文案「浪漫的生活享受」（含有價值涵意的功能）將更有助於吸引消費者。

二、態度的承諾

態度並非單純的只是正面或負面，態度可以是易於被改變的，也可以是穩定而持久的。不同的消費者，對於某個標的物的態度會有不同程度的承諾[25, 26]。承諾的程度則和他們對該態度標的物的涉入程度有關。換言之，不同的消費者，會因爲對標的物的涉入程度不同，而有不同承諾程度的態度。態度的承諾程度可以分爲三種：順從、認同與內化。

(一) 順從

當某位消費者對某項產品的涉入程度最低時，該消費者對此產品的態度會是屬於順從（Compliance）的程度。此種順從程度態度的形成的原因，在於可以得到他人的獎勵，或避免他人的處罰。這種態度是很表面的，所以，當消費者的行爲不再受到其他人的監視或者有其他選擇時，這項態度就可能會改變了。例如：若速食店內只有某種可樂，雖然自己喜歡另一種可樂，但因爲在速食店只有一種可樂飲料，而要到其他地方購買自己喜好的可樂就太麻煩了，此時，消費者就會順從。若態度的承諾是順從時，消費者的行爲會傾向於順從，而非有自己的想法。這種順從的態度，屬於低度承諾，很容易改變。

(二)認同

當消費者對於該標的物的態度，有較深的承諾時，會進入認同（Identification）的階段，認同該標的物。認同是指消費者不是被迫，而是自願地接受該態度。這種認同的態度，會比較穩定，較不容易改變。

(三)內化

當某位消費者對某項產品的涉入程度最高時，他對該產品根深蒂固的態度，是已經內化（Internalization）爲個人價值觀的一部分。這種內化承諾水準的態度，對個人來說相當重要，而且很難改變。例如：許多消費者對可口可樂品牌的可樂有很強烈的態度，已經內化爲生活中不可或缺的一部分，所以當可口可樂公司試圖要更改可樂的顏色與配方時，這些已經將態度內化的消費者，會產生強烈的反彈。

三、態度的多重屬性

態度包含多重面向，而非單一構面，多重屬性態度模式（Multi-attribute Models of Attitude）假設「消費者對於態度標的物的評價，決定於消費者對該標的物種不同屬性的信念，將這些信念評價進行某種加權後，即可知道整體的態度」。

這種多重屬性態度模式，適合用來解釋高涉入狀況下的態度形成。消費者對每一個態度屬性、所創造的價值的重視程度不同，這些屬性、所做造的價值，如何共同決定整體態度，會因爲不同消費者而有所差異。每一個消費者自己心中，有可能採用不同的多重屬性態度模式。

多重屬性如何形成整體態度，有兩大類：加權模式、理想點模式。讀者要理解的是：消費者並不需要遵循這些模式的其中一種，而是這些多重屬性模式試圖模擬消費者如何綜整自己對各態度屬性，形成對於標的物的整體態度。各種模式都有其道理，行銷工作者得以依據這些模式，進行產品設計調整。

(一)加權模型

根據態度的屬性、態度的價值，進行某種加權，已形成總體態度。例如將產生的價值進行加權。例如：若要衡量消費者對於採購本國產品的整體態度，必須將這項行爲所滿足的各種價值（例如：愛國心、培育…等等），乘上各個價值對此消費者的重要性，然後再予以加總。

或者，根據產品的各個屬性，像是價格、重量、外觀、功能等，依據其重要性，進行加權。

(二) 理想點模式

對於某些屬性而言，可能有其「理想點」，當到達某一點之前，愈多是愈好，但超過這個理想點之後，若是再增加，則會變得更糟。也就是說，某些屬性是個有最佳理想點的拋物線，而非一直向上的直線。根據這個理想點多重屬性模式，某產品在信念強度的評比分數上愈接近理想點分數，則愈受消費者喜愛。公式如下：

理想點的得分，相當於與理想點的「距離」，和加權模式不同之處在於加權模式算出來的分數愈大，代表態度愈佳，但根據理想點模式計算出來的分數，是與理想點「毫無距離」，就是最佳的產品。

如果有多個屬性，很合理的，某些屬性是用理想點模式，某些屬性則是愈高愈好，或是愈低愈好。因此，這兩種模式是混合使用的。

一、選擇題

(　　) 1. 對於某一標的物的評價，是指？ (A) 態度 (B) 人格 (C) 動機 (D) 價值觀。

(　　) 2. 關於態度三要素的影響順序，下列何者正確？ (A) 如果是曾經經驗過很多次的消費活動，則認知會影響情感，情感影響行為 (B) 考慮影響順序時，要區分為高涉入、低涉入、經驗層級活動 (C) 會評估，然後進行思考，然後產生感情的活動，是低涉入的購買決策 (D) 低涉入與高涉入的影響順序，基本上是相同的。只有經驗層級的影響順序不同。

(　　) 3. 學習（高涉入）層級的態度三要素，影響順序依序為？(A) 認知、情感、行為 (B) 認知、行為、情感 (C) 情感、行為、認知 (D) 情感、認知、行為。

(　　) 4. 僅會搜尋有限的資訊，就採取購買行動，然後在產生購買或使用後才會對此產品產生評價或情感，這是哪一種層級的購買決策？ (A) 學習（高涉入層級）購買決策 (B) 低涉入層級購買決策 (C) 經驗層級購買決策 (D) 衝動性層級的購買決策。

(　　) 5. 海德（Heider）的平衡理論指的是？ (A) 人們渴望要素之間的關係是和諧或平衡的，如果不和諧或不平衡，會產生緊張狀態。直到認知改變，恢復平衡後，才會消除緊張 (B) 消費者面對態度或行為不一致時，會採取改變行為或態度的做法，來解決此種不一致 (C) 消費者若對態度標的物的涉入愈高，愈不能忍受與其原有立場稍微不同的意見 (D) 當涉入程度高時，消費者會以中央途徑來處理訊息，當涉入程度低時，消費者會採用邊陲途徑來處理訊息。

(　　) 6. 廣告代言人因為行為不當，造成消費者反感，此時，廣告代言反而產生反效果，廣告代言人、消費者、代言產品間個關係，用哪個理論來解釋最適合？ (A) 社會判斷理論 (B) 推敲可能性模式 (C) 平衡理論 (D) 自我知覺理論。

(　　) 7. 關於調和理論（和諧理論）的說明，何者正確？ (A) 是根據思慮可能模式進行調整 (B) 論述消費者的自我知覺 (C) 討論社會規範對於態度的影響 (D) 相信態度出現不一致時，會改變態度，但並不一定會到正負翻轉，而只會調整以達到和諧，正負不一致的情況仍然可能存在。

(　　) 8. 認知失調理論指的是？ (A) 人們渴望要素之間的關係是和諧或平衡的，如果不和諧或不平衡，會產生緊張狀態。直到認知改變，恢復平衡後，才會消除緊張 (B) 消費者面對態度或行為不一致時，會採取改變行為或態度的做法，來解決此種不一致 (C) 消費者若對態度標的物的涉入愈高，愈不能忍受與其原有立場稍微不同的意見 (D) 一個人的行為意圖，會受到態度與主觀規範的影響。

(　　) 9. 自我知覺理論指的是？ (A) 人們渴望要素之間的關係是和諧或平衡的，如果不和諧或不平衡，會產生緊張狀態。直到認知改變，恢復平衡後，才會消除緊張 (B) 消費者面對態度或行為不一致時，會採取改變行為或態度的做法，來解決此種不一致 (C) 消費者不知道或不確定自己的真實態度，當被問到態度時，會檢視自己的行為，再推論出自己的態度 (D) 人們試圖平衡精神的道德面，也試圖滿足自私的追求。

(　　) 10. 社會判斷理論指的是？ (A) 人們渴望要素之間的關係是和諧或平衡的，如果不和諧或不平衡，會產生緊張狀態。直到認知改變，恢復平衡後，才會消除緊張 (B) 消費者面對態度或行為不一致時，會採取改變行為或態度的做法，來解決此種不一致 (C) 人們會根據他們對於態度標的物既有的認知或感受，來同化有關此標的物的新訊息 (D) 本我（Id）、超我（Super ego）與自我（Ego）之間的掙扎。

(　　) 11. 當涉入程度高時，消費者會以中央途徑來處理訊息，當涉入程度低時，消費者會採用邊陲途徑來處理訊息。這是哪一個理論？ (A) 社會判斷理論 (B) 推敲可能性模式 (C) 平衡理論 (D) 自我知覺理論。

(　　) 12. 下面哪個理論不是處理態度的不一致？ (A) 平衡理論 (B) 調和理論（和諧理論） (C) 推敲可能模式 (D) 認知失調理論。

(　　) 13. 消費者買頭痛藥時，因為缺乏藥品知識，因此只用品牌來決定。這用哪一種理論來解釋最適合？ (A) 社會判斷理論 (B) 推敲可能性模式 (C) 平衡理論 (D) 自我知覺理論。

(　　) 14. 人們的行為意圖會受到態度、主觀規範、知覺行為控制所影響，而行為意圖會進一步影響行為。這是什麼理論？ (A) 認知失調理論 (B) 推敲可能性模式 (C) 平衡理論 (D) 計畫行為理論。

( ) 15. 關於多重屬性模式的說明何者正確？ (A) 態度是單一屬性的 (B) 各屬性一定是同等重要的 (C) 各屬性一定是愈高愈好 (D) 各屬性重要程度會隨消費者而變。

二、問答題

1. 請說明態度構成的三要素，並說明三要素的一致性的涵義。
2. 請分別從學習層級、低涉入層級、經驗層級，說明態度三要素間的影響順序。
3. 請簡要解釋平衡理論。
4. 請解釋推敲（思慮）可能模式中的中央處理途徑與邊陲處理模式。
5. 請說明理性行動理論。

第三篇
消費行為

CHAPTER 6

資訊搜尋

汽車廣告播給誰看？

臺灣有兩千三百萬人，每年賣出不到五十萬輛的汽車，也就是說，大約每個月能賣出不到四萬輛的汽車。但是，在電視中，您每天都會看到汽車廣告，報紙也會經常出現全版的汽車廣告，儼然是隨時隨地都有人想買車。這是為什麼呢？

電視廣告可以接觸到很多人

車商為什麼要製播電視廣告和買報紙的全版廣告，讓全部的人都看到資訊，而不是只讓想買車的人可以看到廣告，讓不想買車的人不用看到汽車廣告呢？最主要的問題在於：沒有辦法明顯區隔出最近想買車的消費者。

如果在購買前，消費者對某一廠牌的汽車沒有印象（不在喚起組合範圍內），則消費者不可能會去拜訪這個廠牌的經銷點，這個廠牌的汽車也就不可能會成為消費者青睞的對象。

因此，汽車廠商會在電視上不斷播放產品廣告，讓所有人都知道有該廠牌的存在，讓消費者在興起想要購車的念頭時，自然而然就能夠想到去看看該廠牌的汽車。

消費者看到電視廣告時，可能並沒有購買汽車的意願，不過汽車廣告的訊息，還是會進入消費者的腦海中，這種與購買行為沒有直接關聯的資訊取得行為，稱為消費者持續性的資訊搜尋。日常出現的電視與報紙廣告，逐步擴充消費者的產品知識。

汽車購買要考慮很久

汽車的購買不會是一兩天就決定的購買行為，從想要購買，到進行購買決策，通常會經歷複雜的決策過程，這決策過程可能需要經歷幾天、十幾天、幾十天甚至更長時間的考慮。在這段考慮期間中，消費者會特別注意電視廣告或報紙廣告中關於汽車的部分，並藉此了解到該去哪些廠牌的展示中心詢問。這種購買前進行的資訊搜尋動作，稱為購買前資訊搜尋。

車廠不知道誰是最近要買車的人

因此，汽車廣告隨時都會出現在電視廣告與報紙廣告中，因為廠商並不知道哪一位消費者想要買車，也不知道他何時想要買車。不斷的進行電視與報紙廣告，可以幫助消費者的持續性資訊搜尋，擴增消費者的產品知識，讓消費者有一天要購買汽車時，會想到這個品牌。也可以針對購買前的資訊搜尋，讓正要購買汽車的消費者，得知有這個品牌的存在，進而將這個品牌納入考慮。

無預算可以做電視、報紙廣告的廠商怎麼辦？

許多汽車品牌每年銷售量並不高，沒有辦法負擔經常性的電視與報紙廣告的高額費用，怎麼辦呢？具體做法就是把預算放在網路行銷，專門針對最近已經在搜尋汽車資訊的消費者，播放網頁廣告或社交媒體廣告。這些消費者已經在網路上搜尋資訊，他們很有可能在最近購買汽車，針對這些人打廣告，可達到事半功倍的效果。

將展示點設在大廠商附近

另外一種做法，是將汽車經銷商或展示間，設在其他主要品牌經銷商或展示間的隔壁或附近，如此一來，消費者在前往主要品牌的經銷商時，就會順帶看到、搜尋到這個銷售量較低的品牌，既然看到了，就順便看一下吧！這些銷售量較低的品牌，因為經銷點設在主要品牌的附近，將能因此而獲得一部分消費者的注意。

下次經過汽車經銷商時，注意看看，附近是否還有其他廠牌。您將會發現，這種汽車經銷商的群聚效應，在某些城鎮，還真的挺明顯的。當然，天下事沒有絕對，這還要看是否有足夠的土地與建物，讓這些汽車經銷商可以聚集在一個地方，但可以了解的是，小廠牌的經銷商放在大廠牌的經銷商附近，經常可以獲得一些額外的效果。

消費者購買決策的肇端，是源於對問題的一種回應。購買決策通常有下列幾個步驟：問題確認、資訊搜尋、評估各項選擇方案、作出選擇。整個決策制定後，產品使用經驗會使消費者產生學習，而這項學習過程，會影響到下次若有相似決策時的選擇行爲。

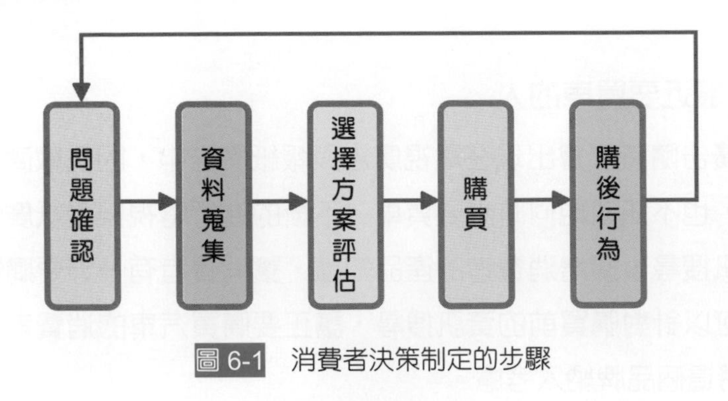

圖 6-1 消費者決策制定的步驟

消費者的資訊搜尋，並不是單指在網路上或搜尋引擎 Google 上面搜尋資訊，而是在進行消費活動時的所有資訊搜尋行爲，以及與資訊搜尋行爲的相關活動。本章節將先介紹個人購買決策的幾種類型，並針對個人購買決策過程中的問題確認與資訊搜尋這二步驟，作較爲詳盡的介紹。至於評估各項選擇方案、購買與售後行爲等購買決策的其他步驟，則於本書下一章有較詳細的說明。

6-1 購買決策類型

消費者的資訊搜尋量，取決於購買決策的類型，消費者對於某些類型的購買，不會有太多的資訊搜尋。但某些類型的購買，消費者卻會花費很多的心力。之所以會花費心思去搜尋資訊以比較產品，原因之一是該產品對消費者來說是重要的，也就是消費者涉入程度高。另一個原因則是消費者覺得產品之間是存有差異的。

一、依據產品性質區分的購買行為

消費行爲不是只有一種，消費者在便利品、選購品、特殊品、非搜尋品等各種產品的購買行爲，存有差異 [1-3]。

(一) 便利品（Convenience Products）

所謂便利品通常是指「消費者只願意花極少的時間來選購，一切講求方便就好，消費者並不會覺得購買的失誤會造成什麼後果」。

便利商店所銷售的大部分商品，都是屬於這類的商品，消費者因爲一時之需要，很即時的採購。供應這類產品時，最重要的關鍵因素是便利。但便利品並非只在便利商店銷售。

(二) 選購品（Shopping Products）

選購品是指「消費者會多加比較的商品，通常是各產品間的品質、價格與式樣差異較大（產品差異），或是有較大的購買風險（風險考量），或是消費者並不需要立即擁有（延後購買）」。因爲各種因素，使得消費者決定評估後再行購買。

諸如電腦、手機等產品，或是出國旅遊等服務，通常屬於選購品。選購品的資訊搜尋量明顯較高。

(三) 特殊品（Speciality Product）

特殊品是指有「消費者會特別花心思去購買的產品，消費者對於該產品有特殊的興趣，或者特別在乎，因此會花很多心思來處理。」舉例來說，消費者若對結婚鑽戒非常在意，結婚鑽戒就會是個特殊品。消費者若對於某些收藏品特別迷戀喜好，這也會是特殊品。特殊品通常很少購買、罕見、昂貴、屬於耐久財。

(四) 非尋求品（Unsought Product）

非尋求品也可翻譯爲非渴求品、冷門品，這三個中文字詞（非尋求品、非可望品、冷門品）對應的是同一個英文字，通常是指「消費者不知道，或者並沒有想到要購買的產品或服務，因此不會主動尋求購買。」這類產品的購買，不是誘發於動機，而是消費者看到之後，想到可以買一下。

表 6-1 非尋求品與一般產品的區分

一般產品	非尋求品
消費者本身出現需求、誘發動機，主動搜尋產品資訊，進行產品評估，並進行購買行為。	消費者根本沒想過該需求，因此不會尋求購買，經過行銷活動，誘發消費者的購買。

一般產品的銷售，是先產生需求，需求喚起動機，導致購買。非渴望品的銷售，是在需求之前（pre-need），也就是消費者並無該項產品或服務的需求[4]。消費者沒有該項產品或服務需求的情況下，爲何還會購買產品呢？這就是行銷人員要努力的地方，設法在消費者沒有產品需求的時候，喚起消費者的購買需求與購買欲望。

「人壽保險」是常被討論的非渴望品，消費者沒有主動購買保險產品的動機。這也是爲什麼人壽保險常常需要採用人員銷售的方式來喚起消費者的需要。

店頭陳列也是非渴望品的行銷方式。必須讓消費者看到該項非渴望品，誘發消費者一時的需求。有些時候消費者純粹是因爲不知悉該產品的存在，一旦知悉，就會想要購買。小藝品店的擺飾小物，算是這種非渴望品。非渴望品的銷售，必須先喚起消費者的需要。

非渴望品具有消費者不熟悉、很少購買、或該產品純爲預防風險而存在（例如保險、瓦斯防爆器、住宅消防警報器）。

表 6-2　各種產品類別之資訊搜尋量

產品類別	資訊搜尋量
便利品	極少或沒有資訊搜尋，快速決策。
選購品	在衆多產品中搜尋資訊，進行評估決策。
特殊品	消費者高度重視，會盡力進行資訊搜尋。
非搜尋品	消費者不知悉產品的存在，不會進行搜尋。

以下根據消費者在購買決策上投入的心力，以及消費者追求變化與否，討論消費者的購買決策。

二、購買決策的投入

分類消費者的決策制定過程方式很多，其中一個有用的方式，是考慮到每次進行決策時所投入努力的多寡。這種歸類方式，考慮到投入的努力多寡，區分爲：習慣性決策制定、有限的問題解決、廣泛的問題解決。投入的努力，則包括產品或服務的成本、購買的頻率、消費者的涉入程度、對產品與品牌的熟悉程度、與決策制定時間長短、資訊搜尋與考慮程度。

必須說明的是，消費者決策行爲是一個連續帶，而非只有三種決策類型，只是簡化的說法，將之歸類爲三類。在連續帶的兩側，分別爲習慣性決策制定與廣泛的問題解決，落在中間的則以有限的問題解決爲其特徵。以下簡要說明這三種決策制定方式。

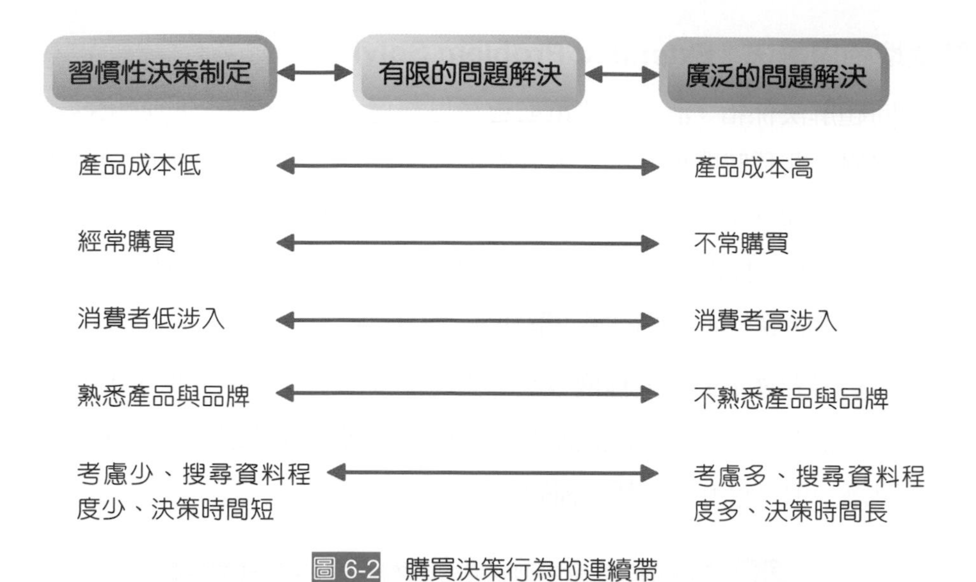

圖 6-2 購買決策行為的連續帶

(一)習慣性決策制定(Habitual Decision Making)

習慣性決策係指「消費者依據過去經驗進行快速決策,資訊搜尋量低,決策時間快。」在三種決策制定類型中,習慣性決策的資訊搜尋程度最低的,通常適用於比較例行性的購買決策。例如:飲料、牙膏等低涉入產品的購買決策,就是偏向這類決策方式。

便利品的購買,經常屬於習慣性的購買決策,但兩者不能畫上等號。因爲便利品是指購買時,強調便利。而習慣性的決策制定,是強調習慣。舉例來說,家庭號的牙膏、家庭號衛生紙,並不常在便利商店購買(沒有立即購買的急迫性),進行比較看看有無價格促銷,但常屬於習慣性的決策制定,不會花費太多的時間進行購買決策。因此,是習慣性決策制定,但不是屬於便利品。

(二)有限地問題解決(Limited Problem Solving)

有限地問題解決係指「消費者決策前會進行資訊搜尋與方案評估,需要一些時間來進行考慮,但不會考慮很久,也不會考慮很多因素」。有限地問題解決介於習慣性決策與廣泛的問題解決決策之間,通常是比較直接與簡單。消費者搜尋資訊與評估每項可行方案的動機較低,取而代之的,是運用簡單的決策原則來進行選擇。

有限地問題解決是指消費者會去思考問題,但不會花太多心思。大部分的購買決策,如果有花消費者的心思,大概都屬於這一種的問題解決。

如果只想把決策制定區分爲兩類,則通常只會區分成習慣性的問題解決與廣泛性的問題解決。但區分爲三類,更能反映消費者眞實的狀況。

(三)廣泛地問題解決(Extended Problem Solving)

有限地問題解決係指「消費者決策前會深思熟慮,會進行廣泛的資訊搜尋與廣泛的方案評估,需要一些長時間來考慮,會考慮很多因素」。會以廣泛地問題解決決策方式進行決策的產品,通常都有成本較高、比較不常購買的特性,例如消費者很少有婚紗攝影的購買經驗,因此,挑選婚紗攝影就很可能是廣泛地問題解決。根據產品性質分類時,特殊品的購買,應該就是廣泛性的問題解決。

此時,消費者對產品的涉入程度較高,對產品或品牌的熟悉度低,因此決策需要較多考慮與時間。消費者會盡可能地從記憶中(內部搜尋)或外部來源(外部搜尋)來獲得資訊,並對每一項可行方案,都仔細的評估。

表 6-3 有限的問題解決型式與廣泛的問題解決型式的特徵

	有限的問題解決	廣泛的問題解決
動機	低風險與涉入	高風險與涉入
資訊搜尋	極少搜尋 被動地處理訊息 很有可能地在店內進行決策	廣泛地搜尋 主動地處理訊息 到店選購之前,會先諮詢許多訊息來源
方案評估	僅使用到最優先的選擇標準 所知覺到的選擇方案基本上都很相似	使用到許多選擇標準 在各個選擇方案之間知覺到有相當大的差異
購買	有限的購物時間,喜歡自己服務自己選擇通常會受到店內擺設的影響	如果有需要,會逛很多賣場 通常喜歡和店內銷售人員溝通

三、依涉入與產品差異區分購買行為

前面已提及產品類別的差異,以及消費者的購買決策投入。這兩種間的交互影響,可以將購買行爲區分成四個類型:複雜的購買行爲、降低失調的購買行爲、尋求多樣化的購買行爲、習慣性的購買行爲。

雖然某些行銷書籍中,在此處使用的是品牌差異,但有些時候消費者其實並不是關心品牌差異,而是關心該買哪一產品以滿足需求。就語意上來說,產品差異包含了產品類別的差異以及品牌的差異,包含的範圍更爲廣泛。因此,本書在這裡使用的是產品差異。

	高涉入	低涉入
產品差異大	複雜性的購買行為	多樣化尋求的購買行為
產品差異小	降低認知失調的購買行為	習慣性的購買行為

圖 6-3 依據涉入與產品差異分類的四種購買行為類型

(一) 複雜的購買行為(Complex Buying Behavior)

複雜的購買行爲是指「消費者高涉入，且產品間差異大，因此會花費心思進行購買行爲」。複雜的購買行爲對應到廣泛地問題解決，而且覺得各個產品間，有很大的差異。

面對這種複雜的購買行爲，消費者會搜尋非常大數量的資訊，經歷一段複雜的購買決策過程。會採行這種複雜的購買行爲的前提，是消費者知悉產品的差異。若消費者無法分辨產品的差異，或不覺得產品間存有差異，並不會採行複雜的購買行爲。

(二) 降低失調的購買行為(Dissonance-Reducing Buying Behavior)

消費者雖覺得此購買決策屬於重要購買決策，高度涉入，但察覺產品間差異小，或者因爲缺乏知識與能力，無法辨別產品差異。此時，消費者很容易處於購後失調的狀況，不確定自己的購買決策是否正確。因此，降低失調的購買行爲，是指「對消費者來說算是重要的購買行爲，但消費者卻難以分辨產品間差異，容易產生購後失調的購買行爲。」

因爲無法分辨產品間差異，但又覺得此一決策很重要，就容易形成這種降低失調的購買行爲。例如在新冠肺炎盛行期間，有不同品牌的疫苗可以施打，消費者覺得選擇哪一個品牌的疫苗很重要，但其實一般民眾不具有足夠知識，無法評判哪一個品牌較佳，此時就會採取設法降低失調的行爲。

這種降低失調的購買行爲，可能會重複先前還算滿意的消費行爲，繼續該決策(形成顧客忠誠行爲)，或者依循他人建議(受群體影響)。或者，在購買之後，消費者會設法說服自己的決策是正確的，以避免購後失調產生。

行銷工作者面對這種降低失調的購買行為，應該說服消費者，該決策是正確的。

（三）習慣性的購買行為（Habitual Buying behavior）

對於低度涉入的產品，而且消費者不覺得產品之間有什麼差異，消費者可能會發展出習慣性的購買行爲。這可以視爲是忠誠度，但也可以視爲是一種消費者慣性或惰性。不更改購買決策的惰性。

習慣性的購買行爲是指「消費者單純地只是因爲習慣，而繼續購買商品。」因此，競爭廠商經常採取價格競爭的方式，設法改變消費者的習慣。許多低度差異性的產品，經常出現價格競爭，就是廠商彼此間希望打破競爭對手顧客的習慣性購買行爲。

（四）尋求變化的購買行為（Variety-Seeking Buying Behavior）

尋求變化的購買行爲發生於「消費者具有低度涉入，但覺得產品間差異大，且喜歡享受該差異，故頻繁更換產品、品牌，以尋求新鮮感。」

舉例來說，飲料屬於便利品，在購買決策上，屬於習慣性決策，但對許多喜歡求新求變的消費者來說，會喜歡嘗試新產品，因此每次都買不同風味的飲料。午餐、晚餐等食物，也是類似的狀況，雖然是習慣性決策，但會尋求變化。

在分析消費者的購買決策時，需要注意到許多消費行爲中，消費者都有求新、求變的心態。最簡單的例子，是大部分消費者不會因爲牛肉麵好吃，就連續吃好幾個月的牛肉麵。多樣化的購買行爲是顧客忠誠行爲的例外狀況，無論對產品有多滿意，若有尋求變化的傾向，對於該產品就不會非常忠誠。以午餐、晚餐的例子來說，對於尋求變化的消費者來說，或許某週吃一次，就算是忠誠顧客了，很難出現每天都吃同一個餐廳。

6-2 問題確認（消費需求確認）

一、實際狀態與理想狀態的差距

消費者的決策程序，始於消費者發覺目前實際的狀態和某個理想狀態的差異到達一個門檻，認知到這中間存在著某個必須被解決的問題，或者必須被滿足的需要時。例如：消費者可能會感覺到口渴，需要喝些飲料來止渴；消費者可能發現到行動電話的電池充電後只能待機半天，需要一顆新的電池來解決這項問題。通常，消費者不會毫無理由地就走到商店內說：「你們有東西在賣，我有多餘的錢可花，那就買一些東西吧！」換言之，消費者在購買東西是因爲這產品可以解決問題，或是滿足某些需要，值得花錢購買。

當然，有些時候，消費者在進入商店時，仍未確認問題，也就是說，自己也不知道要買什麼。不過，在逛過商店之後，消費者確認了一些問題，並針對這些問題進行了購買決策，買了一些商品。這類產品的購買並未先產生需求再導致購買，是所謂的「非尋求品」，在前一節討論時已經討論到。此處討論的是「非尋求品」以外的一般商品。

二、生理與心理的需求

消費者的「問題」，不只是像飢餓、口渴等這類的生理需求，還包括消費者感覺到的任何形式的剝奪、渴望與不舒服的狀態（包括生理面與心理面）。意即，問題確認是「消費者對需要購買某些東西，來使得自己的心理或生理狀況能夠回歸到正常舒適狀態的一種領悟」。

三、理想與現實存有差距

消費者的理想，與現實的狀況，通常會存有差異，而消費需求產生（問題產生）的原因，在於消費者的理想狀態，與實際狀態之間的差距拉大。因此，確認消費需求可以有兩個途徑：實際狀態水準降低或理想狀態提高。當家裡的米用完時（實際狀態水準下降），消費者會察覺到有這樣的需求，因此，也就確認到有問題的存在；另外，若消費者上班的職位晉升後，理想狀態可能會提高，認爲穿著名牌服飾較能顯示自己的身分，並顯得更爲專業，也就產生了對名牌服飾的需求。

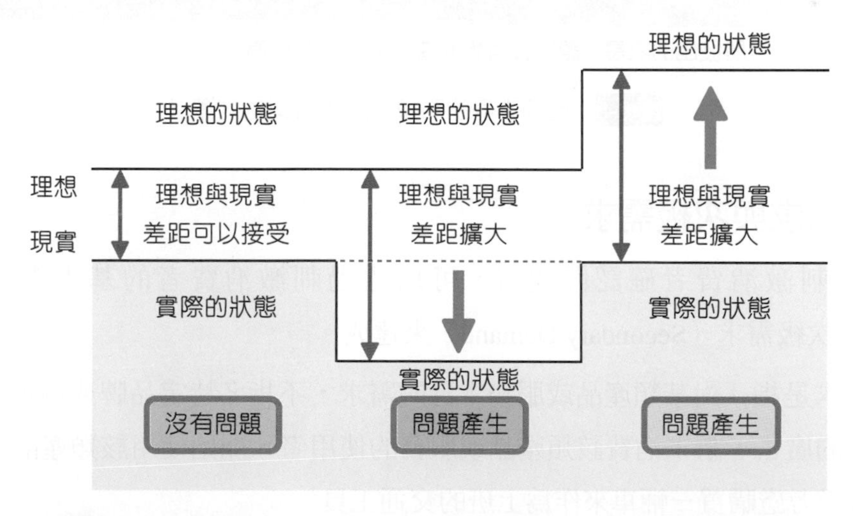

圖 6-4 問題的確認（消費需求的確認）：實際狀態與理想狀態的改變

四、問題本身的刺激（Problem-Stimuli）與解決方案的刺激（Solution-Stimuli）

消費者的理想狀態或實際狀態改變的原因，在於消費者接受到一些刺激，這些刺激包括問題本身的刺激（Problem-Stimuli）與解決方案的刺激（Solution-Stimuli）。

問題本身的刺激指的是「問題的本身所發出的訊息，讓消費者想要進行某一消費行爲。例如因爲飢餓所產生的飢餓感甚至於胃絞痛，讓消費者想要吃東西。」解決方案的刺激指的是「解決方案本身所發出的訊息，讓消費者想要進行某一消費行爲。例如：在咖啡店前聞到現煮咖啡的味道，會喚起消費者對咖啡的渴望。」消費者原本並沒有想要喝咖啡，但是聞到咖啡香後，消費者在當下興起了若能喝一杯咖啡該有多好的想法。消費者只要曝露在某個潛在解決方案的資訊之下，就有可能會喚起對需求或問題的確認。

在問題確認階段，行銷人員的目標應是使消費者察覺到理想狀態與實際狀態之間的差異已經拉大，藉以讓消費者能確認問題與察覺需要。也就是說，所有的行銷溝通、產品或服務的試用與櫥窗佈置等，都扮演著問題確認的刺激角色。

問題本身的刺激

- 問題的本身所發出的訊息，讓消費者想要進行某一項的消費行為

解決方案的刺激

- 解決方案本身所發出的訊息，讓消費者想要進行某一消費行為

圖 6-5 問題本身的刺激與解決方案的刺激

五、基本需求與次級需求

廠商在刺激消費者確認問題時，可以透過刺激消費者的基本需求（Primary Demand）或次級需求（Secondary Demand）來達成。

基本需求是指「對某類產品或服務本身的需求，不指名特定品牌或特定廠商。」針對基本需求的廣告，讓未消費該類產品或服務的使用者，開始使用該類產品或服務。例如鼓勵消費者考慮購買一輛車來作爲上班的交通工具。

次級需求又稱爲選擇性需求（Selective Demand），是「對某特定品牌或廠商的產品或服務的需求。」針對次級需求的廣告，設法讓原先不是該品牌產品的使用者，能夠轉

而使用該品牌產品，例如讓消費者選擇購買某一品牌汽車，而非其他品牌的汽車。或者設法讓已經購買該品牌產品的消費者，繼續購買該品牌，成爲忠誠的消費者。

基本需求

- 對某類產品或服務本身的需求，不指名特定品牌或特定廠商

次級需求

- 對某特定品牌或廠商的產品或服務的需求

圖 6-6 消費者的基本需求與次級需求

6-3 資訊搜尋

一旦問題確認後，消費者會搜尋一些適當的資訊來解決這個問題。也就是消費者會進行資訊搜尋的工作。例如：當消費者確認到需要購買一輛車時，他可能會從記憶中回想有關汽車的資訊、從報章雜誌等媒體中搜尋最近所有的汽車報紙廣告與有關汽車評鑑的報導，或者設法從親朋好友的口中獲得有用的資訊，或者上網搜尋相關資訊。

一、資訊搜尋的範圍

有些消費者會很積極地搜尋資訊，但也有一些消費者在購買前，懶得花費心思去搜尋有關產品或品牌的資訊。消費者是否會搜尋所有資訊？答案是：「否」，消費者不可能每次都搜尋全部資訊。消費者會搜尋哪些資訊呢？這跟消費者知道哪些品牌或產品的存在有關，也跟哪些品牌或產品符合消費者需求有關。

(一) 知道集合（Awareness Set）

知道集合是指「消費者知道的所有品牌、產品」。如果消費者根本不知道該品牌或該產品的存在，根本不可能主動搜尋該產品、該品牌。

若不在消費者的「知道集合」內，必須讓消費者知道。具體作法就是設法搭附到消費者知道的產品或品牌。舉例來說，將展示店設在地點良好的處所，或將展示店設在主要廠商旁，或購買關鍵字廣告以將產品介紹給在網路搜尋類似產品的消費者。

(二)喚起集合(Evoked Set)

喚起集合就是指「消費者在做出決策時所記得的品牌或產品」。消費者就算之前曾經知道過該品牌或產品，但時間一久就不記得了。此時，必須要喚起消費者的記憶。

定期喚起消費者注意，有助於讓品牌或產品維持在消費者的喚起集合。關於消費者長期記憶的喚起，在第二章中已有討論。喚起集合爲知道集合的子集合。

(三)考慮集合(Consideration Set)

考慮集合就是「消費者會納入考慮的品牌或產品」。喚起集合內的品牌或產品，並非全部適合消費者的需求，某些不適合的品牌或產品，會立刻從考慮的名單中刪除，剩下的那些可以考慮購買的品牌，則稱爲考慮集合。

如果針對所有品牌或產品，會產生資訊過載。因此，消費者僅會考慮一部分的品牌或產品，而非全部的品牌或產品。考慮集合是喚起集合的子集合[5-8]。

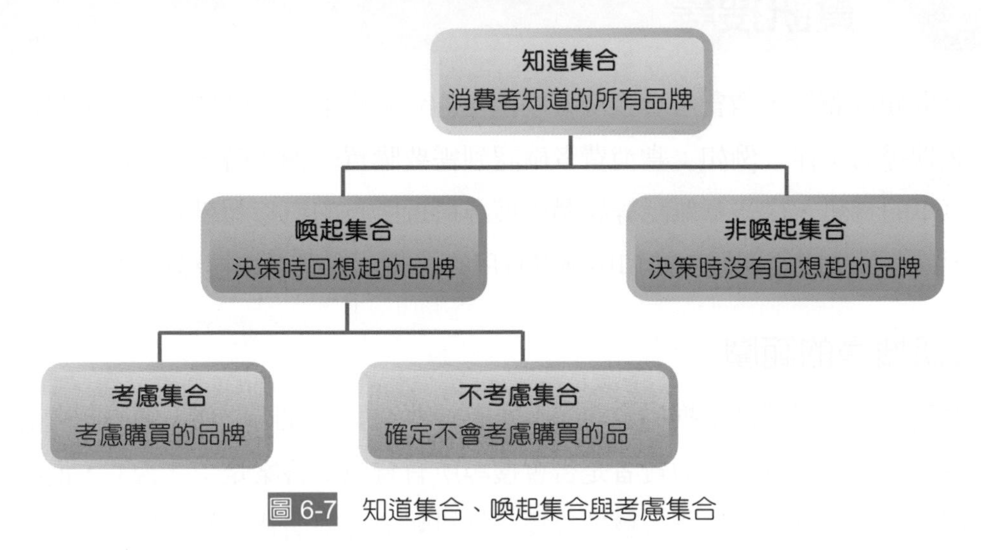

圖 6-7 知道集合、喚起集合與考慮集合

二、內部與外部資訊搜尋

資訊搜尋的方式，大致可以分爲兩類：內部搜尋與外部搜尋。內部是指記憶，外部是指尋求新的資訊。

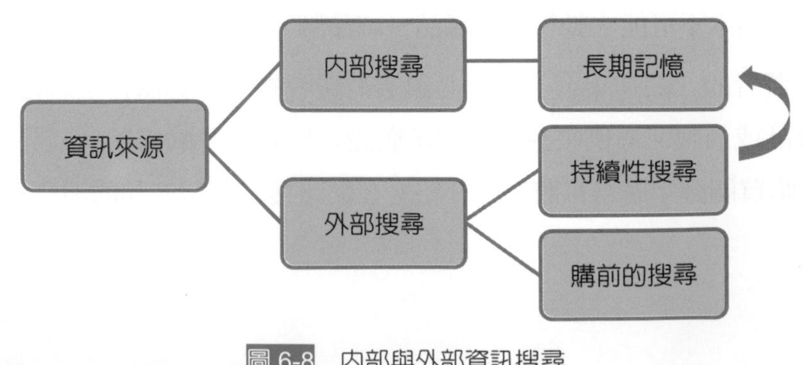

圖 6-8 內部與外部資訊搜尋

(一) 內部搜尋 (Internal Search)

「取回儲存在消費者長期記憶中有關產品或服務的訊息、感覺和經驗的記憶」稱之爲內部搜尋。在記憶中，我們或多或少都存有對於某些產品的某些程度知識，購買決策時，我們會先進行內部搜尋，檢視記憶中不同方案的資訊，作爲決策的參考。

必須瞭解的是消費者處理訊息的能力與容量是有限的，而且其記憶的相關連結線也會隨著時間而衰微，有些時候記憶甚至可能是錯的。所以，當消費者進行內部搜尋時，可能僅有一小部份的儲存記憶會被回憶起。有關記憶取回這部分的內容，可以詳見第二章關於學習與記憶的相關討論。

(二) 外部搜尋 (External Search)

通常，即使是非常瞭解市場的消費者，也需要「透過各種外部管道，例如廣告、朋友、網際網路等各種方式，來搜尋取得產品或服務的資訊」，這種資訊的來源則屬於外部搜尋。大部分的資訊搜尋，包括購前資訊搜尋與持續性資訊搜尋，都屬於外部搜尋。

外部資訊搜尋也可能找到一些消費者以前記得的資訊，與記憶的喚起連結在一起。

三、搜尋時機

(一) 購前搜尋 (Prepurchase Search)

當消費者在確認其需求後，除了回憶自己的記憶（從內在記憶搜尋資訊）之外，還會在購買決策制定前，搜尋外部資訊，來協助制定購買決策，此過程稱之爲購前的搜尋，意思就是「消費者已考慮購買該類產品或服務，在購買決策之前所進行的資訊搜尋」。

(二) 持續性搜尋 (Ongoing Search)

許多消費者將逛街、搜尋資訊等活動，當作一種樂趣，喜歡知道最新流行的訊息，因此，在沒有打算購買一項產品的情況下，也會到處逛街、搜尋資訊，這類「仍未考慮要購買該類產品或服務，但仍自外界搜尋資訊的過程」，則稱之爲持續性搜尋（或譯爲經常性搜尋）[9]。

舉例來說，喜歡養熱帶魚的消費者，可能會在目前家中的養魚設備沒有什麼問題之下，持續搜尋有關各種熱帶魚或養魚設備的資訊，包括閱讀相關的書籍、逛販賣熱帶魚的商店、上網或與同好討論等。養貓、養狗的情況，也是一樣，逛街看服飾，也是一樣，即使沒有立刻要買，仍然持續搜尋資訊。

表 6-4 購前搜尋與持續性搜尋的比較

	購前搜尋	持續性搜尋
決定因素	購買的涉入程度市場環境 情境因素	產品的涉入程度市場環境 情境因素
驅動力	做出較好的決策	建立資訊資料庫作為未來的運用體驗逛街、搜尋資訊樂趣
結果	產品與市場知識的增加較好的購買決策 對購買成果的滿意度提升	產品與市場知識的增加，以提高未來購買的效率或個人的影響力 增加衝動性購買 從搜尋資訊和其他成果中增加滿意度

資料來源：[9]

照片 6-1

商場門口的大型看板海報，時時刻刻提醒消費者，如果要購買東西，別忘了有這個品牌。只要產品不在喚起集合內，哪怕產品再好，都沒有辦法獲得消費者的青睞。也就是說，消費者購買前的提醒，對於促進銷售，是很有必要的。

照片地點：照片地點：香港。

四、網路的再行銷與購前資訊搜尋

前已提及，資訊搜尋可以區分爲購前資訊搜尋與持續性資訊搜尋，購前資訊搜尋是指消費者進行購買活動前的資訊搜尋，此與行銷銷售的關聯最大。

(一) 將購前資訊搜尋轉換為購買行為

在實體環境下，不容易找到正打算購買產品的消費者，也就是說，不容易分辨購前資訊搜尋與持續性資訊搜尋。基本上，我們可以把進入店面查看產品的消費者，視爲是正在進行購前資訊搜尋，好好的掌握。商家聘任的店面服務人員，功能之一就是促進購前資訊搜尋，並盡量的將購前資訊搜尋轉換爲購買行爲。

(二)再行銷(Remarketing 或 Retargeting)

在網路上，受惠於資訊技術的協助，可以紀錄消費者瀏覽的網頁，藉以分析出消費者正在主動搜尋的產品，這種主動搜尋，常常意謂著消費者有購買該產品的可能性，屬於購前搜尋資訊搜尋。因此，許多行銷工作者都將廣告預算放在這種被稱為「再行銷」(英文為 Remarketing 或 Retargeting)的網路廣告。再行銷的具體做法，是「將網路廣告或社交媒體廣告播放給曾經主動搜尋或瀏覽過商品或服務的資訊的消費者」。消費者主動搜尋或主動瀏覽過某產品之後，我們猜測該消費者可能正在進行購前資訊搜尋，因此提供該產品的相關廣告，以提醒消費者在購買決策時，不要忘記了之前已瀏覽的產品。

這種網路再行銷，因為針對的對象是購前資訊搜尋，因此廣告可產生的導購效果(直接連結到購買決策)優於一般的網路廣告，因此深受行銷工作者的青睞。

6-4 影響資訊搜尋的原因

不論是內部搜尋或外部搜尋，每個消費決策引發的資訊搜尋量，可以有很大的程度上差異。以內部搜尋來看，消費者可以僅回憶起品牌的名稱，也可能可以回憶起更多相關的訊息、感覺與經驗。而以外部搜尋來看，消費者可以僅搜尋一、二項資訊，也可以搜尋相當詳細與深入的資訊，來協助決策的制定。

(一)眾多原因會影響資訊搜尋

一般而言，影響消費者內部搜尋的原因，可以詳見第二章中對記憶取回影響原因的探討。有時候消費者想都想不起來，想要內部資訊搜尋，也沒辦法。

而消費者致力於外部資訊搜尋的努力，則是決定於消費者處理訊息的動機、能力與機會。若消費者的涉入、知覺風險的程度高，則其會有較高的動機致力於外部資訊的搜尋。也就是說，當此項購買決策對消費者來說重要性相對較高時，消費者會試著自外界尋找更多可幫助決策的資訊。當然，以往的經驗與既有的知識也會影響消費者外部搜尋的投入程度。最後，消費者必須要有搜尋資訊的機會，因此，時間限制或壓力與可取得的資訊數量等因素，都會限制消費者進行外部搜尋。

(二)搜尋成本與搜尋效益的取捨

傳統決策制定在探討資訊搜尋時，會一併討論到資訊的經濟性。通常，最有價值的資訊會較容易被最先取得，之後取得的資訊，其取得成本會逐漸提高，價值會逐漸下降。

消費者會盡可能的搜尋愈多資訊，直到額外搜尋資訊的成本，等於額外資訊的價值時，也就是經濟學家所謂的邊際效用與邊際成本相等時，才停止資訊的搜尋。

(三)資訊搜尋量的決定不是只有成本與效益

不過，這種假設消費者是理性地搜尋資訊的情況，並不見得完全符合實際狀況。有時，即使額外的資訊可以帶給消費者很大的利益，但實際上，消費者外部搜尋的資訊數量仍舊很少。從資訊搜尋的經濟性角度來說，低所得者應該多搜尋一些，以避免錯誤決策的損失，但有的研究卻發現，低所得者實際上外部搜尋資訊數量，卻可能比那些較富裕的消費者還要少 [10]。因此，成本效益不是決定資訊搜尋量的唯一因素。

(四)有時資訊搜尋量比想像還少

許多消費者有避免外部資訊搜尋的傾向，在購買決策制定之前，僅會到一、二家商店搜尋資料，特別是有時間壓力時。即使是在購買耐久財、金額較大的商品時，也有這樣的情況。一個研究曾顯示，在購買像是汽車這樣高價的商品時，竟然有超過三分之一的消費者，只看了兩家以下的經銷商，就決定購買了 [11-14]。在網路時代，很容易就可上網資訊搜尋，真的要到銷售現場去搜尋資訊的數量，有可能就更少了。

(五)有時資訊搜尋量比想像還多

不過，有時剛好相反，明明產品很便宜，但資訊搜尋量卻很高，尤其是諸如服飾之類的符號性商品（Symbolic Items）的購買。這類商品的社交風險較高，買錯了會讓別人笑，因此外部搜尋量高，消費者還可能會詢問意見領袖的想法 [15]。

影響外部資訊搜尋量的原因眾多，以下僅就幾個重要影響資訊搜集程度的因素進行討論 [186]。

一、知覺風險

風險指的是錯誤選擇的損失程度，產品知覺風險（Perceived Risk）就是指「對產品的擁有產生潛在負面結果的擔心」。知覺風險至少包括下列五種：

1. **績效風險**（Performance Risk）

   擔心該產品或服務的表現或成效不好，或是沒有像其他選擇方案一樣好。

2. **社交風險**（Social Risk）

   擔心參考群體成員和其他重要的人不喜歡這項產品或服務。

3. **心理風險**（Psychological Risk）

   擔心該產品或服務沒能反映自己。

4. **財務風險**（Financial Risk）

   擔心該產品或服務的價格可能被訂的過高，其他地方可能會有較合理的價格。

5. **即將過時的風險**（Obsolescence Risk）

   擔心該產品或服務可能會被較新的替代品所取代。

知覺風險愈高，消費者爲了要降低風險，資訊搜尋與推敲（思慮）會更爲廣泛，因此，消費者購買決策的時間就愈有可能會拖的很長。

(一) 降低知覺風險的方法

行銷人員因此可以發展一些策略，來降低消費者所面臨的風險，讓消費者的購買決策能夠縮短。具體的策略之一就是提供保證服務。例如：產品保固服務可以讓消費者降低績效風險；某些商家會提出最低價格保證，買貴了還可以獲得差價數倍的退款，讓消費者降低財務風險；七天不滿意退貨服務保證，則降低消費者社交與心理風險。當消費者將產品買回去或接受服務後，發現該產品其實並不適合自己，或者其他對自己來說很重要的相關人士（家人或摯友）並不喜歡這項產品時，消費者可以無條件的退貨或換貨；免費升級服務則可以讓消費者降低即將過時的風險。例如：軟體的免費升級服務。

二、涉入

涉入（Involvement）就是消費者的「關心程度或覺得重要的程度」。消費者在生活中，會購買與消費數以千計的產品或服務，但對這些產品或服務的涉入程度不盡相同。消費者會把某些產品或服務的購買視爲理所當然，屬於例行性的購買，僅重複上次的購買，或者只是選擇買比較方便的、最便宜的、或者賣場現有的產品或品牌。然而，對某些產品或服務而言，消費者將它們視爲是很重要的，會投入相當程度的關心。

(一) 購買情境涉入與產品持續涉入

涉入有很多的分類方式，以資訊搜尋的角度來看，涉入可以分爲產品涉入（Product Involvement）、購買情境涉入（Purchasing-Situational Involvement）、產品持續涉入（Enduring Product Involvement）。

產品持續涉入或產品涉入（Product Involvement）是指「消費者對於該產品或服務的關心程度或覺得重要的程度」。如果是高涉入的產品，消費者比較會花費心思在資訊搜尋與購買決策。

購買情境涉入就是指「在購買決策發生時，消費者關心與重視的程度」。購買情境涉入程度較高，會導致更多的購前搜尋 [11]。通常，消費者對於風險高的項目（包括財務、績效或社交的風險），會產生較高的購買情境涉入。

購買情境涉入

購買情境涉入程度較高，會導致更多的購前搜尋。通常，消費者對於風險高的項目（包括財務、績效或社交的風險），產生較高的購買情境涉入。

產品持續涉入

對於某些產品或服務，消費者的關心程度並不會隨著購買決策制定後而有所減少，反而在開始使用該產品或服務之後，持續關心。

圖 6-9　購買情境涉入與產品持續涉入

大部分的產品或服務來說，一旦購買之後，消費者關心的程度便會大幅下降，甚至不再關心。例如：消費者在買了冷氣之後，就不會再注意有關冷氣的資訊了。

但是對於另外一些產品或服務而言，消費者的關心程度並不會隨著購買決策制定後而有所減少，反而在開始使用該產品或服務之後，還會一直持續關心。此類涉入稱之爲產品持續涉入，也就是「無論是否爲購買前後，消費者對於產品或服務的持續關心的程度」。例如：對於電腦產品是屬於高產品持續涉入的消費者，在購買電腦之後，還是會閱讀電腦雜誌、逛電腦商場等，來不斷獲得有關電腦的資訊。

通常，產品持續涉入程度高會導致在購買時有較高的情境涉入，但是產品持續涉入程度低，則不一定只會導致低的購買情境涉入，有許多購買時情境涉入程度高的消費者，對該項產品的產品持續涉入程度其實是很低的。例如：在購買乾衣機時的涉入程度很高，但在購買之後，便對這項商品失去興趣，不會再搜尋有關乾衣機的訊息了。

(二) 產品持續涉入與意見領袖

購買情境涉入會直接影響資訊搜尋與處理的程度。而另一方面，產品持續涉入程度若高，會使消費者對該類產品或服務擁有專業知識，會經常性地搜尋資訊，並成爲該類產品的意見領袖。

三、處理訊息的能力

外部搜尋也會受到消費者資訊處理能力的強烈影響，而消費者的資訊處理能力則受制於消費者以往的經驗、既有的知識等原因的影響。

(一) 經驗

以往的經驗與外部搜尋的關係呈現逆向的關係，意即消費者對於購買某類產品以往的經驗愈豐富，則會進行外部搜尋的程度就愈低。

然而，有些情況會使得消費者即使擁有豐富的購買經驗，還是會積極的從事外部搜尋，不採用例行的問題解決模式來處理。例如：非正面的過往經驗（上次車子維修沒讓消費者感到滿意）、經驗已經過時不再有用（例如：舊一代電視遊樂器的購買經驗）、距離上次的購買經驗已經很久了、該產品或服務是屬於高風險性的購買（例如：股票）、高涉入產品等，這些情況下，即使擁有過去的購買經驗，仍可能會積極搜尋資訊。

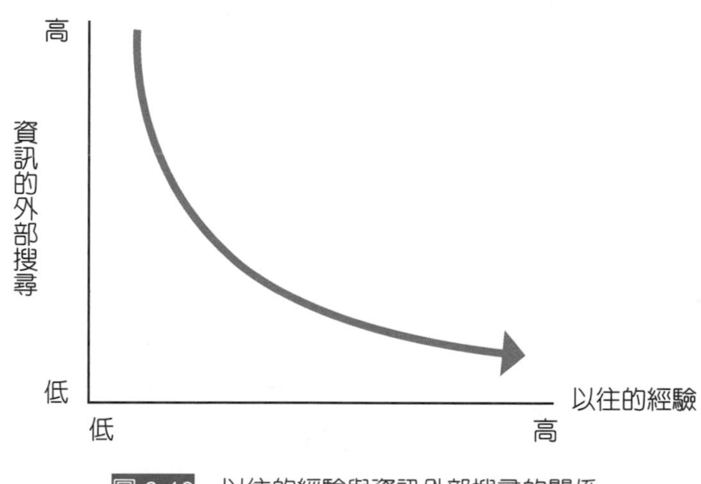

圖 6-10 以往的經驗與資訊外部搜尋的關係

(二) 知識

既有的知識指的是消費者對該類產品或服務屬性的瞭解。知識可分爲兩類：主觀知識與客觀知識。主觀的知識（Subjective Knowledge）是消費者「主觀認為自己對該類產品或服務所知道的知識」。衡量的方式通常是藉由詢問消費者本身相較於其他人而言，對某項產品或服務瞭解的多寡。客觀的知識（Objective Knowledge）指的則是「儲存在消費者記憶中的眞實資訊」，通常透過正式的知識測驗來加以衡量。研究顯示，消費者實際的知識會和資訊的搜尋有關 [17]。

知識對於外部搜尋的關係，並沒有完全的定論[18-20]。某些研究指出，消費者實際的既有知識和外部資料的搜尋呈現出倒 U 的關係。對某項產品或服務擁有中間程度知識的消費者，其動機較強，且至少擁有某些可以幫助他們解釋新訊息的基本知識，所以當面臨消費決策時，會向外界搜尋最多的資訊。相反的，知識相當少的新手，因爲對於新的資訊有理解上的困難，也不認爲自己有能力可以廣泛地搜尋資訊，較仰賴其他人的意見與諸如品牌名稱和價格等這類「非功能性（Nonfunctional）」的屬性來作爲決策判斷的依據，所以外部搜尋的程度會較低。而知識豐富的專家，因爲記憶中已經存有較多的相關知識，他們知道如何針對最有關的資訊來搜尋，並且知道忽略無關的資訊，也就是進行所謂的選擇性搜尋（Selective Search），所以外部搜尋的程度也會較低。

這個倒 U 關係，在產品屬全新類別時則有例外，因爲此時愈有知識的專家會愈有學習新奇資訊的優勢與動機，也可以獲得更多新產品資訊，因此，外部搜尋程度會最高。

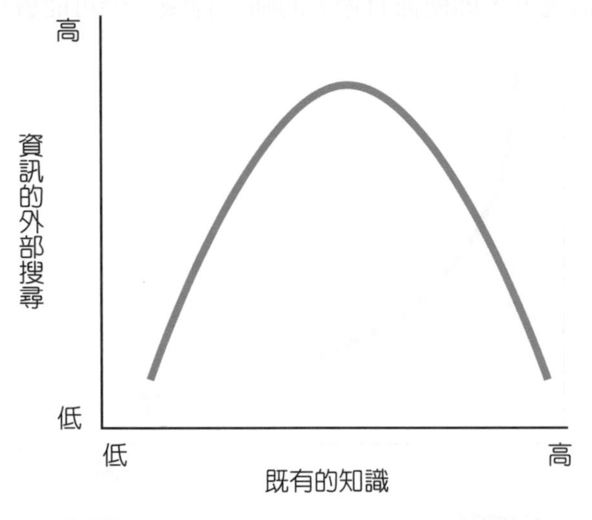

圖 6-11　既有的知識與資訊外部搜尋的關係

四、時間壓力

時間壓力是影響消費者處理訊息機會的重要原因之一，當消費者在時間的壓力下進行購買決策時，資訊搜尋的活動往往會受到限制。當時間壓力增加時，消費者會花較少的時間於搜尋資訊，相反的，若沒有時間的限制，則會增加外部搜尋[21-23]。

簡單的舉例來說，當消費者想要買母親節禮物，而距離母親節還有一個月，此時消費者可以慢慢搜尋資訊。但如果距離母親節只剩最後一天，消費者就有很大的時間壓力，非得趕快決定不可。

五、可取得資訊的數量

消費者對於每種商品可取得資訊的數量差異很大。原因在於市場上的該類商品品牌的數量、每個品牌可取得的屬性資訊數量、零售賣場或經銷商的數量及其他資訊來源的數量（例如：相關的雜誌或有知識的朋友）都不同。一般而言，當可取得的資訊數量增多時，消費者外部搜尋的程度也會增加[181]。如果資訊有限或無法取得，那麼消費者要進行廣泛性的外部資訊搜尋則有困難。

6-5 消費者的資訊來源

消費者進行資訊搜尋時，有幾個常見的資訊來源，這些資訊來源可能是由廠商所提供，也可能並非廠商提供。非廠商所提供的資訊，有請能來自於一般消費者，也可能來自於媒體報導、部落客、意見領袖之類的來源。以下簡要說明消費者取得資訊的可能來源。

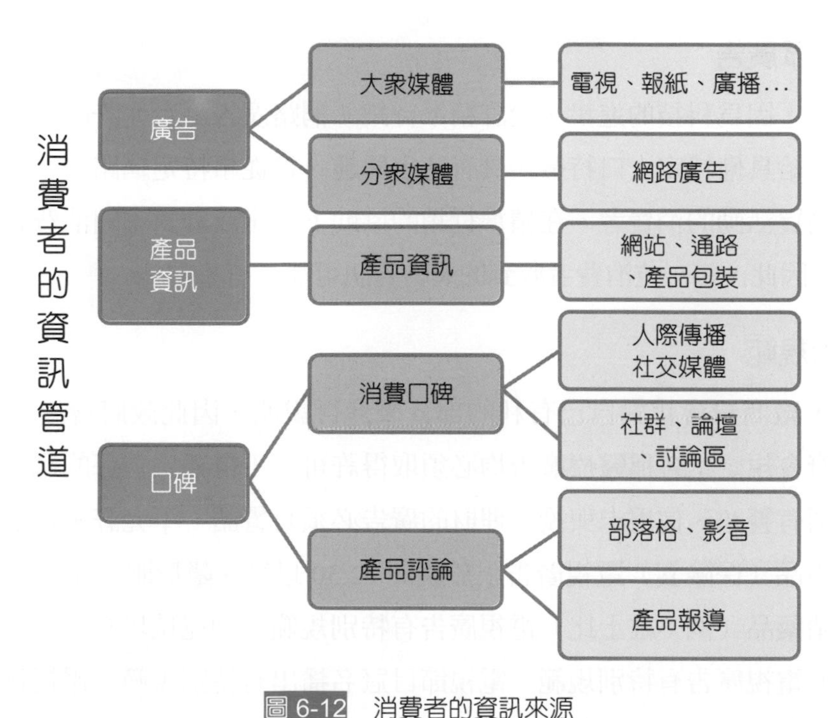

圖 6-12 消費者的資訊來源

一、廣告

(一)廣告是付費刊登的資訊

廣告（Advertising）是一種「廠商付費刊登的商業資訊」。各種媒體提供廣告刊登的空間，以獲取廣告收入。廣告是說服策略的一部分，通常廠商會挑對自己有利的資訊，利用廣告的方式，設法說服消費者。廣告的內容只要不涉及誇大不實、不違反廣告法規、不涉及廣告倫理，就沒有太大的問題。

(二)大眾傳播媒體的廣告

網路時代以前的廣告，是透過大眾傳播媒體來傳送，典型的廣告媒體包括：電視、廣播、報紙、雜誌、戶外廣告、商店看板、傳單與郵件等宣傳物等，資訊透過動態影像（影片）、聲音、平面影像等方式來呈現。各種性質的媒體，可以提供的產品資訊量多寡不一，但共同特性是廠商會盡量揭露對自己有力的資訊，對於不利的資訊則盡量不揭露。不過，傳統媒體廣告並沒有辦法針對每一位消費者提供個別客製化的資訊。

(三)精準分眾廣告

網路時代，因爲科技的進步，允許精準行銷。網路廣告平台允許廠商將特定廣告資訊，指定播放給具備特定人口特徵、具有特定興趣、曾從事特定網路瀏覽行爲、或者曾經進行特定購買活動的消費者。在精準行銷的協助下，廠商針對不同消費者，提供不同的廣告宣傳。因此，每一位消費者收到的廣告資訊可能各有不同。

(四)廣告的規範

廣告中，廠商只會挑對自己有利的部分來進行說明，因此政府會設立一些廣告規範，例如政府會規定：各種醫療廣告均必須取得許可、不得播出香菸的電視廣告、酒類電視廣告必須有警語、信用卡與投資理財的廣告必須有警語、不允許電視播出嬰兒奶粉廣告、避孕用品（保險套）電視廣告限於晚間 22:30 以後、隱形眼鏡電視廣告有警語與規範、含酒精藥品（例：維士比）電視廣告有特別規範、幼兒垃圾食物（速食、高糖、高脂肪產品）電視廣告有特別規範、電視節目冠名播出有特別規範、電視新聞置入有特別規範、選舉廣告有特別的規範。

除了政府會針對廣告設定規範，許多媒體也會設置自律規範。

二、產品資訊

(一) 產品資訊是客觀資訊

廣告可以選擇只提供部分的資訊，因此廣告通常只揭露優點，而盡量不揭露缺點，也不提供產品資訊細節。但某些消費者仍需具體產品資訊，才能進行購買決策。這些產品資訊細節，通常揭露於網站、銷售通路、產品包裝上。這些資訊通常並非付費提供，也無法主動推播給消費者，而是有興趣的消費者主動前來閱讀。

對於消費者來說，這些揭露的產品規格資訊的呈現方式雖然較爲單調，但因爲沒有太大的修飾，反而是較爲公正客觀的資訊。

(二) 有些產品資訊是強制必須揭露

這些依法必須揭露的項目，例如食品的熱量、鈉（食鹽）含量，有些則是購買決策過程中，消費者一定想要查閱的規格資訊。這些產品資訊通常以產品規格的方式呈現，並佐以一些照片或示意圖，以協助消費者理解資訊的內容。

(三) 並非所有消費者都仔細檢視產品資訊

不過，某些消費者因爲不具有產品知識，或者不具有仔細查閱產品規格的動機，並不在乎這些產品資訊。相反的，廣泛的問題解決過程中，消費者爲了尋求決策的正確性，可能會仔細考量這些產品資訊。

三、口碑

(一) 口碑是第三方的資訊來源

廣告是廠商付費請媒體刊登的商業資訊，產品規格是產品的細節描述，兩者都是廠商所提供的資訊。這些資訊是否具公信力，消費者抱持懷疑。此時，消費者可能會尋求第三方的資訊來源，包括產品評論與消費者口碑。兩者並可合併以「口碑」統稱之。

(二) 口碑的來源

會發送這種口碑資訊的人，包括一般的消費者、意見領袖、專門撰寫產品評論的作家。一般消費者是指消費過該產品或服務的消費者，發表自己的消費經驗。意見領袖所發表的消費經驗，則通常較爲詳細，且具有影響力。另外，專門撰寫產品評論的作家，則以撰寫產品評論爲業，有系統性的撰寫產品評論。

（三）網路口碑

沒有網路的時代，消費者間的口碑主要是透過人際溝通，而專門撰寫產品評論的作家則在報章雜誌或電視發表產品評論。但在網路的時代，口碑是透過網路來傳播，是網路上的非正式人際溝通，通常是顧客、潛在顧客、過去顧客、公司所聘請的撰稿者、其他利害關係人所發送，針對產品、服務、品牌、公司、或相關消費活動，所發表的陳述，此陳述可以是正面、中性或負面的評述，其透過網路，將此陳述可以傳播給他人，其傳播範圍可以是不特定的公眾，也可以是特定的群體或少數的個人[24]。

（四）網軍假口碑

網路口碑、產品評論的公信力、可信度，通常高過廣告，但有些廠商會出資聘請專門撰寫產品評論的作家或影音部落客，來撰寫對於產品的正面產品評論，此時口碑與廣告僅有一線之隔。有些廠商會出資聘請工讀生僞裝成消費者，來撰寫正面口碑，這些工讀生有時也被稱爲網軍、寫手。這些網軍使得網路上充滿了虛假口碑。

6-6 說服溝通

影響說服溝通效果的因素眾多，可從說服溝通模式的過程，將之區分爲四個部分：發訊者（代言人）、訊息內容、收訊者（消費者）、傳播媒體。

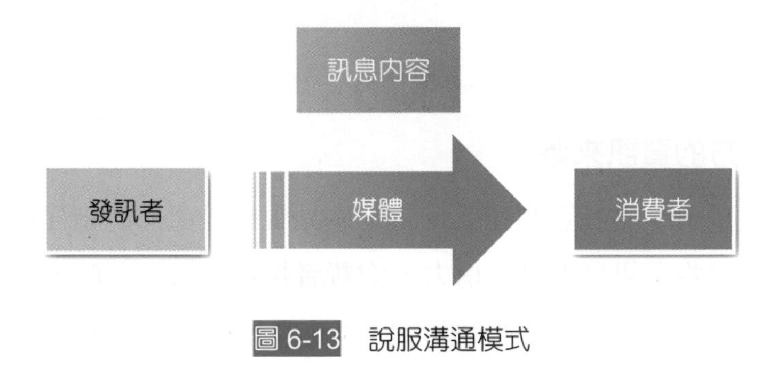

圖 6-13 說服溝通模式

一、發訊者特質

發訊者是指訊息的發送者，在商業廣告中，這個發訊者經常是指代言人（Endorser）。廣告代言人（Advertising Endorser）或產品代言人（Product Endorser）是指「在廣告上具名推薦產品的人。」爲什麼要提到是具名推薦，是因爲廣告中，還有另一種身份是演員。演員也出現在廣告中，但並非以自己的身份來推薦產品，而是以演出的角色來推薦產品。

代言人可以是名人，也可以是一般消費者，但以名人居多，因此也被稱爲「名人代言（Celebrity Endorsement）」。名人代言就是「由具有知名度的公眾人物來進行產品代言」。

影響名人代言的因素眾多，簡述如下 [25, 26]。

(一) 吸引力

明星之所以可以作爲代言人，與明星的吸引力較高有關。消費者看到外貌姣好的明星，多看兩眼，廣告訊息也跟著被吸收。

不過，吸引力並不一定絕對相關於外貌，外貌的美麗也有很多類型，不能從一而論。舉例來說，服飾的代言人所需的外貌，與家電產品代言人所需外貌，是不同的。

討論代言人吸引力時，經常也會討論到性感與裸露。因爲性感與裸露的畫面，經常是具有吸引力的，用通俗一點的話，就是「吸睛」，吸引眼球注意。不過，在安排穿著性感或裸露的代言人時，必須注意到吸睛的同時，還要避免產生負面的效應。

(二) 値得信賴性

値得信賴性（Trustworthy）是指這位發訊者或代言人是否値得信賴，影響該發訊者或代言人是否値得信賴的因素眾多，但不管原因如何，有可能是過去的聲譽、過去曾代言產品、或者是消費者對於代言原因的推測，以及很多其他原因，都會影響到値得信賴性。

簡單來說，如果被認定是公正人士，通常値得信賴性較高。相反的，如果被認定不夠眞誠，値得信賴性就不足夠。

(三) 專家性

有些商品具有專業性，搭配專業人士作爲代言，會達到比較好的效果。因此，專家性（Expertise）是選擇代言人時的考慮因素。某些明星因爲與娛樂節目的連結強度高，學歷或經歷均與專業扯不上邊，因此不容易被視爲具有專業性。相反的，有些代言人擁有高學歷，或從事於專業工作，具有專家性，因此適合於擔任專業性產品的代言人。

醫師、藥師、營養師、律師、大學教授、財經名人，都可能因爲具有高度的專業性，而具有說服力，適合擔任專業產品的代言人。不過，要選擇這些人來代言產品時，必須注意相關法規的規範。例如一定要確定該代言人確實具備有效的專業領域執照，且確定代言內容符合法規規範。相關規範必須要注意。

（四）知名度與受歡迎程度

知名且受歡迎的代言人，代言效果會比較好。一般情況下，消費者比較不容易相信陌生人所講的話，消費者對於名人的熟悉程度較高，因此名人的代言效果會比較好。

有些名人雖然有名，但並不受歡迎。既然消費者不喜歡，就不容易相信代言內容。因此，代言人除了要有知名度，更要受歡迎。

二、訊息內容

訊息內容會影響到說服效果。訊息內容如何安排，有很多構面可以討論。舉例來說，太過複雜的訊息，或是太過精簡的訊息，說服效果都不好。但說服效果是跟情境有關，並非複雜的訊息就不具說服效果。

是否該用恐懼訴求，也是可以討論的構面。有時，訊息過於直白，太過直接，效果反而不好。但訊息內容使用太多的修辭隱喻，雖然很有學問，但消費者卻無法理解，也無法達到說服效果。

（一）訊息論點強度

所謂的訊息論點強度（Argument strength），是指「訊息的邏輯推論，以及訊息是否伴隨有佐證」。過去研究認爲訊息包含正確推論、良好證明時，說服效果會較高[27-31]。也就是說，如果有良好的論述，說明產品爲什麼好，比起只是一昧的說產品好，具有良好論述的訊息會比較有說服力。

不過，並非所有廣告內容，都適合包含具有嚴謹而正確推論的論述。某些時候，消費者並無意仔細思考訊息內容，此時，太過正確推論的訊息，會讓廣告內容變成冷冰冰的、缺乏感情。因此，要選用什麼樣的訊息論點強度，跟廣告的整體安排有關，一個理性導向的廣告，或許可安排高論點強度的訊息，但相反的，感性訴求的廣告，是否需要高論點強度的訊息，就需要考慮。

（二）修辭技巧

廣告修辭是影響說服效果的重要構面。良好的修辭，是讓消費者感同身受的關鍵。修辭並非愈高深愈好，而是要貼近消費者，讓消費者感到共鳴。用消費者習慣的語言來陳述，是修辭技巧的重點。

(三)幽默

消費者持續收到各式各樣的外部感官刺激，這些感官刺激不一定能打動消費者，引發消費者的興趣。但有些時候，採取幽默的手法，此一感官刺激有可能被消費者注意到，而達到廣告的效果。

(四)恐懼訴求

相較於溫馨、愉悅的廣告，恐懼訴求廣告帶來較高的記憶力及喚起。不過，但恐懼訴求的說服效果仍未獲一致性的結論，有學者主張恐懼喚起及態度改變間的倒 U 關係，也就是說，適度的恐懼訴求是有用的，但強度太高的恐懼，是沒有用的。

許多研究討論戒菸、安全宣導、癌症預防行爲等與生命有關的社會公益行銷課題，討論恐懼訴求激發閱聽人的恐懼，讓消費者改變行爲。不過，恐懼訴求有時會產生反效果，消費者會不願意正視廣告內容，使得廣告無法產生效益。在使用恐懼訴求時，需要特別謹慎[32-34]。

三、消費者因素

消費者本身具有的許多因素，也會影響說服的效果。舉例來說，與發訊者之間的互動、對於發訊者訊息發送動機的懷疑，都是可能的影響因素。

(一)收訊者與發訊者的關係、互動

發訊者（代言人）與消費者（收訊者）之間，可能有一些社交關係或準社交關係，或者與發訊者與收訊者有一些特質上的相似性，這會影響到消費者是否被該資訊所說服。舉例來說，一個網紅跟他的粉絲之間，有良好的互動，這種互動並不一定是一對一的互動，而是讓粉絲覺得有跟網紅互動到即可。這種網路虛擬互動，會影響到收訊者的感受，進而相信訊息，被訊息說服。邀請網紅來進行代言時，具有群眾魅力的網紅，代言效果較佳，就是這樣的道理。

(二)收訊者如何理解廣告代言背後的動機

消費者若是覺得代言人代言產品的時候，並沒有考慮到消費者的利益，而只是想把產品推銷出來，這時候代言效果就會打折扣。在消費者行爲研究中，有一個說服知識模型（Persuasion Knowledge Model）[35] 可以用來解釋這個現象。說服知識模型所講的是「消費者會用自己對於說服動機的知識，來解釋廠商或行銷者爲什麼想要這樣說服消費者」。也就是說，具有說服知識的消費者，對於代言訊息背後的動機若因此產生疑問，則不容易被說服。

一、選擇題

(　　) 1. 聽過這品牌的汽車，但在買車的時候，完全沒有想到，以致於根本沒有考慮。請問這樣的汽車品牌，屬於哪一種集合？ (A) 不知道集合 (B) 非喚起集合 (C) 考慮集合 (D) 不考慮集合。

(　　) 2. 消費者會多加比較的商品，通常是各產品間的品質、價格與式樣差異較大（產品差異），或是有較大的購買風險（風險考量），或是消費者並不需要立即擁有（延後購買）。這是哪一種產品的特徵？ (A) 便利品 (B) 選購品 (C) 特殊品 (D) 非搜尋品。

(　　) 3. 小藝品店的擺飾小物，放在櫥窗上吸引消費者，消費者不知悉該產品的存在，一旦知悉，就會想要購買。這種小藝品店的擺飾小物，是哪一種商品？ (A) 便利品 (B) 選購品 (C) 冷門品 (D) 非搜尋品。

(　　) 4. 產品成本低、經常購買、低涉入、消費者熟悉、考慮選擇少、決策時間短，這是哪一種的購買決策？ (A) 習慣性決策制定 (B) 有限的問題解決 (C) 廣泛的問題解決 (D) 深思熟慮的問題解決。

(　　) 5. 消費者會儘可能的從記憶中（內部搜尋）或外部來源來獲得資訊，這指的是哪一種購買決策問題解決？ (A) 習慣性的決策制定 (B) 有限性的問題解決 (C) 廣泛性的問題解決 (D) 持續性的問題解決。

(　　) 6. 對消費者來說算是重要的購買行為，但消費者卻難以分辨產品間差異，容易產生購後失調的購買行為，這是指哪一種購買行為？ (A) 複雜的購買行為 (B) 降低失調的購買行為 (C) 尋求多樣化的購買行為 (D) 習慣性的購買行為。

(　　) 7. 大部分消費者不會因為牛肉麵好吃，就連續吃好幾個月的牛肉麵。因為食物的購買，經常是哪一種購買行為？ (A) 複雜的購買行為 (B) 降低失調的購買行為 (C) 尋求多樣化的購買行為 (D) 習慣性的購買行為。

(　　) 8. 消費者決策時，擔心參考群體成員和其他重要的人有可能不喜歡這項產品或服務，這是指： (A) 績效風險 (B) 社交風險 (C) 心理風險 (D) 財務風險。

(　　) 9. 以下關於既有知識與外部資訊搜尋的關係的陳述，何者正確？ (A) 既有的知識很低時，搜尋量很高 (B) 既有知識達到中等程度時，資訊搜尋量最低 (C) 既有知識達到中等程度時，搜尋量最高。既有知識很低時，消費者不具有解讀資訊的能力，因此搜尋量低。即有知識很高時，消費者已充分具有知識，因此無需再搜尋知識 (D) 既有知識只會影響內部資訊搜尋，不會影響外部資訊搜尋。

(　　) 10. 如果消費者急著買一件東西，他的外部資訊搜尋量會如何？ (A) 增加，因為時間壓力 (B) 減少，只會進行少部分資訊搜尋，就進行購買 (C) 無關。時間與資訊搜尋量經常無關 (D) 不一定。資訊搜尋量的影響因素眾多，時間絕對不是主要因素。

(　　) 11. 關於臺灣的廣告規範，何者正確？ (A) 電視可以播出嬰兒奶粉廣告 (B) 酒類不可以播放電視廣告 (C) 避孕用品（保險套）電視廣告限於晚間 22:30 以後 (D) 信用卡與投資理財的廣告屬於一般廣告，無需特別規範。

(　　) 12. 訊息的邏輯推論，以及訊息是否伴隨有佐證。這是指什麼？ (A) 論點強度 (B) 口碑 (C) 產品資訊 (D) 新聞置入。

(　　) 13. 以臺灣來說，以下哪一種媒體的年度廣告金額最高？ (A) 無線電視 (B) 有線電視 (C) 報紙 (D) 網路。

(　　) 14. 下列哪一種廣告金額的成長率最高？ (A) 無線電視 (B) 報紙與雜誌 (C) 有線電視 (D) 網路。

(　　) 15. 以下哪一種產品，不可以在電視上播廣告？ (A) 香菸 (B) 女性內衣 (C) 避孕用品 (D) 酒類。

二、問答題

1. 請說明便利品、選購品、特殊品、非搜尋品等四種產品購買行為的差別。
2. 依據產品類別及購買決策投入，可將購買行為區分成四個類型：複雜的購買行為、降低失調的購買行為、尋求多樣化的購買行為、習慣性的購買行為。請說明這四種購買行為的差異。
3. 請說明影響資訊搜尋的原因。
4. 請說明廣告、產品資訊、口碑三者的差異。
5. 請說明訊息內容的哪些因素會影響說服溝通效果。

第三篇
消費行為

CHAPTER 7

購買

隨時都在選擇的消費者

圖片來源：LOOKER

消費者隨時都在選擇，早上出門時，選擇要搭乘捷運、鐵路、客運、計程車、自行開車、騎機車、騎腳踏車、步行。到早餐店，選擇購買豆漿、米漿、包子、燒餅、油條、咖啡、三明治、漢堡、鮮果汁，或者選擇不吃早餐。即使是選擇喝一杯咖啡，消費者可以選擇喝早餐店的咖啡，喝便利商店的現煮咖啡，或是便利商店冰箱的罐裝咖啡，或者是到咖啡連鎖店喝一杯香濃的現煮咖啡。即使消費者已經決定喝一杯現煮咖啡，消費者還是有很多選擇，三合一咖啡、美式咖啡、拿鐵、卡布奇諾、摩卡…。總而言之，消費者隨時都在選擇。

有些選擇對消費者來說是理所當然的，因此，並無選擇的感覺。舉例來說，每天都不吃早餐的消費者，不吃早餐是其必然的選擇。因為已經成為習慣，也就無所謂選擇可言。有些時候，因為各候選方案皆為消費者所能接受，因此，選擇錯誤的失敗成本就不高，對消費者來說，也沒有太多選擇的「感覺」。例如：當消費者覺得礦泉水的差異不大時，消費者在便利商店選購某一個品牌的礦泉水，並不認為自己進行了一個非常重要的決策。幾分鐘後，消費者可能根本就已經忘記剛剛購買的是哪一個品牌的礦泉水。

決策是否重要，端視情境而定。同樣是購買一瓶礦泉水，當消費者前往非洲旅遊時，面對名不見經傳的各種品牌礦泉水，如果消費者懷疑這些礦泉水的品質，擔心自己飲用水的安全，認為不同品牌間差異極大，此時，購買礦泉水這項簡單的活動，可以變成是項複雜的購買決策，需要縝密的候選方案評估。

買瓶飲料的評估時間，可能只需要幾分鐘，但買一間價值數百萬、幾千萬的公寓，可能需要耗費非常多的時間，進行各種的評估。大部分的情況，準備要買房子的消費者，會頻繁的到房子附近了解當地的環境，仔細檢閱所有的資料，也會邀請自己的至親好友前往查看，幫助自己拿定主意。消費者會針對可能購買的方式，蒐集所有的優缺點，並從中挑選自己最滿意的方案，進行購買。很多時候，消費者會發現，這些候選方案並沒有絕對的優劣，每一個方案都有優點，也都有缺點。此時，消費者可能會選擇擱置購買決策，繼續尋找其他合適的方案，直到尋找到自己覺得滿意的產品，或者是直到沒有多餘的時間，可以再看其他的候選方案為止。

因此，對於房屋銷售人員來說，如果發現某一個消費者反覆地來看屋，而且每週都帶不同的親戚或家人來看房子，或者發現這個消費者反覆地在房屋週遭查看房屋的環境，則銷售人員大概可以猜到，這名消費者已經把這個房屋納入候選方案了。如果，這個消費者有時間的壓力，例如：年底或未來一段時間內即將結婚，或者原本租屋的房屋即將被房東收回，則消費者可能無法繼續等待，只能在現有的方案中選擇最佳的方案，這個情況下，銷售人員只要多花點心思，成交的機會就大多了。

有些時候，時間壓力是外界所創造的，例如政府不知不覺地創造時間壓力，例如：優惠低利房屋貸款，因為有額度的限制，當額度快用盡時，消費者為了享有低利貸款，會加快決策的速度，提早停止尋找其他的候選方案。有一陣子，臺灣政府將土地增值稅進行暫時性的減半，此時，房屋成交數目大幅提升，主要原因是消費者不希望因為決策太慢，而未能享受到此一減免。後來，土地增值稅進行永久性減半時，消費者反而可以慢慢挑，而不一定需要趕在某一個時間，就做出購買的決策。

賣一間房子，仲介費用動輒數十萬或百萬，一個新興社區，總代銷費用可能就高達數千萬，確實是不錯的賺錢機會。但看房子的人很多，買房子的不多，對房屋代銷或仲介業者來說，若能區分誰即將會購買，誰又會不斷的繼續看房子，對於銷售成績，將有莫大的幫助。

消費者購買決策過程的第三個步驟是選擇方案的評估，之後才是購買，購買後則還有購後行爲。當消費者蒐集完所需資料後，要如何運用這些蒐集到的資料來進行選擇呢？消費者必須決定以哪些屬性來作爲評估的準據，並選擇某種評估的模式來評估各項選擇方案。當選擇方案評估完成後，消費者就會進行下一個步驟：購買行動。本章將介紹個人購買決策的選擇方案評估、購買行動以及購後行爲。

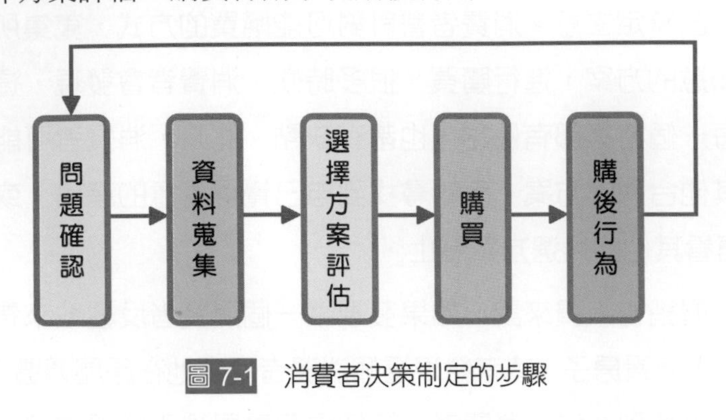

圖 7-1 消費者決策制定的步驟

7-1 評估準據

評估準據（Evaluative Criteria，或譯爲評估指標）指的是那些「用來判斷各個選擇方案的構面」，通常是和消費者所想要的利益，或與成本發生有關的產品特色或屬性。舉例來說，在購買行動電話之前，你可能會關心品牌、價格、尺寸、相機鏡頭解析度、處理器速度、記憶體、儲存空間、外型、顏色等屬性。這些屬性就是評估準據。

一、評估準據的性質

評估準據的範圍很廣，除了包括非常功能性的屬性之外，還可以包括經驗性的屬性。例如：當我們評估音響時，「是否支援 wifi 以便上網下載音樂？」就是屬於功能性屬性，而「音效是否聽起來讓我感覺像是在戲院所聽到的？」則是屬於經驗性的屬性。另外像風格、品味、感受、地位與品牌形象等這類無形的屬性，也可以作爲評估的準據。對同一項產品而言，不同的消費者可能會有不同的評估準據，例如：消費者甲對洗面乳的評估準據爲成本與香味，消費者乙對洗面乳的評估標準則爲成本、去痘力與保濕性。

（一）評估準據可多可少

消費者會使用多少數量的準據來作爲評估的依據，完全取決於產品、消費者與情境這三種因素。像牙膏、香皀、洗衣粉、面紙、礦泉水等這類低涉入的產品，消費者所使用的評估準據就很少，但在購買機車、電腦、音響、汽車、房屋等高涉入產品時，可能就會使用很多種評估準據。除此之外，消費者個人的特徵（例如：對產品的熟悉度），與情境因素（例如：時間的壓力）等，也會影響到消費者使用評估準據的數量。

(二) 各評估準據的重要性不一

另一個有關於準據的重要性重點在於如果每項產品都有的準據，這項準據就沒有那麼重要，例如：每支手機都有 GPS 衛星定位功能、都能上網、都有很好的鏡頭，此時，這些屬性就顯得沒那麼重要了。但若某個準據是某個選擇方案才有，其它選擇方案不一定有，則這個準據在決策過程中扮演的角色可能就較為重要。這些眞正用來區別各個選擇方案的準據稱之為決定性屬性（Determinant Attributes）。

行銷業者可以扮演教育消費者哪個準據為決定性屬性的角色。例如：許多消費者在挑選優酪乳時，會選擇有衛生福利部食品藥物管理署健康食品認證標誌的品牌（健康食品認證許可，參見 http://consumer.fda.gov.tw），原因就在於某個品牌的優酪乳對於這項健康食品認證訊息強烈的宣傳，教育了消費者，使消費者認定這個健康食品認證標誌是決定性的屬性。有時，廠商甚至還能發明一項決定性屬性。例如在本地生產的啤酒，強調啤酒要看裝瓶日期，要喝最新鮮的啤酒。之所以如此宣傳，是因為進口啤酒通常會採取海運，本地製造的啤酒，有裝瓶日期較近的優勢。

二、評估準據的測度

行銷業者必須瞭解消費者對其產品實際上或可能使用何種評估準據，才能針對目標市場，開發出適當的產品。有時，消費者不願意，或者無法自行說明對某種產品的評估準據，因此，如何測量消費者對其產品的評估準據，就成了行銷人員的重要課題之一。

行銷研究人員通常採用直接與間接的測度工具，來作為測度消費者評估準據的方法。直接的測度方法是詢問消費者在特定購買決策中使用哪些資訊。當然，直接法是假設消費者將會且能夠表達出他們所需要的屬性資訊。

間接的測度方法則是假設消費者不會或者無法表達出他們的評估準據。常用的間接測度方法有投射技術與知覺圖（Perceptual Mapping）二種。投射技術是讓消費者指出別人可能使用哪些評估準據，雖然說是別人可能使用的準據，但受訪者可能把自己的行為，投射成是別人的行為，所謂的「別人」，很可能就是受訪者自己，於是，我們就可以間接判讀出受訪者自己使用哪些評估準據。

知覺圖是另一個可以用來研判消費者評估準據的間接方法。此方法是讓消費者評斷各個類似、可供選擇的產品，然後將這些評斷的資料經過電腦處理，得出一個品牌的知覺圖。在這個過程中並沒有先行列出特定的評估準據，只是讓消費者逐一比較兩種品牌的相似程度，等到知覺圖成型之後，知覺圖的構面就是消費者所用的評估準據。

以圖 7-2 爲例，該知覺圖是得自於消費者對各種啤酒品牌相似性的評估所產生的結果。檢視這個知覺圖中的各個品牌之後，就可以推斷出橫軸代表口味、熱量、順口程度等實體屬性特徵，縱軸則代表價格、地位與品質等事項。這種方法讓我們得以瞭解消費者對各個品牌的知覺，以及他們用以區別各品牌的評估準據。

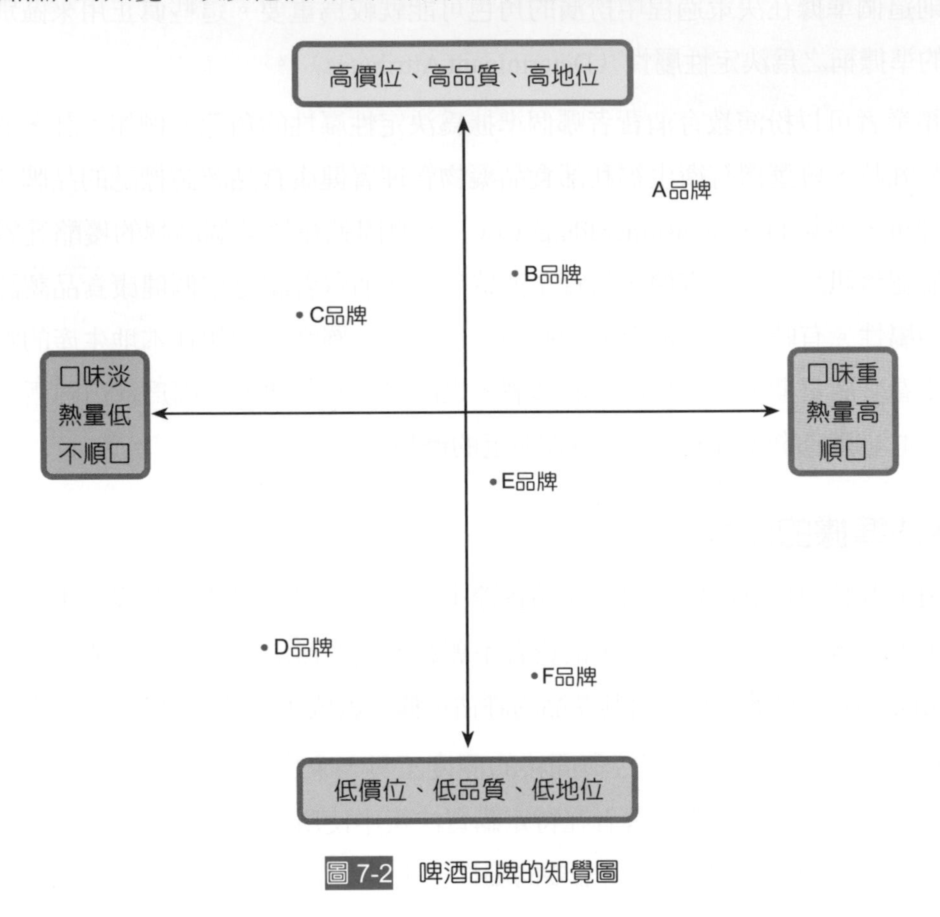

圖 7-2 啤酒品牌的知覺圖

如果從數學的觀點，會覺得圖 7-2 不太合乎邏輯，何以縱軸代表價位、品質、地位，橫軸代表口味、熱量、順口，必須說明的是，這類知覺圖主要是透過多元尺度法的方式，將產品進行分析，並把各品牌畫到圖形中，再根據圖形，對座標軸進行命名。因此，座標軸的命名是最後的結果，而非先有座標軸命名，再把產品畫到圖形中。

7-2 評估的模式

了解消費者的評估模式，有助於行銷人員制定行銷組合，或設計產品規格。必須要說明的是，本章內容看起來跟決策科學的最適化決策方案有點神似，但內容完全不同。消費者的決策絕非是理性決策，本節只是試圖用評估模式的方式，還原消費者的內心決策過程。

消費者評估選擇方案的評估模式可以分爲兩類：補償性模式與無補償性模式。以下將介紹這兩種評估模式，有些時候，消費者的評估模式，並沒有那麼複雜，而是只使用某些構面來代替其它決策準據，作爲決策的依據。這種方式稱爲啓發式模式（內心捷徑），在本節後段也將進行討論。

一、補償性模式

補償性模式（Compensatory Model）中，消費者會考慮所有選擇方案的各個屬性，並且在心中對各個屬性所認知的優缺點加以權衡。顧名思義，補償性模式是給予產品一個「優點可以補償其缺點的決策評估模式」的機會，儘管產品有負面的屬性，但只要有其它正面的屬性， 那麼就可以彌補這項缺點。通常，對該產品涉入較高的消費者，會使用這種補償性模式來評估選擇方案，對於評估選擇方案願意投入較多的努力，仔細考慮選擇方案的每一個屬性。補償性模式的運用方法有兩種，一種是比較簡單的加總方法，另一種是比較複雜的加權加總方法。

(一) 簡單加總方法

較簡單的加總方法就是將每個選擇方案正面屬性的數量減掉負面屬性的數量，然後選擇數目最高的方案，來作爲最後的購買選擇。

這個簡單加總方法只適用於各個屬性的重要性對消費者而言均相等時。但是實際上，有時消費者對各個屬性的重要性有不同的看法，有些屬性對消費者來說毫無意義（例如：具備阿拉伯文說明書，對不懂阿拉伯文的消費者毫無意義），或重要性並不高（例如：具備德文的說明書，但對懂中文與英文的消費者來說，即使他懂一點點德文，但德文說明書對產品的使用並不重要），只不過在購買這項產品時，廠商的型錄介紹上大都會提到這項屬性而已。

在重要性不高的屬性上，屬於正面評價的優點，是不足以一對一的彌補在某項重要性較高的屬性上屬於負面評價的缺點（也就是說，優點與缺點不一定能一個換一個）。

例如：消費者可能會最重視 X 屬性，但對於 Y 屬性的重視程度低於 X 屬性，在這種情況下，就不適合用此種簡單的正負屬性加總方法，來評估選擇的方案。

(二) 加權加總方法

簡單加總方法太過簡單，與消費者的眞實想法差距較大，比較符合消費者想法的補償性模式是加權加總方法，此方法乃是將各個選擇方案的每個屬性，依照其重要性給予權重，並加以加總計算，然後選擇得分最高的方案來作爲最後的購買選擇。適用於各個屬性的重要性對消費者來說是不相等的情況。

二、無補償性模式

相對於補償性模式給予產品一個可以補償其缺點的機會，無補償性模式（Noncompensatory Model）[1, 2] 認爲「各個屬性不能相互補償，某個屬性的優點不能彌補其他屬性缺點的決策評估模式。」。例如：在選購行動電話，如果消費者一定要選擇知名品牌的行動電話，那麼即便其他行動電話的屬性再優良，也不能彌補這項屬性上的不足。換句話說，消費者很簡單的就可以將不符合最基本要求的選擇方案刪除，即使某款新品牌行動電話和其他款式一樣優秀，或甚至更好，消費者也不會將這款新產品考慮在內。比較常見的無補償性模式有下列幾種：

(一) 優先順序模式

這種優先順序模式（Lexicographic Model，或譯爲辭典編撰模式）類似辭典的編撰一樣，先將選擇方案的屬性，依照重要性依序排列。所不同的是，辭典是依照字母的前後順序依序排列，而優先順序法是依照準據的重要性排列。這種模式假設消費者會「先比較最重要的屬性，將在這個屬性上表現比較不好的選擇方案排除，之後再比較後續的屬性」，如果有一項選擇方案在這項屬性上表現最好，就選擇購買此項產品，但若有一個以上的選擇方案在這項屬性表現上一樣好，那麼就再對剩下的選擇方案進行第二項重要屬性的比較，直到最後只剩一項選擇方案時才停止。而最後這項選擇方案就是消費者所評估出來要購買的產品。

(二) 低標刪除模式

低標刪除模式（Elimination by Aspects；EBA，或譯爲逐次刪除模式）是由心理學家提摩斯基（Amos Tversky）所提出，這種方法跟優先順序模式（辭典編撰模式）類似。低標刪除模式同樣是要先將屬性依照重要性排序，然後先比較最重要的屬性。和優先順序模式（辭典編撰模式）不同之處，在於低標刪除模式會「先對每個屬性設定一個最低的標準，低於這個標準的選擇方案會被刪除，而只要符合最低標準的選擇方案就不會被刪除，而是進行下一個屬性的比較，刪除到只剩下最後一項選擇方案才停止」。

(三) 連結模式

採行連結模式（Conjunctive Model，或譯爲結合模式）的前提，是消費者認定所有的屬性都同樣重要。和低標刪除模式一樣，在連結模式中，消費者也會對每個屬性，設定代表他們願意接受的最低價值和水準[3]，不過，因爲消費者「認爲各屬性同等重要，不需要排列順序，各屬性都超過最低水準，才納入考慮。但若沒有任何選項的所有屬性都超過可接受的最低，則調整可接受最低水準，直到找出一購買方案」。

此模式並非依各個屬性來處理，而是依各個品牌處理。消費者會先查看某一品牌的所有屬性是否都超過可接受的最低水準，然後再查看另外的品牌。只有當所有屬性皆超過可接受的最低水準的那一個品牌，會被消費者選定購買。所以，當不只一個品牌的所有屬性都超過可接受的最低水準，或是沒有一個品牌的所有屬性都超過可接受的最低水準時，消費者會調整其對各個屬性的可接受最低水準，直到找出一購買方案，或者改使用另外的決策模式來評估，或甚至延後這個購買決策。

(四) 分離模式

連結模式的評估方式是所有屬性都必須超過可接受水準的選擇方案，才會被挑選爲購買決策的方案。分離模式（Disjunctive Model）則「不認爲所有的屬性都必須超過可接受水準才可被購買，僅需評估單一或少數幾個（並非全部）重要的屬性，只要這幾個重要屬性超過可接受水準，那麼就可以接受此方案。同樣的，如果產生超過一個以上的方案，往往也需要調整可接受的最低水準，或者輔以其它的決策模式來作進一步的選擇」。

三、啓發式原則：內心捷徑

消費者並不是每一次的購買決策都會從事複雜的內心處理。有時，消費者會在心中會產生一些假設，當「進行購買決策時，會因爲心中的這些假設，而以某些構面來代替其它決策準據，作爲決策的依據」。這樣的假設扮演著縮短從事更多廣泛資訊處理的內心捷徑（Mental Shortcuts）[4, 5]。例如：消費者可能會在心中假設到某賣場是最方便且划算，那麼，他就不會想要到其他的競爭賣場購物。康納曼（Daniel Kahneman）所著的知名書籍快思慢想（Thinking, Fast and Slow），主要重點之一就是這種內心捷徑[6]。

一般而言，像香皀、沐浴乳、洗髮精、鹽巴等低風險、低成本的重複性購買產品，在購買決策過程中通常不可能花費太多的心力，也幾乎不會檢視任何資訊。取而代之的是，消費者會利用內心所存在的一些假設，透過這些內心捷徑採用啓發式（Heuristics）原則，來進行快速的決策。此原則可以是非常一般性的原則[7-9]，例如：「高價位的產品意味著品質較好」，或者「買我上次所購買的品牌」、「買聽過的品牌」、「買特價的品牌」。此原則也可以非常特定地針對某個品牌，例如：「我祖母都是買這個品牌的醬油」、「我看到我的朋友是用這個品牌」等。

購買決策過程中採用啓發式原則的內心捷徑，最常見的是產品信號與市場信念。

照片 7-1

消費者有時會以產品的來源國，來類推產品的品質，或者決定消費者對於產品的態度。最近幾年，因為韓國電視連續劇在亞洲各國備受歡迎，使得韓國的產品也受到消費者的喜愛。韓國當地的流行文化，也隨著連續劇而帶到亞洲各國。

照片地點：韓國首爾，明洞。

(一) 利用可觀察到的屬性來推論隱藏的屬性

最常使用的捷徑，是從可觀察到的屬性來推論隱藏屬性的傾向，產品可以看得見的部分會扮演某些潛藏品質的信號。這樣的推論解釋了爲何消費者要賣掉自己的舊車時，會費力地維持自己車子的外觀乾淨且完好，因爲潛在的買方通常都以外觀來判斷車輛的機械狀態，縱使事實上這兩者並沒有相關[10]。

(二) 產品來源國（Country-of-Origin Effect）

產品來源國效應在某些類別產品上，對某些消費者來說也是一項重要的產品信號，也同樣扮演消費者內心捷徑的角色。現在的消費者會購買各國製造的產品，像是美國製的化妝品、韓國的電器、日本車、法國的香水等。來源國訊息在購買決策上扮演著重要的資訊[11, 12]，通常都被視爲是產品品質的信號。

這種來源國訊號的原理，甚至還可以使用在廣告中，廣告中大量使用外國語言，讓消費者感覺該產品來自於外國，而把這個外國印象作為信號，讓消費者因為外國語言的使用而聯想到產品的品質[13, 14]。

不過，來源國訊息的重要性程度會依產品類別不同而有所差異，而且，產品與來源國的配合，也會影響來源國訊息對產品的影響。舉例來說，俄羅斯的產品，或許會給人們不精緻的感覺，但俄羅斯的飛行錶，給人的聯想是俄羅斯的戰鬥飛行員配備，因此可以獲得消費者青睞，但來自俄羅斯的小家電，消費者可能就不感興趣。

(三) 市場信念（Market Beliefs）

市場信念也是消費者常用的內心捷徑，是「消費者對公司、產品和商店等形成一些假設，用以進行購買決策」，稱之為市場信念。而這些市場信念也就成了指引消費者決策的內心捷徑[8]。其中價格－品質之間關係的假設是最普遍的市場信念之一，一般認為貴一點的產品在品質上可能比較好。常見的市場信念如表所示。

表 7-1　一般常見的市場信念

類別	市場信念
品牌	● 知名品牌品質都比較好。 ● 知名的品牌就是銷售最多的品牌。 ● 當猶豫不決時，國際性的品牌通常是安全的選擇。
價格 / 折扣 / 拍賣	● 特價拍賣通常是要清走那些流動率差的產品。 ● 一直都有特價的商店不會真的節省到你的荷包。 ● 在同一家店內，通常價格高的產品意味著品質高。
廣告和銷售促銷	● 附上贈品的產品通常價值不高。 ● 折價卷對消費者來說代表著真正的節省。 ● 買原價商品很不划算。
產品 / 包裝	● 大包裝通常單位售價會比小包裝來的低。 ● 產品剛推出時售價會比較高，價格會隨時間降低。 ● 精美包裝的產品，通常品質比較好。

說明：此表僅寫出一些部分消費者可能會採用的市場信念。市場信念並非是真實的，只是消費者有這樣的刻板印象。

(四) 消費者慣性與品牌忠誠度

許多消費者每次購買某項商品時都會選擇相同的品牌，原因有兩種。一種是消費者慣性（或譯為惰性）[15]，另一種是消費者對該產品有強烈的品牌忠誠度。

1. **品牌慣性**（Consumer Inertia）

   消費者慣性是指「消費者不想改變產品或服務提供者所產生的重複性購買行爲」，消費者基於不需要花費太多的努力，但並不是具有很強的品牌的轉換抗拒力，因此，倘若其他品牌產品有一些說服消費者購買的理由或好的誘因（例如：其它產品比較便宜或者原本要購買的品牌缺貨），那麼消費者很容易就轉而購買其它品牌。行銷人員可以透過銷售點的展示、折扣券或明顯的降價都來解凍消費者的購買習慣，祛除消費者的慣性。

2. **品牌忠誠**（Brand Loyalty）

   若是基於「對品牌有正面的態度而採取的重複性購買行爲」，就不是因爲消費者的慣性所造成，而是消費者對該品牌有品牌忠誠度。相較於因爲慣性的關係而使得消費者被動地接受某個品牌，對某品牌有忠誠度的消費者則是因爲積極地涉入後才選擇該品牌，因此，對該品牌的承諾度較強，其購買行爲也較難被改變。

四、展望理論（Prospect Theory）

展望理論也被翻譯爲前景理論，由康納曼（Daniel Kahneman）與特沃斯基（Amos Tversky）所提出，康納曼因爲展望理論而獲得 2002 年的諾貝爾經濟學獎。

展望理論「主張在不確定情況下，人們會以期望值爲參考點，並會有規避風險、期盼獲得確定報酬、高估微小機率可能性等現象」。在沒有提出展望理論之前，人們是認爲獲得與損失是同等重要的。有風險規避的狀況，同樣數量的損失所帶來的負面價值，超過獲得所帶來的正面價值，也就是人們對損失的厭惡，是數倍於獲得的價值。

展望理論還發現所謂的獲得或損失，不是絕對數字上的獲得或損失，而是超過原先期望的部分。展望理論認爲要先找到參考點（Reference Point），也就是消費者已經期望會獲得的數值，超過參考點的部分才是獲得，低於參考點的部分就是損失。

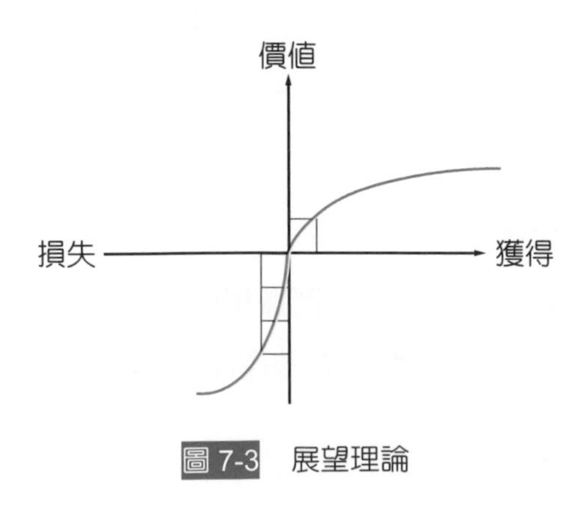

圖 7-3 展望理論

展望理論指出，當損失很大時，即使損失繼續增加，但損失所造成的負面價值，不再大量增加。而利得很大時，即使利得繼續增加，但利得所帶來的價值不會大量增加。因此，展望理論的曲線，是在第一象限緩升，但在第三象限陡降的曲線。

展望理論可以獲得四個主要結論：

1. 損失或利得的計算是相對於參考點。
2. 相對於利得獲得的價值，損失比較心痛。
3. 喜歡確定的低利得，而非不確定的高利得。喜歡見好就收，落袋爲安。
4. 會高估極小機率的發生，願意賭注，因此願意購買彩券。

7-3 購買行動

一旦消費者評估選擇方案之後，他或她就會進行購買。儘管這個購買行爲一開始看起來似乎是很直接的步驟，但依舊引起許多研究者的興趣。爲了進一步了解這個步驟的行爲，在此將購買階段劃分爲三個步驟：選擇確認、購買意圖與購買行動。

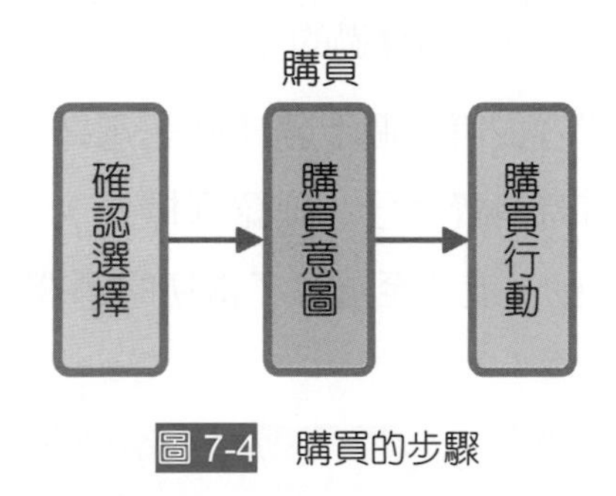

圖 7-4 購買的步驟

(一) 確認選擇

第一個步驟「確認選擇」是發生在當消費者確認了最想要的選擇方案時，消費者的反應可能會說：「好了，這就是我想要的」。在這個階段，就消費者所扮演的使用者、購買者與付費者這三個角色來說，使用者角色是重點。雖然購買者與付費者這兩種角色的考量點也會考慮進來，但主要還是在於強調使用者角色所追求的價值與產品或服務所提供的績效之間的適切性。

(二) 購買意圖

進入第二個步驟「購買意圖」時，則會轉變成付費者這個角色最重要。消費者在扮演付費者角色時，會評估產品或服務的價格是否合理、要用現金還是信用卡付費、在各類產品預算的分配上是否恰當、或者對一起使用預算的其他使用者（例如：家庭的其他成員）是否公平等。

(三)購買行動

最後一個步驟是「購買行動」。在這最後的次步驟，消費者購買者角色的觀點最重要。購買者角色所追求的市場價值，例如：便利性和服務性等，就變成了重要的決定因素。

(四)未能購買的原因

儘管消費者的使用者角色與付費角色都已同意購買，但消費者的購買者角色還是有可能會妨礙購買的行動。例如：一位小學生想要購買某款背包，他看了網站型錄，確認了他想要購買的需求，但是他沒有錢，於是向父母親提出要求，父母親也同意幫他購買，但後來父母親因爲工作繁忙而忘了幫他購買。

又譬如，消費者在網路上看到某項產品，很想買，但突然一通電話，打斷了他的購買，等到隔日這位消費者又因爲其它事情太忙，而忘記了。這也是爲何電子商務網站都會播放廣告，提醒消費者他們先前曾瀏覽過的產品。

從以上的例子可知，消費者從第一個步驟「確認選擇」到最後的「購買行動」並不一定都照預期的方式進行。有時消費者已「確認選擇」，且有「購買意圖」，但還是因爲某些原因停止或遞延購買行動，或甚至更改了當初的選擇。

7-4 購買情境

購買並不一定是例行與簡單的任務，也不一定可以簡化成到店內很快地挑選某項商品，購買活動進行前，除了可能會針對產品特色仔細評估之外，選擇時還可能會受到許多情境因素的影響。

包括時間壓力與心情等個人因素、使用產品的特殊情境或背景及購買環境等，都算是情境因素。聰明的行銷業者瞭解這些狀況，會致力於營造消費者最想要購買的情境，以吸引消費者的購買。例如：麵包店會在學生放學或上班族下班的時間，讓麵包出爐，用香味吸引他們購買，並提供試吃的服務，讓他們感到飢腸轆轆，而進行購買。每年書店、文具店、3C 賣場，都會在開學前（九月初或二月初），針對即將開學的學生，進行大規模文具產品的展示與促銷，以吸引學生或學生家長的購買。3C 賣場在每年農曆新年前後，努力促銷，試圖抓住領完年終獎金的消費者的目光。

一、時間的因素

消費者會將其擁有的時間分配給各個適當的任務，來達到自身極大的滿意，因此，時間這個情境因素（Temporal Factors）會對購買造成影響[16]。

(一) 時間型態（Timestyle）

每個人的時間分配決策各有不同，每個人的「時間分配優先順序決定」於她或他所認為的「時間型態」[17, 18]。例如：有些人認為工作很重要，所以可能將絕大部分的時間優先分配在工作上，也就成了工作狂；相反地，有些人則認為玩樂比較重要，因此將多數的時間分配在休閒娛樂上。

許多消費者認為自己缺乏時間，認為比以前面臨更多的時間壓力。雖然，事實上並非如此，缺乏時間只是一種自己的認知而已，但也因為這種認知，而造就了許多業者的機會。像是熟水餃、速食麵、速食湯、微波食品等許多熟食產品的開發，都是為了要替消費者節省用餐的準備時間所創造出來的產品。麥當勞得來速、網路購物、到府維修等可以節省消費者時間的購物方式，也因為消費者這種對時間的匱乏感覺，而深受歡迎。

(二) 等候理論（Queuing Theory）

時間也有心理層面。時間的心理層面是等候理論的一項重要因素。等候理論又稱為排隊理論，主要是「研究服務系統中，排隊現象的發生可能機率與等候時間，以提升服務系統的效率」，這理論被廣泛使用電信服務、道路交通、運輸服務、電腦網路、生產系統、庫存、店面銷售、餐飲服務等。

(三) 縮短心理等候時間的示例

消費者等候的時間會大大地影響其對服務品質的認知。等待的時間太長，通常會讓消費者產生不愉快的感覺。行銷業者也因此發展出許多「技倆」來縮短消費者心理等候時間。以下為幾個成功縮短消費者心理等候時間例子：

- ▶ 航空公司在座位上安排可以隨選電影與打電動遊戲的互動電視，或者提供無線網路。因此，在旅途中，消費者可以觀看自己想看的電影、玩遊戲、上網，消磨時間，旅途也就不再漫長了。實際上的旅途時間並沒有縮短。

▶ 在電梯旁安置鏡子，或者把電梯門設計成一面鏡子，人們看到鏡子的自然天性會檢視自己的外表，電梯不知不覺就來了。實際上的電梯等候時間並沒有縮短。

▶ 銀行業者與許多政府服務機關，爲了縮短消費者心理的等候時間，採取讓消費者抽取號碼牌的方式，代替以往實際上的排隊，並安排許多座位、報紙雜誌與茶水等，讓消費者以較愉快的方式消磨等待時間。

二、心情

個人在購買當時的心情（Mood）或心理狀態，會對要購買些什麼有很大的影響，也會影響對該產品的評價 [19, 20]。例如：在壓力結束之後（例如：考試過後），會想要好好逛街採購一番，或是大吃大喝一頓。而一般來說，消費者對產品或服務的評價，會朝向與心情（無論正面或負面）相同的方向判斷，當消費者心情好時，所看到的產品或服務，通常會比較喜歡，心情不好時，則對看到的產品或服務會有較不好的印象 [21-25]。

心情的構面包含愉悅（Pleasure）與喚醒（Arousal），是決定購物者對購物環境感到正面或負面的二個構面。一個人可以對環境感到愉悅或不愉悅，也可以感受到是否有被喚醒。從圖可看出不同愉悅與喚醒水準的組合會導致不同的情緒狀態。例如：同樣是受到喚醒的情況，但結果可能會是苦惱的，也有可能是興奮的，而造成這兩種結果的原因，決定於環境是正面的愉悅狀態，還是負面的不愉悅狀態。

消費者的心情會影響購買決策，而心情則受到店內設計、氣候或其他與消費者有關的因素所影響。除此，音樂和電視節目等也會影響消費者的心情，這點對電視廣告的製作與安排有重要的影響 [26, 27]。因爲心情會影響到訊息的處理，當消費者的心情是正面時，消費者對廣告的推敲程度會較低，根據先前介紹的訊息處理推敲可能模式（也翻譯爲思慮可能模式，請參考態度的介紹），消費者會較不注意廣告的訊息，而是仰賴邊陲（週邊）處理路徑的方式來做出推論 [27, 28]。所以當消費者聽到令人愉快的音樂或者看到令人愉快的節目，那麼此消費者會對接下來廣告中的商品產生更正面的態度 [29]。

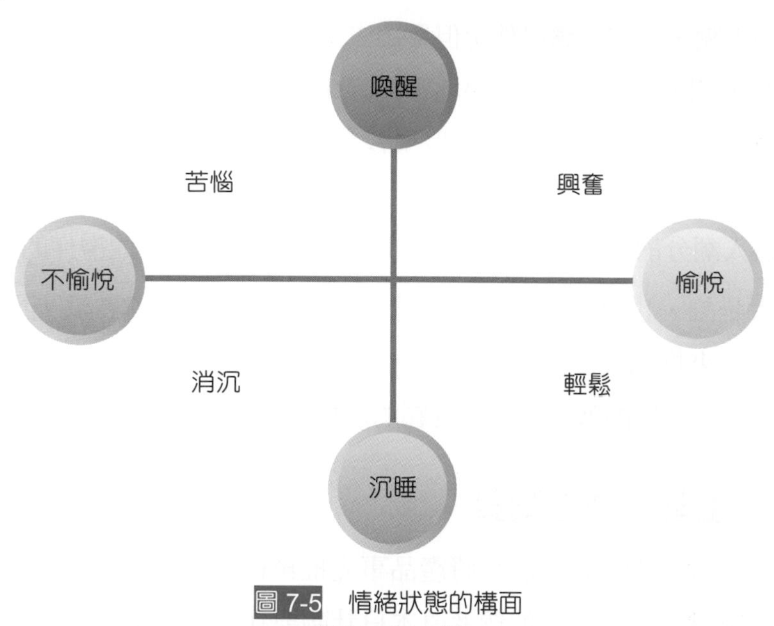

圖 7-5 情緒狀態的構面
資料來源：[30]

三、使用產品的特殊情境與背景

消費者在做購買決策時，還會考慮到產品使用的情境。這種情境包括使用時的背景（Usage Context）與使用時週遭的社交與實體環境（Social and Physical Surroundings）。

(一) 使用的背景（Usage Context）

消費者使用產品的背景會影響消費者對產品的選擇。以防曬油爲例，消費者使用這項產品有不同的背景，有些時候是爲了冬天賞雪、滑雪時，避免陽光反射白雪造成皮膚的曬傷；有時是爲了到海邊游泳時，避免遭受烈日曬傷、曬黑皮膚；還有些女性消費者僅是爲了上班或逛街等短暫暴露在陽光下的時間，而選購防曬油，希望藉此降低陽光造成皮膚老化的傷害。這些不同的使用情境會影響廠商對產品的市場區隔策略，也會影響消費者選購時的考量。

(二) 社交與實體環境（Social and Physical Surroundings）

消費者使用產品時所面對的實體與社交環境會影響消費者的購買決策，這種實體與社交環境對產品使用的動機會形成很大的差異，同時也會影響消費者對產品的評價。

除了實體環境的感官刺激外，消費者的購買決策也會受到群眾人數或社交場景所影響。例如：強調隱私的渡假旅館，如果出現相當多顧客，那麼這些其它顧客則成爲該旅館的負面屬性，這時候，飯店大廳的設計就變得很重要，如何讓飯店大廳不要出現太多的人，是設計的重點，例如：讓已住房但要出去遊玩的旅客，從另外一個出口離開飯店，而非必須從大廳離開，就可以讓大廳聚集的人數減少，避免產生擁擠感。渡假飯店希望不要有太多人潮，相反地，酒吧則希望聚集較多的人潮，如果空盪盪的酒吧，會阻卻消費者入內消費的意願。因此，在空間設計上，必須能夠讓酒吧的人潮稍加聚集，當客人較少時，不要讓人潮分散，而是聚集在店內的一個角落，也是營運操作的技巧。

其他消費者是誰，也會影響消費者對該產品、服務或商店的評價。消費者通常會以該商店的客戶類型來推論該商店的形象，所以有些餐廳嚴格要求其客戶必須穿著正式服裝才能入內用餐消費，目的就是在維持餐廳的形象與地位。

四、非計畫、衝動、強迫購買

雖然行銷業者會透過廣告等訊息將產品事先推銷給消費者，但仍有相當多的購買會受到購買環境的影響。常有許多消費者原本只計劃要在賣場內購買二項產品，但是結帳時發現總共購買了五項商品。許多產品的購買是在商店現場決定，而某些類別產品主要是靠臨時性購買撐起銷售額，例如：大部分糖果的購買都是屬於這種臨時起意的購買。

當購物者在店內被觸動要購買某些產品時，屬於非計劃性的購買與衝動性購買這二種行爲中的一種。這兩種行爲有點類似，但不完全相同。另外強迫性購買也是一種非計畫性購買，但跟非計畫性購買、衝動性購買都不相同。

(一)非計劃性購買（Unplanned Buying）

所謂的非計畫性購買，是指當消費者「在店內看到貨架上陳列的商品而被提醒，購買了原先未規劃要購買的商品」，這種非計劃性的購買行爲就會發生。有一部分的非計劃性購買，被歸因成在店內確認到有新的需求[31]。

(二)衝動性購買（Impulsive Buying）

衝動性購買[32, 33]是指當消費者「經歷到其所不能抵抗的突發衝動時，去購買某些產品的行爲」。衝動性購買可能導因於促銷，或是店頭貨架陳設，例如：購買結帳櫃檯前放置的糖果或口香糖。因此，行銷業者會相當注意店內的購買環境，希望能刺激消費者更多臨時起意的購買。

(三)強迫性購買（Compulsive Buying）

強迫性購買[34-36]是「一種關於衝動控制的心理疾病，使消費者面臨到難以抗拒的想要購買產品的心理狀態，且會購買相當多數量的商品」。強迫性購買的消費者，會購買非常多他所不需要的產品，且數量達到他無法承受的程度。人們或多或少都會因爲行銷促銷刺激的關係，購買一些他可能不會需要的產品，但如果這數量是可接受的，並不會覺得有什麼問題，因爲人們本來就偶而會禁不起誘惑。但如果頻次非常頻繁，數量非常龐大，且已經到了影響到消費者的財務狀況的程度，就會被視爲是強迫性購買。

因此，是否屬於強迫性購買，有程度上的議題。如果偶而買一件穿不到的衣服，且衣服很便宜，這不會被當爲強迫性購買。如果非常頻繁的購買自己不會用到的衣服，就會被懷疑是有強迫性購買的疾病。

強迫性購買與強迫症（Obsessive-Compulsive Disorder, OCD）可能有或多或少的關聯。但強迫性購買專指購買行爲。

五、購買環境

常被探討影響消費者購買決策的購買環境因素有：賣場的商店形象（Store Image）與商店氣氛（Store Atmospherics）、購買點刺激物（Point-Of-Purchase Stimuli；POP）與銷售人員。

(一) 商店形象與商店氣氛

就像商品一樣，商店也被認爲擁有自己的「個性」，就是所謂的商店形象。許多商店有十分鮮明的商店形象，有些商店則似乎和其它商店差異不大，很容易被消費者忽視。商店形象由許多不同的要素所形成，包括商店所在的地點、所提供商品的合適性、銷售人員的知識與銷售人員素質的一致性等 [37]。

商店的氣氛是指利用空間上可以察覺到的設計及各個構面，來對消費者營造某種效果 [38]。這些構面包括顏色、光線、聲音、味道等。例如：紅色的佈置會讓消費者感到緊張，藍色則有平靜的感覺 [39]。這些構面對消費者的影響在本書第二章有詳細的敘述。行銷人員則可以透過店面的設計來營造適合消費者購物的氣氛。

(二) 購買點刺激物

因爲有如此多購物決策的制定是在購物者身處購物環境中發生，所以零售業者也開始愈來愈注重其店內所提供的資訊及這些資訊的表現方式，以吸引消費者的購買。如果有適當的陳列，那麼就會增加一些衝動性購買，所以業者也就愈來愈重視店內的購買點刺激物。購買點刺激物可以是展示或陳列，也可以是折扣訊息或是走道上發放的免費樣品。

(三)銷售人員

另外一個最重要的店內購買環境因素，是那些試圖影響消費者購買行爲的銷售人員。消費者與銷售人員之間的關係與影響可以從交易的角度來說明，買賣活動中涉及價值的交換，也就是消費者與銷售人員都會給對方某些有價值的東西，也希望從對方獲得某些有價值的東西 [40-44]。

消費者給銷售人員的「價值」，當然就是付錢向銷售人員購買產品，但哪些「價值」是消費者與銷售人員互動時，希望從銷售人員身上得到的呢？基本上，銷售人員可以提供消費者專業的知識與建議，使得消費者在購物時能夠更容易做決定。同時消費者還會因爲認爲銷售人員是一位品味和自己相似、受人喜愛、與值得信任的人，而對購買決策再次的確認 [45, 46]。因此，有效能的銷售人員，比起無效能的銷售人員，更可以掌握消費者的偏好與特性，替自己獲得較多的業績。

7-5 購後行為

消費者的決策過程並非在購買時就結束了。相對的，購買與使用該產品或服務的經驗會提供消費者將來決策制定的參考。在某些例子上，消費者會滿意這樣的經驗，並會再度從相同的供應商購買相同的產品。但在其它的例子上，消費者會對這樣的經驗感到沮喪，甚至退回或更換該產品。一般而言，購後過程會經過下列四個步驟：決策確認、經驗評估、滿意與不滿意、進一步的反應（離開、發出抱怨聲與忠誠），如圖 7-6 所示。

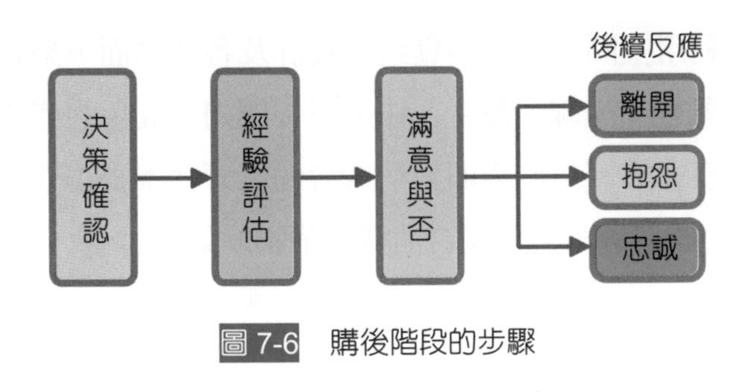

圖 7-6 購後階段的步驟

一、決策確認

當消費者做了一個重要的決策之後，該消費者會經歷一個「強烈地希望能夠確認其決策是明智」的需求。因爲購買者在購買行爲後對於其購買決策會存在一種不知道是否是明智決策的疑慮，也就是第三章所介紹的認知失調現象，而這種認知失調的狀況會使消費者產生不愉快的感覺，因而消費者會透過某些作法來設法降低認知失調的狀況。

爲了減低認知失調，與確認決策的明確，消費者會尋求新的正面資訊，與避免接收負面資訊，來肯定決策的正確性，例如：消費者會再度閱讀產品正面屬性的資料，並且避免接收競爭產品的廣告（或其它負面訊息）。或者，消費者是告訴朋友其購買決策，希望藉由朋友的讚賞，來肯定這項購買行爲。

對於廠商而言，因爲消費者在資訊搜尋時，可能沒有考慮到產品所有的特徵，有些特徵可能在評估時被忽略，因此，銷售人員可以在交貨時，透過再一次對購買者強調該產品的所有屬性特色，來減少購後的認知失調。

二、經驗評價

購買之後，消費者會眞正去使用這項產品或服務。對於某些產品和服務而言，因爲大部分的使用是很例行的，因此在使用的時侯，並不會刻意花時間，也不會有動機，來思考與評價這些產品。但在另一方面，某些屬於產品持續涉入程度高的產品或服務，消費者在開始使用該產品或服務之後，還會一直持續關心，關心程度並不會隨著購買決策制定後而有所減少，所以會在使用時對這些產品或服務進行評價。

三、滿意與否的評定

不論消費者在使用產品或服務時有否進行評價，使用者都會經歷使用的結果，也就是感覺到滿意或不滿意。消費者對產品或服務的滿意或不滿意感覺，來自於使用該產品或服務後，從對該產品或服務所產生的整體感覺決定。

要測量整體滿意與否很簡單，只要問消費者「您對這項產品是滿意或不滿意」即可。但是要瞭解消費者爲何有這樣的感覺則是困難的。

要瞭解消費者爲何會對該產品產生滿意或不滿意的感覺，可以讓消費者評分產品的各個屬性，對這些屬性的滿意或不滿意狀況可以用來解釋消費者對該產品的整體滿意或不滿意的感覺。

上述方法又會產生另一個問題：什麼原因導致對於個別屬性滿意或不滿意呢？以下介紹幾種解釋消費者不滿意的理論。

(一)期待不一致模式(Expectancy Disconfirmation Model)

期望不一致也可翻譯爲期望失驗，此模式認爲滿意與否並非決定於每個不同屬性的絕對表現水準，而是決定於眞實表現與期待表現之間的關係。根據期待不一致模式，消費者對產品表現的認定乃是基於對這項產品先前的經驗或期望，此期望可能來自於這項產品品質水準的傳達[47-49]。期望不一致模式認爲「當表現不如期待，那麼就會產生負面的評價」。也就是說，只要產品或服務的實際表現超過購買前期待的水準，那麼就會產生滿意的感覺。相反的，如果購買前期待的水準沒有被達到，就會產生不滿意的感覺。

例如：同樣一盤料理，如果在五星級飯店，因爲對這項料理的期待水準較高，所以可能會對這個料理感覺不滿意，但如果放在普通餐廳，因爲對普通餐廳的料理水準期待較低，因此，可能會感覺滿意。又譬如參加國外團體旅遊前，如果被告知每天住宿最高級飯店，此時只要住宿的品質略爲有瑕疵，消費者可能就會不滿意。

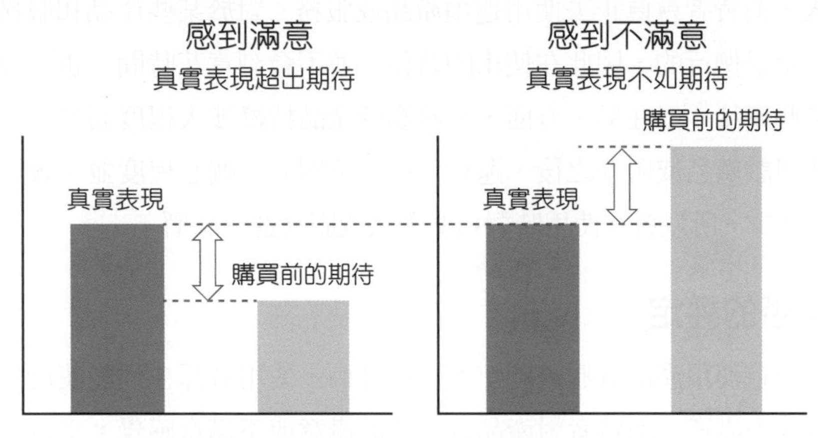

圖 7-7 期待在滿意／不滿意上所扮演的角色

因此，行銷人員在進行行銷溝通，或其它行銷組合的安排時，必須要注意千萬不可過度承諾，因爲這樣會使消費者產生過高的期待水準，而造成不滿意。當然，也不能承諾太少，因爲這樣根本不會吸引消費者購買。所以，對行銷業者而言，傳達給消費者眞實的期待績效水準，也是一項重要的課題。

另外，因爲消費者的不滿意通常是由於消費者的期待超過廠商實際的能力，所以如何管理消費者的期待(Managing Expectations)對行銷業者也相當重要[50]。當廠商面對消費者對廠商不眞實的期待時，該廠商可以透過改善產品品質來調適需求，或者改變消費者的期待來迎合需求，如果確實無法迎合需求時，廠商還可以選擇放棄這些消費者。

(二)歸因理論(Attribution theory)

另一個用來說明滿意或不滿意的理論是歸因理論。此理論是「以社會心理學的角度,來試圖瞭解個人如何對行爲或結果做出解釋或原因」。這個理論簡單來說,是要說明人們會如何解釋事情,若用更簡單的話語來說,這個理論認爲一般人會「把別人的成功歸因爲環境, 別人的失敗歸因爲他的努力不足,而把自己的成功歸因爲自己的努力,自己的失敗則歸因爲環境使然」。

當產品或服務沒有能夠滿足需求時,消費者會試圖歸咎原因,找出一個合理的解釋。根據此歸因理論,有以下三個因素會影響解釋的本質[51-53]:

1. **穩定性**(Stability):事件發生的原因是一時還是常態?
2. **焦點**(Focus):問題和消費者有關還是和廠商有關?
3. **控制性**(Controllability):這些事件是可控制還是不可控制?

如果消費者將問題發生的原因歸因爲常態的、和行銷業者有關的及可以控制的,那麼就可能對這個事件感到不滿意。例如:當消費者所購買的汽車音響在加油門時會發出刺耳的音波,而消費者發覺有其他消費者也有同樣的困擾,也就是說,這個發生是常態的、和汽車公司有關的,而且是汽車公司可以控制的,此時,消費者可能會產生不滿意的感覺。

相反的,如果消費者認知到這個問題的原因是偶然發生的、是消費者自己的錯誤所造成或是廠商無法控制的,那麼消費者可能就不會對這個事件產生不滿意的感覺。例如:消費者將新車開回家的路上,輪胎刺到鐵釘導致需要補胎,像這樣的情況,通常消費者可能就不會因此對汽車公司不滿意。

不過,歸因理論預測,大部分人會把問題歸因成是別人的過錯,因此,除非是自己明顯的過錯,否則消費者會將這個問題歸因成是廠商的問題。

(三)公平理論(Equity Theory)

公平理論[54, 55]是另一個借用自心理學,並常出現於組織行爲領域,以公平的角度,來知道消費者滿意與不滿意的方法。根據公平理論,消費者會對其投入在某一特定交易的投入與產出形成知覺,並且會將這些知覺和賣方的投入和產出作比較。消費者在乎自己投入與產出之間的關係,也在乎賣方投入與產出之間的關係。根據公平理論,消費者「知覺到交易雙方的公平性(Fairness in the Exchange)時,才會眞正感到公平,也才會產生滿意」。

四、後續反應：離開、抱怨或忠誠

在經歷滿意或不滿意的感覺之後，消費者可能會有三種進一步的反應：離開、抱怨或忠誠。

(一) 離開

如果消費者在使用這項品牌產品或光顧某商店之後感覺不滿意，那麼消費者可能會決定不再購買該品牌或光顧此商店。

(二) 抱怨

不滿意的消費者除了做不再購買該品牌或光顧該商店的決定之外，還有可能會發出抱怨的聲音，然後決定是否給該品牌或業者再一次的機會。抱怨有三種類型，一爲直接向廠商抱怨，二爲私底下抱怨，三爲向第三人抱怨。

1. **直接向廠商抱怨**

   第一種抱怨方式是直接向廠商抱怨，例如：消費者可能會直接向零售業者要求補償。如果消費者直接向廠商抱怨，廠商將可獲得消費者的眞實想法，並取得一次進行補救的機會。

2. **消費者私下抱怨**

   私底下抱怨則是指消費者對朋友表達對該商店或商品的不滿意，或者聯合抵制該商店或商品，這樣的負面口碑（Negative Word of Mouth；NWOM）會嚴重傷害商店或商品的形象。如果向廠商抱怨而且得到好的回應，消費者通常會願意再度光臨該商店或繼續購買該商品，負面口碑的傳播就不太可能發生，但若抱怨沒有得到成功的補償，則會產生更強烈的負面口碑，因爲消費者除了對產品的績效或商店的服務不滿意之外，還增加了對於廠商「充耳不聞」的不滿意。

3. **公開向第三人抱怨**

   第三種抱怨是向第三人抱怨，可能是親朋好友，可能是口頭抱怨，也可能是透過網路或社交媒體傳播，或者甚至於訴諸法律行動或投訴媒體。新聞媒體的投訴專欄，處理的就是這一種抱怨。

   但並非所有消費者在感到不滿意時，都會發出抱怨聲。消費者是否會抱怨，取決於三個要素：不滿意的明顯性、歸咎於行銷業者、消費者的人格特質[56-58]。

4. **消費者是否抱怨的原因：不滿意的明顯性**

   並非所有的不滿意都很明顯，當眞實績效與預期之間的差距很小時，不滿意狀態會被忽略。

5. **消費者是否抱怨的原因：不滿意的歸因**

另外，根據歸因理論，消費者會對差的產品或服務歸咎責任，如果消費者將責任歸咎於自己，那麼就不會抱怨；相反的，如果消費者將失敗的責任歸因於業者，那麼就有可能會抱怨。除此之外，如果消費者認爲該錯誤不可能會被重複發生，那麼抱怨的動機會較低。最後，消費者也必須相信業者可能會採取正確的行動；如果消費者認爲業者不可能會補償或矯正，那麼他們會認爲抱怨是只是在浪費時間與精力而已。

6. **消費者是否抱怨的原因：消費者的人格**

影響消費者是否抱怨的第三個因素是消費者的人格特質。有自信與積極的消費者會勇於抱怨，而非靜靜地接受差的產品績效。

7. **消費者是否抱怨的原因：購買的重要性**

除上述三個因素之外，有研究指出，消費者對於較貴重的商品，諸如耐久財、汽車、服飾等，會比較便宜的商品更容易採取不滿意的行動[59]。

8. **消費者是否抱怨的原因：廠商改進的可能性**

若消費者不認爲該商店會對抱怨有好的回應時，那麼消費者會傾向於直接向其他商店購買，而不會和該商店有所爭執[60-63]。

消費者的抱怨對業者是好事，應該鼓勵消費者如果有不滿意時能夠向廠商抱怨。因此，免付費的服務電話、粉絲頁的留言，對於廠商來說具有正面意義。這些抱怨的消費者，相對於那些不抱怨的消費者，絕大多數仍會繼續購買該產品或服務。所以身爲業者，寧可希望消費者會抱怨，提供業者有價值的回饋，而不是安靜的離開，讓業者永遠不知道原因。

(三) 忠誠

第三個反應就是忠誠。當消費者對該品牌感到滿意時，直覺來說消費者應會對該品牌產生忠誠度，意味著消費者會重複購買相同的品牌。不過，在某些情況下，即使消費者對該品牌感到滿意，但下次購買時還是會轉移購買其它品牌的產品

有幾個潛在的原因可以解釋，爲何滿意的消費者仍舊會移轉購買其它品牌產品？

1. **對其他廠商也滿意**

消費者雖然對這個品牌感到滿意，但有可能對其它品牌也感到滿意。這點隱含當廠商要測量消費者的滿意度時，應該測量與競爭品牌的相對滿意度，這樣的測量才較具參考價值。

2. **重複購買的邊際效用降低**

第二個原因，是重複使用同一種商品的邊際效用會降低。例如：某類產品在消費經驗上就是要求多樣化，像是午餐便當的選擇，消費者儘管對某個便當相當滿意，但還是不會天天都吃同樣一款的便當。

3. **期望從其他廠商處獲得更高滿意度**

消費者雖然不知道其他品牌的滿意度如何，但會期待從某些其他品牌上獲得更高的價值或滿意度。

7-6 產品的處置

在購後階段還有一項重要的行爲需要被探討，那就是產品的處置（Product Disposition）。當消費者決定不再使用某項產品後，這項產品可能就被丟棄了。但是丟棄並非處置這項產品的唯一選項。

產品的處置可能有幾種選擇：(1) 保存下來、(2) 暫時處置起來、或 (3) 永久處理掉。而每一種選擇背後，通常都有合理的動機支持。例如：「賣掉」的處置方式，通常有希望能夠得到經濟報償的動機；「轉讓」給其他人或許有著希望幫助其它人的動機，同時還有希望不要浪費了這項產品的感覺。ebay 之類的拍賣網站，便有助於消費者將產品賣掉。

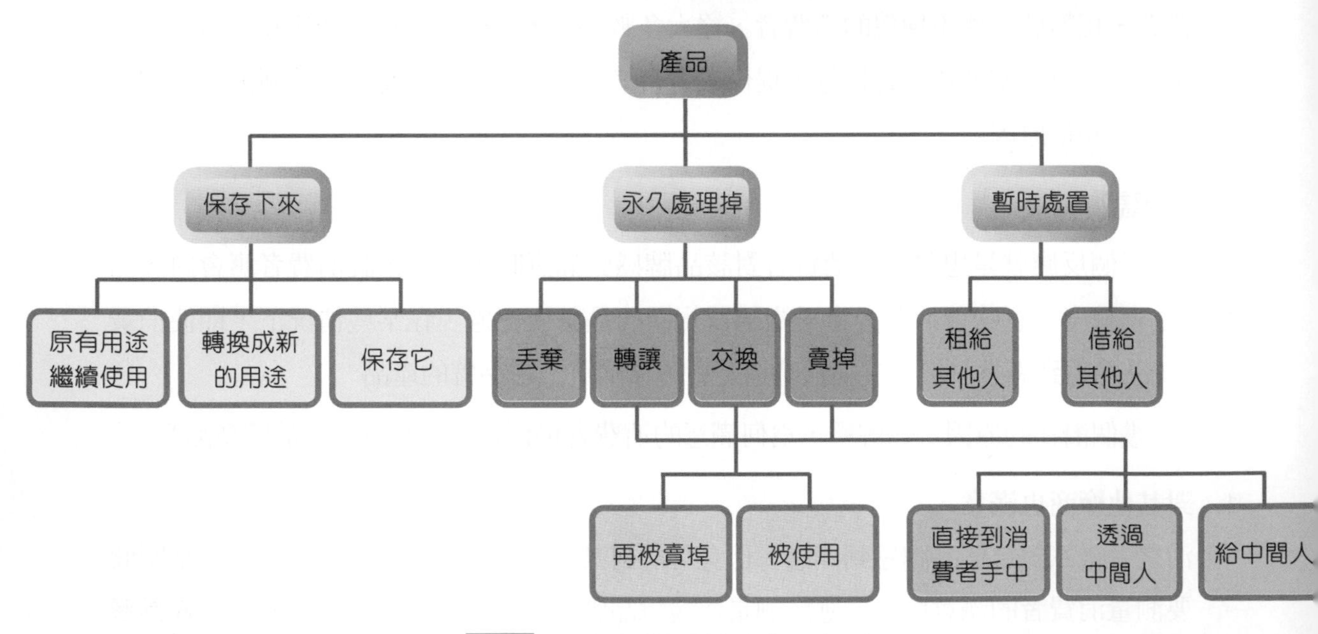

圖 7-8 消費者購後對產品處置的選擇

資料來源：[64]

另外還有一些情境，或與產品有關的因素，對消費者處置產品的選擇也有重要的影響。例如：當家裡可以儲藏的空間有限時，一些收藏就有可能被處置掉了。通常價值高的收藏較有可能會被賣掉或送給特殊的人，不太可能直接將它丟棄。

產品的處置之所以重要，主要是因爲環保問題，不適當的丟棄會造成許多環境上的污染，而且變成垃圾之後還會造成地球的負擔。許多生態的破壞與環境的污染都是因爲產品的處置不當所引起，而且有些廢棄物若沒有妥善處理，還會有致命的危機。所以有愈來愈多的產品開始訴求環保，例如：許多產品的包裝改採用容易分解的材質，就是希望能夠加速這些包裝在掩埋場的分解時間。有一些廠商（諸如美體小舖（Beauty Shop）等）還直接訴求希望消費者再度購買其產品時能夠拿原本的瓶子來盛裝，以減少垃圾的製造。而資源回收（Recycle）的概念也因此受到愈來愈多的重視，除了減少環境污染的問題之外，還因此創造出許多的商機。例如：廚餘的回收，除了降低垃圾量之外，回收的廚餘還可做成肥料與飼料，出售給需要的人。

另外，如果產品還堪用或者還有其他價值就丟棄，則會產生浪費的問題，所以處置堪用產品的市場也就愈來愈有商機，不容忽視。例如：二手車輛、二手服飾、二手家具的買賣等。現在流行的網路拍賣，一開始也是源自於二手商品的買賣與交換。

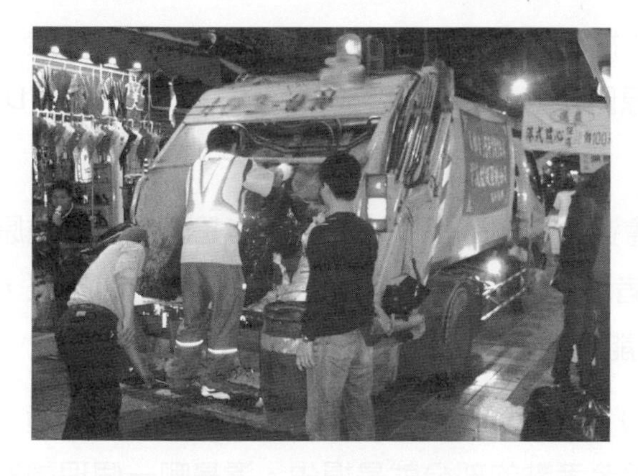

照片 7-2

大部分產品的最終處置為丟棄，有些產品使用壽命極短，例如：免洗餐具，在極短時間的使用後，就會被丟棄，此時不適當的丟棄會造成許多環境上的問題，造成地球的負擔。而對消費者來說，許多城市力行垃圾減量、資源回收、垃圾分類等政策，這使得消費者在丟棄產品時，必須費心處理。而某些城市（台北市以及國際上的許多城市）採取垃圾處理費隨垃圾袋徵收，使得丟棄垃圾成為消費者一筆不小的金錢支出。

照片地點：新北市，沿路收垃圾的垃圾車。

一、選擇題

(　　) 1. 討論消費者決策評估準據與評估決策方法，目的是什麼？ (A) 藉由提出不同的決策模式，模擬消費者的決策行為，來協助廠商了解消費者決策型態的多樣性 (B) 告訴消費者哪一種決策才是正確的 (C) 幫助消費者進行理性決策 (D) 以數學方式算出最適合的決策。

(　　) 2. 產品的優點可以補償缺點，是哪一種購買評估決策模式？ (A) 補償性模式 (B) 無補償性模式 (C) 推敲可能性模式 (D) 低標刪除模式。

(　　) 3. 消費者會先比較最重要的屬性，若有一個以上方案在這項屬性表現上一樣好，才會對第二重要的屬性進行比較。這是哪種的評估模式？ (A) 簡單加總方法 (B) 加權加總模式 (C) 低標刪除模式 (D) 優先順序模式。

(　　) 4. 消費者對於各個國家所製造的產品有著不同的觀感，這是指： (A) 消費者慣性 (B) 文化差異 (C) 品牌忠誠度 (D) 來源國效應。

(　　) 5. 以下何者不屬於啓發性原則：內心捷徑，以某些構面來代替其他決策的準據，作為決策的依據？ (A) 產品來源國訊息 (B) 品牌忠誠 (C) 銷售促銷 (D) 各種評估準據的綜合判斷。

(　　) 6. 消費者每次購買某項商品時，都會選擇相同的品牌，不太可能是因為哪一種原因？ (A) 消費者慣性 (B) 消費者忠誠度 (C) 採用啓發性原則：內心捷徑，來進行購買決策 (D) 使用思慮可能模式的中央途徑進行思慮。

(　　) 7. 要先找到參考點（Reference Point），也就是消費者已經期望會獲得的數值，超過參考點的部分才是獲得，低於參考點的部分就是損失。這是哪一個理論提出的想法？ (A) 展望理論 (B) 歸因理論 (C) 思慮可能模式 (D) 來源國效應。

(　　) 8. 主張在不確定情況下，人們會以期望值為參考點，並會有規避風險、期盼獲得確定報酬、高估微小機率可能性等現象。這是哪一個理論的想法？ (A) 展望理論 (B) 歸因理論 (C) 思慮可能模式 (D) 來源國效應。

(　　) 9. 有關時間這個購買情境因素對於購買造成的影響，何者錯誤？ (A) 每個人的時間分配決策各有不同，有些人認為工作很重要，有些人覺得玩樂比較重要 (B) 消費者是否缺乏時間，是一種心理感受 (C) 購買時的等候時間愈長，消費者愈容易感到不滿意 (D) 加快服務速度，一定能提高滿意度。

(　　) 10. 關於心情與購買行為的陳述，何者錯誤？ (A) 心情的構面包含愉悅與喚醒 (B) 喚起程度很高，但很可能是不愉悅的心情 (C) 心情好時，所看到的產品或服務，通常會比較喜歡 (D) 只要喚起，都有助於購買行為。

(　　) 11. 以下哪一個理論，並不常用來分析滿意與否的評定？ (A) 歸因理論 (B) 公平理論 (C) 期待不一致模式 (D) 思慮可能模式。

(　　) 12. 當消費者購買前的期待水準沒有被達到，就會產生不滿意的感覺，這是哪一種模式或理論所解釋的？ (A) 歸因理論 (B) 公平理論 (C) 期待不一致模式 (D) 平衡理論。

(　　) 13. 當消費者根據付出的金額，來評判獲得的服務水準是否合理，這是哪一種模式或理論所解釋的？ (A) 歸因理論 (B) 公平理論 (C) 期待不一致模式 (D) 平衡理論。

(　　) 14. 五星級大飯店一晚上萬元的住房，消費者期待高，服務稍有不週，容易引發客訴抱怨。這可以從哪個理論來解釋？ (A) 歸因理論 (B) 期待不一致模式 (C) 平衡理論 (D) 思慮可能模式。

(　　) 15. 消費者對產品或服務感到滿意，但仍移轉購買其他品牌的商品，以下何種陳述並不正確？ (A) 消費者對此品牌滿意，但對其他品牌產品也很滿意 (B) 重複使用同一種商品時，邊際效用會降低 (C) 消費者雖然不知道其他品牌商品是否會讓自己滿意，但仍嘗試看看，期盼能獲得更高的滿意度 (D) 消費者一定是不滿意，才會移轉到其他廠商。

二、問答題

1. 請解釋何謂評估模式中的啓發性原則：內心捷徑。並請說明常見的內心捷徑有哪些。
2. 請解釋什麼展望理論。
3. 請解釋非計畫性購買、衝動性購買、強迫性購買。
4. 請解釋期待不一致模式、歸因理論和公平理論。
5. 請說明為何滿意的消費者仍舊會移轉購買其他品牌的產品。

第四篇
影響消費行為的外部因素

CHAPTER 8

群體影響

偶像團體與青少年流行文化

欲瞭解美國的流行文化，就要到紐約的時代廣場、或是舊金山、洛杉磯的好萊塢，要瞭解日本的流行文化，就要到日本東京的新宿，想了解韓國的流行文化，就要到韓國首爾的明洞，要了解臺灣的流行文化，就不能錯過台北市的東區，或是西門町。只要您每天到這些地方走一趟，不需要多久，您將會感受到當地的流行文化，進而會受當地的流行文化所影響，您的穿著品味也會慢慢的受到當地的流行文化所影響。

影響青少年穿著、消費行為的因素眾多，但其中很重要的因素之一，是青少年偶像或偶像團體所引領的流行趨勢。週六、假日在臺灣各大城市的火車站或當地重要百貨公司附近、台北市西門町或東區華納威秀附近的街頭，不斷有簽唱會（簽唱意思為簽名加唱歌）、新歌發表會，以及唱片公司、電視、電影與戲劇公司舉辦的各種活動，演藝人員的穿著，深深影響那些流連在其中的青少年消費者。

不是每個青少年都會喜歡到火車站、百貨公司、台北市東區或西門町，但是，常到火車站、百貨公司、台北市東區或西門町者，會受到這些活動所影響。也不是每一個青少年都喜歡這些歌星或偶像，但喜歡歌星或偶像的青少年，會受到這些影藝人員所影響。

每個世代都有該世代的流行衣著，喇叭褲、七分褲、迷你裙、破洞牛仔褲、低腰牛仔褲、提臀（曲線雕塑）牛仔褲，都曾經風靡一時，青少年之所以覺得低腰牛仔褲很好看，是因為看到了演藝人員、偶像、明星、網紅，都在穿低腰牛仔褲，後來又不覺得低腰牛仔褲好看，是因為看到這些演藝人員、偶像、明星、網紅都改穿有提臀效果的曲線雕塑牛仔褲，或是其他的衣著。當歌星們爭相在身上刺青或打洞時，很多青少年也會想要嘗試，學校老師與家長無論怎麼反對，可能都很難阻止這些青少年，對這些青少年來說，歌星或偶像對他的影響力遠超過父母親或學校老師。

如果您覺得青少年很盲從，您可能只看到了其中的一部分。事實上，我們都會被週遭的許多人所影響，一位上班族的衣著，可能會受到他的上司或同事所影響，我們對事物的意見，可能會受辦公室內某些同事的意見所左右，對於政治事務的態度，則可能會受我們所喜愛的政治人物的立場所左右，某些選民也會因為對於政治人物的喜愛，而支持這位政治人物所推薦的縣市長或議員候選人。

當政府推出反毒品宣傳專案或者推動戒菸運動時，如果是要讓青少年認同這項活動，則應該要找青少年偶像團體來代言。相反的，如果這些青少年偶像在平常有吸菸或吸毒的情況，透過娛樂新聞媒體的報導，可能會讓青少年模仿。當政府決定宣傳反賄選時，如果訴求對象是鄉村地區的中老年人，則找本土演員來代言，效果是可以預期的。

8-1 參考群體

消費者是群居動物，無論生活、居住、工作、玩樂、歸屬與消費等，都和其他消費者群體或個體在一起。當消費者要購買或使用某些可以取悅其所屬群體或個體的產品或服務時，這些群體或個體將對消費者的決策產生巨大的影響。

照片 8-1

東西壞了才換，但對大部分消費者來說，衣服卻是過時了就要換。服飾產業不斷用各種宣傳手法，強調現在的流行趨勢，擴增產業的總產值。基本上，流行是一種與同儕影響息息相關的趨勢變化，消費者會彼此影響彼此的衣著，並形成社會的共同趨向，當整個社會非常重視別人對自己的看法時，流行趨勢就變得很重要。

照片地點：韓國首爾，明洞的服飾店。

一、什麼是參考群體

參考群體（Reference Group）[1-3] 則是指「在個人的評價、渴望與行爲方面上有重大關聯性的眞實或想像的個體或群體」，因爲這些群體或個體乃是藉由扮演參考的角色，與扮演著規範、價值和指引的來源，來影響個人的行爲，所以稱之爲參考群體。消費者會將參考群體用來引導自己本身的行爲與價值。

(一) 參考群體可以是一個人，或是一群人

雖然稱之爲參考「群體」，但其實包括群體與個人。例如：企業家「郭台銘」、「張忠謀」、「林百里」、「施振榮」、「王永慶」，學術工作者「李遠哲」、運動明星「麥可喬登」等個人、或「棒球隊」、「慈濟」、「基督教長老會」、「同學」、「父母」等具相似性的個人集合的團體，都可能是影響個人行爲的參考群體。

(二) 每個消費者採用的參考群體不同

每個消費者所採用的參考群體並不一定會不同，對某個人來說是參考群體的個體或群體，對另一個人也許並非如此，這完全端賴於這些個體或群體的意見是否爲該個人所在乎。所以，有些電視明星、名人、網紅，對某人來說是參考群體，但對某些人來說，卻不是參考群體，這些人可能以成功企業家作爲參考群體。

(三)不同情境下的參考群體不同

大部分的人都同時隸屬於許多不同的群體。隨著面對情境的不同，人們的參考群體也會不同。人們會參考不同的群體在該種情境下會做的反應，並通常只會引用某一個群體的做法，來決定自己應該如何因應。例如：影響過年吃年夜飯行爲的參考群體爲家人，影響考完試後慶祝活動行爲的參考群體爲同學，當家人覺得過年無論如何都要回家吃年夜飯時，消費者會排除萬難回家吃年夜飯，當同學認爲考完試後應該慶祝，消費者會參與某些的慶祝活動。

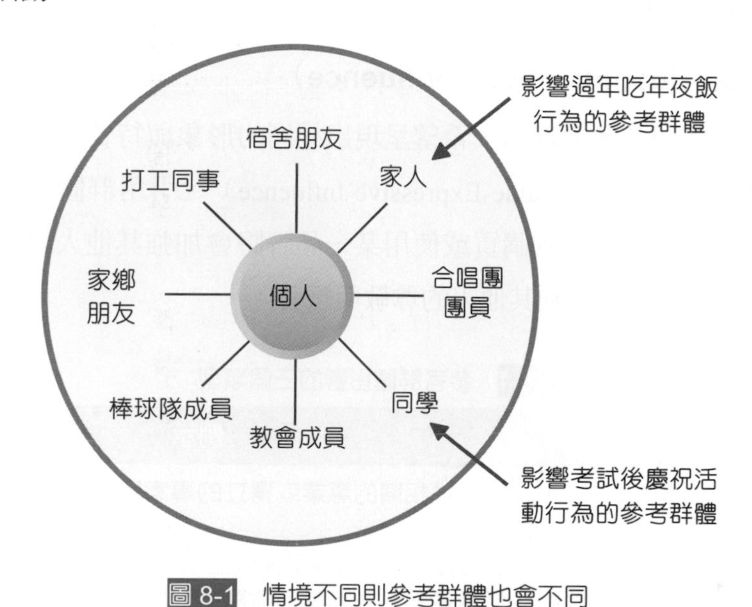

圖 8-1 情境不同則參考群體也會不同

二、參考群體影響的本質

參考群體 [3] 對消費者的影響在本質上可以分爲資訊、功利主義與價值呈現等三方面，如表 8-1 所示。

(一)資訊的影響(Informational Influence)

當個人「將參考群體的行爲或意見作爲本身潛在的有用資訊」時，資訊的影響力即發生。例如：人們會觀察賣場中電腦維修工程師本身所使用的電腦，推論該品牌可能不錯，所以也購買相同的品牌。資訊的影響主要基於專門技術或知識，而發揮資訊影響力的參考群體則有三種類型：(1) 醫生、藥劑師、律師、股票分析師、汽車維修師與業務人員等專業人員；(2) 非正式群體中的產品狂熱者，如朋友當中的電腦迷、汽車迷、歌迷；(3) 對該項產品有先前經驗的其他消費者，如曾經使用或購買過某項產品或品牌的家庭成員、親戚或朋友。

(二)規範的影響(Normative Influence)

當個人「爲了得到某些獎勵，或規避某些懲罰而去實現群體的期望」，例如：人們會希望趕上流行，而模仿演藝人員的穿著，也可能會因爲希望贏得同事的喜愛，而去購買同事喜歡的咖啡品牌，此種影響是指個人的決策受到其本身想要符合參考群體的期待或規範，所以稱爲規範的影響（Normative Influence）。

符合別人的期待，其實可以算是一種功利的影響（Utilitarian Influence），具體的例子是想要滿足其他人對自己期待的渴望，會影響人們對品牌的選擇。

(三)認同的影響(Identificational Influence)

消費者「因爲認同該參考群體，希望呈現出相同的形象與特質」，稱爲認同影響。這是一種價値觀呈現的影響（Value-Expressive Influence），引用群體的價值觀，作爲其自身價値觀的標準。人們感覺到購買或使用某一品牌將會加強其他人對自己的印象，感覺到那些購買某一品牌的人受到其他人的尊敬與讚美。

表 8-1 參考群體影響的三個類型

影響方式	例示
資訊的影響 (Informational Influence)	● 人們會從相關的專業或獨立的專家團體中，尋找有關不同品牌的資訊。 ● 人們會從那些在該產品領域上工作的專家身上尋找資訊。 ● 人們會從對一些品牌有瞭解的朋友、鄰居、親戚或工作夥伴中尋找和品牌有關的知識和經驗。
規範的影響 (Normative Influence)	● 為了滿足同事的期待，人們購買某一品牌的決策會受到同事們偏好的影響。 ● 人們購買某一品牌的決策受到與他們有社會互動的人的偏好所影響。 ● 人們購買某一品牌的決策受到家庭成員偏好的影響。 ● 想要滿足其他人對自己期待的渴望會影響人們對品牌的選擇。
認同的影響 (Identificational Influence)	● 人們感覺到購買或使用某一品牌將會加強其他人對自己的印象。 ● 人們認為那些購買某一品牌的人擁有他們想要擁有的特質。 ● 人們有時感覺到能夠像廣告中正在使用某一品牌那一類型的人也是不錯的。 ● 人們感覺到那些購買某一品牌的人受到其他人的尊敬與讚美。

參考群體的三種類型影響，各代表不同的層次，資訊的影響本身來自於參考群體擁有某些資訊，如果消費者缺乏資訊，就會參酌這些參考群體所擁有的資訊。相反的，如果消費者已擁有資訊，就比較不會理會這些參考群體。規範的影響代表消費者在意這些

參考群體的想法，而願意遵循參考群體。相反的，如果消費者選擇不再遵循社會規範，或是不認爲參考群體會知道消費者的實際消費行爲，這些社會規範就不會影響到參考群體。在認同的影響方面，如果消費者認同參考群體，就會把參考群體的價值觀與展現的行爲，轉化到自己的價值觀與展現的行爲，而從價值觀上認爲採取與參考群體相類似的行爲，會被尊敬、讚美。

不同的消費情境，參考群體所發揮的影響本質也會有所不同。圖 8-2 列示了在不同的消費情境中，參考群體影響力的類型。

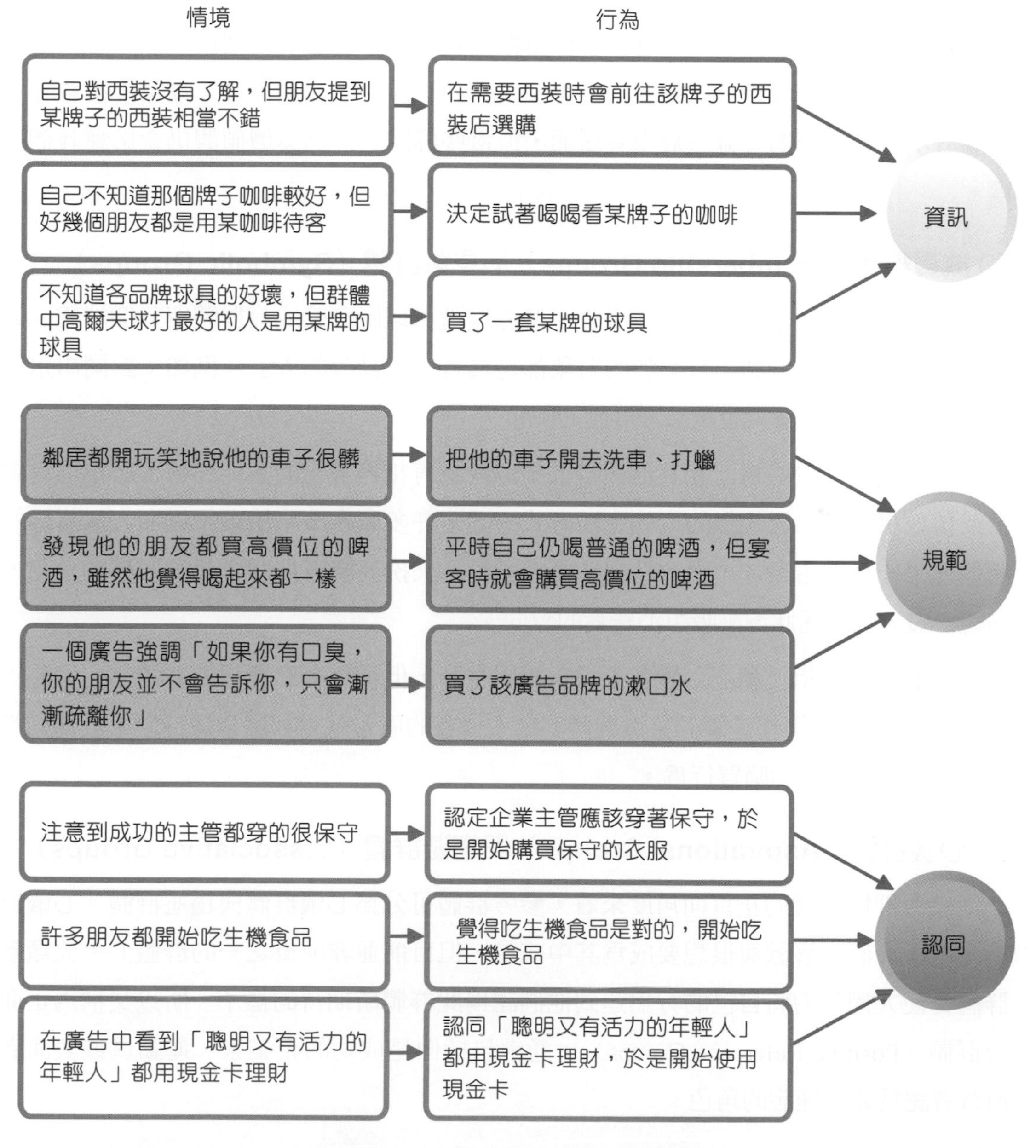

圖 8-2 消費情境與參考群體影響類型

三、參考群體的區分

參考群體可以從許多不同的角度上來分類，最常見的分類是從與之接觸的頻率、參考群體與被影響者的本質、參考群體影響的正負面角度、參考群體的正式程度、參考群體影響的範圍與力量、與群體成員是否可以自由選擇加入於哪個群體的能力等方面來看。

(一)主要群體（Primary Groups）與次要群體（Secondary Groups）

從接觸的頻率上來分，參考群體可以分爲主要群體與次要群體。主要群體指那些經常「會有直接與深入互動機會（不一定要面對面的互動），且其意見或規範被認爲是重要並須遵守的群體」。例如：家庭、工作組織與教會等。次要群體則指「互動比較不頻繁，但其行爲仍會對我們造成影響的群體」。例如：遠親、職業工會、政黨後援會等等就是屬於次要參考群體。雖然較少有溝通，但這些群體的行爲與價值觀仍會影響我們的行爲。

(二)成員群體（Membership Groups）與象徵群體（Symbolic Groups）

從參考群體與被影響者的本質來分，參考群體可以區分爲成員群體與象徵群體。成員群體就是指「參考群體與被影響的對象都是具有同等身分的人」。例如：對同事這個參考群體而言，被影響者也是參考群體的同事。

因爲人們傾向於將自己和其他與自己相似或具有相等身份的人作比較，所以通常會學習或仿效那些和自己相似的人的生活方式。因此許多廣告策略捨棄了以名人或富裕的生活型態來作爲廣告素才，而改採用「一般」的人來扮演參考群體資訊的影響的角色，或描繪一般人的生活狀況來吸引消費者的認同。

象徵群體則是指「和被影響者不具有相同身分，但卻具有影響力的群體」。例如：名人、前 10 大富豪等都是屬於象徵群體。名人代言的廣告就是利用象徵群體所發揮的價值呈現來影響消費者的購買行爲。

(三)心儀群體（Aspirational Groups）與趨避群體（Dissociative Groups）

從參考群體影響的正負面角度來看，參考群體可分爲心儀群體與趨避群體。心儀群體指那些「人們很喜歡與很想要成爲其中成員，但目前並非成員之一的群體」。此類參考群體會使人們努力將自己的行爲達到他們認爲此群體所期待的樣子，所以又稱爲正面參考群體（Positive Reference Groups）。通常包括像是成功的企業家、運動員或表演者等消費者認爲非常理想的角色。

趨避群體又稱爲負面參考群體（Negative Reference Groups），是指「不能認同與不願意模仿的群體」。此類參考群體會使我們避免購買或使用任何看起來會被認爲屬於這群體的產品，或進行任何讓其他人誤會自己也是這類群體的行爲。例如：吸毒者或行爲、打扮保守的書呆子。

(四) 正式群體（Formal Groups）與非正式群體（Informal Groups）

從群體的正式性程度來分，參考群體可以被區分成正式群體與非正式群體兩種。參考群體可以像是球隊、俱樂部、社團、獅子會、國際青商會等有組織架構、有章程、有規範成員行爲的準則、有固定的聚會時間、有辦公成員等的「有固定成員與組織形式的正式組織」，也可以像一同住在宿舍的學生、敦親睦鄰的守望隊、或一群朋友等較「沒有正式組織架構與固定成員清單的非正式組織」。因爲正式群體比較容易被辨識與接近，所以通常行銷業者對正式群體的影響會較爲成功。但是一般而言，小的非正式群體對個人消費的影響力其實也是很大的。

(五) 規範性群體（Normative Groups）與比較性群體（Comparative Groups）

從參考群體影響的範圍與力量上來看，可分爲規範性群體與比較性群體。某些參考群體會比其他群體或個人來的更具影響力，在消費決策上的影響範圍更廣，且「幫助個人建立與強迫遵守基本行爲標準的群體」。這類型的參考群體稱爲規範性群體。例如：父母親會在我們對於諸如結婚、養兒育女的態度等某些重大事件價値觀的形成上，扮演相當重要的角色，所以父母親是屬於規範性群體。

相反的，某些參考群體影響的範圍較窄，「不形成規範，僅在某些特定或狹窄的態度或行爲上成爲消費者的比較基準的群體」，在消費決策上的影響通常侷限於某些特定品牌或活動，這類型的參考群體稱之爲比較性群體。例如：某些電視明星通常是學生們的比較性群體。

(六) 強制型群體（Ascribed Groups）與自願性群體（Voluntary Groups）

從群體成員是否可以自由選擇加入於哪個群體的能力來看，參考群體可分爲強制型群體與自願性群體。自願性群體又稱爲選擇性群體（Choice Groups），指人們可以「以自由意識選擇是否加入的群體」，意即群體內的成員都是自願加入的，例如：義工團體。強制性群體則指「群體內的成員因爲符合該群體所定義的特質而自動成爲該群體的成員之一」的群體，成員本身無法選擇是否要參與，例如：家庭或監獄。

四、參考群體影響力的大小

當人們在決定一個人要去哪裡吃午餐、決定要去購買一個印表機的碳粉夾、或決定要買一瓶飲料時，通常不會想詢問任何一個參考群體的意見。但是，當人們在決定要穿著哪件服裝參加老闆爲其女兒舉辦的生日派對時、該購買哪一台筆記型電腦、該購買哪一台汽車時，就會考慮再三了。

換言之，參考群體對所有產品類別和消費活動並非具有相等的影響力，在某些情境下，參考群體可能毫無影響力，但在某些的情境下卻具有相當的影響力，可以左右產品與品牌的選擇。參考群體對消費者購買行爲所產生的影響力大小，決定於下列幾項因素 [4]：

(一) 產品的特質

究竟在何種情況下參考群體對產品或品牌選擇上的影響力會發生呢？有學者提出兩個決定參考群體影響力的因素：產品的特性（是屬於必需品或是奢侈品）與產品使用的情境（是在私下的場合使用或是在公開的場合使用）。

另外，複雜性高的產品（例如：某些使用上較爲複雜的家電產品）、知覺風險高的產品（例如：近視眼睛開刀或整形手術等，高價格也是一種知覺風險），或是品牌差異性大的商品類別，參考群體對消費者影響力會較大，而那些不是非常複雜、知覺風險很低及可以在決定購買之前先試用的產品，消費者會比較不受其他人的影響 [5]。

也就是說，具有下面特性的產品，通常比較會徵詢參考群體的意見：非屬必需品的產品、在公開場合使用的產品、複雜性高的產品、知覺風險高的產品、品牌差異大的產品、無法試用的產品、高價格的產品。

(二) 被影響者本身的特質

並不是所有的人對參考群體都會表現出同樣的態度，某些人本身就具有容易受到其他人意見影響的人格特質，例如：從眾（Conformity）是指「依照其他人的多數意見來改變自己的意見與行爲」。具有從眾傾向的消費者，會以取得他們認爲其他人贊同的產品，來強化其自我形象的需要，也會願意服從其他人對他們應該購買何種產品與品牌的期待 [5]。

另一種稱爲「注意社會比較訊息（Attention to Social Comparison Information；ATSCI）」的人格特質也會影響參考群體對消費者的影響力大小，此種人格特質高的消費者，會「對其他人正在作的事給予高度的注意，而且會使用這項資訊來指導自己的行爲」[6]。

此外，當被影響者與參考群體的關係愈密切、愈是認同該群體，或者被影響者本身缺乏對該項產品或品牌的專業知識（且參考群體本身被視爲是該項產品或品牌的專家時），參考群體影響力就會愈大。

(三) 參考群體的特質

參考群體的特徵也會影響其對消費者影響力的大小。參考群體具有的強制力量與獎勵力量的程度就是其中一項特徵。例如：你可能在穿著上受到朋友的影響大於鄰居，因爲如果你穿著不當，朋友會比你的鄰居更有機會與動機取笑你（這可算是一種懲罰）。

此外，當群體成員間彼此吸引的程度及他們對於這種關係的重視程度愈高，也就是群體凝聚力（Group Cohesiveness）愈高時，參考群體影響消費者行爲的程度就愈大。另外，參考群體的規模愈大、專業性愈高，則參考群體對消費者的影響也就愈大。

五、參考群體的影響途徑

參考群體對消費者的影響很大，不論在產品的使用、產品的購買或是產品的處置等各方面，參考群體都可能會影響我們的決定。如前所述，參考群體對消費者的影響主要是透過資訊、規範與認同三種型式。但參考群體究竟會以何種途徑來影響消費者呢？參考群體對於消費者的影響大致不外乎遵循社會化、自我概念的維持或調整、社會比較、遵從等幾種途徑：

(一) 社會化

社會化（Socialization）是一個被社會科學使用的名詞，意指「人們學習並適應社會，發展價值觀、動機與習慣等的過程」，人們藉由社會化，取得在各個特定領域（特定活動）的各種相關能力（技術）、知識，並因此發展出相關的價值觀、動機、習慣等。人們會學習參考群體的行爲舉止，學習到如何適應社會，並發展價值觀、動機與習慣。例如：與同事的互動中，人們可以從同事身上，學習到在不同的場合如何適度的穿著，同事在此時爲參考群體。子女在購買促銷產品的傾向、購買新產品的意願、品牌忠誠度、和衝動性購買等方面的消費行爲與態度，會受到父母潛移默化的影響，而產生和父母類似的價值觀或態度，父母親在此時爲子女的參考群體。

(二) 自我概念的維持或調整

每個人都有一個「自我形象描繪出自己是怎麼樣的人」。這就稱爲自我概念（Self-Concept）。自我概念包括個人目前的樣子及他或她希望未來的樣子，也就是所謂的眞實的自我（Actual Self）與理想的自我（Ideal Self）。人們會透過與參考群體的互動來維持或調整自己的自我概念，並藉以影響自己的行爲。消費者希望自己成爲什麼樣的人，就會受該類型參考群體影響。

例如：商管學院即將畢業的學生，認爲自己即將成爲企業界人士，所以在穿著上將成功企業家視爲參考群體，開始購買一些較正式的襯衫、西服或套裝等，這也可算是一種自我概念的維持或調整。

(三) 社會比較

大部分的人都會以和他人的比較來評估自己。一個人認爲自己是不是成功、健康或富有，經常是取決於和同儕或是參考群體比較的結果。

社會比較理論（Social Comparison Theory）是由費斯廷格（Leon Festinger）所提出，認爲「人們會將本身的許多特性和其他人相比較，透過這樣的比較過程增強堅定個人的自我評價」[7]，尤其是在沒有明顯的評價準則時更是如此（沒有明顯的對錯，因此會跟其他人進行比較）。換言之，參考群體是衡量自己行爲、意見、能力與財產的標竿之一，透過這種社會比較的過程，使得參考群體可以發揮其影響力。社會比較通常是應用在沒有客觀正確答案的選擇上，例如：許多女性都和電視或報章媒體中的偶像明星相比較，來認定自己身材或膚色的標準。

雖然人們喜歡和其他人比較，但是他們會謹慎地選擇比較的對象。一般來說，人們會選擇與其相似的人最爲參考的標準。社會比較理論認爲個人若覺得與某群體有高度的「相同感」，則會對該群體產生較高的認同，進而更願意受其影響。例如：在化妝品的選擇上，許多女性會相信許多和她類似女性的選擇，受到該群體的影響力較大。

(四) 遵從

另外一個造成參考群體影響的途徑是透過遵從（從眾）行爲。個人爲了要融入參考群體，因此會遵守參考群體所建立的規則與行爲標準，也就是群體的規範（Norms）。遵照群體規範並非自動的過程，許多因素會影響消費者是否效法其他人的行爲。這些原因包括文化的壓力、害怕離群、對群體的承諾、群體的力量、容易受人際影響的人格特質等 [8, 9]。

8-2 口碑

群體的影響力可能會以各種方式傳給個人。人們會觀察群體如何行動或穿著，然後仿效之。例如：兒童觀察長者或父母的言行舉止與消費活動，並加以模仿，以顯示成熟度像父母。人們也會透過電視、電影與音樂錄影帶等媒體，觀察目前的流行趨勢，從中學習某些新用語，或模仿明星的姿勢、動作或舞步等。正式群體則可能會透過出版品，如簡訊、雜誌等媒介來和消費者溝通，而現在流行的線上的聊天室或是 Facebook、Messenger、LINE 或 Wechat 等線上通訊軟體，也是傳遞影響力的方式之一。

傳遞群體影響力的方法中，最有效的是人際間的交換。個人不僅從他人取得有關行為與生活方式的溝通，也會收到有關自己行為的回饋，以作進一步的修正與強化。當人們聽到、觀察到或經驗到一些事，會向他人轉述，這就是人際交換中的口碑溝通。

(一) 口碑的定義

口碑是「人際間涉及產品、服務、品牌、廠商、或其他與消費活動有關的事或物的非正式溝通」，是人際間的非正式資訊交換，口碑的英文是 Word-of-Mouths，意思是從口中說出的話。口碑會影響個人的行為，通常，如果消費者從同儕口中獲得有關某項產品更正面的訊息時，該消費者會選用這項產品的可能性就愈高。例如：人們會因為某位同事的推薦，而去購買某家咖啡店或蛋糕店的飲料或起司蛋糕；你去某家理髮店理髮之前，可能會先問過同學的意見； 你的親戚可能推薦你某款音響等等。不過，在這傳遞訊息的兩人或多人之間必須沒有任何一人是屬於廠商的行銷人員。

(二) 口碑具有影響力

口碑對行銷業者來說是相當重要的，因為它對消費者在產品的知覺方面，有很大的正面或負面影響。像口碑這類型訊息的來源，在消費決策中的評估與選擇階段扮演著重要的角色。尤其是當消費者對某項產品類別相當不熟悉時，口碑的影響力會特別大。例如：面對新產品（例如：某種減肥食品等），或是技術上比較複雜的產品類別（例如：電腦等）時，消費者會相當注意其他人的口碑。當然許多像是理髮廳、酒吧 Pub、餐館等小企業因為本身並沒有能力以廣告來對外宣傳，他們最主要宣傳管道就是口碑。

(三)網路有助於口碑傳播

過去的口碑只能傳播給一小群的消費者，但網路普及之後，消費者可將口碑張貼於社群網站或是網路論壇，網路上的專業評論網站或者是部落格，也是網路口碑的傳播媒介。這些網路媒體使得網路愈來愈容易散播網路口碑。許多電子商務網站，或者是飯店訂房網站，讓消費者可以在消費後，提供產品評價、產品口碑，也提供了一個很便利的管道，讓消費者可以將口碑傳播給其他消費者，這也使得網路口碑的重要性更加與日俱增。

一、口碑溝通的動機

有時人們並不一定會將對該產品的看法或經驗轉述給其他人知道。通常和產品有關的對話會因爲下列幾項因素而產生[10]：

(一)高度涉入

此人可能對該類型產品或活動高度涉入，在談論相關話題時會樂在其中。例如：線上遊戲迷、電腦狂、模型迷、天文迷、賞鳥迷等，都會津津樂道這些話題。

(二)專精於此

有些人本身對某類產品相當專精，希望透過口碑溝通的方式讓其他人知道他是這方面的專家。

(三)利他或關心

人們可能因爲基於對他人的關心、基於利他的理由，而開啓有關這項產品的話題。例如：人們希望買給他所關心的人的東西，對這個人是眞的有好處的，或者希望他們所關心的人不要浪費錢在不好的產品上、希望其他消費者不要受害。

(四)降低不確定性

降低某一購買行爲不確定性的方法之一，就是和其他人討論它。討論可以讓購買決策得到更多的支持，藉由得到其他人的支持，肯定自己的購買決策。

二、網路口碑

網路普及之後，面對面的口語傳播不再是主要的口碑傳播管道，人們更常利用網路，將口碑傳播給他人。所謂的網路口碑（Electronic Word-of-Mouths），是指：網路上的非正式人際溝通，通常是顧客、潛在顧客、過去顧客、公司所聘請的撰稿者、其他利害關係人所發送，針對產品、服務、品牌、公司、或相關消費活動，所發表的陳述，此陳述可以是正面、中性或負面的評述，其透過網路，將此陳述可以傳播給他人，其傳播範圍可以是不特定的公眾，也可以是特定的群體或少數的個人。

(一) 網路口碑發送者

1. **顧客、過去顧客、未來顧客**

   口碑發送者，可是是目前顧客、過去顧客。此外，口碑發送者也可能是未來顧客（潛在顧客），這些未來顧客雖然仍未消費該產品，但因為已經有考慮要購買，因此有可能加入口碑的相關討論。例如一個還沒看過電影的消費者，可能會說：「看過預告片覺得應該很好看，朋友去看過也覺得很好看，因此很想去電影院看。」此一消費者並沒有真的消費經驗，但卻發出類似消費經驗的口碑，這也算是一種口碑討論，也確實會影響其他消費者。

   無論是顧客、過去顧客、未來顧客，都可能是基於自己的消費經驗，或是自己的主觀評價，而發送口碑資訊。

2. **利害關係人**

   口碑發送者也可能是其他利害關係人，這些利害關係人雖非消費者，但為產品或服務過程中的相關人，這些人也可能會發表有關於產品的口碑。舉例來說，大學所在社區的居民，是利害關係人，但非消費者，可能會說：「這學校感覺很不錯，常常看到學生很認真的在讀書與討論功課」。雖然這些社區居民並非該大學學生，但也可能參與口碑討論。

   利害關係人是基於自己的主觀意見，而發送口碑評價，發送口碑意見的目的，有可能是要陳述自己的情感。舉例來說，因為喜歡這所大學，因此發表對於該大學的正面口碑。

3. **行銷活動鼓勵消費者發表口碑**

   企業可能會採取口碑行銷活動，鼓勵消費者撰寫口碑，分享其消費資訊。諸如舉辦活動邀請消費者在社交媒體上貼文或打卡，以換取贈品或打折，就是典型的口碑行銷活動。打卡送甜點、打卡送小菜、貼文分享打九折，都是典型的做法。此時，消費者發送廠商所指定的口碑。

消費者發表口碑以換取好處，是一種經濟交換。某些消費者可能在經濟交換結束之後，即將口碑刪除。但有些消費者並不在意發表了這樣的口碑，因此口碑的效果會繼續延續。如果消費者的消費經驗也是正面的，消費者比較會讓該口碑繼續維持。相反的，如果消費者並沒有實際經歷到正面的消費經驗，而只是基於經濟誘因而發表口碑，消費者很可能會在事後刪除原本發表的口碑。

4. **專業評論者、廠商工作人員、網軍**

專業評論者（例如專業部落客、美食達人、影評人、3C 達人等），可能主動發表產品評論，來提出自己對於產品的看法。這些產品評論，有可能是專業評論者自發發表的文章，也有可能是廠商付費請其撰寫產品評論或口碑。

如果屬於付費請專業評論者撰寫的產品評論或口碑，產品評論者若不能保持公正，口碑與廣告的界線就會模糊。不夠公正的產品評論或口碑，如果刊登在網路或大眾傳播媒體，常被稱爲業配文或業務配合文，意指這是基於業務往來的文章。

某些不倫理的廠商，也可能聘請工作人員或工讀生，來冒充一般消費者，以發表口碑。這些工作人員通常稱爲網軍或口碑寫手。網軍或口碑寫手也可能申請多個帳戶，來營造產品討論度，假造產品屬於熱門產品的假象。

聘請專業評論者發表口碑、聘請網軍炒作產品口碑的情況，若評論內容不公正，且被揭發，有可能造成消費者的反感，反而影響消費者對於產品的態度，演變成消費者對於產品的集體抵制。

(二) 網路口碑的標的物

口碑可以針對的標的物，並非只有產品，也可以是服務，或者是品牌，或是公司，針對品牌的口碑討論會影響該品牌旗下的所有商品，針對提供產品或服務的公司的口碑，則會影響該公司的所有品牌。

(三) 網路口碑的接收者

傳統的面對面口碑，接收者是與消費者有社交關係、人際關係的人，可能是一個人或一小群人，網路口碑一樣可以傳送給與消費者有社交關係、人際關係的人，但不同之處在於網路口碑傳播對象可以很廣，如果將網路口碑張貼在網路社群、產品評論網站、口碑網站，有可能可以傳播給不特定的公眾，影響範圍可以很大。

當網路口碑在網路上流傳時，影響到很多的消費者，有可能產生一種集體的意見，形成某一種的社會共識。

三、負面口碑的管理

口碑不一定是正面的，也有可能會有負面口碑的產生。負面口碑會嚴重影響消費者對該產品或服務的看法，尤其是當消費者正打算要購買某項產品時，負面口碑會降低消費者對公司廣告的可信賴度，而且還會影響他們對產品的態度。所以行銷業者必須要特別小心避免負面口碑的產生，倘若有負面口碑產生時，也必須迅速地糾正與處理 [11-14]。

避免負面口碑的最好方式就是提供高品質的產品與服務，而糾正負面口碑的最好時機是在更多負面口碑發生之前，處理好消費者對公司產品或服務的不滿意抱怨。譬如，以同理心來瞭解與處理消費者所提出的產品問題，並且有意義地和消費者互動，將可以減少負面口碑的傳播。

另外，有一種說法，是補償的重要。處理顧客抱怨，或是抱怨信件時，若能附上一份免費的禮物，在減少負面口碑的傳播上更容易成功。這種提供補救措施以彌補服務失誤的作法，對減少負面口碑很有幫助。

四、謠言

負面口碑的一個特殊例子是謠言（Rumors），也就是說傳遞的資訊或口碑內容是不正確的事實。雖然很多謠言事後被確實爲假，但也有一些傳言，雖然被公司正式闢謠，但事後卻證明爲眞。因此，許多消費者對於謠言，是抱持寧可信其有的態度，認爲無風不起浪，主張之所以會有謠言存在，一定是確有其事。這也是謠言傳播複雜的地方。

許多公司都曾經深受謠言傷害。例如：速食店曾經深受其漢堡肉有蟲這項謠言的中傷；非常久以前，曾經發生知名的消費性衛生用品公司曾經深受其識別系統（logo）象徵著魔鬼祭拜的謠言影響。當有謠言發生時，採行什麼樣的處理策略才是最佳的呢？有學者提出以下幾種謠言的處理策略選項 [15]：

(一) 冷處理以避免事態擴大

忽略、不去管它，避免事態擴大，是業者常常採用的一種策略。因爲有許多消費者是聽到業者企圖去解釋這個謠言時，才眞正知道有這項謠言。大動作的闢謠反而會讓很多本來不知道的消費者，反而知道此一謠言。因此，有一個選項，是忽略、不去管它。

(二) 針對有疑慮消費者局部澄清

業者也可能會以個案的方式處理謠言，只針對有疑慮的消費者進行澄清。

(三)提供正面資訊並謹慎處理

有些公司的做法是不去直接回應或反駁謠言，而是以採用公關活動等方式，將正確與正面的資訊（實況）呈現在大眾面前，當然這些實際資訊（實況）和謠言完全相反。

(四)全面性闢謠，避免以訛傳訛

爲了避免以訛傳訛，影響聲譽，可以大張旗鼓地利用所有的媒體資源進行闢謠，例如：直接製作廣告反駁，或是由公司發言人在媒體前澄清與駁斥謠言。公信力的意見領袖，也常常被聘來澄清謠言。

這些謠言處理方式，各有利幣，完全不闢謠會被誤解成該謠言是正確的，並不是好的處理方式。強力的闢謠會讓更多的消費者知道此事，也不是很好的處理方式。

8-3 意見領袖

在傳遞群體影響力方法之一的口碑過程中，訊息與意見的發出者常被視爲意見領袖（Opinion Leadership）[16]。意見領袖是「因爲自身的地位、專門技能或知識使得他們成爲值得信賴之訊息來源，能夠經常地影響其他人的行爲或態度」。通常意見領袖都是擁有這些特質的朋友或熟識的人。除此，電影評論家、政治評論家、媒體工作者、記者、作家、名人、模特兒、社群團體的領袖等，也都可能扮演者意見領袖的角色。他們會在市場上對產品或服務披露出第一手的經驗，並和消費者溝通。因爲他們相當受到信賴，所以他們對於消費者其他新事物的接受與否，也扮演著一個非常重要的角色。

早期認爲只要是意見領袖，就可能會在許多領域上影響到其他人，但現在認爲意見領袖可能只在某個專精的特定領域上影響其他人。例如：在音響選購上扮演意見領袖角色的人，不見得會專精於廚具，所以人們也不會向此人尋求廚具方面的建議。

不過，有時這種專業性的認知會擴散到其他相關的領域，例如：一個在化妝產品上具有高度意見領袖性的人，有時也會被認爲在流行服飾、鞋子等商品上具有很大的影響力。這種現象稱爲意見領袖性重疊（Opinion Leadership Overlap）。

一、意見領袖的本質

人們之所以變成意見領袖，原因在於他們對該類產品相當感興趣，且他們認爲擁有與分享資訊可使他們處於有權力的地位，並幫助其他人[17-19]。意見領袖之所以非常有價值的訊息來源，乃是因爲他們具有下列的本質：

1. 具有技術性能力的專家能力，可使其他人信服。
2. 通常以沒有偏見的態度，事先檢視、評估與綜合分析產品的資訊，擁有知識力量。
3. 在社交活動中表現很活躍，並與其他人的關係密切。通常會在社團中扮演重要的角色，透過社會地位來影響其他人。
4. 在價值觀與信念上和其他消費者類似，在教育程度與地位上傾向略為高於受影響者，但不至於高太多，還是屬於在同一個社會階層上，所以擁有參考力量可以影響其他人。
5. 意見領袖有時是那些最先購買新產品的消費者之一，所以他們吸收了許多風險。這個經驗降低了其他後續追隨者的風險。且由於意見領袖並非公司所培養，所以比較不偏頗，不僅提出產品正面的訊息，還會包括負面的訊息，而受到消費者的信任。

二、辨識意見領袖

意見領袖有相當多願意和別人分享產品相關的訊息和經驗，所以意見領袖是非常有用的訊息來源，他們對其他消費者的影響力是很大的。事實上，許多廣告，特別是其中含有許多技術資訊的廣告，都希望能夠觸及意見領袖，而非一般普通的消費者，以便這些意見領袖將來能為產品說好話。

但因為意見領袖不一定都是知名人士，所以行銷業者或研究者會利用幾項特徵來找出意見領袖。例如：意見領袖傾向於對該項產品非常地瞭解，對產品的涉入程度很高；他們是報紙、電視、廣播或雜誌、網路等媒體的重度使用者；當有新產品出現在市場上時，他們傾向於會去購買這些新產品；通常被認為是有自信、愛群居與願意和其他人分享產品有關訊息的人；在政治、社會或社區組織中佔有正式的職位與擁有領導力。

除了從以上的一些特徵來辨識意見領袖之外，最常用來辨識意見領袖的方法就是消費者的自我認定法（Self-Designating Method），意即簡單地詢問消費者是否認為自己是意見領袖。但是以這種方法來辨認意見領袖並不一定完全正確，因為有些人可能會膨脹自己的影響力和重要性，而有些人則可能會不承認自己的影響力，或者根本不知道自己具有影響力。此種自我認定方法可信度較低，但是此方法有一項優點，即它可以非常簡單的方式從一大群潛在意見領袖的群體中辨識誰是意見領袖[288]。

一、選擇題

( ) 1. 下面關於消費者受其他人影響的陳述，何者正確？ (A) 只有青少年會盲從 (B) 所有消費者都有可能會受到他人影響 (C) 上班族的衣著與行為舉止，是不會受到其他人的影響的 (D) 偶像團體對青少年的影響很小。

( ) 2. 針對鄉村的反賄選宣傳，要找本土演員來代言，這要用哪一種消費者行為觀念來解釋？ (A) 參考群體 (B) 思慮可能模式 (C) 工具制約理論 (D) 選擇性扭曲。

( ) 3. 參考群體影響的本質中，以下何者是資訊的影響？ (A) 將參考群體的行為或意見，作為本身潛在的有用資訊 (B) 為了得到規避某些懲罰，而去實現群體的期望 (C) 引用群體的價值觀作為自身價值觀的標準 (D) 為了得到某些獎勵，而去實現群體的期望。

( ) 4. 參考群體影響的本質中，以下何者是認同的影響（價值呈現的影響）？ (A) 將參考群體的行為或意見，作為本身潛在的有用資訊 (B) 為了得到某些獎勵，或規避某些懲罰，而去實現群體的期望 (C) 引用群體的價值觀作為自身價值觀的標準 (D) 消費者的參考群體都是相同的一個群體。

( ) 5. 不知道哪個牌子的高爾夫球具比較好，看到朋友中，高爾夫打得最好的人，使用哪個牌子的球具，自己就買哪一牌子的球具，這是群體影響中的哪一種影響？ (A) 資訊的影響 (B) 規範的影響 (C) 認同的影響 (D) 價值觀的影響。

( ) 6. 一個廣告強調「如果你有口臭，您的朋友並不會告訴你，只會漸漸疏離你」。這是群體影響中的哪一種影響？ (A) 資訊的影響 (B) 規範的影響 (C) 認同的影響 (D) 功利的影響。

( ) 7. 參考群體有很多區分方式，有一種區分方式是主要參考群體與次要參考群體。請問以下陳述何者錯誤？ (A) 主要群體是那些經常有直接與深入互動機會，且其意見或規範被認為是重要並須遵守的群體 (B) 次要參考群體是指互動比較不頻繁，但其行為仍會對我們造成影響的群體 (C) 主要區分是從接觸的頻率 (D) 主要群體一定是我們隸屬的群體，也就是成員群體。

( ) 8. 參考群體有很多區分方式，有一種區分方式是規範性群體與比較性群體。請問以下陳述何者錯誤？ (A) 規範性群體會幫助建立與強迫遵守基本的行為標準 (B) 父母親經常是規範性群體 (C) 規範性群體是指影響力較大的群體 (D) 比較性群體的影響力較廣。

( ) 9. 以下關於參考群體的陳述，何者正確？ (A) 與該參考群體關係密切時，因為熟悉，而愈不會受參考群體影響 (B) 愈是認同該群體，愈會受該群體影響 (C) 比起參考群體，消費者比較具備產品或品牌的專業知識，此時比較會受參考群體影響 (D) 消費者完全不在乎別人的意見時，此時參考群體的影響最大

( ) 10. 商管學院即將畢業的學生，認為自己即將成為企業界人士，所以在穿著上將成功企業家視為參考群體，這是參考群體影響途徑中的哪一種？ (A) 社會化 (B) 自我概念的維持與調整 (C) 遵從 (D) 認知一致性。

( ) 11. 個人為了融入群體，會遵照群體所建立的規則與行為標準。以下那些因素不太會影響消費者是否效法其他人的行為： (A) 害怕離群的人格特質 (B) 對於群體的承諾 (C) 容易受人際影響的人格特質 (D) 消費者的價格意識。

( ) 12. 關於負面口碑的陳述，何者錯誤？(A) 口碑不一定是正面的。也有可能是負面的 (B) 以同理心來瞭解與處理消費者所提出的產品問題，並且有意義地與消費者互動，將可以減少負面口碑傳播 (C) 提供補救措施以彌補服務失誤的做法，對於減少負面口碑很有幫助 (D) 有負面口碑，一定是廠商的問題，不會有消費者傾向於發表負面口碑。

( ) 13. 關於網路謠言的陳述，何者正確？ (A) 謠言內容常是不正確的負面訊息，但也偶有正確的資訊 (B) 很少許多廠商受過網路謠言所困擾 (C) 完全不處理是絕對恰當的做法 (D) 強力闢謠是最佳做法。

( ) 14. 以下關於意見領袖的陳述，何者錯誤？ (A) 口碑傳播過程中，意見領袖會提供資訊給他人，經常性影響其他人的行為或態度 (B) 意見領袖可能只在某個專精的特定領域上影響其他人 (C) 意見領袖之所以能成為意見領袖，可能是因為地位、專門技能或知識 (D) 通常是指政治人物。

( ) 15. 意見領袖可能具有下列哪種特質？ (A) 通常具有技術性能力的專家能力，可使其他人信服 (B) 在社交活動中表現通常很不活躍，非常孤僻 (C) 意見領袖通常比較晚購買產品，等別人購買後，才會進行購買 (D) 與社會階級有關，通常是主管或高社會階級者。

二、問答題

1. 請舉出幾個利用參考群體的觀念，在廣告中使用廣告代言人來代言產品的例子，並解釋為何消費者會認同代言人所說的內容。

2. 請解釋下列的參考群體：

   (1) 主要群體；(2) 次要群體；(3) 成員群體；(4) 象徵群體；(5) 心儀群體；(6) 趨避群體；(7) 正式群體；(8) 非正式群體；(9) 規範性群體；(10) 比較性群體；(11) 強制性群體；(12) 自願性群體。

3. 請說明參考群體對消費者的影響途徑。

4. 請說明口碑溝通的動機。

5. 請說明如何辨識意見領袖。

第四篇
影響消費行為的外部因素

CHAPTER 9

家庭與組織購買決策

轎車的購買決策

根據交通部的統計，臺灣的轎車有半數以上登記車主是女性消費者，這有可能是因為女性消費者的經濟能力提升，不過，也有可能是因為保險費用較低的緣故。但女生駕駛人的比重正逐漸提高，確實是不爭的事實。

雖然有三成或更高比率的轎車駕駛人為女性，但仔細觀看電視廣告，您將會發現，只有較少的汽車廣告以女性駕駛人為主角。通常以女性駕駛為主角的廣告，訴求的是以女性為目標市場的小型轎車，這種小型轎車因為廣告中的主角為女性，因此很容易被認定為是女性專用車，有些男性消費者會排斥這樣的車款。但相反的，以男性駕駛員為主角的廣告，訴求的轎車並不一定會被消費者認為是男性專用，女性消費者也不太會排斥這種以男性駕駛員為主角的廣告。

這是一個看起來很奇怪的現象，開車的消費者中，有三成、四成或更高比率的汽車駕駛是女性，但大部分的廣告卻是針對男性所設計。少數針對女性設計的廣告，卻會給消費者該轎車是女性專用的印象，男性不喜歡感覺是女性專用的轎車，但女性卻不覺得以男性為主角的廣告，訴求的就是男性專用車。

之所以有這樣的現象，主要是社會對於汽車駕駛的刻板印象，認為開車人士大多以男生為主，因此，家中要買車時，男生經常扮演一個重要的角色，即使是要買一輛給家中女性開的車，男主人在購買決策中仍會扮演重要的角色。

近年來，女性消費意識抬頭，女性進行消費行為時，不再一一徵詢男性的意見，而會獨立進行購買決策。汽車屬於高價的耐久品，動輒數十萬元或數百萬新台幣的售價，對大部分消費者來說，確實不算小錢。因此，在購買前，女性通常會徵詢家中男性的意見。即使這位女性消費者是獨立生活的單身女性，她仍然有可能徵詢男性友人或男性親戚的意見，因為從刻板印象來說，男性似乎應該比較懂車。

男性比較懂車這件事，恐怕是刻板印象的成分較大，而不一定是事實。主要原因是汽車為不常購買的產品，除非消費者剛購買過汽車，有購買經驗，或是從報章雜誌上蒐集很多相關知識和在學校課堂上曾經修習過汽車原理的課程，否則，大部分消費者對於汽車的訊息，僅止於業務人員所說的訊息，或者是網路上收集到的資訊。網路資訊人人可以取得，而業務人員跟每位想要買車的人，包括男性與女性，一一介紹產品訊息。要說男生一定比較懂車，恐怕並不一定。

不過，事實就是如此，花錢買車的可能是女性，將來要用車的也是女性，但是決定買哪一輛車，卻可能是男性與女性共同決定，或者根本就是跟女性一起去的男性決定的。既然購買決策中，有一大部分的決定權是在男生手上，汽車公司自然不敢怠慢，推出的汽車廣告，自然是以男性駕駛人為主。

也就是說，消費者並不一定是一個人，有些時候可能是一個家庭，或是一個小團體，團體中付錢的購買者，跟將來會使用這個產品的使用者，可能不同於決定購買哪一種產品的決策者。了解消費者所扮演的不同角色，才能針對不同角色進行行銷溝通方案的設計。

當然，隨著女性消費意識的抬頭，愈來愈多的女性消費者，能獨自或在女性友人陪同下，到汽車經銷商看車，然後自行或與女性友人共同作出購買決策。在這種情況下，使用者、購買者、決策者的角色皆為女性。或者是說，有些時候，男性雖然陪同去看車，但純粹只是陪同，而由女性作全部的決策，這時，雖然有男性出現，但使用者、購買者、決策者也都是女性。在此情況下，汽車廣告的訴求對象自然應該是女性。

廠商必須了解的重點是，消費者可能不是一個人，有些時候消費者其實是一群人或一個小團體。廣告訴求必須針對這整個小團體，或者是針對這個小團體中進行消費決策的那位消費者。

有許多產品是以家計單位爲購買單位，且購買決策深受成員中的其他人所影響，例如：房子、汽車的購買，通常就是由夫妻共同討論，並參考子女或父母的意見才做出決定。這種家庭的決策過程，會較單一個人的決策過程更爲複雜，因爲這些決策必須要迎合家計單位中每個人不同的需求與欲望。

行銷業者在決定廣告方式時，應考慮家庭結構與消費的情況，並針對家計單位中扮演不同角色的不同消費者，進行不同的行銷運作。例如：像早餐麥片這類產品，付費者與購買者是家長，使用者則是家庭的全部成員，那麼業者的行銷方案除了要對家長有吸引力之外，還必須要能夠吸引到小孩或是其他成員。

9-1 家庭與家計單位

本節討論的家庭與家計單位，是從消費者行爲的角度出發。有些領域在討論家庭與家計單位時，並非是爲了探討消費行爲，因此給予的定義與討論的範圍，就不會相同。

舉例來說，從稅務的角度出發（所得稅申報），只有已結婚的國民才組成家庭，同居是不算的，但在消費行爲的討論來說，同居其實很接近於小家庭。從戶政的角度來說，登記在不同地方的夫妻兩人，並不屬於同一戶（戶籍地點不同），但其實夫妻兩人之所以登記在不同戶籍，很可能是爲了節省房屋稅，在多個房子申請自用住宅。

一、家庭與家計單位

行銷上的家計單位與法律上的家庭定義不同，法律上的家庭或家計單位，是指在血緣上、婚姻上或因爲領養關係而居住在一起的人所組成的群體。行銷上的家計單位（Household），則是指在同一個住所內，不論是否有血緣關係或是姻親關係的人所組成的消費單位，包括家庭（Family）與非家庭（Nonfamily）。本章討論的主要內容爲行銷上的家計單位，而非法律上的家庭。

很多產品是以家庭爲購買單位，且許多購買決策深受家庭其他成員的影響，因此欲研究消費者行爲，就不能忽略對家庭的瞭解。

最常見的四種家庭型式爲：

1. **配偶雙方**
2. **配偶雙方與子女**

3. **單親家庭**

4. **延伸家庭**：Extended Family，可能包括三代同堂（祖父母親、父母親、小孩）或是其他血親、姻親。

(一) 法定與政府登記的家庭單位不同於實際的家庭單位

政府基於統計目的，也將家庭的型態分為單人家庭、夫婦家庭、單親家庭、祖孫家庭（隔代教養）、核心家庭、三代家庭。不過，政府的統計資料常以戶籍為準，為了節省房屋稅捐，或者中小學生的越區就讀，同一家庭成員的戶籍可能在不同地方，造成統計資料失真，因此，政府的戶口統計資料，在這部分是無法運用於了解消費者的家庭購買行為真實狀況。

非家庭的家計單位是指並非組成家庭的家計單位，常見的非家庭型式為：單身獨居者、同居（住在同一個住所，有性關係的同性或異性同居者）、室友或房客（二個或三個以上，彼此沒有性關係和親屬關係，但住在同一個住所的人）。

近年來，由於非傳統家庭與非家庭的家計單位快速成長，例如：獨居者、與其他人共居的老人、異性或同性同居、室友、朋友共處等愈來愈多，所以整個家計單位成為重要的行銷分析單位，目前家計單位中仍以家庭為最大宗。有性關係的同性或異性同居者，與家庭單位相近，但仍非屬家庭。如果是異性同居，而且有了小孩，則此時會更趨近於家庭，但仍可能有一點差異。

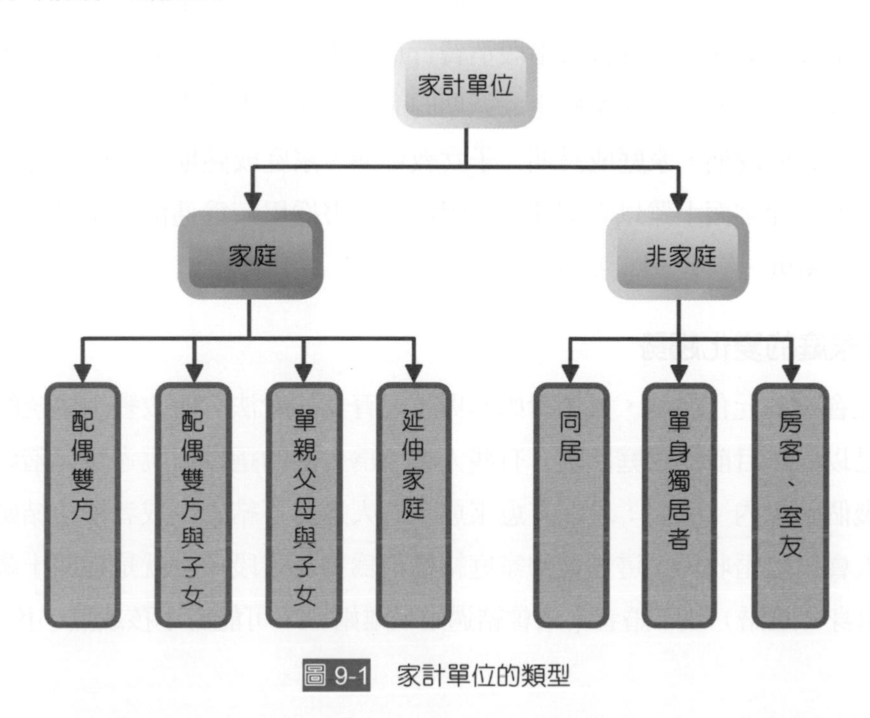

圖 9-1 家計單位的類型

二、家庭生命週期

家庭的需求和支出受到家庭人數、成員年齡及可以負擔家計的成員數目等家庭結構的不同所影響。例如：有小孩的夫妻，通常在食物及實用品上有較高的花費；剛結婚沒有小孩的夫妻、剛有小孩的夫妻、與小孩已經在讀大學的夫妻，花費上有很大的不同；夫妻雙方都在工作的家庭，則可能會有一項褓母費用的支出等等。

家庭生命週期（Family Life Cycle；FLC）的概念是指「從年輕尚未結婚開始，一直到組成家庭、養育小孩、退休、獨居等，所歷經的各個階段」。

(一) 傳統的家庭生命週期

人口統計變數經常被用來區分家庭生命週期，比較常用的幾個變數是：

1. **婚姻狀況未婚、已婚或喪偶**
2. **在家的子女人數**
3. **在家的子女年齡**
4. **夫妻的工作狀況**

傳統的家庭生命週期包括五個階段：年輕單身階段、新婚階段、滿巢期階段、空巢期階段與鰥寡階段。

有些家庭生命週期階段的區分方式，區分為更多個階段，這並無不可。基本上，區分為更多個階段，更能細化解釋各階段消費行為。不過，區分成太多的階段，可能產生過於瑣細的問題。另外，有些家庭生命週期的命名方式，不易從字面立刻知道該期的重點，例如：家庭形成期、家庭成長期、子女教育期、家庭成熟期這樣的區分方式，並非沒有道理，而是從字面上難以立刻理解。因此，本書採用較為通俗但又易於理解的年輕單身、新婚、滿巢、空巢、鰥寡等階段。

(二) 現代家庭的變化趨勢

由於社會的多元化發展，人們對婚姻與生兒育女的看法有所改變，傳統的家庭生命週期已不足以描述目前的家庭狀況。有些人會因為生活的選擇而跳過幾個階段，或者甚至不在這幾個階段內。例如：現在有愈來愈多的人選擇不結婚，或者縱使結婚，也有愈來愈多的人會以離婚收場。這類型的家庭結構稱為獨身階段，也就是指四十歲以上的單親、再次單身（離婚）或不婚者（未曾結過婚或離婚），可能有小孩或無小孩。

再次單身的家庭常因離婚所付出的高代價，與僅靠一個人的所得維生，因此財務吃緊。他們通常會建立新的家計單位，所以主要的花費是買家具、付贍養費等支出。除此之外，他們可能會重新開始約會，因此也會產生購買服飾、約會所需等開銷。如果有小孩，可能還有撫育金與探視小孩的交通費（若小孩住在其他地區）等支出。有些不婚者的財務狀況則較佳，也無需負擔有關小孩的各項開銷，因此有許多的所得用於旅行與休閒，但因爲是獨自一人，所以有儲蓄以備年老時使用的壓力。

另外，現在的社會還有許多人結婚後選擇不生小孩，屬於已婚無小孩階段。因此這些家庭就不會經歷滿巢期階段，他們有較多的可支配所得可支用在慈善活動、旅遊與娛樂上。因爲家庭人口數少，所以開支較少，若夫妻二人都有工作，且有適當的儲蓄，常易提前退休。相反的，現在的社會還有許多人選擇不結婚，而是同居，這些同居者中，有些會選擇生小孩，因此，這些同居者雖無法律上的家庭名義，但在行銷工作者眼中，同居者與一般家庭類似。

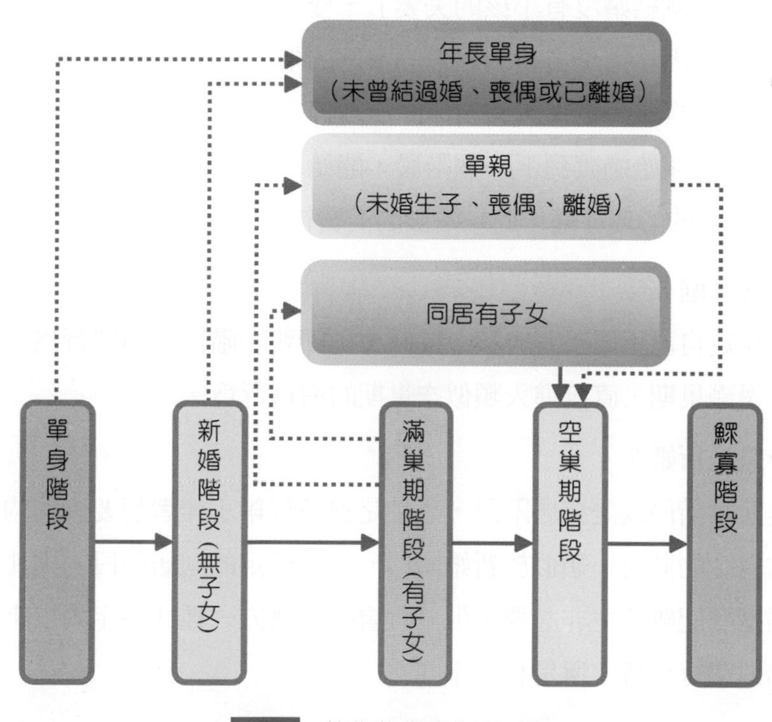

圖 9-2 簡化的家庭生命週期

三、各階段的所得、需求與支出

以下則爲家庭生命週期各個階段在所得、需求與支出上的特徵。

(一)年輕單身階段(Bachelor Stage)

年輕單身者是指「已離開原生家庭居住，但仍未婚，尚未籌組家庭的階段」，但可能是自己住、同居或和其他朋友共住的年輕人。通常他們的所得不是很高，但因無其它財務負擔，通常也還沒有覺得需要爲了未來或退休來存錢，所以在消費支出上具有高度的自主性。此階段是設立家庭的開始，因此其可支配所得會花費在家具、租金或其它住所的開銷上，並且會花錢在車子、娛樂、外食、旅遊及約會或交友的支出。由於仍未結婚，因此有相當的支出花在社交活動、約會。

同樣是單身，年輕單身與年長單身階段，會有不同。年輕單身階段的消費者，預期將來會結婚。年長單身階段，可能會預期短期內的將來，不一定會結婚。對於未來的看法，會影響到目前的消費行爲。

(二)新婚階段(Couple Stage)

新婚階段是指「剛結婚沒有小孩的夫妻」，雙方可能都有收入來源，所以比單身階段的財務狀況較佳。因爲這是夫妻開始設立家庭的階段，所以支出的狀況和年輕單身階段類似，在房子、家具、汽車、渡假、休閒活動等方面的支出爲其花費的大宗。當消費者準備生育小孩時，開始過渡到下一個階段，開始準備養育小孩所需的支出。但如果消費者並沒有養育小孩的心理準備，此一階段的消費行爲會繼續延續。

1. **未養育小孩的家庭**

   某些消費者認定自己不要養育小孩，此時會延續新婚階段的消費行爲，之後隨著年紀增長，會跳過滿巢期，直接進入類似空巢期的消費行爲。

2. **同居是單身還是新婚？**

   同居要算是新婚階段或是獨居階段，恐怕是很多行銷工作者想要詢問的課題。一般情況下，非常穩定的同居，類似於新婚階段。但不穩定的同居階段，則比較像是年輕單身階段。婚姻登記雖然並非必要，但確實會給予雙方一種「穩定的未來」的感覺，因此在展現出消費行爲時，還是有所不同。

(三)滿巢期階段(Full-Nest Stage)

滿巢階段是指「已經生育小孩，且小孩仍未離家的家庭」，此時消費行爲通常會有所改變。而根據小孩的年紀，又可分爲滿巢一期、滿巢二期與滿巢三期等三個階段。這三個階段的消費情況有很大的差異。

1. **滿巢一期**（Full-Nest Stage I）

   滿巢一期指的是「已經有了小孩，最小的小孩六歲以下的家庭」。之所以界定成六歲，是因爲這是上小學的年齡。

   在滿巢一期階段，隨著第一個小孩的出生， 夫妻倆開始改變在家庭中的角色，必須決定是否有一人要留在家中看顧小孩，或者兩人都繼續工作，但聘僱他人（褓母、托嬰中心）或請長輩（小孩的爺爺、奶奶）幫忙看顧小孩。這個階段的家庭，會將支出花費在房子、車子、家具、設備與照顧小孩的家具、玩具、嬰兒食品等。這些需求減低了家庭的儲蓄能力，通常，這段時間內夫妻對家庭的財務狀況並不滿意。

2. **滿巢二期**（Full-Nest Stage II）

   滿巢二期是指「年紀最小的小孩六歲以上到十幾歲之間，也就是就讀小學與中學期間的家庭」。

   在滿巢二期階段，最小的小孩超過六歲，已經開始上學，有工作的配偶一方所得可能增加，在家看顧小孩的另一方可能重新就業，因此家庭的財務狀況會較爲改善。此時，托兒的支出降低，但是家中的消費會大增，並受小孩的影響，例如：會購買大包裝的食物、清潔用品、腳踏車、服飾、運動用品、電腦與才藝課程等，喜歡到折扣店或大型量販店購物。

3. **滿巢三期**（Full-Nest Stage III）

   滿巢三期則是指「小孩已經長大，但還住在家裡的階段」，當小孩到外地讀大學，或者到外地工作，滿巢期就已結束。

   在滿巢三期階段，夫妻步入中年，因爲工作職位與薪水的提高，家中財務狀況持續改善，而小孩子也已經長大，甚至會打工兼差賺錢，此階段的支出主要爲子女的教育費與房屋內設備的汰舊換新。

照片 9-1

家庭的生命週期、撫養親屬的人口數、經濟能力，會影響到家庭的購買行為。夫婦均有優渥收入但又無小孩的頂客族，比較願意花費在提升生活品質的奢侈性和娛樂性支出。但當撫養的小孩數目較多時，家庭會將有限的財務資源，用於必要的食物、交通、教育、住居等支出，奢侈性和娛樂性支出自然會減少，而且因為財務資源的窘迫，必要的助學貸款等財務幫助，是這些家庭讓小孩得以繼續受教育的一個可能管道。

照片來源：意念圖庫 idea 104。

本照片絕沒有暗示照片中人物經濟困難的意思。

(四)空巢期階段(Empty-Nest Stage)

空巢期是指「有養育小孩，小孩離家，又回到只有夫妻兩人的家庭」的情況，此階段又可根據是否已退休(有無經濟來源)，細分成空巢一期與空巢二期兩階段。

1. **空巢一期**(Empty-Nest Stage I)

   空巢一期指的是「小孩已經財務獨立，且沒有同住，但夫妻仍未退休」的階段。這個階段的家庭，由於夫妻雙方的所得隨著工作年資的增加與職務的晉升而有所成長，因此財務狀況令人滿意，不但可以有更多的儲蓄，支出也不再以小孩爲主，而是花在夫妻所想要的方向上。因此在這個階段的支出以改善住家、渡假、購買奢侈品等爲主。

2. **空巢二期**(Empty-Nest Stage II)

   空巢二期指的是「小孩已經財務獨立，沒有同住，且夫妻已退休」的階段。如果其中一人退休，另一人退休，就是從空巢一期轉換爲空巢二期的過渡期。由於夫妻已退休，所以所得與可支配所得減少，支出著重在維持健康上，例如：醫療費用、醫療用品、健康食品、藥品等。

   空巢二期的經濟收入，與退休金有關，如果是領取年金化的退休金，且退休金額高，則可以維持與之前相近的生活水準。如果是月退休金，且所得替代率高，則可以過相當舒適的退休生活。相反的，如果領取的年金化退休金不高，或者一次領取退休金但總數不高，或者根本沒有領取退休金，則空巢二期的可支配所得將大幅減少。有一種說法「貧老族」，就是描述這種空巢二期但無足夠的退休金收入的狀況。貧老族可能必須仰賴子女的供養孝親，若無子女的供養孝親，消費狀況將會非常保守。

(五)鰥寡階段(Survivor Stage)

這個階段指的是「中老年，小孩已經財務獨立，沒有同住，且配偶一方已經過逝」的階段。鰥寡者可能還在就業，也可能已經沒有就業。還在就業者可能會繼續工作，避免和社會脫節，如果經濟狀況不佳，可能會賣掉原本較大的房子，搬到較小的公寓去住，或者改成租屋。在支出方面，則偏重在渡假、休閒和醫療保健上。已經退休沒有就業的鰥寡者，因爲健康日益變差，使得在醫療保健方面的支出佔其所有支出的大宗。如果是因爲夫妻一方的病故或意外，從滿巢期轉換到鰥寡階段，會變成是單親家庭，造成經濟負擔重的情況，立即地影響到消費行爲。

如果因爲離婚、配偶早逝而造成的單親家庭，消費行爲會類似於滿巢期與空巢期，只是可支配所得較少，這與年老的鰥寡階段，消費行爲並不相同。

前述家庭生命週期的階段分法相當簡化，實際的家庭生命週期區分會更爲複雜。不過，這樣的階段區分，提供行銷業者能夠廣泛地探討不同階段下家庭的所得、需求與支出等各方面的變化，並可藉以分析與預測多數消費者的行爲。

四、家庭生命週期與所得變化

家庭生命週期的各個階段的可支配所得各有差異，因爲需求與所得均有差異，因此展現出的消費行爲會有很大的不同。

廠商可以藉由辨明家庭需求的變化，針對整個家庭生命週期不同階段的不同需求，量身定做適合的產品。例如：汽車公司可生產七人座的家庭房車，以滿足三代同堂的家庭需求，另外，也可以生產兩人座的汽車，以滿足單身或新婚無小孩家庭的需求。

另外，行銷業者也可以利用家庭生命週期，來辨明各種不同支出型態的消費者群體，然後可將目標設定於某一個特定的生命階段，而非全部生命階段。

9-2 家庭購買決策

家庭決策 [1-3] 的過程有時就像企業會議一樣，不同的成員會有不同的意見與想法，有些事項還會攤在桌面上討論，被視爲是群體決策的典型代表。

家庭決策有兩種基本類型：一致性的購買決策、協調性的購買決策。

1. **一致性的購買決策**（Consensual Purchase Decision）
   一致性的購買決策中，群體成員在所要購買的物品上有一致的共識，但在達成的途徑上可能會有不同的意見。在這些情況下，家庭最有可能會置身於問題的處理與選擇方案的考量，直到滿足群體目標的手段被發掘爲止。例如：一個家計單位所有成員都同意要在家裡飼養小貓或小狗，但會考慮由誰來照顧，並進而協調每個人在照顧小貓或小狗上的權責。
2. **協調性的購買決策**（Accommodative Purchase Decision）
   不過，並非所有的家庭購買決策一開始在所要購買的物品上都有一致的共識，各個成員有各自不同的偏好與優先順序，且不同意其他人的想法，所以就產生了協調性的購買決策。在協調性的購買決策中，會以協調、強迫、妥協等方式在購買何種產品與給誰使用上達成一致的共識。家庭的購買決策通常以這種協調性的購買決策爲主。

一、家庭決策過程

家庭決策不同於個人決策的原因，在於決策過程中的購買者、使用者與付費者角色，不像個人決策一樣是由同一人扮演，而是可能分別由不同的家庭成員來扮演，且每一個角色還可能不只由一人扮演。例如：太太可能購買襯衫給先生穿，此時，太太扮演著購買者與付費者的角色，先生則扮演著使用者的角色。又譬如家裡的兩個小孩在母親節時，共同出錢購買禮物給母親，此時購買者與付費者爲兩個小孩，如果這禮物是全家都可使用，此時使用者除了母親之外，還可能是全家人。

家庭決策的步驟和個人決策類似，有購買意圖後，會開始蒐集資訊，由於是群體決策，所以會分享資訊，然後評估選擇方案、決定方案與執行購買。整個決策過程可能由不同人執行不同的步驟，每個步驟還可能不只一人參與。

例如：在購買家庭劇院設備的過程中，可能由子女們蒐集資料，但由父母與小孩一同評估方案與決定方案，最後由父親去購買。在過程中，家庭成員間可能因爲意見不同，成員的需求與偏好沒有辦法完全一致，而有衝突發生，所以還多出衝突管理的過程。

二、家庭決策過程的衝突

家庭決策衝突主要出現於夫妻雙方，決定家庭決策衝突程度的因素包括下列幾點[4]：

(一) 個人在群體的投入程度

投入程度愈高，愈會關心決策，也就愈會產生衝突。例如：住在家中的小孩，會比住在學校宿舍中的小孩，更關心家庭購買決策，產生衝突的程度也可能會比較高。

(二) 產品的涉入與產品的效用

產品將會被使用的程度，與產品可以滿足需求的程度，會影響可能的衝突。如果會被高度使用，則家庭成員都會關心，如果不會被高度使用，則比較不容易有衝突。例如：對咖啡相當著迷的家庭成員，在咖啡機的購買上會展現出特別的興趣，也比較容易堅持意見，而和其他成員產生較大的衝突。但對洗衣服沒有特別興趣的消費者，對於買哪一個品牌的洗衣機，則較不會有意見。

(三) 擔負責任的大小

這裡的責任，指的是取得、維護、付費等責任。人們對於需要擔負長期承諾與後果的決策，會有較大的可能性採取反對的意見。例如：家庭在飼養小狗的決策過程中，會

在將來由誰餵食小狗，與將來由誰帶小狗散步等問題上，產生衝突。但如果是買一台小烤箱，買回家後並沒有太多維護、付費的責任，家中成員就不容易產生衝突。

(四) 權力

權力是指在決策過程中，某個家庭成員對其它成員施加影響力的程度。當某家庭成員在家庭決策過程中，愈是運用其在家庭中的權力來滿足其偏好時，愈會引發較弱的一方產生反抗的心理，而產生愈大的衝突。例如：當家長總是以本身是維持家計的一方，有權力決定是否要購買某項產品，而拒絕爲小孩購買某項電動玩具、電腦遊戲時，沒有財務權力的小孩，就愈可能以發脾氣，或拒絕幫忙做家事等的衝突方式，來試圖影響家長爲其購買電動玩具、電腦遊戲的決策。

三、家庭成員對決策的影響

家庭決策過程中，不同的家庭成員會對決策有不同的影響。以下則探討配偶及小孩在家庭決策中的影響力。

(一) 配偶在家庭決策中的影響力

根據丈夫與妻子在家庭中所扮演角色的不同，有五種可能的決策型態：丈夫自行做主的決策、妻子自行做主的決策、丈夫主宰決策、妻子主宰決策、雙方共同決策。自行做主的決策是指由決策制定者獨立作成的決策，共同決策則是指在制定決策時雙方都扮演相等的角色，雙方共同商議決定。主宰型決策則是指以某一方的意見爲主所制定的決策。行銷業者應該瞭解在何種購買情境下，或是其產品類別究竟是屬於哪種決策型態，才能針對正確的決策者提出正確的行銷組合方案。

影響配偶對家庭決策影響力的因素眾多，包括性別角色的刻板印象、雙方財務貢獻、家庭生命週期階段、時間壓力、購買的重要性、購買經驗等。

1. **性別刻板印象**

   在性別角色的刻板印象方面，夫妻愈是對性別角色有刻板印象，則愈服從傳統的角色分工，例如：若有認爲妻子負責煮飯、先生負責維修家庭用品的性別角色刻板印象的家庭，在廚具的決策上， 妻子的影響力較大，在電器或機械上的決策上，丈夫的影響力則較大。

2. **雙方財務貢獻**

   在配偶雙方對家庭財務的貢獻方面，通常對家庭資源較大貢獻的一方在決策上會有較大的影響力。

3. **家庭生命週期**

在家庭生命週期的階段方面，配偶對家庭決策的影響力，在不同家庭生命週期階段上會有所不同，新婚階段會偏向共同決策，當婚姻進行一陣子之後，家庭決策則由與該決策較為有關的一方來決定。

4. **時間壓力**

在時間壓力方面，時間壓力比較大的家庭，因為需要更有效率的決策過程，因此，在家庭購買決策上，較多時候是各自決定，共同決策的比例則較低，相對的，決策的品質可能較差。

5. **購買重要性**

在購買決策的重要性方面，購買決策愈重要，則愈會以共同決策來處理。

6. **購買經驗**

在購買經驗方面，對該項決策較為擅長或較有處理經驗的一方，對家庭決策的影響力會較大，如果雙方均無經驗，則採取共同決策的可能性較大。

(二) 小孩在家庭決策中的影響力

小孩對家庭決策的影響力來自三方面。第一種方式是請父母親購買，幼小的小孩會影響其父母親花錢去購買小孩自己偏愛的產品，例如：希望父母親為他們購買某項特別的玩具；第二種方式是以零用錢購買，擁有零用錢的十幾歲小孩，可以自己付錢購買自己使用的物品，第三種方式是參與家庭的決策，在全家共同使用的產品上，小孩會影響父母親的購買決策。

小孩在家庭決策上的影響力大小，在不同的家庭中，會有明顯的差距。某些家庭較重視維持小孩間的紀律，生長在這種家庭的小孩，比較不會自主性的制定決策，而且也比較不可能涉入家庭決策。相反的，有些家庭則重視小孩獨立思考與個人化的成長，生長在這種家庭的小孩可能擁有較多的產品知識，對父母親的看法也比較會給予意見。

另外，小孩在家庭決策上的影響力會受到父母親對小孩權威程度的影響。若從權威的角度上來看，如果父母親對小孩有絕對的權威，則小孩在家庭決策所扮演的影響力將較小。若父母親比較關心自己的事情，而比較忽略小孩，則小孩在家庭購買決策中的影響力也會較小。但若每個家庭成員擁有相等的發言權，大多數家庭事項都會被成員討論，特別是那些將被決策影響到的成員，此時小孩會被鼓勵自我表達、自主與成熟行為，家庭決策則會偏向共同制定。若小孩被給予充分的自主性在處理和自己有關的事物上，則面對與小孩攸關的購買活動時，小孩會自主決策。

9-3 組織購買決策

除了消費者會進行購買決策外，許多組織的員工也經常會進行購買的決策。組織採購人員會購買產品或服務，來供應公司員工、組織成員或客戶使用，他們的採購範圍很廣，從購買公司製造流程所需的原料與設備，到辦公室所需的文具用品等。許多組織將其採購部門視為「價值中心」，因為他們的任務就是以較低的整體成本，來發掘更好的產品來源，為組織創造價值。這裡所說的組織，包括企業、機構（例如：學校、醫院）與政府等營利或非營利組織，他們會從其它的企業購買其所需的產品或服務，這樣的客戶與供應商的市場環境，稱為企業對企業的市場（Business-to-Business Market），簡稱 B2B 市場[5-7]。

一、組織購買決策的特徵

(一) 涉及成員較多

組織的購買決策，除了實際採購的人之外，通常還會有包括直接或間接影響購買決策的人，及實際上使用到這些產品的其他人涉入其中。也就是說，組織購買決策與個人購買決策的重要差別之一，在於組織購買決策牽涉到的人較多。

(二) 常會有採購規格

另外，組織所購買的物品，通常會根據精密的技術規格，來作為購買的標準，所以需要有關產品類別的標準與知識。

(三) 少有衝動性購買與非計畫性購買

組織購買決策中，很少會有衝動性購買或非計畫性購買的情況發生。屬於疾病的強迫性購買行為，在組織購買決策中更是少見。

(四) 常有專業採購人員，對方案進行仔細評估

而且，由於公司的採購人員都是專家，或者雖非專家但具有多次的購買經驗，所以，過去的經驗與對選擇方案仔細的評估，是他們制定購買決策的基礎。

(五) 較少受促銷影響

組織採購人員在購買決策制定的過程中，重視與供應商面對面的接觸與溝通，所以，在企業對企業的市場環境中，通常強調的是人員銷售，廣告或其它促銷活動則比較少。

(六)在意採購人員方便

另外，組織的採購活動可能發生代理問題(或稱爲代理理論)(Principal-Agency Theory 或 Agency Theory)，所謂的代理問題(代理理論)，是指「指委託人與代理人之間因目標不一致，而產生利益衝突」。組織的利益與個人的利益，並不一定會完全相符。採購決策的品質，通常與採購人員的職業前途息息相關，但購買的金錢，並非採購人員私人所有。因此，採購人員不一定會在金錢上錙銖必較，而會考慮採購人員自己的方便，也就是說，與其讓組織獲利，但採購人員自己很不方便，不如讓組織多付點錢，但採購人員自己輕鬆一點，而這過程中，也要做到不至於損傷公司利益，而讓自己前途受損。具體的例子是某些採購人員並不會到市場上確實訪價，而是找自己熟悉的供應商。當然，這供應商提供的產品，不能距離市場行情太遠。

(七)偶有人謀不臧

組織採購行爲也可能會有人謀不臧的採購弊端，在公務機關、公營企業這類的弊端可能構成貪污罪或圖利罪，在一般公司、民間組織則可能構成背信罪或其他罪行。政府機關的貪污或圖利罪偵辦過程中，經常會見諸報端，但民間企業涉及商譽，不一定會將這類的弊端訴諸法律。不過，不容諱言的事，這種組織採購弊端確實存在。

二、組織購買與家庭購買的不同

雖然同樣是爲一群人進行購買決策，但組織的購買行爲和家計單位的購買行爲有很大的不同，這不同主要在於角色的專門化與購買程序的正式化，組織購買行爲中，經常有專門的購買人員，這跟家庭的購買是很不同的。另外，組織購買經常是透過正式的書面作業來完成，家計單位的購買決策就比較沒有這樣正式的購買流程。

家庭購買決策所需要負擔的責任相對較少，不可能因爲某一錯誤決策，而導致重大的後果；但組織採購人員決定要向誰購買，及要從這些供應商中購買哪些產品，都必須承擔責任。採購人員對購買情境的知覺受到一些因素的影響。例如：對供應商的預期、組織氣候及採購人員對自己績效的評價 [8-10]。

三、影響組織購買的因素

如同最終消費者一般，組織採購人員會受到內在和外在刺激的影響。內在刺激包括採購者獨特的心理特徵，例如：接受高風險決策的意願、工作經驗等等。外在刺激包括組織的本質及產業經濟與科技環境。除此之外，還會受到文化的影響。

採購項目的本質也是影響組織購買決策制定過程的重要因素之一。愈是複雜、新奇或具風險的決策，資訊蒐集的數量與評估選擇方案的努力會愈多。通常愈複雜的組織決策也傾向於由在決策過程中扮演不同角色的一群人共同制定。這種情況和家庭決策類似，愈重要的購買決策則愈可能會有愈多的家庭成員涉入其中。

四、組織購買的層次

如第七章所描述的個人購買決策一般，組織購買的決策同樣可依照每次進行決策時所投入努力的多寡，區分爲習慣性的決策制定、有限的問題解決與廣泛的問題解決三種類型，而分別對應這三種決策類型的組織購買策略爲直接再度購買、修正後再度購買與新任務等三種購買層次。

組織購買時投入的努力，可以下列三個構面來描述：

1. **制定決策之前必須蒐集資訊的程度**
2. **所有可行的選擇方案必須被考慮到的嚴肅性**
3. **採購人員對該項購買決策的熟悉程度**

表 9-1　三種組織購買層次

購買層次	努力的程度	風險	涉入採購決策的人數
直接再度購買	習慣性的決策制定	低	非常少，甚至是自動、重複下的決策。
修正後再度購買	有限的問題解決	中	較多
新任務	廣泛的問題解決	高	**很多**

直接再度購買針對的是一種過去曾經執行過與實現過的需求，所需要購買的產品項目是過去曾經買過，且需要重複購買的項目。它就像是一種習慣性的決策制定，只要過去和原本的供應商之間合作的經驗令人滿意，且整個成本很低或相對其他購買決策來說並不高，那麼通常不需要重新再從搜尋供應商的過程開始，也不會有（或者很少會有）進一步訊息蒐集或評估的作業。

修正後再度購買的情境，對應的是有限的問題解決。它發生在當組織想要再度購買和過去實現過之需求相似的產品或服務時，但這些產品或服務跟之前購買的並不完全相同，例如：在某些像是設計、外觀、規格或供應環境上等細節已有變化時，無法直接再度購買，因此必須採取修正後再次購買的模式。

新任務對應的是廣泛的問題解決。當需求對該組織來說是全新的，過去未曾經歷過，也從未購買過，此時必須以新任務的方式來處理。因爲沒有經驗，而使採購人員必須承受相當高的風險。而且，組織對有關此產品項目的供應商一開始也可能毫無所悉，必須重新瞭解與蒐集，所以參與決策過程的人數可能很多，會網羅許多專家來評估此類購買，並蒐集相當多的資訊來協助決策的制定。

9-4 購買決策角色

購買決策角色是指在「群體購買決策時，扮演的角色」。不論是家計單位的成員，或是組織購買過程中的個人，都有可能扮演某一種或多種的角色。這些角色包括：

一、啓動者

啓動者（Initiator）是指「帶來需求或購買某項產品想法的人」，例如：在家中提出要買第二輛車的人，或者是提出要買筆記型電腦的人。

二、分析者

分析者（Analyzer）是指「使用成本分析、價值分析等工具，來對供應商進行分析的人」。在組織中，負責估價、詢價的人員，扮演的就是分析者的角色。

三、守門員

守門員（Gatekeeper）是指「蒐集資訊，和控制資訊在組織或家庭內流向的人」。守門員會提出可能的賣方與產品給群體中的其他人考慮。在組織購買行爲中，承辦員會刻意不與供貨時間或付款條件無法配合的供應商詢價，這個刻意不詢價的動作，扮演的就是守門員的角色。

四、影響者

影響者（Influencer）會提供建議。這類角色會「透過他們的建議，來試圖影響決策結果」。組織購買行爲中，外界的顧問通常會扮演這樣的角色。而在家庭購買行爲中，家中小孩經常扮演影響者的角色。

五、決定者

決定者（Decider）是指「實際制定最後購買決策的人」。這很可能是購買者，但有些時候，與購買者不同。舉例來說，生產線的經理可能決定購買某種原物料，但實際的購買則交由採購人員負責。

六、採購者或購買者

採購者或購買者（Buyer）就是指「實際上執行購買決策的人」，通常在組織購買行爲中，這個角色是由採購經理或採購專員等來扮演，這些人有正式的職權，可以執行採購契約與下採購訂單給供應商。採購人員可能自己使用該產品，但也可能不是自己使用該產品。

七、使用者

使用者（User）是指組織或家庭中，「實際使用該項產品或服務的人」。例如：小朋友的糖果，使用者是小朋友。

上面所提到的這些角色，僅只是「角色」，而不是職稱，因此，有可能一個人會扮演多重的角色，例如：組織內的設計人員，在印刷設備的採購過程中，同時扮演著影響者與使用者的角色，也可能某個角色有兩個或兩個以上的個人所扮演，例如：公司的工程人員與外部的顧問同時扮演著影響者的角色。在家庭購買行爲中，因爲家庭並沒有太多的人，因此，每個人通常扮演很多個角色。

一、選擇題

(　　) 1. 法律上沒有結婚的人，在行銷上是否可以視為一個家庭？ (A) 如果這群共同生活的人，行為表現像是家庭，就可以 (B) 不行，因為違反法律 (C) 不行，因為違反道德 (D) 只要沒有血源關係，就不可能是行銷上的家庭。

(　　) 2. 政府以戶籍為基礎的統計資料，拿來行銷用途，是否合宜？ (A) 合宜，政府的戶籍地址資料最正確 (B) 合宜，政府的婚姻登記資料最正確 (C) 不合適，因為更新頻率過低 (D) 不合宜，為節省房屋稅，家庭內成員可能設籍於不同地址。

(　　) 3. 以下關於家庭生命週期的陳述，何者錯誤？ (A) 家庭需求與支出，受家庭人數、成員年齡、可負擔家計的人員數目等家庭結構的不同所影響 (B) 家庭生命週期係指從年輕尚未結婚一直到年紀大的鰥夫或寡婦的歷程 (C) 每個人經歷的家庭生命周期可能有所不同 (D) 與年齡生命週期完全相同。

(　　) 4. 家庭生命週期的年輕單身階段，指的是甚麼？ (A) 未婚、尚未組織家庭，但自己住、同居、或與其他朋友同住的年輕人 (B) 住在家裡且還在就學、沒有工作的人也算 (C) 只要滿 18 歲，就算年輕單身階段 (D) 已經與人同居的年輕人，才算開啓自己的家庭生命週期。在還沒與人住在一起錢，都還是隸屬於原本的家庭生命週期。

(　　) 5. 家庭生命週期的滿巢一期階段，指的是？ (A) 剛結婚沒有小孩的家庭 (B) 結婚，已經有小孩，最小的小孩 6 歲以下的階段 (C) 結婚，已經有小孩，最大的小孩處於小學生或中學生以下的階段 (D) 結婚，小孩已經長大，但還住在家裡的階段。

(　　) 6. 家庭生命週期的滿巢三期階段，指的是？ (A) 結婚，小孩已經工作的階段，且沒有跟父母同住，但父母還沒退休 (B) 結婚，已經有小孩，最小的小孩 6 歲以下的階段 (C) 結婚，已經有小孩，最大的小孩處於小學生或中學生以下的階段 (D) 結婚，小孩已經長大，但還住在家裡的階段。

( )7. 家庭生命週期的空巢二期階段，指的是？ (A) 結婚，小孩已經工作的階段，且沒有跟父母同住，但父母還沒退休 (B) 父母已退休，小孩已經工作的階段，且沒有跟父母同住 (C) 結婚，已經有小孩，最大的小孩處於小學生或中學生以下的階段 (D) 結婚，小孩已經長大，但還住在家裡的階段。

( )8. 家庭購買決策的過程中，各個家庭成員有各自的偏好與優先順序，且不同意其他的想法，最後要用協調、強迫、妥協，才能達成購買決策，這是哪一種的購買決策？ (A) 一致性的購買決策 (B) 協調性的購買決策 (C) 持續性的購買決策 (D) 涉入性的購買決策。

( )9. 以下關於家庭決策過程的衝突，何者正確？ (A) 家庭成員都會高度使用的產品，購買決策過程中比較容易產生衝突 (B) 產品不會被高度使用時，比較會產生購買決策衝突 (C) 如果每個人都沒甚麼意見，但有位家庭成員最關心這購買決策，這時候最容易產生衝突 (D) 因為夫妻具有經濟能力，家庭決策衝突對於購買行為的影響，僅止於夫妻間的衝突。

( )10. 家庭購買決策的衝突，比較不受下列哪些因素影響？ (A) 產品涉入與個人的投入程度 (B) 負擔責任的大小 (C) 購買過程中的權力分配 (D) 採購過程中的代理問題。

( )11. 下列哪些因素不會影響配偶對於家庭購買決策影響力？ (A) 時間壓力 (B) 購買的重要性 (C) 先前購買經驗 (D) 因為錯誤決策所需負擔的責任。

( )12. 父母親權威，與小孩在家庭購買決策中的影響力，有何關係？ (A) 父母親若有絕對的權威，小孩的購買決策影響力比較大 (B) 父母親若比較關心自己的事情，比較忽略小孩，則小孩的決策影響力較大 (C) 小孩若被鼓勵自我表達、自主，則購買決策會傾向於共同制定，小孩比較會自主決策 (D) 家庭權威與購買行為沒有太大關係。

( )13. 以下關於家庭購買行為與組織購買行為的異同，何者錯誤？ (A) 都是一群人在進行購買決策 (B) 組織購買決策比較需要承擔較大的決策後果。家庭購買決策需要負擔的決策「錯誤」的責任相對較小 (C) 組織通常有專門的採購人員，這跟家庭購買行為有很大的不同 (D) 家庭購買行為有比較嚴重的代理問題。

( )14. 兒童飲料中，加上果汁成分，是因為這樣才能讓家長願意購買。請問家長最有可能扮演什麼角色？ (A) 啓動者 (B) 分析者 (C) 守門員 (D) 使用者。

( ) 15. 組織的採購人員，寧願省事，而非幫組織省錢，這種現象可以用什麼理論來加以解釋？ (A) 代理理論 (B) 認知失調理論 (C) 思慮可能模式 (D) 理性行動理論。

二、問答題

1. 請說明傳統家庭生命週期的五個階段。
2. 請繪圖說明考慮離婚、終身未結婚、同居之後的家庭生命週期。
3. 請說明影響配偶對家庭決策影響力的因素。
4. 請解釋組織購買的代理問題。
5. 請說明家庭或組織購買活動中，消費者扮演的角色有哪些。

第四篇
影響消費行為的外部因素

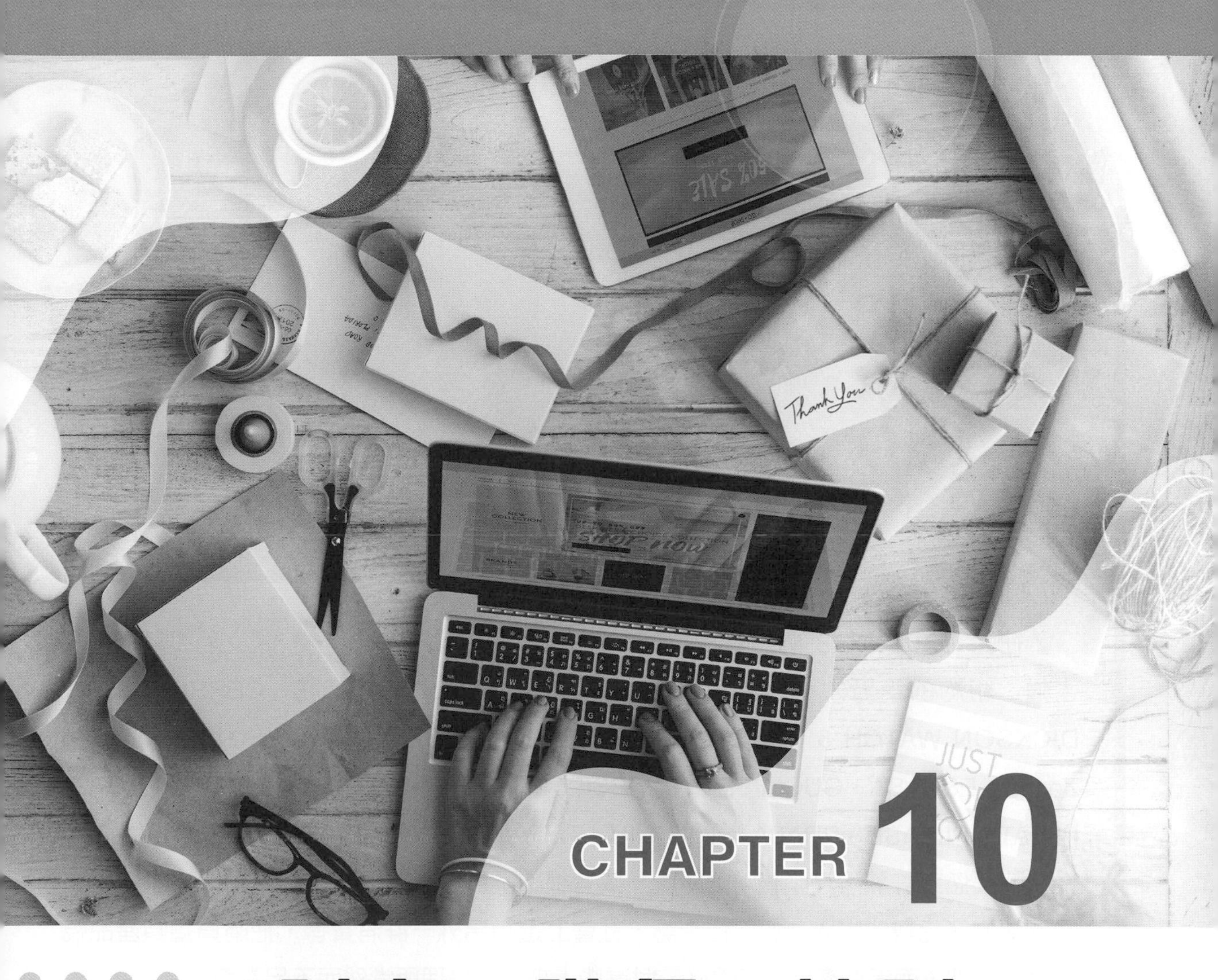

CHAPTER 10

財富、階級、性別、年齡

財富與消費行為

在台北 101 大樓的購物商場（Taipei 101 Shopping Mall） 中，以及芝加哥密西根大道、紐約的第五大道上，您可以找到諸如 CARTIER、CELINE、CERRUTI1881、DICKSON WATCH & JEWELLERY、DOLCE & GABBANA、DAKS、Ermenegildo Zegna、ESCASA、GUCCI、ETRO、ISSEY MIYAKE、KENZO、LOEWE、OMEGA、PLEATS PLEASE、PRADA & MIU MIU、TIFFANY & CO、Yohji Yamamoto 等國際知名品牌，您或許熟悉其中一兩個品牌，或者根本不熟悉任何品牌，或者認為這些國際知名品牌的產品貴的嚇人，但不容否認，社會上還有另外一群消費者，把購買這類產品視為理所當然，而這些產品的高價格，對這些人來說，是理所當然而不足為奇。

台北松山的五分埔地區、香港的女人街夜市、深圳的羅湖商場、北京的秀水市場、韓國的東大門市場，您可以找到極為廉價的各類服飾與流行性產品，臺灣各地有很多的夜市服飾攤販，定期到台北五分埔來批發各類服飾商品回去銷售，許多消費者也會到五分埔來撿便宜。當然，五分埔的店家面對批發的攤販經營者，以及來零買的消費者，會開出不同的售價，但不管怎麼樣，這裡產品的價格相對便宜很多，您在台北 101 大樓買的許多產品，價格可能是五分埔類似產品的十倍、五十倍、一百倍、甚至一千倍。在五分埔，一個皮包可能要價五百元，在台北 101 大樓的精品店，一個女仕用的皮包，可能要價五十萬元，兩者之間動輒幾十萬元，或者數以百倍的差價，是常見的情況。

101 大樓的購物商場與五分埔的批發市場，銷售的東西差異當然很大，誰都無法否認這些名牌精品的產品品質較高，但對於月入幾萬元的多數上班族來說，那些精品是可望而不可及，相反的，社會上還有另外一群消費者，擁有足夠的財富，可以購買這些較為昂貴的商品。

每個人出門都只能穿一雙鞋，但對於擁有百億身價的富翁來說，只要穿得舒服、穿得體面，多少錢都不應該是重點，因為他的財富足夠讓他購買世界上任何一雙鞋子。但相反的，對於月收入三萬元的上班族來說，鞋子穿得體面與舒服同樣重要，可是，有一個限制條件，就是鞋子的售價必須是他能夠負擔的，一雙幾千元的鞋子，可能已經是售價的上限了，高於這個價格，則無論該鞋子有多好穿，他都不會購買。

五分埔之類的批發市場、台北 101 購物商場內的精品店，都仍然會繼續存在，理由之一便是消費者間存有不同的財富程度與社會階級，有金字塔頂端的顧客，也有廣大的消費大眾，您無法強迫將各個社會階層的不一致予以去除，當然也就不能忽略財富與社會階級對消費行為所造成的影響。

很多年前，全臺灣的新聞媒體，曾經爭相報導一則新聞，新聞大意是菜市場或夜市賣的廉價衣服，很可能是回收的二手衣，在經過簡單整理後，重新拿回市場販售。過去，許多人以為回收的二手衣都是拿到東南亞、非洲賣，但從該報導後，大家才知道， 原來，雖然大部分的回收二手衣都賣到東南亞或非洲，但在臺灣社會中，還是有人願意購買這些極度廉價的二手衣。

101 購物商場的精品店、五分埔的廉價成衣、夜市的二手衣，反映的正是社會上的財富與社會階級。不同的財富與社會階級的消費者，正以不同的方式面對日常的生活。

本章探討的主題，是消費者的一些人口統計變數，包括年齡、性別、所得、社會階級等。這些變數對於消費行爲有實質影響，對行銷者來說，絕不能忽略這這些變數。這些變數對於消費行爲影響的理論很多，但很難講出什麼一致的結論，例如：性別對於消費行爲會有影響，但到底什麼樣的影響？這樣的影響有無長期的固定趨勢？每一項產品的性別差異是否相同？十年前與十年後的性別差異是否相同？所得與性別是否會有干擾效果？這些，都是難以簡單講清楚的課題。

很難用單一章節來解釋所有人口統計變數對於各類消費行爲的影響，本章將只能進行概論性的介紹。

10-1 財富

平均來說，所得愈高者，愈能夠接受高價格的產品，也愈不在乎價格，而所得低到無法負擔產品售價的消費者，即使有購買該產品的意願，也無法購買該產品，這種情況下，需要（Need）並無法轉換爲需求（Demand），更無法轉換爲產品的銷售實績。

一、財富與所得

財富與所得，都會影響消費行爲。如果僅把個人財富侷限在所得，只討論個人所得對消費活動所造成的影響，則過份簡化的消費者個人財富對消費行爲的影響。

(一) 定期規律取得的所得

所得指的是個人所賺的貨幣數額，並以定期規律的期間取得。說白話一點，每個月的薪水就是一種所得。舉凡某筆金錢是以定期規律的方式取得者，在討論消費者行爲時，都可視爲是所得。例如：房租收入，就是一種所得。退休金的孳息，或是按月領取的退休俸，或是老人年金、國民年金等，都算是所得。

(二) 累積的財富

簡單舉例，一位目前完全沒有個人收入的消費者，可能因爲之前的儲蓄或親屬所給予的財產或留下的遺產，而過著非常優渥的生活，一位收入很高的白領階級，可能因爲家中需要撫養的親屬數較多，而沒有累積太多的財富，使得生活優渥程度並不如想像中高。也就是說，影響消費行爲的部分，除了流入量（也就是收入），還包括存量（也就是財富）。消費行爲上，使得這些人的消費行爲與其他人不同。舉例來說，一位月薪十

多萬元的企業經理人，跟一位月薪十多萬元的政府中階官員，表面上的財富相同，但這些政府官員可能因爲身爲公眾人物，而無法或不願意搭乘公車或捷運，必須搭乘計程車或自己開車，通常公眾人物也不願意出現在夜市，以免製造麻煩。不過，對企業經理人來說，就沒有這些顧慮，因此，同樣的金錢所得，展現出的消費行爲也就有所不同。

二、臺灣的所得變化趨勢

身在臺灣，若能了解臺灣過往的平均每人國民所得的變化情況，將有助於了解臺灣的消費行爲變化。

臺灣的平均國民所得，從 1975 年的不到一千美元，增加到 2008 年的 15,153 美元，成長了十幾倍，之後繼續緩步上升，2020 年提高到 24,471 美元。而從數字中也可以看到，1986 至 1996 年間，國民所得成長速度極爲驚人，若對照當時國內消費的暢旺，以及當時「臺灣錢淹腳目」的消費氣氛，便可以了解財富對於消費行爲的影響。自 1996 到 2009 年之間，長達十幾年，國民所得成長趨緩，這也反映在當時的消費活動上，那一段時間國內的奢侈消費成長速度減緩很多，量販店與低價通路成長速度極快，反映出當時國民所得成長萎靡不振的事實。也就是說，財富對於消費行爲有極爲明顯的影響。2010 年之後，經濟成長的力道有稍微提升，仍低於 1986 至 1996 年間的成長速度。

三、消費支出的組成

雖然沒有家庭會以完全相同的方式花掉他們的金錢，但是平均而言，所得在支出項目上的分配狀況還是相當一致的。經濟學家經常針對不同所得家庭進行調查分析，以了解其所得支配狀況，而經過統計分析，經濟學家可以從這些支配比率中，整理出很多有助於了解消費行爲的研究結果。

表 10-1 臺灣地區國民所得與民間消費支出

	平均每人國民所得		平均每人民間消費支出	
	（新台幣元）	（美元）	（新台幣元）	（美元）
1951	1,582	154	1,157	112
1961	6,124	153	4,331	108
1971	16,845	421	9,687	242
1981	89,466	2,432	51,381	1,397
1991	228,547	8,522	127,866	4,768

	平均每人國民所得		平均每人民間消費支出	
	（新台幣元）	（美元）	（新台幣元）	（美元）
2001	401,946	11,888	257,619	7,620
2011	527,186	17,889	335,222	11,375
2020	722,873	24,471	407,639	13,790

說明：資料來源爲行政院主計處。爲簡化表格，部分年代間的資料予以節略。本表與其他統計資料類似，會因爲幣值、基點、匯率、公式不同、各種調整等，而有些許差異。各年詳細所得資料，請參見政府統計資料。爲節省篇幅，本表格只節錄部分的年代資料。政府的統計資料，可能會追朔修正，因此各次查詢所獲得的資料可能有極小幅的差異，但並不影響大致趨勢。2020年資料爲2021年5月所查詢得到的資料。

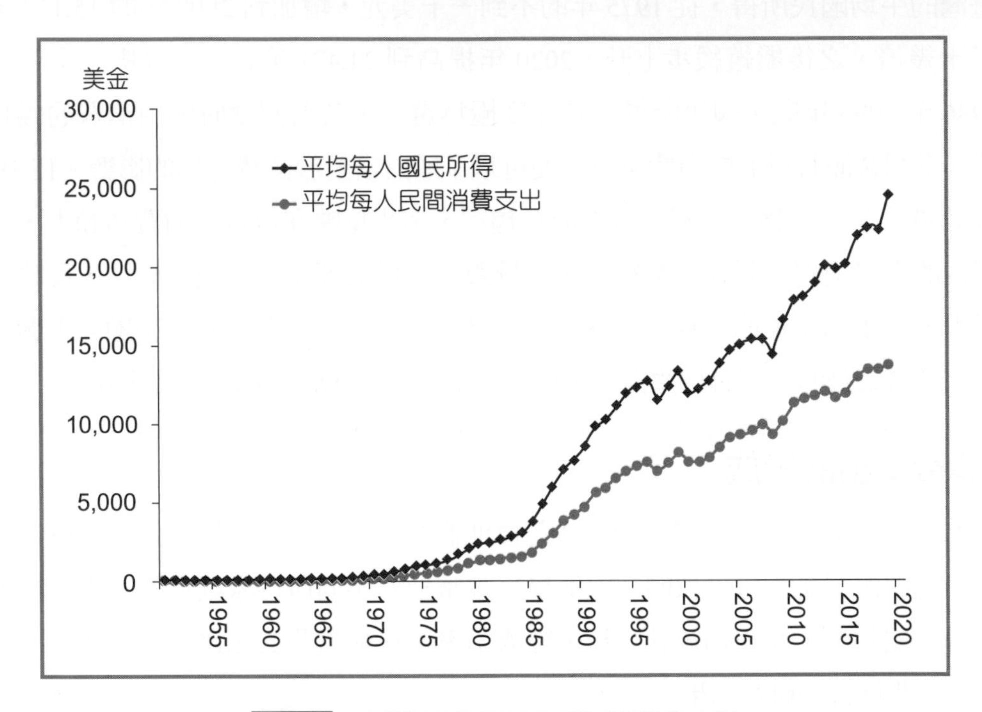

圖 10-1 臺灣地區國民所得與民間消費支出

(一) 恩格法則

討論消費支出時，經常會先討論到經濟學領域中的「恩格法則（Engel's Law）」。恩格法則是由十九世紀的一位統計學家恩格（Ernst Engel）所提出。根據恩格法則，「一個國家或個人的所得愈低，他們花在衣服或食物等的基本必需品的支出比重會愈高」。而隨著可支配的所得增加，花在其它非基本必需品上（例如：渡假、藝術蒐藏品或整形等）的支出就會愈多。

從臺灣過去幾十年的消費支出趨勢變化，可以看到恩格法則所預測的消費支出趨勢變化。不過，近年來，臺灣經濟已發展到一定程度，基本必需品的消費趨勢已經穩定，近期並沒有太大的變化。

(二) 飲食支出

根據恩格法則的預測，貧窮家庭的所得絕大部分是花在食物、與房子有關的事項與某些基本衣著上。隨著所得增加，人們會吃的愈多，愈精緻（愈貴），然後再隨著所得增加，所得花在食物的比重會開始下降，這主要是因爲食物的價格有其上限，而一個人所能吃的就是那麼多，所以花在食物上的所得比重，會在到達一個比率後，隨著所得增加，而使比重開始逐步下降。雖然有些時候，可以看到偶有極爲昂貴食物的新聞報導，但大部分的時候，極度富有者並不會花費高比率的金錢在食物上。而且，當碰到身體疾病時，例如：高血壓、糖尿病、心臟病、肥胖等問題，會迫使富有者在食物上有所節制。

從統計資料中可以發現，1951 年時臺灣地區的家戶單位花費了 61.62% 在包括食品、飲料、菸酒等支出上，但到了 1981 年，這比率降低到 39.63%，到了 2007 年，這比率持續降低到 24.04%，也就是說，雖然飲食支出是增加的，但因爲飲食支出有其極限，因此整體來說飲食支出佔總支出比重是降低的。

本項統計資料之定義，調整過。而 1951,1961,1971 的資料，已無法與新的民間消費支出類別定義做對應。因此，表 10-2 區分成舊定義與新定義這兩個部分。從新的飲食支出定義來看，2001 年的飲食支出占總支出的 12.24%，2011 年是 13.28%，2019 年則是 12.89%，三個數字差異不大。顯示近 20 年來，在飲食支出的比率部分，並沒有太大的變化。若相對比於 1951 年的 61.62% 支出，2019 年的支出只佔了 12.89%，低了很多。

新的定義中，菸酒是與食品飲料分開的，讓我們得以窺知消費者在菸酒方面的消費狀況。1981 年，菸酒支出佔了消費支出的 5.6%，但到了 2011 年，就已經降低到 2.17%，之後雖略有增加，2019 年時的菸酒支出比率占了 2.46%，但仍遠低於 1981 年的 5.60%。顯示近二十年來，菸酒支出的比重在相對較低的水準。至於近年微幅上升，很可能跟香菸的稅捐提高有關。（警語：抽菸有害健康，酒後不開車！）

(三) 衣著支出

衣著支出，所得較低時，衣著的支出比率較高。不過，衣著佔總支出的比率，始終在不高的水準。1951 年的服飾支出占總支出的比率，爲 5.42% ，此一數字逐漸減少，但減幅並不劇烈。2001 年的服飾支出占總支出的 4.11%，2007 則再次降低到 3.70%。

如果使用新的民間支出類別定義，也可以看到類似的趨勢，1981 年的時候，衣著服飾的支出比率佔總消費支出的 6.10%，此一數字逐漸降低，直到 2011 年的 4.51，到 2019 年略為上揚到 4.67%，但仍低於 1981 年的比率。也就是說，衣著服飾支出占比，一直呈現下跌的趨勢，但近期佔比的變化已小，所佔總支出的比率已相當穩定。

表 10-2 民間消費支出的組成

(a) 採用舊的類別定義的民間消費支出組成

年別	食品	服飾	家庭支出	醫療	教育娛樂	交通運輸	其他費用
1951	61.62%	5.42%	15.78%	2.57%	6.07%	1.72%	6.82%
1961	58.44%	5.18%	17.81%	4.19%	5.42%	1.73%	7.24%
1971	49.24%	5.13%	21.36%	4.20%	8.01%	3.41%	8.65%
1981	39.63%	4.92%	21.37%	4.91%	12.47%	7.39%	9.31%
1991	27.81%	4.72%	22.99%	6.43%	15.85%	12.84%	9.37%
2001	23.93%	4.11%	23.76%	8.43%	18.80%	11.80%	9.19%
2007	24.04%	3.70%	22.40%	9.03%	19.67%	11.93%	9.22%

說明：本表格係根據主計總處（http://www.dgbas.gov.tw/）所製作之國民所得統計的民間消費型態（Private Final Consumption Expenditure by Purpose）統計，但為簡化表格，各支出項目經過重新歸併，本表所稱的食物包含食品、飲料、煙，家庭支出包含燃料、租金、水電、家俱設備、家庭管理。為簡化表格，部份年代間的資料予以節略。本表格之民間消費型態之定義，目前已有所調整，本表格內 1951、1961、1971 等年之資料，已難以用新的資料定義做對應，因此本表格維持使用原本舊資料，不予以更新。在較舊的政府統計資料中，仍能取得本表格內的資料，例如：2004年行政院公布的國民所得統計摘要，仍可取得舊的資料。https://www.dgbas.gov.tw/ public/data/dgbas03/bs4/nis/ebook.pdf

各年詳細所得資料，請參見政府統計資料。為節省篇幅，本表格只節錄部分的年代資料。政府的統計資料，可能會追朔修正，因此各次查詢所獲得的資料可能有極小幅的差異，但並不影響大致趨勢。

(b) 採用新的類別定義的民間消費支出組成

年代	食品飲料	菸酒	衣著服飾	住宅水電	家具	醫療保健	交通	通訊	休閒文化	教育	餐廳旅館	其他
1981	21.17	5.60	6.10	18.20	4.33	3.98	11.01	2.31	4.33	5.20	2.98	14.81
1991	13.76	3.17	5.75	19.82	3.95	3.99	17.61	2.62	6.24	5.47	5.70	11.91
2001	12.24	2.17	5.16	20.16	4.54	3.21	11.15	4.13	8.45	5.41	6.70	16.69
2011	13.28	2.54	4.51	18.14	5.01	4.09	12.85	3.99	8.60	4.44	8.38	14.17
2019	12.89	2.46	4.67	16.83	4.75	4.16	12.24	2.74	7.52	3.39	10.57	17.79

說明：2007年之後，支出類別定義更改，雖追溯歸類到1981年，無法與1981年前的定義相對應。因此(a)與(b)表格需搭配使用。

(四)住宅支出

所得花在房子(住宅)的比重方面,在所得很低時,這比率會隨著所得的增加而成長,但是成長的幅度相當穩定,對於極高所得的消費者來說,住宅支出佔所得的比率通常還是非常高的,主要是因爲住宅支出差異極大。以臺灣來說,曾經有推出每坪六萬元的國民住宅(即時現在,在非都會區,也仍然找的到每坪十餘萬的住宅),也有總價在數億元的豪宅,因此,在購買房屋方面,有錢人永遠找得到花錢的地方,加州洛杉磯好萊塢附近的比佛利山莊,台北陽明山的仰德大道或信義計畫區,都可以找到非常昂貴的住屋。

從統計資料中可以發現,1951 年時臺灣地區的家戶單位花費了 15.78% 在包括燃料、住宅支出或租金、水電、家俱設備、家庭管理等家庭支出上,但到了 1981 年,這比率增加到 21.37%,到了 2007 年,這比率持續微幅增加到 22.40%,也就是說,住宅支出總是佔家庭支出中一個很大的比重,當所得增加,這方面的支出便會增加,而且增加的速度會比所得增加的速度還快,整體來說,家庭支出佔總支出比重是緩慢增加的。

政府統計資料中,燃料、住宅支出或租金、水電、家俱設備、家庭管理等家庭支出的定義,在 2007 年曾經更改過,且新定義只追溯到 1981 年,而非追溯到 1951 年。因此,無法比較 1951 年與 2007 年以後的狀況。不過,若依據 2007 年的定義,來比較 1981 到 2019 之間住宅水電類支出的比率,可以發現 1981 年時住宅與水電的支出爲 18.20%,到 2001 年的時候,曾經增加到 20.16%,但到了 2019 年的時候,又來到了 16.83%,表示這部分的支出佔總消費支出中很大的比重(約二成),但比率並沒有太大幅度的改變。

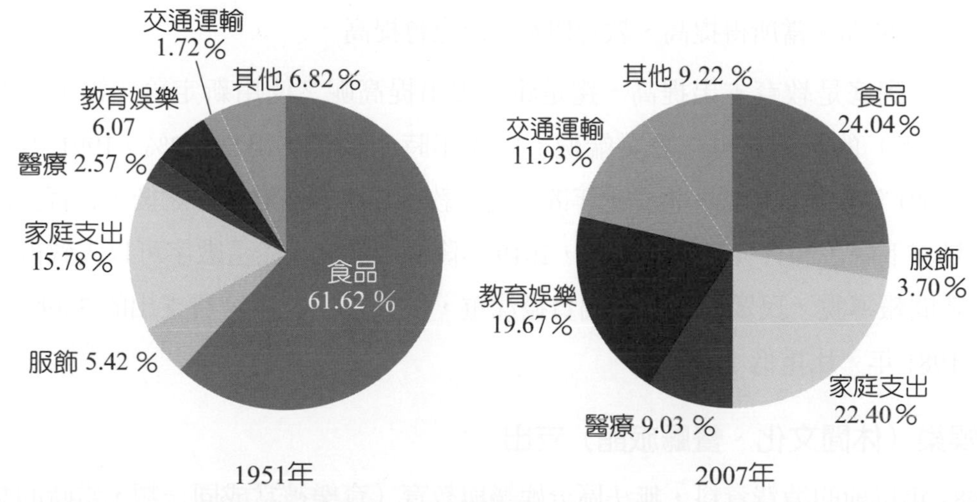

說明:2007 年以後,政府統計的民間消費支出的歸類已經改變。1951 年的分類無法對應到 2017 年的分類,因此,本圖形只比較 1951 與 2007 年。

圖 10-2 民間消費支出的組成(1951 年與 2007 年)

(五)交通運輸與通訊

而在汽車運輸與通訊的花費，則隨著所得的增加而急劇成長，一直到某個上限比率後才會停止，並開始逐步降低。從圖 10-2 中可以發現，1951 年時臺灣地區的家戶單位花費了 1.72% 在包括運輸與通訊等支出上，也就是說，在所得極低的情況下，消費者會減少不必要的交通運輸與通訊聯絡支出，但到了 1981 年，這比率增加到 7.39%，到了 1990 年，這比率持續增加到 12.74%，但到了 2007 年，這比率微幅降低到 11.93%。若依據新的定義歸類方式，1981 年的交通支出爲 11.01%，1991 年提高到 17.61%，2001 年降低到 11.15%，2011 年則爲 12.85%，2019 年爲 12.24%。大部分的期間，比率約爲 12% 左右。

也就是說，當所得增加時，消費者願意付出更多的金錢在交通支出上，消費者開始願意出門拜訪親友，而且拜訪的頻率會隨所得的增加而增加，當所得增加到一定程度後，消費者願意也想要購買機車或汽車，當所得再增加時，消費者願意購買較好的汽車，不過，當所得持續增加時，交通支出並不會繼續無限制上升，畢竟對大部分的人而言，有一輛可被接受的汽車就夠了。而且不像住宅一樣可以到處找到上億元的豪宅，售價在幾百萬元的汽車已經是汽車價格的極限了，雖然偶有上千萬的珍藏車，但並非常態。因此，整體來說，雖然運輸交通與通訊支出是增加的，但達到高點之後，比率會逐漸降低，達到一定比率之後，此支出佔總支出的比率便會逐步穩定。

(六)教育支出

1951 年到 2007 年間，教育與娛樂支出，被歸類爲同一類，都是屬於基本生活開銷之後「行有餘力」才會支出的項目。1951 年教育娛樂的支出爲 6.07%，但到了 2007 年，提高到了 19.67%。當所得提高，教育娛樂支出也會提高。

不過，到底是教育支出提高，還是娛樂支出提高呢？使用新定義（新定義追溯調整到 1981 年）的數字，可以看見端倪。1981 年時，教育支出爲 5.2%，1991 年提高到 5.47%，2001 年則爲 5.41%，這二十年間，處於教育支出的高點。但之後，教育支出的比率其實是在下降，2011 年將到 4.44%，2019 年降到 3.39%。從這數字可以大致得知，雖然很多新聞報導說，民眾的教育支出負擔沈重，但其實只花了消費支出的 3.39%，而且相較於 1981 年，比重低了很多。

(七)娛樂(休閒文化、餐廳旅館)支出

1981 年以前的消費資料，無法區分娛樂與教育（育樂被當成同一類，當時的想法跟現在不同），但 1981 年以後的資料，有一個休閒文化的類別，與娛樂支出非常類似，另

外還有一類支出是旅館、餐廳，或許也跟娛樂支出有關（聚餐、住飯店，可以算是某一種休閒娛樂活動）。

1981 年的休閒文化支出，在 4.33％左右，1991 年提高到 6.24%，2001 年再提高到 8.45%，2011 年則爲 8.60%，這比率算是頂峰，2019 年降到 7.52%，但仍比 1981 年的 4.33% 還高很多。相對於教育支出在降低，娛樂活動中的休閒文化支出卻是在增加。

餐廳旅館的支出，也可算是一種娛樂活動（休閒與旅遊活動）。1981 年的餐廳旅館支出，佔所有支出的 2.98%，但這比率在後來的四十年間，急劇增加，增加了三倍以上。1991 年增加到 5.70%，2001 年增加到 6.70%，2011 年增加到 8.38%，2019 年再次增加到 10.57%。消費者花了一成以上的支出在餐飲旅館方面，這也難怪餐飲旅館產業蓬勃發展。

（八）教育支出其實在減少中

如果把休閒文化與餐飲旅館支出合併，視爲是娛樂支出，1981 年的娛樂支出爲 7.31%（4.33％加上 2.98%），2019 年的娛樂支出爲 18.09%（7.52% 加上 10.57%），近 40 年來娛樂支出提高了 10.78%。但是，相反的，教育支出卻從 5.2% 降低到 3.39%。這跟刻板印象上，認爲臺灣民眾需要花費的教育支出費用太高，完全無法連接起來。眞實的情況是，臺灣消費者把大部分的可支配所得，花在娛樂（休閒、文化、餐飲、旅館）相關活動，但花在教育的消費金額比率，卻愈來愈低。

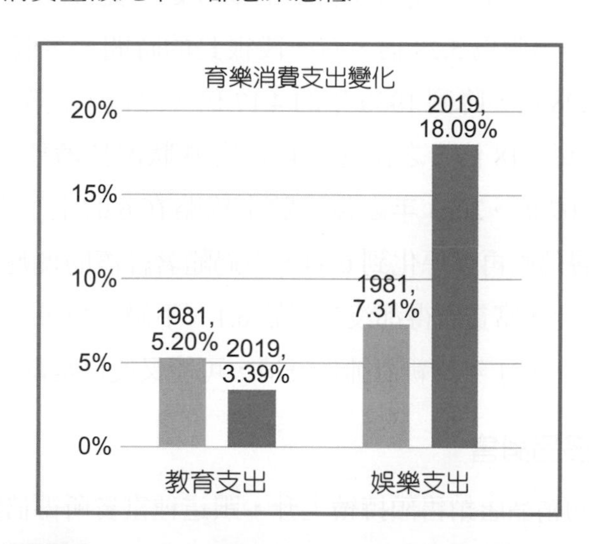

圖 10-3 育樂消費支出的組成（1981 年與 2019 年）

四、貧富差距與消費行為

在討論所得對消費的影響時，不能只討論整個地區國民所得對消費行爲的影響，因爲消費行爲是一種個體行爲，整體社會即使非常貧窮，但只要個別消費者所得是高的，那奢侈品就有銷售的空間。舉例來說，絕大多數所得較低的非洲國家居民，並無法負擔台北 101 購物商場內高級精品店的高價產品，但不代表某一個來自非洲的消費者，一定無法負擔這種高價產品，即使是國民所得極低的國家，也會有富豪，而一個國家的所得集中情況，可以反映出該國家金字塔頂端消費者與一般消費者的購買力差距。

舉例來說，許多到上海從事商務活動的台商，都會覺得上海有非常多消費額高過台北的娛樂、餐飲、住宅產品，這些台商在看了某些上海人的消費行爲之後，可能自嘆不如，而覺得大陸消費者的購買力實在太強了。或許這確實是事實，但更重要的是，當地的貧富懸殊極大，在上海聚集了中國大陸最有錢的消費者，這些金字塔頂端的消費者，購買力自然驚人。

(一) 富貧所得倍數

我們可以查看統計數字中，臺灣的富貧所得倍數資料，這裡所講的富貧所得倍數，係指「家庭所得前百分之二十者（五分位），與所得在後百分之二十者，相除後所得的倍數」。爲簡化文字， 在此處以富貧所得倍數稱呼之。從統計數字中可以發現，1968 年臺灣地區的富貧所得倍數爲 5.28 倍，有一段很長的時間，這個富貧所得倍數持續的降低，從 1968 年的 5.28 倍，降到 1980 年的 4.17 倍。之後，這個數字緩步上升，到了 1990 年時，已經回升到 5.18 倍，之後此一貧富懸殊狀況持續惡化，到 2001 年爲 6.39 倍，到 2003 年則爲 6.07 倍。2003 年之後，數字約略在 6 的上下浮動，2009 年的金融危機，當年的富頻所得倍數再度惡化到 6.34，不過隨著經濟的復甦，再次逐步降低，到 2013 年之後，至 2018 年，富貧所得都沒有高於 6.1。不過，2019 年，富貧所得倍數再次來到 6.1，且因爲 2020、2021 年的新冠肺炎疫情，可能又使得貧富懸殊的狀況再次惡化。

(二) 貧富懸殊與奢侈品銷售

近年來臺灣地區的精品店銷售額持續上升，跟這種富貧所得倍數惡化的情況有某種程度的關係，從統計數字可以得知，1996 年到 2001 年之間，富貧所得倍數突然惡化，

由 1996 年的 5.38 倍，惡化到 2001 年的 6.3 倍，這種情況下，雖然所得沒有成長，但高價精品店還是有成長的空間，因爲從所得與富貧所得倍數等統計資料來看，平均來說大家的所得雖然沒有成長，但有錢人的所得是持續成長中。相反的，這段期間低所得者的所得是在持續減少中的，如此才會形成平均所得沒有成長，但富貧所得倍數卻在惡化的現象。2001 年以後，富貧所得倍數雖然沒有再嚴重惡化，不過也沒有什麼改善。

一個國家或地區的富貧所得倍數，與該國家的經濟、稅負等政策有關，某些政策會讓該地區的富貧所得倍數持續增加，某些政策則有助於均富（或均貧）。對企業經營者來說，若銷售產品或提供的服務爲奢侈品，則要特別注意這種富貧所得倍數，富貧所得倍數愈大，愈有銷售的機會。而對銷售大眾產品的廠商來說，也要注意富貧所得倍數，以對國民所得反映的經濟狀況進行調整，因爲國民所得反映的若只是富有人的國民所得，對大眾產品的經營者來說，並沒有辦法提供作爲企業經營的參考。

表 10-3 臺灣地區所得集中情況

年	1968	1970	1972	1974	1976	1977	1978	1979
富貧所得倍數	5.28	4.58	4.49	4.37	4.18	4.21	4.18	4.34
年	1980	1981	1982	1983	1984	1985	1986	1987
富貧所得倍數	4.17	4.21	4.29	4.36	4.4	4.5	4.6	4.69
年	1988	1989	1990	1991	1992	1993	1994	1995
富貧所得倍數	4.85	4394	5.18	4.97	5.24	5.42	5.38	5.34
年	1996	1997	1998	1999	2000	2001	2002	2003
富貧所得倍數	5.38	5.41	5.51	5.5	5.55	6.39	6.16	6.07
年	2004	2005	2006	2007	2008	2009	2010	2011
富貧所得倍數	6.03	6.04	6.01	5.98	6.05	6.34	6.19	6.17
年	2012	2013	2014	2015	2016	2017	2018	2019
富貧所得倍數	6.13	6.08	6.05	6.06	6.08	6.07	6.09	6.10

說明：富貧所得倍數係指所得前百分之二十者（五分位），與所得在後百分之二十者，其所得倍數。以統計的術語來說，亦即第五分位組所得爲爲第一分位組所得之倍數。本圖係根據主計處統計局（http://www.dgbas.gov.tw/）之家庭所得按戶數五等分位之分配資料所製作。

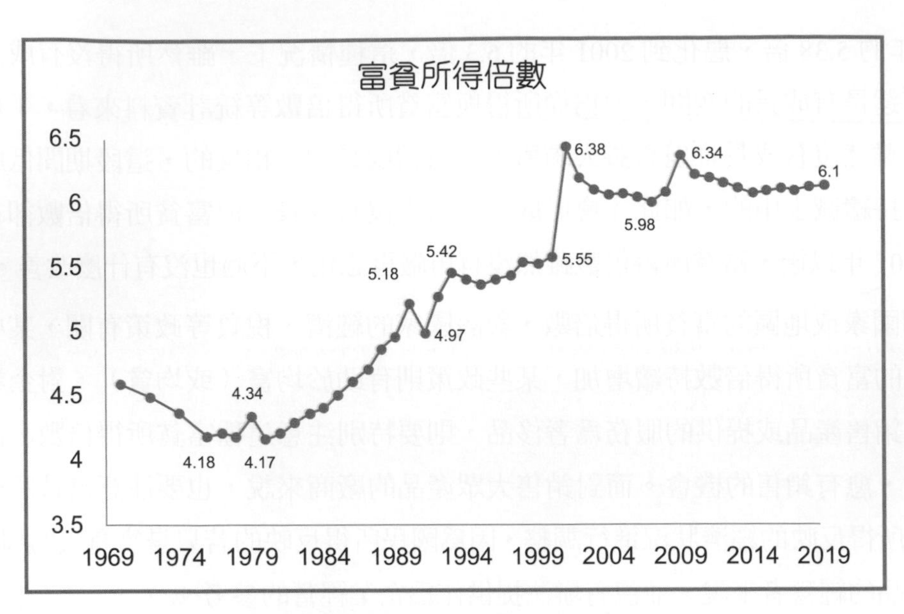

圖 10-4 所得集中情況變化趨勢

在討論富貧所得倍數時，有一點必須注意，就是討論的富貧倍數是指家庭所得前百分之二十者（五分位），與所得在後百分之二十者，相除後所得的倍數。還是家庭所得前百分之五，與所得在後百分之五，相除後所得的倍數。或者是更爲極端：是家庭所得前百分之一，與所得在後百分之一，相除後所得的倍數。

(三) 極端的富貧所得倍數

很明顯的，如果要把數字講的比較極端，比較驚悚，應該要採用家庭所得前百分之一或百分之五，與所得在後百分之一或百分之五，相除後所得的倍數。不過，在國際上，以百分之二十爲最常使用的數字。之所以不建議使用百分之一或百分之五，原因很多，有一個原因是我們生活中，可能遇不到這些所得在整個社會前百分之一的人，我們在生活中，卻會遇到這些前百分之二十的人。那些財富在整個社會前百分之一的人，並不常搭大眾運輸工具，消費行爲也與一般消費者不同，因爲他們不常在一般消費場合出現，他們的消費行爲，對其他消費者比較不會產生「耳濡目染」的影響。

如果要討論這些極端富有的消費者與極端貧窮消費者的財富差異，常常會引發很多爭議討論。例如臺灣前 1% 富人佔全台多少多少百分比的財產，前 5% 富人佔全台三分之一以上的財產，這樣的數字雖讓人們驚訝，讓人氣憤，但就是因爲有這些富有消費者存在，才會有奢侈性產品的消費市場。

當我們聽到某些國際消費市場報告，說明某些經濟狀況並不佳的國家，奢侈品的銷

售卻相當好，這背後的理由，可從前述的討論加以推論。也就是說，奢侈品在貧富懸殊的國家，仍然可以大賣，因爲貧富懸殊國家的富人，經濟狀況是相當不錯的。但相反的，均富的社會，奢侈品反而並不容易銷售。

(四)政府的低收入補助

另外，所得後百分之一的民眾，通常也是政府會給予生活補貼的低收入戶，所得後百分之五的民眾，通常也是政府會給予生活補貼的中低收入戶，這些低收入戶因爲種種原因，所得非常低，但政府會給予約略每人每月 1 萬 1 千多元的補貼（中低收入戶的補貼較少），而這些補貼並不計算在所得內。因此，將這些幾乎無所得的民眾，來與所得前百分之五、前百分之一的所得相比較，會讓數字過於惡化。事實上，這些所得極低的民眾，仍有政府給予的生活津貼，而非只是日常的所得。這部分相當複雜，已經超越本書的範圍。目前低收入戶的人數，約略在 30 萬人上下，另有中低收入戶，也是 30 多萬人。合計約 60 餘萬人，佔臺灣社會的百分之三。這些民眾都屬於弱勢族群，因爲某些緣故，無法工作營生，因此由政府給予補助。政府補助通常有排富條款，如果房屋市值超過規定，或者存款超過一定金額，或者直系親屬工作收入超過規定，可能就會不符合申請補助條件。

10-2 社會階級

社會階級（Social Class）是一種「存在於社會大眾心中的普遍想法，將民眾依據社經地位，區分成不同階級群組」的心理想法。在現代社會，並不存在正式的階級區分，但這種階級觀念確實依然存在，而且影響消費者的購買行爲。上階層的消費者（或常被稱爲上流社會），所展現的消費習慣，與下階層的消費者（或常被稱爲勞動階層），往往有很大的不同。

社會階級與社經地位（Socioeconomic Status, SES）息息相關，社經地位是指「個人的收入、教育程度、職業、居住區域等狀態」。高社經地位者，與一般的消費者，在生活消費上有很大的不同，逐漸形成不同的生活型態族群，也因而在消費者心中形成了社會階級的觀感。社會階層有某種程度是決定於消費者本身擁有的財富，但財富並非決定社會階層的唯一因素，職業、權力、居住環境等，也都會影響社會階級的心理知覺。

社會階級觀念的存在

社會階級是一種存在於社會大眾心中的普遍想法，是一種將民眾區分成不同群組的心理想法，這個名詞隱藏著不平等與差異性，少部分社會工作者可能敵視此一名詞，認為應該設法消除社會階級，但實際上，社會階級確實存在於現代社會，其分類的構面包括有權力、財富與所得、職業、生活型態、居住地區等。不過，就企業經營者來說比較關心的，是社會階級對於消費活動的影響。

以下將分別針對古代的社會階級區分、現代的社會階級區分、社會階級的衡量方式、社會階級的移動、常見的社會階級結構等主題，分別進行討論。

一、古代的社會階級

包括臺灣在內的現代社會，並無正式的社會階級區分，但不代表這種社會階級並不存在，這種社會階級觀點不但存在，而且實質影響到消費者的購買行為。上階層的消費者（或常被稱為上流社會），所展現的消費習慣，與下階層的消費者（或常被稱為勞動階層），往往有很大的不同。

現代社會的社會階級，是一種心理知覺，但古代社會中，社會階層是政治制度下的產物，例如：歐洲貴族與平民的區分，這種政治制度所嚴格區分的社會階級，普遍存在於古代各國，只是嚴格區分程度不同而已。

九品中正

古代中國晉朝的九品中正制度，是最典型的社會階級制度，該制度形成的原因是因為漢代採行郡縣制度，郡縣需要官吏來治理，部落酋長的血親繼承制度，因為部落的不存在，而已被淘汰，因此採行的察舉制度以推薦人才擔任官員，但施行久了之後，察舉制度出現了名實不副的弊端，而且漢末因為戰亂導致社會動盪，人才流徙，無法進行鄉舉里選。到三國時期，魏國的曹丕採陳群的建議，將人才定為九等，「品」指人品，評定人才的才能道德，做為吏部銓選、任用的依據。

但這種制度到了西晉以後，評定人品的官員多由高門士族擔任，不免徇私而故意抬高達官貴族及其子弟的人品等第，造成以官品高低決定人品及門第上下的現象。被列為上品社會階級者，有充任官吏的優先權，並可減免或豁免稅捐，而被列為下品社會階級者，則幾無翻身機會。晉書劉毅傳所說的「上品無寒門，下品無勢族」，指的就是這個現象。「上品無寒門，下品無勢族」，後來修改成「上品無寒門，下品無士族（或世族）」，但意思仍是大同小異。

這種士族觀念，一直到唐朝，仍然影響深刻，有一種說法，是唐太宗藉由修訂《氏族志》，重新排定門閥世家地位高低，將各姓氏的社會階級評定，並改善唐朝皇族的社會階級地位。

二、現代的社會階級

(一) 皇族與貴族

現代社會中，社會階級的區分不再是導因於政治制度的強制規定，雖然，在英國、日本、西班牙、泰國等君主立憲國家，以及沙烏地阿拉伯、阿拉伯聯合大公國（另一種翻譯爲阿聯酋）等王國，仍有皇族、貴族、平民的區分，但皇族與貴族佔全體國民的比率已非常低，而且享受的待遇也與過去不能同日而語。但有些國家，皇族與貴族仍在經濟或政治地位上，具有一般國民沒有的優勢地位，例如由皇室成員擔任重要政府部門的官員，或是擔任國營事業的經營者，使得這些皇族與貴族具有平民所無法享有的地位，形成社會階級。

(二) 榮譽頭銜

而在馬來西亞、汶萊有一種「拿督（Datuk）」、「拿督斯理（Datuk Seri）」榮譽頭銜，這是「一種頒給有地位和崇高名望者的榮譽頭銜」，也是一種類似社會階級的制度，但並沒有享有太多特別的待遇。基本上，對於大部分的社會來說，現階段討論的社會階級，並非這種因爲帝王政治制度所強制區分的社會階級。

(三) 財富形成的社會階級

現代社會的社會階級，指的是因爲財富或社會地位造成的消費者心理觀點所形成的社會階級。因爲自由經濟的關係，市場上以不同的價格提供各式各樣的產品與服務，有些產品或服務的品質相當高，但相對的，需要消費者付出相當高的價格，如果消費者願意犧牲一點點品質，則市場上可能有另外一種較低價格的商品或服務可以供應給消費者，對於富有的消費者來說，他並不在乎多付些金錢，因此，他可能選擇購買較貴的產品，而對於一般消費者來說，他可能寧願犧牲一點品質，以換來價格的大幅降低。

因爲自由市場機制的存在，這種因應消費者需要而調整商品的情況處處可見，在飛機上，有座椅寬敞到可以躺平的頭等艙，阿聯酋航空（Emirates Airlines）以空中巴士 A380 客機飛航的頭等艙甚至附有淋浴間，但也有上廁所都要大排長龍的經濟艙，在路上，有價值千萬的進口房車，也有四十餘萬的小型房車，還有只要幾萬元的摩托車。

由於社會上擁有財富的消費者，與一般的消費者，在生活消費上有很大的不同，逐漸形成不同的生活型態族群，也因此而在消費者心中形成了社會階級的觀感。這些擁有財富的消費者，因爲消費習慣與消費價值觀的關係，容易與同樣富有的消費者來往，與所得低的消費者共同進行消費活動時，容易因爲財富的差異，而造成消費習慣上的差異，長期下來，財富很容易不知不覺成爲區隔消費者的變數，而這些消費者也不知不覺各自形成聚落，不同的聚落也就成了不同的階級。

(四)其他因素形成的社會階級感受

也就是說，「財富」是現階段形成社會階級的重要因素。不過，這並不是絕對且唯一的因素，社會階級是一種心理區隔，個別消費者必須被上流社會其他人所認同，才會被認同爲上流社會階級的一份子。

某些具有財富的人，在社會上被給予的尊重，並不如其他消費者，因此，在社會階級觀念上，並不被認爲是上流階層的人。舉例來說，因爲都市重劃而使農地變成建地者，經常被稱爲「田僑仔」（閩南語發音），田僑仔並不具有負面的價值意味，但田僑仔確實較不常被視爲是上流社會的成員。相反的，律師與會計師通常被認定爲屬於中上階層，但許多律師與會計師的收入其實並不十分豐厚。社會大眾爲何會「歧視」那些獲得飛來橫財者，卻特別尊重那些靠打官司而賺進大筆收入的「律師」呢？這需要社會學家來給予解答，但對企業經營者來說，這樣的社會階級分類是很有意義的，因爲就消費習慣來說，大多數（但並非全部）的「田僑仔」的消費模式並不同於原本就很富有的上流社會成員。而賺大錢的知名律師或會計師，卻因爲長期與所謂的上流社會成員有商務上的往來，因此表現出與上流社會成員相同的消費習慣，這在企業經營者來說是很有意義的。

三、社會階級的衡量方式

常見的社會階級衡量方式，包括自我歸因測量（Self-attribution Measurement）、社會聲譽測量（Reputation Measurement）、客觀測量（Objective Measurement）。

(一)自我歸因測量

所謂的自我歸因測量，是指以問卷題項方式，讓消費者填寫自己認爲自己屬於哪一個社會階層，是由一些問題旁敲側擊出該消費者認爲自己是屬於哪一個社會階層。這樣的做法有其優點，尤其是對企業經營者來說，反正消費者只要自己認爲自己屬於那一個階層即可，企業經營者並不必在乎消費者是否高估的自己的社會階層。舉例來說，消費者認爲自己是上流社會的成員，搭飛機時應該搭頭等艙，此時企業經營者並不必在乎消費者是否眞的是上流社會成員，只要該消費者眞的購票搭乘頭等艙即可。

(二) 聲譽測量

自我歸因測量有很多缺點，因此，許多時候是使用聲譽測量的方式，由旁人幫忙歸類，而非由當事人進行自我歸類。這種聲譽測量，通常是針對職業來進行，或評判某一社群的全體成員應歸類爲何種社會階級，不過，這種方法不容易針對特定個人進行評判，而只能對某一種群體進行測量，例如：我們可以用這種方法，測量律師、會計師被認定屬於哪一種社會階級。但我們難以用這方法，測量一個人隸屬的社會階級。

(三) 客觀衡量

第三種評量方式則是客觀衡量，這是較常被使用的方法，經常被使用的客觀衡量指標包括所得、財富、可支配所得、教育、職業、社會背景、居住環境，我們可能把居住在舊金山灣區的高級住宅區消費者，直接歸類爲上階層的消費者，把比佛利山莊的住戶歸類爲上上階層消費者，都屬於上流社會，或者是把年所得超過台幣一千萬者，歸類爲上階層的消費者，或者是把五百大企業的董事長，歸類爲上流社會的消費者。

這樣的客觀區分方式很有實務上的涵義，因爲很多時候社會階層確實與這些客觀變數息息相關。舉例來說，豪宅的銷售者，針對客戶對象爲上流社會成員，但如何找到上流社會成員？或許五百大企業的董事長，就是可能的潛在顧客。這種方法無法準確區分出來全部的上流社會成員，但確實很有實務上的涵義。

照片 10-1

所得經常某種程度的決定了社會階級，而隨著工業化社會的來臨，農業所得收入的持續降低，使得務農的所得無法獲得提升，這些務農人口因為經濟力的低落、受到較少的教育，經常成為社會階級的底層人口。不過，由於都市範圍持續的擴張，某些都市邊緣的農地隨時有可能被納入都市，變成為建地，土地價格大翻身，地主財富巨幅增加，變成了被稱為「田僑仔（台語發音）」的富豪。這些因為土地而成為富豪者，因為過去的生活經驗，而不一定會自認自己是上流社會階層的成員，但所得狀況確實已有不同。農地變更為建地的可能性，讓農村經濟出現極度特殊的兩極化發展，若純粹務農工作，則收入微薄，但若土地因為重劃而變更成建地，又將會變成富豪。許多農民守住田地，除了那是祖先的家業而不能放棄外，更遙想幾十年後，農地變建地將獲得的巨額利潤。

照片來源：意念圖庫 idea 104。

四、社會階級的移動

通常我們會把社會區分成由上到下的若干個階級，例如：晉朝的九品中正制度區分為九個階級，例如：封建制度將人民由貴到賤區分成皇族、貴族、騎士、平民、奴隸等階級，現代社會通常區分為上層階級、中上階級、中產階級、中下階級、下層階級等。

(一) 愛拼就會贏

許多社會學家關心各個階級間的流動，對於一個民主的現代社會，人們希望營造出「愛拼就會贏」的氛圍，給予所有人民階級流動的希望，讓人民了解到只要努力就能夠改變自己的隸屬的社會。

(二) 社會階級有很大的比重來自繼承

社會階級有很大的比重來自於繼承，最典型的繼承為財富的繼承，而因為財富的繼承，上層社會的成員有較好的條件讓下一代受到最好的教育、居住在最好的社區，因此下一代繼續成為上層社會成員的比率也就較高。相反的，下層階級的成員，連溫飽都可能有問題，因此通常並不會給予下一代特殊的教育與成長環境，甚至可能因為無法負擔學費，讓下一代放棄求學機會，或者選擇較為廉價的升學方案，或者要求其提早就業以負擔生計，因此，下層階級的下一代，也比較可能繼續成為下層階級的成員。

(三) 教育與階級流動的機會

一個社會各個階級的成員流動，是重要的觀察重點，某些社會並不存在太多的社會階級流動機會，也就是社會階級的區分非常穩定，某些社會則提供下層階級力爭上游的機會。舉例來說，國民教育普及、高等教育廉價的社會，在教育上可提供下層階級成員翻身的機會，因為只要努力，就能夠接受好的教育；相反的，在這種社會中，金錢不是接受教育的重要前提，因此有再多的金錢，也無法讓不認眞讀書的上層階級成員接受教育，這讓教育與社會階級區分無法劃上等線，教育便成為社會階級流動的方式。

相反的，某些國家地區，國民教育不普及，或者是公辦國民教育雖然廉價，但私人籌辦的昂貴私立學校品質卻較高，大學的學校好壞與學費呈明顯正相關，而著名私立名校的學費貴到只有上層階級者可以負擔，這種情況下，教育費用將成為下層階級民眾的重要生活負擔，而迫使無法利用此一管道改變其社會階級。某些國家地區（例如美國）有捐助給私立名校，然後再讓自己的下一代因此而進入該名校就讀的傳統慣例。這種慣例做法讓接受教育與財富的連接更為緊密，即使資質不足，也可能因為家長捐獻了大筆金錢，而讓下一代可以接受到最好的教育，讓社會階級的流動更加困難。

(四) 創業成功可改變社會階級

社會是否存在創業機會，也是影響社會階級流動的重要因素，若該社會並不鼓勵小規模創業，而只發展大型企業，則下層階級或中下階級者無法透過創業來改變其財富型態。相反的，某些社會的氣氛與制度設計有利於小規模創業，當小規模創業成功時，財富狀況可能因此大幅改觀，而躍居為上一階層的成員。

(五) 社會階級的向下流動

社會階層可以向上提升，但也可以往較低的社會階層移動。許多因為經商失敗而讓財富一夕之間縮水，因為賭博而耗盡家產，都可能從較上層的社會階級流動到較下層的社會階級。人們流動到較下階層，消費習慣可能並不會立刻改變，而仍保留上階層的消費模式。這也就是所謂的「由奢返儉難」。

五、社會階級結構

雖然道德家可能不願意承認社會階級的存在，也不願認同社會應該區分成很多由上到下的階層，但社會階級還是普遍存在，而且各個階級間確實有上、下的位階關係。

但是，每個社會的上、下階層分配比重並不相同，某些國家地區，大部分的消費者都屬於下階層，上階層消費者佔總數的比重非常低，但這些上階層的消費者卻掌握極大比率的消費能力。相反的，某些國家地區大部分的消費者屬於中階層消費者，屬於上階層與下階層消費者的比重不高，而且下階層與中階層間的財富差異並沒有那麼大。

常見的社會階級結構可以用圖來表示，社會結構 (a) 表示社會中大部份成員隸屬於中間階級，金字塔頂端的上階層與金字塔底端的下階層，數量都相對較小。下階層的人數之所以特別少，可能是因為社會福利的補貼，讓最低收入者有基本補貼所致。社會結構 (b) 則表示金字塔頂端、中間、底部的人數大致相同。社會結構 (c) 表示金字塔中間的人數佔相當大比率，但頂端與底部的人數也不少。社會結構 (d) 表示大部分人都隸屬於金字塔底部，愈往上，人數比率愈低。社會結構 (e) 則表示金字塔中下階級人數非常多，但金字塔中上與頂端人數相對少很多。

社會結構 (a) 代表該社會有豐沛的中產階級，但下階級的人數不多，直接展現在消費活動上的情形，是低價產品不容易找到市場，反映在勞動市場則是無法找到低廉的勞力供給。此外，社會結構 (a) 代表該社會的上階層比率也相對較低。這類的社會，通常需要仰賴外籍勞工，來支持其國內建設與生產活動，而其生產成本通常也不會太低。

社會結構 (b) 意指該社會各階層人數比重非常平均，低價產品可以找到銷售的對象，高價產品也不乏顧客，廉價勞力的供應也不虞匱乏。不過，這類的社會因爲各種階層人數比率大致相當，因此難以發展主流價值，很可能會有同一城市內一大片區域是高價住宅區，另外一大片區域卻是平民住宅區的情況，若沒有適當的調和，可能不容易發展出和諧的社會氣氛。

社會結構 (c) 與社會結構 (b) 最大的不同，在於中產階級成爲社會的主流，下階層與上階層的人數都相對較少，但不像社會階級 (a) 那樣缺乏基層廉價勞動力，在社會結構 (c) 可以找到足夠的廉價勞動力。

社會結構 (d) 與 (e) 中，底層階級佔極大的比重，在這種社會中，不缺廉價的勞動力，廉價產品的銷路也會特別旺盛。在社會結構 (d) 中，低層比率最大，中產階級比重相對較小很多，而上階層者只是鳳毛麟角。在社會結構 (e) 中，低層結構雖大，但中產階級結構也不小，這些中產階級可能成爲社會安定的力量，也可能成爲消費力的主要來源。

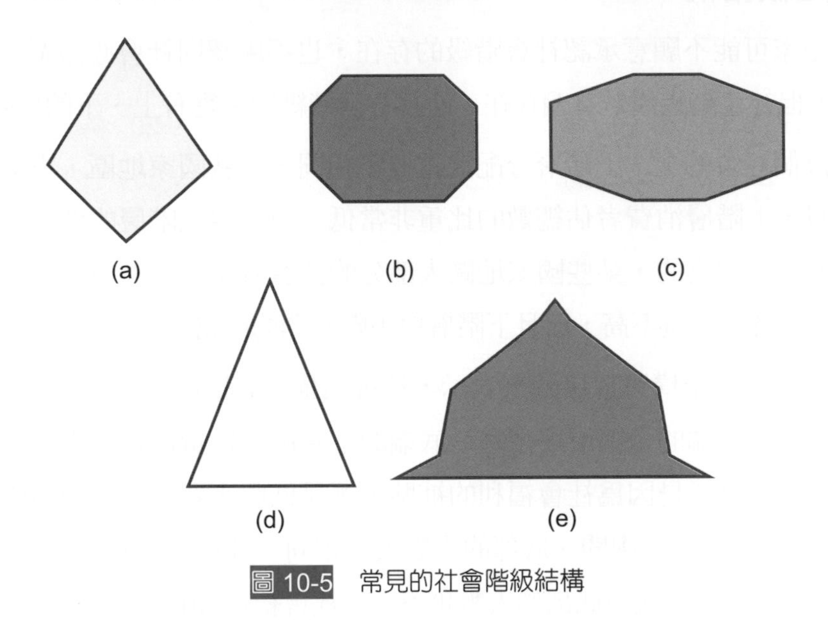

圖 10-5 常見的社會階級結構

表 10-4 臺灣消費者自我知覺的社會階級

自我知覺的社會階層	人數百分比
第九層與最頂層	0.6%
社會階層第八層	2.7%
社會階層第七層	8.2%
社會階層第六層	20.3%

自我知覺的社會階層	人數百分比
社會階層第五層	29.2%
社會階層第四層	12.0%
社會階層第三層	10.2%
社會階層第二層	4.1%
社會階層的最底層	7.8%

說明：資料來源爲章英華、杜素豪、廖培珊主編，臺灣社會變遷基本調查計畫第六期第三次調查計畫執行報告，第215頁，2013年。（http://www.ios.sinica.edu.tw/sc/cht/ datafile/tscs12.pdf）。問卷的題目爲：「我們社會中，有一群人比較接近上層，有一群人比較接近下層。下面有一個由上到下的圖表。請問您認爲您目前屬於哪一層？」。受訪者人數爲2,134人。部分受訪者選擇不回答，因此數字加總不及100%。

臺灣並沒有法定的社會階級，但消費者心中還是可能存有社會階級的想法，因此，了解消費者將自己界定爲哪一社會階級層級，有助於預測其消費行爲。根據在臺灣社會變遷基本調查中，將社會階層區分爲十層，請受訪者填寫自己屬於社會階層的哪一層，這屬於一種自我知覺的問卷測量方式，而在該次調查的 2134 個受訪者中，大部分受訪者選擇填寫位處於社會階層中間的第五層（29.2%）與第六層（20.3%），其次則爲中間偏下的第四層（12.0%）。眞正認定自己爲社會階層最底層的受訪者，僅佔 7.8%，而比最底層略高的第二層則有 4.1%，認定自己是社會階級最高層與次高層的，則合計只占 0.6%。從這樣的調查結果發現，臺灣社會中，社會底層並非最多人數的一群，自認自己爲中產階級（中間階層）的民眾，才是社會階層中人數最多的階層。

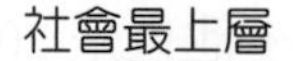

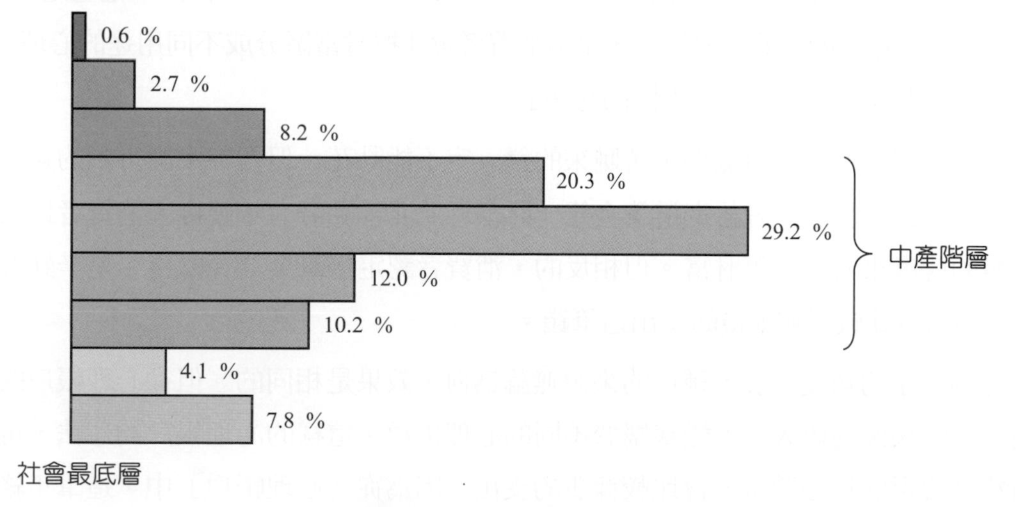

圖 10-6 臺灣的社會階層結構

10-3 心理上財富

心理感覺擁有的財富，以及心理覺得自己隸屬的社會階級，也是影響消費行爲的關鍵。本節討論兩個心理擁有的課題：心理擁有權、心理帳戶。

一、心理擁有權（Psychological Ownership）

心理所有權 [1-3] 是不具有法律上的所有權的一個狀況，描述「不屬於個人所有，但因爲個人具有支配權，而認爲是他所有的物品、財物」。舉例來說，辦公室的個人空間、個人電腦，是屬於公司所有，但消費者會認爲那是他個人所擁有的物品 [8]。

對於一個企業員工來說，如果他認爲他對於某一經費、財物、物品具有支配權，會形成一種如同是自己具有所有權一樣的感覺。常見的例示是辦公室的空間擁有，空間在法律上並非這位員工擁有的，但員工認爲這空間是屬於他的。但這種心理所有權的討論範圍並不侷限於此。舉例來說，某一部門的可自由運用預算，仍是屬於公司的，但主管擁有決定要將該預算運用於何處的決定權，因此會形成一種心理所有權。某一研發計畫的預算，計畫主持人可決定如何使用，此時會形成一種心理所有權的感覺。

心理擁有權可以出現在消費者擁有支配權但不具有所有權的情況，也會出現在消費者並沒有實質、法定擁有的權力，卻認定自己擁有該項權力的情況。

二、心理帳戶（Mental Accounting）

心理帳戶（心理會計學）是由理察．薩勒（Richard Thaler）所提出，他也是 2017 年的諾獎得主。這裡所說的心理帳戶，是指消費者會「把財富區分成不同用途的心理帳戶，對於不同心理帳戶內的金錢有不同的想法」。

舉例來說，消費者會覺得辛苦賺來的錢一定不能亂花。但彩券中獎得到的錢，則可以亂花。因此，當消費者認定這筆金錢（財富）並非辛勤努力才獲得，消費者比較會採取慷慨的態度來看待這筆財富。但相反的，消費者認定這筆金錢（財富）是辛勤努力才獲得，消費者比較謹慎節儉的支出這筆錢。

從經濟學的角度出發，賺得的來源無論爲何，效果是相同的。但從心理帳戶的角度來說，不同來源的收入，可能隸屬於不同的心理帳戶。這樣的心理帳戶的想法，可以解釋消費者獲得的年終獎金，會比較慷慨的支出。因爲從「心理帳戶」中，這筆年終獎金是額外取得的錢，但每月的薪水則是用來日常生活的錢。這種心理帳戶想法也可解釋爲

何澳門或拉斯維加斯賭場的附近，都伴隨有奢侈品的商店，因爲賭博所贏得的金錢，屬於不同的心理帳戶，消費者對於賭博所贏得的財富，比較不會謹慎看待。

就算所得、財富的來源是相同的，消費者仍可以把財富、所得區分爲不同的帳戶。消費者會將金錢區分爲不同用途的多個心理帳戶，屬於某一用途的帳戶被花完之後，消費者就會減少該帳戶用途的支出。舉例來說，消費者遺失一張 1,000 元的鈔票，跟消費者遺失一張價值 1,000 元棒球門票，在經濟學上效果是相同的，但在心理帳戶的觀點下，效果是不同的。遺失 1,000 元的鈔票，這筆錢可能用於各種用途，因此並不一定減損了棒球門票心理帳戶 1,000 元。但遺失一張售價 1,000 元的棒球門票，消費者認定用於棒球門票的心理帳戶需要扣減 1,000 元，因此很可能不願意再買一張棒球門票。

10-4 性別

男性與女性消費者的消費行爲，有很多根本上的不同。這些差異可能來自於生理上的差異，也可能來自於心理層面的差異，或者是社會規範所造成的消費行爲差異。舉例來說，男性消費者因爲沒有生理期而不需要使用衛生棉，就是一種最基本的生理差異所造成的消費行爲差異。另外，大部分的女性消費者比較具有關懷、愛心等特徵，因此針對女性消費者所設計的產品廣告，常會從溫馨的角度出發，這是來自於心理層面的消費行爲差異。社會規範往往也爲不同性別的消費者刻畫出不同的行爲範本，例如：男性消費者不應該穿裙子，男性消費者不應該喜歡穿著粉紅色滾蕾絲花邊的衣物，男性消費者是否天生就不喜歡這類的衣物？恐怕很難說，但是社會規範會逼使男性消費者鄙棄這類滾蕾絲花邊的粉紅色衣物，即使偶有男性消費者偏好這類衣物，也會被冠上有「性別認同問題」或「社會適應不良」等極具偏見性的污名化稱呼。

女性與男性消費者在消費行爲上，受到生理、心理與社會規範的影響，而有顯著的差異。性別差異廣泛出現在許多消費行爲中，因此本節只針對幾項常見的性別差異進行討論。關於其他性別差異對消費行爲的影響，可以參考眾多的消費行爲研究的論文[4, 5]。

性別對於消費行爲的影響不容忽視，性別的差異使消費者購買的商品有所不同，各種行銷溝通工具能夠產生的效果也會有所不同。以下將從生理差異造成的消費行爲差異、心理差異所造成的消費行爲差異、社會規範造成的消費行爲差異、性別認同、廣告中的性別描述、同性戀等角度，來加以討論。

一、生理差異

因爲生理差異所造成的消費行爲差異，是性別對消費行爲的最基本影響。人類天生就有性別的差異，衛生署建議一般成年男性每天所攝取的熱量，就高於建議女性所應攝取的熱量。一般年輕女生會有生理期，男生則沒有；男性消費者需要刮鬍子，但對大部分女性消費者來說，這並非大問題。

基本上，生理差異所造成的產品消費行爲的差異，可區分爲是否消費、消費量差異、以及消費產品型式的差異等幾類。女性消費者會使用衛生棉，男性則無；男性消費者需要使用刮鬍刀，大部分女性消費者則不需要，這就屬於是否使用的的差異。

除了這類因爲生理差異所造成的情形。另外，有一些產品是男性與女性消費者都需使用，但男性與女性所使用的產品則不相同、無法混用，例如：女性的胸罩與內衣褲，和男性的內衣褲就無法混用。另外，同樣是家庭計畫用品，男用保險套是設計給男性消費者，但避孕藥、驗孕棒則是專爲女性設計。

(一) 私密商品

有些只針對特定性別所銷售的產品，特別是較爲私密性的產品，消費者不常代替其他性別消費者來購買，以避免可能的人際尷尬。舉例來說，在大部分的情況，少有男性消費者幫女性購買胸罩，而大部分的保險套購買者都是男生。因此，如何針對特定性別消費者提供消費環境，便成爲可能的行銷作爲方式。

舉例來說，女性內衣專賣店，專門針對女性提供私密、純女性的購物環境，讓女性在購買產品時，不會有男性出現，降低女性可能產生不好意思的情況。這種內衣專賣店雖然也歡迎男性消費者來爲女伴購買產品，但女性消費者才是這種店面的主要目標顧客。百貨公司或商場中雖設有內衣專櫃，但因爲逛街的消費者也包括男性，因此某些女性消費者可能會覺得選購內衣時有男性經過而感覺尷尬，因此，女性內衣專賣店或專門銷售女性內衣的區域，便成爲這種特殊需求下的產物。

(二) 基於生理差異但不具私密性的商品

因爲生理差異所造成的產品消費上差異，並非一定是私密而容易令人尷尬的產品。舉例來說，男用刮鬍刀、女性香水或女性保養品，都是特定性別才會購買的產品，但因爲不具私密性，因此不容易有人際尷尬的可能性。也因此，臺灣的百貨公司一樓，通常是化妝品專櫃，但女性消費者並不常抱怨選購產品時會有尷尬的情況。化妝品的購買比較沒有私密性考量，但女性內衣的購買就有明顯的私密性考量。

二、心理差異

心理差異指的是導因於消費者性別的差異，但這種差異並非導因於生理差異，而是來自心理狀態的差異所造成的消費行爲差異。舉例來說，女性消費者與男性消費者在性情、決策模式、對於情感的態度等有所不同，因此會造成差異。

一般來說，男性消費者比較容易有狂熱、感興趣、活躍、強勢、自豪、自我中心等特質，而女性消費者比較容易有害怕、不安、沮喪、煩憂等情緒；男性比較容易接受新科技產品，而女性比較容易用價格來決定購買與否；男性比較容易視購物爲功利性（Utilitarian）的活動，而女性比較容易覺得購物活動能夠帶來快樂性（Hedonic）價值。另外，在產品知識的取得方面，男性比較常透過外部訊息來源（例如：雜誌），而女性比較常利用先前的購物經驗作爲產品知識的主要來源。

三、社會規範

消費者的某些消費行爲來自社會規範，而非導因於消費者的生理差異，也非導因於消費者的心理差異。以下列舉幾個社會規範造成的性別差異。

(一) 衣著的性別差異

舉例來說，古代社會並沒有男性穿褲子、女性穿裙子的區份，而蘇格蘭裙與中國古代的長袍馬褂，都是供男性穿著的裙子。但現今社會規範是只有女性才能穿裙子，一旦有男性消費者要求穿裙子，一定會引來大家的關注。

(二) 美貌身材的性別差異

再舉例來說，亞洲（尤其是臺灣與日本）的女性消費者，特別重視皮膚的美白，但歐美女性消費者卻不是那麼重視美白。而無論歐美或臺灣社會，都有相當多女性消費者關心瘦身減肥的相關產品資訊，從醫療保健的角度來說，體重保持在健康的範圍是非常重要的，過輕則有礙健康，然而，許多女性的體重已低於正常值，仍嫌自己體重過重，而不斷尋求瘦身減肥產品的幫助，此時的瘦身產品消費行爲，主要是導因於社會規範。

(三) 家庭購買行為的性別差異

社會規範會影響不同性別的消費行爲，除了直接影響是否購買某一種產品外，也會影響不同性別在消費行爲中扮演的角色。舉例來說，在家庭購買行爲中，男主人與女主人扮演的購買角色，就有可能受社會規範的影響，例如：在臺灣，下一代的家庭教育經常被認定爲是由母親負責，這種社會規範，導致幼兒教育書籍或軟體的主要訴求對象必須是女性，而非男性。另外，雖然女性汽車駕駛的比率已經快要與男性相同，但社會規範上還是認爲大型購買決策應由男性來決定，而汽車的購買屬大型決策，因此，大部分汽車購買決策都是由男性來決定，即使該汽車是購買給女性消費者使用，我們仍可以看到男性在購買決策中扮演非常重要的角色。

（四）性別平權與消費行為的性別差異

社會規範會影響男女性的消費行爲，因爲不同社會的價值觀不同，所以不同社會的社會規範，會引導出不同的男女性消費行爲。舉例來說，強調男女性平權的社會，比較不會有太多由男性來代替女性進行購買決策的情況。相反的，當男性的地位明顯高於女性時，許多女性的購買決策可能都是由男性來決定的。

在男女平權的社會，女性裝扮好壞的審美，是由男性與女性消費者決定，但在男尊女卑的社會，女性的裝扮則由男性消費者評定，而且女性會自發性的以符合男性消費者的角度來進行裝扮。在某些社會，男尊女卑的情況，可能嚴重到連吃飯都是由男性點菜，女性則自發性的不願意表示意見，任由男性消費者決定。當然，這種男女不平權的情況，不一定會是男尊女卑，母系社會也有可能產生女尊男卑的社會規範，不過，這種女尊男卑的情況並不常發生。

（五）經濟支配力與消費行為的性別差異

社會規範對於男女性消費行爲的影響，也可能是透過對經濟支配能力的影響，間接影響男女性的消費行爲。舉例來說，若一個社會（例如：日本）普遍認爲女性在結婚後應該離開就業市場，擔任專職的家庭主婦，這樣的社會規範使得女性消費者在婚後的經濟自主能力大幅降低，從而使婚後女性消費者必須依附男性消費者，導致大部分購買決策由男性消費者決定。這樣的社會若也形成家計應由男性負擔的價值觀，則女性消費者在婚前的消費力將會非常驚人，因爲女性消費者可能認爲婚後的生計應由配偶負責，不認爲她們需要將婚前的收入存下作爲未來的生活費用，且她們可能認爲婚後將無法再自由的進行各種消費活動，而使未婚女性的消費能力無形中增加很多。

（六）法律強制規範的消費行為性別差異

社會規範對於男女性消費行爲的影響，也可能藉由法律強制規定的方式來形成，比較極端的例子是阿拉伯國家的女性消費者，受到法規限制，無法從事許多消費活動。直到 2018 年 6 月，沙烏地阿拉伯才允許女性開車，但女性仍不能自行開立銀行帳戶、自行出國、自行決定結婚、自行與非家人的男性用餐、自行決定穿著。過去，沙烏地阿拉伯

在法律上明文規定女性不得開車，其理由則來自於社會規範，因爲沙烏地阿拉伯社會認爲女性開車時，將使女性處於有可能和男性同車的情況，而讓女性因此而無法矜持，基於此一理由，即使國民所得已經不遜於西方社會，在沙烏地阿拉伯就無法展現一如西方社會中女性消費者的汽車消費能力。

四、陽剛與陰柔

性別認同的想法，是認爲消費者的眞實性別，並不能完全決定消費型態，消費者的心理性別認同，有時候更能預測消費行爲。這種論點主張比較陽剛（Masculine）的消費者，與比較陰柔（Feminine）的消費者，展現出來的消費行爲並不相同。而男性通常比較陽剛，女性通常比較陰柔，但也有比較陽剛的女性，以及比較陰柔的男性。

(一) 陽剛（Masculine）

陽剛是指「與男性相關，但並非男性所特有的一組特質與行爲，以具體或抽象的表現形式呈現，例如如勇氣、自立、自信、強壯、領導力、霸道、做事不細心…等。會展現此種特質與行爲的人以男性居多，但某些女性也可能表現出這種特質和行爲」。

(二) 陰柔（Feminine）

陰柔是指「與女性相關，但並非女性所特有的一組特質與行爲，以具體或抽象的表現形式呈現，例如溫順、善良、敏感、安靜、美貌、可愛、細心、優柔寡斷…等。會展現此種特質與行爲的人以女性居多，但某些男性也可能表現出這種特質和行爲」。

陽剛與陰柔，有時被翻譯爲男性化與女性化，或是翻譯成男人婆與娘娘腔。但本書不贊成這樣翻譯。應該翻譯成哪一個對應的中文，其實很値得討論，但主要還是翻譯成男性化與女性化，則一個女性若被稱呼爲男性化，則可能有歧視該位女性的嫌疑。同樣的，如果一位男性被稱呼爲女性化，這位男性可能也會覺得自己被歧視。

(三) 消費行為上的性別認同

陽剛與陰柔被認定爲是一種性別認同（Gender Identity），但這裡的性別認同並沒有性別認同錯亂、變性傾向等醫學判斷或價值判斷涵義，純粹只是用來區分具有陽剛與陰柔特性的消費者。性別很容易衡量，大部分的情況下，可以很有效度的用問卷或觀察法測量得到，但問卷所獲得的只是消費者的生理性別，但消費者心理上是陽剛或陰柔，則必須透過心理測量問卷題項來衡量。

照片 10-2

性別會影響到消費行為，這種對於消費行為的影響，可能來自於生理因素，也可能是社會文化等因素所造成。大部分的社會，男生使用化妝品的比率都不高，但女性使用的比率卻非常高，許多國家甚至普遍存有女性出門時應該要化妝、化妝是基本禮貌的刻板印象，明明是黃種人為主的東方社會，又特別強調女性肌膚的「白皙動人」，但這種肌膚漂亮的印象，對於男生卻不一定適用。此顯示文化與性別的交互作用對於消費行為的影響。左圖的「挽面」（又稱挽臉）是民間流傳的美容技法，盛行於臺灣與部分中國地區，有悠久的歷史，但近年已少見。主要功能是拔除臉上的汗毛，讓臉上的皮膚更光滑細緻。有一種說法是：依早年的習俗，女孩子在結婚時才可以挽面。

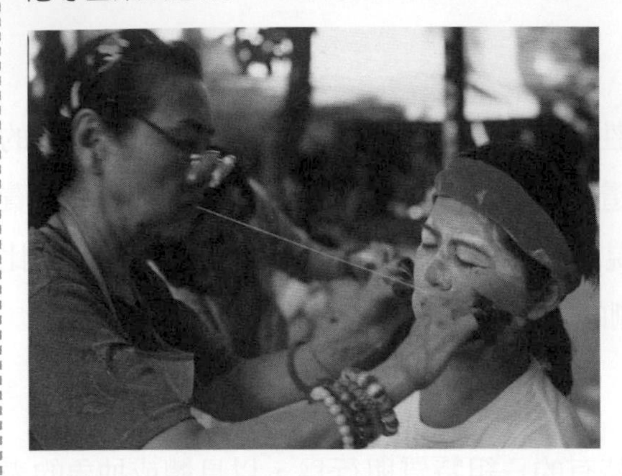

照片來源：意念圖庫 idea 104。

(四) 陽剛、陰柔與產品定位

大部分男性消費者，是比較陽剛的，但有少部分男性消費者，是比較陰柔的。相同的，大部分女性消費者是比較陰柔的，但有少部分女性消費者則是比較陽剛的。之所以要特別強調陰柔與陽剛，而非單純的只從性別來區分，主要是基於產品差異化的考量。

舉例來說，大部分四輪傳動車、大型重型機車的目標市場爲男性消費者，但某些女性消費者可能對於四輪傳動車、大型重型機車非常有好感，只是非常困擾於該類車輛的目標市場僅針對男性，如果有某一型四輪驅動車、大型重型機車可以針對女性來設計，將能贏得這些女性的青睞。例如高度不要太高的重型機車，滿足陽剛的女性。

(五) 陽剛、陰柔不等於性別

傳統的刻板印象把陽剛的女性消費者，視同男性消費者來看待，這樣的做法並不恰當，因爲這些女性消費者只不過是在個性、性情、或生活型態上比較陽剛，她們未必會把自己當成男生，也不必然會喜歡專門針對男性消費者所設計的產品。雖然有極少部分的這類消費者有醫學上的性別認同問題，需要進行生理的變性或心理的諮商，但有更多的這類消費者，絲毫沒有任何醫學上的性別認同問題。

也就是說，一位具有陰柔特性的男性消費者，在醫學上的性別認同上並沒有問題，但他的個性、性情與生活型態，和大多數的女性消費者相同。一位具有陽剛特性的女性消費者，在醫學上的性別認同也可能並沒有任何問題，但她的個性、性情、與生活型態，可能和大部分的男性消費者相同。

五、廣告中的性別描述

廣告中的性別描述，反映社會文化現況，也可能引導文化，女性權力不彰的年代，廣告中女性經常只扮演點綴性、家庭主婦或母親的角色，或被描繪爲年輕、苗條、性感、笑容可掬、順從。但男女平等的時代，廣告中若還採用這樣的性別描述，就可能不符合時代趨勢，引發物化女性疑慮，而被消費者抵制。

隨著時代改變，男性所扮演的角色也在改變，愈來愈多男性消費者在家中扮演育兒或家庭主夫的角色，這也是製作廣告時，必須加以注意的。

不過，不容諱言，許多特殊產品在廣告模特兒的選擇上，仍有較爲固定的模式，這可能是因爲某些產品本身就有性別區分，導致於廣告模特兒的選擇有固定的性別偏好，例如：衛生棉與女性內衣，在廣告中就很少出現男性的角色。另外，有些產品雖然沒有性別的區分，但因爲該產品購買的決策中通常爲某一性別，因此廣告中的模特兒通常限定在某一性別，例如：汽車是個中性性別的產品，男性與女性消費者都需要汽車，也都會購買汽車，但因爲大部分的情況下，最終購買決策是由男性消費者所決定，或是會詢問男性消費者的意見，因此，許多汽車廣告中，負責的駕駛以男性演員居多。偶有女性演員扮演汽車駕駛的角色，這樣的汽車經常容易被歸類爲女性用車。也就是說，男性演員所代言的汽車，是男性與女性都可使用的汽車，但女性演員所代言的汽車，則是女性用車。此種情況的例外，是女性演員扮演配角的角色，很多時候針對男性消費者所推出的產品，會以性感的女性演員來擔任代言的角色，例如車展中的女模特兒，針對的就是男性消費者。

除了電視或平面廣告之外，展覽場或銷售現場，常會有代言或促銷人員，例如：電腦展會邀請模特兒或辣妹來進行代言，炒熱現場氣氛。在大部分的情況下，這種代言人員除了知名演員、公眾人物外，就是女性模特兒或辣妹，除非情況特殊，否則不常有男性模特兒的空間。無論代言的產品是男性、女性或中性的產品，通常以女性模特兒或辣妹的代言較具效果。有些時候，穿著清涼的女性模特兒所隱含的「性」暗示，能夠爲產品或促銷活動創造話題，達到現場造勢的目的。

有些產品大量的透過「性感」與「穿著清涼」的銷售人員來達到推銷目的。舉例來說，許多餐廳、熱炒餐飲店、夜店 Pub 中，有穿著緊身衣或清涼服裝的女性啤酒促銷人員，來鼓勵消費者飲用該公司的產品，而知名的 Hooters 餐廳，更以辣妹服務生集體搖呼拉圈而著名，在臺灣的許多省道、高速公路交流道旁的辣妹檳榔攤，也是以穿著清涼的檳榔西施而著稱。這些銷售活動在合法的範圍內，大量使用「性」、「性感」、「性別」作爲行銷工具。但必須注意，這些都很容易引發物化女性的爭執，在使用上，務必謹慎。

六、同性戀

同性戀爲近年來討論性別議題時，不可或缺的主題。討論同性戀議題時，第一件事是必須除去同性戀與愛滋病（後天免疫不全症候群，AIDS、HIV positive）的連結，同性戀不代表愛滋病，雖然有一些同性戀患者罹患愛滋病，但並非全部同性戀者均罹患愛滋病，而且也並非罹患愛滋病者均爲同性戀者，許多異性戀者也因爲不安全的性行爲而罹患愛滋病，還有更多因爲吸毒、輸血、醫療、垂直感染、或其他原因而罹患。關於愛滋病的正確觀念與討論，可以參見臺灣愛滋病防治學會（http://www.aids- care.org.tw）。

(一) 避免歧視同性戀

對於同性戀的正確態度，是同性戀就是一種性傾向的差異，行銷者若能抱持尊重態度處理同性戀課題，就能比較駕輕就熟。與同性戀相似的課題，還包括雙性戀、變性者。只要沒有違背法律，就沒有特別去討論這些消費者的性傾向。

因爲社會中還是有人會反對或是歧視同性戀、雙性戀、變性者，因此，行銷者在這些議題上的討論，更需要仔細謹愼。通常，行銷者必須避免有任何歧視同性戀、雙性戀、變性者的舉止，在廣告或產品設計上，不可以有明顯或暗示的歧視，也不可以拿同性戀、雙性戀或變性者來開玩笑。廣告活動以一般異性戀的生活模式來訴求，並沒有關係，也不容易造成同性戀、雙性戀或變性者的反對，但若在廣告中加入對於同性戀、雙性戀或變性者的戲謔，則很容易引發抗議。

不歧視同性戀、雙性戀或變性者，是行銷活動的最基本要求。而如果能夠專門設計針對同性戀、雙性戀或變性者的廣告及產品，則可獲得這群消費者的青睞。只不過在設計時，必須特別考慮到其他消費者的感受。舉例來說，針對早餐產品的廣告，畫面通常是一對夫婦與一雙兒女，如果要特別針對同性戀、雙性戀或變性者設計廣告，則畫面可以改成一對男同性戀者或女同性戀者，外加領養的小孩。但這時候，必須特別考慮其他

消費者的感受，可能的做法是不要過度強調同性戀訴求，或者是只針對專屬於同性戀的媒體來進行這類特定的廣告。

(二) 避免立場不同者的敵視

同性戀、雙性戀或變性者是不容忽視的市場區隔。行銷者應該要重視這個市場區隔，即使因爲某些緣故，使得行銷者不在乎這個市場區隔，但絕不能造成這個市場區隔消費者的敵視。

不同社會對於同性戀、雙性戀或變性者的接受度並不相同，行銷者必須認清所處的社會的接受度。某些城市對同性戀、雙性戀或變性者採取開放接納的態度，甚至於允許同性戀婚姻，但某些都市、地區則較爲保守，不願意公開接受同性戀、雙性戀或變性者。行銷者在處理此課題時，必須根據社會的風俗民情進行調整。接納同性戀、雙性戀或變性者的都市，若遇到歧視同性戀、雙性戀或變性者的廣告，可能會引起全面性的抵制，而非只是同性戀、雙性戀或變性者的抵制。相反的，某些保守的都市或地區，若發現某些產品廣告有同性戀暗示，可能會引起該社會對於此產品的排斥，將該產品認定爲同性戀才會使用，而影響到該產品對於一般社會大眾的銷售活動。

10-5 年齡

年齡除了攸關於家庭生命週期，而影響消費行爲外，還會因爲其他原因影響消費者的行爲。本節即討論家庭生命週期以外的年齡因素對於消費行爲的影響。

以下區分成兩部分說明，第一部分討論的是不同年齡層的消費行爲，會因爲其年齡所對應的生命週期，而有不同的消費行爲，這種不同年齡層的消費行爲差異，是一種較爲穩定的行爲差異，大部分消費者在不同年齡階段，都會經歷這些差異。

第二部分所討論的，則是因爲社會經濟條件變遷所造成的差異，這是一種社會的整體趨勢，當整體社會的經濟趨勢改變，整體社會某一年齡層的消費行爲也會隨之改變，不同年齡層的消費者在各生命週期階段經歷的社會經濟環境並不相同，因此各年齡層消費者的消費行爲也不相同。

舉例來說，二次世界大戰結束於 1945 年，主要的戰後嬰兒潮出現在 1946-1960 年間，到 2010-2020 年時，戰後嬰兒潮所出生的消費者已屆退休年齡，到 2020 年時這群消費者幾乎已大量退休，這些戰後嬰兒潮出生的消費者， 其消費行爲與 20 年後（1965 年後）施行家庭節育計畫後出生的消費者，在 2030 年退休後的消費行爲，有本質上的差異。

一、不同年齡層消費行為的差異

從單一消費者的角度來說，不同年齡階層的消費者，所希望購買的商品，有相當的差異，剛知道什麼是購買的幼兒或兒童，最常購買的商品是糖果、布丁或乳酸飲料（養樂多），學齡兒童開始購買各類文具商品，青少年喜歡價格不高但流行味十足的流行飾品與音樂產品，大學生開始希望能夠到外地旅行，初入社會的上班族希望能購買自己的第一輛汽車，或者是換一輛體面一點的汽車，結婚後，開始關心家用品的購買，邁入中年之後，身體出現許多警訊，因此，開始購買各種健康食品，到醫院看病變成例行活動，

退休之後，對於產品的價格極度敏感，而且由於年歲已高，隨著親友的過世，非常忌諱與死亡有關的訊息。

(一) 針對特定年齡層的產品

廠商在進行產品銷售時，必須先清楚設定產品的目標顧客是哪些年齡層的消費者，某些產品是針對特定族群，某些產品則是針對比較大範圍年齡層的消費者。假設一家手機製造廠商，將目標市場設定在年輕族群，則手機的外型與新功能的展現，可能是手機的設計重點，但如果是將目標族群設定在中老年消費者，則手機的螢幕與按鍵就不能太小，以免消費者未戴老花眼鏡時就不能接聽電話，有些行動電話提供「長者模式」的電話撥號程式，將撥號鍵盤放到最大，就是針對這些有老花的消費者。而某些廠商特別針對學齡兒童設計手機，此時如何讓手機功能很簡單，讓兒童很容易聯絡到家長，家長也很容易找到小朋友，而且讓手機的撥出功能可以限制，避免小朋友拿手機來聊天，便成為這類號稱「親子手機」或者「兒童模式」的設計重點。

(二) 年齡、疾病與消費行為

再舉例來說，不同年齡層對於飲食的關注重點並不相同，中老年消費者容易罹患心血管疾病、糖尿病、痛風之類的疾病，因此，對於大吃大喝、油炸食品、高膽固醇食品、高普林海鮮等，可能比較不感興趣，但正值青春期的青少年，則比較不在乎這類健康課題，而比較喜歡「好吃」的食品。

(三) 針對所有年齡層的產品

並非所有產品都有特別針對的年齡層，某些產品則適用所有年齡層，這類產品之所以針對全部年齡層，可能是因為各年齡層對該產品的偏好並無顯著的差異，或者是必須要考量到銷售量所帶來的規模經濟。舉例來說，大部分的衛生紙、肥皂之類的產品，並沒有特定的年齡層區隔，因此，產品訴求主要是讓最大消費族群滿意，但其他消費族群

不至於產生反感。這類產品有時會有規模經濟的特性，也就是說，廠商之所以不針對特定族群，是因爲只鎖定特定族群時，目標顧客總數可能不足以產生規模經濟，導致廠商寧願將目標顧客放大，以便能夠達到規模經濟。舉例來說，不同年齡層的消費者對於汽車的偏好並不相同，若能設計針對特定年齡層的汽車，市場接受度應該會獲得提升，但在臺灣，由於內需市場規模不足，所有車型均未達到規模經濟，因此除非是進口車，否則一般國產車廠同一時間內只提供幾種車款，也因爲提供車款不足，自然不能針對每一個年齡層推出特定的車型。

二、社會經濟與人口結構對消費行為的影響

現在的中老年消費者，與二十年前的中老年消費者，或是二十年後的中老年消費者，其消費行爲並不會完全相同。雖然這些邁入中老年的消費者，一樣都進入了退休或即將退休的階段，一樣在健康上都開始出現警訊，但消費行爲並不會完全相同。

從統計數字，我們可以發現，1976 年時每年新生兒是四十二萬人，但到了 2003 年，新生兒卻只有 22 萬人，幾乎只是 1976 年時的一半，到了 2020 年，新生兒只有 16 萬 5 千人。到了 2035 年，這些 2003 年出生的人口 22 萬人，要撫養 1976 年出生的 42 萬人，撫養比率有明顯的差異，因此我們可以推論，2035 年退休消費者的消費行爲，與 2005 年退休人口的消費行爲，有根本上的差異。

表 10-5 臺灣地區每年新生兒統計

年	1985	1986	1987	1988	1989	1990	1991	1992
新生兒	345,053	308,187	313,062	341,054	315,299	335,618	321,932	321,632
年	1993	1994	1995	1996	1997	1998	1999	2000
新生兒	325,613	322,938	329,581	325,545	326,002	271,450	283,661	305,312
年	2001	2002	2003	2004	2005	2006	2007	2008
新生兒	260,354	247,530	227,070	216,419	205,854	204,459	204,414	198,733
年	2009	2010	2011	2012	2013	2014	2015	2016
新生兒	191,310	166,886	196,627	229,481	199,113	210,383	208,440	208,440
年	2017	2018	2019	2020				
新生兒	193,844	181,601	177,767	165,249				

資料來源：內政部統計年報。

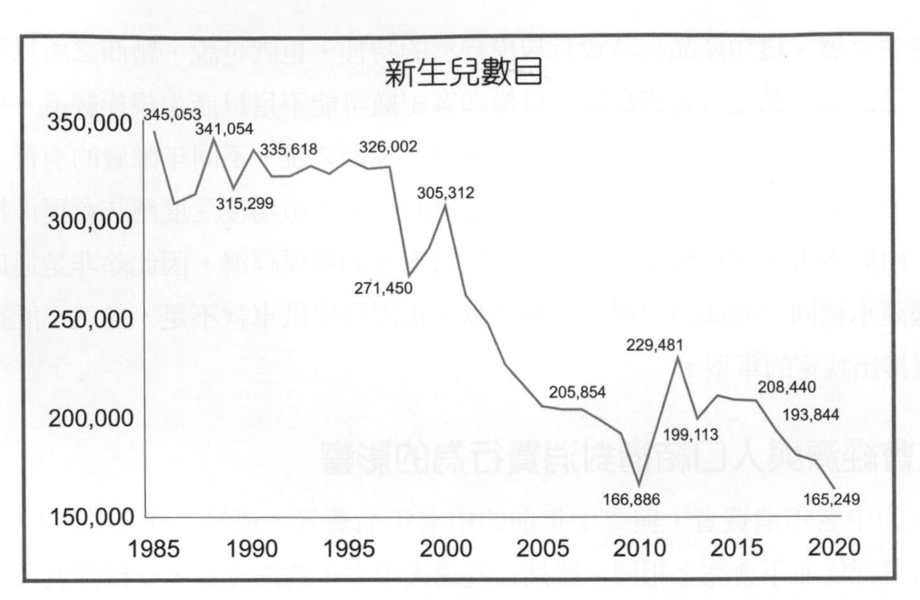

說明：1970年代前，每年出生人口均超過40萬。1968年開始執行以節育爲主的「臺灣地區家庭計畫實施辦法」，每年出生人口開始降低。1984年廢止「臺灣地區家庭計畫實施辦法」，不再鼓勵節育，改施行「優生保健法」，但每年出生人口持續減少。

圖 10-7　每年新生兒數目統計

(一) 扶養比（Dependency ratio）與年老化指數（Aging Index）

扶養比係指「每位青壯年平均撫養幾位孩童或老年」，數字愈高，代表每一位青壯人口的扶養負擔愈重。年老化指數係指「老年與孩童人口比值」，數字愈高，代表社會的人口老化愈嚴重。

我們也可以從統計資料中，看到扶養負擔的變化，從統計資料中，我們可以發現，1966 年的扶養比是 88%，也就是每位青壯人口要負擔 0.88 位扶養人口，而且這些扶養人口以孩童爲主，退休人口佔比率很低。此一扶養比逐年降低，到 1990 年時，扶養人口比已經降低到 50%，也就是說，每位青壯人口只需撫養 0.5 人，到了 2001 年，扶養人口比已經降低到 42%，也就是說，每位青壯人口只需撫養 0.42 人。而且扶養人口爲孩童的比率已經逐年降低，1966 年時孩童佔總人口比率爲 44%，到了 2003 年，孩童佔總人口比率已經降低到 19%。

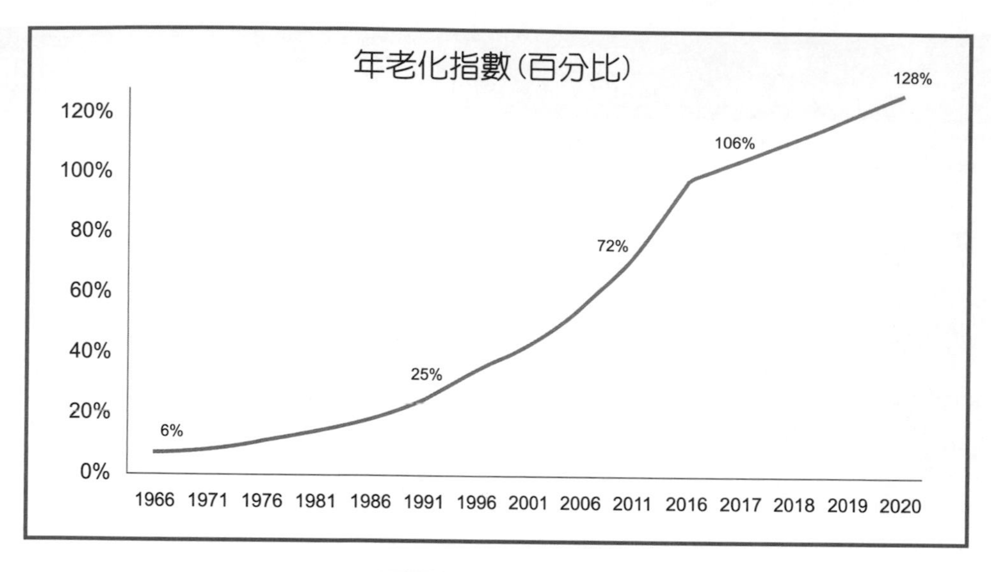

圖 10-8 年老化指數

(二)低撫養比有餘裕進行消費

從這個數字，我們可以很容易發現，1990 年之後，青壯年人口的扶養親屬負擔大幅降低，到了 2000 年代，扶養親屬的負擔更加降低，此時，青壯年人口很容易有餘裕可以從事各種休閒、文化、旅遊或奢侈性產品的消費。這可以解釋爲何 1990 年代開始，尤其是 2000 年以後，整個臺灣社會開始崇尚休閒旅遊，出現各類奢侈性的時尚精品，總體內需消費大幅成長，儲蓄率卻持續降低。

表 10-6 臺灣地區青壯與扶養人口比率變化

	孩童 (0-14 歲)	青壯年 (15-64 歲)	老年 (65 歲以上)	扶養比 (百分比)	年老化指數
1966	44.0	53.3	2.7	87.6	6.1
1971	38.7	58.3	3.0	71.5	7.8
1976	34.7	61.7	3.6	62.1	10.4
1981	31.6	64.0	4.4	56.3	13.9
1986	29.0	65.7	5.3	52.2	18.3
1991	26.3	67.1	6.5	48.9	24.7
1996	23.1	69.0	7.9	44.9	34.2
2001	20.8	70.4	8.8	42.0	42.3

	孩童 (0-14 歲)	青壯年 (15-64 歲)	老年 (65 歲以上)	扶養比 (百分比)	年老化指數
2006	18.1	71.9	10.0	39.1	55.2
2011	15.1	74.0	10.9	35.1	72.2
2016	13.3	73.5	13.2	36.1	99.0
2017	13.1	73.0	13.9	37.0	105.9
2018	12.9	72.5	14.6	38.0	113.0
2019	12.8	72.0	15.3	39.0	120.0
2020	12.6	71.4	16.1	40.2%	128.0

資料來源：內政部統計年報。

說明：表格內數字均為百分比。

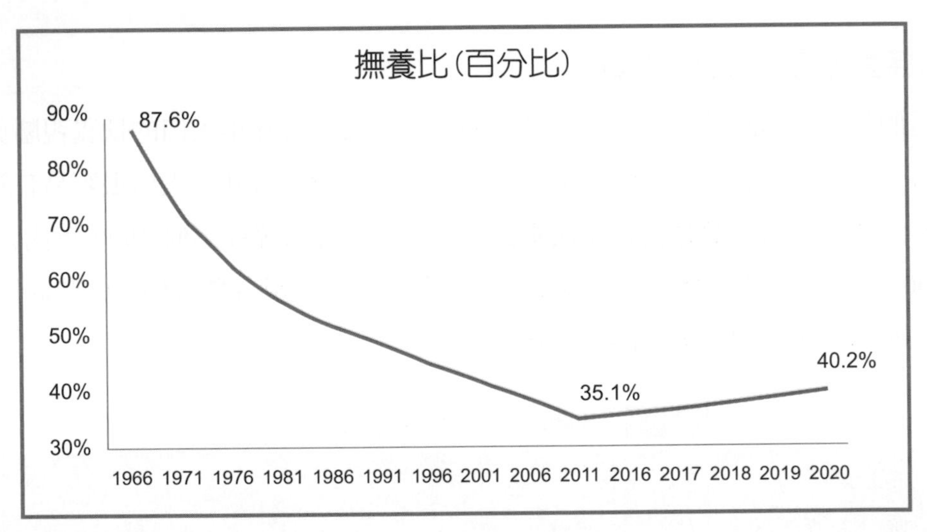

資料來源：內政部統計年報。

說明：扶養比係指每位青壯年平均撫養幾位孩童或老年，數字愈高，代表每一位青壯人口的扶養負擔愈重。

圖 10-9 扶養比變化

(三) 孩童佔總人口比率低

而 1990 年代以後，孩童人口佔總人口比率不高，因此平均每一位孩童可以分享到的教育或培育經費相對較高。這可解釋為何出生兒人口直線減少，但各類幼兒教育機構、幼稚園卻如雨後春筍般出現，而且收費標準持續攀高，因為這個時代的家長負擔得起這筆支出。

1945 年出生的消費者，易看不慣 1976 年出生的消費者的消費行為，因為 1945 年出生的消費者，在 16 歲（1971）進入就業市場時，平均每位青壯年人口需扶養 0.73 位孩童或老人，但 1976 年出生的消費者，在 2001 年（25 歲，因為教育的普及，初次就業時間延後）進入就業市場時，平均每位青壯年人口只需扶養 0.42 位孩童或老人，扶養負擔大幅降低，因此這些青壯年人口有餘裕可以從事其他活動。由於 1945 年出生的消費者，因為曾經經歷經濟拮据或窮困的時期，因此常有儲蓄未雨綢繆的習慣，需要年輕人扶養的比重降低。這些老人人口，看到年輕人不生小孩，把錢投注在休閒、文化、旅遊或奢侈性產品的消費，自然覺得與自己的生活型態差異太大，而看不慣這些年輕人。

(四)不同年齡層的成長階段不同

臺灣社會喜歡以六年級、七年級來稱呼民國六十年代（1971 到 1980 年）或民國七十年代（1981 到 1990 年）出生的消費者，並且將 1981 年以後出生者稱為草莓族，中國大陸則將 1980 年以後出生的消費者稱為 80 後，1990 年以後出生的消費者稱為 90 後，這樣的說法雖然充滿了以偏概全的刻板印象（Stereo Type）（刻板印象的相關理論可以參考管理學教科書），但並非全無道理，這些 1971 年以後出生的臺灣消費者，處在比較優渥的經濟環境，而且扶養人口比率在這段時間急速降低，當這些消費者進入就業市場時，並無太大的扶養親屬負擔，自然發展出較不願意儲蓄，較願意支付金錢以改善精神或物質生活。而中國大陸在 1980 年代、1990 年代的經濟改革，也使 1980 年以後或 1990 年以後出生的消費者，有不同的消費習慣。

(五)各年齡層消費行為差異

因為社會經濟與人口變遷所造成的各年齡層消費行為差異，可以在不同社會中觀察到，而且從人口與經濟變化，可以推估該社會未來的消費變化，舉例來說，臺灣社會經歷的這種消費支出的成長，也在中國大陸出現，且情況有過之而無不及，因為一胎化的政策，使得大陸的撫養人口比率在短時間內急速降低，而改革開放與市場經濟的發展，使得上海之類的沿海大都市，經濟發展速度令人嘆為觀止。因此，我們可以在上海看到各類休閒、文化、旅遊或奢侈性產品的消費，也可以看到大陸的民營、外資企業的企業主或從業人員，在賺進較為富裕的收入後，把金錢放在下一代的教育與培育上面。

二十年後，這些孩童長大進入就業市場後展現出的消費行為，與其父母親將會有根本上的差異，這些富裕經濟長大的年輕消費者，可能會與其他國家地區的消費者一樣，崇尚名牌，喜歡將金錢放在休閒、文化、旅遊或奢侈性產品的消費，對於儲蓄的態度，也可能異於上一代。在上海，我們已經發現各種高檔消費和名牌精品店普及度與臺灣的情況不相上下，許多餐飲支出單價高過臺灣，此現象大概可以呈現出這種消費變遷。

(六)中國大陸的人口政策

中國大陸的一胎化政策，造成人口老化，影響消費，也影響勞動力的供應，因此已放寬允許二胎，甚至於不給予任何限制。而臺灣的人口老化指數已在 2017 年超過 100%，達到 105.70%，2020 年來到 128%，也就是老人人口比孩童人口還多，這顯示臺灣確實已邁入老年化的社會，老人的人數，超過孩童與青少年，此一數字並將持續增加。

一、選擇題

(　　) 1. 關於個人財富對於消費行為影響的陳述，何者錯誤？ (A) 收入是指所得的流入量，財富則還包括了諸如遺產、個人財產等，收入與財富，都會影響消費行為 (B) 如果沒有足夠的金錢，即使有購買意願，也可能不會進行購買決策 (C) 可支配所得，對於消費行為有很大的影響 (D) 薪水低的消費者，購買行為一定較少。

(　　) 2. 所得愈低，消費者花在衣服與食物等基本必需品的支出比重會愈高。隨著可支配所得的增加，花在其他非基本必需品（例如度假）的支出就會愈多。甚麼理論可以解釋此一現象？ (A) 恩格法則 (B) 思慮可能模式 (C) 平衡理論 (D) 歸因理論。

(　　) 3. 貧富懸殊程度，會影響消費。請問目前臺灣的富貧所得倍數（家庭所得前百分之二十，與後百分之二十，所得相除後得到的倍數）約略為多少？ (A) 約為 6 倍左右 (B) 約為 10 倍左右 (C) 約為 20 倍左右 (D) 約為 4 倍左右。

(　　) 4. 「上品無寒門，下品無世族」，指的是： (A) 社會階級 (B) 決策模式 (C) 同儕影響 (D) 財富與消費行為。

(　　) 5. 是否仍有國家，皇族與貴族仍在政治與經濟上享有特權，導致該國家存在社會階級？ (A) 沒有國家存在皇族或貴族 (B) 有些國家仍有皇族與貴族，但沒有任何國家的皇族與貴族仍享有特權 (C) 大部分歐洲國家的皇族與貴族，仍統治歐洲國家，並掌控經濟與政治 (D) 仍有一些國家是由皇族與貴族掌控政治與經濟。

(　　) 6. 「拿督」與「拿督斯里」，是哪一個國家的社會階級榮譽頭銜？ (A) 新加坡 (B) 馬來西亞與汶萊 (C) 泰國 (D) 日本。

(　　) 7. 社會階級很大的比重來自於何事？ (A) 繼承。尤其是財富的繼承，或者是家庭長輩所給予的財富 (B) 運氣 (C) 生活型態 (D) 人格特質。

(　　) 8. 下面哪一個名詞，被用來描述不屬於消費者所有，但消費者卻認為是他所有的物品、財物？ (A) 心理所有權 (B) 心理帳戶 (C) 思慮可能模式 (D) 恩格法則。

(　　) 9. 認為消費者會把財富區分成不同用途的帳戶，對於不同心理帳戶內的金錢有不同的想法。這是指什麼？ (A) 心理所有權 (B) 心理帳戶 (C) 思慮可能模式 (D) 恩格法則。

(　　) 10. 性別的心理差異，可能導致於男女性消費者的消費行為差異。可能原因不包括： (A) 男性消費者與女性消費者的心理特性不同 (B) 男性消費者比較視購物為功利 (C) 女性消費者比較覺得購物活動能夠帶來快樂 (D) 男性與女性有智商與聰明才智的差異。

(　　) 11. 關於陽剛與陰柔的陳述，何者正確？ (A) 男生一定陽剛，並無例外 (B) 女生就是陰柔，並無例外 (C) 用男人婆來形容陽剛的消費者，是非常恰當、且沒有問題的說法 (D) 陽剛與陰柔只是消費者的心理、個性、生活型態與消費行為的展現，與醫學上的性別認同錯亂無關。

(　　) 12. 以下關於廣告中的性別描述的說明，何者錯誤？ (A) 有些產品雖沒有性別的區分，但因為產品購買的決策通常為某一性別，因此廣告中的模特兒通常為某一特別性別 (B) 有些產品為女性專用，因此廣告中較少出現男性 (C) 有些產品主要客群為男性，因此採用女性做為主要代言人 (D) 廣告中的性別描述，不必特別在乎，只要演員好看即可。

(　　) 13. 並非所有產品都有特別針對的年齡層，某些產品的目標市場是所有的年齡層。主要原因為： (A) 考量到銷售量帶來的規模經濟量，因此不進行年齡層的區分 (B) 廠商不想知道，也永遠無法知道，各年齡層消費者的產品需求 (C) 各年齡層消費者的偏好各有不同 (D) 針對不同年齡層所進行的區隔，通常都會失敗。

(　　) 14. 關於臺灣出生率與撫養比的陳述，何者正確？ (A) 因為出生率降低，很多消費者未養育小孩，導致可支配所得提高，消費能力上升 (B) 最近幾年，撫養比持續提高，平均每位青壯年人需撫養老人、小孩之人數比率高，導致可支配所得持續降低，消費能力持續降低 (C) 出生率愈低、撫養比愈低，可支配所得愈高，此造成消費緊縮，產生經濟問題 (D) 最近幾年，是撫養比最高的歷史新高期間，每位民衆要撫養的小孩子與老人的比率，已是歷史新高。

(　　) 15. 關於消費行為與撫養比的陳述，何者錯誤？ (A) 因為撫養比降低，可支配所得提高，奢侈性支出的比重增加 (B) 撫養比愈高，表示需要花更多的消費支出在孩童或老人身上 (C) 臺灣目前撫養比降低，是因為出生人口減少，而不是因為老年人口減少 (D) 最近幾年，撫養比持續提高到歷史高點，平均每位青壯年人需撫養老人、小孩之人數比率高，導致可支配所得持續降低，消費能力持續降低。

二、問答題

1. 請舉出一項產品，其單價差異可以高達數十倍，但產品的基本功能卻是相同的。
2. 請說明目前臺灣民間消費支出的組成。並請比較三十年前的臺灣與目前的臺灣，在民間消費支出的組成上，有哪些變化。
3. 你認為臺灣的社會階級結構屬於哪一種？為什麼？
4. 請說明陽剛（Masculine）與陰柔（Feminine）也被翻譯成什麼，並請解釋是否有男生是否一定是陽剛，女生是否一定是陰柔。
5. 請討論過去幾年臺灣新生兒數目的變化趨勢。

第四篇
影響消費行為的外部因素

種族、宗教、文化

不同種族與文化背景的消費者

Google 網頁擁有一百多種語言的操作介面，維基百科也有一百多種語言，在美國洛杉磯著名的主題樂園－環球影城（Universal Studio）中，您可以找到英文、中文、西班牙文、法文、德文、日文、韓文等不同語言的簡介，環球影城所有的戶外廣播，都有英文與西班牙文這兩個版本。在台北捷運系統與臺灣鐵路的車站與車廂內廣播，您可以聽到國語、閩南語、客家語、英語等語言，某些主要車站甚至有日文播音。在某個臺灣的國內線航空公司中，從南臺灣起飛的班機，機艙內的廣播，通常是先播閩南語，再播國語與英語。在香港的中環，週日常有外籍勞工聚集，在台北的中山北路二段教堂附近，週日也有很多外籍勞工聚集，許多商家看準了這些外籍勞工所帶來的商機，提供這些外籍勞工專門的商品、餐飲、跨國匯兌、語言翻譯服務等。

雖然，在政治層面族群是極度敏感的議題，政治家或政客們，不是刻意操弄就是刻意忽略此一課題。但在行銷活動中，族群的差異是一個必須去深入了解的課題，我們無法否認，也不能忽視族群差異的存在。對於一個國際行銷者來說，必須考慮到各國消費者的消費行為差異，即使是內銷市場的行銷工作者，也必須注意到各民族的差異。有時，不但要注意民族間差異，還要注意到同一民族內不同族群的差異。

除了種族以外，宗教也是個行銷者須正視的重要課題。在許多伊斯蘭教國家，飯店房間的天花板，必須標示聖城麥加的方向，以方便房客朝拜。在歐美國家的飯店房間內，則一定會擺放一本聖經，那怕只是間設備極為簡陋的汽車旅館或小旅社。許多臺灣的店家會在店內供奉神明，農曆每個月初二、十六「做牙」的這天會準備水果或祭品祈求上天保佑。而許多人會在農曆初一與十五吃素，這些都與宗教脫不了關係。

宗教課題如果處理不慎，可能會讓消費者感到不快，而放棄消費。舉例來說，在餐廳明顯位置擺放大型的神案，可能讓非屬該宗教的一些消費者感到不舒服，因為許多消費者可能會聯想到法事、符咒、靈異事件；在臺灣的飯店房間內，準備一本佛經，而非聖經，可能讓許多消費者感到奇怪，因為許多信奉佛教者，並不認為可以把佛經放到房間內，但聖經則又沒關係；同樣地，在美國的飯店房間內直接而明確地標示出麥加的方

向，對非穆斯林（非伊斯蘭教教徒）來說，也有點奇怪；在不准崇拜偶像的伊斯蘭教國家供奉神明，即使不違法，但相信也是非常突兀。

宗教引發的爭議，有時是難以為其他宗教者想像的。很多年前，當時的流行天后瑪丹娜（Madonna）因為新專輯的其中一首單曲，是以猶太卡巴拉教創辦人的名字命名，引發了教徒的抗議。瑪丹娜原本信奉天主教，但是後來改信猶太秘宗卡巴拉教派，為了向創立猶太卡巴拉教派的以撒（Issac）致敬，專輯中有一首歌提到以撒，沒想到弄巧成拙，觸犯不得利用高僧名字牟利的禁忌，而引起宣然大波，甚至有教友呼籲，要將她逐出門戶。不是信奉猶太秘宗卡巴拉教派的消費者，可能把這則新聞當成茶餘飯後的話題，但對於猶太秘宗卡巴拉教派信徒來說，這是非常嚴肅的問題。

宗教的差異會直接影響到消費者的行為，行銷工作者千萬不要犯了當地消費者的禁忌，尊重消費者的宗教與種族，是行銷工作者必須牢記在心的鐵律。

本章，將介紹種族、宗教、文化對於消費者行爲的影響，許多研究都指出不同種族或民族，有不同的消費行爲模式。雖然，在臺灣或華人地區，這類以種族或宗教爲基礎的消費行爲研究並不多，但我們從很多消費行爲的觀察，確信種族與宗教都會對臺灣地區的消費行爲模式造成影響。

另外，本章也將討論文化的內涵對於消費行爲的影響，包括文化價值、消費者的信念、社會規範、象徵與儀式、文化對於消費行爲的指引，並討論常見的消費文化研究課題，這些課題包括價值差異、集體主義程度、國族感（種族優越感）、炫耀性消費、象徵與產品定位，最後討論文化的變遷，包括文化涵化、適應與混合（融合）。

11-1 種族與消費行為

消費者隸屬的種族（Ethnic）、民族（Race）、國籍（Nationality）、或是族群（Clan），會在某種程度上決定消費者的行爲模式。之所以會影響消費行爲模式，很可能跟不同種族、民族、或是族群擁有不同的生活習慣、文化背景、價值觀……有關，也可能與使用語言有關，行銷者必須正視因爲種族、民族、或是族群帶來的差異。

照片 11-1

少數民族的習慣、文化與價值觀，可能與主要民族不同，而容易受到誤解（因為人數較少，可能無法充分表達意見，而使其意見淹沒在主流意見之下），但行銷工作者在製作各類行銷活動時，必須尊重這些少數民族，避免侵犯少數民族的尊嚴，當行銷活動侵犯到這些少數民族時，不只是少數民族的消費者會反彈，一般消費者也會基於保護少數民族的心態，對不尊重少數民族的廠商產生負面觀感。另外，少數民族也可能是個獨特的市場區隔，其間或許也隱藏著商機，若能針對少數民族提供符合其特殊需要的商品，則能另闢獲利途徑。

照片來源：意念圖庫 idea 104。

一、臺灣的族群與消費行為

(一) 臺灣的消費行為仍受華人文化影響

本節並無意討論任何政治議題或統獨課題，單純從消費行爲來進行討論。姑且不論政治立場，臺灣地區消費者的生活習慣，在某些地方確實與世界各地的華人有某種程度上的相似性。這主要是因爲臺灣消費者中，有很大比率與大陸的漢族有或多或少的歷史血源關係，大部分的漢人都受某種程度不一的中華文化薰陶，並擁有某些共同的習慣與價値觀，例如：大部分的臺灣消費者重視尊師重道、家庭倫理，認爲需要孝順父母，凡事必須未雨綢繆，因此有儲蓄的習慣，而且，臺灣消費者的英雄主義程度較低，較重視集體主義，也就是說，消費者的決策會受其他消費者的想法所影響。

(二) 儲蓄行為

舉例來說，華人是比較重視未雨綢繆的民族，因此，許多華人社會都有較高的儲蓄率，許多保險商品若能結合儲蓄或投資的功能，較能夠吸引消費者的青睞。但同樣的商品，在不講究儲蓄的美國，就不一定能夠有很好的銷售成績。例如：臺灣的壽險產品，經常必須強調分紅與儲蓄，具備到期後可以領回一大筆錢，預作退休後的生涯規劃，但眞正用在風險規避的保險功能比率則相對少很多；許多消費者寧願購買本金可以領回並加計利息，但只有一部份孳息用於保險用途的儲蓄保險，這樣的保險規劃令很多美國人感到不可思議。經過理性分析後，保險專業學者可能會認爲，保險與儲蓄是兩件事，若能夠分開來處理，效率可能會更好，但保險實務工作者會告訴我們，儲蓄保險賣得較好，臺灣地區的消費者，並不一定喜歡購買到期後無法領回任何金額的保單，某些消費者可能會認爲，這樣的保險並不划算，「萬一」沒有出事，這類保險的保險費就是白繳了。

表 11-1 各國儲蓄率狀況

年代	2014	2015	2016	2017	2018	2019	2020
臺灣	22.6	22.0	20.2	19.6	20.7	22.4	24.2
美國	7.6	7.9	7.0	7.2	7.8	7.5	16.1
日本	0.1	1.4	3.3	2.6	4.3	5.3	7.1
英國	3.6	4.9	2.2	0.0	6.1	6.5	19.4
法國	8.9	8.3	8.2	8.4	14.0	14.3	20.6
德國	9.8	10.1	10.2	10.6	10.9	10.9	16.6
加拿大	3.7	4.2	1.7	2.0	1.7	2.9	15
澳洲	8.0	6.1	5.2	4.3	3.5	3.7	14.4

年代	2014	2015	2016	2017	2018	2019	2020
紐西蘭	-0.6	-0.2	0.0	0.1	-0.3	1.2	4.7
丹麥	-2.9	3.9	5.6	6.0	6.2	3.7	7.7
芬蘭	0.0	-0.5	-1.4	-1.0	-0.8	0.4	6.6
希臘	-13.7	-11.8	-13.1	-13.4	-15.0	-11.9	-7.8
匈牙利	7.5	7.3	6.9	6.4	8.1	6.3	7.3
愛爾蘭	3.5	3.9	2.9	6.9	6.9	7.5	22.8
義大利	3.7	2.9	3.0	2.6	2.6	2.5	10.2
墨西哥	14.3	15.4	14.0	13.0	10.3	14.7	N/A
荷蘭	9.9	9.6	10.3	8.8	9.1	10.0	18.2
挪威	8.2	10.3	7.3	6.7	5.9	8.1	16.6
波蘭	-0.4	-0.4	1.5	0.3	-1.0	1.9	13.7
瑞典	13.7	11.9	13.3	12.2	13.4	16.1	19.3

資料來源：臺灣的資料爲每年第一季的名目儲蓄率https://www.gfmag.com/global-data/economic-data/916lqg-household-saving-rates。原始資料來源爲OECD Database (2013-2017) and OECD Economic Outlook, Volume 2020 Issue 2 (2018-2020)

近幾年來，臺灣地區的儲蓄率略幅降低，但仍在相當高的水準，仍遠高於歐美各國。一般民眾常有歐美國家消費者不儲蓄、喜歡即時享樂的印象，從表可以發現，這樣的印象並非沒有根據。但也可以看到，當 2020 年新冠肺炎疫情開始之後，歐美各國開始都有增加儲蓄的狀況。

不過，必須說明的是，政府的統計數字裡面的儲蓄，可以反映人民的儲蓄現況，但定義與民間所說的存錢並不相同。國民儲蓄除以國內生產毛額，獲得的數字就是儲蓄率。國民儲蓄係可支配所得未用於消費的部分，就是整個國家的國民可支配所得，減去民間消費與政府消費，加上固定資本消耗。固定資本消耗要算成儲蓄，因此，習慣將可支配所得用在固定資本投資的社會，儲蓄率也會比較高，進行大量資本投資、基礎建設的國家，儲蓄率也會較高。

(三) 飲食消費行為

種族與地域的不同，造成消費習慣的差異，不僅反映在儲蓄率上，許多消費習性都能反映這樣的種族差異，舉例來說，泰國飲食較酸辣，四川菜也較辣，韓國飲食更是不能沒有辣，印度咖哩也有一種獨特的香辛辣。當然事後可以找出很多理由來加以解釋爲何這些地方的飲食有較辣的特色， 但對於行銷者來說，並沒有必要追究其爲何偏好較辣的飲食，只要接受此爲種族或地區差異所造成的飲食習慣不同即可。

再舉例來說，大部分臺灣地區的消費者，都有吃豐盛午餐的習慣，但許多美國人的午餐則非常簡單。臺灣地區的消費者，早餐經常是相當簡單，麵包、豆漿、燒餅、油條或西式的三明治，是常見的早餐，但在某些中國大陸城市（例如：西安等西北地區都市），有很多消費者習慣在早餐吃大碗的麵食，而許多的日本男性上班族，則習慣在早上吃米飯、納豆、小菜、味噌湯。到底早餐、午餐、晚餐該吃多少，醫學界有其專業的建議，但實際結果則與各地的習慣有關。

二、臺灣的族群分佈

對行銷者而言，並沒有太大的必要從血緣或生物學、人類學的角度來討論種族，而只要從消費習慣的角度來討論即可，即使在血緣上、DNA 上屬於同一民族，但如果生活習慣已經不同，行銷者也必須加以重視其間的差異。

(一) 族群組成

臺灣的種族主要爲漢族、原住民族、新住民，漢族所佔比率在九成多，根據學者的分析 [1]，臺灣境內二千三百萬人口，依照一般的通俗的分法，分爲四大族群，其人口比例大約如下：南島語系（原住民族）約百分之二、閩南人（福佬話）約四分之三、客家人一成多、外省人（使用中國大陸其他各地區方言）約一成多。另外，外籍配偶約有 56 萬人，若以人口總數來說，已超過原住民。

因爲各種族、族群間的通婚，爲非常稀鬆平常的事情，家庭中成員隸屬不同族群的比例已逐漸提高，因此各族群人口比例的數字只能供參考。

(二) 原住民

原住民族因爲政府成立專責機構加以輔導，且其選舉國會議員（立法委員）時選區與一般區域立委選舉不同（平地原住民、山地原住民），參加各類考試獲有優待，有些直轄市設有原住民自治區（例如新北市烏來區、桃園市復興區、臺中市和平區、高雄市那瑪夏區、高雄市桃源區、高雄市茂林區），因此原住民族人數的登記較爲準確，依據統計，目前臺灣地區原住民族總數爲四十多萬人。

(三) 新住民

從文字上，新住民是指新移民到臺灣的人，這些人主要是外籍配偶。如果是外籍配偶的子女，我們常稱之爲新住民之子。雖然也有並非基於婚姻的移民，但總數畢竟較少。因此，我們在討論新住民時，大多是在討論外籍配偶。

外籍配偶的統計，可追溯至 1987 年。根據內政部移民署的統計資料（https://www.immigration.gov.tw/5385/7344/7350/8887/），累積至 2020 年，外籍配偶共有 56 萬人，已超過原住民的人數。外籍配偶中，九成來自於中國大陸、香港、澳門、越南、印尼。其中，於中國大陸的外籍配偶，佔 35 萬人，約六成多。港澳 1.8 萬人，佔約百分之三。中國大陸、香港、澳門的外籍配偶，文字與語言跟臺灣接近，較少文字語言的困擾，容易融入臺灣社會。來自越南的外籍配偶，約有 11 萬人，約佔二成，來自印尼的外籍配偶，約有 3 萬多人，約略百分之五。

刻板印象中，這些新住民（外籍配偶）都是女生。從統計資料來看，來自中國大陸、越南、印尼、菲律賓、柬埔寨的外籍配偶確實以女性居多，都超過九成，男性則低於一成。不過，港澳、日本、韓國、其他國家的外籍配偶，男性比率較高。來自泰國的外籍配偶，也有三成二是男性。若把外籍配偶都刻板化爲女性，會忽略了這些男性外籍配偶。

以上所說的外籍配偶，係指外國籍者歸化（取得）我國國籍，或以有效外僑居留證及永久居留證，這些人多半在臺灣生活。如果結婚後，不在臺灣生活，而是移居國外（例如歐美），且未取得臺灣國籍、臺灣居留證及永久居留證，則不會被計算在內。

表 11-2　臺灣地區原住民族概況

戶數	15.1 萬戶
戶內人口	49.4 萬人（占總人口 2.1%）
年齡結構	少年人口相對較多。少年（0 至 14 歲）人口占 23.7%，較總人口之 17.0% 為高。老年人口占 6.1%，較總人口之 10.4%為低。此可能與平均壽命較低有關，也可能跟出生率較高有關。
撫養人口	撫養負擔相對較重。平均每百位青壯年需扶養 43 位老年或幼年人口，負擔略重於總人口之每百位青壯年需扶養 38 人。
教育程度	教育程度相對較低。15 歲以上具高中以上教育程度者占 52%（總人口為 67%）。
經濟狀況	相對較差。每戶每月收入 4.2 萬元，全台家庭平均每月收入為 9.6 萬元。

表 11-3　臺灣的外籍配偶人數

國家地區	人數	佔外籍配偶比率	男性比率	女性比率
中國大陸	350,196	62%	5%	95%
越南	109,861	20%	2%	98%

國家地區	人數	佔外籍配偶比率	男性比率	女性比率
印尼	30,598	5%	2%	98%
其他國家	21,143	4%	60%	40%
港澳	18,041	3%	42%	58%
菲律賓	10,202	2%	7%	93%
泰國	9,217	2%	32%	68%
日本	5,206	1%	46%	54%
柬埔寨	4,339	1%	0%	100%
韓國	1,814	0%	37%	63%
合計	560,617	100%	9%	91%

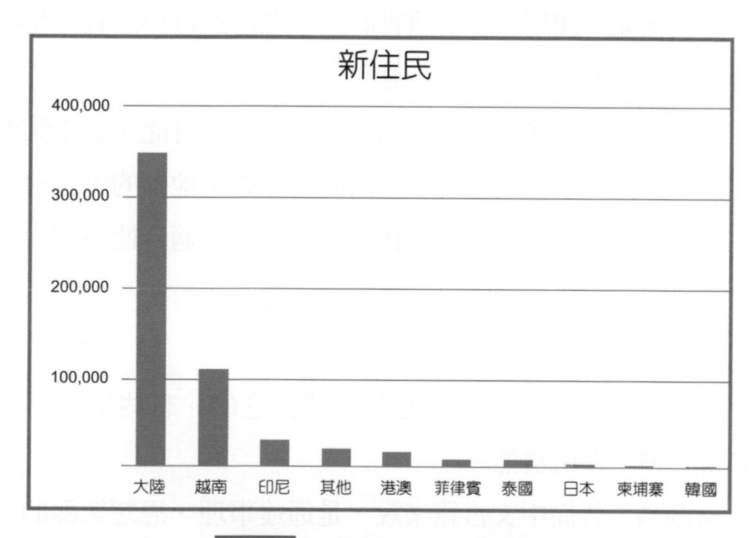

圖 11-1 外籍配偶的人數分布

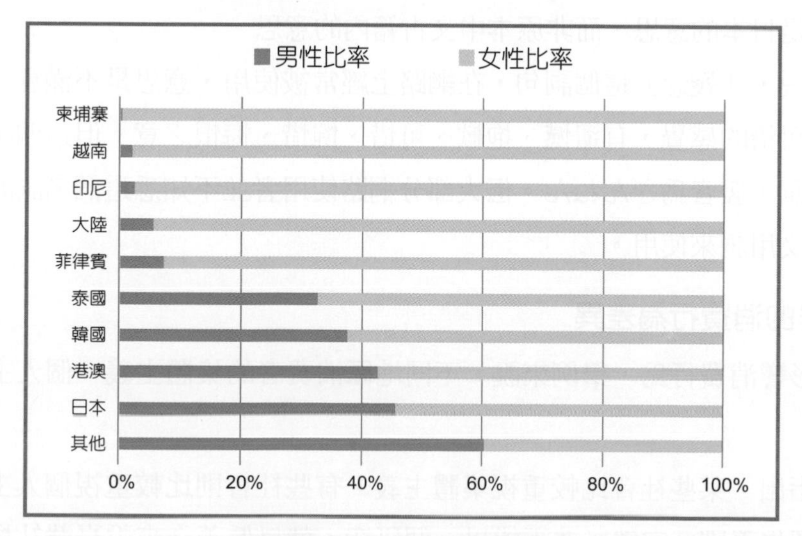

圖 11-2 外籍配偶的性別分布

(四)語言使用

因爲漢族主要從外地移民至臺灣，使用的語言雖然都是漢語系，文字雖然相同，語音卻各有不同，文化背景與消費習慣也有差異。

1. **台語、客語**

   根據學者在各地火車站所進行的實地觀察研究發現，各火車站旅客所使用的語言，大致上都會區火車站旅客使用語言仍以國語（華語）居多，但夾雜各類語言，例如：台北火車站中，使用國語的旅客佔六成多，使用閩南語者佔三成多，使用客語者佔百分之三。不同區域，語言使用比率也不相同，例如：在基隆火車站，使用閩南語的比率近五成；在彰化，使用閩南語比率更超過國語，達到五成多；在苗栗使用客語的比率則高達二成多；在花蓮，使用原住民語言的比率則達到百分之五，是所有火車站中使用原住民語言比率較高的（詳細比率參見[1]）。

   從行銷者的角度來說，如果廣告中錯誤的使用語言，很可能無法達到廣告效果。舉例來說，彰化地區的居民習慣使用閩南語，因此，在彰化地區的廣告活動使用閩南語並無不可，但主要訴求對象爲台北地區居民的廣告，是否適合使用閩南語，就有討論的空間。

2. **外來語**

   外來語的使用，在消費者行爲之中，也是需要注意的。有些情況下，人們使用外來語，使用的非常習慣、理所當然。

   例如「達人」這個詞，若從中文古籍來說，是通達事理、思想樂觀的人，但這個詞傳入日本之後，發展出了新的意思指稱某方面、領域有專業的人。而我們目前使用的詞，其實是日本的意思，而非原本中文古籍內的意思。

   再舉例來說，「殘念」這個詞句，在網路上經常被使用，意思是不滿意、殘留的心裡不甘心、可惜的感覺，有遺憾、抱歉、可惜、惋惜、悔恨之意。但這個詞其實是日文中使用的詞，發音爲ざんねん。但大部分網路使用者並不知悉這個名詞的來由，而視爲一般中文用詞來使用。

(五)各族群的消費行為差異

族群會影響消費行爲，舉例來說，不同地區消費者的集體主義、個人主義意識並不相同。

有研究指出，某些社會比較重視集體主義，有些社會則比較重視個人主義，這就會對消費行爲產生差別。當然，並不能以一個研究，就以偏蓋全來說臺灣社會就比較偏重

於集體主義或比較個人主義，但身爲行銷者，確實必須留意因爲社會、種族、地區所造成的集體主義或個人主義意識的差異，而這些差異在消費習性上的影響，也是必須加以重視的課題。

本章後段會再次討論到集體主義和個人主義。

11-2 宗教與消費行為

宗教是文化的一部分，對很多人來說，宗教幫助人們塡補關於生命的意義、生活的價值等哲學性的問題。科學的角度，常無法解釋很多現象，也無法回答人們爲何存在於世界等玄奧的人生哲學，因此，宗教的存在有其必然性。解釋這些哲學性、玄學性問題的方式很多，有些人相信某一種解釋方式，另外一些人則相信其他的解釋方式，也因爲如此，世界上有各式各樣宗教存在，各宗教各有教義，也各有信徒，歷史上雖都曾發生過某些強勢宗教希望能夠強迫全部的人信奉，但這些試圖在宗教領域上達到主宰地位的行爲，從來就沒有成功過。

宗教對於消費者具有全面性的影響，它既能夠決定消費者解釋生命的方式，自然也會影響消費者的價值觀與人生態度，甚至於決定消費者的生活型態，而消費行爲是眾多行爲中的一種，自然也無法不受宗教的影響。

以下，將先討論宗教對於消費行爲的可能影響，之後將討論臺灣的宗教與消費行爲，最後，討論臺灣地區消費者信奉宗教的現況。

一、宗教與消費行為

宗教通過四個角度來影響消費行爲：信仰、儀式、價值觀和社區互動 [2]。因爲影響到信仰、儀式、價值觀，因此對於消費行爲的影響是深遠的。雖然宗教對消費具有全面性的影響 [3]，但無法仔細明列，因爲對於信奉宗教的人來說，這些因爲宗教而造成的價值觀與人生態度，已成爲生活的一部分。以下只能舉例說明。

(一) 宗教與性別角色

某些宗教對於不同性別者在生活中扮演的角色已有既定的態度，例如：伊斯蘭教對於女性所扮演的生活角色，以及男性在婚姻中扮演的角色的定義多所著墨，許多伊斯蘭教國家仍主張男性可以單方面結束婚姻；天主教也對婚姻有所規範，對於離婚則採取比較負面的看法；佛、道教比較強調婚姻的和諧，而某些宗教在性別與生活角色的定義上則全無著墨，未信奉任何宗教的消費者，則不受宗教教義的約束。這時候，我們將會發現，信奉對性別角色定義明確的宗教，其信徒對於性別的生活角色認定較爲一致，但信奉另外一個對性別角色定義較不明確的宗教的信徒，或是未信奉任何宗教者，對於不同性別該扮演的生活角色就沒那麼有共識。

(二) 宗教與家庭購買行為的影響

在家庭購買行爲領域中，丈夫／太太在決策中所扮演角色，就會受信奉宗教的影響，某些宗教教義比較傾向於父權與母權平等，某些宗教教義上甚至比較強調家庭的民主，尊重未成年的小孩（例如：猶太教），但相反的，也有些宗教是非常偏向於父權或母權。在小孩社會化過程中扮演的角色方面，天主教比起其他宗教，較爲強調父親與母親在教養工作上的平等責任。有學者曾進行研究，發現天主教家庭的父親扮演比較多的購買角色，但在猶太教家庭中，父親與母親扮演的購買角色大致相當。

(三) 宗教與消費行為

我們可以找到許多關於宗教對購買行爲的影響的文獻，例如針對不同宗教者購買決策過程的差異進行研究 [3]，大部分的研究都指出，不同宗教的消費者在許多購買行爲上有顯著的差異。而許多行銷研究中，也都會特別調查消費者的宗教，以便進行交叉分析，了解不同宗教的消費者在各種消費活動上的態度。不過，由於關於宗教的討論較爲敏感，常會被誤會成研究者想要論述各宗教的優劣，因此許多研究者並不願意輕易的對各宗教之所以有差異的原因做進一步的推論。舉例來說，研究者可能只願意報導伊斯蘭教徒家庭中，男性消費者扮演比較重的購買決策角色，但卻不願意進一步推論爲何有這種現象，以及這種現象是否意味著伊斯蘭教有男尊女卑的教義。

對於行銷工作者來說，不同宗教的消費者，都可以是產品的目標顧客，不過，面對不同宗教的消費者，採行的行銷溝通策略可能有調整的必要。例如：不同宗教的消費者，家庭成員在家庭購買行爲扮演的角色並不相同，面對猶太教消費者，採用的溝通策略應該是說服所有家庭成員，而面對天主教消費者，所採用的溝通策略，則應該是說服父親這位家庭中的主要決策者。而對某些伊斯蘭教國家來說，由於女性地位並未與男性完全平等，因此試圖去遊說女性伊斯蘭教消費者來進行家庭購買行爲的做法，現階段恐怕仍不適當。

(四)信徒與非信徒並非二分法

宗教信徒與非信徒，並非只是二分法，而是有程度上的差異。在市場研究中，爲了方便收集資料，研究者常以勾選的方式詢問受訪者是否爲何種宗教的信徒，但實際狀況是，每一位信徒的虔誠程度並非完全相同，受該宗教教義潛移默化的程度也不相同。舉例來說，一位小時候或年輕時曾經受洗的基督教徒，當初之所以受洗，可能是因爲家庭的因素，但後來成年後，因爲工作忙碌，而不再參與基督教的活動，此時，這位消費者可能因爲他曾經受洗過，而在問卷上勾選他是基督教徒，但因爲他極少參與基督教活動，因此，受基督教教義的影響已經逐漸淡去了。再舉例來說，某位消費者可能信奉臺灣傳統的道教，逢年過節會祭拜祖先與神明，由於這些已成爲生活的一部分，因此他並沒有特別覺得自己隸屬於哪一種宗教。

二、臺灣的宗教與消費行為

(一)初一、十五吃素

在臺灣，很多消費行爲與宗教活動息息相關。舉例來說，每個月農曆初一與十五，餐廳中家庭聚餐的人數都會略幅減少（但公司或朋友聚餐人數較沒有大幅減少），主要原因是有某一定比率的年長者，有初一、十五吃素的習慣，家庭成員中若有人初一、十五吃素，自然不能選擇該天來進行家庭聚餐。至於爲何初一、十五吃素，大多是宗教上的理由，可能原因包括曾經許願若能達到某個願望，願意從此初一、十五吃素。另外，還有一些信奉佛教、道教、一貫道的消費者，也會吃素，某些則是選擇只有早餐吃素，這些都是因爲宗教的理由，而改變飲食消費行爲的例子。

臺灣有一家著名的花瓜等醃製食品罐頭廠商，會在農曆初一、十五前一天的電視中，播出花瓜廣告，提醒消費者明天吃素可搭配其產品，就是善用這種吃素習慣的典型範例。由於兩週才吃素一次，因此，許多消費者會選擇吃素的這一天吃清淡一點，因此煮個稀飯加醃製花瓜、醬菜，就變成可能的選擇。

(二)飲食禁忌

因爲宗教理由而有飲食限制的例子，除了佛、道、一貫教信徒的素食外，受農業社會不吃牛肉的習慣影響，臺灣的牛肉麵店，經常會提供不含牛肉的其他麵食，以供消費者選擇，避免一群客人因爲其中一位客人不吃牛肉，而失掉了整群客人的生意。另外，還有伊斯蘭教徒的禁食豬肉，在臺灣，伊斯蘭教信徒佔總人口的比重雖然不高，但仍有

廠商專門針對伊斯蘭教信徒提供飲食服務，比較特別的是，伊斯蘭教信徒除了不吃豬肉外，食用的牛肉必須在宰殺時執行特定的宗教儀式，因此，業者常從澳洲進口經過特定宗教儀式宰殺的牛肉，來販售給伊斯蘭教信徒。爲符合這些伊斯蘭教信徒的需求，機場的空廚公司在爲國際線的航空公司準備餐點時，也必須提供符合伊斯蘭教義的飲食。

(三) 宗教節日

宗教對於消費行爲的影響，不僅只於飲食，還包括很多消費行爲。在臺灣，道教信徒所佔比率最高，雖然官方統計道教信徒人數只有七十幾萬人，但絕大多數的臺灣人都受道教所影響，是未正式皈依的道教信徒。而每年農曆七月，道教信徒習慣祭拜俗稱「好兄弟」的孤魂野鬼，祭拜孤魂野鬼的儀式稱爲普渡，農曆七月十五爲中元節，因此又稱爲中元普渡。習慣上，中元普渡除了準備牲禮等祭品外，必須準備大量的乾貨，如餅乾、泡麵等，因此，各大超市與量販店，都視農曆七月爲銷售旺季，舉辦各種餅乾、泡麵等乾貨的促銷，而這段時間餅乾、泡麵的電視廣告也特別多，這個月的銷售額可以抵上淡季的好幾個月。不過，對於基督教、天主教或其他宗教的教徒來說，因爲沒有祭拜的需要，因此並不會特別在這段期間前往購買該類商品。也就是說，如果該地區的消費者以信奉道教爲主，則農曆七月將是銷售旺季，但如果該地區消費者有高比率的天主教或基徒教信徒，則農曆七月的銷售成績並不會特別理想。

(四) 轉型為歡樂假日的宗教節日

類似的情況也發生在西方的宗教節日上，在臺灣，準確知道復活節、萬聖節在哪一天的佛、道教消費者並不多，因此，在西方是消費旺季的復活節、萬聖節假期，在臺灣並沒有爲零售通路帶來很好的銷售實績。不過，較爲國際化，外國人、天主教或基督教徒較爲聚集的地區，仍有復活節與萬聖節的銷售旺季存在。

大部分消費者會受其他消費者的影響，因此宗教節日不一定只影響該宗教的信徒，可能影響全部的消費者。最典型的例子，是聖誕節原爲信奉耶穌的天主教和基督教徒的節日，但現今則已變成是國人的民俗節日，即使是佛、道教消費者，仍熱烈慶祝聖誕節。即使在臺灣，聖誕節並未放假，但這種聖誕節的歡樂氣氛仍然影響全台。

照片 11-2

宗教是廠商必須謹慎處理的課題，許多消費者因為宗教的理由，而有特殊的消費習性，例如：某些消費者堅持星期日早晨不安排活動以便參加禮拜，以及某些消費者有素食、不吃牛肉、不吃豬肉等飲食的禁忌等。另外，許多宗教節日，也會促進一些產品的銷售，例如：中元普渡會促進各種餅乾、糖果、泡麵之類乾糧食品的銷售。

照片地點：台北，行天宮。

三、臺灣消費者信奉的宗教

(一) 宗教自由

臺灣在憲法上即保障宗教自由，人民依法享有信仰、傳教與宗教結社之自由，因此，任何「宗教」倘未違反公序良俗或相關法律規定，均可自由發展，無須向政府申請認可或認證。人民可依法向政府申請成立特定型態的「宗教團體」，但不代表必須登記才能合法存在。

(二) 常見宗教

根據內政部的資料，主要的宗教共有 22 個，未列入主要宗教者，歸類爲其他。常見宗教包括：

1. **世界性宗教：**佛教、道教、猶太教、天主教、基督教、伊斯蘭教、東正教。
2. **創教 50 年以上，源自中國大陸或臺灣之宗教：**三一教（夏教）、理教、一貫道、先天救教（世界紅卍字會）、天德聖教、軒轅教、天道。
3. **創教 50 年以上，源自世界各地宗教：**耶穌基督後期聖徒教會（摩門教）、天理教、巴哈伊教（大同教）、統一教、山達基、眞光教團。
4. **未符合上述，但已發展達一定規模之宗教：**天帝教、彌勒大道。
5. **其他：**例如亥子道宗教、玄門眞宗……等宗教派別。

若從登記信徒人數估計，信徒最多的宗教，依序爲道教、基督教、天主教、佛教、一貫道、伊斯蘭教。

一般說來，臺灣民眾信奉的宗教，以佛、道教爲主，不過，對許多臺灣消費者來說，並無法明確的區分佛教與道教，許多臺灣民眾自小有祭拜祖先、神明的習慣，家中設有神明廳或神案，民俗節慶與農曆初一與十五會祭拜各路神明，屬於典型的道教，但在問卷調查時，卻會勾選佛教，主要是因爲在一般人心中佛教、道教的界線並不明確，而且臺灣民間宗教信仰並沒有嚴密的組織，所崇拜的多爲寺廟、神壇，而且許多消費者並不會專一崇拜特定寺廟、神壇，是只要有廟就拜，有些寺廟甚至會奉祀其他宗教的神明。國內主要的宗教活動，包括許願、祭祀、普渡、消災解厄、改（補）運、慶典與法會等。

政府統計資料中，上述典型道教信徒，卻可能因爲並沒有實際加入哪一個寺廟成爲其信徒，而未被計入道教信徒。因此，在政府所做的宗教統計，以及市場調查公司所作的行銷研究中，宗教比率的數字無法百分之百正確反映臺灣消費者所信奉的宗教。

話雖如此，但爲了解臺灣地區宗教現況，據以作爲行銷工作者制定行銷活動時的依據，還是可以參考政府所作的臺灣地區各宗教信徒人數的統計。

(三) 尊重所有宗教

雖然臺灣的主要宗教是佛教與道教，但行銷工作者絕不應忽視其他宗教的重要性，尤其不應忽略教義與價值觀並不同於佛、道教的基督教與天主教消費者，行銷溝通活動若過度強調商品與佛教、道教的關聯，很可能會影響這些其他宗教消費者的態度，舉例來說，過度的將產品與中元普渡連結在一起，對於基督教與天主教信徒的影響，是行銷工作者必須事先設想到的問題。

我們生活之中，有很多的宗教與民俗節日，這些宗教與民俗節日，有些是國定假日，有些則不是。不過，無論是否放假，這些節日經常伴隨著很多的消費活動，許多商機均蘊藏於此。

表 11-4 常見的宗教與民俗節日

節日	日期	說明
國曆新年	元月一日	各國新年。臺灣放假一天。但日本假期與歐美國家則常有多天假期。許多地方的跨年倒數計時已成為重要的活動。臺灣許多地方也都會舉行跨年晚會。
尾牙	農曆十二月十六日	正式的尾牙日期為農曆十二月十六日，但尾牙已轉型為慰勞工作同仁辛勞的年度聚餐活動。通常尾牙聚餐活動會在農曆過年前一周至前數周舉辦。

節日	日期	說明
農曆新年	農曆正月初一	又稱為春節。中國、臺灣、韓國、新加坡、越南、各地華人社會的節日。臺灣通常放假 5-8 天。這是華人社會（以及韓國、越南等國）一年來最重要的節日，通常遠地工作的遊子會設法於除夕回家。且與其他民俗節日不同的，是農曆過年之前，工商界通常會互相送禮。農曆過年之後，親友來訪，通常也會帶禮物。因此，農曆新年是一年中，禮盒最暢銷的時間。
元宵節	農曆正月十五	不放假。但有花燈、元宵活動。吃元宵。
情人節	二月十四日	原為宗教節日，但已轉型為情人互送禮物、表達愛意的節日。各地均不放假，但情人節大餐通常訂位客滿。
復活節	春分（陽曆 3 月 21 前後）過後遇到的第一個月圓之後第一個星期日。	基督教徒的重要節日，紀念主耶穌基督於公元 33 年被釘死後第三天復活的事蹟。在美國通常提前至週四開始放假。是重要的旅遊時間。
清明節	四月四日或五日	二十四節氣之一。在臺灣與中國，是掃墓祭祖的日子。目前與寒食節是同一天。在臺灣，放假一天。清明節的前一天則為婦幼節（以前稱為兒童節）。
佛誕節	農曆四月初八	不放假。因此許多佛教團體在母親節當天慶祝，或選擇陽曆五月份的假日慶祝。
端午節	農曆五月初五	臺灣、中國、韓國與華人社會有此節日。臺灣放假一天。日本有此節日，但並非紀念屈原，日期則為陽曆五月五日，與日本兒童節在同一天。有些日本地方仍用農曆進行民俗活動。臺灣通常會吃肉粽。
七夕情人節	農曆七月初七	臺灣、中國與華人社會有此節日。不放假。傳說中牛郎與織女在此日可見面。
中元節	農曆七月十五。或是整個農曆七月。	臺灣社會為主。普渡孤魂野鬼的節日。通常會拜拜，祈求好兄弟（孤魂野鬼）保佑。
中秋節	農曆八月十五。	臺灣、中國、韓國、越南等國家有此節日。臺灣、中國、韓國均有放假。臺灣社會通常會吃月餅。且與其他民俗節日不同的，是中秋節通常會互相送禮。
萬聖夜	十月三十一日	天主教的宗教節日，包括萬聖夜（10 月 31 日）、諸聖節（11 月 1 日）、諸靈節（11 月 2 日），著名的活動為小孩子沿街要糖果，不給糖就搗蛋，以及裝扮成各種魔鬼參加活動。有人稱為西洋的鬼節。
感恩節	美國感恩節為十一月第四個星期四。	美國和加拿大的節日，原意是為了感謝上天賜予的好收成。美國與加拿大日期不同，加拿大的感恩節 10 月第二個星期一。家人通常會在感恩節共進火雞大餐。在美國，感恩節的次日，被稱作黑色星期五，商家會在該日舉行超低折扣特賣。

節日	日期	說明
冬至	十二月二十二日或二十三日。	二十四節氣之一。通常會吃湯圓。
聖誕節	十二月二十五日	十二月二十四日為聖誕夜，十二月二十五日為聖誕節。原為宗教節日。現已發展成全世界重要節慶。是消費旺季，也是旅遊旺季。臺灣不放假，但商業活動相當多。
開齋節	伊斯蘭曆新年	相當於伊斯蘭教國家的新年。伊斯蘭曆採用陰曆，且並無閏月，因此每年日期不同。2021 年的開齋節是 5 月 12 日傍晚開始到隔日日落前，2022 年的開齋節是 5 月 2 日傍晚開始到隔日日落前，2023 年的開齋節則是 4 月 21 日傍晚開始到隔日日落前。

四、各國的年代紀元

西元年代的計算是耶穌的出生，既然可以依據耶穌出生，當然也可以用其他宗教始祖的出生作爲紀元起始，因此，曆法與紀元跟宗教有關。世界各國雖已廣泛使用西元紀元，以及依太陽運行所發展的陽曆，但仍有許多與宗教有關的民俗節日，仍與陰曆有關。

(一)各國紀元

雖然，因爲國際化的考量，陽曆已被世界各國普遍採用，不過，紀元的計算方式，卻是西元（或稱公元）與其他紀元同時存在。舉例來說，在臺灣，官方與民間都仍普遍使用「民國」作爲紀元方式，而在日本，則使用天皇的名號「令和」，至於泰國，則普遍使用佛曆，而在中東國家，則仍使用「伊斯蘭曆」的紀元，在尼泊爾，則使用「維克拉姆曆」。在臺灣，每個人都知道民國 111 年就是西元 2022 年，但臺灣的消費者並不一定知道 2022 年也是令和 4 年、佛曆 2565 年、伊斯蘭曆 1443 年，尼泊爾維克拉姆曆 2077 年。

(二)農曆與民俗節日

臺灣的傳統民俗節日，卻仍使用依月球運行所發展的陰曆（或稱農曆）來計算，因此，雖然對許多國家來說，陽曆新年是一年中最重要的慶典，但在臺灣，陽曆過年的節慶氣氛只侷限於跨年倒數，但陰曆（農曆）新年卻是放假一星期以上的連續假期。這點就會直接影響到臺灣與其他國家消費者的新年假期消費行爲差異。

(三)每週休假日

各國的差異所造成的消費行爲差異，是非常全面性的，而跨國的差異，是存在於很多地方的。再舉一個簡單的例子，臺灣、東亞各國與歐美各國，星期六與星期日都是休假日。但在中東的伊斯蘭教國家，休假日卻不是星期六與星期日，而是星期四與星期五，這就是個跨國差異的明顯例子。而阿拉伯聯合大公國（或稱爲阿聯酋）爲了要避免與世界各國的休假日差異太大，2006 年 9 月起將休假日調整爲星期五與星期六。也就是說，星期日在中東的伊斯蘭教國家，是標準的上班日，而非假日，但星期五則是假日，而非上班日。不過，在同樣擁有很多伊斯蘭教徒的馬來西亞與印尼，休假日則爲星期六與星期日，而非星期五。但是，不管在哪個國家，星期五仍是許多伊斯蘭教徒至清眞寺祈禱的日子。

歐美社會的陽曆新年、華人社會的農曆新年、泰國的潑水節、伊斯蘭教的齋戒月（Ramadan）等都是某些國家的國定假日，也是因爲民俗或宗教產生的節日，這些節日衍生了很多獨特的消費行爲，也會企業帶來很多的商機。把握這些導因於種族與宗教的消費行爲差異，對企業來說是非常重要的。

表 11-5　各國曆法紀元換算

西元（公元）	民國	泰國佛曆	伊斯蘭曆	日本
2022	111	2565	1443	令和 4 年
2023	112	2566	1444	令和 5 年
2024	113	2567	1445	令和 6 年
2025	114	2568	1446	令和 7 年

11-3 文化

文化是「整體社會共同的生活方式、觀念、信念與原則」，反映整體社會大多數人的生活方式，是所處社會的共有觀念，是消費活動的藍圖與指引。

(一)不同領域對於文化有不同的定義

文化這個名詞，被廣泛地使用於各個學門與領域，而不同領域對於「文化」會有不同的定義與用途，舉例來說，歷史學者常把文化拿來作爲說明某一個社會的進步情況與

歷史發展演進，藝文界則會把文化活動視爲是藝文、藝術、創作的同義詞。但商管學門的組織行爲理論，則關心組織文化，也就是組織內成員所共有的價值觀、信念與原則。也就是說，不同領域對於文化這個名詞，有不同的想法與解釋。

(二) 文化的變遷與融合

文化並不是永遠不變的，而是隨著時間而有文化融合、變遷，因此行銷者必須與時俱進調整。書籍上提到的文化差異，都有可能隨著文化融合，而不復存在，或有可能因爲隔閡，而重新發展出新的文化差異。

(三) 文化的本位主義

人們很容易有文化的本位主義，拿自己的文化背景來解釋其他人的行爲模式。文化的影響是無形的、難以察覺的。行銷工作者自己很可能受到文化影響，拿自我經驗或直觀，來解釋與預測其他人的行爲，對許多行銷活動的選擇有既定的偏好。當自己的文化背景，與目標顧客的文化背景相同或相似時，拿自己來類推其他消費者的做法，可準確預測消費行爲。相反的，如果自己的文化背景與目標顧客屬於不同的消費文化，則很可能陷入錯誤的框架，導致行銷活動的無效。

一、文化與價值觀

每一位消費者都可以有自己的價值觀，但一個社會的全體消費者，可能擁有共同的價值觀，而不同的社會的消費者，則可能會有不同的價值觀。價值觀在第三章已有討論，是一種存在於消費者心中的持久性信念。

(一) 各國文化發展出不同的價值觀

每個社會的價值觀，可能有很大的差異，舉例來說，2009 年 7 月中旬，當時的法國總統薩科奇（Nicolas Savkozy）提議允諾商店在周日開門營業，結果引來法國人的抗議，因爲自 1906 年法國立法通過，就只有少數商家被允許在周日開店營業，這種規定，對許多國家的人來說，眞是不可思議，但這反映了法國人的價值觀。

另外，東方社會常有子女需奉養父母，與父母親生活在一起，而父母親則負擔小孩的教育費用，直到完成全部教育並進入就業市場爲止的觀念，但西方社會，價值觀上比較不認爲子女該與父母親同住和負擔父母親全部的生活費用，而父母親也比較不認爲自己該犧牲一切享受來成就兒女高昂的教育費用。因此，許多美國大學生可能已經獨立負擔自己的學費，負擔學費方式包括申請獎學金、就學貸款、或打工賺錢。

在美國，許多大學生或碩博士班研究生，爲了自己負擔學費，願意降格就讀排名較差，卻可提供全額獎助學金的學校，但在臺灣，某些學校即使提供百萬獎學金，仍無法吸引學生來降格就讀，因爲就臺灣人的價值觀而言，父母親實在不容易爲了「一點錢」，而「犧牲」兒女的「前途」，名校與獎學金，大多數人選擇「名校」。而很多大學，也樂於提供噱頭式的高額獎助學金，因爲他們知道，只要條件訂得夠嚴苛，是不會有人來申請該獎助學金。具體做法是，排名 100 名的大學，卻訂出只要分數達到排名前 10 名大學的錄取標準，而願以該校爲第一志願，就可以獲得百萬獎學金，實際上，這種獎學金根本就發不出去，因爲臺灣並沒有爲了獎學金而屈就的文化，而這個入學獎學金標準設定太嚴苛了。

(二) 社會共識

既然文化是一種集體的價值觀、信念與原則，當「社會中的成員對於一件事物有相同的想法」，我們可以將之視爲是具有社會共識。

但必須說明的是，此處所說的相同，嚴格來說只是相似，而非完全一樣，是一種異中求同的相似。當同一社會成員中，對於某一件事不存在共識時，我們說這件事沒有社會共識。

(三) 多元文化

當社會成員的想法非常多元，有多種想法，各有支持，這種情況下，我們說這個社會擁有多元文化。也就是說，這個社會的價值觀或生活方式，並沒有十分一致的共識。

多元文化源於社會成員的價值觀、信念、原則、生活方式沒有一致性的共識。整個社會有可能可區分爲幾個子社會，這幾個子社會所發展的子文化，有共同的價值觀、信念與原則，而不同子文化間有相當的差異。

(四) 子文化

幾乎所有社會都有子文化，這種子文化可以是因爲地區、年齡、種族……而形成子文化，例如：年輕人的文化，與整個社會的文化可能略有不同，社會中的少數民族，可能有自己的文化。子文化的強度高低，會影響行銷作爲。

若子文化強度高，顯示有必要針對特定子文化，發展行銷策略。相反的，如果子文化強度低，則整個社會文化的一致性程度是較高的，這時候並沒有太大的必要，針對特定族群發展行銷策略。

(五)文化鎔爐

某些國際都市在發展過程中，刻意或因緣際會地，保留了各移民母國的文化，使該城市成為民族的大鎔爐。舉例來說，加拿大的多倫多，美國的紐約與舊金山，都市內有唐人街(中國城)、日本街、韓國街、希臘街……，來自各地的移民，將其飲食文化與生活習慣，某種程度的保存下來。而整個社會，也因為保存各移民母國文化的關係，進行了文化融合。類似的例子也發生在臺灣，1949 年前後，大批來自中國大陸各省市的移民，帶來了各省市的飲食與生活文化，使臺灣的飲食有很大的變遷，基本上，臺灣小麥生產少，但現在的臺灣人，已經把水餃、麵食當成飲食中的一部分，宮保雞丁、五更腸旺等菜色，在臺灣的飯館中隨處可見，即是文化融合的例子。

照片 11-3

消費者出國旅行，可以體會不同的文化，對於居住在歐洲的消費者來說，亞洲是個值得「冒險」探索的神秘國度。對於居住在台灣的消費者而言，歐洲是個古典浪漫的天堂。當外國觀光客在您身邊照相時，您可能會納悶「這有什麼好照的？」但當您出國旅遊時，卻也可能對著外國的街景猛按快門。文化的體驗，是許多人出國旅行的目的之一。

照片地點：歐洲，奧地利。

二、象徵與儀式

每個社會都會發展出許多象徵與儀式，從理性、科學的角度分析這些象徵與儀式，常常會覺得這些象徵與儀式背後的道理有些牽強，但不論如何，大家共同感受所發展出的象徵與儀式便是如此。對行銷者來說，移風易俗並非容易的事，也不是行銷者所關心的重點。

(一)象徵(Symbols)

象徵是指「事或物所代表的意義，取決於所處的文化」。舉例來說，西裝與套裝象徵正式服裝，因此，即使在炎熱的夏天，正式會議中，所有與會者皆需穿著套裝與西裝，領帶與長袖襯衫更是男仕的必備衣著，而炎夏時，會議場地冷氣必須開強冷，以便穿著

西裝或套裝者不至於過熱。相反的，夾克則是親民、平民化的象徵，以前的蔣經國總統喜歡穿夾克下鄉，曾有位行政院長模仿這種作法，任職期間也很喜歡穿夾克，即使氣溫高達三十幾度仍穿著夾克，夾克背後則書寫其所推動政策的口號，之所以穿著夾克，因爲夾克本身就是一個與人民親近的象徵。一般市井百姓平常較常穿著夾克，而不常穿著西裝，因此穿著夾克代表與人民同在一起。

1. **生活中的象徵**

   象徵在生活週遭隨處可見，例如：紅色玫瑰花象徵愛情，鬱金香雖也可送給情人，但就不一定代表愛情，從理性的角度來說，這中間的道理並不非常堅強，爲何玫瑰就代表愛意？簡單來說，這是一種因爲文化所發展出來的象徵意義。對於行銷工作者來說，若能善用這種象徵，將能爲企業帶來利潤。某些汽車廠商，將其車輛訴求成「新家庭房車」，或把擁有該車的男主人，稱呼爲「新好男人」，就是希望消費者把購買該車視爲是照顧家庭的象徵。

2. **國家象徵**

   行銷活動必須小心有些象徵，例如：國旗、國徽或是領袖，常常也代表了對這個國家的認同，並非每個國家的人民，都能以輕鬆的角度看待這些象徵被侵犯。在某些國家拿國旗或總統肖像來揶揄，是司空見慣的事，但在別的國家，則是不可思議或是違法的事。舉例來說，2002 年在美國費城一家爵士酒吧，把熱愛爵士樂的泰王拿來當廣告主角，讓廣告中的泰王頭髮挑染，並且帶上墨鏡，結果竟引發泰國政府的關注，要求撤下廣告，這中間的關鍵在於，擁戴泰王在泰國象徵愛國，但在美國，總統是可以揶揄的對象。在臺灣，批評總統更是司空見慣的事。

（二）儀式（Rituals）

象徵經常指的是事物所代表的意義，有時候具有意義的不只是事物，還包括活動，這些活動在舉行時，本身就具有意義，這些「有特別象徵意義的程序活動」，被稱爲儀式。

儀式廣泛出現在日常生活之中，舉例來說，婚禮就是一個儀式，婚禮中有很多繁文縟節，這些繁文縟節是否可以節省或略去？答案當然是可以，法院公證結婚便是省卻這些繁文縟節的替代方案，而且就法律的觀點，只要有人當見證，有公開的儀式，哪怕這儀式非常簡單，仍符合法律上對於結婚效力的認定，而且最重要的部分不是儀式，而是要前往戶政單位登記。

但我們會發現，大部分的新婚夫婦，仍依循結婚的儀式，籌備極長的時間，購買非常多的東西，以完成結婚這個「動作」。這種儀式出現在一般民間生活中，也存在於官式活動中，舉辦學術研討會時，重點是論文發表，但大部分研討會都會有「開幕典禮」。無論志願役或義務役軍人，在養成教育結束時，都會舉行宣誓典禮，宣誓會效忠國家與人民，在民選官員或民意代表就任時，必須舉辦就職典禮，並且「宣誓」其會不負人民付託、不會貪贓枉法，而且不參加宣誓就職者，通常不能開始行使職權。但人們有時會問：宣誓自己不會貪贓枉法後，就眞的不會貪贓枉法了嗎？不管您的答案是如何，這都是一個必經的儀式。

儀式與社會秩序、社會價值觀的建立

不可否認的是，儀式在社會秩序與社會價值觀的建立與維護上，扮演舉足輕重的地位。不過，就行銷工作者來說，如何與既存的儀式配合、如何將產品搭配到社會儀式中，或者如何形塑搭配特定產品的社會儀式，以促進產品的銷售，都是行銷工作者可以著力的空間。舉例來說，傳統臺灣婚禮中，男女雙方都會爲對方準備六禮（或十二禮），這六項禮物是可以自由搭配的，但大抵以衣著或配件爲主。臺灣知名的連鎖鞋店（或其他鞋店也曾推出類似促銷活動），就曾在年底結婚旺季，推出到鞋店籌辦結婚用六禮的活動，將店中的皮鞋、休閒鞋、襪子等商品，搭配其他贈品（例如：皮夾、皮帶等），訴求成可以作爲結婚時使用的六禮。這就是一種將商品與社會儀式搭配的案例。許多花店配合各大學的畢業典禮儀式，會特別準備花束到大學門口販賣，讓參加此一儀式者，能夠順手買一束花，也是善於將此儀式轉換爲商機的案例。

三、文化對消費行為的指引

文化被視爲是消費行爲的前因，是消費者採取行動的藍圖，也是消費者對於所知覺到的環境進行解釋時使用的藍圖。在臺灣，紅色代表喜氣，因此農曆新年時，大家會購買紅色衣服，連內衣褲都喜歡買紅色的。在商家開幕時，臺灣人會致贈用紅色或粉紅色紙張書寫吉祥話的祝賀花籃，但在韓國，祝賀花籃卻經常是用白色紙張書寫吉祥話，這種用白色紙張題寫黑色文字的花籃或花圈，在臺灣則代表喪事，常見於葬禮中，以用來悼念亡者。

在臺灣，西洋情人節（二月十四日）或七夕情人節（農曆七月七日）時，人們會購買花束、巧克力、金飾或其他禮物，送給心儀的對象或熱戀中的情人，這種文化背景，

指引著消費者購買商品的行爲，讓這些商品在情人節時熱賣，一束二十朵玫瑰花的花束，因爲需求旺盛的緣故，價格可以從平時的三百多元，漲價到情人節時的一千多元。

文化指引著消費者，讓消費者願意在情人節當天採取行動，展現自己對情人的愛意，而在情人節當天收到紅玫瑰或巧克力的人，則以文化來解釋送禮者的心意，在文化的薰陶下， 受禮者會將在「情人節當天收到花束或巧克力」，解釋成送禮者對於自己的愛慕或愛戀， 但如果當天是把購買花束的錢換算成食品禮盒或水果禮盒，則完全感覺不出這種愛慕或愛戀。相反的，如果在農曆新年拜年時，帶一束花，許多收禮者，可能「丈二金剛」摸不著頭緒，不知道送禮者「葫蘆裡賣的是什麼藥」。

照片 11-4

各種花卉本身並無意義。但社會文化會對各種花卉賦予各種象徵意義，並發明各種「花語」，例如：一束情人節的玫瑰花，價錢非常昂貴，但卻也代表了對於情人的愛意。情人節時，菊花雖然便宜，但送情人菊花，是否能夠展現相同的愛意，則令人存疑。這也是為什麼每個人都知道情人節的玫瑰花很貴，但銷路卻還是很好。

照片地點：台北，松江路旁花店。

11-4 文化與消費

一、集體主義與個人主義

集體主義（Collectivism）與個人主義（Individualism），是一種對於個人或團體活動的價值觀，雖說人類是個集體行動的動物，社會具有集體活動的特性，不過，不同社會對於集體活動的傾向並不完全相同。

(一) 集體主義社會

較重視集體主義的社會，「強調團隊合作，比較不認爲成功是來自於某一個個人，也比較不強調個別的差異」。相反的，比較重視個人主義的社會「強調個體的差異，比較認為社會不應該無差異的一視同仁對待每個人，也比較強調團體內個人的表現」。一般來說，英雄主義是一種個人主義的展現，而團隊合作則是一種集體主義的展現。

(二)個人主義社會

強調個人主義的社會，能夠接受一位極為年輕但事業有成企業家，一個強調集體主義的社會，認為這種年輕有為只是一個僥倖下的產物。強調集體主義的社會，無法接受社會中某些人因為某項理由而賺進大筆財富，強調個人主義的社會，則把這種個人的成就或個人的財富賺取，視為理所當然。

(三)集體主義與個人主義對於消費的影響示例

集體主義與個人主義，對於消費文化會造成顯著的影響，舉例來說，根據研究，集體主義的社會，比較容易接受盜版軟體，而個人主義的社會，比較願意花錢在原版軟體上面。研究發現，東西方社會對於盜版在道德觀上的論點並不相同，也由於文化背景的差異，使得東西方消費者對於盜版秉持不同的態度。偏好於個人主義的社會，會因為重視個人的表現，而認為應該給予創造智慧財產權者絕佳的保障，而造成社會規範[4]。

另有研究指出，具有個人主義文化的國家，有較低的盜版率，而具有集體主義文化的國家，盜版率則較高[5]。集體主義與個人主義文化對於盜版軟體接受程度有所差異的理由非常明顯，集體主義的社會，比較不覺得為何這些軟體廠商可以憑正版軟體賺進大筆財富，而個人主義的社會，則認為這些軟體廠商既然花了心思撰寫了符合消費者需要的產品，就應該可以從中間賺取大額的利潤。

類似個人主義與集體主義傾向，影響消費行為的例子隨處可見。舉例來說，比較強調個人主義的社會，較能夠接受具有身分表徵、非常高價的名牌服飾，但強調集體主義的社會，因為不強調個體間差異，也就不認為個別個體間的服裝差異是很重要的一件事，因此對於名牌服飾的接受度自然較低。除了服飾價格外，服飾的樣式也會受個人主義與集體主義所影響，個人主義傾向的消費者，比較強調服飾的個性化，對於在同一場合不預期的穿著與其他人相同的衣服（也就是所謂的「撞衫」），抱持比較負面的態度，而集體主義傾向的消費者，比較關心的則是服裝形式是否過度標新立異、是否符合其他人的期待，對於撞杉的反應則不會太過激烈。另外，比較個體主義傾向的社會，較強調個人化的產品，對於特殊的產品外形設計的接受度較高，但比較集體主義傾向的社會，在產品外形設計上，比較接受中規中矩、符合社會整體期望的產品。

(四)集體主義與個人主義的價值觀差距

集體主義與個人主義的價值觀差距，可以出現在很多活動中，例如：在環球影城（Universal Studio，環球製片廠所設置以電影爲主題的樂園，目前有洛杉磯、奧蘭多、日本大阪、新加坡等園區），就提供較貴票價的選項（門票票價約是一般票價的兩倍），購買此票價者，在各項遊樂設施中可以不必排隊，這就是一種強調個人的價值傾向，認爲能夠付比較多錢者，自然應該享受比較好的服務。另外，所得稅率中，累進稅率就是一種集體主義的呈現，這種稅率認爲多賺錢者，稅率應該較高，但相反的，累退稅率則是另外一種邏輯，這種累退稅率認爲某個人賺錢之後，已經繳了很多的稅賦，已經盡到應負義務，無理由要他們爲額外賺的錢，支出更多的稅。

二、國族感

國族感或稱爲種族中心主義（Ethnocentrism），是一種族群優越感，或稱爲是族群愛國主義、愛國主義或族群主義，不管是哪一個名詞，意思大體是相同的，就是認爲「自己所屬的民族、種族或國家，比其他民族、種族或國家，還要優秀」，或者是不認爲比其他民族、種族或國家優秀，但是認爲必須要愛護自己的民族、種族或國家。這種國族感， 可能會直接影響消費者的購買行爲，引導消費者購買屬於自己國家或地區所製造、設計、行銷的產品，或引導消費者購買對自己國家友善的外國產品，而不購買對自己國家不友善的外國產品。

國族感的高低，直接影響國際行銷工作者的行銷行爲，一個具有絕對國族感的社會，比較不能夠接受進口產品，也比較不能接受產品包裝或產品廣告未充分標示當地語言，而比較不具有國族感傾向的社會，對於進口產品的接受程度較高，也比較不會對具有外國色彩的產品產生敵視。

國族感效應的高低，會使國家間的外交互動，對民間的國際產品銷售產生直接影響。兩個處於外交緊張的國家，若社會存在高度國族感文化，則兩國間產品銷售活動將會大受影響，消費者將傾向於不購買對自己國家不友好的外國產品，也傾向於不前往跟自己國家不友好的國家旅遊。相反的，如果國族感傾向低，則消費者可能不在乎產品是否來自外交上與自己國家處於對立狀況的國家，也願意前往與自己國家對立的國家旅遊。

國族感與本地產品保護

國族感有時可以作爲保護本地產品的「武器」，農產品則最常使用這種訴求，例如：在臺灣強調臺灣農產品世界一流，在日本則強調日本稻米品質最佳，這些論調都具有某種程度的國族感，雖然日本的精緻農業品質確實無庸置疑，但水稻屬於熱帶或亞熱帶的作物，因此在東南亞或臺灣來栽種，品質應該不遜於日本，而臺灣地狹人稠，許多農產品的生產條件其實不如地方廣闊的其他國家。不過，無論如何，我們還是經常強調本地農產品是最好的，因爲這是保護當地農產品的最好、最簡單的方式。

三、物質主義（Materialism）

物質主義[6-8]是指消費者「以物質擁有爲核心的一種傾向」。這是一種價值判斷，將財物商品的擁有視爲重要的一種傾向，它的另一個極端是宗教人士所追求的「儉樸、簡約、家徒四壁、身無長物」。

物質主義概念被大眾媒體廣泛使用，但對其定義並沒有非常明確的共識。物質主義的定義，大致依其性質，可以區分爲政治／歷史導向、人類學／社會學導向與行銷導向的定義。也就是說，雖然都名爲物質主義，但本書論述的物質主義，是基於行銷導向的物質主義，跟政治與歷史學者所說的物質主義，以及人類學者與社會學者所探討的物質主義，並不完全相同。

物質主義會影響消費者對於物質的態度，也會影響其生活型態，愈是物質主義者，對於物質滿意度和生活的滿意度的關聯愈高，也就是說，物質主義者比較會把對生活的滿意度連接到對物質的滿意度，物質主義者對於財物的獲取所給予的價值較高、較以自我爲中心、生活比較沒有那麼簡約、比較不容易滿足，而且，會比較不慷慨、比較會將金錢花費在自己身上，而不會花費在朋友、教堂或慈善組織，也比較不會捐錢給生態保護團體。另外，物質主義者，也不太會花錢在旅行上面[7]。

物質主義是一種複雜的、多構面的概念，瑞奇斯與道森將物質主義傾向區分爲獲取中心（Acquisition Centrality）、獲取快樂（Acquisition as the Pursuit of Happiness，以獲取來追求快樂）、擁物成功（Possession- defined Success，以擁有物品來定義成功）等三個構面。

(一) 獲取中心（Acquisition Centrality）

獲取中心是指物質主義者將擁有與獲取置於生活的中心。

(二) 獲取快樂（Acquisition as the Pursuit of Happiness）

獲取快樂指的是將擁有與獲取視爲生活中滿足與福祉（Well- being）的基本要素。

(三)擁物成功(Possession- defined Success)

擁物成功則是指物質主義者以積攢擁有物的品質與數量來判定自己或他人的成功。

四、炫耀性消費(Conspicuous Consumption)

炫耀性消費 [9] 是與物質主義相關聯的一種消費文化，是指「消費活動的最重要目的在於炫耀自己的財富，或是炫耀自己的成就」，這樣的消費活動是以炫耀自己的擁有為主要目的，因此稱為炫耀性消費。常見的炫耀性消費的標地產品，包括鑽石、勞力士名錶、賓士朋馳汽車之類的商品。這些商品的購買，本身具有炫耀自己身份地位或財富的成分。

(一)炫耀性消費可能與物質主義有關，但不等於物質主義

炫耀性消費與物質主義有關，但不等於物質主義，某些以物質為重點的消費活動，並不帶有炫耀的成分在內，某些商品雖有物質炫耀的可能性，但消費者可能是基於其他目的而購買該商品的。以物質為重點但非炫耀性消費的商品，主要發生在商品無法炫耀，也就是說，某些商品無法為其他消費者觀察到，因此除非消費者購買後向其他人展示該商品或提及該商品，否則並不會產生炫耀性消費的結果。內衣為具體的例子，即使消費者購買的是維多利亞的秘密(Victoria's Secret，知名的女性內衣、睡衣品牌，價格略高，參見 http://www.victoriassecret.com/)的內衣，但這項產品仍難成為炫耀性消費的標地產品，因為，除非是親密愛人，否則很難跟其他人展示昂貴的內衣。炫耀性消費與購買維多利亞的秘密這個品牌內衣的購買，或許沒有太大的關聯，但物質主義卻是與其消費行為有關，消費者仍可能是基於物質主義傾向而購買該商品，只不過，這個物質主義並非與炫耀性消費連接在一起。

(二)昂貴產品不一定等於炫耀性消費

某些物質雖然本身具有炫耀性消費的特色，但購買的目的並非基於炫耀性消費，舉例來說，高價昂貴轎車的購買，可能是基於炫耀，也有可能純粹是基於安全性，認為高價昂貴的轎車安全性較高。這種情況下，炫耀並非重點，而是物質本身的價值才是最大的重點。

再舉例來說，某些人到瑞士購買限量生產的勞力士手錶，是基於相信這種限量的勞力士手錶不會貶值，將來還有可能增值。另外，黃金屬於炫耀性商品，但對於某些人來說，黃金屬於不容易貶值的財物，購買黃金的目的，是為了投資，或是為了避免戰亂時

財富縮水，這種情況下，黃金的購買便與炫耀無關，而購買的標的，也從一般金飾調整爲金條、金塊或金幣等商品。

消費行爲本來就複雜，因此，一項消費行爲是屬於炫耀性消費或非炫耀性消費，並無法很清楚的切割。舉例來說，購買黃金飾品可能具有炫耀與保本投資這兩個不同出發點的考量。高級轎車（例如賓利）除了比較安全以外，也確實有某種程度的炫耀性消費成分。而維多利亞的秘密這個品牌，除了銷售難以向他人炫耀的內衣與睡衣外，也開始銷售一些可以穿出門的外套與泳裝，讓炫耀性消費的成分可以存在。因爲內衣難以露出達到炫耀效果，但外套與泳裝，就可以讓他人看到。

11-5 文化的涵化與變遷

各個社會有文化間的差異，同一個社會的不同時間，也可能有文化的差異。在這裡，我們先討論一個文化隨著時間的變遷，之後再討論消費者橫跨不同社會時，所產生的文化適應。

一、文化的涵化與改變

文化雖是持久性的價值觀、信念與原則，不容易改變，但並不是不能改變。在未接受到任何文化洗禮前，「社會內的成員，會在不知不覺中，受到這個社會的文化所影響」，此一影響的過程，稱爲文化涵化（Enculturation），一個幼童在學習成長的過程中，不但學習到各種技能，也學習到文化以及面對事物的價值觀。當一個文化對某件事物（例如：新科技產品）並無既定的立場時，社會成員會逐漸的形成態度及文化。

行銷人員在文化塑造或變遷上，經常扮演重要的角色，尤其是刊登於大眾傳播媒體的廣告，以及各種促銷活動，常會吸引相當多消費者的目光，進而潛移默化或急速的改變社會文化。舉例來說，當行銷溝通人員不斷在電視廣告上刊登減肥廣告時，社會的審美將朝向纖細苗條的身材爲主；當行銷人員不斷利用新聞節目來強調外科美容手術的普及時，就會有愈來愈多的消費者願意接受美容手術。當現金卡廣告隨處可見，而廣告中又傳達消費不必等待存夠錢時，消費者自然很容易不知不覺中擴張自己的信用，而且認爲先享受後付款是符合社會價值的觀念。

(一)文化變遷過程緩慢

文化變遷過程緩慢，但非不可能。將文化朝某一方向來調整移動，相當困難而且耗費時間，用通俗的角度來說，這叫做「移風易俗」，只不過，通常我們所說「移風易俗」，是把「壞」的文化移轉成「好」的文化，不過，好壞本身就是一種價值判斷。我們很難客觀地說清楚何謂「好」、「壞」。舉例來說，儲蓄在臺灣的價值觀被認定爲「好」的文化，但「保險」或許是更能保障消費者免於「天有不測風雲」的做法，而「投資」是更能促進社會進步的財富使用方式，「消費」則是創造消費者現階段福祉的方法，因此，當消費者有多餘資金時，是該「儲蓄」，還是「購買保險」、「投資」、「消費」，沒有絕對的對錯，而能回答此一問題者，是根據其所屬的文化來回答。

二、文化適應

不同社會有不同的文化，當消費者「從一個社會遷移到另外一個社會時，適應新社會的過程」，稱爲文化適應（Acculturation）。舉例來說，一個留學生到美國讀書時，他必須適應當地的文化、習慣當地的飲食，以及當地的人際應對方式。他在臺灣可能習慣了集體主義文化，面對較強調個人主義的美國社會時，可能會不習慣當地的許多做事方法或邏輯。在臺灣，消費者可能習慣了「銀貨兩迄」、「貨品售出概不退貨」，但在美國，是不可能依此原則進行交易活動，只要是產品有瑕疵，不要說是退貨，若是造成損失，消費者還可能到法院控告廠商。

移民或社會的外來者，是最需要進行文化適應的消費者，有些移民在適應過程中，會有適應不良的問題，爲了解決此問題，許多移民會聚集生活在文化背景較爲類似的社區，形成諸如「唐人街」、「小台北」之類的區域或社區，以較接近於原始母國的生活方式，來從事各項生活活動。這種情況可以發生在美國，當然也可以發生在臺灣，能夠洞悉此趨勢的行銷工作者，就可以從中間找到商機。

舉例來說，在臺灣的外籍勞工，可能不適應臺灣的飲食文化，因此遇到假日時，會希望能夠吃到母國的飲食，此時這些外籍勞工便成爲各種異國料理的重要顧客群。另外，也有一些商店專門銷售來自這些外籍勞工其母國商品，例如：在台北車站地下街可找到銷售越南與印尼商品的商店，在桃園車站附近可以找到泰國、越南、印尼商品的商店，在台北市中山北路二段可以找到銷售菲律賓商品的商店。

(一)過度適應

除了適應不良的移民外，還有些移民可能會有過度適應的問題，過度適應指「過度強化新文化與舊文化中的差異部分」，舉例來說，外來者到美國時，可能把麥當勞等速食文化，視爲是美國飲食文化的全部，而過度適應這類速食，而不知道其實對土生土長的美國人來說，速食也只是眾多飲食中的一種。用通俗的話來說，就是「比美國人還像美國人」。由於外來者對於當地文化的適應，是一種知覺學習的過程，而過程中，可能誤解了當地的文化，導致這種過度適應的情況。

除了適應不良與過度適應，還有一種情況是某一社會的消費者，嚮往另一社會的文化，而以另一社會的生活方式來生活，具體的例子是，雖然生活在臺灣，但生活模式與美國人類似。這種情況可能發生於消費者曾經居住過美國，而嚮往當地的生活模式，也可能是受到電視等大眾傳播媒體所傳達的文化所影響，基本上，這反映的是一種不同社會間文化的相互影響。

(二)文化融合

俗語說的「文化融合」，就是一種雙方的文化適應，或者說是一種混合文化（Creolization），對於國際行銷者來說，將外來文化混合當地的文化，發展成能爲當地消費者所接受的文化，便是一種文化混合。

(三)歷史上的文化融合

歷史上有很多文化融合的例子，有些融合是自動自發的，有些則是強迫的，大部分的強迫性融合是征服者強迫被征服者融合進入其文化體系，但也有相反的例子，例如：北魏（南北朝時代）與清朝的文化融合，就是屬於少數民族的征服者融合到被征服者的文化中。而清朝的融合屬於比較自然的、自動自發的融合，清朝的政府領導者（皇帝）並沒有下令滿州人必須融合到漢人的文化中，但因爲清朝開國幾任皇帝（順治、康熙、雍正、乾隆）都傾向認同於或醉心於漢文化，並且多使用漢語，以致不知不覺中，所有滿州人的文化與漢文化已融合在一起，成爲一個新的社會文化。

南北朝時代，北魏的融合，則是被政府強制進行的融合。北魏所實施的漢化運動，是一種有系統的強迫性文化變遷，由北魏孝文帝拓拔宏（生卒年爲西元 467 ～ 499 年）採取的強制遷都洛陽（原首都爲平城，北魏孝文帝以南征爲藉口，將首都遷往洛陽），並實施各種漢化措施，包括禁胡服、斷北語、通婚姻、改姓氏、推廣文教等，使得鮮卑人與漢人間的文化界線瞬間被消弭，算是有系統的強制性文化融合。

適應不良

1. 受本身的文化影響，無法接受新文化。
2. 舉例：外國人無法適應台灣消費「銀貨兩迄」、「貨品售出概不退貨」等現象。

過度適應

1. 過度強化新文化與舊文化中的差異部分。
2. 舉例：速食文化其實只是美國文化的一部份。卻被誤認為是美國文化的全部。

文化的相互影響

1. 因為嚮往另一社會的文化，所以以另一社會的生活方式來生活。
2. 舉例：居住於台灣，受到電視等大眾傳播媒體所傳達的文化所影響，對其他文化產生嚮往，或用另外一種文化生活。

文化融合

1. 一種雙方的文化適應。
2. 舉例：清朝時期，滿州人的文化與漢文化的融合。

圖 11-3 文化適應

一、選擇題

(　　) 1. 以下關於種族與消費行為影響的陳述，何者錯誤？ (A) 種族、民族、國籍、族群，都可能會影響消費行為 (B) 種族之所以會對消費行為產生影響，主要原因為生活習慣、文化背景、價值觀、使用語言的差異 (C) 討論種族對消費行為影響時，通常將消費者區分為主要族群與少數族群 (D) 種族對於消費行為的影響，主要是因為基因與遺傳。

(　　) 2. 造成不同種族消費行為差異的主要原因，不包括以下哪一個項目？ (A) 可能因為地域的不同所造成的消費行為差異 (B) 可能因為不同種族有不同的生活習慣與文化背景，才造成消費行為差異 (C) 可能因為語言的不同，使得不同種族間的交流減少，而造成消費行為的差異 (D) 因為基因的差異所造成。

(　　) 3. 臺灣原住民佔總人口數，約略為多少？ (A) 佔總人口的 20-25% (B) 佔總人口的 2.1% (C) 約有 200 萬人 (D) 約有 50 萬戶，150 萬人。

(　　) 4. 臺灣的新住民（外籍配偶）總人數大約多少？ (A) 佔總人口的 20-25% (B) 佔總人口的 0.2% (C) 約有 5 萬人 (D) 超過 50 幾萬人。

(　　) 5. 關於宗教信徒與非信徒的消費行為差異的陳述，何者正確？ (A) 信徒與非信徒一定是二分法，只要曾經入教，就終身是信徒 (B) 雖然同樣是信徒，但長期參加宗教活動者，消費行為受宗教的影響較大。很少參加宗教活動者，消費行為比較不受宗教教義影響 (C) 宗教一定是排他的，不可能同時信奉兩種宗教 (D) 非教徒不可能認同宗教的價值觀。因此，認同宗教價值觀者，通常都是教徒。

(　　) 6. 中東地區，大部分國家，每周休息日是哪幾天？ (A) 星期四與星期五 (B) 星期六與星期日 (C) 星期一與星期二 (D) 星期三與星期四。

(　　) 7. 陰曆的閏月，是什麼目的？ (A) 因為風水的關係，會有一些閏月 (B) 因為每年陰曆比陽曆少一些天，因此每隔幾年要有一個閏月，才不會讓陰曆與陽曆差異太大 (C) 意思是指農曆每個月的天數不一樣多 (D) 是古時候為了宗教目的所設定的節日。

(　　) 8. 請問什麼是開齋節？ (A) 全球穆斯林慶祝齋月結束的節日 (B) 吃素一個月，結束吃素的日子 (C) 教徒每年可以吃葷的日子 (D) 泰國佛教的節日。

(　　) 9. 要解釋臺灣社會產婦坐月子，但歐美社會產婦卻不坐月子，最可能的解釋理由為何？ (A) 種族與血緣差異 (B) 文化差異 (C) 地理位置差異 (D) 所得與社會階級差異。

(　　) 10. 1906 年，法國就立法通過，只有少數商家被允許在周日開店營業，即使 2009 年法國前總統薩科奇（Nicolas Savkozy）提議允許商店在周日營業，結果引來法國人的抗議。這種假日禁止營業的規定，在法國被認為理所當然，但在東方社會卻覺得不可思議。哪一個觀念最能解釋此一差異？ (A) 種族與血緣差異 (B) 文化差異 (C) 地理位置差異 (D) 所得與社會階級差異。

(　　) 11. 以下關於象徵（symbols）的陳述，何者錯誤？ (A) 象徵是指事或物所代表的意義 (B) 象徵取決於所處的文化 (C) 象徵在生活周遭隨處可見，例如玫瑰花象徵愛情，就是一種因為文化所發展出來的象徵意義 (D) 象徵與消費行為無關，是無效的消費活動。

(　　) 12. 以下關於儀式（Rituals）的陳述，何者正確？ (A) 儀式通常是沒有意義的 (B) 儀式廣泛出現在日常生活之中。在社會秩序與社會價值觀的建立與維持上，扮演舉足輕重的地位 (C) 儀式為商品創造的商機，通常是曇花一現的 (D) 沒有法律效果的儀式，對社會來說，是個無意義的活動，浪費社會資源。

(　　) 13. 認為古坑咖啡是最好的咖啡，最有可能是因為什麼因素？ (A) 國族感 (B) 物質主義 (C) 集體主義 (D) 炫耀性消費。

(　　) 14. 何謂物質主義？ (A) 是指消費者以物質的擁有為核心的一種傾向 (B) 不同社會的消費者，物質主義傾向相同 (C) 宗教人士通常具有極度的物質主義 (D) 意思就是功利主義。不在乎產品外型，在乎產品本質。

(　　) 15. 以下關於炫耀性消費的陳述，何者錯誤？ (A) 以炫耀自己財富、炫耀自己的成就、炫耀自己的擁有維主要目的 (B) 炫耀性消費與物質主義有關，但不等於物質主義。某些物質的購買，因為該物質無法炫耀，因此不帶有炫耀的成分 (C) 購買炫耀性物質時，也有可能不是基於炫耀性的理由，而是基於其他原因，例如購買名貴轎車的原因可能是因為安全性的考量 (D) 炫耀性消費通常不會讓人看到，以避免危險。

二、問答題

1. 請說明臺灣的族群分布情況。
2. 請列舉臺灣常見的傳統宗教與民俗節日。
3. 請列舉西洋常見的宗教與民俗節日。
4. 請說明伊斯蘭教的開齋節，在什麼時間？該日期是如何決定的？
5. 請說明何謂物質主義與炫耀性消費。

第五篇
消費行為的新興課題

CHAPTER 12

創新的採納

消費新觀點：創新採用者

有一些電腦玩家，樂於接受新產品，也不知不覺地喜好嘗試新產品，這些電腦玩家通常是年輕學生，但也有一些是已經進入社會的上班族，還有一些則是已經步入中年的電腦使用者。

這些電腦玩家中有些是因為從事電腦相關工作，日積月累培養出嘗試新產品的習慣，有些則是希望藉由嘗試新產品，來從中學習電腦知識，更有些消費者，把嘗試最新的電腦產品當作是一種習慣。

昂貴的新產品

電腦產品剛上市時，價格通常非常昂貴，等到有更好的產品問世時，原本性能較差的產品，價格才會逐步降價。因此，從不喜歡接受新產品的消費者角度來說，太早購買新產品是不划算的，而且某些新產品最後會被發現只是曇花一現，很快的從市場上消失。

舉例來說，14 吋液晶彩色螢幕（LCD）剛上市時， 每台螢幕價格快要跟電腦一樣貴，達到三萬元台幣左右，那時候 17 吋（或更大）的陰極射線管螢幕（CRT）一台只需要一萬多元（陰極射線管螢幕就是最古老的電視機的那種螢幕），2002 年前後，14 吋的 LCD 有一段時間價格停留在一萬五千元，但到了 2005 年，14 吋液晶螢幕根本買不到，因為 15 吋螢幕也只要幾千元，19 吋 LCD 的螢幕只要不到一萬元，市場主流是 21 吋（甚至是更大）的 LCD 液晶螢幕，到了 2010 年，19 吋的 LCD 螢幕只有四千元左右。到了 2021 年，螢幕主流應該是 30 吋左右。即使是 35 吋的螢幕，也是萬元以下，有些螢幕比較貴，是因為採取曲面螢幕設計，而不單只是因為螢幕尺寸。

早買早享受，晚買享便宜

因此，從價格趨勢來說，某些人可能會覺得太早購買液晶螢幕並不是非常明智的決定。可是，這種說法常被樂於接受新產品的電腦玩家嗤之以鼻，因為換個角度說，如果液晶螢幕確實比陰極射線管螢幕還要好，那為何不趕快接受新產品，以便能提早享受這項新科技的好處呢？如果大螢幕是必要的，為什麼一定要等大幅降價之後呢？如果曲面螢幕是必要的，為什麼要等大幅降價之後呢？

永遠沒有成為主流的創新產品

電腦的新產品除了價格會隨時間降低外，有些新產品只是「短暫性」的存在，沒有成為市場的主流，而很快速的被其他產品所取代。舉例來說，有一段時間（1996 年前後）市場上流行品牌名稱為 ZIP 的高容量抽取式硬碟機，其被稱為是高容量，是因為它的每一張磁碟片容量為 100MB，是 1.44MB 的軟碟片的 70 倍，這容量在當時是很高的，一台 ZIP 磁碟機在當時可以賣到近一萬元，一張磁片則在數百元。但曾幾何時，這種高容量抽取式硬碟機已不復存在，取而代之的是記憶卡與隨身碟，一張記憶卡已經可以做到 256G Bytes 或更高，是 100MB 的 2560 倍，當時的高容量抽取式硬碟不再是高容量，而是「超低容量」了。

何時是採用新產品的最佳時點？

所以，我們就不應該太早接受新的電腦產品嗎？這答案恐怕會引起爭議，早一點買高容量抽取式硬碟的消費者，可以提早享受用高容量硬碟進行資料備份的好處，早一點買液晶螢幕的消費者，可以早一點享受到液晶螢幕清晰的畫面。但晚一點買液晶螢幕的消費者，則可以用很廉價的價格買到大尺寸的螢幕，沒買高容量抽取式硬碟機的消費者，更可能會慶幸說，現在 256G 的隨身碟都只要千餘元，幾年後的消費者，可能會把 256G 的隨身碟當作一個笑話，因為屆時消費者可能會在電腦店買到更高容量的隨身碟，或者是可能有新產品完全取代了隨身碟。

某些消費者傾向於在新產品推出時，即購買新產品，某些消費者傾向於在新產品開始普及到整個社會時，才決定購買新產品，某些消費者則傾向於在全部週遭的人都已經接受該新產品時，才加入使用的行列。這種消費者創新傾向的差異，是廠商在進行新產品銷售時不得不注意的傾向。將行銷作為指向那些最具創新傾向的消費者，最能夠獲得初步的成功。

消費者隨時面對各類的創新，但這些創新不一定能夠獲得消費者的青睞，有些時候，這些創新終究能夠獲得消費者接受，但這被接受的過程卻是相當的辛苦。另外，接受創新與否是一種消費者本身的特性，某些消費者比較容易接受創新，某些消費者則經常傾向於拒絕創新，或者延後創新的接受。

對於行銷工作者來說，當研發人員、生產人員或企業內其他人員完成創新活動後，如何將此創新推銷給消費者，讓消費者樂於接受此創新，是極爲重要的工作。創新不一定會成功，如果消費者無法接受該產品，或者消費者接受新產品的時間很晚，在其他廠商也推出創新產品後，消費者才接受創新產品，則創新將無法爲企業帶來好處。

本章將針對消費者創新進行討論，討論內容包括創新的種類、創新的特性、創新的擴散、創新採用者的類型，以及針對科技產品時的創新接受模式。

12-1 創新的種類與程度

創新代表的是與原有事物的差距，其所指的通常是新產品的推出，不過不一定是新產品，新的技術、新的通路、新的支付工具，也都是創新。而創新與原有事物之間的差距，可大可小，也需要加以釐清。

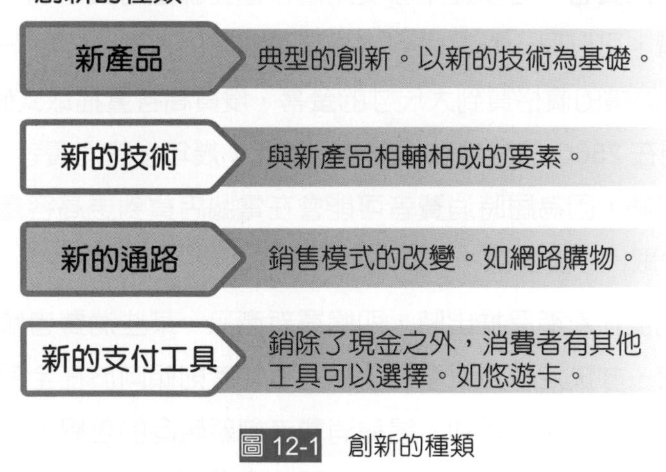

圖 12-1 創新的種類

一、創新的種類

(一)新產品

新產品是最典型的創新，例如新的口味的食品，就是新產品。新產品有時會伴隨著新技術，但也可以是不包含新技術的新產品。舉例來說，新型電動車是許多新技術的產物，但有些新口味的食品，只是在調味料上創新，這類產品很多時候並沒有伴隨著新技術，但因為口味的組合是新穎的，因此對消費者來說，是新的產品。

新產品可以是完全不同的產品，也可以是原有產品的小幅修改，也可以是兩種原有產品的結合。舉例來說，原有的披薩配方，結合一種原本並未使用於披薩的小吃做為配料，兩者結合成為一種新口味的披薩。一個廠商推出的新產品，很可能是其他廠商本來就有的產品。

新產品也可以是新的設計，也可以伴隨著新的技術、新的製程。新產品可以建立在法律保護的專利，或是各種智慧財產權。被專利或智慧財產權保護的產品，可以讓產品免於受到模仿，此時推出新產品的廠商可以因為消費者接納新產品而受惠。但有些時候，並沒有這些專利或其他智慧財產的保護，或者競爭對手可以找到合法模仿的方式。此時，消費者會購買原創創新產品，或是購買模仿產品，端視原創與模仿產品對於消費者產生的價值而定。

(二)新技術

基於新技術的創新，經常可見。舉例來說，電動車、電動機車，就是基於電池科技與馬達科技的新技術創新。再舉例來說，第五代行動網路(5G)就是一種基於技術的行動電話創新。而行動裝置(手機、筆電)的快速充電，也是基於新技術的創新。

電視或電腦螢幕的解析度，提升到了4K甚至於8K，這種8K電視，也是一種基於新科技的創新產品。新的技術通常是新產品背後的原因。8K電視就是解析度7680×4320，等於解析度4K的倍數，因為解析度接近8000，因此有8K的俗稱。4K電視就是解析度3840×2160或是4096×2160的電視，因為解析度接近4000，因此有4K的俗稱，4K正式名稱為Ultra HD，簡稱UHD。這樣的4K電視，畫素可達到829萬或884萬，解析度為Full HD的四倍。對消費者來說，4K電視與以往的電視，只是解析度的差異，但對廠商來說，技術需要大幅提升，才能做到4K的高解析度。

基於新技術的創新，較不易被模仿。非基於新技術的創新，則易被模仿。消費者是否能夠快速採納與接受這些導因於技術創新的新產品，向來為學術研究者與實務工作者關心的焦點。

(三) 新通路

產品或技術就算沒有創新，銷售產品的通路也可能創新。新的通路是指過去未使用過的通路，例如：網路購物，以及在臺灣愈來愈普及的量販店與購物城（Shopping Mall），量販店與購物城改變了臺灣零售產業的銷售模式，散落在各重要道路邊的小型銷售店面的銷售比重，慢慢的被量販店與購物城內的商店所取代，小型超市的生存空間被大幅的擠壓。2020 年代開始，臺灣的餐飲外送平台開始蓬勃發展，使得餐飲的通路提供新的選項，這也是一種在行銷通路上的創新。

消費者是否能夠接受新的銷售通路？對行銷工作者來說，是個很大的挑戰。舉例來說，旅行平安險可以在機場的保險公司櫃台投保，但網路投保也是一個可能的行銷通路。消費者對於網路投保這種新通路的接受度，會影響到這種新通路（網路投保）對於原有通路（機場櫃檯投保）的挑戰是否成功。

(四) 新支付工具

新的支付工具，也是一種創新，舉例來說，對於三十年前的臺灣消費者，無法想像信用卡在臺灣消費市場的使用會如此普及，2002 年間台北捷運與公車所聯合推出的悠遊卡（以及後來推出的一卡通），以非接觸 IC 卡取代原有的接觸性儲值磁卡，並逐步擴大到可以在各類店家進行小額支付；2004 年臺灣 7-ELEVEn 推出的儲值卡型小額便利支付工具 iCash（以及後來推出的 Happy Cash，後來都轉型成也可以搭乘大眾交通工具、進行小額支付的多用途的電子票證），試圖說服消費者以儲值卡來取代現金，在便利商店內從事小額的支付；2015 年起，以手機為載具的行動支付出現，讓小額支付更為方便；2018 年臺灣通過了電子支付的法規，開始有一些電子支付廠商。這些都是一種屬於支付工具的創新。

(五) 其他各種創新

對消費者來說，異於過去就是創新。有些時候，其實什麼都是原有的，但行銷工作者提出的創新的行銷方案（產品組合、訂價方式、銷售通路、廣告促銷）來推銷該產品。消費者接受此些行銷方案創新，也仍是學術研究者與行銷工作者關心的課題。而消費者對於新事物的接受程度，也會影響到對於各種創新的接受程度。

二、創新的程度

創新是相對於原有事物的改變，如果有一些改變，就可以算是一個創新，但這個改變的多寡，其實代表的是這個新事物創新程度的多寡，只有一點點的創新，與全面改變的創新，不能一視同仁。對於小規模的創新來說，若其與原有事物的改變不大，且消費者的抗拒也不大，則所需討論的僅是新產品是否滿足消費者的品味，但對大規模創新來說，消費者可能面對的是一項全新的事物，雖然有少部分消費者非常偏好於接受新的事物，不過，絕大部分消費者傾向於維持現狀，因此這個全新事物若無法將其新的功能或設計介紹給消費者，讓消費者能夠接受，則消費者將無法接受此創新。

就創新的程度來區分，可以將創新區分爲連續創新、動態連續創新、不連續創新這三大類[1]。當然，這是簡單的歸類方式，實際上創新是一種從很少到很大幅度創新的連續帶。

圖 12-2 創新的連續帶

(一) 連續創新（Continuous Innovations）

連續創新是指「只有微小差異，沒有太大的改變」。連續創新的例子很多，流行性產品就是一種創新程度低的連續性創新，每一年的流行服飾均與上一年的服飾有一些不同，例如：裙子長度變短或變長，流行萊卡布料， 或者流行小碎花裝飾或格子布，每一年的流行都不相同，但其實改變並不多。

再舉例來說，汽車每隔兩、三年左右會有小改款，改變的地方主要爲內裝、車燈、水箱蓋（汽車引擎蓋最前面的水箱蓋設計，最容易影響外觀，但改變時需要調整的製造模具或製造生產線不多），都算是一種連續創新。

(二) 動態連續創新（Dynamically Continuous Innovations）

動態連續創新，指的是「有對應的原有事物，但創新程度大」。因此，消費者可以理解該產品或事物的用途或功效，但因爲改變幅度很大，因此對消費者是否能夠接受，爲重要的課題，而且消費者的消費行爲可能會受到這種動態連續創新的影響，而有結構性的改變。

舉例來說，治療男性性功能障礙的威而剛、犀利士，是一種動態連續性創新，因為過去已有治療性功能障礙的藥品，但這些藥品常屬於民間偏方，可能具有副作用，或者是治療效果不佳，但威而剛具有壓倒性的藥效改進，治療機轉也不是典型的男性荷爾蒙增加或促進，這個創新使得許多類似藥品相形遜色。不過，對消費者來說，這還是一種藥物，因此消費者在看待此一新產品時，很容易拿這產品與舊產品作對應比較。

再舉例來說，休旅車相對於轎車，是一種動態連續創新，而非連續創新。汽車的小改款，只能算是連續性創新，但轎車改成休旅車或多功能房車（Multi-Purpose Vehicle MPV）、運動型多用途車（Sport Utility Vehicle, SUV），則是一種較大規模的動態連續創新。剛開始引進休旅車時，消費者難以體會休旅車的好處，將休旅車對應到客貨兩用車，因此被對應成若有載貨需要的消費者，才願意購買這項新產品。必須藉由不斷的廣告溝通，例如：將廣告場景設定為到搭乘休旅車到大飯店赴約，將休旅車定位為高尚人士的選擇，才能慢慢完成產品的定位。同樣的，要推廣 SUV 時，一樣需要很多的心思，來說明 SUV 的優點。

(三) 不連續創新（Dynamically Innovations）

不連續創新（動態創新），所指的是「與原有產品有絕對性的差異，消費者無法或難以拿現有產品與新產品作對應」，當創新程度高時，消費者發現該項新產品或新事物，確實是「新的」，找不到可以對應的原有事物，或者是即使找到了，但兩者差異實在太大。這類產品或事物，因為改變程度大，因此要獲得消費者青睞時，需要解決的消費者抗拒或消費者不接受的程度也就愈高。但同樣的，這類產品對於消費行為的變化也會最大，當消費者接受這類產品後，消費行為可能有決定性的改變。

1. **不連續創新的舉例**

   舉例來說，當初微波爐被發明出來的時候，就是一種不連續的創新，在微波爐被發明以前，並沒有一種產品，可以在極短的時間內加熱食物，也沒有一種產品完全不能把金屬容器放進去加熱，其他加熱產品也沒有「不可以密封」的限制，還有許多特性，讓消費者覺得微波爐與其他產品差異確實非常大。因此，讓消費者接受此產品，通常需要花費相當的時間與行銷努力。

   不過，當消費者接受此產品之後，生活習慣會跟著改變。舉例來說，在臺灣與東方社會非常普及的加熱型熱水瓶，在美國卻不容易找到，因為對美國人來說，整天維持熱水瓶內的水在攝氏 100 度並不划算，為何不在要喝熱水時用微波爐加熱就好了，但在

臺灣，即使大家都已接受使用微波爐，但並不多消費者能夠接受或習慣於用微波爐加熱熱水。不過，具有蒸氣功能或烤箱功能的微波爐，相對於微波爐，就只是動態連續創新，而非不連續創新。因爲具有蒸氣功能或烤箱功能的微波爐，可以對應到原有的微波爐，雖有重大改變，但並沒有出現消費者無法或難以拿現有產品與新產品作對應的情況。

2. **改變幅度大**

不連續創新也可能因爲改變幅度非常大，且這改變是消費者需要的，而讓消費者非常快速的接受此一產品。舉例來說，民航飛機是 1960 年代才被發明並大量使用的不連續創新產品，但相較於輪船，跨國運輸時使用民航飛機確實快速很多，因此，此一不連續的創新產品完全取代原有舊產品，輪船只剩下貨運或旅遊用途，除非短距離運輸，或者是度假郵輪，否則民航機已經取代了輪船的地位。因爲民航機需要設備完善的機場作爲起降場，而使得小型島嶼的運輸中，渡輪還有存在的必要，若有一天，市面上存在無須機場即可起降，但又比直升機安全有效率的飛行器，則渡輪就有被取代的可能。

3. **創新是一種連續帶**

前面已經提到，創新是一種連續帶，一項創新的創新程度到底是隸屬於哪一類，並沒有絕對的答案。舉例來說，悠遊卡或 7-ELEVEn 的 iCash 小額付款機制，到底是屬於連續創新或動態連續創新，並沒有絕對的答案，因爲預付卡這個觀念早已存在，因此不算是不連續的創新，但在便利商店中使用，卻是全新的觀念，因此它是一種創新，但到底創新幅度有多大，則見仁見智。

12-2 創新的特性

本節將討論創新的特性對採用意願所造成的影響，創新當然是要比原本的還要好，這是理所當然、毋庸置疑的前提。但除了創新的利益以外，創新與與原有事物的相容性、試用性、觀察性、複雜性， 爲決定創新是否能被接受的幾個特性，本節即針對這幾個特性進行討論 [1]。

一、相容性（Compatibility）

創新的相容性係指創新與現有事物的相容，以及消費者需求、動機、信仰、價值的相容，如果某一創新可以很順利的融入現有事物中，與現有事物相容，則消費者將很容易接受此一產品，相反的，如果創新與現有事物差異很大，使創新難以融入其中，則該創新將不容易取得消費者的接受。

舉例來說，2001 年賽格威（Segway）兩輪自動平衡代步車，用兩個輪子讓步行的行人可以輕鬆而快速的移動，行動能力比腳踏車還好，但不容易受到消費者青睞，因爲該兩輪自動平衡代步車與現有的腳踏車或輪椅差距太大，而且到達目的地後，不知該停放在哪？於是這項創新無法相容於現有社會，始終無法普及，即使其他公司也推出類似產品，但始終無法普及成爲一般人的代步工具。

再舉例來說，「太空食物」雖可能提供消費者三餐的養分，但因爲太空食物與日常三餐或美食的差異太大，無法將太空食物融合到三餐飲食中，因此消費者無法接受太空食物爲便當或三餐的代替品。在日本，軟鋁箔包的果凍狀能量飲，雖成爲上班族無法用餐時的能量補充品，但仍未成爲三餐的替代品。

相反的，某些產品因爲相容於現有事物，因此很容易被消費者接受，舉例來說，當消費者相信某些營養品可以有助於美容時，開發具有某種營養成分的新產品，並將這些營養品以藥錠的方式銷售，消費者可能很容易接受。當消費者習慣於金融卡提款時，開發出與金融卡類似的現金卡，把小額信貸的額度讓消費者用現金卡到提款機提領，因爲此一運作模式與消費者原有的金融卡使用行爲相容，因此消費者很容易接受這種創新產品。

創新不只要與有形的現有事物相容，也必須與消費者的需求、動機、信仰、價值相容，才易於推廣。

二、試用性（Trialability）

消費者在接受創新時，必須要面對創新的好處可能不如預期的風險，因此消費者可能會躊躇不前，尤其是當此風險可能爲消費者帶來非常大的損失時，消費者接受創新的意願將會大幅降低。

若創新具有試用性，消費者因爲採用創新所面對的損失可能會大幅降低，而這種可能的損失一旦能夠降低，消費者面對的風險就能夠降低，自然比較願意試試看新產品。

某些產品因爲價格較低，或者是具有可分割性，可試用性較高，因此消費者比較能夠進行試用。舉例來說，洗髮精、護髮乳、潤膚乳液的價格不高，當新產品推出到市場時，消費者若是願意，可以買一罐來試試，如果廠商有提供小包裝，或者是提供試用包發送，或搭贈於其他產品，則消費者試用該產品的意願將更能獲得提升。

相反的，某些產品因為價格過高，而且無法分割，因此可試用性明顯較低。舉例來說，汽車與機車的價格所費不貲，當電動汽車或電動機車問世時，因為電動汽車與電動機車的可試用性過低，因此這種創新很難獲得消費者的青睞。而因為缺乏使用經驗，消費者並不清楚電動汽車或電動機車的好壞，因此也不了解其是否能符合自己的需求，此時消費者可能會面對很大的風險，尤其是當消費者覺得購買電動汽車或電動機車的價格是非常大的支出時。在這種情況，適度增加產品的可試用性，例如：提供電動汽車或電動機車的試乘，或是提供租賃方案，讓使用者可以花一小筆錢，將電動機車或電動汽車租回家使用一段時間，若滿意，再選擇購買。這類的做法，都是提升電動機車或電動汽車的試用性的具體做法。2019 年底開始，Gogoro 推出的電動機車租賃服務 GoShare，除了進軍機車共享市場之外，也提供消費者得以試用電動機車的機會。

三、觀察性（Observability）

創新若能為社會所觀察到，則社會的成員將會協助傳播關於此創新的相關訊息，此有助於創新的擴散。相反的，如果該創新是不容易被觀察到的，則無法透過社會成員的相互溝通方式，來達到傳播創新的目的。

舉例來說，當新手機問世時，因為手機是具備高可觀察性的創新，使用時其他消費者會很容易觀察到，因此這類創新產品則很容易擴散。另外，小說或書籍是典型的非可觀察性的產品，我們並不知道哪些小說或書籍是其他消費者也閱讀的，此時必須靠書局暢銷書排行榜的幫忙。再舉例來說，諸如維他命之類的保健食品，可觀察性較低，消費者並不知道社會上其他消費者是否使用該類產品，因此擴散速度較慢，必須透過傳播媒體不斷鼓吹，讓消費者了解到社會上的其他消費者，也是該保健食品的使用者。

有些時候，行銷工作者會盡力增加新產品的可觀察性，讓新產品可以透過社會傳播的方式，來達到擴散的目的。具體做法諸如舉辦暢銷書排行榜，讓消費者知道別人正在看什麼。或者是可以讓意見領袖來使用該創新產品，有些時候，意見領袖具有主動將產品資訊傳達給其他消費者的傾向。

四、複雜性（Complexity）

產品若過於複雜，會影響消費者接受該創新產品的意願，相反的，如果創新產品的觀念與使用很簡單，則消費者比較容易接受。舉例來說，當消費者面對使用非常繁複的資訊系統時，可能會被複雜的使用程序所阻礙，而影響接受新產品的意願。網路報稅最初的設計，要求納稅人先去申請自然人憑證，而自然人憑證申請的程序略顯繁複，因此所得稅線上申報的比率一直無法大幅提升，就是該創新產品複雜性過高而影響消費者接受度的例子。但是，當網路報稅改成可以使用金融卡，或者使用身分證號碼外加戶口名簿上的編號進行報稅，程序簡化，網路報稅就容易被接受了。

相反的，如果新產品的使用很簡單，則消費者很容易接受新產品。舉例來說，當台北捷運與公車將悠遊卡引進市場時，因爲使用非常簡單，消費者就很容易接受，短短兩年半（2002 年到 2005 年 2 月），使用者人數就達到五百萬，到 2020 年更已發行超過 8 千萬張了。雖然有些悠遊卡可以早已遺失，某些人可能擁有兩張或兩張以上的悠遊卡（包括與信用卡合併在同一張卡片的悠遊卡），但不可諱言，實際普及率雖不能算百分之百，但已經非常高了。

12-3 創新擴散

提到新產品的行銷與創新的擴散，最常被提出的觀念是產品生命週期（Product Life Cycle）觀念與 S 型擴散曲線，典型的 S 型曲線如圖所示。產品生命週期是指「新產品從開始進入市場，到被市場淘汰的整個過程，經歷一個開發、引進、成長、成熟、衰退的階段」。

與產品生命週期相對應得觀念，是創新擴散（Diffusion of Innovations）。創新擴散將所有的消費者「依採用創新的先後，大致可以區分爲創新者、早期採用者、早期大眾、晚期大眾與落後採用者」這幾類。雖然各教科書在這幾類消費者上使用的名稱並不一致，但大體都是在表達類似的意思。

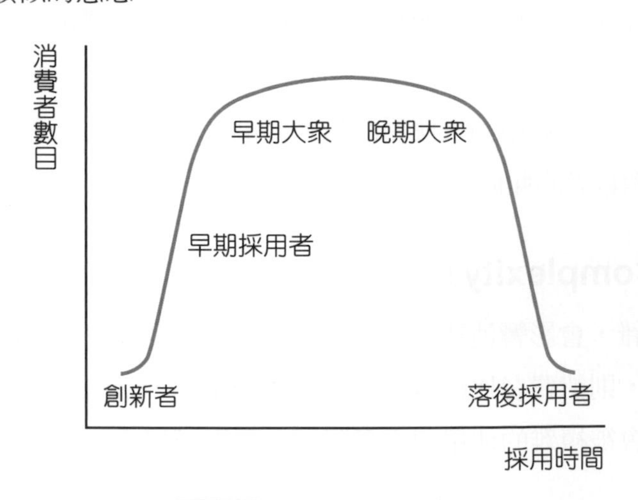

圖 12-3　創新的擴散曲線

資料來源：[1]

此一擴散曲線希望傳達的觀念，是消費者可以區分成比較願意接受新產品者，以及需要比較久的時間才能說服其接受新產品者。是否接受新產品可能是一種創新的傾向，也可能是因爲個人負擔新產品能力的差異所造成的結果。

羅格與修梅克（Roger and Shoemaker，1971）是開啓創新擴散研究的重要論文[1]，根據他們的說法，消費者的創新傾向（Innovativeness）是個人相對於社會內其他人採用創新的早晚程度，高度創新傾向者，相對於社會內其他人，比較早採用創新，低度創新傾向者，則相對於社會內其他人， 比較晚採用創新。在這種創新傾向的定義下，消費者可以根據其採用創新的先後，來區分成不同的創新採用者類型。

圖 12-3 是區分消費者的創新採用類型的示意圖，在這種區分方式下，我們將消費者區分成創新者、早期採用者、早期大眾、晚期大眾、落後採用者。

(一) 創新採用者

創新者或創新採用者，是最早採用創新的人，通常佔社會中消費者很少的比率，大約 3% 至 5% 左右，不同社會有不同比率。這些消費者非常習慣接受新產品，而且以接受新產品爲樂。這些消費者因爲本身個性的關係，以及經常接觸新產品的緣故，因此有很大的比率會成爲市場行家（Market Maven）或意見領袖（Opinion Leader），若是創新者亦身兼市場行家或意見領袖，則這些創新者會爲後續的消費者擴散採用造成決定性的影響，這些創新者若對某一創新產品給予高度的評價，則其他消費者可能會受這些創新者影響，相反的，如果這些創新者給予某一創新產品不佳的評價，則該創新產品前途堪慮，因爲其他消費者可能會受這些創新者所給予的負面評價所影響。這些創新者中，某些人可能同時具有市場觀察家的角色，或者本身是市場情報的報導者，例如：報社記者或是時尚雜誌的特約作家，因此這些創新者的評價，還可能透過大眾傳播來加以報導。

(二) 早期採用者

早期採用者約佔消費者的 10 至 20%，其所佔比率在不同社會中略有不同。他們通常是一般的消費者，不過，是屬於比較願意接受創新的消費者，這些消費者經常也是意見領袖，會將自己對創新產品的評價傳達給其他消費者。不過，這些消費者比較少身兼記者或特約作家的身分，因此只會在社交圈中傳達關於創新產品的訊息，而不會透過大眾傳播來傳遞其對創新產品的評價。

(三)早期大眾

早期大眾約佔社會中 20 至 40%,詳細比率視社會組成而定,是比較早採用產品的消費者,但這些消費者並不會以採用創新為生活常態,而是在社會中已有一部分消費者採用創新,而且對於創新給予正面評價後,才會加入創新採用的行列中。這些消費者通常不是意見領袖,而是追隨者,追隨意見領袖所給予的意見。

(四)晚期大眾

晚期大眾也佔社會中 20 至 40%,詳細比率視社會組成而定,是比較晚採用產品的消費者,這些消費者通常具有比較高的風險規避意識,不希望過早採用新產品而造成損失。這些消費者採用新產品時,也可能是因為基於不希望被其他消費者看輕,而決定採用新產品。這些消費者都是追隨者,而且可能具有消息不靈通的特性,較少接觸大眾傳播媒體,是廠商較難接觸到的消費者。

(五)落後採用者

落後採用者是社會中最晚採用創新產品的消費者,比率視社會的差異而定,大約佔 5 至 10%,這些消費者可能是因為具有非常嚴重的風險規避意識,不希望過早採用創新產品而造成損失,也可能是因為非常懷舊,或具有不願意接受新事物的傾向,還有一種可能,就是這些消費者無法負擔該項產品,這發生於創新產品所費不貲的情況。如果創新產品的售價並不比舊產品貴時,消費者的財富就不是重要關鍵,相反的,如果創新產品的售價高時,則消費者的所得或財富可能是讓該消費者成為落後採用者的重要因素。

(六)創新擴散的討論重點

創新擴散的討論重點,在於廠商如何讓未採用創新產品的消費者開始採用創新,這些未採用新產品者,可能因為其他人的採用,而知悉該創新的存在,或者覺得大家都使用,風險應該不高,或者因為其他人使用,而產生社會規範,覺得應該跟著採用。也可能是因為採用人數增加,造成創新產品的成本降低,而讓採用時需支付成本降低,而使消費者願意採用。例如:當社會普遍使用創新產品後,創新產品的價格大幅降低,因為無法負擔產品價格而導致的落後採用者,就可能因為產品的降價,而加入產品的採用行列。

(七) 媒體炒作與創新擴散

圖 12-3 是一種示意性的圖形，此圖可以有很多變形，舉例來說，如果廠商採取的是大規模的產品試用，或是利用事件行銷的方式，在大眾傳播媒體來塑造新聞事件，以傳遞創新產品相關訊息，則藉由試用或新聞媒體的炒作，就可能有很多的消費者知道此產品，進而購買此產品，此時早期採用者人數可能很多，但如果這些早期採用者在採用後，並沒有辦法把資訊轉移給其他早期大眾，則此創新的擴散將在此停滯下來，直到早期大眾觀察到早期採用者的採用，而接受此創新產品。

創新擴散是一種像是滾雪球效應一樣的產品採用，由原有的產品採用者創造出（擴散到）新的產品採用者。

12-4 創新擴散的影響因素

除了消費者本身的特性決定是否傾向於接受創新產品外，還有很多影響擴散的因素，例如：空間、時間與產品的外顯情況。以下簡要說明空間、時間與產品的外顯情況這三個影響創新在社會內擴散的重要因素。

一、空間

居住於同一區域的消費者，或者在同一生活圈的消費者，會觀察到對方的各類生活活動，而彼此互相學習。當其中有些消費者採用創新產品時，其他消費者將會觀察到，進而引發自己採用該產品的意願。因此，消費者的生活空間，是影響創新擴散的重要因素，從來不在台北市西門町逛街的消費者，並不會受西門町流行文化的影響，相反的，每天都在西門町等公車的學生，非常容易受到在該地區活動的其他消費者影響。

(一) 空間互動造成創新擴散

這裡所說的空間，不一定指的是地圖上的空間，而是消費者彼此互動的空間。舉例來說，大樓內各住戶若是完全不相往來，這種情況下，彼此是不會互相影響的。但如果大樓內的住戶會定期或不定期聚會，或者每天搭電梯時會遇到，則彼此可能會互相影響。再舉例來說，台北捷運有經過西門町（西門站），但一個捷運的消費者雖然搭乘捷運經過，但只要沒有下車到西門町逛街，則不容易受西門町消費文化的影響。

當地區與地區之間，消費者互動極不頻繁時，創新就很難在這些區域間擴散，而只能在各自區域內擴散。相反的，當消費者互動頻繁時，創新的擴散就非常頻繁。因此，南韓與北韓雖然地理位置相近，但彼此的創新擴散是很少發生的，因為北韓人民被禁止到南韓，同樣的，南韓人民如果藉由第三地到北韓，也是違法的，這與臺灣和大陸間密切的互動截然不同。臺灣與大陸民間的密切往來，使得兩地的創新得以非常容易擴散；相反的，南韓與北韓間的完全隔閡，使得兩地的創新擴散極少發生。

照片 12-1

影響消費者對於科技產品接受與購買意願的因素衆多，消費者的創新性是很根本的理由，有些消費者會傾向於在第一時間購買最新的科技產品，有些消費者則寧願等到科技已經成熟了、價格已經降低了、週遭的朋友都已經購買了，才願意購買科技產品。另外，科技產品是否適合消費者的需要、是否有用、是否讓消費者易於使用、是否能夠很容易將觀念傳達給消費者，都會影響消費者對於科技產品的接受程度。農業科技的採用，政府花費了大量的心思與教育推廣，才讓農民廣為接受。

照片來源：意念圖庫 idea 104。

（二）鄉間與都市的創新擴散差異

在美國經常有位於郊區的大學城（典型的距離是距離大城市一百英里或兩小時車程，有些大學城距離大都市的距離甚至超過於此），大學附近的商店、餐廳等生活機能選擇較少，且社交、運動等相關空間選擇也不多，消費者（大學生、教師、職員）間會不自覺的互動頻繁，即使不認識的學生與教職員也可能在街上反覆相遇，因此大學內的學生會很容易彼此影響，一項創新產品在學生間擴散的速度也會很快。

相反的，位於市區的大學（例如：紐約、洛杉磯、芝加哥之類的大城市市區，或是台北、高雄的市區），學生下課後的選擇很多，因此到訪的商店、餐廳等都不相同，此時這些學生會比較容易受都市內其他消費者的影響，甚至是受大眾傳播媒體的影響，大學內各學生間彼此的影響程度相對沒有那麼高。這種情況下，創新擴散是從社會到學生，而非學生之間，學生們受社會影響的程度，可能大過受其他學生影響的程度。

類似的道理可以得知，在鄉村地區，因為消費者的互動較為封閉，創新擴散的速度可能會較慢，但在大都市內，消費者彼此互動頻繁，非常容易觀察到其他消費者使用了哪些產品，因此創新擴散的速度會提高很多。

（三）對於其他人的觀察是創新擴散的關鍵

在大都市內，消費者若經常在咖啡店內看到其他消費者在使用筆記型電腦或平板電腦，則此消費者將會觀察到並認為隨身帶著一台輕薄短小的筆記型電腦或平板電腦也不錯，因而決定也模仿購買一台，但居住在鄉間的消費者，因為消費者間互動不頻繁，並沒有機會常常看到其他消費者使用筆記型電腦或平板電腦，也就不會覺得隨著帶著筆記型電腦或平板電腦有什麼好處。

二、時間

創新的擴散是需要時間的，經過時間的洗禮，消費者觀察到其他消費者正在使用某項新產品，而且覺得這項新產品似乎不錯，因此開始嘗試也採用該新產品。消費者要觀察發現某項產品可能不錯，需要一些時間，從覺得某件產品不錯，到願意購買，也需要一定的時間。圖 12-3 所提到的晚期大眾或落後採用者，是在其他大部分消費者都採用了創新產品之後，才決定跟著採用，因此需要時間。

（一）假以時日才注意到創新的存在

廠商以廣告的方式傳達訊息，也需要相當的時間才能喚起消費者注意，從廣告相關理論都可以得知，消費者必須曝露在廣告訊息下一段時間之後，才會發覺廣告所針對的產品存在。而發覺廣告所針對的產品存在一段時間後，消費者才有可能決定採用該產品。因此，一項創新產品需要一段時間才能夠獲得消費者的青睞。

廠商在推出新產品時，必須把創新擴散所需的時間計算進去，並對此預先規劃。若未留足夠的創新擴散時間即判斷此創新產品失敗，可能會提早讓創新產品離開市場。很多創新產品都會經歷一段慘澹經營的時間，只是此段慘澹經營的時間耗費多長，以及慘澹經營後是否能夠成功的將創新產品擴散，是創新是否成功的關鍵。

（二）縮短創新擴散所需時間

適當的創新擴散作為，可以縮短擴散所需的時間。典型的創新產品試用、上市初期的折扣、大眾傳播或新聞事件的營造，都是縮短創新擴散所需時間的方法。在經歷一波波的上市折扣或試用品贈送，以及電視新聞事件營造、各類廣告活動後，若創新仍未成

功擴散，廠商就必須開始檢討該項創新是否確實符合消費者需要，以及是否該結束這項新產品的推出。

三、產品的外顯因素

產品的外顯因素也是影響創新擴散的重要原因，某些外顯性的產品，很容易在消費者間擴散，例如名牌包包，某位消費者使用後，其他消費者自然會觀察到，因此很容易在消費者間擴散，而讓其他消費者也會想要買名牌包包。

(一) 外顯的創新容易擴散

再舉例來說，消費者的手機，也是一項具備外顯性質的產品，其他消費者很容易觀察到手機的「酷炫」，因此新式樣手機也是擴散速度很快的產品。都市內的消費者經常將筆記型電腦帶出去使用，因此其他消費者可能會觀察到筆記型電腦的好用，而決定也購買一台。這種創新擴散方式與「口碑」類似，但與口碑不同的是，消費者並不需要彼此溝通傳達產品好壞的資訊，而只要透過彼此模仿來進行創新擴散即可。藍牙耳機也是一個典型的例子，搭捷運的消費者發現其他消費者戴著藍牙耳機看影片，會引發模仿。

(二) 不具外顯性的創新

另外，有些產品的外顯程度不高，因此創新擴散的速度就很慢，不單是因爲消費者會因此而不願意接受該創新產品，而是因爲消費者根本不知道有該項新產品的存在。舉例來說，手機的照相功能屬於容易外顯的功能，因爲在街上或風景區隨時看得到消費者用手機拍照，但是，手機的某些功能就比較不容易被其他消費者觀察到，因此屬於外顯程度較低的功能。從此項觀點可以推論，手機的照相功能是比較容易擴散的創新功能。

(三) 私密性的商品創新難以擴散

創新產品若不具有外顯特性，則很難藉由消費者間彼此觀察，而達到創新擴散的目的。舉例來說，同樣是名牌服飾，外衣、裙、褲比較具有外顯特性，但內衣褲就不具有外顯特性。因此，名牌外衣比較不需要廣告的幫助，就能夠在消費者間進行創新擴散，但內衣褲是幾乎不可能讓消費者彼此觀察到創新產品的採用而進行創新擴散。此時，廠商必須利用大量的電視、報紙廣告，來營造出其他消費者可能也在使用該創新產品的印象，以達到彌補消費者間主動創新擴散的不足。這可以解釋爲何在報紙廣告、電視廣告中，隨處可以看到女性內衣褲的廣告，因爲女性內衣褲並非外顯觀察到的產品，也不太可能有什麼「口碑」可以在消費者間流通，即使是女性消費者，也不常以「今天穿著的

內衣褲爲何？」作爲每日溝通的話題，廠商只有藉助廣告的幫忙，才能讓更多消費者理解（或誤解）到其他消費者也已採用該產品，而達到創新擴散的目的。

再舉例來說，解決男性性功能障礙的藥物，也是難以進行創新擴散的非外顯性產品，根據藥事法的規定，這類產品又無法進行廣告，因此如果不藉由持續的新聞事件包裝，此類藥物的擴散採用將無法達到效果，這也是電視新聞中爲何經常有這類藥品相關資訊的原因。

(四)產品外顯性與創新擴散的時間、空間息息相關

產品外顯性質對創新擴散的影響，與先前討論的空間與時間密切相關，若消費者生活在互動頻繁的生活環境中，具外顯性質的創新產品，就很容易在消費者間傳播開來。相反的，若居住在互動不頻繁的生活環境中，傳播速度自然較慢。傳播過程需要時間的幫忙，因爲消費者彼此相互觀察到創新的採用需要時間，除非消費者拿某項創新採用當成談話的話題，否則要彼此觀察到其他人的創新採用，則需要耗費時間。

不過，如果該項創新產品不具有外顯特性，此時若無適當的幫助，很難讓消費者間彼此觀察到創新的採用。時間與空間都將無助於創新的擴散，時間再久、消費者互動再頻繁，但因爲創新產品無法外顯，故還是沒有辦法達到創新擴散。此時必須彌補創新無法被觀察到的缺點，不斷以新聞事件或各類廣告來讓消費者覺得該創新產品被廣泛使用，這是此類產品的廠商所必須努力的方向。

12-5 科技採用

前面所提的都是一般產品的擴散，科技產品的擴散，與一般創新產品的擴散有雷同之處，但也有不相同的地方。以下將討論科技的採用，包括最常被使用的科技接受模式，以及將眾多影響因素都納入的科技接受與使用的整合理論。

一、科技接受模式

達維斯（Davis，1989）針對科技創新產品，提出了科技接受模式（Technology Acceptance Model；TAM）[2]，科技接受模式廣泛的解釋了許多科技產品的採用與不採用，廠商推出的新產品若能先針對科技接受模式中的構面進行檢視，將可提前預測該產品是否能被消費者接受。

達維斯以理性行動理論（Theory of Reasoned Action，TRA）爲基礎，發展出科技接受模式。理性行動理論在第三章已經討論過，在理性行動理論中，一個人的行爲會受到其採取該行爲的意願所影響，而採用該行爲的意願會受態度所影響，態度則會受到信念所影響。達維斯將此理性行動理論進行延伸，指出科技的引用意願會受到知覺的有用性（知覺到該科技是否有用）與知覺的易用性（知覺到該科技使否易於使用）所影響。經過眾多的研究與修正後，科技接受模式被廣爲接受與認可，此一修正後的科技接受模式如圖 12-4 所示。

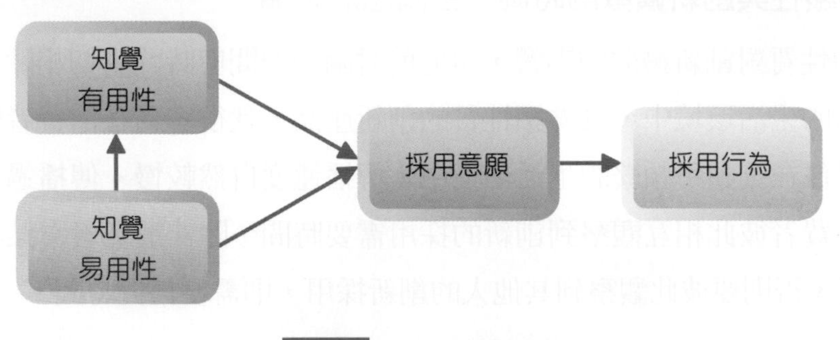

圖 12-4 科技接受模式

科技接受模式主張：「是否會採用一項科技產品，受到其採用意願的影響，而採用意願則會受知覺有用性與知覺易用性的影響」，當消費者知覺到科技產品是有用的，則消費者將具有採用該科技產品的意願，若消費者覺得該科技產品是無用的，則消費者不會採用該科技產品。另外，消費者知覺到科技產品是易於使用的，則消費者會樂於使用該科技產品，相反的，如果科技產品不易於使用，則消費者將沒有使用的意願。

(一) 知覺易用性與知覺有用性

科技接受模式的最大貢獻之一，在於發現知覺易用性與知覺有用性之間，具有顯著的關聯，知覺易用性會影響到知覺有用性，也就是說，就理性的角度來看，某項科技是否有用，與該項科技是否易於使用應該沒有關係，但消費者卻會以該項科技是否易於使用，來評估該項科技是否有用，一項不易於使用的新科技，即使實質功能是有用的，仍會被消費者評定爲無用，理由是該科技不易於使用。這對科技產品提供者來說，是項非常重要的資訊，這告訴廠商，只要科技產品不易於使用，產品就無法被消費者接受，而且消費者會因此而評定該科技產品是無用的。

(二)科技接受模式曾用於驗證過無數的新產品

幾乎所有科技產品或科技服務，都曾被學者用科技接受模式檢視過。很多學者針對科技接受模式進行過相關研究，探討過的標的物包括諸如電子郵件、語音信箱、文字編輯軟體、資料庫、繪圖系統、決策支援系統、全球資訊網、網路購物、即時傳訊（如LINE）…等科技產品或資訊系統的採用。

(三)新產品要易於使用才能被接受

對於科技產品的提供廠商來說，要讓消費者覺得有採用科技產品的意願，必須讓該科技產品非常易於使用，而且要讓消費者覺得該產品是有用的。舉例來說，許多高階噴墨印表機可以列印照片，但列印照片的過程如果過於複雜，消費者必須操作傳輸軟體，將數位相機內的檔案，傳送到電腦，之後經過編修，選擇列印照片尺寸，以及繁複的程序後，才能印出照片。在這樣的情境下，雖然列印照片是很有用的功能，但消費者仍然會把此功能評定為「無用」，評定為此的主要理由不是功能本身「無用」，而是「不易使用」。因此，廠商可能簡化相片的列印程序，或者推出了相片專用印表機，印表機附上記憶卡讀卡機，以及小型螢幕，消費者只要把數位相機的記憶卡取出，裝到印表機內，再用印表機內附的小螢幕確定要列印的相片，裝入相片紙，此時即可進行列印。讓列印照片時所需程序減少很多，消費者覺得比較容易使用，自然就覺得該產品是有用的，使用的意願就會提高，該科技產品就能夠獲得消費者的青睞。

二、科技接受與使用的整合理論（Unified Theory of Acceptance and Use of Technology, UTAUT model）

科技接受模式提出之後，許多學者紛紛提出影響科技接受的各種可能因素，作為補充。這些因素後來被整理成科技接受與使用的整合理論來解釋科技的採用 [3]。該模型「將所有影響科技接受與使用的因素，歸類為四類：預期績效、預期努力、社會影響、促進條件。每一類因素還涵蓋許多因素」。簡述如下。

(一)預期績效：採用新科技會獲得的預期績效

1. **知覺有用性**：消費者知覺到創新科技是否有用。
2. **相對優勢**：相對於舊產品，消費者認為該科技是否具有相對優勢。
3. **正面效益的預期**：消費者對於新科技產品的正面效益預期。

（二）預期努力：使用新科技需要投入的努力

1. **知覺易用性**：消費者認為創新科技是否易於使用。
2. **複雜性**：消費者認為創新科技是否過於複雜。
3. **困難度**：消費者認為難以使用該創新科技的可能性。

（三）社會影響：其他人對於新科技採用的影響

1. **社會規範**：消費者是否知覺到別人認為應該要使用該科技。
2. **人際互動**：人際間的互相影響，影響消費者的新科技採用。
3. **形象**：消費者認為使用該科技會提升別人對自己的形象知覺。

（四）促進條件：其他影響新科技採用的因素

1. **知覺行為控制**：消費者知覺到自己有採用該科技的行為控制能力。
2. **促進因素**：讓科技更易於使用的促進因素，例如專人協助、教育訓練、輔助指引。
3. **相容性**：與舊有科技的相容，與消費者需求、動機、信仰、價值的相容。

三、創新採用的風險

第六章討論資訊搜尋時，就已討論過風險會影響到資訊的搜尋。在新產品採用時，風險一樣是重要的考慮因素。風險種類眾多，至少有以下幾種：

1. **績效風險**（Performance Risk）：擔心該產品或服務的表現或成效不好，或是沒有像其他選擇方案一樣好。
2. **社交風險**（Social Risk）：擔心參考群體成員和其他重要的人不喜歡這項產品或服務。
3. **心理風險**（Psychological Risk）：擔心該產品或服務沒能反映自己。
4. **財務風險**（Financial Risk）：擔心該產品或服務的價格可能被訂的過高，其他地方可能會有較合理的價格。
5. **即將過時的風險**（Obsolescence Risk）：擔心該產品或服務可能會被較新的替代品所取代。

一、選擇題

(　　) 1. 下面哪一種類型的創新，改變程度最高？ (A) 連續創新 (B) 動態連續創新 (C) 不連續創新 (D) 靜態創新。

(　　) 2. 創新產品有對應的原有事物，但創新程度其實很大。因此，消費者可以理解該產品或事物的用途或功效，但因為改變幅度很大，消費者能否接受，為重要課題。這是指哪一種創新？ (A) 連續創新 (B) 動態連續創新 (C) 不連續創新 (D) 文化創新。

(　　) 3. 新產品因為價格較低，或是具有可分割性，或是有小包裝，消費者可以試試看。此為哪一種創新的特性稱為？ (A) 相容性 (B) 試用性 (C) 觀察性 (D) 複雜性。

(　　) 4. 如果創新產品的觀念與使用很簡單，則消費者比較容易接受，如果不易使用，就難以被接受。這是指創新的哪一種特性？ (A) 相容性 (B) 試用性 (C) 觀察性 (D) 複雜性。

(　　) 5. 非常習慣於接受新產品的消費者，最有可能是哪一種消費者？ (A) 創新者 (B) 早期大衆 (C) 晚期大衆 (D) 落後採用者。

(　　) 6. 社會上已有一部分消費者採用創新，且對於創新給予正面評價後，才會加入創新採用的行列中。這是哪一種消費者？ (A) 創新者 (B) 早期大衆 (C) 晚期大衆 (D) 落後採用者。

(　　) 7. 有較高的風險意識，不希望採用新產品而造成損失，這是哪一種消費者的特性？ (A) 創新者 (B) 早期採用者 (C) 早期大衆 (D) 晚期大衆。

(　　) 8. 有不願意接受新事物的傾向，可能非常懷舊。這是哪一種消費者的特性？ (A) 早期採用者 (B) 早期大衆 (C) 晚期大衆 (D) 落後採用者。

( ) 9. 創新擴散的陳述，何者錯誤？ (A) 廠商關心如何讓未採用創新產品的消費者開始採用創新 (B) 社會普遍採用新產品後，生產成本可能降低，因此了解擴散速度，有利於估計市場售價趨勢 (C) 廠商可就由新聞事件來傳遞新產品訊息，加速新產品擴散 (D) 創新擴散都是在瞬間完成。

( ) 10. 以下何者不是影響創新擴散之主要因素？ (A) 空間。消費者同處一個空間，創新比較容易擴散 (B) 時間。創新的擴散是需要時間的 (C) 產品的外顯性。外顯性的產品，很容易在消費者間擴散 (D) 消費者的性別分布。

( ) 11. 以下關於創新擴散的空間因素的陳述，何者錯誤？ (A) 消費者間互動頻繁時，創新擴散速度較快 (B) 空間是影響創新擴散的重要因素 (C) 即使地理區域相同，若消費者間無任何接觸，則創新也無法獲得擴散 (D) 空間愈聚集，擴散速度愈慢。

( ) 12. 下列哪些做法，難以縮短創新擴散所需的時間？(A) 創新產品試用 (B) 上市初期的折扣 (C) 大衆傳播或新聞事件的營造 (D) 一開始決不打折。

( ) 13. 以下那種產品，基於外顯性不足的原因，需要利用廣告來協助創新產品擴散？(A) 新款手機 (B) 新款式的名牌包包 (C) 新款式的女性內衣 (D) 新款式的鞋子。

( ) 14. 科技接受與使用的整合理論，提到影響科技使用的因素之一，是「消費者知覺到自己有採用該科技的行為控制能力」，這是哪一個因素？ (A) 知覺行為控制 (B) 社會規範 (C) 知覺易用性 (D) 正面效益的預期。

( ) 15. 科技接受與使用的整合理論，提到影響科技使用的因素之一，是「相對於舊產品，消費者認為該科技是否具有相對優勢」，這是哪一個因素？(A) 知覺行為控制 (B) 社會規範 (C) 相對優勢 (D) 正面效益的預期。

二、問答題

1. 請說明連續創新、動態連續創新、不連續創新，這三種創新之間的差異。
2. 在討論創新擴散時，我們會根據創新採用的時間，將消費者進行分類，請問會分成哪些類型？請繪圖說明。
3. 產品的外顯因素如何影響創新擴散？
4. 請說明什麼是科技接受與使用的整合理論？
5. 請說明創新採用的風險有哪些？

第五篇
消費行為的新興課題

CHAPTER 13

網路消費行為

網路爆料

網路社交媒體或社群網站上，有一些專門爆料的地方，例如 Facebook 上的各種爆料社團、Ptt 上的八卦板或黑特 Hate 板、Dcard、以及其他軟體或社群，都有這些專門讓不滿意的消費者抒發意見的地方。許多媒體記者，也會到這些地方，尋找可以拿來報導的素材。

其實，不只是網路社群，許多新聞媒體、週刊、報紙、電視台，都會有一個專欄，刊載消費者對於廠商的投訴。但在沒有網路的年代，這樣的爆料與投訴，如果沒有媒體報導，是很難引起眾人討論的。

沒有網路可以投訴的年代

以前，臺灣的媒體在面對消費者抱怨、投訴時，通常採取不介入消費者與廠商間紛爭的做法，刊登新聞時會將廠商名稱刪除，而只說明消費者對某廠商有怎樣的抱怨。這樣的做法，最大的好處，是幾乎或永遠不會被廠商控告，廠商的聲譽也不會因為一則報導而受損。

這種不揭露廠商名稱的申訴抱怨處理模式，對廠商並沒辦法造成嚇阻作用，廠商並不一定會處理由媒體轉介的申訴案，既然廠商並不一定會理會該申訴案，消費者向媒體投訴的意願也就相對降低。

每個人都是網路上的發訊者

每個人都是媒體的「自媒體時代」，消費者可以藉由自己的頻道、網站、社群媒體、社交媒體，發送自己想要提供的資訊，此時，不需要媒體，消費者也能跟廠商進行抱怨。

觀察這些消費者的投訴，以及廠商的面對方式，可以稍微了解某些消費者面對的購後情境，以及採取的購後抱怨行為。

並非所有消費者都想擴大事端

大部分的消費者，並不是一開始就向新聞媒體投訴，而是會先跟廠商反應，當廠商的回應與消費者的期望產生落差時，才會到網路上抱怨，才向新聞媒體投訴，媒體從網路上尋找報導素材時，也只會選擇很誇張的顧客抱怨來報導。

對廠商而言，這些消費者經常被戲稱為「奧客（爛客人）」，就廠商的角度，常覺得這些消費者無理取鬧。但如果一般民眾普遍不認為這個消費者無理取鬧，新聞媒體覺得有幫這位消費者「申張正義」的需要，則這個奧客，將會成為引發一連串負面報導的導火線。

並非每個消費者的訴求都是合理

網路媒體普及之後，某些網路社群社團取代了新聞媒體，成為新的投訴園地，而新聞媒體經常在這些網路社群裡面尋找可能的新聞素材，讓消費者投訴成為每天新聞的必備內容。

是否每一位奧客的訴求都是合理的？是否該滿足每位消費者的訴求？恐怕並不確定。也不是每一位不滿意的消費者，最終都會在網路上公開投訴。但是，一旦消費者在社交媒體、社群網站投訴，而且這個投訴是有道理的，加上廠商處理的過程未使一般消費者滿意，則網路抱怨引發討論後，對於廠商的無形聲譽損失便難以計數。因為這些爆料網站，很受讀者歡迎，也吸引更多消費者，有愈來愈多的媒體，也加入了這樣的專欄，幫消費者「伸張正義」。

網際網路與資訊技術的持續發展，使得網路的應用類型與場合持續增加，這也使得網際網路成爲很多人生活中的一部分。網路購物與網路行銷活動的發展，使得網路上消費者行爲的了解，成爲行銷的實務界與學術界關心的重點，也發展出了許多重要的新興研究課題。

隨著網路消費活動範圍的增加，這一領域的涵蓋範圍不斷地在擴大。這些新興的研究領域，有時是傳統消費行爲的延伸，但有些時候，則是與許多傳統學科產生連接，開創了很多值得研究的跨學科消費者行爲研究主題，對於消費者行爲研究者來說，藉由這些新興研究主題的深入了解，有助於了解釐清網路使用行爲，並可作爲未來消費者行爲研究發展的基石。

13-1 各種網路行為課題

以下將簡要介紹一些新興的網際網路行爲課題，這並非一個窮盡列表，而只是常見新興主題的舉例。

一、各種網路服務、網路應用的使用行為

「各種網路應用的使用行爲」泛指所有新興網路功能或網路應用的使用行爲，所有的網路應用，無論是各類網站、影音平台、社交媒體、App、電子郵件、檔案下載、及時通訊……，都可以是討論的主題。

只要有一種新的網路應用，就可以有這個網路應用的使用行爲研究，只要某一種網路應用不再受到使用者的青睞，該網路應用的使用行爲研究也就不再受到重視。

隨著網路應用的普及，各種網路行爲研究主題吸引了很多研究者的目光。但嚴格來說，這些網路應用，還不算是典型的消費行爲研究，不過如果以較爲廣義的角度來看，把消費行爲的涵蓋範圍放大到使用行爲，則這些網路應用的使用行爲，也可以算是網路消費行爲的涵蓋主題。

二、電子商務、行動商務、社交商務與網路消費行為

電子商務爲網際網路的主要應用，而 B2B、B2C、C2C 等各種電子商務活動進行時，網路使用者會扮演什麼樣的消費行爲，便成爲電子商務活動成功的重要關鍵。行動裝置（手機、平板）普及之後，電子商務成爲行動商務，消費者在行動商務上扮演什麼

樣的消費行爲，成了行動商務成功的關鍵。而社交媒體、社群網站成爲消費者生活的一部分，廠商自然也希望這些社交媒體、社群網站可以成爲零售、行銷活動的媒介，社交商務也因此應運而生。

網路消費行爲的研究，是個跨越資訊管理、資訊科技、行銷、消費者行爲、心理學等傳統領域的新興研究課題。因爲屬於網路上的使用行爲，因此與資訊管理、資訊技術相關；因爲與消費者的行爲有關，因此與行銷暨消費者行爲學息息相關；因爲討論許多心理層面的問題，因此與心理學有關。

網路消費者行爲研究涵蓋主題眾多，所有消費行爲的研究主題，都可以更改爲網路消費行爲研究主題，只不過，有些消費行爲是實體與網路有所差異，有些則是完全相同。

比較值得探討的是，哪些實體與網路消費行爲中存在有顯著差異的部分，不過，在沒有進行充分的研究之前，很難清楚了解實體與網路消費行爲的差異。

舉例來說，以下就是一些網路消費行爲研究主題（但不侷限於此）：

▶ **網路購買行爲**：電子商務、社交商務、拍賣網站、直播購物購買行爲

▶ **網路廣告態度**：網站廣告、置入、關鍵字搜尋廣告、社交媒體廣告的態度

▶ **網路搜尋行爲**：在網路上尋找資訊的行爲

▶ **網路比價活動**：網路購買決策評估

▶ **網路口碑傳播**：購後的口碑傳播

大部分消費行爲的主題，在網路上的消費活動都持續存在。不過，原本的理論是否適用於網路消費行爲，或者需要經過調整後才能適用，則是消費者行爲研究者所關心而必須加以討論的重點。

三、網路社會行為

有些網路行爲會對社會或社會成員產生影響，這是個跨越資訊管理、資訊科技、消費者行爲、心理學、社會學等傳統領域的新興研究課題。這些網路社會行爲研究課題，雖然不直接與消費活動有關，但經常是消費活動的副產物，例如：隱私權的問題，就是進行網路購物活動時，必然會產生的問題。再舉例來說，網路謠言對於企業的行銷活動，有很深遠的影響，也算是消費者行爲應該要關心的主題。

這些網路社會行爲研究課題，對社會有非常深遠的影響，舉例來說，網路成癮（Internet Addiction）或是網路依賴（Dependency）[1]，意指「過度使用網路，難以自我

控制，導致學業、人際關係、身心健康、家庭互動、工作表現上的負面影響」。是重要的負面網路行爲的重要課題，討論的內容主要是使用者因爲長期使用某一種網際網路應用，而對該種應用產生依賴，甚至於成癮而無法自拔。

除了網路成癮之外，還有許多網路社會課題，值得討論，例如以下課題（但不侷限於此）：

- ▶**隱私權、信任（包含 Cookies）、資訊倫理**
- ▶**網路謠言**
- ▶**各種網路應用的成癮與依賴**
- ▶**網路性愛**
- ▶**線上遊戲、暴力傾向、線上遊戲的成癮與依賴**
- ▶**網路假新聞與假訊息**
- ▶**網路杯葛抵制**

四、其他的網路行為課題

除了網路消費行爲外，還有很多網路行爲，雖然和消費活動無直接相關，但確實是許多行爲研究者關心的重點。以下歸類整理各種網路使用行爲的新興研究主題，所區分的類別包括「網路與組織」、「網路與教育」、「網路與法律」、「網路與政治」等。這些類別間彼此有重疊，而且只是列舉，各領域的內容既不互斥，也不具窮盡性。

(一) 企業組織內的網路使用行為

企業組織內已大量採用網路科技，來支援企業組織活動，改善經營效率。而組織採用網路科技的過程中，有很多行爲層面的課題，也是許多學者討論的重點。常見的研究課題包括（但不侷限於此）：

- ▶**網路科技造成的工作型態改變**
- ▶**網路科技的採用與接受**
- ▶**網路與組織變革**
- ▶**網路與企業程序再造**
- ▶**知識管理系統的使用行爲（知識分享、知識移轉）**

(二) 網路與教育

網路科技可以運用於教育活動中，也對教育產業生態產生許多問題，衍生許多值得進行研究的行爲。常見的研究課題包括（但不侷限於此）：

- ▶ **數位學習（同步、非同步遠距教學）**
- ▶ **虛擬實境與擴增實境在教學上的應用**
- ▶ **數位教材**
- ▶ **網路輔助教學**
- ▶ **數位典藏**
- ▶ **電子書**
- ▶ **資訊落差與城鄉差距**
- ▶ **論文與學生作業抄襲**

(三) 網路與法律、稅捐

網路與法律的課題，可以從民法、刑法、行政法這三類的法律來出發。民法方面，網路上的秩序，除了可以用使用者公約來約定外，牽涉到公權力的部分是否需要法律的特別規定，對於網路使用的順暢，有重要的影響。另外，網路上的許多使用習慣，與傳統活動的習慣並不一定相同，是否需要法律的調整與約定來加以規範，是值得關心的課題。

1. **網路入侵**

   刑法方面，主要牽涉到的是刑事偵防與犯罪行爲，網路上存有許多犯罪活動，是法律有特別規範的，例如入侵他人網路系統，違反了「刑法第 359 條破壞電磁紀錄罪」。

2. **垃圾郵件、假口碑、網軍**

   有一些網路活動，被普遍認爲「不適當」，但可能仍不違反現有法律的行爲，例如：垃圾郵件的寄送，在許多地方都還沒有法律可以規範。另外，在網路上發送假口碑，並不符合倫理，但不容易找到對應的法規來處理。在網路上，有系統性的進行政治攻防、組織網軍，也不容易找到適合的法律。

3. **傳統犯罪活動的網路化**

   另外，網路上也存在許多犯罪行爲，這些犯罪行爲可能是實體犯罪行爲在網路上的延伸，也可能是網路特有的犯罪行爲，現有法律是否能規範到網路上的這些犯罪行爲，或者是否需要重新檢視或新制定屬於網路的法律，便成爲重要的課題。

4. **網路稅捐課題**

行政相關法規方面，稅務是其中的一項，2006 年起，臺灣政府開始要求常態性的小額網路銷售者繳納營業稅，這做法雖然引起一些網路賣家的反對，但若將網路銷售視爲是實體銷售的延伸而予以課稅，似乎沒有問題。

類似的行政法規調整，其實經常發生，2015 年起，臺灣海關要求郵局協助對跨境電子商務的買方郵遞課予關稅，2017 年起，要求在臺灣沒有設立據點的網路公司（例如 Facebook），必須由買方（Facebook 廣告的購買者）代爲繳交營業稅。2020 年 5 月中旬起，臺灣實行海外包裹實名制，影響到跨境電子商務的經營，讓跨境電子商務迴避稅捐的可能性愈來愈低。

而因爲這些行政法規的改變，對網路消費行爲造成的影響，也是網路消費行爲研究者關心的焦點之一。常見的網路法律相關研究課題包括（但不侷限於此）：

- ▶ **資訊法律**
- ▶ **駭客攻擊與非法入侵**
- ▶ **電腦病毒**
- ▶ **網路與智慧財產權**
- ▶ **網路的盜版與仿冒（軟體盜版、數位音樂盜版、數位產品與電子書盜版、實體仿冒與盜版產品的網路販售）**
- ▶ **通訊監察（監聽）**
- ▶ **數位證據的蒐證**
- ▶ **色情網站、援交、網路上的性犯罪**
- ▶ **垃圾郵件**
- ▶ **網路課稅議題**

（四）網路與政治

網路上，也可以從事許多的政治活動，這些政治活動可能是傳統政治活動的延伸，也可能是網路所特有的政治活動，也可能是網路活動改變了現有政治活動的運作模式。常見的網路政治相關研究課題包括（但不侷限於此）：

- ▶ **網路輿論與公共意見**
- ▶ **數位自由**

▶ **網路投票與電子投票**

▶ **網軍、網路輿論攻防**

從前面討論可以得知，隨著網際網路的日益普及，各式各樣的網路消費行爲與網路行爲新興研究課題不斷被提出，這些新興的研究課題，吸引著研究人員的目光，逐漸成爲各個領域中受人注目的研究主流。

隨著網際網路普及程度的再提高，以及網路應用種類的更加多元化，可預見未來仍會不斷有新興的網際網路使用行爲課題被提出。這些新興的網路使用行爲課題，或許將是當時的重要課題，但卻也可能是現在的我們難以想像的。就像我們很難在幾十年前預想到現今的網路成癮會是重要的研究課題，也難以想像假新聞、網軍，會成爲現在網路使用的重大課題，因此也很難預想到幾十年後的網路行爲或網路消費行爲的研究課題。

13-2 網路迷因

網路迷因（Internet Meme）是近來在網路上常被提及的詞語 [2]，這個字詞的眞正涵義，也還沒獲得廣泛共識，許多人覺得這個字詞與網路上的梗圖是同義字，或者與網路上的梗圖密切相關。但也有人覺得這個字詞的涵義大過網路梗圖。

一、迷因

迷因的概念源於英國牛津大學道金斯（Richard Dawkins）教授出版的《自私的基因 The Selfish Gene》一書中，描述和定義迷因，嘗試解釋文化資訊傳播的方式，說明人們如何利用迷因傳播文化 [3, 4]。若要用簡單的文字來陳述「迷因（meme）」，可以說迷因是指「人們透過彼此的模仿與調整改變，在人際間傳播思想、行爲、風格、風俗、習慣」（此並非道金斯原始的定義，而是本書作者重新闡述）。

(一) 迷因與文化、習慣、風俗的傳承

最初的迷因，用以基因（Gene）爲比擬的對象，說明社會中，有一種叫做「迷因」的東西，會像基因一樣，在社會中傳承，但傳承的過程中，會像基因演化，會有融合、修改、調整、變形。

迷因可用來討論社會中的習慣、文化、風俗傳承。例如口說語言的傳承就是一種迷因傳承，只要有人的地方，就算沒有文字，也有語言。這在許多地方的原住民部落，都

可以發現這件事。這些原住民部落，就算沒有發展出文字，也發展出當地的口說語言。但語言是不斷調整的，相隔二十代的人，是無法用當時的話來對談的，語言已非遺傳的方式的演算。

二、網路迷因

透過迷因觀念的啓發，網路迷因這個名詞也被提出來，用以說明網路上的流行傳承。但必須了解網路迷因並非迷因的網路版，對於許多人來說，網路迷因有自己的定義，無法把迷因的全部概念，都套印到網路迷因上。

(一) 迷因與網路爆紅事物

什麼是網路迷因呢？在維基百科中，網路迷因這個詞被指是：「一夕間在網際網路上被大量宣傳及轉播，一舉成爲備受注目的事物，亦可稱爲網路爆紅事物」，不過，這樣的定義，把網路迷因與網路爆紅事物劃上等號，等於說爆紅的事物就是迷因。

但這樣的定義，跟梗圖的關聯就不存在了。另外，有一種比較狹義的說法，將網路迷因定義爲「在社交媒體上傳播的幽默圖片、影像、文字、動畫。」這種定義，就是把網路迷因與幽默影音或文字內容視爲是迷因的同義字，如果不是梗圖或短片，好像就不是迷因了。這樣的定義把迷因直接連結到梗圖，有些太過狹隘了。

也有學者將迷因定義爲「一組數位內容，具有共同的內容、形式，是在相互知悉的情況下創建出來的，並被使用者透過網路來傳播、模仿與轉化」[5]。

迷因的核心重點是模仿與突變，達到類似演化的效果。但演化的速度快過基因的演化。討論網路迷因時，也可以將模仿與突變納入作爲網路迷因的核心觀念，而網路快速傳播的特性，將使得網路迷因更爲快速的模仿與快速的突變。而網路爆紅，正可反映快速快速模仿的這個特性，梗圖被不斷修改，正可反映快速的突變的特性。

如果要把這些廣義與狹義的定義都放在一起，那網路迷因可以被定義爲「在網際網路上被大量傳播或受矚目的圖、文、影像等數位內容，或是在網路上形成的觀念、習慣、風俗、文化，在網路上被大量傳播，且在傳播過程中，被不斷的模仿、修改轉化、或產生新的意義。」

(二) 梗圖、哏圖

網路的梗圖、哏圖（Image Macro），意指「搭上簡單文字的圖片，以傳達特定想法，達到趣味、嘲諷或攻擊目的」。在網路上，「迷因」已經有類似「網路哏」的意思。

「哏」原意是指滑稽的言詞或動作，在相聲、戲劇故事或笑話中，會把笑點或劇情重要點鋪陳，稱之爲哏，但因爲哏字爲不常用字，因此常常用「梗」來代替。梗另外有葉脈、植物的枝莖的意思，也很適合用來形容故事中的笑點或劇情預留的伏筆。

(三) 網路用語的流傳也是一種迷因

網路梗圖不是迷因的全部。在過去關於迷因的解釋，可以得知語言的形成就是一種迷因的產物。在實體生活是如此，在網路上也是如此。舉例來說，ptt 的使用者、Dcard 使用者、Instgram、Facebook、網紅直播軟體，彼此之間快速的傳播他們自有的特殊用語，成爲一種傳承下來的習慣。

(四) 網路迷因的修改、調整與突變

迷因具有模仿、傳承的意思，且在傳遞觀念的過程中，有可能進行變異，因此，易於傳播、修改與調整的網路圖文訊息，就成爲網路迷因的主要組成分。

文字最容易被修改與調整，因此網路迷因的很大部分是文字傳播。當我們在社交媒體或社群網站中，看到一段文字，覺得很有共鳴，可能會轉貼到其他地方。但迷因的觀念重點是：轉貼的過程中可能會修改文字。

梗圖也很容易被修改與調整，當我們在社交媒體或社群網站中看到一張梗圖，覺得很有共鳴，可能會將之轉貼到其他地方，但也可能會修改梗圖內的文字，或製作類似的梗圖。迷因的觀念重點是：傳遞的過程中可能會修改。

短影音當然也是網路迷因的一個重點，網路流傳的搞笑影片，這也可算是一個網路迷因。

(五) 網路迷因的變化

網路迷因是指一種同化影響他人的過程，網路上的流行文化，會隨著新的課題，而推移變化。舉例來說，某個流行用詞，經過一段時日之後，可能不再被使用。新興的用詞，則因爲新聞評論、模仿戲謔等原因，而被創造出來。

(六) 迷因不斷的模仿調整，並且被遺忘

網路迷因可以被很快傳播，但新的迷因也可能取代舊的迷因，引發新的關注。例如，有些瞬時被廣泛使用的網路用語，卻也在極短時間內，不再被使用。

三、網路迷因的形成環境

(一) 促進網路迷因的平台環境

社交媒體、社群網站（網路論壇、網路留言板）、即時通訊、影片分享網站、搜尋引擎等，都是促成網路迷因的平台環境。

迷因具有群體成員之間互相影響、彼此同化的意思，在動物社會中，迷因侷限於生活在一起的同一族群。即使血緣基因上接近的同一物種，如果沒有生活在一起，迷因也不會相同。

(二) 媒體是迷因的觸媒

網路迷因的重點在於網路快速傳播、快速同化的特性，網際網路上的媒體，是迷因的觸媒，包括社交媒體、社群網站、即時通訊等，都是加速網路迷因的關鍵，人們利用類似於「口耳相傳」的形式，在網路上快速傳播彼此的生活習慣。

(三) 社交媒體有助於網路迷因的形成

傳統的迷因，導因於生活區域的接近性，彼此互相傳播、互相同化。網路迷因則導因於社交媒體、社群網站、即時通訊形成的虛擬社群。

(四) 搜尋引擎有助於網路迷因的形成

網路時代，當人們對於一件事情不熟悉的時候，最理所當然的作法，是到搜尋引擎上尋找達到。因此，搜尋引擎是網路迷因形成的關鍵。

(五) 促進網路迷因的內容：梗圖、搞笑影片、影音短片、短文小故事

在迷因的最初論述中，提到迷因是指群體成員間的相互影響，所有的事、物、習慣、儀式，都會藉由成員間的傳播，而互相影響。

網路上，訊息得以快速傳播，但要傳播什麼呢？梗圖、搞笑影片、有趣或令人感動的影音短片，或者是讓人印象深刻的短文，都是在網路上會被快速傳播的內容。這些內容，是促進網路迷因的關鍵，或者可說是網路迷因的一部分。

(六) 加速網路迷因的傳播者：網紅、意見領袖、社團、粉絲頁

除了內容有趣或讓人印象深刻之外，有些發訊者，因爲追隨者眾多，可以將訊息傳播給更多的人，因此成爲網路迷因的關鍵。網紅、意見領袖，成員眾多的社團、粉絲頁，都具有很多的收訊者，是加速網路迷因的傳播者。

(七) 開放授權有助於迷因傳播

有些社群媒體或影音平台，因爲特殊的授權規定，有助於迷因傳播。有些社交媒體網站，例如 Youtube 或 Facebook，授權條款中，將公開張貼的圖文視爲是允許其他使用者自由傳播，這也有助於迷因傳播。

四、網路迷因與廣告、行銷

有許多網路行銷活動，都與網路迷因有或多或少的關係。說明如下：

(一) 影響力行銷（Influencer Marketing 或 Influence Marketing）

利用網紅、社交網路名人，來進行網路行銷，通常也被稱爲影響力行銷。所謂的影響力行銷是「一種社交媒體行銷的方式，是指透過影響者（網紅）來推薦產品，達到行銷的目的」。這種行銷方式與薦證廣告（Testimonial Advertising）類似。所謂的薦證廣告，根據「公平交易委員會對於薦證廣告之規範說明」，薦證廣告是指「於廣告或以其他使公眾得知之方法反映其對商品或服務之意見、信賴、發現或親身體驗結果，製播而成之廣告或對外發表之表示」。

(二) 病毒式行銷（Viral Marketing）

病毒式行銷與電腦病毒無關，病毒式行銷是指「利用網路發送不尋常的內容，來吸引大眾的關注，收訊者在接收到該內容之後，會主動的幫助傳播該項內容」。典型的病毒式行銷傳播的內容，包括電子折價券、有趣的爆紅短片或圖片、重要的訊息。會被大量傳播的網路迷因內容，若被用在行銷用途，則與病毒式行銷類似。

(三) 迷因行銷（Meme Marketing 或 Memetic Marketing）

所謂的迷因行銷，就是指「製作各種圖、文、影片、動畫，將訊息傳達給消費者，並吸引消費者協助傳播，形成迷因，達到行銷宣傳的目的」。因爲希望閱聽人協助傳播，因此與病毒式行銷有些類似。因爲製作圖、文、影片、動畫，因此與梗圖密切相關。

1. **迷因圖文以引發共鳴爲關鍵**

   迷因行銷的重點在於引導消費者協助傳播，因此，迷因圖、文、影片的製作，常常不講求精緻，取而代之的是以簡明的字體與文字，引起共鳴。

2. **迷因圖文與著作權**

即使是在網路上製作梗圖，仍然需要注意著作權的課題。因為有著作權授權的問題，因此，迷因圖、文、影片常使用廉價的授權圖文，或者公司無償釋出的圖片、影片。也因此，迷因圖、文、影片常讓人有似曾相識的感覺。

3. **迷因圖文與熱門議題**

嘲諷是網路迷因的常見型態，新聞事件發生時，若能快速製作出針對該話題的迷因圖文，容易吸引閱聽人注意，而達到傳播的效果。因此，網路迷因經常與熱門議題劃上等號。

4. **迷因圖文的趣味性與引發共鳴**

迷因圖文並非正式的報導文章，而是另類的觀點，重點是希望引發閱聽人協助轉傳。因此，圖文的趣味性是關鍵。有時，攻擊競爭對手的圖文，並不具有趣味性，但若能引發共鳴，也可以達到將訊息傳播的效果。

5. **迷因圖文與網軍**

迷因圖文易懂，可以用於凝聚自己的粉絲、攻擊對手，協助政策宣導、澄清對己方不利的訊息。因此，政黨或政治人物經常製作迷因圖文，以進行政治攻防、嘲諷對手、推銷自己陣營的論述。對於政府機關來說，也經常製作這種圖文，來推銷施政理念與施政方案。

圖文製作完成之後，若沒有大量傳播，難以達到迷因的效果，為了快速傳播，經常會搭配可以協助傳播的網紅，或是網軍，來幫助傳播。

13-3 網紅影響力行銷

社交媒體與影音平台普及，大部分的消費者，已將社交媒體與影音平台，視為是生活中的一部分，每天早上起床、工作告一段落、有空餘時間的時候，都隨手拿出手機或打開電腦，看一下社交媒體或影音平台，利用這些社交媒體來消磨時間。

在這些社交媒體中，有一群人的影響力超過其他人，通常被稱為網紅（Social Media Influencer）。網紅是網路上的名人，有大量的粉絲，可以影響別人，具有影響他人的能力，因此也被稱為社交媒體影響者。「社交媒體影響者」這樣的講法，比較常出現在英文，中文較少用這樣的講法，中文比較常用的講法還是網紅或網路名人 [7, 8]。

一、網紅

網紅爲近年來新興的名詞，與網紅相對應的中英文名詞眾多，包括網紅、網美、網路紅人、網路名人、影響者、社群媒體影響者、社交媒體影響者、社交網路影響者、社交網站影響者、網路影響者等，這些名詞意義接近，但也有不相近之處。舉例來說，網美通常只被用來形容女生，男性不會被形容爲網美。

網紅藉由揭露自己的生活、發表意見、作品、想法，逐步累積追隨者（粉絲）以增加自己的影響力。因爲追隨者眾多，吸引了行銷人員的注意，開始邀請網紅來爲企業代言，讓網紅代言，來推廣產品，或傳播訊息。

網紅的定義眾多，此處用一個比較全面性的定義，將網紅定義爲「在社交媒體建立個人品牌，產製各種內容，具爲數可觀追隨者，並與追隨者建立互動關係，能影響追隨者態度與行爲的人。」

二、粉絲、觸及與影響

網紅與傳統代言最大的差別之一，是「自帶流量」。意思是說，網紅有很多追隨者，當網紅講一句話時，代言產品時，就會有一定數量的人看到這則資訊。

(一) 粉絲數

大部分的社交媒體或是影音平台，設計有「訂閱」、「追蹤」、「按讚」、「關注」等制度，消費者利用按讚、訂閱、追蹤，來表達對於網紅的興趣。這些社交媒體或影音平台，則會設計各種機制，將訊息推播給這些按讚、訂閱、追蹤的粉絲。網紅在各種社交媒體或影音平台貼出內容時，平台會通知粉絲新內容的出現。

(二) 觸及

網紅的粉絲人數代表的是潛在的閱聽人數，粉絲人數越多，代表訊息內容有機會觸及更多的消費者。但粉絲並不一定會看到每一則訊息，實際上看到每一則內容的人數，只是粉絲數的某一個比率。刊登的時間不佳，或者粉絲被其他訊息所吸引，或是所張貼的訊息內容不夠吸引人，都有可能會影響觸及人數。

當網紅所張貼的訊息，有過度的商業代言色彩時，可能會造成低的觸及率。另外，如果廠商以廣告推播網紅的訊息，可以增加觸及人數。

(三) 影響

網紅要能影響粉絲，說服粉絲購買商品，才能達到代言的效果。網紅如果與粉絲有高度的情感連結，粉絲認同網紅，則網紅所推薦的產品，會被粉絲所接受。

但是，網紅如果不具公信力，難以說服消費者，消費者只認定網紅是個娛樂角色，粉絲只是基於娛樂目的而關注該網紅，則網紅的影響力將不如想像中的高。因此，在討論網紅代言時，除了查看網紅的粉絲數，還要考慮網紅的影響力。

粉絲長期追蹤網紅，與網紅產生密切的擬社會互動（Parasocial Interaction），因爲與粉絲的高度互動，影響粉絲的能力，勝過名人對於公眾的影響力。許多粉絲覺得網紅被認爲比名人更値得信賴 [9]，比起傳統名人的推薦，許多人覺得網紅推薦更爲可信。

(四) 目標族群

行銷活動都會有特定的目標顧客，也就是 STP 策略，包括 Segmenting（市場區隔）、Targeting（選擇目標市場）、Positioning（產品定位）。當行銷活動已經選定目標市場時，網紅的粉絲與本次行銷活動的目標市場 Targeting 的相符程度，是該網紅是否能配合這次行銷活動的關鍵。

社交媒體允許分眾化的行銷，這是網紅代言與傳統名人代言廣告的主要差別之一，網紅代言往往是針對特定族群來進行代言。網紅的粉絲受眾是否是行銷的目標族群，是選擇代言網紅的重要考量因素。

如果該網紅的粉絲都不是目標顧客，則再多的粉絲也是枉然。另外，如果網紅的形象不能配合產品定位，則網紅的代言也將無法配合行銷策略。

三、廣告代言

(一) 名人代言

廣告代言是個傳統領域，以往的廣告，經常出現名人代言人，名人代言人（Celebrity Endorser）是指「具有知名度、受到公眾認同的名人，與產品一起出現在廣告中，幫忙宣傳產品」[10, 11]。

代言廣告的人，通常是知名且被公眾認可的人，例如知名專家、影視明星、政治人物等。

(二) 非名人代言

代言人也可以是不具知名度的專家 [12, 13]，或是一般消費者用產品使用者的身份來代言 [14]。

(三) 傳統代言廣告由廠商付費播出

傳統的名人代言廣告，廣告播放次數是由廣告主決定，廣告主需要確認的，只是廣告效果，聘請名人來代言，目的是希望引發共鳴。聘請非名人的專家，來進行代言，目的是爲了增加專業性。聘請一般消費者來代言，是希望提供廣告的公信力。

四、網紅代言與影響力行銷

網紅代言近來被冠予「影響力行銷（Influencer Marketing）」之名，目的在於社交媒體上的影響力，來提升品牌知名度，或影響消費者購買意願 [15]。影響力或影響者並不專指網紅的影響力 [16]，但網紅影響力確實是影響力行銷的關鍵。網路時代，網紅影響力不輸意見領袖，許多政治人物甚至必須靠網紅的光環來提升自己的知名度。

(一) 網紅代言係由網紅推播給粉絲

在社交媒體或影音媒體平台，網紅會「自帶流量」，當網紅推出訊息時，網紅的粉絲會接收到訊息，無需廠商另外推播。這是與傳統代言廣告不同的部分。

因此，廣告主紛紛開始利用這些網路名人的影響力，邀請代言。許多粉絲（追隨者）長期追蹤網紅（網路名人），有可能會因爲網紅的推薦，而改變自身原有的態度或是行爲，因此達到推薦代言的效果。

(二) 代言內容是由網紅產製，而非廣告公司

傳統的代言廣告，是由廣告公司製作，代言人扮演類似演員的角色，依循廣告代言劇本，在廣告中扮演角色。

但網紅代言的過程中，主客易位。主要是由網紅來製播影片，廠商則開出需求，例如需要推薦產品至少幾次，產品露出長度至少幾分鐘，是否必須使用，必須露出什麼樣的特寫，並商定推薦的台詞與腳本。但除此之外，影片是由網紅及其製作團隊所製作的，影片內容可能仍然依循該網紅製播影片的風格，節目中除了商品代言之外，還可能有例行的節目內容。

因此，網紅代言與廣告代言，在形式上，有很大的不同。

五、網紅特質與網紅影響力

網紅的許多特質，會影響到網紅的影響力，說明如下：

(一)值得信賴性（trustworthy）

值得信賴性是很早被提出來的廣告代言人說服效果的影響因素，在是訊息來源可信度研究中，最常被提及的因素，係指代言人誠實、正直和可信度的程度 [17]，簡單的說，就是從消費者的角度來看，這個網紅是否值得信賴。這會影響到網紅代言的效果。

(二)專家性（Expertise）

專家性是指網紅是否看起來像在這個領域上是個專家，這跟代言產品會有關係。如果代言產品剛好是網紅專精的產品，就會具有專家性。這是廣告代言人中，很早就被提到的因素，在網紅代言中應該持續存在，是影響代言效果的重要因素 [18, 19]。

網紅若能夠讓追隨者感受到他的專業度，進而相信他所推薦的產品，將可藉此影響到消費者的購買意願。

(三)外表吸引力（Physical Attractiveness）

美麗或英俊的面貌、性感或健美的身材、優雅，這些外表上的吸引力，本來就是代言人之所以可以代言的關鍵 [17, 19]，也是許多網紅之所以吸引眾多粉絲的原因。

消費者因爲網紅的外表吸引力，而願意多看一眼網紅，能夠吸引消費者目光，自然就有機會幫產品代言，因此外表吸引力是是網紅影響力的關鍵，

(四)社會吸引力（Social Attractiveness）

許多網紅面貌普通，甚至於其貌不揚，身材也無太多吸引人之處，但他的個性、談吐，卻有很多吸引人之處，並不是說談吐個性特別優雅，而是他具有某些平易近人的特質。過去的研究，就把吸引力區分爲社會吸引力與外表吸引力兩種 [20]，社會吸引力可以用以解釋某些網紅不具有美貌外形特徵的外表吸引力，但卻能吸引他人，成爲知名的網紅 [21, 22]。

某些網紅就是具有讓人想多接觸一點的社會吸引力特質。因此，社會吸引力是影響網紅影響力的因素。

(五)令人喜愛性（Likability）

有些網紅就是會令人感到喜愛，看起來很討喜歡，看了很舒服。這樣的特性，會讓消費者想要多接觸久一點，自然就會增加影響力。

這種令人喜愛性，有可能跟外表吸引力有關，也有可能跟社會吸引力有關，但也可能不同。某些網紅沒有美麗的外表，也不是很具有社交吸引力，但就是很討喜。其實，在演藝界，也有這樣的特性，有些名人、藝人確實有一種令人喜愛的特性。

(六)引領意見性（Opinion Leading）

網紅常態性的在網路上發表意見，發表自己的作品和看法，成爲意見領袖 [23]，這些網紅引領意見的能力，是網紅影響力的來源。意見領袖意指會對他人的決策產生影響的人 [24]。，網紅若具有引領意見性，可透過社交媒體的力量，引領消費者改變態度與行爲，幫助帶動商品行銷及品牌的知名度。

網紅藉由傳遞最新的消息，成爲社交媒體上的意見領袖，對消費者來說，只要追隨網紅，就會獲得最新的訊息 [25]。開箱文，就是這些網紅引領意見的方式，許多網紅會經由試用和專業的開箱介紹，融合自身的意見，吸引到消費者的目光，使得網紅具有引領意見性。

意見領袖會對消費者的購買決策造成影響，網紅是否具有引領意見性，會影響網紅的影響力。相反的，如果網紅並不具有引領意見性，則消費者不一定覺得需要遵循網紅提供的意見，此時網紅的影響力就不如其他消費者。

(七)幽默風趣性（Funny）

幽默風趣性泛指幽默、有趣、搞笑這類的特性，在繁忙壓力大的現代社會中，觀看影片或是關注網紅，成了人們得到在壓力下尋求慰藉的新方法。網紅所產製的內容，很多是以娛樂價値爲主 [23]，粉絲追隨網紅的原因，也是爲了消磨時間。

許多影音部落客（英文爲 YouTuber、vlogger），拍攝有趣的短片、鬧劇、搞笑片，來搞笑、娛樂大家，進而因爲知名度的上升，這類影片也是抖音、YouTube 之類的影音平台上，普遍常見的影片類型之一 [26]。「吃播」也是屬於這類的影片，這種影音影片中，大胃的網紅利用短時間吃下令人驚訝的大量食物，來吸引閱聽人點擊 [27]。不過，這種大胃王影片，實在不利於健康，不直得鼓勵。

幽默有趣、搞笑的網紅，可以減少「說教」的成分，讓消費者無戒心的接收下訊息，有助於代言效果的提升。

六、網紅產製內容與影響力

前已提及，網紅代言的過程中，是由網紅（及其團隊）來製播影片，廣告廠商只是開出需求，這跟傳統代言廣告明顯不同。傳統代言廣告是由廣告公司製作，消費者一看就知道是代言廣告，但在網紅影片中，網紅只是推薦產品。許多消費者仍把該內容視為是網紅播送的例行內容，只是其中帶有推薦的產品資訊。

網紅的影響力，主要是來自於網紅產製的內容，這與傳統影藝戲劇產業不同，在影藝戲劇產業中，演員只是角色，與內容是可以抽離的，而且影藝人員參與多個不同的戲劇或綜藝節目。但在網紅產業中，網紅產製的內容，是綁定於網紅的，且是由網紅及其製作團隊製作的。過往網紅產製內容的資訊價值、娛樂價值、獨創性、唯一性，會影響這位網紅是否具有影響力，是否可以幫助廠商進行代言。

簡單來說，粉絲看的是「內容」加上「網紅」，而非只有網紅。傳統代言人廣告所播送的訊息，是由廣告公司製播，廣告代言人只是扮演「發訊者」、「代言人」，將資訊提供給閱聽人。但網紅本身就是內容產製者。

(一) 內容資訊性（Information）

網路時代存有資訊過載的情況 [28]，使用者必須從眾多訊息管道中，過濾尋找出對於自己有用的資訊，許多網紅扮演資訊傳遞者的角色，產製具有資訊性價值的內容，提供給閱聽人，如果網紅在平常就會產製具有資訊性的內容，則代言產品時，也比較會具有影響力。

(二) 內容的娛樂性（Entertainment）

許多人查看網紅動態的目的，是消磨時間，放鬆一下。網紅傳播的影片的娛樂性價值，是能否吸引消費者的關鍵。娛樂性影音是社交影音媒體平台的常見影片類型之一 [26, 29, 30]，這些影片可以滿足粉絲，粉絲願意花時間在這些內容上面，使得這些內容的影響力就因此獲得提升。

(三) 內容的原創性（Originality）

網紅需要自己的個人特色或是魅力來吸引社群媒體使用者，如果網紅所產製的內容，都是其他網紅已經講過的內容，則閱聽人可能會覺得沒有必要成為該網紅的追隨者。

資訊過載是網路時代的重要議題 [28]，如果網紅所提供的影音內容，不太具有原創性，永遠都是拾人牙慧，則難以建立自己的特色，也難以發揮影響力。

(四) 內容的獨特性（Uniqueness）

獨特性是指與其它人不同，網紅的獨創性是影響力的關鍵，如果不夠特別，將無法抓住粉絲的注意力，有太多相同性質的網紅彼此競爭，因此將難以獲得消費者的青睞，此會導致影響力就會降低。

七、網紅與追隨者的擬社會關係

擬社會關係（Para-social Relationship）原指閱聽人與表演者之間存在的一種互動幻覺 [31]，在網路上，這不一定需要是閱聽人與管理者，因此可以將網路上的擬社會關係重新定義爲「網路空間中，按讚、分享、留言等非屬於人際互動的虛擬互動關係」。原本的擬社會關係用於解釋觀眾與表演者（大眾媒體角色、影星、歌星）間的關係，他們之間沒有眞正的人際互動，但卻產生假想的社會互動關係。

網路上的按讚、分享、留言等互動，創造了親密感，讓網紅與追隨者間形成了擬社會關係 [20, 32]。擬社會互動讓粉絲覺得他在跟網紅互動，也讓粉絲覺得網紅是活生生的一個社交朋友。粉絲與網紅間的相似性、互動性、認同性、相符性，會影響此一擬社會互動關係。

(一) 粉絲與網紅的相似性（Similarity）

相似性係指在某一些方面具有相同性質，粉絲與網紅互動時，發現網紅與自己有相似之處時，會顯得格外親切。這種相似，可以是態度、理念、背景、教育程度、語言等方面的相似 [33]。若自己與網紅有相似性，會有熟悉感、親切度、信任感，進而相信網紅所傳達的訊息。

(二) 粉絲與網紅的互動性（Interactivity）

粉絲與網紅間，可以文字、貼圖、影像來互動交流，有些網紅會藉由與粉絲間的互動，建立與粉絲間的擬社會關係這種互動參與，會讓粉絲感到網紅的隨和，感到自己受到重視，進而提升網紅的眞誠感與情感依附。這些，都會增加網紅的影響力 [34-36]。而且，網紅與粉絲間的互動，會讓沒有參加互動的人，也感到網紅有重視粉絲，這會提升其他人的參與 [37]。

(三) 粉絲對網紅的認同性（Identification）

認同源於覺得與自己有相似性或共同點，以及渴望有相似與共同點 [38]。消費者如果認同網紅，認爲網紅的想法跟自己的想法相同，則比較會受到網紅影響。

人們會相信自己所認同的人所提出的想法，因此，認同會影響到代言效果 [39]。網紅是許多粉絲崇拜的對象，粉絲想要學習網紅們的行為舉止，甚至也想要成為另一個網紅。

(四) 粉絲與網紅的契合性（perceived fit）

所謂的「物以類聚」、「志同道合」、「臭味相投」，在講的都是個性的契合性。粉絲如果覺得網紅跟自己的個性契合性，會相信網紅所說的，使用者會因為與網紅之間的契合增加，而願意成為往紅的追隨者，願意聽從網紅所發表的意見。

這種契合性是指為個人興趣與個人價值觀的相符 [40]，如果覺得網紅身的一些特性或習慣跟自己相似，會增加對該網紅的好感度，這會提升網紅的影響力。網紅、品牌、粉絲三者必須能夠契合，才能達到代言效果 [41]。

紅產製內容的過程中，會帶入自己個人風格與理念，大部分的情況下，粉絲是因為該網紅的內容取向與自己契合，才選擇訂閱該帳號。但是，如果粉絲都只是因為這個網紅爆紅，基於看熱鬧的心態，才追蹤這位網紅，只有少數粉絲覺得自己與該網紅契合，則這位網紅的代言影響力就較為侷限。

八、網紅自利性對於影響力的減損

有些網紅收入驚人，因此吸引很多人都想成為網紅，這些想要投入此產業的使用者，努力想成為知名網紅以獲取利益，代言或宣傳產品是最常見、最直覺的「變現」管道。

面對代言，網紅有三類的因應方式：

(一) 利用代言來提升自己的知名度

有些網紅透過和大品牌合作，來提升自身的形象，以及知名度，拉抬自己。因為可以代言知名品牌的產品，代表了這個網紅具有一定程度的影響力。

(二) 選擇少量與自己形象相符的代言

這種代言方式，意指仍以自己的例行影音節目內容為主，但偶而穿插與自己形象相符的少數代言。因為代言數目較少，因此營收應該較少，但也因為慎選代言產品，形象不至於因為代言而受到減損。

(三) 盡量爭取代言，最大化代言營收

還有一種代言方式，是盡量爭取代言，最大化代言營收。此時，就會產生本段要討論的問題，就是網紅自利性對於影響力的減損。如果粉絲明顯覺得，網紅將代言收益的優先順序放在前面，網紅為了自己的利益（而非粉絲的利益），是為了錢，才進行代言，而非選擇合適產品進行廣告代言，粉絲察覺到網紅具高度的自利動機（perceived self-serving motive）時，將會減損網紅的影響力 [42-44]。

(四) 自利動機的疑慮

提出自利性（self-serving）來解釋這而針對時尚網紅所進行的討論中，也提出了自利偏差的概念，也就是網紅基於自利而推薦時尚產品。的研究，也發現追隨者察覺到網紅在自利，購買意願就會降低。但如果追隨者與網紅有產生擬社會關係，就會降低對於網紅自利性的知覺。

(五) 說服知識模型的解釋

資訊搜尋的章節中，我們曾經提到說服知識模型（Persuasion Knowledge Model）[45-47]，這可用來解釋網紅自利動機對於網紅影響力的減損。說服知識模型指出人們知道對方想要說服自己，此時就會引發戒心，當粉絲知道網紅是因為收了人家的代言費用，而介紹該產品，而且並沒有仔細挑選該產品是否符合粉絲的利益，此時，粉絲會忽略這些代言說服資訊。

網紅代言的過程中，如果承接了太多的代言，可能會觸發粉絲的疑慮，當粉絲察覺網紅具有高度自利性時，基於說服知識模型，網紅的影響力將會減損 [48]。

九、網紅、產品、品牌的配適

在廣告代言人的討論中，就已經發展出代言人配適假說（Match-Up Hypothesis）[9, 49-52]，來討論到「代言人與品牌、產品類型之間的配適，對於代言效果的影響」。在網紅影響力的討論時，也必須注意到這種配適關係的存在，不是每個網紅，都適合每一個品牌，網紅就像人一樣，有被形塑出來的人格，品牌也有有自己的品牌人格（brand personality），什麼樣的品牌適合哪一個網紅來代言，屬於必須因地制宜的狀況，複雜性高。行銷實務工作者在評量網紅影響力時，應根據品牌、產品的配適度，來加以綜合考量。

13-4 社交媒體的使用動機

網路上，電子商務、網路零售、拍賣網站等，直接對應到傳統零售店舖，直接對應的是購買行爲。但另外還有一種網站，被稱爲是社交媒體，雖並未直接對應到消費活動，但因爲使用率極高，因此成爲消費者取得商品訊息的重要管道。當討論網路口碑、新產品擴散時，都必須考慮到社交媒體的訊息傳播。

一、社交媒體、網路社群、即時通訊的異同

什麼是社交媒體？其實是有界線上與定義上的差別。每一種網路媒體，彼此功能近似，但又沒有完全相同。事實上，這些類似的網路服務，經常彼此模仿。如果有什麼功能是消費者需要的，廠商通常快速模仿，將該功能納入自己的服務中。

在臺灣，常見的社交媒體，包括 Facebook、Instagram、LINE，這些社交媒體某些程度與使用者的個人社交圈連接在一起，因此稱爲社交媒體。

這些社交媒體的某些功能，其實是跟即時通訊有關，例如：LINE 與 Facebook Messenger，很類似於電話服務、簡訊服務的網路版。這些社交媒體的某些功能，其實是網路社群媒體或電子布告欄相仿，例如 Facebook 的社團功能，其實跟電子布告欄 Ptt、DCard 相類似，也與 LINE 的群組相類似。只不過，不同的網路媒體類型，連結到個人身份的程度不一。例如：Dcard 比較沒有連結到私人，但經常揭露了學校與性別。而 Ptt 的帳號並沒有揭露學校與性別資訊。Facebook 則連結到更多的個人資訊。Instagram 連接到了許多個人的照片。LINE 則是跟個人的通訊聯絡方式相連結。

二、社交媒體的使用動機

社交媒體連結到個人的社交圈，因此，社交媒體使用的動機，不同於其他網路服務。了解社交媒體使用動機，有助於了解消費者會在社交媒體上從事什麼樣的行爲。

消費者可以透過各種社交媒體，分享他們自己的經驗、想法、感覺、資訊，並且將現實的社交生活，延伸到網路上。消費者在社交媒體分享時，如果沒有想要成爲網紅，則這分享的動機，就只是跟自己的生活相搭配。如果想要成爲網紅，那當然又是另外一件事情了。一般來說，消費者使用社交媒體的動機，包括以下幾種 [53]：

(一) 關係維持

消費者可能會「利用社交媒體跟已認識的朋友維持關係，找到失散的朋友，跟不常見的朋友維持關係」。維持關係是社交網站存在的主要理由，可以與原有的朋友維持聯

繫。舉例來說，跟以前的高中同學、國中同學，或者目前的同學、目前的辦公室同事，繼續維持關係，這是使用社交媒體的理由之一。

(二) 拓展社交網路

消費者可能會「利用社交媒體來認識新的朋友、接觸感興趣的人、擴展社交圈」。社交媒體是一種延伸社交關係的管道，可以用來幫助發展新關係。許多網路上的新好友，可能是跟消費者的同行，也可能是興趣相似的人，這些人可以藉由社交媒體，來進一步認識，成爲好友。拓展社交網路是社交媒體的主要動機之一。

(三) 尋求人氣

消費者可能會「利用社交媒體來讓自己受歡迎，吸引別人注意、得到他人回應」。這跟消費者的自戀、自我成就、自我表達有關。許多消費者希望獲得他人的肯定，人氣就是一種獲得他人肯定的方法。渴望自己成爲重要的人，渴望成爲意見領袖，或者單純的只是希望別人在乎自己，都可能是使用社交媒體的原因之一。

「刷存在感」，就是一種希望他人重視自己的動機。這些消費者會在社交媒體上，張貼讓人肯定的貼文，使他們在社交網路中，被他人看見的。

(四) 抒發情緒

消費者可能會「利用社交媒體來宣洩情緒，找到共鳴。」在傳統社交生活裡，抒發情緒本來就是一個重要的元素，在線上社交活動中，此一動機同等重要，社交媒體可以分享好消息，也可以抒發自我的負面情緒，來尋求他人的慰藉（所謂的討拍），或者體驗歸屬感（希望尋求支持）。

(五) 獲取資訊

消費者可能會「利用社交媒體找到促銷活動、找到熱門資訊、得到別人分享的資訊」。社交媒體也可以成爲資訊傳播的平台，讓消費者可以了解到其他消費者的消費動態。在社交媒體中，很容易知道其他人的消費動態，或者取得其他人所分享的資訊。

(六) 娛樂

消費者可能會「利用社交媒體來玩遊戲或從事其他娛樂活動」。既然消費者的時間過多，需要消磨，電腦遊戲、影音娛樂，就成爲社交媒體的功能之一，消費者進入社交媒體的動機之一，很可能就是這種娛樂動機。這樣的娛樂動機，使得社交媒體跟線上遊戲、影音平台的界線變得模糊。

(七)消磨時間

消費者可能會「利用社交媒體來打發時間、排遣無聊」。對於某些網際網路使用者來說，社交媒體提供另一種消磨時間的方式。消費者可能什麼都不想，只是觀看朋友的留言、圖片與影片，過程來達到消磨時間的目的。

三、社交媒體的沈默螺旋(Spiral of Silence)

沉默的螺旋是諾爾－紐曼(Elisabeth Noelle-Neumann)所提出的觀念[54]，意指「少數意見者不願意說出自己想法，而使得少數意見的聲音愈來愈小」。也就是說，如果人們覺得自己的觀點是少數派，將不願意說出自己的看法，因此少數聲音會愈來愈小。相反的，如果人們覺得自己看法與眾人一致，是主流意見，則會勇敢的說出來，因此主流意見的聲音會愈來愈大。

媒體通常會關注多數人的觀點，輕視少數人的觀點，於是少數派的聲音變小，多數派的聲音變大，少數派成爲沈默者，形成一種螺旋，慢慢消失。

在社交媒體，這種沈默螺旋的現象，更爲嚴重[55]。當人們擔心自己的意見不被眾人所支持時，會不願意發布自己的意見。相反的，當多數意見被廣泛支持時，多數意見的聲量會持續提升。因此，形成一種沈默的螺旋。

四、社交媒體的同溫層效應(Echo Chamber Effect)

網路上的同溫層效應是指「意見相近的人聚集在一起，相近的意見不斷被重複傳播，讓人們誤以爲只有這樣的意見，而忽略了其他不同的意見」。同溫層效應也可翻譯爲迴聲室效應，翻譯爲迴聲室，是遵循英文的原意。翻譯爲同溫層，是遵循中文的意思。

同溫層效應的關鍵在於同溫，也就是「物以類聚」之意，同一群人在一起「取暖」，迴聲室則是取會有迴音的意思，講出來的話，會有人喊讚，會有人認同。而基於沈默的螺旋原理，抱持反對意見的人，而寧願保持沈默。因此，讓同溫層的狀況惡化。

社交媒體的演算法則，很容易形成同溫層效應。因爲使用者對於他支持的資訊按讚，社交媒體給他更多這些他認同的資訊，使用者不斷地看到這些他認同的資訊，更加強化他的立場與看法。同溫層效益使得意見相近的聲音不斷重複，會令人們誤以爲此一意見就是全部的意見[56-58]。

一、選擇題

(　　) 1. 入侵他人網路系統，在臺灣是否違法？ (A) 不道德，但沒有違法 (B) 入侵他人系統是一種民法上的侵權行為，但並不是犯罪行為 (C) 入侵他人網路系統，違反了刑法第 359 條破壞電磁紀錄罪 (D) 並沒有違法，只是對方沒有自己保管好系統。

(　　) 2. 「人們透過彼此的模仿與調整改變，在人際間傳播思想、行為、風格、風俗、習慣」，這是什麼？ (A) 生活型態 (B) 價值觀 (C) 迷因 (D) 人格特質。

(　　) 3. 「在網際網路上被大量傳播或受矚目的圖、文、影像等數位內容，或是在網路上形成的觀念、習慣、風俗、文化，在網路上被大量傳播，且在傳播過程中，被不斷的模仿、修改轉化、或產生新的意義」，這是指什麼？ (A) 網路迷因 (B) 網路行為 (C) 電子商務 (D) 網路成癮。

(　　) 4. 「一種社交媒體行銷的方式，是指透過影響者（網紅）來推薦產品，達到行銷的目的」，這是指什麼？ (A) 影響力行銷 (B) 網路行為 (C) 電子商務 (D) 網路成癮。

(　　) 5. 做了一張梗圖，讓消費者收到梗圖之後，主動分享給別人。哪一種觀念，最適合以上的陳述？ (A) 病毒式行銷 (B) 網路成癮 (C) 影響力行銷 (D) 電子商務。

(　　) 6. 網路上製作梗圖，很有趣。人們是否可以直接拿新聞照片，製作成梗圖，來揶揄政治人物？ (A) 可以，沒有任何著作權問題 (B) 圖片仍須取得授權。除非是已經開放給大家使用的圖片。許多網路梗圖是因為開放授權，才被大量製作成梗圖 (C) 只要是新聞，則圖片無需取得授權 (D) 梗圖沒有任何著作權，原始照片也沒有任何著作權。

(　　) 7. 「在社交媒體建立個人品牌，產製各種內容，具為數可觀追隨者，並與追隨者建立互動關係，能影響追隨者態度與行為的人。」這樣的定義，比較像是什麼？ (A) 網紅 (B) 迷因 (C) 社交媒體 (D) 網路成癮。

( ) 8. 請網紅來推薦、代言產品，比較像是以下的什麼觀念？ (A) 影響力行銷 (B) 網路迷因 (C) 網路成癮 (D) 病毒式行銷。

( ) 9. 有很多因素，會影響到網紅代言的效果，以下哪一種因素，講的是網紅代言人的誠實、正直、可信度的程度？ (A) 值得信賴性 (B) 外表吸引力 (C) 令人喜愛性 (D) 引領意見性。

( ) 10. 有些網紅就是會令人感到喜愛，看起來很討喜歡，看了很舒服。這會影響網紅的代言效果。這是指哪一種因素？ (A) 值得信賴性 (B) 專家性 (C) 令人喜愛性 (D) 引領意見性。

( ) 11. 「網路空間中，按讚、分享、留言等非屬於人際互動的虛擬互動關係」，這是指什麼？ (A) 擬社會關係 (B) 網路迷因 (C) 網路成癮 (D) 影響力行銷。

( ) 12. 如果消費者覺得，網紅一直接代言，沒有考慮粉絲是否真的需要該產品，以下何者可用來說明此一觀念？ (A) 自利動機的疑慮 (B) 值得信賴性 (C) 網路迷因 (D) 病毒式行銷。

( ) 13. 「少數意見者不願意說出自己想法，而使得少數意見的聲音愈來愈小」，這是指什麼？ (A) 沈默螺旋 (B) 擬社會關係 (C) 網路迷因 (D) 同溫層效應。

( ) 14. 「意見相近的人聚集在一起，相近的意見不斷被重複傳播，讓人們誤以為只有這樣的意見，而忽略了其他不同的意見」，這是指什麼？ (A) 沈默螺旋 (B) 擬社會關係 (C) 網路迷因 (D) 同溫層效應。

( ) 15. 媒體通常會關注大多數人的觀點，輕視少數人的觀點，於是反對派的聲音愈來愈小。哪一個觀念最能解釋此一現象？ (A) 沈默螺旋 (B) 擬社會關係 (C) 網路迷因 (D) 同溫層效應。

二、問答題

1. 請說明什麼是迷因行銷。
2. 請說明有哪些網紅特質會決定網紅影響力？
3. 請說明廣告代言人的配適假說。
4. 請說明社交媒體、網路社群、即時通訊的異同。
5. 請說明社交媒體的使用動機有哪些。

第五篇
消費行為的新興課題

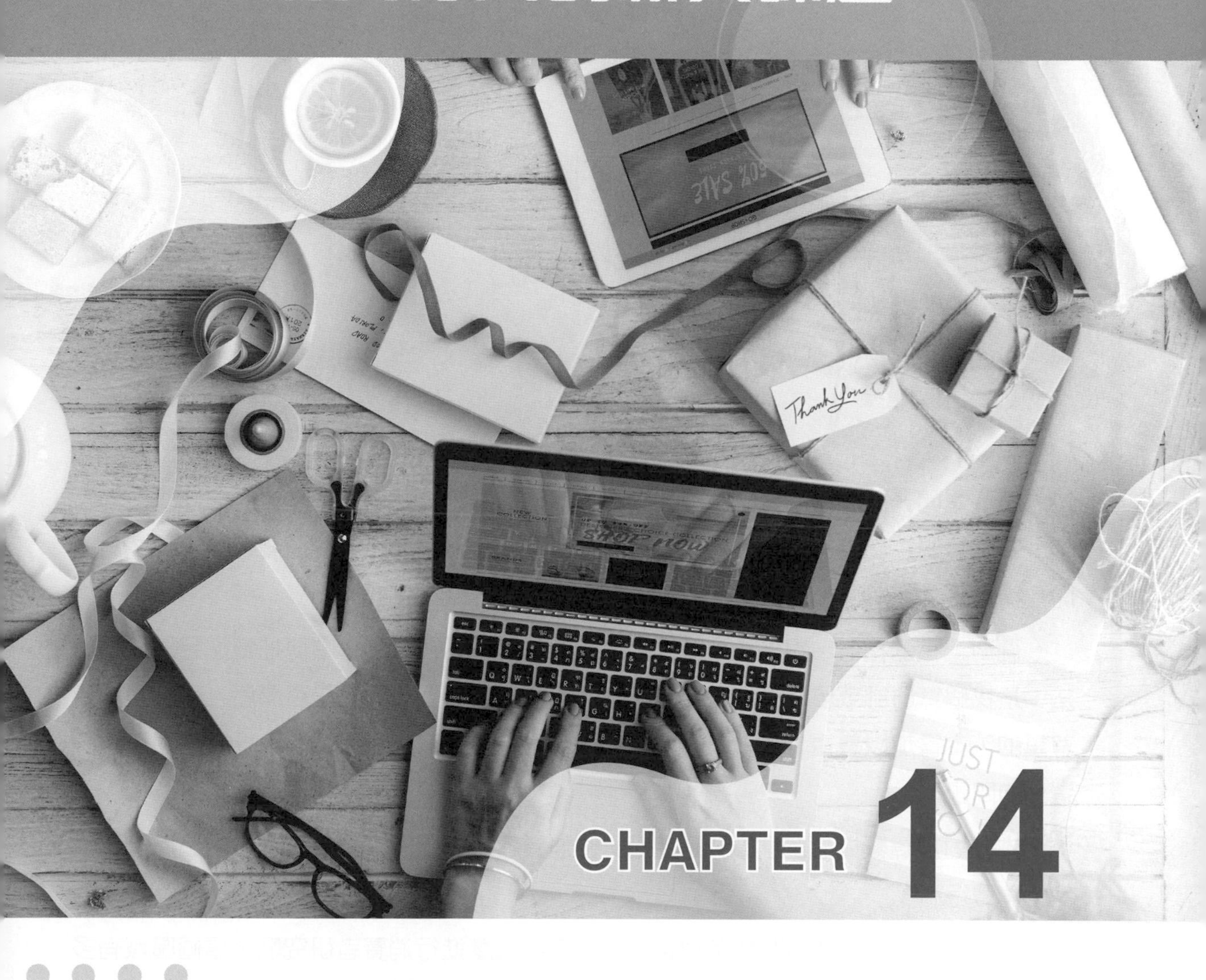

消費者行為研究

開店選址

您夢想開一間咖啡店嗎？您想要自己創業嗎？您希望在學校附近，開個什麼樣的店鋪，圓您想獨立創業、自己當老板的夢嗎？但是，這一個地方，合適開咖啡店嗎？合適開蛋糕店嗎？會有客人嗎？開店之前，您是否擔心這樣的問題？

面對這樣的擔心，很多人會選擇的做法，就是到廟裡拜拜，順便抽籤。另外一種說法，是找個算命師或風水師，看看這個店鋪的財位與財運，決定是否開店。宗教是需要尊重的，本書加以尊重，難以置評，但一定有其他的方法，可以更為有根據的回答店鋪選址的問題。

本書對於這類問題的建議，是進行一個消費者行為研究，了解一下這個區域的消費者的消費行為。

如果已有咖啡店店鋪位置的候選方案，那該怎麼進行消費者研究呢？這個區域有多少人口？平日與假日，每天各個時段，各有多少消費者會經過該店鋪附近？這就可以算是潛在客群。這些潛在客群的年齡、性別、職業組合為何？這是該潛在客群的人口統計變數描繪。如何知道這區域有多少人呢？或許可以抽樣幾個時段，計算經過的人數，這些人的年齡、性別、職業呢？或許可以用觀察法，也可以用問卷調查。

確定了這些客群，接著需要知道他們喜歡什麼飲料？他們到咖啡廳的目的？他們是自己來還是一群人一起來？通常在咖啡廳停留多久，這可以用問卷調查，也可以用競爭者的消費者的觀察。

競爭店鋪的消費者的觀察，也是可能的方式。您必須了解，競爭者的現有顧客的組成。在競爭者的店鋪內，您可以觀察到每天的來客量，這些人都點什麼類型的飲料？冷的、熱的、咖啡、茶、還是冰沙？消費者會點蛋糕嗎？還是只點最低消費的飲料？他們會在咖啡廳用早餐嗎？會點午餐嗎？會用晚餐嗎？會吃蛋糕當下午茶嗎？他們到咖啡廳的目的是什麼？會打開電腦來工作嗎？會用手機看影片嗎？顧客通常是自己來？還是多人一起來？會陸續進來？還是同時進入？會陸續離開？還是同時離開？通常在咖啡廳停留多久？客單價多少？會用外帶紙杯？會帶環保杯嗎？主要停留時段為何？

還有一個很大的關鍵，是您必須觀察的，就是該競爭店鋪在哪些時段是客滿的或接近客滿的？這樣的客滿時段，佔營業時間有多久？這是最關鍵的問題。因為客滿時，會有外溢效應，附近的咖啡店就算競爭力較弱，也會受益於該競爭店鋪客滿。當某一家店鋪客滿時，隔壁較無競爭力的店鋪，就會受到雨露均霑，享受顧客自然溢出的優點。您開的新店鋪，一開始競爭力可能較弱，此時，競爭對手的客滿時段，就是您的商機。

以上這些問題，您要憑印象回答嗎？您不知道潛在消費者的組成，您就不知道您是否需要準備早餐、午餐、晚餐、咖啡、茶、冰沙、點心、蛋糕的菜單組成。您不知道多少人會打開電腦工作，您就不知道如何安排電源插座。您不知道客人是一個人或幾個人來，就無法決定桌椅、沙發、吧台的數量安排。

就連餐具、杯盤要準備多少個，也是需要先做消費者研究才能決定的。大部分的情況下，消費者會選擇用內用瓷杯嗎？還是選擇用外帶紙杯？會自己帶環保杯嗎？這明顯的決定了需要準備多少的餐具。

以上都可以透過消費者研究，取得客觀的數字，作為決策的依據。若能有客觀的消費者行為研究成果作為佐證，或許能讓店鋪位置選擇的決策更容易成功。

很多時候，我們需要進行各種不同規模大小的消費者行爲研究。例如，在消費者行爲課程中，老師會指派期末報告，讓同學練習進行專題研究。許多大學設有畢業專題，讓同學用一年左右的時間，分組完成一個大的專題研究報告。另外，碩士生要撰寫碩士論文，需要耗時 1-2 年，這是更大型的研究。

而進入職場之後，基於市場調查的畢業，也需要進行消費者行爲研究。如果您要推出新產品，要開設新的店舖，消費者行爲研究更是需要。就算不推出新產品、新店舖，也需要例行的進行消費者行爲研究，確定目前商品的客群，以決定最佳的廣告行銷作法。

14-1 研究的程序

以下簡要介紹消費者行爲研究的程序，以及研究過程中的一些簡要說明。此處提出的研究程序，是經過簡化和一般化處理後的程序，實際上的研究程序，可能因爲個別研究的環境條件，或者研究的難度，而有所調整。

在進行研究之前，一定要理解，消費者研究可以是學術導向的，也可以是實務導向的，兩者有相似接近之處，但也有不同的地方。務必理解學術研究與實務研究之間的差異。

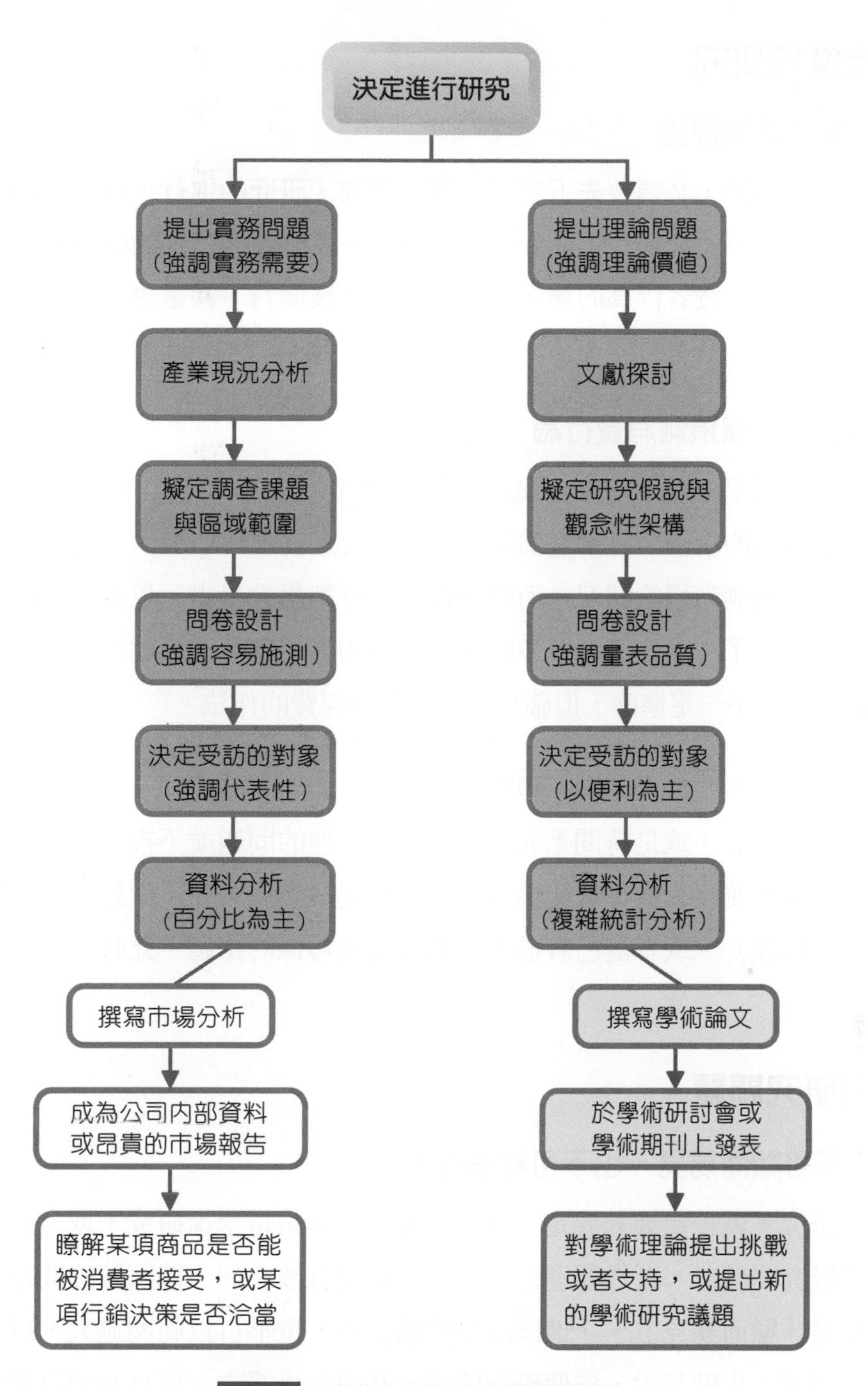

圖 14-1 消費者行為研究的進行步驟

一、決定進行研究

（一）研究是耗費資源的

基本上，一開始，必須要先下定決心進行研究。研究的進行，往往需要耗費資源，一個簡單的市場調查研究，也可能要花上幾萬元，以及幾個禮拜的時間，一個複雜的市場調查研究，或是消費者行為的學術研究，常需要幾個月，甚是更久的時間，耗費相當多的人力與經費。

（二）利用現有知識預測消費行為

是否一定要進行研究，才能知道市場的眞實情況？或是可以藉由「預測」、「猜測」，來估計市場的情況？答案當然是：「並不一定要進行研究」。某些情況下，是可以用現有知識來預測市場的狀況。消費者行為與行銷學教科書，以及過去的消費者行為研究的結論，提供了許多知識，很多時候從這些知識，就可以預估市場的情況。當然，此一預估或預測並不一定準確，但確實是相當節省經費的作法。

（三）什麼情況下，不一定要進行研究

如果經費不允許，或是時間不允許，或是所處理的問題並不複雜，很容易預估市場的狀況，這時候，並沒有進行實務性市場調查研究的必要。如果面對的學術問題，並沒有創新性（原創性），或者是已有很多文獻討論過類似的主題，此時，並不一定需要進行學術研究。

二、提出研究問題

（一）研究不可顯而易見，也不可範圍過大

要進行研究，就一定要先界定「研究問題」，無論是學術研究，或是實務研究，都必須要有「研究問題」，既然要進行研究，一定要有核心的、待回答的問題，此一問題一定不可以是「顯而易見」、「瑣碎而無價值」的，也不可以範圍過大，以致於無法用一個研究來回答。也就是說，這個研究問題，必須大小適中，而且必須有學術或實務上的價值。

（二）實務研究問題應該連結到企業活動

若是屬於實務研究，則一個好的研究問題，必須是能夠直接回答行銷活動中待回答的問題，而且與研究的標的產品息息相關，例如：某一新產品的「潛在市場規模」、「消費者接受度」、「青少年的偏好」的研究問題，都是實務研究的好問題。

(三) 學術研究問題應該有助於建構人類知識

若是屬於學術性的研究，研究問題必須足夠一般化，而不是只針對某一個產品，常見的研究問題是：「某變數對某變數的影響」，在解答學術的研究問題時，經常會針對某個產品進行實證研究，但其背後邏輯常是「以該產品為例」，而不是指這個研究推論只適用在該產品。換言之，學術研究問題的強調重點，常是「一般化」的適用，之所以如此，是因為學術研究的最終目的，是建構人類的知識，其最後是希望讓該知識收錄到教科書中，因此，愈是一般化，愈是受到學術界的認同。

(四) 所提出的研究問題，不應該是早有共識結論的

如果列出的研究問題，在還沒有進行研究之前，所有人都可毫不遲疑的說出該問題的答案，那麼這個研究問題就沒有太大的價值。需要進行研究之後才能回答的問題，才是好的研究問題。

三、文獻探討或產業現況分析

(一) 了解別人做過什麼，以免浪費資源

界定研究問題後，必須進行文獻探討，或是產業現況分析。無論是文獻探討，或是產業現況分析，都有類似的目的：「先了解別人做過什麼研究，以避免浪費研究資源」。

如果想要研究的問題，是別人已經做過的，則研究者應該要考慮：「是否還要進行這個研究」，如果想要研究的問題，在過去研究中都沒有類似的研究，則研究者也要考慮，是否有可能完成這個研究。如果想要研究的問題，在產業中屬於不需要回答、沒有必要回答、顯而易見的問題，則該研究是否需要進行，也有很大的疑問。

(二) 學術研究非常在意推論的邏輯

另外，在學術研究中，非常重視研究推論的邏輯性，文獻探討的進行，有助於釐清「這個研究的理論根據」。一個完全沒有理論根據的學術研究，並不容易獲得肯定。

四、擬定調查課題與區域範圍

(一) 研究都會有主題與範圍限制

任何的市場調查，都有要進行的調查課題，與區域範圍限制。當飲料產品要針對臺灣的年輕族群進行市場接受度調查時，調查的課題是市場接受度，地理範圍是全臺灣，

年齡層則侷限在年輕人。當要針對某項新產品的價格接受帶進行調查時，研究的主要課題是不同價格下的接受度，而受訪對象則應該是這項新產品的潛在顧客。當廠商需要知道離島是否可以開設便利商店時，廠商必須了解該離島的人口結構，並且了解外來觀光客在該離島的訪問時間分布，以及該離島現有的零售商店產業現況。

(二)必須在研究經費、研究範圍間取捨

很多人在進行調查研究時，很喜歡「包山包海」，什麼都想要調查。事實上，研究有其侷限，研究範圍與經費有密切關係，當經費固定時，研究範圍與研究的嚴謹程度成反向關係，若是要把研究範圍擴的很大，可能就必須犧牲研究的嚴謹程度。如果研究嚴謹度維持一定水準，則當研究範圍擴大時，研究經費可能會隨之增加。即使是作問卷調查，當問卷題目增加時，消費者願意填寫的意願就跟著降低，此時若要拉高消費者填寫的意願，就必須增加誘因，例如：提供問卷贈品或獎勵金，或者是必須花更多的時間，才能找到願意填寫問卷的受訪者。當問卷題目愈多，需要的誘因或者是需要耗費的時間就愈多。

五、擬定研究假說與觀念性架構

(一)學術研究常有研究假說

在學術研究中，關心的經常是變數之間的關係，研究假說則是將變數的關係納入，以條列式的方式來陳述變數之間的關係。而觀念性架構，則經常是以圖形的方式將這些研究假說彙整畫出。典型的研究假說與觀念性架構如下：

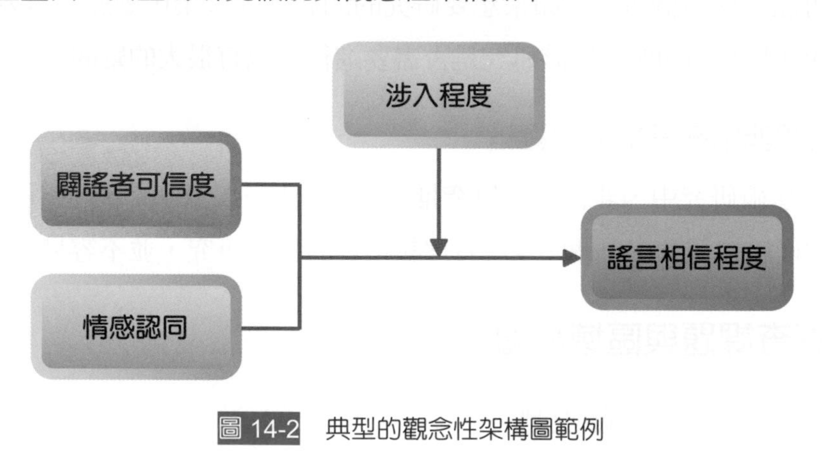

圖 14-2 典型的觀念性架構圖範例

(二) 假說推論必須具有嚴謹性

在進行研究假說的發展時，必須注意研究假說的推理應具有邏輯性，而不是「莫名奇妙」的出現某個研究假說。沒有經驗的研究者，可能會覺得只要找到任何兩個變數，就能夠做出一個研究假說，這樣的說法不正確。正確的觀念是：「研究假說必須經過嚴謹的推論」，也就是說，在進行實證研究之前，就已經有充分的邏輯上的證據，證明兩個變數之間存有關係或沒有關係，而實證研究的目的，則是要幫助解答研究的推論是否能得到實證資料的証實。

(三) 市場調查研究關心的重點不同

通常只有學術研究才有研究假說與觀念性架構，實務上的市場調查研究，關心的經常不是變數之間的關係，而是百分比之類的描述性資料。例如：學術研究可能會關心性別對於飲料選擇的影響，當發現男女生在飲料選擇上有顯著差異時，學術工作者對這樣的結果非常有興趣。但實務工作者比較有興趣的則是：男生有多少比例喜歡這個飲料，女生又有多少比例喜歡這個飲料，女生的市場雖然比較小，但是否仍值得努力？舉例來說，男生有 70% 喜歡這個飲料，女生有 50% 喜歡這個飲料，學術研究者推論：「性別會對飲料的喜好產生影響」，但實務工作者會說：「女性市場仍是不可忽視」。

六、問卷設計與資料收集

無論是實務研究，或是學術研究，經常都需要進行問卷調查。不過，實務研究與學術研究，在問卷調查實作上略有不同。

(一) 實務研究強調取得有利於決策的資訊

實務研究經常把重點放在如何利用有限的資源，獲得有助於經營決策的答案。實務市場調查的問卷內容，經常是比較具體，與實際消費行爲有密切關係，強調問卷的外部效度，也就是強調「問卷的結果可以代表全體消費者」。

(二) 學術研究關心變數間關係

學術研究的問卷內容，經常是比較嚴謹，但只關心「研究假說所討論到的變數」，比較關心的是問卷的內部效度，也就是說，希望排除所有未考慮到的外來變數對於問卷受訪者的影響，而比較不關心問卷的外部效度。

（三）有很多可能的問卷量表型式

問卷的題目，除了實際的人口統計資料問題可以藉由直接詢問來取得外，許多行爲訊息必須用量表的方式來取得資料。常見的量表包括李克特量表（Likert Scale）、語意差異量表（Semantic Differential Scale）等。關於量表的討論，可以參見研究方法書籍。

問卷設計著重於：

實務研究

- 如何利用有限的資源，獲得有助於經營決策的答案。
- 實務市場調查的問卷內容比較具體，與實際消費行為有密切關係。
- 強調問卷的外部效度，「問卷的結果可以代表全體消費者」。

學術研究

- 問卷內容較嚴謹，只關心「研究假說所討論到的變數」，比較關心的是問卷的內部效度，排除所有未考慮到的外來變數對於問卷受訪者的影響，而比較不關心問卷的外部效度。

圖 14-3 問卷設計的重點

語意差異表和李克特量表是常見的量表型式，語意差異量表是用一對相反的形容詞，詢問受訪者較偏向於這對形容詞中的那一個。

李克特量表是詢問受訪者對於各個陳述句的同意程度，這個同意程度經常是五點或七點尺度，也就是從同意到不同意，區分成五級或七級。但不一定要五點尺度或七點尺度，也可以是三到十一點尺度。

另外，尺度也不一定要奇數，某些量表的尺度點數爲偶數。這點許多研究者都會弄錯，誤以爲尺度一定要是奇數。偶數尺度可強迫受訪者選擇高於他是偏向同意或偏向不同意，避免勾選中間值，這也是很有好處的。因此，許多研究者會選擇用偶數尺度。

表 14-1 李克特尺度量表的範例

熱愛程度 （只要您玩過 Online game，都請回答下列問題）	非常不同意	不同意	普通	同意	非常同意
1. 線上遊戲讓我的生活獲得各種不同的經驗	☐	☐	☐	☐	☐
2. 我從線上遊戲中發現了新事物，讓我更加投入這項活動	☐	☐	☐	☐	☐
3. 線上遊戲的成就讓我在日常生活中經常回味	☐	☐	☐	☐	☐

表 14-2 語意差異量表的範例

1. 你認為此則訊息對你而言是
重要的 ____ : ____ : ____ : ____ : ____ : ____ 不重要的
有意義的 ____ : ____ : ____ : ____ : ____ : ____ 無意義的
有關的 ____ : ____ : ____ : ____ : ____ : ____ 無關的
無明顯影響的 ____ : ____ : ____ : ____ : ____ : ____ 有明顯影響的
不會關心的 ____ : ____ : ____ : ____ : ____ : ____ 會關心的

(四) 購買行為資料的收集

針對消費者實際的購買資料進行研究，可以窺知消費的眞實購買行爲。早期，因爲銷售點的收銀系統資料（Point of Sale, POS）並不完整，因此，消費者行爲資料較少針對眞實的購買行爲進行研究。但最近，收銀機已成爲零售店鋪必備的設備，所收集的資料也非常完整，因此，可以分析購買行爲資料，以進行消費行爲研究。

在其他領域，針對銷售資料進行分析，常被稱爲資料挖礦（data mining），不過，不管取甚麼名字，本質上，就是對購買行爲進行分析。

(五) 消費者行為觀察

在不告知消費者的情況下，進行觀察，可以用於了解商場的擺設與佈置，是否符合消費者需要。因爲這種觀察法比較難具體整理成數據，因此，學術研究較少使用行爲觀察法。但在實務上，行爲觀察法可以快速的了解消費行爲的實情。

(六) 網站瀏覽行為資料的收集

網站瀏覽行爲資料，可以有助於了解消費者在網路上的消費行爲。電子商務的發展，以及網路的普及，使得網路已成爲購物的重要管道，即使不在網路上購物，消費者也會從網路上取得訊息。因此，網站的瀏覽紀錄就成爲了可用於消費行爲研究的資料來源。

(七) 眼動儀

眼動儀可以用設備來測量消費者眼睛注視的位置，因此，也被用來研究消費者行爲。不過，眼動儀仍不普及，仍有技術上的限制，目前比較適合用來研究電腦的使用行爲或網站的瀏覽行爲。雖有一些眼動儀設備，可以用於賣場，但通常需要受測者攜帶特殊的眼鏡。有些學術工作者正在努力，如何將眼動儀用於實務界的消費行爲研究。

(八)簡易腦波儀

腦波儀可以測量腦電圖、腦波圖（Electroencephalography；EEG），是醫院使用的醫療測量設備，不過，有一些簡易的腦波儀，屬於民生電子產品，而非醫療設備。這些簡易的腦波儀，可以測量腦皮層電位，而有一些學術研究者，也嘗試利用腦波儀來分析消費者行爲。

不過，這還是在初步階段，距離應用於實務界，仍有距離。

七、問卷的受訪對象

(一)許多學術研究以學生為樣本

許多學術研究以學生作爲問卷的施測對象，主要原因是學生的年齡層相同，學歷相同，經濟能力接近，年齡、學歷、所得等，都不會成爲干擾變數，此時研究可以把焦點放在研究假說所討論的自變數與應變數，但這樣的研究是否可以類推到全體消費者，則比較無法確定，不過，因爲是學術研究，目的只是探討變數間關係，而非用在實際的經營活動，因此無法類推到全體消費者的這個缺點，就變得不是那麼重要。

(二)實務研究通常以消費者為樣本

相反的，許多實務研究以市場上的消費者作爲調查對象，年齡層分布很廣，職業、教育程度也有很大的不同，此時，得到的資料比較可以代表全體消費者，但因爲年齡、職業、教育程度等分布很廣，這些人口統計變數都很容易對消費行爲造成影響，因此，如果樣本不夠大，很難確定各個變數間的關係。不過，實務研究經常不關心變數間關係，而只關心經營者所需要知道的資訊。舉例來說，經營者並不一定希望知道爲何性別會對飲料的消費行爲造成影響，但經營者會希望知道：「有多少比率的女性消費者能夠接受此一飲料」。

八、資料分析

消費者行爲研究者必須具備基本的統計分析能力，市面上關於統計分析的書籍眾多，讀者可以自行參考，或者參考市面上的多變量統計分析。

(一)學術研究與實務研究的分析重點不同

另外，前面已經提過，學術研究所關心的，經常是變數之間的關係。而實務的市場調查研究或消費者調查，關心的常是市場現況的描述，而非變數之間的關係。對於實

務上的行銷工作者來說，如果能知道男性與女性對產品的接受程度，多少比例的男性偏好這項新產品，或者是多少比率的女性能接受這項新產品，都是很有價值的市場資訊。但對學術上的行銷學者或者消費者行爲學者來說，比較關心的，是男性與女性在接受程度上的差異，實際的值是多少，反而不是關心的重點。前面曾經舉過的例子說：「男生有 70% 喜歡這個飲料，女生有 50% 喜歡這個飲料」，學術研究者推論：「性別會對飲料的喜好產生影響」，但實務工作者會說：「男性市場極具潛力，而女性市場仍是不可忽視」。如果研究結果是：「男生有 20% 喜歡這個飲料，女生有低於 10% 喜歡這個飲料」，學術研究者仍可能會推論「性別會對飲料的喜好產生影響」，但實務工作者會說：

「無論男性與女性，接受程度都低，市場不具潛力」，或者是說：「若要勉強找出目標市場，則男性較有購買的可能，但可能性低」。

(二) 學術研究常會使用較複雜的分析

當然，這只是大概的講法，某些時候，學術與實務工作者關心的重點都相同，有些時候，實務的行銷工作者也會關心變數間的關係，學術工作者有時也會在乎數值的大小。不過，大部分的時候，實務工作者進行的行銷研究偏重百分比爲主、描述性統計爲主的分析，以及各種的交叉分析，而學術的行銷與消費者研究工作者，則經常使用較爲複雜的統計分析工具，分析的重點常放在變數間是否顯著爲主。

九、撰寫報告

無論市場調查工作者或是學術研究者，在完成調查研究後，都必須撰寫報告，所不同的是，市場調查工作者撰寫的是市場調查報告，而學術研究者撰寫的是學術論文。

(一) 實務調查報告會使用大量的圖表

學術論文與市場調查報告，看似都是調查報告，但兩者有許多本質上的差異。許多市場調查報告會以包含有非常多的圖表（趨勢圖、長條圖……）的報告方式呈現，有些時候甚至於沒有書面報告，而以投影片的方式代替，市場調查通常圖形與數字多，文字少，重點在於將數字呈現，加上一部分的解釋說明，其作法經常是讓閱讀者自己解讀數字。

(二) 學術論文經常較為精簡

但學術工作者所撰寫的論文則不同，大部分的情況下，學術論文都以極爲精簡的方式呈現研究報告，這主要是受限於學術期刊通常有論文篇幅的限制。因爲要以精簡的方式呈現報告，因此不太可能出現諸如趨勢圖、長條圖之類的圖形。而且，學術研究關心的是如何回答核心的研究問題，這種核心的研究問題經常是變數間的關係，因此重點都在描述變數間爲何有關，以及實證結果是否認爲變數間確實存有關係。描述性統計之類的資訊，在學術論文中，並不會被報導，或者只是會用極短的篇幅來報導。不過，學術論文有一個特點，就是通常具有比較詳細的文獻回顧，並會列出參考資料。也就是說，如果閱讀者有興趣，很容易能夠從一篇學術論文中，找到其他的相關文獻，繼續閱讀。

十、研究報告出版

關於論文報告的寫作，可以參考坊間許多的研究報告寫作書籍。

(一) 學術研究以刊登在高品質學術期刊為目標

學術的研究報告，通常會發表在學術期刊或研討會，少部分學術論文會以專書的方式出版，而學生所撰寫的碩士或博士學位論文，則會放置在畢業學校的圖書館與國家圖書館。好的研討會論文，以及好的碩士或博士學位論文，通常也會發表於學術期刊。

學術論文通常以是否能夠刊登在學術期刊，或者是刊登在哪一等級的學術期刊，作爲該篇論文是否獲得肯定的判斷基礎。能夠刊登在最頂尖的學術期刊，代表這篇學術文章具有理論上的貢獻與原創性，或者具有絕對的嚴謹性。研究成果刊登在學術期刊上，並沒有稿費（不能獲利），某些學術期刊甚至會要求論文作者自行付費。要求論文作者付費刊登的學報，並不代表是差的學報，名列在臺灣社會科學引文索引資料庫（Taiwan Social Science Citation Index）的頂尖商學類學術期刊中，有些是需要作者繳付刊登費。即然不能因爲刊登文章而獲利，爲何作者又要刊登呢？這主要是因爲刊登文章在學術期刊，是學術工作者的「職志」，大學通常會要求老師要能夠刊登文章，而刊登在頂尖期刊，或刊登足夠數量的文章於學術期刊中，對於大學老師的升等與評鑑，以及學術地位的提升很有幫助。

(二) 實務的市場調查報告不一定會出版

但實務的行銷研究者所撰寫的市場調查報告，則不一定會發表。如果是企業內部參考用的市場調查報告，通常只供內部參考，以作爲管理與行銷決策之用。如果該市場調查報告是由市場調查公司所進行，目的供出售之用，則會在市場上銷售。但因爲會購買市場調查報告的廠商非常少，通常是產業的現有廠商才會購買，因此，這類的市調報告經常是非常昂貴的，一本百餘頁的報告，定價經常要幾千元或是幾萬元台幣，但這並非不合理的價格，主要原因還是因爲這類報告購買者相當有限。

大部分的時候，並無法從市場上購買到適當的市場調查報告，此時就必須自己進行市場調查，或委託市調公司進行市場調查。此時廠商必須負擔全部的調查費用。不過，市調公司通常也會保證調查獲得的結果，只有委託的廠商才知道。至於是否值得花錢進行這樣的市場調查，則回到了第一點：「決定進行研究」的考量。

照片 14-1

學術的研究報告，通常會發表在學術期刊或研討會，學術研究者發表報告，以建立學術地位，此一學術地位的提升可能會連結到職位的升等（助理教授逐步升遷到副教授、教授、講座教授），以及薪資的提高。而實務的行銷研究者所撰寫的市場調查報告，則不一定會發表。如果是企業內部參考用的市場調查報告，通常只供內部參考，以作為管理與行銷決策之用。

照片說明：某一國際學術研討會，香港海逸酒店。

14-2 量表的選擇與發展

無論是學術或實務上的消費者行爲研究，很多需要使用到問卷，而問卷中通常有一些題目，被我們稱之爲量表，這些量表，有些是研究者自己發展的，有些則是引用前人所發展的量表。以下簡要說明量表的選擇與發展。

一、並非所有的問卷都是量表

(一) 間接衡量的問卷題目通常被稱為量表

如果問卷所包含的題目，都是非常直接，可以直接觀察得到，那問卷題項設計的困難度並不高。但很多時候，要衡量的變項（變數），並無法以直接的方式觀察得到，因此，我們必須發展得以間接觀察到的題目，來測量想要測量的變項。這種以間接方式測量的問卷題項，我們通常稱之爲「量表」。

(二)很明確的問卷題目，不會被特別稱為量表

舉例來說，我們可以很明確的詢問受訪者的「性別」、「年齡」、「婚姻狀況」、「職業」、「教育程度」、「每月所得」，因此，衡量這些變項（變數）時所使用的題目，我們通常並不稱之爲「量表」，但我們很難直接詢問受訪者的「人格」、「生活型態」、「價値觀」、「物質主義傾向」，這些無法用直接方法觀察測量到的變數，必須用較爲間接的方法，詢問受訪者對於一些事物的意見，然後從受訪者對於這些事物的意見，歸納出受訪者「內心」的想法。要衡量這些無法直接觀察到的變項，使用的衡量工具，通常被稱爲「量表」。

二、非屬量表的問卷題項發展

問卷中，屬於可以直接觀察到的題目，也就是非屬於量表的題項，通常較容易發展，只要將該題項以明確的文字陳述，佐以明確、不含糊的選項，就能夠完成這部分的題項發展。所有人口統計變項，或者單純詢問受訪者是否買過特定產品，是否有特定產品的使用經驗等，都屬於這類的題項。

三、量表品質的歧異

有些量表，是過去研究者經過非常嚴謹的研究程序而發展出來，而且，在發展完成後，經過不同研究者，在不同時空下進行反覆的測試，都得到相同的結果，因此，量表題項的品質，相對較高。但相反的，有些量表在發展過程中，沒有經過嚴格的檢驗，而且在發展完成後，並沒有經常被引用，因此，無從了解此一量表在不同情境下，是否獲得相同的結果。這樣的量表，通常被認定爲品質相對較差的量表。

有些量表在發展過程中，根本沒有依循量表發展的步驟，而是研究者「憑空」產出，這樣的量表，有可能沒有測量到眞正想測量的變項，也有可能根本就衡量到了「其他的變項」。

四、量表選擇或發展新量表

(一)使用現有量表

通常，若有已被廣泛使用的量表，而且此量表明顯適用於想要研究的情境，則可以使用現有量表。但這種理想狀況，不一定永遠存在，若有以下情況：沒有已存在的量表、現有量表品質不佳、現有量表明顯不適用於研究情境、現有量表適用對象與所要研究對象有文化或語言差異，則無法使用現有量表來進行問卷調查。

(二) 發展新量表

相反的，如果根本沒有現存的量表可以使用，或是現有量表品質有明顯問題、研究情境明顯不符、有嚴重的文化或語言差異等，則必須發展新的量表，以作爲研究使用。

(三) 根據現有量表進行修改

大部分的研究，處於這兩個極端之間，也就是說，存在一些量表可以使用，但這些現存量表在使用時，必須經過修改或調整，或者必須翻譯爲中文，或者必須針對當地風俗文化，進行語意上的調整。

有些時候，量表文字與題項的調整幅度較大，幾乎可視爲是根據原本量表，發展出「新版」、「修改版」、「臺灣版」的量表，有些時候，調整的幅度相對較少，可以視爲跟原本量表是相同的，只是小幅文字的調整。

五、量表挑選的標準

當有多個現存的量表可供選擇，這時候，根據研究者的研究目的，可以挑選最適合目前研究的量表以供使用。常見的量表評選準則，包括：量表情境的符合程度、量表的信度與效度、量表被廣泛使用的程度、語言與文化差異、題項多寡等。

(一) 情境符合程度

在量表情境的符合程度方面，必須討論的是原量表適用的場合，是否同樣適用於本次的研究。舉例來說，原本的量表是討論實體購物的動機，但這次研究是要討論網路購物的動機，那麼：實體購物動機與網路購物動機的雷同程度，將會影響到是否可以拿實體購物動機量表，來衡量網路購物的動機。

(二) 信度與效度

在量表的信度與效度方法，前已提及，不同量表發展過程的嚴謹度不同，如果有兩個或多個量表可以選擇，這時候該選擇的是信度與效度較佳的量表，以利於後續的資料分析。如果此一量表已被使用過多次，則不同研究中報導的量表信度與效度，應一併加以納入，作爲參考依據。

(三)量表是否被廣泛使用

在量表被廣泛使用的程度方面，通常一份量表被廣泛的使用，表示該量表在施行過程中，會碰到的問題相對較少，否則該量表不會被反覆使用。相反的，一份量表若從發展完成後，始終未被使用，則該量表在實際操作上是否存有障礙，則值得懷疑。

(四)語言與文化差異

在語言與文化差異方面，因爲量表是針對「無法用直接方法觀察測量到的變數」，而用「較爲間接的方法」，詢問受訪者對於一些事物的意見，因爲是無法直接觀察得到，而且是用較爲間接的方法來詢問受訪者，因此，不同語言與文化背景的受訪者，對於較於「隱晦」的間接陳述，可能有不同的感覺，這會使得量表在翻譯的過程中，出現問題。舉例來說，若有題目是：「我會直接批評我對別人的看法」，在某些文化下，意謂的是「憨直」，在某些文化下，卻被認爲是「語言攻擊傾向」，在使用這類題目時，就必須非常注意。必要時，必須選擇較沒有語言與文化差異問題的量表。

(五)題項多寡

在題項多寡方面，每個研究能夠容納的題目多寡不一，可以在手機閱讀的手機版問卷，若要維持品質，10 題可能已是極限。電腦版網路問卷，題目可以略增一些。一個街頭訪問問卷，可能只允許 1 ～ 2 頁 A4 大小的問卷紙張，扣除人口統計變項後，能容納的題目可能只有 30 ～ 40 題，這時候需要用到 100 題陳述句的人格量表，即便是信度效度都很高，但仍沒有辦法使用。

相反的，一個將受訪者徵集到實驗室，耗時三小時的實驗室研究，就可以要求受訪者填答巨細靡遺的量表。不過，要讓受訪者填這麼久的問卷，可能要付出千元以上的報酬。

也就是說，很多時候量表的選擇與量表題目的多寡有較密切的關係。量表長度愈長，通常信度與效度也會較好，但較長的量表， 也會限制了量表的適用時機。

一、選擇題

(　　) 1. 關於消費者行為研究的陳述，何者正確？ (A) 消費者行為研究的目的，都是為了發表論文 (B) 消費者行為研究的目的，都是為了了解市場的消費者狀況，無法發表論文 (C) 只有學術單位才會進行消費者研究 (D) 消費者研究可能是學術導向的研究，也可能是實務導向的研究。兩者看起來類似，但目的不同。

(　　) 2. 關於消費者行為研究的陳述，何者錯誤？ (A) 學術導向的消費者研究的成果，有時是無法直接運用於實務界的 (B) 學術與實務的消費者行為研究，都有可能使用問卷 (C) 學術導向的消費者行為研究，重點在於對學術理論提出挑戰，或者提出新的學術研究議題。而實務導向的消費者行為研究，重點在於了解某項商品能否被消費者接受，或者某項行銷決策應如何進行，或是行銷決策是否洽當 (D) 無論哪一種消費者研究，都一定會用到問卷調查。資料收集的方法只有問卷調查，沒有別種方法。

(　　) 3. 希望排除外在因素的影響，希望營造沒有其他變數干擾的研究環境。受訪者的代表性常常不足，而且不關心變數的百分比，但關心變數間的關係。這是哪一種研究？ (A) 實務導向的消費者研究 (B) 學術導向的消費者研究 (C) 這不算是消費者研究 (D) 市場調查研究。

(　　) 4. 以下關於典型的實務導向消費者行為研究的陳述，何者錯誤？ (A) 以了解事實為主，百分比之類的描述性資料，常是調查重點 (B) 變數對變數的影響，不一定會是實務導向研究的重點 (C) 實務導向的消費者研究，不太在乎研究假說的驗證 (D) 通常可以在學術期刊找到研究成果報告。

(　　) 5. 以下關於典型的學術導向消費者行為研究的陳述，何者錯誤？ (A) 學術導向的消費者行為研究，通常有嚴謹的研究假說推論 (B) 受訪對象常常以便利為主，不一定很在乎代表性 (C) 很少報導百分比之類的資訊，而是報導變數與變數間關係 (D) 產業界可以直接使用學術研究的成果。

(　　) 6. 在何處可以找到學術導向的消費者行為研究報告？ (A) 學術研討會 (B) 公司內部資料 (C) 市場調查公司 (D) 報章雜誌。

(　　) 7. 在何處可以找到實務導向的消費者行為研究報告？ (A) 學術研討會 (B) 學術期刊 (C) 市場調查公司 (D) 教科書。

(　　) 8. 用一對相反的形容詞，詢問受訪者較偏向這對形容詞中的哪一個。這是哪一種衡量量表？ (A) 語意差異量表 (B) 李克特量表 (C) 巴氏量表 (D) 平衡計分量表。

(　　) 9. 利用一組對立的形容詞（好，壞），請受訪者評估比較偏好兩個形容詞中的一個形容詞的程度，這是哪一種量表？ (A) 語意差異量表 (B) 李克特量表 (C) 巴氏量表 (D) 平衡計分量表。

(　　) 10. 請針對以下陳述，說明您對此一陳述的同意程度。這是哪一種衡量量表？ (A) 語意差異量表 (B) 李克特量表 (C) 巴氏量表 (D) 平衡計分量表。

(　　) 11. 詢問受訪者對於各個陳述句的同意程度，區分為若干個尺度。這是哪一種衡量量表？ (A) 語意差異量表 (B) 李克特量表 (C) 巴氏量表 (D) 平衡計分量表。

(　　) 12. 問卷量表應該要幾個尺度？ (A) 除非有特殊理由，否則是五個尺度 (B) 奇數尺度即可，其餘無規定 (C) 五個尺度或七個尺度兩種 (D) 幾個尺度都可，奇數與偶數都可以。

(　　) 13. 關於研究問題的陳述，何者正確？ (A) 研究問題應該要顯而易見，不必做研究就可知道答案 (B) 研究問題的範圍愈大愈好 (C) 所提出的研究問題，應該早已有共識才行 (D) 研究問題不可顯而易見、不可範圍過大、不應早已有共識。

(　　) 14. 關於研究假說的陳述何者正確？ (A) 實務導向的研究通常會有研究假說，學術導向的研究則不會有研究假說 (B) 研究假說推論不必有嚴謹性，天馬行空即可 (C) 市場調查最關心研究假說，而不關心百分比之類的數據 (D) 研究假說以條列的方式討論變數間關係。

(　　) 15. 關於問卷量表題數的選擇，何者正確？ (A) 題目愈多愈好 (B) 請受訪者填問卷，是不用報酬的，因此不必在乎題目長度 (C) 題目數目較多（量表長度較長），信度與效度通常較好，但長度較長的量表，作答時間較久，也會限制了量表的適用時間 (D) 量表長度與問卷品質無關。

二、問答題

1. 請說明文獻探討與產業現況分析的主要目的。
2. 請說明李克特量表與語意差異量表的差別。
3. 請說明實務與學術的消費者行為研究，在研究報告撰寫與出版上，有什麼差別。
4. 請說明既然消費者行為或行銷學術論文刊登時，通常沒有稿費，有些期刊甚至要求作者付費，那消費者行為或行銷學術工作者為何還要努力刊登行銷論文。
5. 請說明為何實務的行銷研究報告，有些是只供內部參考，並說明為何市調報告經常是非常昂貴。

NOTE

第六篇 個案

本篇共有十五個個案，為參考真實狀況加以改編之虛擬個案，可供課堂討論之用。為了方便課堂討論，這些個案都適度的增加了一些戲劇化的情節，純供課堂討論之用，本書並沒有試圖批評特定公司或特定個人的意思。

CASE 01 您搶到衛生紙了嗎？

一、個案本文

➠人物

婷涵跟俊義是新婚夫妻，無小孩。

➠場景

量販店買東西，衛生紙正好在搶購。

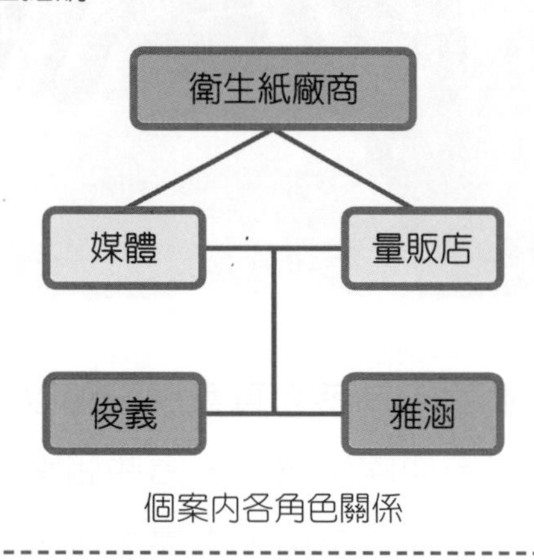

個案內各角色關係

婷涵跟俊義才剛結婚沒多久，還沒有小孩，住在剛買的小公寓。每周末的一大清早，小倆口都會先到量販店採買一周所需，這已經是例行活動了。因爲還早，量販店地下停車場還有很多車位，找到一個出入比較方便的停車位，停好車，兩人一起下車。

聽說衛生紙要漲價

婷涵問到：「有沒有甚麼東西是一定要買的啊？聽說，衛生紙要漲價了，要不要順便買一些！」因爲地下停車場的空氣不太好，俊義很想趕快離開，因此沒有回答，默默的往購物車的方向前進。找到購物車後，俊義回答說：「衛生紙會漲很多嗎？」婷涵回答說：「新聞說，會漲 2 到 3 成喔！新聞媒體說，是衛生紙公司發的公文，因爲國際紙漿調漲，下個月會漲價。」

俊義說：「這會不會是促銷手法啊！最近台幣升值，國際紙漿價格換算成台幣，不是應該要降價嗎？另外，衛生紙不是永遠都在特價嗎？在超商買一買就好了吧！大老遠來量販店，只爲了買衛生紙？」婷涵回答說：「衛生紙如果不特價，是很貴的耶！上次，我在公司要買一包衛生紙，便利商店竟然要賣 30 幾元，幾乎快 40 元。超貴的！您知道嗎？衛生紙一串好像是 10 包還是幾包，便利商店只賣 199 元，辦活動時，多 1 元加一串，2 串共 20 包，只要 200 元，相當於一包只要 10 元。可是單買一包，卻要 30 幾元，快 40 元。超貴，可是又不能買兩串回辦公室。」駿義說：「是喔！那您下次買兩串，然後到辦公室去賣！學賣火柴的女孩來叫賣：來買衛生紙喔！衛生紙每包 20 元！快點來買喔！」婷涵覺得有點好笑，輕輕打了俊義一下。俊義聳聳肩膀。兩人沒有討論出到底要不要買衛生紙的結論，就進了賣場。

進了賣場後，婷涵來到了衛生紙區，發現貨架上的貨品稍微少了一點，不過店員很努力的在補貨。婷涵觀察了一下價格，發現衛生紙有的是 10 包 1 串，有的是 12 包 1 串，但也有 8 包 1 串、14 包 1 串、16 包 1 串的，規格實在很複雜，不過，若以每串 10 包的衛生紙來看，價格大約是百來元，有些不知名品牌，甚至於低於百元，知名品牌衛生紙大概略貴一點點，但差價沒有很大。平均來說，一包衛生紙眞的最多只要 10 元左右。

俊義說：「我們先買別的，最後再來買衛生紙！」婷涵點點頭，兩人先去買其他產品。量販店東西很齊全，逛起來很花時間，不知不覺，花了兩個多小時。都快要中午了，俊義與婷涵都覺得有點累了，兩人決定該回去了。

大家都在搶購衛生紙

結帳之前，婷涵想到該去買衛生紙了。婷涵也發現，大家的購物車裡面，都有衛生紙，而且很多人都買好幾串。當俊義與婷涵到了衛生紙區，發現有點傻眼，貨架上快要空了，只剩下幾串不知名品牌的衛生紙。婷涵問俊義說：「要不要多買幾串？」俊義不置可否！婷涵拿了一串放在購物車內，發現購物車其實也滿了，就在猶豫是否要多拿幾串衛生紙的過程中，那最後幾串的衛生紙，也被拿光了。貨架是空的了，不用考慮是否要多買了。

就在這時候，賣場工作人員大聲說：「請讓一下，請小心！」原來，工作人員用堆高機，從庫存區裡面推來整個棧板的衛生紙。工作人員請大家都讓開，以方便堆高機作業。推高機反覆來回幾趟，運來了幾個棧板的衛生紙。這下子，衛生紙的存貨又很多了。工作人員知道這些衛生紙很暢銷，因此乾脆不上架，直接堆在地上，只用刀片把紙箱割開。

看到工作人員在補貨，又看到很多人在旁邊等，婷涵跟俊義說：「您去再推台購物車，我們再多買一點。」俊義默默的走回入口，又推了一台推車過來。剛好，工作人員補完貨，跟大家說，可以拿了。顧客蜂擁而上，都各自拿了幾串衛生紙。有一位顧客，乾脆整箱搬到購物車。大家看到，也有樣學樣，開始改成搬整箱的衛生紙。俊義看到有人搬整箱的，也跟著搬了一整箱到那台新拿的空的購物車。

其實，俊義與婷涵，都不知道一箱有幾串衛生紙，也搞不清楚搬的是哪一個牌子的衛生紙，反正就跟著大家搬。

到結帳區的時候，俊義與婷涵聽到賣場廣播：「本店衛生紙已經銷售一空，謝謝大家的熱烈惠顧。」俊義與婷涵看了前後左右，發現大家都有買衛生紙，覺得實在很誇張。而自己結帳時，打開衛生紙的箱子，才知道自己搶到的是不知名品牌的 100 抽 ×8 包 ×8 串的環保抽取式衛生紙，價格是 576 元，平均每包 9 元。另外還有搶到一串是知名品牌的衛生紙，150 抽 ×14 包，價格是 140 元，平均每包 10 元。總共這次買了 78 包衛生紙，花了 716 元。

回到車上，發現衛生紙的箱子太大，汽車後行李箱放不進去，俊義與婷涵只好把箱子給拆了，拿出每一束的衛生紙。衛生紙總共 9 束，78 包，加上今天買的東西，汽車後行李箱剛好被塞得滿滿。俊義看了這些衛生紙，很俏皮的跟婷涵說：「這下，您眞的可以去叫賣衛生紙了。來買衛生紙喔！衛生紙每包 20 元！快點來買喔！」

政論節目開罵

晚上，打開電視，新聞頻道都是在報導衛生紙的搶購，而且一個畫面是今天俊義與婷涵去的量販店。俊義與婷涵仔細的看了畫面，還好沒有被拍到，否則被拍到搶了一箱衛生紙，這就好笑了。晚上的政論節目，名嘴七嘴八舌的，痛罵政府：「連衛生紙都管不好」，還要政府好好查，把衛生紙廠商「繩之以法」。俊義看著地上的那 78 包衛生紙，覺得好笑，「繩之以法？」哪一條法啊！聯合漲價？又還沒漲！如果算漲 15%，那今天買了這些衛生紙，是省了 100 元沒錯，但房間有一個角落全被衛生紙霸佔了。這 78 包衛生紙，要用多久呢？

二、個案提及重點觀念

討論內容	對應章節
政府為什麼需要了解消費者作為	第一章 概論
消費者的衛生紙購買行為	第七章 方案評估、購買行動、購後行為
從眾行為、衛生紙搶購	第八章 群體影響與意見領袖
家庭購買行為	第九章 家庭與組織購買決策

問題討論

1. 請用從眾行為的角度，解釋其他顧客搶購衛生紙的行為，會造成整體的搶購行為。
2. 請從購買決策與決策準據的角度，說明消費者購買衛生紙時，會考慮那些因素。
3. 請問衛生紙的購買行為，是習慣性購買行為嗎？還是哪一種購買行為？
4. 請說明價格與購買意願的關係。
5. 請說明，為什麼便利商店單包衛生紙單價是考量甚麼因素來決定的？為什麼單買一包的每包單價，是購買整束衛生紙時的 3 倍以上。
6. 請到最近的捷運車站或火車站附設的便利商店，看看該便利商店有沒有賣整束的衛生紙？有沒有賣抽取式衛生紙？還是只有賣隨身包的面紙或衛生紙？請說明為什麼？
7. 請問一下，您覺得廠商漲價時，是否都會通知新聞媒體？甚麼樣的情況下，廠商會傾向於通知媒體？甚麼樣的情況下，廠商寧願默默漲價？
8. 有沒有可能，衛生紙廠商後來只是小幅調漲，而不是像原本說的，大幅調漲？為什麼？
9. 您覺得，政府該不該為了廠商的漲價負責？

個案回顧測驗題

(　　) 1. 個案細節：便利商店的衛生紙價格，跟量販店的衛生紙價格，差距為何？ (A) 便利商店完全不會賣整串衛生紙 (B) 量販店的品牌，跟便利商店的品牌，是完全不同的，因此，無法比較 (C) 量販店價格雖然略為便宜，但品質差很多 (D) 便利商店若只買一包，價格很高。若買一整束，跟量販店差異沒有很大。

(　　) 2. 個案細節：個案中的衛生紙價格調漲，導致搶購的真正原因？ (A) 因為媒體報導 (B) 因為原料供應不及，衛生紙公司停產 (C) 因為促銷即將結束 (D) 因為需求突然上升。

(　　) 3. 下面哪一個因素最能夠解釋，便利商店單買一包衛生紙或是袖珍包的衛生紙，每一張衛生紙的單價，是購買整束衛生紙時的每一張衛生紙單價的 3 倍以上？ (A) 因為產品使用的背景。也就是便利性考量 (B) 因為購買的心情 (C) 因為便利商店的實體環境裝潢 (D) 因為高價格的衛生紙，消費者覺得比較高品質。

(　　) 4. 請從家庭生命週期的角度，分析哪一個階段的家庭，最有可能在意價格，而在量販店比較？ (A) 單身階段 (B) 新婚 (C) 滿巢一期 (D) 空巢一期。

(　　) 5. 本來沒有要買，但到了現場才跟著大家買衛生紙，這算是哪一種購買行為？ (A) 計畫性購買 (B) 非計畫性購買 (C) 強迫性購買 (D) 重複購買。

CASE 02 該買新車嗎？

一、個案本文

➠人物

在職班同學四位。

丁丁：沒結婚，有女朋友。

小陳：偶而需要載父母與小孩一起出門。

彭董：在市區上班，常要與客戶應酬。公司協理。

楊老：沒有開車上班。國營事業中階經理人。假日會用車。

➠場景

休息時間閒聊。

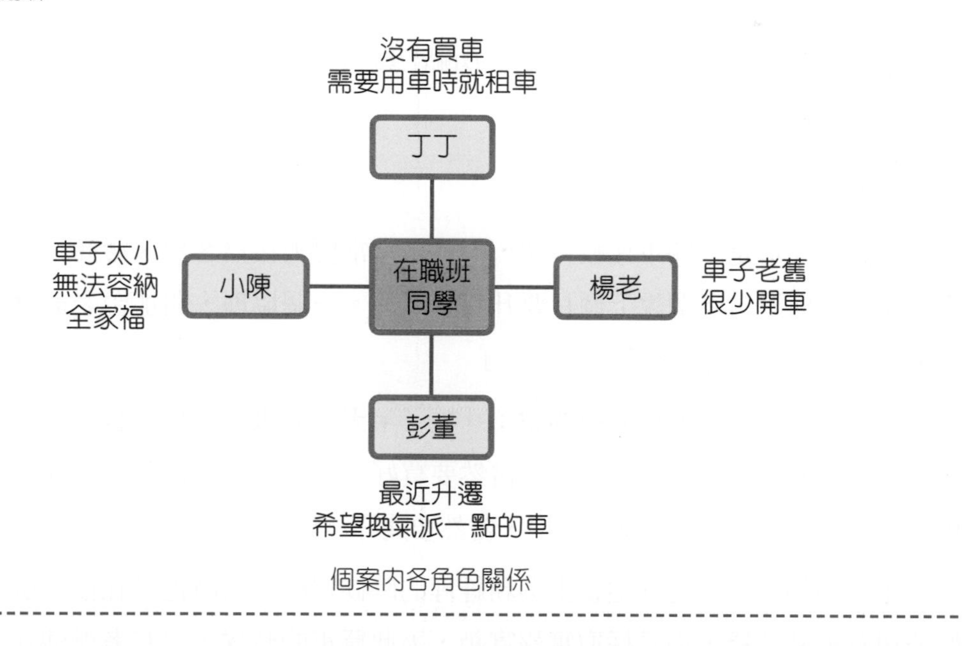

個案內各角色關係

丁丁、小陳、彭董、楊老他們四個人，是碩士在職專班的同學，周六是他們的上課日，而中午休息時間的小聚餐，是他們的例行盛事。上了五天班，加上早上的課，中午聊聊天，閒話家常，順便休息一下，是個小小的享受。小陳年紀小，因此被叫做小陳。丁丁年紀跟小陳一樣，但看起來更年輕，因爲姓丁，因此都被稱爲丁丁，丁丁沒有結婚，

跟女友生活在一起一段時間了。彭董年紀稍大，並不是董事長，但因爲聊天時常常談到客戶應酬與夜生活，因此都被戲稱爲彭董。楊老年紀最大，因此被叫做楊老。

該換新車了

楊老說道，我那台十幾年的老車，好像是該換了，最近常常有狀況，有時候修理都要好幾萬元。您們覺得該換哪一牌的啊！

小陳問楊老說：「您平常不是都搭大眾運輸工具嗎？」楊老是國營事業中階經理人，上班地點位於市中心，交通很方便。國營事業的工作也很穩定，不需要到處出差。楊老回答說：「我平常沒在開車，可是每逢假日，就得自己開車。像今天就必須開車來學校。車子平常都放在不用收錢的郊區路邊停車位，周末假日才去開車。結果車子愈沒開，狀況反而愈來愈差。」

彭董很有同感的說：「我也該換車了，我的那一台，很耗油，而且看起來舊舊的，不太體面，內裝有點老舊，看起來髒髒的，偶而載人時，自己都覺得有點不好意思，似乎也是該換車了。」

小陳問彭董說：「您可以也搭大眾運輸工具通勤啊！您們公司就在市區，家裡離車站也很近，不必自己開車通勤啊！」

升官要買車

彭董說：「可是，開車比較方便，尤其是常常要去接洽客戶、廠商，如果沒開車，很不方便。更何況，老闆說下個月要升我爲協理。一個協理，開那台老爺車，好像不太體面，有時候生意也會比較難談下去。」

丁丁、小陳、楊老異口同聲的說：「搞了半天，原來彭董您升官了。恭喜恭喜。」大家七嘴八舌的議論到，既然升官，當然要買好一點的車啊！彭董原本那台車，外觀確實舊了，就算沒有故障，但當個協理，當然要開好一點的車啊！

彭董目前的車子，是在他當上業務經理的時候買的，當時他還在前一個公司服務，那個公司有補貼油錢，而且採取實報實銷，因此買車的時候，沒有考慮油耗的問題。但後來，他離開原本公司，也不再是業務經理，目前他服務的公司沒有補貼油錢，而是在薪水中加上一筆定額的交通費補貼。很多時候，他需要開車去找客戶，因此，有台體面的車子，似乎是他目前現階段當務之急。因爲現在的交通費是定額補貼，車子若能省油一些，對彭董來說，也很不錯。

坐不下要買大車

小陳接著說道，其實我也想換車，主要是因爲父母親年紀大了，不太能自己開車，每次要載父母親出去吃飯的時候，都會發現車子坐不太下。小陳唯一的獨生子已經上高中一年級了，加上爸、媽與太太，雖然剛好五個人，但感覺車子已經坐不下了，爸媽每次都說，車子有點擠，腰椎不好的爸媽，坐完車子之後都說腰酸背痛的。以至於每次說要出去吃餐廳，爸媽都說不要。小陳的車子是結婚的時候買的，當初經濟狀況沒那麼好，因此是台很小的車。從現況來看，車子是太小了，空間有點擠。

平常不開車，假日開車

楊老住的地方，並沒有停車場，也沒有合適的月租停車場。只能停路邊停車格，而且楊老並不開車上班，常常一周只開 1-2 天的車，其他時候車子都放著。爲了省停車費，楊老都是把車子停到離家有段距離、人煙比較稀少的免費路邊停車格。不過，楊老的老家在鄉下山上，如果沒開車，是很難回到老家的。

租車也可以

丁丁雖有駕照，但沒有車子，他也加入討論。他說：「您們爲什麼不考慮用租車的呢？還是搭計程車呢？新聞報導常常說，買車不如租車。就算搭計程車，也會比買車划算喔！」丁丁還說，他其實偶而也會租車，買車後就要保養，而且每年都有稅金要繳，也要處理停車位問題，而且車子還會折舊，感覺樣樣都是累贅，丁丁說他喜歡無拘無束，因此他從來沒有考慮要買車。需要用車時，就去租車就好了啊！

小陳說到，他其實也想過這個問題，可是每次搭計程車都要花個幾百元，父母親就捨不得，一定要搭公車，但搭公車去餐廳，或者出去玩，常常要花 1-2 小時，實在是不可行啊！如果是遠距離，只要沒有自己開車，最後一定是搭公車，而不是搭計程車。每次說可以搭計程車，等到要搭時，就會捨不得。

租車不方便

彭董則是跟丁丁說，您覺得我搭計程車去找客戶，能看嗎？離開時，客戶看我搭計程車來，會不會主動要開車載我離開？這不是很尷尬嗎！也造成客戶的困擾。除非我用租車的。但我每天都要用車，每天都租車，其實要花更多耶！公司長期租車是有節稅的考量，或許還 ok。但個人若要長期租車，應該是不划算吧！

楊老則說，其實，他眞的很少用到車子。可是老家在鄉下山上，偶而要回老家，因此有車子是比較方便的。另外，假日到量販店採購，或者帶家人出去郊外走走，也需要用到車子。他有想過租車，可是他覺得租車的壓力很大，如果不小心撞到一下，恐怕會賠不完。他目前的車子，是台舊車，偶而被小小擦撞或刮傷，他都不太會在意。但如果是租車，他覺得心理壓力很大。不過，他還眞的試過帶家人出遊時，先搭高鐵，在高鐵站租車，這樣省去長途的勞頓。畢竟，他覺得自己年紀不小了，開長途是很辛苦的。

說著說著，下午要上課了，到底要不要買車，大家應該各自好好想一想吧！

二、個案提及重點觀念

討論內容	對應章節
購買汽車的動機。 是否購買汽車的問題確認。	第三章 動機與價值
公司提供的油錢補貼。代理問題。 公司採取租車的做法。	第九章 家庭與組織購買決策
不同家庭生命週期的購車行為。	第九章 家庭與組織購買決策
不同所得、社會階級的人購車行為不同	第十章 財富、社會階級、性別、年齡
從衆行為	第八章 群體影響與意見領袖
家庭購買行為	第九章 家庭與組織購買決策

問題討論

1. 請說明社會階級對汽車購買行為的影響。
2. 請從「問題確認」的角度，解釋彭董、小陳、楊老的汽車購買行為。
3. 請從動機的角度，說明本個案中各個人物購買汽車的動機。
4. 請從家庭生命週期階段，說明汽車購買行為。您覺得在那些家庭生命週期階段，最容易想要買車。
5. 大家都說搭計程車比開車划算。但如果沒買車，遠距離時，消費者真的會搭計程車嗎？很多時候都還是搭公車？請說明為什麼？
6. 為什麼個人不會長期租車，但公司就會？請上網查詢一下關於公司長期租車的稅務考量，並以組織購買行為解釋。

7. 請以組織購買行為解釋，當公司對於業務經理的油錢，採取實報實銷時，業務經理買的車子經常會是高油耗的車子。

8. 請根據您的想法，猜測租車公司的主要客群，是哪一種消費者？

9. 如果您已經買過車，請列出您買過的每一台車，說明每一台車購買時，您當時的年齡、當時的年所得、當時家庭狀況、買車花費的金額。請逐一詳細列出。如果您不曾買過車，請說明您覺得您何時會買您的第一輛車？您買車的年齡可能是幾歲？當時的年所得可能是多少？當時的家庭狀況可能是如何？買車花費的金額是多少？您買的第一輛車是新車還是二手車？

個案回顧測驗題

( ) 1. 個案細節：個案中，丁丁沒有買車，理由是什麼？ (A) 需要用車時再租車 (B) 都搭大衆運輸工具，永遠不會開車 (C) 不會開車 (D) 純粹講求環保，所以不買車。

( ) 2. 個案細節：個案中，彭董最近升遷，所以希望買車，您覺得他會買哪一種車？ (A) 氣派一點，但不能太耗油 (B) 小車，愈小台愈好，愈省油愈好 (C) 他應該不會買車了，改搭計程車 (D) 他最近不會買車。

( ) 3. 家庭生命週期階段，滿巢三期或滿巢二期，如果買車，比較可能會買哪一種車？ (A) 全家都坐得下的休旅車 (B) 非常省油的小空間小車 (C) 非常氣派的轎車 (D) 適合嬰幼兒出遊的轎車。

( ) 4. 從社會階級的角度，高階人員升遷時，比較可能購買買一種車？ (A) 全家都做得下的休旅車 (B) 非常省油的小空間小車 (C) 非常氣派的轎車 (D) 適合嬰幼兒出遊的轎車。

( ) 5. 購買車子的時候，會參考大家的意見，這是哪個變數的影響？ (A) 參考群體 (B) 人格特質 (C) 社會階級 (D) 生活型態。

CASE 03 降級普通會員

一、個案本文

人物

約翰：前往拜訪客戶公司。

艾莉：客戶公司的工作人員。

場景

連鎖咖啡店，點餐。

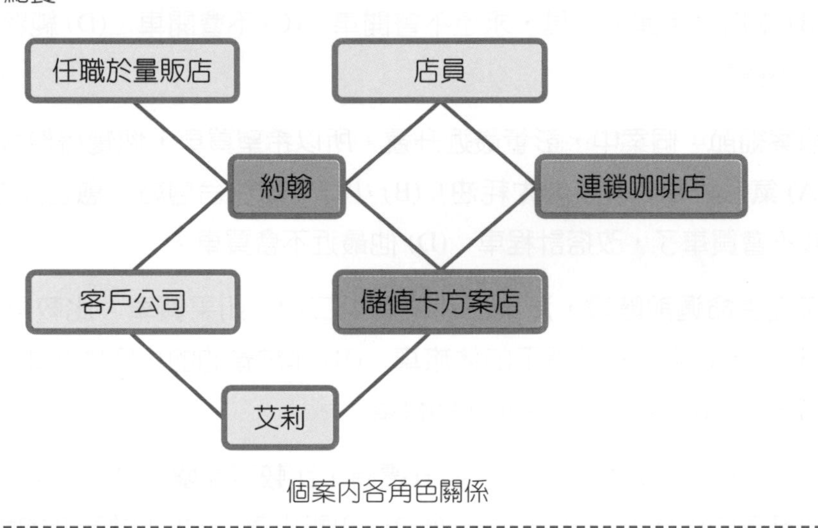

個案內各角色關係

約翰是一家量販店的行銷部門人員，今天要去客戶公司開會，約了早上 10:00 的時間開會，這時間不早不晚的，無法先進辦公室，只好直接去客戶公司。但到達客戶公司附近時，發現時間有點太早，不知道要去哪，只好先去附近的連鎖咖啡店。

在結帳櫃檯前排隊，前面還有好幾個客人在等待，雖然只是一間連鎖咖啡店，但這家咖啡店的點餐程序，還挺複雜的，店員人手不多，自動化程度也不高，又要備餐，又要點餐，過程中，還常常要問顧客好幾個問題才能完成，速度挺慢的。在約翰眼中，這家連鎖咖啡店，服務品質不錯，但實在沒有效率，怪不得賣比較貴。

消費累積點數未達標準

排隊挺無聊的，就拿出手機來看，手機正好收到一則簡訊，這年頭，簡訊很少在使用了，通常是網站帳號驗證、信用卡消費之類的提醒，才會使用，可是剛剛又沒刷卡？怎麼會有簡訊？仔細看了一下手機簡訊內容，發現簡訊內容寫到：「親愛的顧客，您好，因爲您在過去一年的消費累積點數未達標準，您已被降級爲普通卡會員，且您過去一年累積的點數，已被清除歸零。」

收到這樣的訊息，心中當然不會很高興，甚至還有點不爽。這家咖啡店的儲值卡，到底有什麼用途，其實也搞不太清楚，好像一年會有免費的一杯飲料，生日當天有一份免費的小點心，除此之外，有甚麼好處呢？實在搞不清楚。這樣的一點點好處，眞的有必要累積點數嗎？自己也在做行銷，雖然不負責會員卡，但對這件事情還是比較敏感一點。

被降級爲普通卡？所以，之前是甚麼等級呢？到底要喝多少咖啡，才能維持會員資格呢？查一下吧！原來，約略一年累積 6000 元的消費，可以成爲鑽石卡，一年累積 3000 元，可以成爲金卡，金卡有免費的一杯飲料，生日當天有一份免費的小點心。金卡會員，只要沒達到鑽石卡，累積多少點數並沒有任何回饋，這樣，算很有誘因嗎？而變成鑽石卡之後，累積點數有點用途，約略每消費 1000 元，可以送一杯飲料。這樣，算很有誘因嗎？

想著想著，輪到約翰點餐了，點了一杯摩卡咖啡，下意識地拿出儲值卡來消費，店員刷了卡片，發現餘額不足，差了 25 元。約翰拿出皮夾，皮夾內都是千元鈔票，沒有小鈔，拿了一張給店員，店員問到：「請問加值多少？」，有點猶豫，想了一想，問店員說，只加值差額 25 元！店員說：「是嗎？要不要多儲值一點，用儲值卡可以累積點數喔！」

又猶豫了幾秒鐘，看到後面隊伍內大家不耐煩的眼光，又想到剛剛看的簡訊內容寫道：「您過去一年累積的點數，已被清除歸零」，終於，下定決心：「儲值 25 元！」

拿了摩卡咖啡，找了個座位坐下，心中又想了一下，爲什麼之前自己要用這家咖啡的儲值卡呢？爲什麼要把會員區分爲不同等級呢？別家咖啡店都可以用行動支付了，這家咖啡店只能用他們咖啡店發行的專屬行動支付！

摩卡咖啡還蠻好喝的，巧克力的香醇，蓋過了咖啡的苦澀。但這家店的咖啡可不便宜，一杯可抵三杯的便利商店咖啡。自己的薪水還蠻高的，因此覺得價格還好，但自己

辦公室內的幾位行政人員，薪水不高，都覺得這家咖啡店的咖啡，實在太貴了，除非買一送一，否則根本很少來買。最近，便利商店的咖啡變得愈來愈好喝，還可以利用折扣期間，多買一點來寄杯，有的便利商店還可以用 APP 跨店寄杯，辦公室內有個助理，甚至會在折扣期間，一次預購五十杯便利商店咖啡，慢慢喝。

便利商店的咖啡，畢竟沒有這家咖啡來的好喝，不管美式、那堤、還是摩卡，都非常棒，夏天的冰沙，更是好喝。而且，咖啡店的座位很舒服，要打電腦工作，還是坐沙發聊天，都很 ok。而且，光線是暖暖的黃色系，感覺很溫馨，不會太亮，環境也不會太吵鬧。整體來說，都超讚的！如果不在乎價格，這咖啡店無論是咖啡品質或是店內氣氛，都超好的。只是，如果買一送一當天，咖啡店擠滿了人，環境就變得非常吵雜，而且很難找到位子。

會員忠誠方案

不過，這些優點，都跟儲值卡累積點數無關啊！？用儲值卡，到底有什麼好處？想了一想，對了，當初好像儲值就可以換咖啡，每儲值滿多少元，就能換一杯咖啡。現在沒有了嗎？剛好有一個店員在打掃，隨口就跟他詢問：「您們儲值可以送咖啡，是每次要儲值多少啊？」，得到的答覆是：「喔！最近已經取消這個活動了喔！現在儲值都沒有送咖啡了！不過，如果您是鑽石卡會員，每消費滿 1000 元，就可以送一杯咖啡，跟以前儲值送咖啡的意思一樣，但您要先成爲鑽石卡會員。也就是，先在一年內累積 6000 元的消費，之後，才能滿 1000 元送一杯咖啡。」

先累積 6000 元，才能開始有優惠，所以，是要喝多少咖啡啊！爲什麼要這樣調整呢？約翰直覺覺得，應該是老闆覺得先前給太多優惠了，會讓利潤下降。這種類似航空公司里程累積的紅利方案，英文稱爲 Mileage Program（里程方案）或 Loyalty Program（忠誠方案），本來就是利用「讓利」的方式，給予消費者優惠，讓消費者覺得：與其到另一家公司消費，不如持續在同一家公司消費，才能累積紅利點數啊！這種里程累積的紅利方案，是一種留住消費者的方式，但目前這咖啡店的會員儲值卡方案，能留住消費者嗎？

爲什麼要設計三種等級啊？應該是比照航空公司吧！航空公司爲了要留住顧客，也會有這類的卡片，有些航空公司，只要有金卡，就算搭經濟艙，也可以去貴賓室休息！只要商務艙或頭等艙沒坐滿，鑽石卡還可以自動升等，買經濟艙升等商務艙，買商務艙升等頭等艙。

但是，機票很貴啊！因此，設計這種里程累積的紅利方案 Mileage Program，是很合理沒錯。而且，很多人的機票，是公司出錢的公務機票，稍微貴一點，對乘客來說，因爲都是公司付錢，沒甚麼差別。這時，里程累積的紅利方案，就很有用，可以吸引乘客，忠誠的搭乘。

可是咖啡店也需要設計這樣的會員方案嗎？將顧客區分成四個等級（非會員、會員、金卡、鑽石卡），有甚麼優缺點呢？如果量販店也這麼設計，把消費者分成不同等級，會如何呢？普通會員會不會覺得他買的東西比較貴，就不來這家量販店了？會不會有相對的剝奪感，感覺自己買貴了？這些問題，在腦中不斷地浮現。約翰知道，目前各家量販店的紅利方案，有些是直接扣抵，約略每一千元，可以扣抵 1-2 元，有些是年底的時候，可以換購商品。有些則是可以集貼紙，拿來買鍋碗瓢盆。之前換購鍋碗瓢盆的方案，讓業績硬是提升很多。

大宗訂購的咖啡

想著想著，時間過得很快，需要去拜訪顧客了。

收拾好桌子，離開咖啡店前，在櫃檯碰到艾利，艾莉是今天要拜訪的公司的行政人員，趕快跟他打招呼，看她訂了十幾杯咖啡，顯然是等一下開會用的，跟她開個玩笑說：「早知道剛剛就不喝咖啡！」艾利立刻跟店員說，有一杯咖啡改成花茶。此時，約翰中突然想到，艾莉負責採買會議的咖啡，應該是鑽石卡會員吧！

約翰之後就很少到這家連鎖咖啡店了，而優先找一下附近有沒有其他比較便宜的其他連鎖咖啡店。又隔了幾個月，這次附近都沒有別的咖啡店，約翰只好進去點了一杯咖啡，店員問他有沒有會員卡，約翰回答說沒有。結帳後，店員細心的跟約翰解釋，現在已經改爲手機會員卡 APP 了，只要下載 APP，不用儲值就有會員卡。約翰問店員，那有沒有甚麼優惠？店員說，可以累積消費，年度累積消費 3000 元，可升級爲金卡，就有優惠。

這家連鎖咖啡店的會員儲值卡方案

會員卡	資格	優惠
普通卡	使用儲值卡，並上網登錄。 若年度消費累積達到 3000 元，可升級為金卡，年度消費達到 6000 元，可升級為鑽石卡。每年點數歸零。	初次加入時，可以買一送一。但只能用一次，下一年不會再送。無其他優惠。

會員卡	資格	優惠
金卡	使用儲值卡，每年消費 3000 元可維持金卡，每年消費 6000 年可升級鑽石卡。每年消費未達 3000 元，會降級為普通卡。每年點數歸零。	送一杯飲料。但只送一次，下一年不會再送。 生日當天，有送小點心。
鑽石卡	使用儲值卡，每年消費 6000 元。每年消費未達 6000 元，隔年會降級為金卡。每年點數歸零。	每年送一杯飲料。生日當天，有送小點心。 每消費 1000 元，送一杯飲料。

二、個案提及重點觀念

討論內容	對應章節
到咖啡店消費的動機。	第三章 動機與價值
咖啡店的選擇。	第七章 方案評估、購買行動、購後行為
消費者的忠誠、累積點數。	第七章 方案評估、購買行動、購後行為
公司開會的咖啡購買。	第九章 家庭與組織購買決策
經常買咖啡的工作人員會成為鑽石卡會員。	第九章 家庭與組織購買決策

問題討論

1. 請說明咖啡購買屬於哪一種的購買決策？習慣性的購買決策、有限性的問題解決、還是廣泛的問題解決？您覺得，用會員卡或儲值卡方案，來養成購買決策，在咖啡的購買決策上，是否有效？
2. 請從購買決策的角度，評估一般人選擇購買咖啡時，會有那些評估準則（評估準據）？外帶與內用，評估準則是否會有所不同？
3. 請從動機的角度，說明約翰這次去這家連鎖咖啡店的原因？並請說明，消費者到咖啡店消費的動機，可能有哪些？
4. 請說明，艾莉用公費購買會議用的咖啡，購買者是誰？決策者可能是誰？使用者可能是誰？公費買咖啡，跟自費購買自己要喝的咖啡，行為是否會有所不同？
5. 請說明所得收入與咖啡店的消費行為。並請說明，如果是在學校，哪一種咖啡的銷售狀況會比較好？比較昂貴的咖啡店，應該開在哪些區域，業績會比較好？

6. 買一送一的時候，咖啡店會大排長龍，業績大好。請問，買一送一時，公司會賺錢嗎？為什麼連鎖咖啡店不要經常辦買一送一？

個案回顧測驗題

(　　) 1. 個案細節：個案內的咖啡店，金卡會員若一年的累積消費點數未能達到一定金額，會怎麼樣？ (A) 沒有影響　(B) 會被降級為普通卡　(C) 紅利點數會折半　(D) 需要補繳會費。

(　　) 2. 個案細節：為什麼紅利積點方案，要獲得回饋，通常需要累積很多消費？ (A) 紅利積點是要鼓勵常客來進行消費，如果沒達到鼓勵消費的效果，卻需花成本來回饋，對公司來說並不划算　(B) 因為公司希望消費者不要累積紅利。想要取消紅利積點制度　(C) 因為公司早就想要取消紅利積點制度　(D) 因為生意愈來愈好，不想回饋消費者。

(　　) 3. 公費購買會議用的咖啡，不會幫公司省錢，這可用什麼理論來解釋？ (A) 代理理論　(B) 推敲可能模式　(C) 社會規範理論　(D) 認知一致性理論。

(　　) 4. 從動機的角度，消費者購買咖啡是因拿著某牌子咖啡杯顯示其個人風格品味，屬於何種動機？ (A) 生理性動機　(B) 心理性動機　(C) 功能性動機　(D) 衝動性動機。

(　　) 5. 下列何者不是習慣性的購買決策之特性？ (A) 產品成本高　(B) 經常性購買　(C) 熟悉品牌和產品　(D) 較少的資訊搜尋量。

CASE 04 結婚金飾用租的

一、個案本文

➨人物

雅茹：正要與政興結婚，對於鑽戒有憧憬，金飾則想用租的。

政興：正要與雅茹結婚，煩惱鑽石與金飾的預算。

雙方父母：覺得結婚需要買金飾。

➨場景

咖啡店，討論結婚鑽戒與金飾的購買。

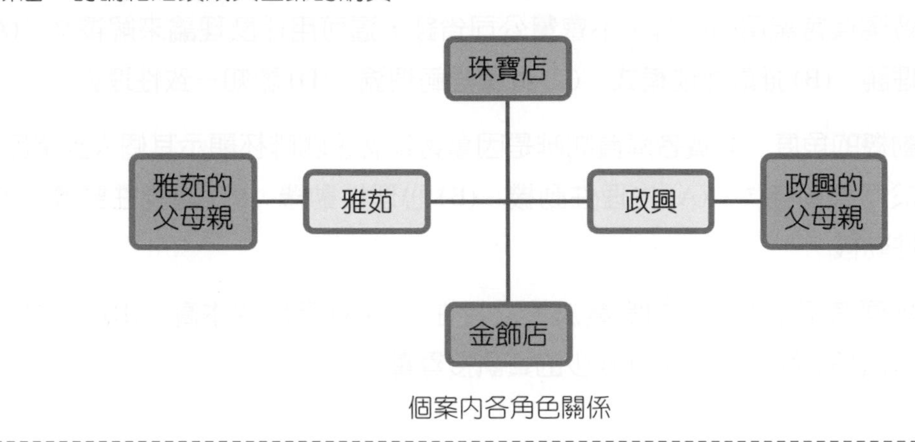

個案內各角色關係

周末下午，剛挑完婚紗照片的雅茹與政興，略顯疲累但又帶點興奮，離開了婚紗攝影公司。因爲是周末，待會兩個人都要各自跟自己的家人聚餐，不過距離晚餐時間還有一個多小時，因此，兩個人在附近找了一家咖啡廳坐了下來。兩個人各自點了杯咖啡，蛋糕則只點一塊，合著吃，免得吃太多蛋糕，晚餐反而吃不下，順便也可以省點錢。

婚紗照已經花了一些錢

拿了咖啡與蛋糕，找了位子坐下來，政興拿出剛剛的婚紗照片挑完後的付款收據看了一下。其實，今天去挑照片之前，政興心中就打定了主意，不要隨意的多挑照片，原本合約中，簽訂整套是幾張照片，就是幾張，絕對不要多挑。不過，實際挑照片時，雅茹覺得照片拍得很美，對於很多照片都難以割捨，加上服務人員以三寸不爛之舌，反覆地推銷每一張照片：這張漂亮、那張也漂亮，硬是說服了雅茹與政興多挑了幾十張。

觀察入微的雅茹，似乎也發現了政興有點心事，因此也把婚紗照片付款收據拿過去仔細看了一下，開口問了政興：「還好吧！我們錢還夠嗎？」政興直覺的說：「沒問題啦！只要您喜歡，一切都好！」

雅茹與政興兩個人都才畢業沒幾年，都是上班族，薪水不算高，兩個人原本各自在外租屋，雖有點存款，但積蓄實在不算多。兩個人原本的家裡坪數都不大，而且都覺得不想跟家裡住，為了結婚，他們下個月就會把目前各自租的套房退租，改租一間郊區的小公寓，準備作為新房。

婚禮花的錢愈來愈多了

雅茹一直夢想有個夢幻的婚禮，因此婚禮籌備的過程，花了不少心思，也花了不少錢。隨著婚禮日期慢慢接近，花的錢也愈來愈多。不太有金錢概念的雅茹，也理解到，好像花了不少錢了。

雅茹切了一小口的蛋糕送入嘴巴，飲啜了一小口咖啡，淡淡地問到：「對了，金飾與結婚鑽戒，何時要挑？」雅茹一直希望能有一個閃耀奪目的鑽戒，但對於金飾，則覺得將來用不到，比較不在意。雅茹的父母親則認為，鑽戒不一定要有，但整套的金飾，包括耳環、項鍊、手環、手鍊，一定都要有，缺一不可，而且金飾要有一定的重量。先前，雅茹的父母親不斷反覆提到，不要買雕工太過細緻的金飾，因為那樣的金飾，華而不實，耗需的工錢太多了，金子重量反而不重。買黃金金飾時，價格通常包括黃金與工錢，賣黃金時，通常只包括黃金，工錢是完全不計算了，錢若都花在雕工上面，而不是花在黃金上面，金飾的保值效果就沒有了。簡單的說，雅茹的父母親希望是很粗的純金項鍊、很粗的純金手環，不要是簍空的。

金飾可以用租的

雅茹很想用租的，她打聽過，只要不到幾千元，就可以把價值 10 至 20 萬元的整套金飾租回家，如果有些比較重的金飾，例如男生的金項鍊，願意租鍍金的，價錢還能夠再降低一些。就算全部都租純金，而且租最重的、最漂亮的，且男女生的都

租，租金也不到一萬元，這租金價格，是雅茹可以接受的。不過，雅茹不知道的是，政興私下有去問過，其實連鑽戒也可以用租的，只是牽涉到租用的鑽戒指圍尺寸無法調整，可以選擇的款式不多。

雅茹的父母親一直強調，一定要買眞的、夠重的、實心的金飾。但男生的金項鍊，若要夠氣派，常常需要好幾兩左右，光是這條金項鍊，就要十幾萬元左右，如果買簍空的，價格當然也就減少很多了，甚至於幾萬元就能買到。男生的這條項鍊結婚後，根本不會再戴啊！爲什麼一定要買純金的？爲什麼不能用租的？雅茹很質疑這一點。

政興對於這件金飾事情，其實沒有太大的想法，因爲政興的爸媽也是覺得該買金飾，同樣的，政興的父母也是覺得要把錢花在黃金，而非花在雕工，也就是寧願選較重、但雕工粗的金飾，也不要買重量輕、但精細的金飾。政興父母強調，如果將來有甚麼難關無法度過，這些結婚金飾是救命錢，可以換成現金，因此，無論如何，金飾的錢絕對不能省。但是，對於鑽戒的購買，政興的父母則是覺得買個假的就好。如果一定要買眞的，也是盡量買便宜一點的。

鑽戒不便宜

關於鑽戒的事情，政興倒是先問了別人一下，雖然網路上可以查到很便宜的鑽戒，只要幾萬元，不過，政興的朋友都說，在珠寶店的知名品牌婚戒，經常就是 10 幾萬元起跳。若要省錢，必須到金飾店買沒有證書的，會比較便宜。但若選的等級成色比較差一點，或是鑽石小顆一點，是很難光彩奪目的。若是沒有證書，則保值性會差一點。大家提醒政興，到了珠寶店，最後選的鑽戒，常常會超出原本預算。

政興也在網路上，查過與鑽石極爲相像的莫桑石鑽戒，莫桑石雖然是人工合成的，但比鑽石更加閃耀，而且價格只有鑽石的五分之一到十分之一。不過，政興始終不敢跟雅茹提這件事。畢竟，雅茹對於婚戒有很深的期待。

政興正陷入沉思，這時，雅茹突然冒出一句：「您在想甚麼？」，政興趕緊說到：「沒事，只是發呆！」。雅茹再追問到：「那我們到底何時去挑金飾與鑽戒？金飾眞的要買嗎？還是用租的，省下金飾的錢，只買鑽戒就好？」，政興回答說：「可是家裡都認爲金飾能保值！」，雅茹很俏皮的說：「股票才能保值吧！金飾保值這觀念太舊了吧！」政興聽了，也覺得好笑，回嘴說：「不然，我們買一張半導體股票來代替？」雅茹接著故作生氣，並輕輕打了一下政興說：「總不能用半導體股票來代替結婚證書吧！」

從口氣上，政興知道這只是雅茹在開玩笑，因此，政興只是面露淺淺微笑，沒有回應。政興知道雅茹其實很貼心的，像蜜月旅行，雅茹就說：「我們只要搭廉價航空去日本或東南亞就好了，不必去歐洲或美國、夏威夷之類的，省點錢。」雅茹的想法是：只要兩個人甜甜蜜蜜，到哪裡都好玩。

漂亮的鑽戒是必要的

時間差不多了，該去跟各自家人吃晚餐了，收拾了桌上的咖啡杯與蛋糕盤，政興與雅茹準備離開咖啡店，雅茹再次的問道：「那我們何時去挑鑽戒？下周末？還是平常日的晚上？」政興小聲的回答道：「您要不要先買金飾？您先跟您父母親確認，要買多少錢的金飾，這樣比較能掌握預算。可以知道該買多大的鑽戒！」

雅茹沉默了很久，一句話不說，臨走前，雅茹終於開口說了：「我不管，我只要一顆漂亮的鑽戒。長輩們的想法，以及其他的事情，您去搞定。」

二、個案提及重點觀念

討論內容	對應章節
對於鑽石的偏好。	第三章 動機與價值
其他人看法對於金飾與鑽石購買行為的影響。	第八章 群體影響與意見領袖
本來不想買金飾，但怕別人誤以為自己買不起，還是決定買金飾，形成社會規範。	第八章 群體影響與意見領袖
家庭成員共同決定的金飾與鑽石購買行為。	第九章 家庭與組織購買決策
兩人即將從單身進入新婚階段。雙方家長進入空巢期。	第九章 家庭與組織購買決策
鑽石與婚禮的象徵與儀式意義。	第十一章 種族、宗教、文化差異

問題討論

1. 如果您是當事人，您會怎麼做？請根據您自己的想法，分別模擬如果您是女生、男生，您會怎麼做？
2. 如果您是政興的父母，您會怎麼做？
3. 如果您是雅茹的父母，您會怎麼做？您覺得政興的父母與雅茹的父母，是否會有不同的想法？如何不同？

4. 請說明消費者有哪些購買行為的角色。在本個案中，政興、雅茹、政興的父母、雅茹的父母，各自扮演那些角色。

5. 請從動機的角度，說明結婚金飾與鑽戒的購買行為。雅茹、政興、政興的父母、雅茹的父母，他們對於購買結婚金飾與鑽戒的動機，有哪些差異？

6. 請從象徵與儀式的角度，解釋結婚典禮、鑽戒的存在意義。

個案回顧測驗題

(　　) 1. 個案細節：個案中，提到下列事情，那一項是正確的？ (A) 女方覺得金飾可以用租的 (B) 他們不會去蜜月旅行 (C) 他們沒有拍婚紗 (D) 女方很想要買鑽石。

(　　) 2. 個案細節：個案中，提到下列事情，那一項是正確的？ (A) 長輩不希望租金飾 (B) 長輩覺得金飾應該買 (C) 女生覺得一定要買金飾 (D) 男生完全不想買金飾與鑽石。

(　　) 3. 結婚鑽戒，最主要的意義為何？ (A) 法定意義 (B) 象徵意義 (C) 保值 (D) 身份地位表徵。

(　　) 4. 結婚雖然是兩個人的事，但家長常常會有影響力。請問用哪一個理論來解釋，最為適當？ (A) 購買動機理論 (B) 認知失調理論 (C) 參考群體 (D) 所得與財富。

(　　) 5. 父母親在婚禮相關產品的購買上，最常扮演哪種角色？ (A) 啓動者 (B) 分析者 (C) 購買者 (D) 影響者。

CASE 05 印表機贈品

一、個案本文

➠人物

書妤：正在做期末報告，要列印資料。

芳婷：同班同學。電腦程度較好。

➠場景

討論購買印表機，並到 3C 賣場選購。

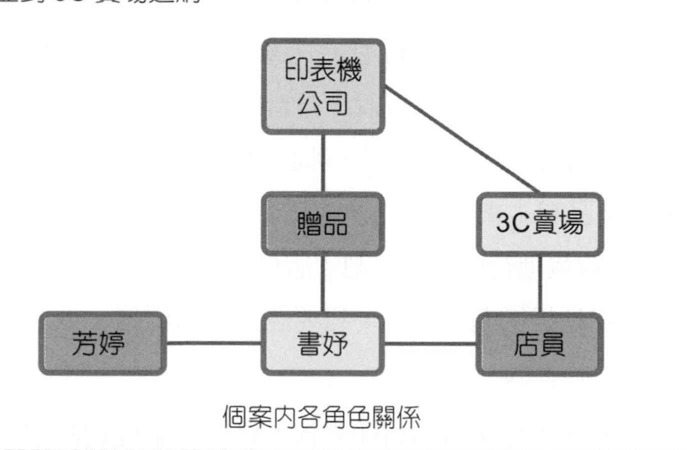

個案內各角色關係

該買新印表機了

「啊！我的那台印表機，昨晚又卡紙了。那台老爺印表機，感覺快掛掉了，經常都會卡紙，而且常常印不清楚，是不是該換一台啊！我們上學期的期末報告成績不好，會不會跟報告印的模糊不清有關啊！」書妤跟她的同班同學芳婷說。芳婷的電腦程度比較好，對於 3C 產品也比較關心，因此，書妤遇到要買電腦相關產品時，就會想要問芳婷。

書妤、芳婷兩個人是同班同學，也是死黨，分組的時候，兩個人經常分在同一組。書妤住在學校旁邊的一間小套房，因此，每次寫報告時，書妤常常負責把最後的報告印出來。畢竟，自己列印比到便利商店列印，便宜很多，而且彈性很大。如果印彩色的，價格就差別更大了。不過，本來的那台印表機，已經用了快三年了，當初是買很便宜的機種，最近這台印表機已經有很多狀況，不太靈光了。

芳婷告訴書妤，因爲書妤先前說過很多次這台印表機快要掛了，因此，她有留意相關的廣告訊息。最近，她在網路上看到廣告，在開學期間，有家印表機公司有推出特惠方案，有些機型只要上網登錄就可以送超商禮券，相當於降價，有些則是送贈品。書妤聽了很心動，暑假期間她有打工，存了一筆錢，決定自己買一台高檔一點、功能齊全、而且速度快的印表機。

賣場查看印表機

今天書妤只有早上有課，下課後，書妤就到學校附近的 3C 賣場，看了幾台印表機規格後，都覺得很不錯，隨口問了店員這些印表機有沒有上網登錄的特惠方案，店員告訴他，目前只有一家廠商的印表機有特惠活動，但並不是該廠牌的印表機，都有特惠方案，有些型號的印表機有特惠方案，有些沒有，而且每一台印表機的特惠方案，都有一點點不同。店員告訴他印表機廠商的特惠活動網址，建議她自己查。

書妤一邊用手機查閱特惠活動的機型，一邊察看每一台印表機的功能，終於看中了一個型號的印表機，她再次跟店員詢問說，這台印表機有打折嗎？店員告訴他，這台印表機沒有打折喔！參加特惠方案的印表機，都必須用定價賣，只要發票價格低於該定價，就不能上網登錄獲得贈品喔！書妤覺得很納悶，爲什麼特惠方案要這樣設計呢？店員說，大概是不希望我們 3C 賣場進行降價競爭吧！店員補充說，不但是不能打折，也不能用紅利折抵，或是信用卡紅利折抵喔！反正，只要發票上的價格，低於規定的價格，就不能參加特惠方案。

不過，店員又補充說，如果買這台印表機，會有加贈紅利點數回饋，價值約爲售價 5%，但這次不能使用，在一個月後，才可以在這家店或同體系的各家分店使用。這回饋沒有任何限制，而且只要是店裡的東西都可以買，相當於產品打 95 折喔！但發票上，就是原價，這點，不管到哪一個賣場，都是如此，要拿贈品，就都不可以降價。

各通路售價相同

書妤有點不相信，因此立刻用手機上網，到各個購物網站查看，發現這台印表機在每個網站上的售價竟然都相同。她決定到比價網站看看，結果非常驚訝，比價網站比較了幾十個購物網站，價格竟然完全相同。實在令人難以置信。

因爲這優惠其實吸引人的，書妤當下就決定買一台印表機，她選的這台印表機的贈品，是號稱價值 1200 元的負離子旅行用吹風機，這眞是個好禮物，每次出去玩時，書妤都覺得飯店的吹風機把她的頭髮吹壞了，這台負離子吹風機來的正是時候。

這台印表機有現貨，書好就立刻掏錢購買，馬上帶回租屋處。這台印表機其實並不重，書好自己就能搬回去。回到租屋處之後，正要打算安裝印表機，此時芳婷剛好下課，傳訊息給她說要不要一起吃晚餐，書好立刻說好，想說吃完飯後，要請芳婷幫忙安裝印表機。

上網登錄換贈品

吃完飯後，芳婷幫忙安裝印表機，其實安裝過程很簡單，比想像中容易一點。安裝完後，芳婷跟書好提醒說，要不要上網登錄換贈品？書好與芳婷都不記得特惠活動的登錄網址，因此上網搜尋，搜尋過程中，書好與芳婷從搜尋引擎找到的資料發現，原來這樣的登錄送贈品活動，每年都會舉行幾次。這只不過是每年例行活動中的一個，用來吸引消費者購買此一品牌的產品。但爲什麼是選在這個時間呢？應該是跟開學有關吧！

登錄的過程，芳婷跟書好發現，程序有些煩人，要輸入印表機序號資料，芳婷跟書好花了一點時間，才找到機器後面貼的序號，還要輸入個人資料、發票號碼、購買店家資料，個人資料裡面還包括身分證字號，以及戶籍地址。當然，贈品寄送地址也是免不了的。

好不容易，都輸入完了，最後一個步驟是掃描發票與填報贈品申請書。填報的贈品申請書的欄位竟然與剛剛輸入的欄位都相同，外加身分證影印本，以及個人簽名欄。書好覺得有點無奈，只好把資料再重新寫一次，然後貼上身分證影印本，簽名，再掃描。然後再把資料上傳。

一邊寫，芳婷跟書好一邊抱怨，怎麼程序這麼麻煩啊！至少，剛剛輸入的資料，應該線上產生吧！還要附上身分證影印本，這也太麻煩了。芳婷修過所得稅法的課程，因此猜測這是因爲無償贈品在課稅類別上屬於「機會中獎」，因此必須申報。雖然未滿 2 萬元不需要扣繳稅金，但政府可能有要求必須提供中獎者資料。不過，如果贈品金額低於 1000 元，是不需要列單申報所得的。

如果是公司購買，贈品歸誰呢？

芳婷跟書妤在想，如果直接降價，不就沒這些麻煩了嗎？爲什麼要這麼麻煩呢？書妤這時又想到一個問題，如果是公司購買，那這贈品歸誰啊！所以，會不會有一些公司的助理，在買印表機時，故意買這種有附贈品的印表機啊！還有，那個 3C 賣場提供的 5% 現金紅利回饋，不就變成公司助理的個人福利了嗎？芳婷跟書妤說，您會不會想太多了？印表機公司有把這件事情考慮進去嗎？

二、個案提及重點觀念

討論內容	對應章節
印表機購買。	第七章 方案評估、購買行動、購後行為
印表機購買時，會找比較懂印表機的同學一起來買。	第八章 群體影響與意見領袖
印表機快壞了，才會開始搜尋資訊。	第六章 購買決策與資訊搜尋
價格對於購買行為的影響。	第七章 方案評估、購買行動、購後行為
組織購買的代理問題。	第九章 家庭與組織購買決策

問題討論

1. 請說明，您覺得為什麼印表機公司要這麼麻煩的採用這種特惠活動，而不是直接降價？
2. 請說明，如果印表機公司把贈品直接隨貨提供，跟要求消費者上網登錄，有甚麼差別？如果贈品是直接隨貨提供，那特惠方案結束時，這些隨貨贈品該如何處理？
3. 請用消費者行為的知識與觀念，解釋書妤要買電腦相關產品時，為什麼會想問芳婷。
4. 印表機公司每年都會舉辦好幾次的特惠活動，但以前書妤與芳婷都沒有注意到印表機的特惠活動。請用消費者行為的知識與觀念，說明為什麼最近印表機快壞了，芳婷就察覺到有印表機的特惠活動。
5. 如果各通路的價格都不同，消費者在評估購買某一型號的印表機時，需要考慮各通路的價格。請用購買決策準據的觀念，說明各通路的價格都是相同時，對於購買決策會產生甚麼影響？

6. 請用決策準據的觀念，說明印表機購買決策過程中，會考慮什麼因素（有哪些可能的決策準據）？
7. 請猜測價格對於書妤來說，是否是重要的決策準據？
8. 請用組織購買行為的角度，解釋本個案裡面提到的這類贈品，對於組織購買行為的影響。

個案回顧測驗題

(　　) 1. 個案細節：個案中的印表機贈品，是直接提供，還是事後申請？ (A) 直接提供 (B) 購買時，立刻填表，立刻獲得 (C) 購買後，得到兌換券，可到總公司兌換 (D) 購買後，檢附發票影本，填表申請。

(　　) 2. 個案細節：這台有附贈品的印表機，是否可以打折購買？ (A) 發票金額必須是定價。否則無法跟廠商申請贈品 (B) 沒有折扣，但可以用紅利折抵 (C) 有折扣。可以打折購買 (D) 必須現金買，才有折扣。

(　　) 3. 買印表機時，消費者會去請問自己周邊最懂印表機的人，這種人也被稱為什麼？ (A) 意見領袖 (B) 口碑製造者 (C) 發起人 (D) 科技採用者。

(　　) 4. 買印表機之前，先問專家，這是參考群體的哪一種影響？ (A) 資訊的影響 (B) 規範的影響 (C) 認同的影響 (D) 快樂的影響。

(　　) 5. 公司所購買的印表機，如果有附贈品，贈品可能被員工拿走，這可以用什麼樣的觀念來解釋？ (A) 代理問題 (B) 衝動性購買 (C) 決策者 (D) 廣泛性的問題解決。

CASE 06 畢業旅行記

一、個案本文

➨人物

小珍：畢業旅行的主辦人，但沒有什麼出國經驗。

阿昇：很多人都願意聽阿昇的意見

淑萍：經常當背包客，有很多旅行經驗，不輸專業人員。

➨場景

籌備出國畢業旅行。

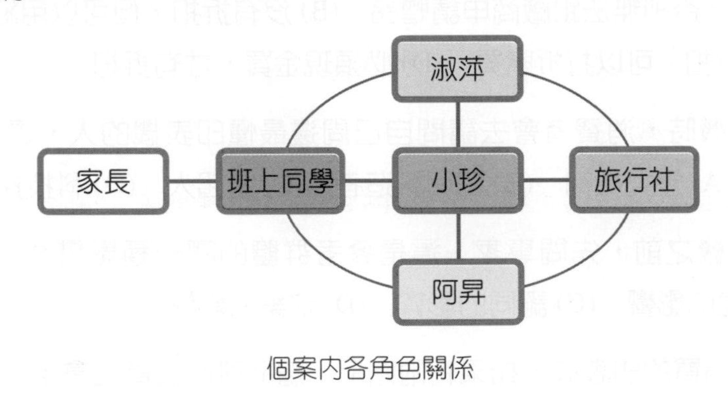

個案內各角色關係

阿昇、小珍、淑萍和班上同學爲了這趟大學畢業旅行已經計畫了一年多，終於快到出發的日子了，班上同學都很興奮。雖然有些同學曾跟著家人出國旅行，但這次沒有父母親相伴，而是同學們自己出國旅行，另有一番感受。

籌辦畢業旅行

一年前，班上開始討論畢業旅行，在決定地點的時候，大家就陷入一陣冗長的討論與爭執，每個同學想去的地方，各有不同。有人想去東南亞，有人偏好日本，有人想去歐洲或美國，也有人想到澳洲、紐西蘭看看一望無際的草原，體驗一下牧場的樂趣。

班上半數左右的同學，並沒有在打工，或者打工的積蓄並不足夠負擔出國的旅費，因此，需要家人提供旅費，既然要家人出錢，當然需要跟家人商量討論，而他們的家人在知道畢業旅行這項活動後，提供了更多的意見。七嘴八舌的，讓旅行地點的討論，更爲複雜。

旅行地點與價格有關

基本上，家庭經濟狀況較好的同學，常常偏好選擇歐洲、美國、加拿大、紐西蘭、澳洲，這些同學並不是要跟其他人唱反調，而是兩個原因，第一是旅費對他們來說並不是問題，因此他們在討論方案時，不會被旅費所限制，第二則是因爲他們較常與家人出國旅行，因此，近距離的亞洲國家，大多已經去過了，所以偏好去歐洲國家。

然而，大部分同學的家庭經濟狀況，並沒有非常富裕，因此，考量到大家的旅費負擔，經過同學討論之後，很快的就把畢業旅行地點鎖定在旅費較爲便宜的亞洲地區，那些希望能去歐洲、美國、加拿大、澳洲或紐西蘭的同學，聽到大部分同學的意見後，也沒有太過堅持，因此地點就初步限定在亞洲地區。

到亞洲的哪裡呢？日本、韓國、中國大陸、香港、澳門、新加坡、馬來西亞、泰國、印尼、越南、柬埔寨等，都是常被提到的地點。大部分同學其實都沒去過這些地方，但他們可能從家人得知很多這些地方的資訊，使得同學對這些地方已有一部分的認識。同學們的家人，間接影響了同學的地點選擇決策。

聽誰的意見呢？

同學中最了解國外旅遊的，應該是淑萍與阿昇。淑萍從大一開始，每年寒暑假，就經常當背包客到國外自助旅行，一開始她邀班上同學一起去香港，後來，她在網路上尋找同好一起出國，足跡遍及很多國家，很多出國旅行的細節，她都非常清楚，如何省錢，她也有一套。另外，阿昇跟家人出國旅行過好幾次，也算是同學中出國經驗較爲豐富的，而且平常阿昇就很熱心，很喜歡提供意見，因此，在旅遊地點選擇時，他仔細的幫忙分析了每個常見亞洲旅遊地點的優點與缺點，於是很多同學都受到阿昇意見的影響。

除了淑萍、阿昇所提供的意見外，網站上有很多的旅遊心得與遊記，同學們自己上網看了很多部落格或旅遊網站文章，也瞭解不同人對於每個地點的評論，這有助於同學選擇旅遊地點。另外，廣告中偶而會出現知名演藝人員與模特兒幫鄰近國家的旅遊活動代言，推薦大家到這個國家旅遊，一些同學因爲喜愛這些知名演藝人員與模特兒，而不知不覺地受到影響。

推選主辦人

好不容易選定地點，大家決定推選一位主辦人，負責籌畫整個畢業旅行，小珍因爲向來很會殺價、比價，因此被選爲畢業旅行的主辦人，但小珍其實沒有任何跟旅行社打交道的經驗，因此，難題出現了，要找哪家旅行社呢？市場上有些專門辦理畢業旅行的旅行社，他們在處理畢業旅行上，比較專業且符合一般同學的需要，但小珍與同學們先前都沒有跟旅行社打交道的經驗，因次並不知道到底該找哪家旅行社比較好。所幸，網站上有很多關於旅行社服務好壞的討論文章，這些網路口碑對於同學來說便很重要。在看過這麼多的網站文章後，小珍雖然沒有跟旅行社打交道的經驗，但也大概知道一些情形，班上同學決定找一個在網路上評價不錯的領隊，請他規劃旅遊行程，並幫忙組成這個旅遊團。

處理畢業旅行跟一般旅行團不太一樣。一般旅行團的攬客程序是先設計出旅行團的時間、行程、價格，再由業務人員攬客，顧客若已決定出國時間，但地點不定，則可在不同旅行團間選擇，但基本上，行程並無法調整，因爲產品設計完成時，大部分行程細節就已確定，而招攬的客人，彼此來自不同地方，年齡、性別、背景、職業各有不同。

但畢業旅行團比較不一樣，畢業旅行團是個客製化的產品，班上的同學構成了這個旅行團。既然全團都是班上同學，行程當然可以自由安排，因此，旅行社給予最大的彈性，讓同學可以自定行程。當然，旅行社會給予專業意見，建議同學如何安排行程，讓旅行過程最爲順暢，旅遊景點畢竟還是有交通狀況、景點開放時間等條件限制，把同一方向的景點放在同一天，才是比較明智的做法。

全體決策

小珍安排了一次班會，讓旅行社人員到班上來說明旅行社所建議的行程，大家看完行程之後，七嘴八舌的議論起來，每個人都有意見。這種狀況旅行社早已司空見慣，想要一次會議就把畢業旅行的行程搞定實在是不可能。旅行社人員觀察到班上同學的討論狀況，很快的注意到，小珍是整個活動的負責人，但很多人都願意聽阿昇的意見，而淑萍對國外旅遊的熟悉程度，完全不遜於專業人員。旅行社人員隱約覺得，要敲定行程，一定要小珍同意，而如果能讓阿昇幫忙說服班上同學，則將有助於確保這次畢業旅行的參加人數，至於淑萍呢？旅行社人員主觀覺得淑萍可能會幫忙確認報價是否合理，但旅行社人員猜測，淑萍最後會不會參加這次畢業旅行，是有疑問的，因爲背包客通常會喜歡自訂旅遊景點，單槍匹馬行動。

面對畢業旅行這種自組團，旅行社自有一套作業程序，首先便是要敲定行程，在知道班上同學的狀況後，旅行社與小珍和阿昇保持密切合作，當班上同學選好旅遊國家後，旅行社初步擬訂了行程，並把這個國家觀光局所提供的中文簡介，寄了兩份給小珍與阿昇。另外，旅行社知道，因爲還沒有收受訂金，同學可以隨時換旅行社，因此，旅行社必須隨時與小珍保持聯絡，並嘗試與小珍建立私人的朋友關係，以確保這筆生意不會流失。旅行社人員買了幾本相關的旅遊書給小珍，並且把這次規劃的景點在書中標註出來，然後約小珍與阿昇出來討論。經過幾次的互動，小珍慢慢把旅行社的人員當成是好朋友。偶而同學提到「網路上，似乎有別家旅行社更便宜」時，小珍總是幫忙捍衛說道：「一分錢一分貨啦！」小珍儼然已經確定，這次畢業旅行一定要找這家旅行社。

報名參加

終於，畢業旅行的日子快要到來，開始收團費了。跟大部分班級的畢業旅行一樣，大約只有一半的同學決定參加，小珍有點氣餒，但旅行社人員覺得一點都不奇怪，反而覺得這已經很好了，有些同學家庭經濟狀況不太好，當然不可能還花這筆錢出國。只不過，淑萍有報名參加這次畢業旅行，這超出了旅行社的預期，原來是淑萍剛好沒去過這個國家，而且淑萍跟班上幾位同學很要好，大家都想藉由畢業旅行留下美好的回憶。

要求特別待遇的家長

收團費的時候，有段小插曲，一位學生的家長打電話到旅行社，堅持要讓他的小孩搭商務艙，且沿途飯店房間必須升等，還要安排隨行人員陪同。這位家長是很多家上市公司的老闆，他告訴旅行社，搭四小時的飛機，一定得搭商務艙，否則會很不舒服，另外，晚上要睡得舒服，一定要選較好的房間。對旅行社來說，商務艙機票一定是個人機票，而非團體機票，會貴不少錢，但只要客人願意多花錢，購買商務艙機票並無問題，至於飯店房間，更沒有問題。不過，這位同學並不願意跟大家分開，而希望跟大家一起搭經濟艙。

旅行社夾在同學與家長之間，無法處理，幾經協調，最後旅行社答應設法特別照顧這位同學，而這位家長從公司員工中，找了一位年紀相仿的新進員工，以朋友的名義，一起陪同參加旅行團，機位方面，則仍跟大家一樣搭經濟艙，不過是買個人票而非團體票，以便旅行社可以在劃位時，安排他到較好的座位，住宿時也會安排較好的飯店房間，不過房間將儘量選擇跟其他同學同一樓層，以便同學晚上能夠聊天，在許多細節上，也儘量特別照顧他。而被選來陪同他的員工，名義上是一同去旅遊，實際上則是沿途照顧他。當然，額外增加的費用，旅行社直接跟家長另外收取。旅行社在這件事情的處理上，盡量做到符合家長的要求，但又不讓那個學生太明顯的與眾不同，設法滿足每個人的條件。當然，旅行社也因此多賺了一些錢。

出國旅行了

期待了一年，畢業旅行的日子終於到來了，六天的行程相當豐富，有離島的水上活動，也有古城的歷史建築參觀，還有民俗活動巡禮。到了當地，淑萍常常跟領隊與導遊要求脫隊，她跑去搭火車與公車、吃路邊攤、到當地市集去買東西，還到當地寺廟去拜拜，因爲語言不通，她光是問清楚拜拜的程序，就花了不少時間。旅行過程中，淑萍不但了解很多當地的風俗民情，還對當地歷史更加熟悉，在出發前，淑萍事先就做了功課，知道當地在二次世界大戰後才成爲一個獨立國家，戰前是被殖民統治的，而在殖民統治之前，這個國家其實是分屬於幾個小國，各有自己的國王（或說是酋長）來分別治理，這幾個小國有些有自己語言、文官體系與地方官員，有些則比較沒那麼進步，是個原始的部落。也就是說，這個二次世界大戰後成立的國家，其實是由很多種族與文化組成的民族大鎔爐，歷史課本限於篇幅，對這些部分並沒有詳細的介紹。

社交媒體分享

淑萍到了每個地方，都會拍很多照片，放上社交網站，分享給網友，而且詳細標注拍攝的地點。她每天都上網貼很多的東西，大家都很驚訝她對於新科技的接受，也很驚訝她這麼愛在網路上分享資訊，因爲她很樂意分享，很多人也都愛問她旅遊方面的問題，以及科技產品使用的問題。淑萍晚上立刻上網寫部落格、貼到社交網站，還結合 Google Map 地圖與網路相簿， 並上傳到社群網站，分享網友，並讓其他網友知道這張照片是哪拍的。

幾乎所有同學都很喜歡這六天的旅行，因爲能夠到不同國家體驗一下，確實是不錯的經驗。許多同學對於刺激的水上活動，念念不忘，而很多人對於異國美食，則讚不絕口。小珍看到大家都這麼滿意，鬆了一口氣，總算完成這個大任務了。她決定在部落格內，寫下整個旅遊的過程，並且大力推薦這個跟她合作的旅行社。當然，在社群網站上對這家旅行社宣揚一番，也是一定要的。

二、個案提及重點觀念

討論內容	對應章節
財富對於畢業旅行地點選擇的影響。	第十章 財富、社會階級、性別、年齡
班上同學共同決定畢業旅行地點。	第九章 家庭與組織購買決策
決策過程中，意見領袖會影響購買決策。	第八章 群體影響與意見領袖
家長雖沒有參加旅行，但在這次消費行為中，卻有扮演角色。	第九章 家庭與組織購買決策
某些家長要求自己的小孩有特殊待遇。	第十章 財富、社會階級、性別、年齡
出國體驗不同的文化。	第十一章 種族、宗教、文化差異

問題討論

1. 請說明在這個個案中，決定旅遊地點與旅行社時，參考群體、口碑如何影響同學的決策。
2. 請說明這個個案中，誰是意見領袖，意見領袖通常有什麼特性。
3. 家長並沒有參加畢業旅行，但卻會影響同學的決策，請以家庭購買行為說明此事，並解釋這個個案中，購買者與使用者是否不同。
4. 請以組織購買行為的角度，解釋小珍在整個畢業旅行扮演的角色。
5. 請以個人財富差異的角度，解釋許多同學去偏好歐洲與美國的理由。
6. 請以社會階級與個人財富的角度，解釋為何有家長希望他的小孩能有特別的待遇。
7. 請解釋旅行過程中，可能體驗到的種族、宗教、文化的差異。

個案回顧測驗題

(　　) 1. 個案細節：如果您是旅行社人員，您跟大學生說明畢業旅行方案時，應該設法找到班上的哪一種人？ (A) 創新採用者 (B) 成績最好的 (C) 有錢人 (D) 意見領袖。

(　　) 2. 個案細節：個案中，有人希望搭乘商務艙，最簡單的解釋是什麼？ (A) 財富與社會階級 (B) 象徵意義 (C) 意見領袖 (D) 價值觀。

(　　) 3. 大部分同學選擇去東南亞，而非去歐美，請問最大的原因可能是什麼？ (A) 基於財富與所得的考量 (B) 基於宗教與種族的考量 (C) 基於社會階級的考量 (D) 基於文化體驗的考量。

(　　) 4. 班上的畢業旅行籌辦，是一種什麼樣的消費行為？ (A) 衝動性的購買行為 (B) 組織購買行為 (C) 物質主義購買行為 (D) 強迫性購買行為。

(　　) 5. 到國外體驗不同的習慣，感到很新奇，最可以解釋的是什麼？ (A) 體驗文化差異 (B) 購買低價產品 (C) 物質主義考慮 (D) 社會階層觀點。

CASE 07 到國外拍婚紗

一、個案本文

人物

Emmy：行銷企劃，籌辦國外拍婚紗活動。

趙經理：旅行社經理，Emmy 的主管。

小可：浪漫愛情故事徵文比賽得獎者，但浪漫故事被認為是個劈腿故事。

場景

旅行社藉由網路徵文比賽，宣傳國外拍婚紗的海島旅遊。但徵文得獎的故事卻具有爭議話題性。

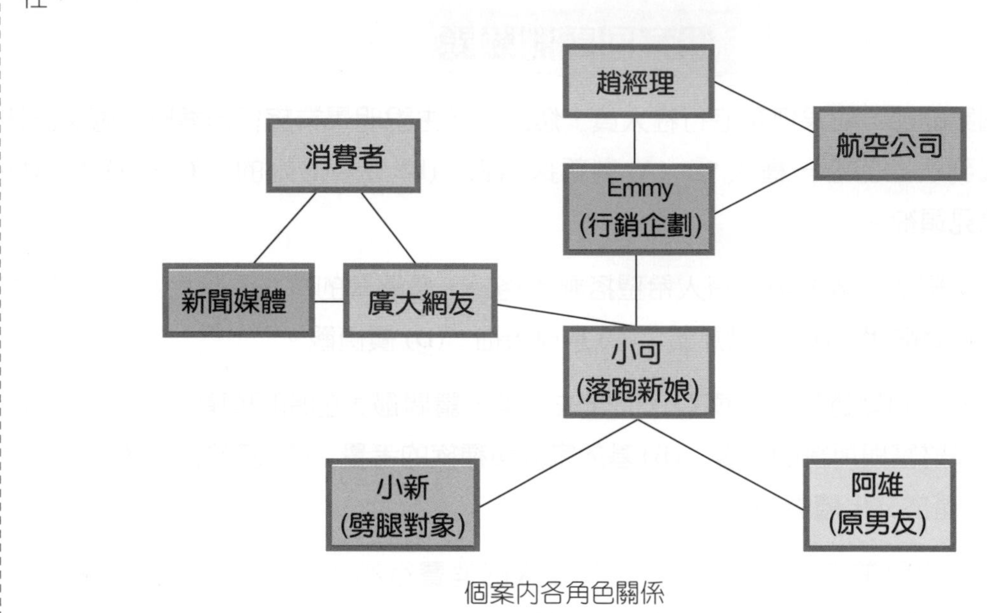

個案內各角色關係

「今年暑假的度假島嶼航線，到底該怎麼行銷宣傳比較好呢？ Emmy 你最有想法，提個建議吧！」趙經理在每周行銷企畫工作會議上，問著部門內的成員 Emmy。Emmy 是行銷部門的點子王，也是重要的台柱。擁有知名大學 MBA 學歷的 Emmy 經常想出很好的點子，這幾年旅行社推出的暢銷產品，很多都是出自她的規劃。趙經理是這家大型旅行社的行銷部門負責人，這家大型旅行社的行銷部門與業務部門是分開的，業務部門是個很大的單位，是公司的主要命脈，負責所有旅行業務，不管是個人機票、自由行、或團體旅遊、或者是飯店訂房，都是業務部負責的範圍。但行銷部負責的部分就比較簡單，主要負責工作都是如何包裝產品、如何進行廣告與宣傳，以及如何制定促銷活動。

暑假島嶼航線

每年的暑假，是一年一度的旅行大旺季，而今年因為特殊的原因，大家都不想去東北亞進行暑假旅遊，航空公司要補足暑假的旅遊產品線，只好從別的地方下手。趙經理問的這個度假島嶼旅遊，是航空公司今年特別開設的島嶼旅遊航線，吸引想玩水、想要度假的消費者。這條航線別的公司有飛，但這家公司是第一次飛，這種季節性才會出現的島嶼航線，需要特別的廣告宣傳，以吸引消費者的目光。但島嶼旅遊的訴求大同小異，很難找到新的行銷賣點。

「大多數的島嶼旅遊，都是強調玩水，這個島嶼航線當然也是可以強調玩水。不過，如果想要與眾不同，我建議可以搞個『婚紗照團』、『浪漫婚禮團』，一定可以大賣。」Emmy 想了一想，突然靈機一動，這樣回答趙經理。

蜜月團效果不佳

趙經理很直覺的回答說：「喔！但蜜月團這招我們辦過，效果雖不差，但也沒有非常好耶！主要是因為蜜月旅行團常常招不太滿，大家現在結婚人數不多耶，而且若每團人數太多，團員就不喜歡，因為蜜月當然是兩人甜甜蜜蜜，連領隊與導遊都嫌礙眼，誰喜歡還有其他團員呢？還有，從新婚夫妻的心理上來說，若別的新婚夫婦如膠似漆的比自己更甜蜜，那自己不是被比下去了嗎？幹嘛沒事要去參加蜜月團呢？因此，真正報名參加蜜月團的，其實不多耶！」

Emmy 說：「所以，蜜月團要兩人成行啦！而不是一大團。不過，這不是今天的重點，您把我的想法搞錯了。我是說，我們可以再轉型一下，除了蜜月團外，再推出『婚紗照團』，拍婚紗時，除了新人外，還有攝影師、化妝師等，因此只要 4-5 對新人，就能組成一團。我們跟婚紗攝影公司談好套裝行程，讓婚紗店來推，一定能夠成功。出國拍婚紗，若能成為新人的甜蜜回憶，若因此多挑幾張婚紗照，婚紗攝影公司就賺到了。」趙經理問：「那這樣，這些要結婚的新人不是得花很多錢嗎？」Emmy 回答說：「經理，那您就不懂了。現在的人愈來愈晚婚，您知道嗎？工作很多年後才結婚，通常結婚前有比較多的積蓄，因此，會比較鋪張，願意多花錢在拍婚紗照。」

趙經理又問：「那『浪漫婚禮團』又要怎麼設計？」Emmy 回答說：「日本人很喜歡到這個島嶼去結婚，因此島上建有很多漂亮的教堂，正適合辦婚禮。」趙經理一臉疑惑的問：「但很少人出國辦婚禮啊！」Emmy 回答說：「又不是要每個人都出國辦婚禮，只要有個人出國辦婚禮，幾十張或上百張機票就賣出去了，因此，不必每個人都是去那個島嶼辦婚禮，只要我們找到幾個人願意出國辦婚禮，我們就賺到了。」

「可是那個島上只有教堂，若不信教的，就不能參加這個國外婚禮了吧！」另外一個同事這樣問。不過，這位同事講完後，自己又覺得說錯話，又補充幾句：「不過，也對啦，也不必每個人都要去辦婚禮，只要有人願意去就好了。」

大家七嘴八舌的討論，趙經理還是很不放心，又問了一下：「那出國辦婚禮，有法律效力嗎？」Emmy 回答說：「出國辦理婚禮，當然沒有法律效力啊！即使在臺灣辦理婚禮，也沒法律效力啊！從 2007 年 5 月以後，根據民法 982 條的修正規定，必須要到戶政機關辦理結婚登記，才算有法律效力。」

趙經理更疑惑了，說到：「既然沒有法律效力，那幹嘛辦婚禮？還跑到國外去辦，花那麼多錢！」Emmy 說：「總要有個儀式，來象徵海誓山盟。而且，這象徵著永遠的誓言。更何況，情人節大餐也沒有法律效力啊，但各餐廳不是在情人節都賺翻了！」趙經理回說：「所以，我不過情人節！」

經過反覆的討論，趙經理對於 Emmy 的想法愈來愈認同，決定就依 Emmy 的構想，把今年的行銷主軸放在：「愛戀婚紗團」、「浪漫婚禮團」。

愛情故事徵選

經過幾次討論之後，確定除了例行強調玩水的夏日旅遊團外，這條新的島嶼旅遊航線的宣傳重點將放在婚紗團。由於廣告宣傳可使用的經費不多，趙經理接受 Emmy 的建議，舉辦浪漫愛情故事徵文比賽，選出前三名，招待這三對準新人到這個島嶼拍婚紗照。當然，宣傳文案上，硬是寫說這個婚紗旅遊行程價值高達百萬，實際上就是跟航空公司要免費的公關宣傳票，然後再請婚紗業者免費配合提供攝影師、花妝師、助理人員等。整個成本不若想像中高。

這種徵文比賽，因爲非屬於商品銷售，因此在網路上很容易進行消息傳播，經過大家反覆的轉載，很多網站都張貼著這則的徵文訊息，報名非常踴躍，有近千對準新人貼出自己的愛情故事。趙經理把部門內同仁都找來，要從這些浪漫愛情故事中，找出三則最感人的故事成爲得獎者。很快的，大家都發現，每個人的愛情長跑故事都大同小異，都是一方很殷勤，或者是數十年如一日的守候，終於結成連理。故事雖然浪漫，但情節也有些老套。

這些故事中，有個故事很特別，故事中的女主角小可與前男友阿雄論及婚嫁，但始終覺得阿雄沒有關心與體貼自己，有一次小可騎摩托車被冒失的計程車司機撞到，出了小車禍，小可慌了手腳，不知如何處理，立刻打電話給阿雄，阿雄卻沒有接，打給另外一位男性友人小新，小新卻立刻飛車狂飆前來，小可覺得眞愛在此，決定與阿雄解除婚約，另與小新交往。雖然，小可後來發現，當初車禍時阿雄之所以無法立刻出現，是因爲忙於籌辦婚禮事宜，但與阿雄的感情經過幾次爭吵之後，已難復合，緣份不再。

大家對於這個故事有些嗤之以鼻，認爲豈能因爲車禍沒有及時趕到，就以此論定不夠關心、體貼。也豈能以此做爲移情別戀的理由。但 Emmy 獨排眾議，主張這個故事應該入選，理由是這故事可以趕上最時髦流行的「小三（第三者）」議題，而且故事具有爭議性，容易引發討論，感情的事情又是當局者迷、清官難斷家務事，種種理由讓 Emmy 認定這是個很有票房的愛情故事。

因爲 Emmy 很堅持，最後這個故事被選爲入選的愛情故事之一。

網路舌戰

愛情故事的徵文比賽，在五月份公布，由航空公司舉行記者會，來宣布得獎的愛情故事，三對得獎的新人除了接受大家的祝福外，將搭首航班機到這個旅遊島嶼拍攝婚紗照，所有費用均由公司負擔。

舉行了記者會，也邀了所有跑旅遊線的記者參加，但記者們對於這樣的記者招待會，司空見慣了。吃吃喝喝之後，把資料帶回。因爲新聞性不太足夠，大家都想，只能發個小新聞稿。或許，將來找個機會製作個婚紗團的專題吧！

得獎名單一公布，網路上那沒有得獎的其他近千位投稿者，自然會想自己的愛情故事爲何不如那三對得獎者，結果看到第三對得獎者竟是因爲移情別戀而得獎，心中自然不是滋味，立刻在網路上抱怨起來。網路無遠弗屆的效應，開始展開。

不到一天的時間，這位移情別戀但又得獎的小可，成爲網路的紅人，從國中以後的學歷、高中的班級、大學聯考的榜單，通通被「人肉搜尋」出來。網友還發現，小可跟小新在那次車禍正式在一起以前，應該就已經在一起了，部落格內的許多親密照片可以證明此事。也就是說，不是「移情別戀」，而是早已「劈腿」。車禍只是讓小可正式跟大雄分手的藉口。

劇情發展到此，網友更加氣憤，開始發起全面性的圍剿，有關與無關人士紛紛加入戰局，網友甚至從小可高中同學的網頁，發現小可在幾年前，就打算結婚，當時結婚對象既非大雄，也不是小新。比較激烈的網友，甚至發起寫信到航空公司抗議的活動，要求取消得獎名單。

航空公司告訴趙經理此事，趙經理趕快把 Emmy 找來，問他該怎麼處理？但見 Emmy 慢條斯理的說：「沒事，是小可劈腿，又不是航空公司的錯，看看事情後續的發展再說。而且，愈討論，就愈多人知道有『婚紗團』這件事。若大家不知道『婚紗團』的存在，就不可能將到國外拍婚紗放入做爲選項。」

記者報導

一個任職於八卦媒體的記者，眼尖發現網路上的這波口水戰，寫了一篇報導。報導被刊登出來後，各家電視台發現自己漏了這則新聞，趕快加入報導的行列，瞬時之間，小可成爲網路大紅人。

小可發現自己成爲網路人肉搜索的對象後，爲了避免事態擴大，只好關閉部落格等。但網友還是不放過，將之前取得的資料彙整成爲「懶人包」，也就是讓所有人不必辛苦搜尋就能快速知道全部的來龍去脈。小可甚至還被發現雖然號稱要結婚，但幾周前還到婚友網站建立新帳戶，當然，這惹來更多的質疑。

愛情故事得獎名單公布後的第三天，趙經理很緊張的問 Emmy：「要不要通知小可，他資格不符被取消得獎。」Emmy 回說：「她資格沒有不符啦！別緊張。新聞愈多，愈多人知道我們的『婚紗團』的存在。」才跟趙經理講完沒多久，飽受圍剿的小可電話告知 Emmy，希望放棄這個獎項，並拜託務必跟記者說，請記者幫忙刊登新聞。Emmy 滿口答應，立刻通知記者。

記者隔天又寫了一則新聞，網路上本來沒注意到此事的網友，又發現了此事。瀏覽關心此事的人，又多了一些。

趙經理很緊張的跟 Emmy 講：「你看，你搞砸了吧！」，Emmy 回說：「才不呢！」等暑假到了，您就知道。

（本個案所有情節，均屬虛構。個案撰寫靈感來自一則 2011 年 5 月期間發生的事件，但本個案與該事件完全無關。個案內容均爲杜撰，並無這些人物存在。）

二、個案提及重點觀念

討論內容	對應章節
購買汽車的動機。 是否購買汽車的問題確認。	第三章 動機與價值
公司提供的油錢補貼。 公司採取租車的做法。	第九章 家庭與組織購買決策
不同家庭生命週期的購車行為。	第九章 家庭與組織購買決策
所得與購車行為。	第十章 財富、社會階級、性別、年齡
不同社會階級的人購車行為不同	第十章 財富、社會階級、性別、年齡
從衆行為	第八章 群體影響與意見領袖
家庭購買行為	第九章 家庭與組織購買決策

問題討論

1. 請說明為什麼暑假會是旅遊的旺季？請從家庭生命週期的角度出發，說明哪些家庭生命週期的消費者，會選擇在寒暑假進行旅遊？
2. 請從家庭生命周期、職業、所得等不同的角度，說明在非寒暑假期間旅遊的消費者有何特性？
3. 請以所得與家庭生命週期的關係，說明晚婚者為何有時花比較多的錢在婚紗與婚禮。
4. 請說明甚麼是儀式與象徵，並說明儀式與象徵在社會上扮演的角色。並請以此來解釋為何要出國拍婚紗、辦婚禮。
5. 請從資訊搜尋、知道集合的角度，說明為什麼要讓更多人知道有「婚紗團」的存在。
6. 消費者面對婚紗、婚宴、蜜月旅行、喜餅這類不容易有先前購買經驗的產品，如何取得商品資訊？

個案回顧測驗題

( ) 1. 個案細節：本個案中，舉辦什麼活動，來讓消費者知道航空公司有這條新航線？ (A) 愛情故事徵選 (B) 大胃王比賽 (C) 猜謎比賽 (D) 愛情曬恩愛比賽。

( ) 2. 個案細節：旅行社希望如何銷售這條航線的機票？ (A) 舉辦婚紗團 (B) 舉辦海島旅行團 (C) 舉辦國際會議會展團 (D) 鼓勵老年人的休閒旅遊。

( ) 3. 新開一條航線，希望讓消費者知道此事，屬於哪一個階段？ (A) 察覺（Awareness） (B) 興趣（Interest） (C) 渴望（Desire） (D) 行動（Action）。

( ) 4. 消費者完全不知道有這條新航線，則此時該航線處於什麼階段？ (A) 非喚起集合 (B) 非知道集合 (C) 不考慮集合 (D) 考慮集合。

( ) 5. 哪一個家庭生命週期階段，最常在暑假出國。其他時間很少出國？ (A) 滿巢二期或滿巢三期 (B) 空巢期 (C) 新婚 (D) 單身。

CASE 08 商業午餐定價

一、個案本文

➨人物

陳經理：後續經常到訪，成為餐廳的常客。

劉專員：下次再來之後，改點商業午餐。

張助理：覺得很貴，再也沒有再回到這家餐廳用餐

➨場景

拜訪顧客後，到日本料理店吃飯。

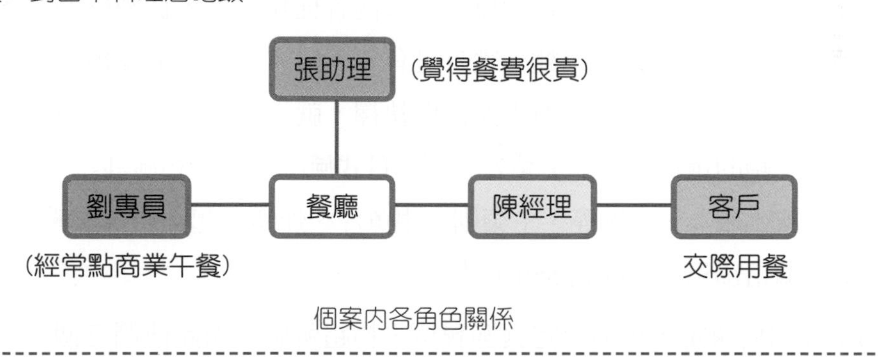

個案內各角色關係

今天是陳經理、劉專員與張助理拜訪客戶的日子，早上下午都各約了散布在各鄉鎮的幾家公司，要進行例行的業務拜訪。看著手錶，時間已過早上十一點半，該結束訪問了，如果再拖下去，就得一同吃午餐了，而午餐吃個桌菜，開幾瓶啤酒，經常要五、六千元，屆時不管誰出錢，都很尷尬，最近經濟不太景氣，公司對交際費用抓得很緊，但讓對方出錢，又有點奇怪，自己掏腰包，又不划算。終於，談話告一段落，陳經理趁機做個總結，結束了這次的拜訪。

天氣好熱

離開這家公司，頂著攝氏三十多度的好天氣，天空一片蔚藍，萬里無雲，顯然是個讓人想吹吹冷氣的日子，偏偏車子的冷氣不太冷，當然，車子已經曬了一早上的太陽，冷氣當然不冷。好不容易，車子到了市區，陳經理、劉專員與張助理都不約而同的說，找個地方吃飯順便吹吹冷氣吧！

車子停好後，三人走在街上，尋找適合吃飯的地方，因為下一個廠商是約下午兩點半拜訪，顯然要找個能坐下來休息一會兒的地方。當然，如果環境氣氛好一點，三人還可以順便討論一下部門未來的業務發展方向。走著走著，到了一家日本料理店，規模似乎蠻大的，店招牌很明顯且突出，從玻璃門看進去，裝潢高雅，料理台上的生魚片，賣相不錯，似乎很好吃，加上空氣中飄來炭烤的香味，頓時覺得有點飢腸轆轆。但大夥又有點猶豫，價錢會不會很貴呢？不過門口的海報上，貼著商業午餐 200 元起，價格似乎不高，加上三個人已經快熱暈了，因此就決定在這家店用餐。

氣氛很好的日本料理餐廳

與一般日本料理餐廳一樣，所有跑堂的外場員工，都穿著日式的制服，而日式裝潢設計加上有點昏暗的燈光，氣氛確實不錯。首先，服務人員先幫每個人端上一杯茶，遞上濕紙巾，然後送上菜單。

果然是個頗具規模的日式料理餐廳，菜單內容種類豐富，從豐盛的大餐、生魚片、火鍋、炭烤，到簡單的小菜、拉麵，應有盡有。三個人在菜單上反覆思量比較後，實在無法決定，服務員看到他們三人似乎無法做抉擇，就過去幫忙解說菜單，並告訴他們，定食套餐也是不錯的選擇，除了主菜外，還有日式風味小菜、和風沙拉、壽司、味噌湯、蔬菜、茶碗蒸或土瓶蒸、甜點等，主菜則有生魚片、炸蝦、起士豬排、鰻魚等不同選擇，總共有八道，價格卻只要 350 到 550 元之間。

因為不知如何決定，再加上定食套餐似乎物超所值，因此他們三個人，都選擇了定食，而這餐廳服務確實也不錯，餐點一道一道慢慢上，三個人就邊吃邊聊，全部餐點吃完，竟然也花了一個半小時多。因為時間已經接近下午兩點，也該出發去拜訪廠商，於是張助理起身去結帳，連同服務費，這頓午餐三個人總共花了 1200 元，平均每個人 400 元。當然，因為不是跟廠商聚餐，因此是各付各的。

午餐費用比想像高

離開了這家日本料理餐廳後，三個人一致同意，從氣氛、裝潢、食物與服務，大家都覺得，今天午餐的選擇應該是不錯的決定，而且下次可以再來吃。突然間，劉專員看到門口貼著商業午餐 200 元起的海報，便跟其他兩人問道：「不是說商業午餐 200 元起嗎？為什麼我們平均每個人卻吃了 400 元？」陳經理答道：「因為我們沒點商業午餐啊！」劉專員追問：「那菜單中有商業午餐嗎？」這時張助理說：「我有注意到菜單內並沒有商業午餐，也仔細找了一下，確定菜單內眞的沒有，不過，我不太好意思問，因爲不確定剛剛進店門前看的海報，意思是甚麼？是否自己看錯了」。

在車上，三個人仔細回想，似乎都沒有看到商業午餐。不過，他們還是覺得，這家日本料理餐廳還不錯，下次有來這裡時，可以再來吃。

真的有商業午餐

一個禮拜後，劉專員非常刻意的再次來到這間餐廳，而且在餐廳門口把商業午餐的海報看得清清楚楚，才進入餐廳。此次，他還是沒在菜單中看到商業午餐，於是他跟服務生詢問此事，結果服務生趕緊到櫃台拿了另一份菜單，原來商業午餐的菜單是在另外一本，餐廳的標準作業流程是顧客若不問，服務生就不主動提供。

看了商業午餐菜單後，劉專員點了一份最便宜的起士豬排商業午餐，定價是 200 元，菜色共有味噌湯、日式風味小菜、和風沙拉、蔬菜、茶碗蒸、主菜等六道，外加一碗白飯。除了味噌湯、茶碗蒸、白飯外，其他配菜與主菜是放在一個餐盒上，配菜的份量較定食套餐還略少一些，但當作午餐應該是足夠了。定食套餐的餐點是一道一道慢慢上，但商業午餐則是服務生一次把菜全部上完，也因爲如此，半小時不到，就吃完了。因爲吃過定食套餐與商業午餐， 比較過兩者的差異，因此，以後劉專員再到這家餐廳，都點商業午餐。又因爲價格便宜， 物超所值，劉專員幾乎每一兩個禮拜就光顧這家餐廳。

很適合跟顧客吃飯

陳經理後來也成爲這家餐廳的常客，當他自己來這座城市，拜訪這裡的客戶時，如果需要跟客戶吃飯，他常選這家餐廳。而他的客戶也很驚訝，爲何他熟門熟路的知道這家氣氛不錯的日式料理餐廳。不過，陳經理從來沒嘗試過商業午餐，他每次都點定食套餐，或者單點幾道菜。他跟客戶吃飯的目的，主要是爲了聯繫與顧客的人際網絡，而這樣價位的餐點，以及用餐環境，非常契合他的需要，拿發票回公司報帳時，公司也覺得這樣的交際費支出，還算合理。

套餐其實不便宜

張助理個人則是再也沒有再回到這家餐廳用餐，因爲每次想到這間餐廳時，他腦中浮現的是，餐點價位每個人要 400 元左右，並不便宜。

二、個案提及重點觀念

討論內容	對應章節
被餐廳外觀與招牌吸引	第二章 知覺、學習與記憶
日本料理餐廳氣氛佳。	第二章 知覺、學習與記憶
用低價產品吸引消費者注意	第六章 購買決策與資訊搜尋
理解到這家餐廳並不便宜	第二章 知覺、學習與記憶
助理覺得餐廳價格太高，經理卻覺得價錢還好。	第十章 財富、社會階級、性別、年齡
經理帶客戶來該日本料理餐廳用餐。	第三章 動機與價值觀
明知餐廳沒把商業午餐的菜單拿出，卻不好意思詢問。	第四章 人格特質與生活型態

問題討論

1. 許多超市、量販店，會推出所謂的破盤價商品，這是一種被稱為「帶路貨訂價」或
2. 「虧本銷售定價」的策略，英文稱為 Loss Leader Pricing，目的在於吸引顧客到店。這種定價策略的運作原理是吸引消費者到店後，消費者除了購買這種商品外，可能還會購買其他商品。您覺得這種定價策略，在個案中的這個日本料理餐廳，運作得如何？
3. 哪些感官知覺刺激，會影響消費者對於餐廳的選擇與滿意度？
4. 在街上，常常可以看到一些餐廳，有著很顯眼的招牌，請問這些很顯眼的店招牌，是基於甚麼目的而設置的？
5. 個案中的消費者，看到商業午餐的價格，認定該餐廳並不貴。請從消費者知覺的解釋階段，說明此一現象。
6. 請用學習與記憶的角度，說明個案中的消費者，後續的再購與不再購行為。
7. 請從動機的角度，分析劉專員、陳經理後來成為這間餐廳常客的理由。
8. 請用個人差異的角度，說明為何張助理在第一次用餐時，為什麼不開口詢問菜單內為何沒有商業午餐？劉專員之後又去用餐，但刻意的詢問商業午餐，而張助理則不再到該餐廳用餐，請以個人差異的角度，說明此事。

9. 您覺得該餐廳的標準作業流程「顧客若不問，服務生就不主動提供商業午餐菜單」的做法，是否恰當？

個案回顧測驗題

( ) 1. 個案細節：第一次去這家餐廳時，他們有沒有看到商業午餐菜單？ (A) 有 (B) 沒有立刻看到菜單，但詢問後，菜單就來了 (C) 沒有看到，但他們口頭詢問，最後有吃到商業午餐 (D) 沒有看到菜單，也不好意思詢問。

( ) 2. 個案細節：第一次去這家餐廳時，他們最後吃了什麼？ (A) 大家都吃定食 (B) 有人吃定食，有人吃商業午餐 (C) 大家都吃商業午餐 (D) 都是單點。

( ) 3. 破盤價商品，在行銷策略上，是什麼意思？ (A) 吸引消費者到店，消費者除了購買這件商品外，也會購買其他商品，從其他商品來獲利 (B) 削價競爭，沒有什麼策略涵意 (C) 沒有真正降價 (D) 一定不可能賠錢或破盤。

( ) 4. 肚子餓時，會特別注意到有餐廳，但如果不想吃飯時，就不會注意到餐廳，這是因為哪一個概念？ (A) 選擇性注意 (B) 思慮可能模式 (C) 古典制約 (D) 選擇性遺忘。

( ) 5. 店裡的裝潢很漂亮，環境優美，有助於吸引客人，這是因為？ (A) 感官知覺 (B) 消費者的習慣性購買 (C) 購買慣性 (D) 記憶。

CASE 09 網路錯價事件

一、個案本文

➠人物

小強：網路重度使用者，主張廠商若標錯價，就趕快買。

阿華：覺得沒有必要一定要買廠商標錯價的商品。

➠場景

在網路上，發現網站標錯價格，討論是否要跟著買。

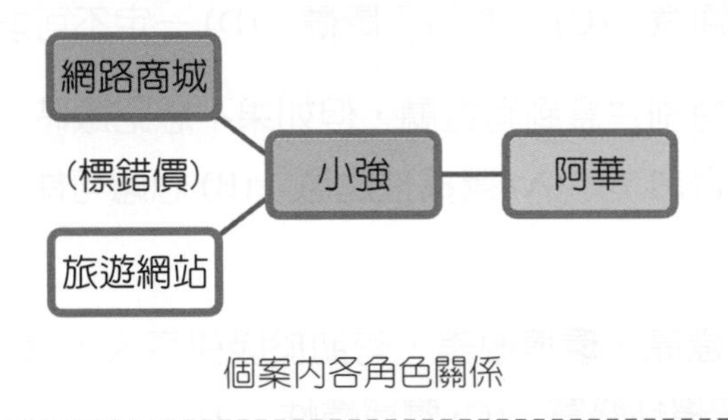

個案內各角色關係

凌晨兩點多，阿華的 online game 打的正火熱，這幾天因爲剛考完期末考，閒得發荒，好幾個同學都徹夜練功，過著日夜顛倒的日子。突然，小強急敲 LINE 與 messenger 通知大家，趕快上網訂 34 吋曲面寬螢幕液晶顯示器，只要不到新台幣一千元。

螢幕標錯價

怎麼可能啊？循著小強所說的網址，阿華找到了這家網路商城，發現價格眞的不到新台幣一千元，原本的價格，應該是台幣一萬元左右吧！就算到超便宜的 3C 商場，或是展示機、整新機、庫存機，大概也需要台幣八千元，怎麼可能只要台幣一千元呢？阿華非常納悶，覺得一定是標錯價格了。小強猛敲 MSN LINE 告訴阿華，趕快訂購，阿華覺得自己並沒有購買曲面液晶螢幕的需要，而且這個案子明顯的是標錯價格了，阿華覺得根本不該趁人之危。

這個標錯價格的訊息，在晚上八點多鐘被網友發現，網路上有很多比價程式，會自動化地搜尋每家網路商店的價格，作爲網友比價的參考。而網友發現後，除了自己購買外，也在某個討論區寫下了相關的訊息，瞬間許多網友奔相走告，大家看到了這則不可思議的價格，大為心動，大部分的網友都猜得出來這是行政人員或電腦程式上的疏失，但很多網友見獵心喜，不願錯過這大好機會。反正先訂也沒損失。

於是總共快三萬名網友，訂了十多萬台螢幕，更有誇張的網友甚至訂了一百台，足足比一家 3C 零售店一個月的銷售量還多。要不是受限於信用卡的信用額度，這數目一定遠超過於此。中午的電視新聞，就已經播報出了這則新聞，而這個網路商城也立即將這台螢幕的售價回復到正常的水準。初步統計，如果網路商城依約出貨，大概會損失超過台幣十億元，這等於過去幾年的獲利，都會因為這個事件而全部付諸流水。

媒體爭相報導

到了傍晚，各家電視台都把這件事當成是個重要的趣聞，而消費者保護團體也出面聲援消費者，認為既然消費者沒錯，商家就必須要履約。站在消費者這邊，一向是消費者保護團體的既定立場，所以這不足為奇，只不過，阿華有點納悶，這件事情不就是標錯價，而大家就是貪圖便宜、趁人之危嘛！振振有詞的那些網友，難道不知道這個價格是標錯的嗎？大家拼命要求網路商城必須履約，到底有沒有道理呢？

隔天跟小強聚餐時，小強問阿華買了幾台，阿華很尷尬的說道：「一台都沒有！」小強很想脫口而出罵阿華，但話到了嘴邊又縮回去，小強心想，阿華一定很懊惱沒買，還是別刺激他了。沒想到，小強與阿華聊了幾句之後，兩人有點意見不合。這種意見的兩極化，在網路討論區上更是明顯，很多網友極力主張網路商城應該依約出貨，但也有人同情這個網路商城。不過很明顯的，同情網路商城的人比較居於下風，網友當然是力挺網友的，只要同情網路商城，就被猜測是網路商城的員工。

阿華問小強說，如果到一般商店買東西，而標價錯誤，商家發現後，難道不能要求取消交易嗎？小強回答說：「可是銀貨兩迄之後，就不能反悔了啊！」，阿華又問道：「如果明顯發現標價錯誤，而又故意大量購買，難道是對的嗎？」，小強說：「我怎麼知道那是標錯的啊！他自己要賣那麼便宜啊！還有人賣一元螢幕耶！很多商店開幕當天，有排隊價不是嗎？」，阿華辯駁道：「可是排隊價沒有不限量的啊！也沒有不必排隊就可以買到的啊！」聊了幾句之後，小強與阿華都覺得對方眞是不可理諭。

賣場仍未請款

小強因為常常在網路上交易買賣，因此他申辦的信用卡，是每次交易超過一定金額時，都會傳送簡訊給他，而且他有申辦網路銀行業務，可以隨時上網查詢信用卡的即時帳單。在這次交易中，因為交易金額低於門檻，因此他沒收到簡訊通知，而上網查一下自己的信用卡帳單，他發現這家網路商城遲遲沒有跟信用卡公司請款。小強讀的是商學院，對信用卡請款程序有基本的了解，基本上，商家會在刷卡的瞬間，跟信用卡公司取得授權，但這只是確認該卡片是有效及這筆金額是取得授權的，而實際的請款，則需要商店進行請款的動作，這可能是在當天或幾天之後。有些公司效率較差，甚至可能拖上好多天。而這家網路商城似乎沒有實際請款，在法律上，這對於網路商城是比較有利的，因為網路商城仍未請款，可以藉此主張交易仍在處理中，而非已完成。

需不需要履約

雖然，很多網友認為網路商城應該履約，消費者保護團體與消保官（消費者保護官）也都認為這個網路商城應該要履約，有些國家在面對這種標錯價格事件時，也曾經裁決網路商城必須履約（當然，也有時候裁決是偏向網路商城這方的，認為網路商城無須履約）。這家網路商城在跟律師討論後，依據民法第 88 條「意思表示錯誤」的條款，主張是自己的意思表示錯誤，而選擇不履約。不履約不代表不必補償，因為這個錯誤如果造成消費者的損失，當然需要給予補償。這個網路商城經過一週多的考慮，決定採取的補償措施是發給折價券，不管下單幾台，都給予一千元至三千元的折價券，下單一百台的人，最多也只能拿到折價券三千元。

消費者保護團體對此結果並不滿意，很多以為能大賺一筆的網友，當然也非常不服氣，尤其是上網訂了很多台液晶螢幕的人，自以為可以從中獲得不少好處，但同樣也只獲賠一千至三千元，失落感與不滿意感更大。網路上，還有許多自稱沒有訂購的網友，也上網聲援，這種網友齊力討伐大公司的情況在網路上是司空見慣，很多公司都曾被網友集體討伐過。不過，即使網路輿論如此，但這家網路商城還是鐵了心，不改就是不改。消費者保護團體面對這種狀況，也準備「存證信函」範本，讓打算訴諸法律的網友，有可以參考的依據。

網路爭辯

網路上的消費者，很容易聚集同好，當一件事發生時，抱持正、反或中性意見者都有，但持某一種意見的消費者，很容易在網路上找到意見相同的人，而抱持中性意見的人，則經常不願表示意見，因此，抱持正、反某一立場的人，很容易聚集一大群人，塑造出網路上的輿論，若發現支持自己的人很多，就更容易堅持自己的意見。但在實體生活中，週遭的人意見並不一致，要找到意見相同的人時，通常也會遇到很多意見不同的人，過程中可以讓人理解到這件事其實有不同意見，而比較不會形成一元化的輿論。網路上的團購或美食報導等，經常是基於同樣的理由，很多人都說哪家店的東西好吃，但其實是因爲覺得很好吃的人，不斷地在傳播自己的意見，而塑造出網路的輿論。

又有人標錯價

過了沸沸揚揚的幾天後，大家慢慢的忘記了這件事情，阿華還是每天打著 online game，而小強則到處在看哪裡有好康的東西。突然，小強又急 call 阿華說，要不要去東京玩，五天四夜機票加住宿只要 9999 元耶。阿華上網一看，發現這個旅遊網站所提供的產品，大人價格跟不佔床的孩童價格一樣，很顯然的，又是標錯了，孩童因爲不佔床，價格包含的只是一張孩童票，而成人應該包含成人機票跟四夜的住宿，價錢不可能是一樣的。小強告訴阿華，他要上網訂兩人份，到時一起去東京。隔天，報紙又出來這件事，而且一如阿華預測的，這又是標錯價格了，該旅遊網站出面承認錯誤，就如同阿華所想的，這是把拿孩童價標示到成人價。不過，因爲只有一百多人發現此事，總損失約爲一百多萬元，因此這個旅遊網站決定履約，但規定訂購者不准更換時間、不准更換旅客姓名、而且必須立刻付款。因爲不准更換時間與旅客姓名，因此有些網友實際上並不能出發，這讓旅遊網站的損失又少了一些。

網路上又是一陣討論，大家都認爲這家旅遊網站比起先前的那家網路商城，有信譽多了。網路上一陣掌聲鼓勵的同時，阿華其實心裡很了解，這是因爲損失金額只有一百多萬，拿這一百多萬當成是廣告宣傳費用，雖然貴了一點，但也還能接受啦！如果損失金額高達十億，阿華才不相信這家旅遊網站會這麼「阿莎力」。

再次標錯價

又是一個靜的不像話的深夜，阿華的 online game 快要破關了，下週暑假課程就要開始，「糜爛」的生活只能再過一兩天了，趁著今晚，他一定要好好在 online game 內練功。這時，小強又是一陣急 call，「到底是什麼事呢？」「頂級 NOTEBOOK 筆記型電腦，只要不到一萬元，我查過，至少省四萬耶！」「哪個網站啊？」「就是上次出包的那一個啊！」又是同一個網站，又是標錯價，上次的教訓，難道還不夠嗎？怎麼都不學乖呢？阿華心中一陣猶豫，到底該不該上網去訂購呢？可是自己不缺筆記型電腦啊！阿華心中充滿掙扎，但可以確認的是，明天晚上可以在電視上看到這則新聞，而該網路商城全公司都將再次陷入愁雲慘霧之中。

故事似乎沒有完結篇，三個月後，另一個賣場的 1000 元禮券，被標價為 0 元，網站隨後發現，但在禮券下架前，已被網友買了 10 兆元的禮券，這次似乎不是標錯價，而是被駭客入侵，但可知道的是，這類故事似乎是沒完沒了。

二、個案提及重點觀念

討論內容	對應章節
網路上的消費行為。	第十三章 網路消費行為
網路上的消費者討論。	第八章 群體影響與意見領袖
一元限量商品的宣傳噱頭。	第二章 知覺、學習與記憶
促銷產品的購買行為。	第七章 方案評估、購買行動、購後行為

問題討論

1. 請上網查詢最近幾年來，網路上的錯誤標價事件。
2. 請說明您或您的同學、朋友，是否經歷過這樣的錯誤標價事件。
3. 請查閱法條，並了解一下民法第 88 條的意思。
4. 如果您是阿華，您會購買那台筆記型電腦嗎？為什麼？
5. 請說明您覺得網路消費行為跟一般的消費行為，是否有不同？有哪些不同。
6. 如果您是網路商城，您會希望設計什麼樣的機制，來避免錯價事件不斷重演？
7. 商店開幕時，常會有一元限量商品的宣傳噱頭，你是否會考慮去排隊購買？什麼情況下，你會排隊購買一元限量商品？

個案回顧測驗題

(　　) 1. 個案細節：在這個案內，是什麼產品標錯價格？ (A) 電腦與螢幕 (B) 人氣蛋糕 (C) 行動電話 (D) 空氣清淨機。

(　　) 2. 個案細節：個案中，網站在標錯價格之後，有沒有跟信用卡公司請款？ (A) 有，瞬間完成請款 (B) 刷卡瞬間只是完成授權，並沒有請款 (C) 有，而且消費者有付費了 (D) 有，隔天完成請款。

(　　) 3. 某些消費者覺得，雖然電子商務廠商標錯價格，但自己花的心力不多，廠商若願意補償，已經滿意了，這可從什麼理論解釋？ (A) 公平理論 (B) 認知失調理論 (C) 平衡理論 (D) 思慮可能模式。

(　　) 4. 新店開幕的時候，會有一元限量商品，讓消費者排隊去購買，而長長隊伍，讓大家發現新店開幕。此時，是希望消費者將這家店納入到什麼集合內？ (A) 非喚起集合 (B) 知道集合 (C) 不考慮集合 (D) 考慮集合。

(　　) 5. 如果消費者花了很多時間排隊，但最後廠商臨時決定可購買的名額減少，此時消費者很不滿意，此時可用什麼理論來解釋？ (A) 公平理論 (B) 認知失調理論 (C) 平衡理論 (D) 思慮可能模式。

CASE 10 品牌的選擇

一、個案本文

➨人物

小蔡：開車上班的上班族，晚上在學校讀在職班。

同事：有人在乎品牌，有人不在乎。

➨場景

在網路上，發現網站標錯價格，討論是否要跟著買。

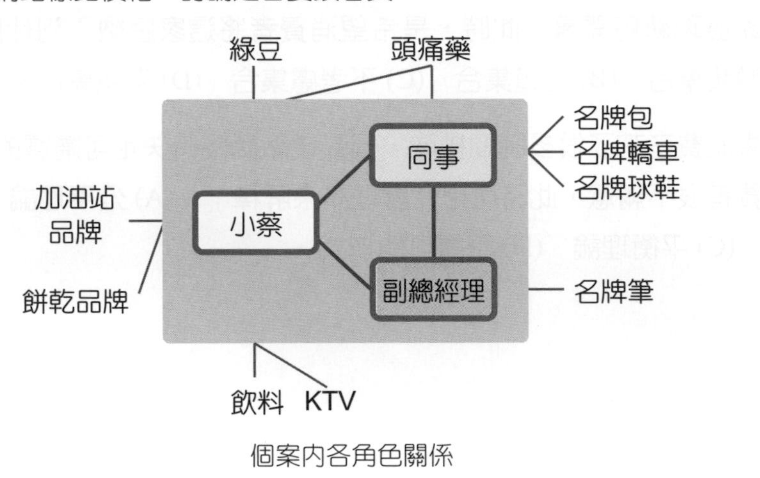

個案內各角色關係

又是陽光普照的一天，雖然有點心不甘情不願的被那個不知名品牌鬧鐘吵醒，但看到晨曦的太陽從薄雲中灑落，心情頓時好了起來。

車子沒油了，需要加油

今天是上班日，小蔡還是要到新成立的分公司去支援，雖然離家裡有段距離，但因爲開車只要一個鐘頭多，而且晚上小蔡還要到學校上 EMBA 的課，因此，小蔡選擇每天回家，而非住在飯店。小蔡拿了車鑰匙，到停車場開他那台進口名車，車子開出來後，小蔡發現車子油箱快見底了，雖然還能開一趟，但今天一定得加油。

到哪裡加油好呢？台塑或中油？臺灣其實只有兩個煉油公司，小蔡對這兩家公司所生產的汽油，並不了解，公司有幾位化工博士曾經不厭其煩的跟他解釋，這兩家石油公司所煉出來的汽油，在成分上有什麼差別，但小蔡跟大部分消費者一樣，對於這麼專業的問題，有聽沒有懂，只想問一句「那到底要加哪一家公司的油？」結果得到的答案是：「各有好壞」。

不同人有不同的偏好，有些人雖然不懂石油，但加油時不只選石油公司，也選加油站。不同加油站，贈品數目或價格折讓也會不同，小蔡的一些同事，喜歡到石油公司的直營加油站加油，這些同事覺得直營加油站的「油比較純」，但也有一些同事覺得，每個加油站的油其實都一樣，因此，到折價比較多（油價比較便宜）或贈品比較多的加油站加油就可以了。另外，還有一些同事喜歡到上櫃公司所開設的加油站，這些同事擔心油品品質，因此不敢到不熟悉的加油站，但又覺得直營站都沒有贈品，太不划算了。

專業賽車手代言的汽油

小蔡以前不覺得汽油品牌有什麼重要，也不覺得加油站有差，但想到先前他很欣賞的一個賽車手，幫其中一家的石油公司代言，心想這麼專業的賽車手，都願意幫這家石油公司代言，這家公司的汽油應該不會太差吧！因此，到分公司的路途中，小蔡看到這家石油公司的加油站，就決定進去加油。如果不是順路，自己會不會到這家加油站加油，其實小蔡也很懷疑，因爲若要到特定加油站，常常需要繞路，繞路本身耗時間也耗油錢。

買點飲料點心吧

加完油後，小蔡看到加油站有附設商店，突然覺得肚子有點餓，才想起早餐還沒吃耶！他決定先到這個附設商店買點東西，到了商店，也不知道要買什麼，看了一看，決定買瓶飲料，往冰箱內一瞧，小蔡有點猶豫，因爲冰箱內盡是一些他沒聽過品牌的飲料，小蔡向來在知名連鎖超商買飲料，而連鎖超商的飲料都是知名品牌的，現在突然看到這麼多非知名品牌的飲料，他有點猶豫，擔心這些飲料的品質，雖然飲料一瓶只要二十元左右，但小蔡很挑剔，他不太喝非知名品牌的飲料。最後，小蔡在冰箱中，挑不到他熟悉品牌的飲料，決定不買飲料了，改到零食區挑餅乾，他在零食區被一盒他不熟悉品牌的餅乾所吸引，因而決定買下這盒餅乾當作早餐。

名牌包

好不容易到了分公司，發現一群同事擠在一起聊天，原來，有人昨天去買了一個名牌包，花了一個月的薪水，小蔡有點納悶，幹嘛花那麼多錢只爲了買個包包啊！但這些話只存在小蔡心中，而不敢說出口，因爲他上次這樣說，結果好幾個同事都不跟他說話，有位同事更是反諷他說：「你還不是花很多錢買一雙名牌籃球鞋，結果籃球還打那麼爛！」他那時辯解說：「可是這不一樣啊！籃球鞋可以讓腳舒服一些，而且連知名的籃球國手都幫那雙籃球鞋代言耶！但名牌包好像沒有實質功能啊！」結果，換來的是一陣討伐，連他那台進口名牌轎車，都成了爭執的焦點。

名牌轎車是爲了安全啊！不像包包只是「虛榮」，他很想這樣講，但顯然很多人不這樣想，或許，擁有名牌包包象徵著追求時尚，也象徵著身分地位。公司的副總經理就用了一支一萬多元的名牌筆，每次開會時，看到副總經理的那隻筆，就覺得副總果然是副總，身分地位不同，連用的原子筆都比平常人一支數十元的筆還貴上許多。小蔡在中國大陸，曾經看過風格與名牌筆很像，但刻意迴避仿冒問題的「山寨版」名牌筆，品質也還不錯，很想買，但又怕同事質疑，認爲他沒錢又想裝闊，因此每次都沒買成。

茶飲、餅乾的品牌

突然電話響了，原來是有同事要買珍珠紅茶，問小蔡要不要順便買杯飲料，小蔡問是哪一家的飲料，對方反問：「有差嗎？不知道哪一家耶！反正你要不要啦？」小蔡點了「無糖綠茶去冰」，但心中一陣納悶，連要買哪一家的飲料都不知道，怎麼決定要買什麼呢？但很多同事似乎不以爲意，反正就是那種外送或外帶的茶飲料嘛！

飲料送到之後，他發現這是家很有名的連鎖加盟飲料店，他看到杯子上的商標，就鬆了一口氣，他覺得這個連鎖體系的茶，應該都蠻好喝的。他想到剛剛在加油站，買了一盒餅乾還沒吃，就決定把餅乾打開，分享一些給隔壁的同事，吃著剛買來的餅乾，小蔡自己覺得還蠻好吃，大家也覺得不錯。這時有人問小蔡：「這是哪個牌子的啊？」小蔡只好從垃圾桶內，把餅乾盒包裝找出來，看看到底是哪個牌子的。

速食店的品牌

中午吃飯時，小蔡跟幾位同事，決定到附近一家知名連鎖速食店用餐，那條路上，有三家速食店，都距離不到幾十公尺，但小蔡和同事只到其中一家速食店，另外二家速食店在臺灣的知名度較低，小蔡和同事也比較少聽過，因此很少到那家速食店。

綠豆、砂糖、洗選蛋的品牌

從公司到速食店，會經過一條小巷子，這條小巷子是個傳統市場，小蔡突然想到要買綠豆回家煮，同事建議他到一家雜糧店買散裝綠豆，比較便宜，他買了綠豆與砂糖，突然問老闆一句：「這綠豆與砂糖是哪個牌子的？」老闆頓時傻眼，綠豆哪有品牌啊！

於是，老闆回答他說：「都是進口的啦！」同事也順便買了盒洗選蛋，小蔡發現那盒洗選蛋有品牌，可是品牌名稱完全不認識，而小蔡腦袋中也完全不記得洗選蛋有哪些品牌。

頭痛藥的品牌

吃完午餐回辦公室的途中，有兩位同事都說想買頭痛藥，因爲這幾天爲了籌備新的分公司，大家都要長途跋涉開車來上班，睡眠都不太足夠，因此頭有點痛。經過一家傳統藥局，大夥一起進去買頭痛藥，老闆問要買什麼牌子，大家腦袋一片空白，小蔡就隨口說了一個知名品牌的止痛藥。老闆拿了這個品牌的止痛藥，還拿了另外幾個其他品牌的止痛藥給同事選，其中一位同事對止痛藥沒有偏好也沒有研究，他選了電視上經常有廣告的知名品牌止痛藥，不過，這個牌子的止痛藥也比其他品牌貴上許多。而另一位則選擇了完全沒聽過的牌子的止痛藥，這位同事大學讀過幾門藥理學的課，對於成藥略有了解，覺得成分都相同啊！爲何要選擇比較貴的，他認爲知名品牌不過是在電視上不斷打廣告而已，這些廣告成本，最後都反映到產品身上。小蔡知道事情不是那麼簡單，知名品牌確實需要大量的廣告預算，不過，有些時候不同品牌的製程與品質確實有所不同，小蔡雖然心裡這樣想，但並不想多講，因爲這畢竟只是小事，他也不想讓兩位同事中的任何一位感到不舒服。

回到辦公室，同事又問到：「早上的餅乾是哪個牌子的啊？」小蔡只好又把餅乾盒子從垃圾桶撿起來，然後告訴他。這次，小蔡決定把餅乾的品牌記下來，下次可以再買別種口味的試看看。這時，他突然發現，買的綠豆品質不太好，很多都是破碎或很小顆的，於是心想：下次別買這個品牌的，才這麼想，又覺得不對，因爲這根本沒品牌啊！只好改成：下次別到那家店去買。

KTV 的品牌

忙碌了一整天，終於要下班了，今天是另外一位同事的生日，大家正在計畫要到哪裡慶祝，同事們大多是來這新的分公司支援，沒有人住在這座城市，因此沒有人知道該去哪裡慶祝，同事們問小蔡有什麼意見，小蔡隨口講了一間連鎖 KTV 的店名，跟大家建議到那裡唱歌啊，大家覺得蠻有道理的，就上網查了一下這家連鎖 KTV 在當地的分店。

小蔡並沒有辦法去唱 KTV，因爲他晚上得回去上 EMBA 的課。今天晚上的課程內容是行銷，到了課堂上，他發現期中報告被分配到的題目是品牌與消費者行爲。他回想著今天的經歷，發現品牌眞是隨處可見，而每個消費者對於品牌的態度，眞的都不相同。小蔡覺得自己很幸運，這個題目，一定很好發揮。

二、個案提及重點觀念

討論內容	對應章節
習慣性的決策、有限地問題解決、廣泛的問題解決	第七章 方案評估、購買行動、購後行為
喚起組合	第六章 購買決策與資訊搜尋
加油站選擇、品牌的選擇	第七章 方案評估、購買行動、購後行為
品牌忠誠、品牌態度、思慮可能模式	第五章 態度、認知、情感、行為意圖
廣告代言人	第五章 態度、認知、情感、行為意圖
社會規範	第八章 群體影響與意見領袖
購後滿意度	第五章 態度、認知、情感、行為意圖

問題討論

1. 請討論品牌存在的目的。請找一下，這個個案中討論到多少個產品的品牌。
2. 請討論習慣性的決策、有限地問題解決、廣泛的問題解決，哪種購買決策，比較會以品牌作為購買決策的依據。
3. 請以喚起組合的角度，解釋品牌存在的價值。請以本個案中的狀況，加以說明。
4. 請以選擇加油站的例子，討論加油站選擇過程中，消費者的評估準據（評估準則）有哪些，並討論品牌在消費者決策過程中，扮演什麼角色。
5. 請說明消費者惰性與品牌忠誠（請從本個案中，尋找符合惰性與品牌忠誠間關係的線索）。
6. 請以平衡理論，解釋代言人對於品牌的貢獻（請以本個案中的狀況，加以說明）。
7. 請以推敲可能模式（思慮可能模式 Elaboration Likelihood Model；ELM），解釋哪些消費者可能比較會以品牌作為決策的依據（請以本個案中的狀況，加以說明）。
8. 請從社會規範的角度，分析「名牌」、仿冒品、模仿品的購買行為（請以本個案中的狀況，加以說明）。
9. 請說明品牌與購後行為的關係（請以本個案中的狀況，加以說明）。

個案回顧測驗題

(　　) 1. 個案細節：個案中的綠豆，以及洗選蛋，是否有品牌？ (A) 都沒有品牌 (B) 都有品牌。而且是知名品牌 (C) 綠豆沒有品牌，洗選蛋有，但品牌名稱不認識 (D) 都是本土生產的產品，因此不會有品牌。

(　　) 2. 個案細節：有些消費者買頭痛藥時，不會考慮品牌，主要是因為？ (A) 該消費者具有知識，知道頭痛藥成分，以及各家廠牌的主要差異 (B) 每一種頭痛藥，成分都完全不同 (C) 頭痛藥是有專利的，各家差異很大 (D) 各家頭痛藥價錢相同。

(　　) 3. 每一種購買決策，都有可能使用品牌作為決策依據，但請問您，哪一種問題解決，最會使用品牌作為決策依據？ (A) 習慣性的決策 (B) 有限地問題解決 (C) 廣泛地問題解決 (D) 沒有廣告代言人的問題解決。

(　　) 4. 購買昂貴鋼筆的行為，除了是因為品質，還有什麼可能原因？ (A) 社會階級的表徵 (B) 價格意識 (C) 文化差異 (D) 創新採用。

(　　) 5. 消費者買頭痛藥時，不具有醫藥方面知識的消費者，以品牌來作為主要考慮因素，這可從什麼理論來加以解釋？ (A) 思慮可能模式 (B) 平衡理論 (C) 說服知識理論 (D) 期望理論。

CASE 11 週年慶滿三千送三百

一、個案本文

➡人物

小林：以前很少去逛百貨週年慶，這次跟著家人逛週年慶。

太太：一起去逛週年慶。

同學：從網路上知道小林對於週年慶的抱怨。

百貨公司服務人員：沒有一次告知所有的規定。

➡場景

百貨公司舉辦買三千送三百的週年慶活動，但累積的過程中，引來消費者的不愉快。

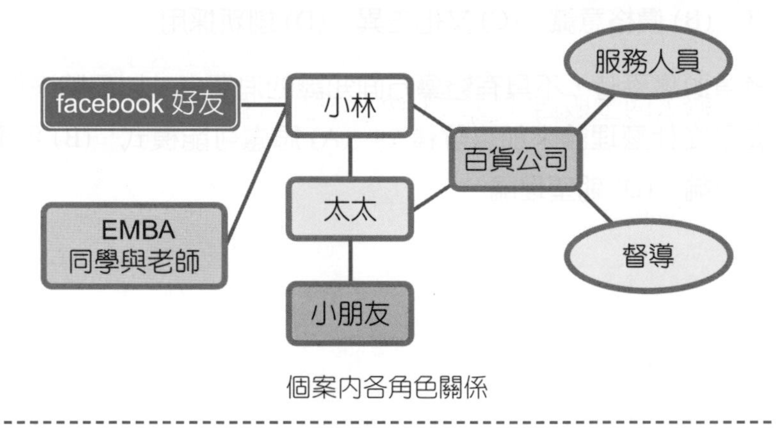

個案內各角色關係

週年慶又到了

又到了年底週年慶的季節，電視新聞不斷放送著週年慶期間到處人擠人的訊息，家中信箱也塞滿了好幾家百貨公司的週年慶廣告 DM，連平常看的雜誌週刊，也夾帶了百貨公司週年慶的廣告夾頁，生活周邊滿滿都是百貨公司週年慶的訊息。

辦公室都在討論

小林辦公室的同事們，只要一有空檔，或者中午時間，經常七嘴八舌的討論起週年慶。辦公室的女同事們，對於在週年慶購買化妝品，早已很有經驗，一年份的化妝品，常在週年慶期間採購完畢，有時甚至會多買一些，用了一年還用不完。小林問她們：「週年慶眞的有比較便宜嗎？」，大家都異口同聲的說：「有！」斬釘截鐵的程度，令人印象深刻。

小林是個男生，對化妝品當然是不太感興趣。至於小林太太是否對化妝品有興趣，小林是不太在乎的，反正小林很少陪太太逛百貨公司。去年以前，週年慶跟小林的關聯，是不太有關的。

不過，從同事的討論，小林知道了今年有家百貨公司的行銷企劃有點不同，小林被這家百貨公司週年慶廣告：「滿三千送三百」的宣傳活動吸引。

滿額送折扣券以提升淡季銷售

以往這種滿三千送三百的活動，是單筆滿三千送三百，但這次是累積滿三千耶。這種活動，最早是出現在量販店的過年檔期，主要是要解決過年後的 3 月份與 4 月份間量販店業績不好的問題（這段期間有時被戲稱爲三窮四絕，以說明這段期間銷售額眞的很差。），因此量販店在年底檔期，會推出類似買二千送二千折價券的方式，送出的折價券只有在 2 月下旬、3 月份與 4 月份才能使用，而且每次折價券只能折抵消費金額的百分之十以內，各張折價券的使用時間還不同，必須在指定檔期才能使用該指定金額的折價券。也就是說，過去的量販店「買二千送二千」活動， 送的是二千元的「滿額折價券」，而且折價券區分爲若干個檔期，必須在指定時間檔期內，消費滿一千元，才能使用該檔期的折價券一百元。若要用掉二千元的折價券，等於要在淡季的三、四月，每月或甚至每周都去量販店消費，而且至少要消費二萬元，才能折抵二千元。

小林晚上有在大學修習 EMBA 課程，因此對於這種促銷手法，大概也有一點的認識，知道「買二千送二千折價券」是廠商爲了解決淡旺季業績差異的手段。但是，最近百貨公司的滿三千送三百，跟之前量販店的買二千送二千折價券，似乎有很大的差異。首先，這次的滿三千送三百，送的是「抵用券」或是禮券，而非折價券。而且抵用券或禮券是不限金額消費的，不必像以前一樣，只能折抵百分之十的金額，這次的抵用券，是全額折抵的，而且滿三千是可累積的，而非單筆就要買三千。與之前量販店折價券相同的是，這次的抵用券也有檔期限制，但檔期限制還蠻寬鬆的，而且是在年底前使用，而不必等到明年最淡的淡季才能使用。

跟家人商量一起去週年慶

這麼吸引人的活動，小林回家時，就跟太太討論，商量是否要利用假日時間，去百貨公司週年慶 shopping。小林的兩個小孩都還小，一個在讀幼稚園，一個才在學走路的

階段，小林的太太對於要去百貨公司週年慶，是很高興的，因爲除了可以買些化妝品外，也可以趁機買些小朋友的童裝、玩具，百貨公司附設的超市，也常有些高品質的食物或進口商品，能夠趁機去買一買東西，也很不錯。而且每到假日，小林夫婦兩人常常爲了該帶小朋友到哪，而傷透腦筋。去百貨公司，也是不錯的選擇。

於是，周末放假時，小林夫婦就帶著兩位小孩，到了百貨公司。首先映入眼簾的，是擁擠的人潮。果然，週年慶的擁擠是名不虛傳的。到了百貨公司後，第一件事當然就是採買化妝品啦。化妝品櫃台都設在一樓，而且是最好的位置。高檔的裝潢與閃閃發亮的花崗石地磚，襯托出化妝品專櫃的高尚感。不過，這種高尚感已被「人聲鼎沸」的吵雜聲音所蓋過。因爲顧客太多，雍容華貴的感覺已不復存在，取而代之的是跟菜市場有拚的吵雜聲音。

化妝品專櫃生意很好

小林太太很快的就從化妝品櫃姐的口中知道，滿三千送三百活動，包括所有的化妝品專櫃。櫃姐還很好心的告訴小林太太，所有的內睡衣專櫃也參加滿三千送三百的活動喔。小林太太很高興。很快的就買了一大堆化妝品，而且，很精確地把金額控制在三千零幾十元。

至於服飾，小林太太也看了一些，也買了一件，只有幾百元。雖然服飾有打折扣，而且可以滿三千送三百，但小林太太不確定到底便宜多少，因爲化妝品平常是不打折的，但服飾是永遠會打折的，只是折扣不同而已。到了年底，經常還會再有折扣，換季時，更會有換季大拍賣，還有最後清倉。因此到底這次週年慶的價格有沒有便宜一些，很難確定。不過至少有買三千送三千的活動，應該還是很划算的啦。

美食街不參加滿額折抵

稍微逛了一下，小林夫婦與兩個小朋友，都有點餓了。因此大家決定到地下室去吃點東西。到了地下室，小林夫婦看到美食街的每一攤，都寫著「不參加滿三千送三百活動」。小林夫婦覺得這是很合理的，畢竟每次百貨公司的活動，都不會包括美食街。因爲不是用餐時間，美食街空位很多，小林夫婦與小朋友便找個位子坐下來，小林買了個甜點，點了幾杯果汁，以及兩碗豆花。大家吃得很高興滿足。趁著空檔，小林也在地下室逛了一下，發現有一個攤位在賣義大利原裝冷壓橄欖油，覺得很不錯，對自己好一點也不錯，就買了一瓶。

大家電與 3C 產品不參加滿額折抵

休息夠了以後，小林夫婦帶著兩個小朋友，搭電扶梯逐樓逛，逛到家電部門時，小林也發現家電部門有寫說：「大家電與 3C 產品不參加滿三千送三百活動」，而是滿一萬，送一千元家電抵用券，抵用券只能用於家電或 3C 產品。小林看了，覺得也還合理，畢竟一台電視機就要花幾萬元，一支手機也要上萬元，如果也參加滿三千送三百活動，不就等於打九折嗎？大型電器的毛利率應該沒那麼高啦！活動不同應該也很合理。

在家電部門，小林夫婦買了不少東西，包括一台小烤箱，一支電動刮鬍刀。那台烤箱蠻大台的，卻很便宜，特價只要 999 元。看來眞是物超所值。小林夫婦總共是買了不少東西，心裡算了一下，總花費是剛好超過了三千元了。他們決定到百貨公司頂樓來換滿三千送三百的抵用券。百貨公司經常把兌換贈品的地方，設在百貨公司的最高樓層，這樣一來所有顧客都必須繞經每一層樓，不小心就又會買了一些東西。小林夫婦前往頂樓的過程，看到了一個蠻有趣可愛的小絨毛玩具，大人小孩看了都很喜歡，也就順便買了。

排長龍兌換抵用券

到了「滿三千送三百抵用券」的兌換處，小林夫婦有點驚訝，因爲不是立刻可以兌換，而是要先排隊，隊伍約有二十幾個人，服務人員有 3 組在處理。不過，滿三千送三百抵用券的活動，是不能隔天再來兌換的，因此雖然隊伍有點長，但小林夫婦還是只好加入了排隊的行列。

隊伍前進的速度很慢很慢，等的眞的有點久。小林心裡犯嘀咕：「怎麼動作這麼慢呢？」。

食物不納入累積

好不容易，總算換到小林了。小林把手上的發票通通給服務人員，服務人員把發票接手之後，拿起一支鉛筆，逐一在發票上檢視，將美食街發票剔除，並拿起計算機逐一的計算。突然，服務人員告訴小林，橄欖油的金額無法納入，因此金額不足三千元。小林跟這位服務人員說：「橄欖油不是美食，怎麼會不算呢？」服務人員把 DM 拿出來看，告訴小林規定上寫的是食物不算在內。因此只要是食物，就不算在內。

怎麼辦呢？因爲後面的隊伍很長，小林只好先到旁邊去，跟太太商量了之後，小林覺得他到書局幫小朋友買一本童書，應該就可解決了。其實，在還到服務台之前，小林就有點擔心橄欖油能不能納入「滿三千送三百」活動。因此，小林心中早有準備，只是想要瞭看看，看看是否能算進去。

加購東西來達到額度

因此，小林自己一個人，帶著所有發票到書局去，買了一本童書。他並將所有發票都拿給書局的櫃檯人員，請他幫忙算。書局櫃檯人員強調，他只能幫忙打計算機，是否符合滿三千送三百的條件，要由兌換櫃台來認定。不過，書局櫃檯人員確認，從金額來看，確實是超過三千元了，連化妝品在內，總共有六千七百多元。

重新排隊

小林又回到了兌換的服務台，服務台前還是排了長長的隊伍，小林慢慢地排隊。好不容易輪到了小林，小林想說他是否能夠直接請原本那位人員來處理，不過看了一下，發現原來的那位服務人員換班休息去了。因此，小林只好隨機的找了另一位服務人員。

這位服務人員把所有發票拿去計算了之後，經過幾分鐘的反覆計算，他告訴小林，烤箱算是大家電，不能算進去。這時，小林有點生氣，他說：那只是個烤箱，就是 999 元而已，怎麼會是大家電呢？這位服務人員堅持說，公司規定烤箱屬於大家電。

小烤箱不納入累積

小林這是眞的很生氣，他氣憤地質疑這位服務人員：爲何剛剛那位服務人員沒有說呢？幾經爭執，驚動了一位督導出來，這位督導耐心地跟小林解釋，公司的規定是烤箱算是大家電，如果是烤麵包機，就算小家電，至於電動刮鬍刀算是小家電。這位督導耐心地跟小林解釋，並跟他說先前那位服務人員應該是沒有把全部的發票都看完，確實是不恰當。不過公司規定確實如此，他愛莫能助。因爲這次兌換的是抵用券，且抵用時不必有購買金額限制，因此公司的控制比較嚴格，無法通融將烤箱的金額給予納入計算。這位督導並說：如果公司能夠允許，他當然樂意換給他兌換券。不過在公司允許之前，他無法決定。

生氣，要投訴

小林有點生氣，立刻拿起旁邊的顧客意見調查表，開始寫起來。這位督導看到他在寫意見調查表，開始有點不自在。這位督導並且不斷提醒小林，這些服務人員也是奉命行事啦！您不用把服務時間寫得那樣詳細啦！不用寫服務人員姓名啦！這位督導還說：只要把您的需求寫下來，公司最後通常都會破例處理。就在小林寫意見表的同時，小林的小孩已經有點耐不住了，一直吵著要回家。因爲人潮眾多，確實很不舒服，小孩等太久了，當然受不了。小林要小孩等一下，但小孩不依，這時小林太太也說：「算了啦，我們回家去！」但小林不同意，堅持一定要討個公道。

匆忙買個東西達到額度

最後，小林太太在旁邊的特賣區， 匆匆忙忙地買了一雙很可愛的小熊寶寶室內拖鞋，價格是三百元，把金額湊齊。那位督導趕快的把抵用券拿給小林太太。這次總共換到六百元的抵用券（包括先前化妝品三千元換得的三百元）。

因爲小朋友眞的吵著要離開，但小林的意見調查表還沒塡寫完，因此顧客意見調查表最後並沒有遞出，他們就離開了百貨公司。

到網路上抱怨

回到家裡，小林還是氣憤難耐，因此立刻把整個過程寫到了 Facebook、Instagram 之類的社交網站。同事們看到以後，紛紛按「讚」，而且紛紛留言，認爲小林應該在第一時間要求經理出來解決，瞬時之間，所有小林的 Facebook、Instagram 網路好友、辦公室同事、要好的朋友、EMBA 同學、EMBA 老師，都知道了這件事。小林太太的一些同事，間接透過 Facebook 與，也知道了這件事。大家雖然沒有把故事來龍去脈搞得很清楚，但大概都有一個印象，就是「滿三千送三百」的限制條件很多。

過了幾天，小林不太生氣了。Facebook 上面也沒人繼續留言或按「讚」了。小林在學校的 EMBA 課程，有跟老師討論到這件事，資訊管理課程的老師說：應該是因爲百貨公司樓層很多，收銀機並非連到同一個銷售系統，因此無法像量販店一樣，一張發票就搞定，因此若要舉辦這種活動，除非在資訊系統上進行改善，否則還是必須用人工核對的方式，確認消費者購買金額是否達到「滿額」。而行銷老師也說，各樓層利潤率差異太大，很難要求所有專櫃都參與「滿三千送三百」的活動。老師們也告訴小林，這是爲什麼很多百貨公司都舉辦的是「單筆三千送三百」活動，因爲單張發票滿三千很容易處理。

小林不太確定這家百貨公司的管理者，是否知道這件事。不過，小林並沒有興趣深究。反正他的朋友都知道這件事了。至於別人是否知道，他也不太在意了。但這次的週年慶，他在這家百貨公司花了七千多元，如果把美食街的食物算進去，當天應該是八千多元了。小林跟自己說，下次不去這家就好了。百貨公司那麼多，沒差這一家。

可是，小林太太說，我們下個月還是要去的，因爲我們手上有六百元抵用券可以使用啊！

二、個案提及重點觀念

討論內容	對應章節
服務失誤、顧客抱怨行為、負面口碑	第七章 方案評估、購買行動、購後行為
群體影響：同事間關於週年慶的討論。	第八章 群體影響與意見領袖
降價與消費決策。	第七章 方案評估、購買行動、購後行為
網路口碑。	第十三章 網路消費行為
價格意識與消費行為。 週年慶吸引價格導向的消費者，消費族群與與平日的消費者族群有差異	第四章 人格特質與生活型態

問題討論

1. 這算是個服務失誤嗎？失誤的地方在哪裡？
2. 為什麼有些時候，服務失誤發生了，但消費者卻沒有跟管理者抱怨，以至於管理者被蒙在鼓裡？以這個例子來說，情況是如何？
3. 服務失誤後，有時消費者雖沒向管理者抱怨，卻產生負面口碑。請以本例來加以說明。
4. 顧客會將服務失誤的原因，歸因於不可抗力因素、服務者的因素、顧客本身的因素。請問這屬於哪一種的服務失誤？兩次的金額不足，是否都是導因於服務者，或者是消費者也要負一部分的責任？
5. 週年慶期間，人潮壅擠，但商品有折扣。非週年慶期間，人潮較少，服務品質相對較高，但商品並無折扣。請問週年慶期間的消費者，與非週年慶期間的消費者，是否為同一批消費者？您覺得哪一種消費者會在非週年慶、非折扣檔期期間，到百貨公司購買商品？
6. 週年慶期間，化妝品的折扣吸引許多女性消費者的青睞，但您覺得男性消費者會被吸引嗎？百貨公司如何吸引男性消費者？
7. 滿三千送三百，所吸引的消費者，是價格意識高的消費者？還是價格意識低的消費者？這些消費者發現自己無法滿足滿三千送三百的條件時，是否會很在意造成的金錢損失？

8. 人們有時會購買不在原先購買清單內的商品，這稱為衝動性購買。請說明百貨公司設法讓消費者多逛一會兒，跟衝動性購買是否有關連？

9. 為什麼某些櫃位、某些產品，不參加「滿三千送三百」的活動？

10. 如果百貨公司想要繼續辦「滿三千送三百」活動，資訊系統要做什麼改進，才能避免類似情況發生，讓活動更順利？

個案回顧測驗題

(　　) 1. 個案細節：請問個案中，橄欖油能不能納入「三千送三百」的活動？ (A) 不能，因為屬於食物，不納入 (B) 可以，因為不是美食街產品 (C) 不可以，因為價格太低 (D) 可以，因為已經賣很貴了。

(　　) 2. 個案細節：請問個案中，家電能否納入「三千送三百」的活動？ (A) 可以 (B) 烤箱可以。烤麵包機不行 (C) 只要沒有特價，就可以 (D) 小家電可以，大型家電不行。

(　　) 3. 小林把百貨公司「三千送三百」的處理過程中的不愉快，拿到 Facebook 討論，算是什麼？ (A) 忠誠 (B) 負面口碑 (C) 產品推薦 (D) 認知失調。

(　　) 4. 百貨公司設法讓消費者，在店內多逛一會，請問這是想要促進哪一種活動？ (A) 強迫性購買 (B) 計畫性購買 (C) 衝動性購買 (D) 炫耀性購買。

(　　) 5. 有些人很在乎價格，有些人不喜歡週年慶人擠人，有些人對於價格很不敏感，請問哪一個觀念最能解釋這些消費行為差異？ (A) 人格特質 (B) 生活型態 (C) 動機 (D) 意見領袖。

CASE 12 誰搭商務艙

一、個案本文

➨人物

小白：公司員工，搭高鐵自由座，即將出差去日本。

小莉：公司員工，搭高鐵自由座，即將出差去日本。

雅婷：助理，負責安排前往日本的機票。

協理：有權核可小白與小莉出國的機票買商務艙。

➨場景

搭高鐵的過程中，討論到保留座（指定席）、自由座、商務車廂，以及飛機的經濟艙與商務艙。

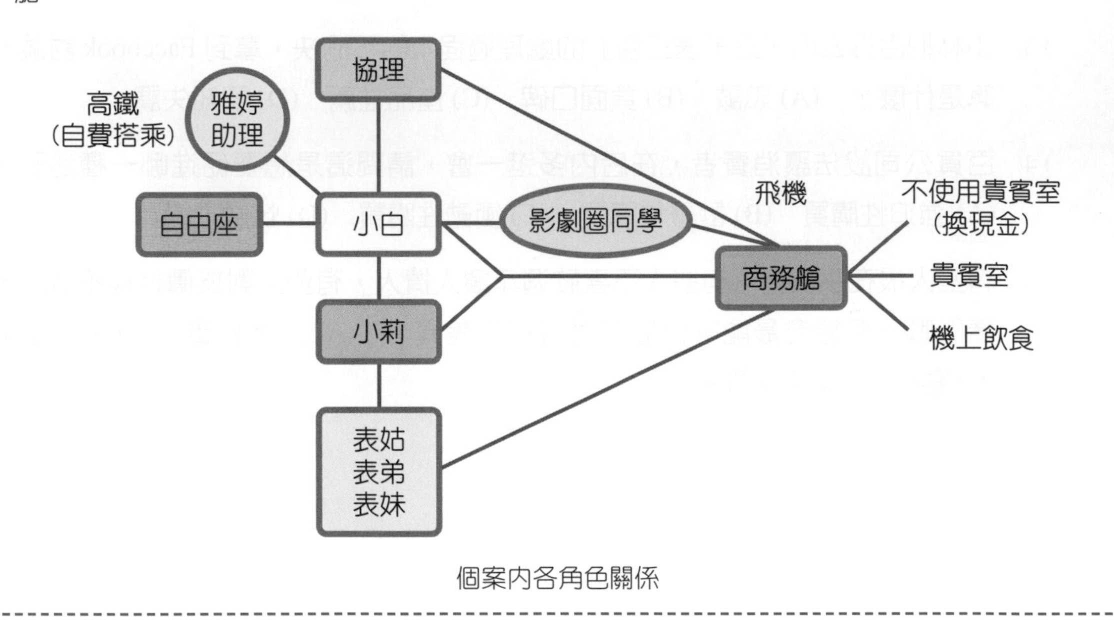

個案內各角色關係

小白跟同事小莉在高鐵月台上等車，他們買的是自由座，因此，雖然列車還沒進站，但他跟同事小莉在月台上排隊等車，而非坐在候車椅上休息。理由很簡單，自由座是不劃位的，依據「先來後到」的順序自行就坐，因此不保證有位子。小白跟小莉在月台上排隊，希望能夠有座位，而非一路站到底。高鐵雖然很快，但也要一個半小時，一路站著，也是很辛苦。

該買自由座嗎？

他們在自動售票機時，有些猶豫，到底要買自由座，還是有劃位的座位。小莉說，日本新幹線的指定席時，長距離的票價常比自由席多了四成，如果是短距離，有時指定席甚至比自由席多了一倍，荷包不豐的情況下，當然要買自由席啦！可是，臺灣的高鐵自由席只省了幾個百分點的價格，連一成都不到，爲什麼要買自由席呢？

自己付錢，還是買自由座吧！

關於這種論點，小白是不太同意的，小白說：「既然都是同一班車，爲何要多付錢買有劃位的票呢？搭自由座不就可以了嗎？」小白跟小莉有點意見不和，不過，他們是要去參加一個朋友的婚宴，公司雖然讓他們請事假去參加婚宴，但這不算是公務，因此要自己付錢。因爲考量到這趟是自費，兩人最後還是決定買了自由座。

因爲列車還沒到站，小白與小莉就在月台上抬槓起來，經常出國旅行與出差的小白跟小莉，當然都知道商務艙一定比經濟艙舒服一些，尤其是飛往美國或歐洲等長途航線，經濟艙位子眞的是太小了，很不舒服。可是，他們因爲都不是高階主管，出差都只能搭經濟艙，偶而用航空公司的里程升等，才有機會搭商務艙。關於商務艙比較舒服這件事，兩個人是沒有歧見的，不過，兩個人也都覺得，臺灣高鐵的南北距離只有一個半小時多，眞的有必要搭商務車廂嗎？

自由座與指定席的差別

小莉跟小白都學過一些日文，因此經常去日本出差，搭了幾次新幹線，因此對於新幹線的狀況也有些了解。小白認爲新幹線的指定席車廂座位常常比自由席還高級些，因此多花一點錢是值得的，而且有時候距離很遠，車程要好幾個小時，當然要坐的舒服一點。但小白覺得臺灣的自由座根本就與保留座的車廂一模一樣，爲何需要買有劃位的保留座呢？小白甚至覺得臺灣的商務車廂的設計，比較像是日本的指定席，裝潢好一點，位子舒適一些。

「而且，高鐵的座位比飛機經濟艙大多了，根本沒有必要搭商務車廂！？」「搭商務車廂的人，一定是錢太多了。」「不然就是公司出錢的。」「也有可能是信用卡免費升等，不搭白不搭。」小莉與小白互相抬槓著，到底是甚麼原因，促使消費者願意付錢當商務車廂呢？

搭商務艙的原因

小莉當然知道，財富與所得是影響商務車廂消費行爲的主要原因之一，小莉有個表姑，家裡蠻有錢的，每次表姑、表弟、表妹們出國旅行時，都搭商務艙，有一次表姑說，財富如果不拿來使用，則只是銀行戶頭的數字，這種講法，眞的有點「不如食肉糜」的味道。

小白則說有些人是被迫要搭商務艙的，他舉個很特別的例子，他說他有個大學同學，畢業後在影劇圈發展，雖然略有名氣，但一直無法大紅，收入不算很高，上次同學聚會時，他說他都必須搭商務艙，因爲搭經濟艙時，常有人指指點點，說他太小牌了，只能搭經濟艙，因此，他只好下定決心，搭高鐵時，一律搭商務車廂，出國旅行也至少搭商務艙。不過，其實他心裡都在淌血，因爲其實他沒賺那麼多錢。

小莉跟小白也認爲，有些人是因爲覺得自己的身分很尊貴，因此堅持要搭商務艙，像公司之前另一個部門的一位中高階主管，公司規定他可以搭商務艙，但如果出差時被迫要搭經濟艙，就會從頭念到尾，把負責訂票的助理罵到臭頭。可是，有些時候，商務艙眞的貴太多，基於成本，必須搭經濟艙，有時則是因爲商務艙眞的客滿了，這時大家都只好將就，可是這位中高階主管就會一路抱怨到底。

兩個人一直抬槓，說著說著，高鐵列車進站了。跟想像的一樣，今天是上班日，而且是離峰時間，自由座並沒有客滿，不過保留座的車廂更空，小白與小莉上了自由座車廂，選了二個在一起的位子，坐了下來。

出國班機沒有經濟艙機位

列車正要啓動，小白的電話響了，電話那端是辦公室的助理雅婷，雅婷在電話中說明：日本福岡的那個國際級的跨國企業，對於公司的產品似乎很有興趣，想要進一步了解。這是家很大的跨國企業，機不可失，協理希望小白跟小莉下周一就能立刻去福岡跟該公司人員做個簡報，最好能說服這個日本新客戶試試看公司的產品，只要這個日本客戶願意採用，對於擴展國際市場有很大的幫助。

這似乎只是個早已預料到的臨時出差，協理早先就跟小白說過，要他有心理準備，只要福岡的新客戶決定要聽簡報，他就必須在幾天內動身去做簡報。因此，小白對這件事不算很驚訝，不過，助理雅婷告訴她：周日或下周一去日本福岡的航班，都沒有位子了，怎麼辦？雅婷問他：可以周日先出發，從大阪搭新幹線過去福岡，或者從東京或大阪轉機到福岡？話還沒講完，高鐵列車就發車了。隨著時速慢慢增加，行動電話訊號收得不算很好，因為訊號不好，不知不覺中，小白講電話的聲音愈講愈大聲，怕影響到車廂的安靜，就先掛掉電話了。

經濟艙沒有座位，那商務艙呢？

在高鐵列車上，小白立刻跟小莉說明了下周一要去福岡，但是沒有機位。並且解釋說，我們該從東京或大阪轉機嗎？東京與大阪的班機較多，比較容易找到位子。小莉聽完了整段說明，立刻跟小白問：「是經濟艙沒有座位，還是連商務艙通通沒有座位？」小白被小莉一問，無法回答，只好傳訊息問雅婷，請雅婷助理查詢一下。

高鐵慢慢減速，準備停靠車站，下了車，不會吵到別人了。此時，小白趕快打電話給雅婷助理，問清楚。雅婷助理告訴他說，經濟艙全滿，而且這是暑假期間，前後幾天飛往福岡的經濟艙也都全滿了。小白立刻跟他說，如果商務艙有座位，跟協理請示一下，是否能搭商務艙？

雅婷去請示協理的過程中，小白跟小莉商量了一下，覺得直達福岡還是最好的方法，因為他們記得，台北到福岡只要飛 2 小時左右，福岡機場到市區也很方便。但是，台北飛東京要 3.5 小時，台北飛大阪要 2.5 小時，大阪到福岡的新幹線要花 2.5 小時，單程票價折合台幣 6 千多元，東京到福岡的新幹線要花快 5 小時，單程票價折合台幣約 9 千多元，若把轉乘的時間、成本都算進去，怎麼算都是商務艙直接搭到福岡划算。

討論到一半，雅婷助理這時也打電話進來，跟他們說，協理同意他們搭商務艙，而且也確認過好幾家航空的商務艙都仍有座位，雅婷助理說要立刻把時刻表傳來，請他們兩人決定要搭哪一班。

經過一番折騰，總算是搞定了這件事。小白與小莉也在轉搭接駁車之後，到達了朋友的婚宴會場。

搭商務艙可以用貴賓室

在等待喜宴開桌的期間，小莉很興奮的說：「這次是公司出錢讓我們搭商務艙耶！不錯不錯！」「周一我們提前去機場，要好好享受機場貴賓室。」小白說：「恩，是不錯啦！可是，好不容易搭商務艙，卻反而要提前去機場？不會吧！而且，上飛機後，商務艙的餐點就很好吃了，那我們還要去貴賓室大吃一頓嗎？」「而且，您不是在減肥嗎？去貴賓室吃東西，之後在飛機上又要吃，不會太多嗎？」

小莉覺得小白眞是討厭，眞是愛抬槓。不過想了一想，也是有道理。搭商務艙的人，爲什麼又要吃機上美食，又要在貴賓室大吃一頓呢？那些經常搭商務艙的旅客，在貴賓室是否沒什麼吃東西呢？反而是我們這些偶而搭一次商務艙的旅客，才拼命吃東西？

不去貴賓室，可以折現嗎？

小莉問到：「不去貴賓室，可不可以折合現金啊？」小白回答說：「對，您問到重點了。曾經有家航空公司的日本關西機場航線，可以選擇不去貴賓室，而換成免稅店抵用券喔！如果搭商務艙，不去貴賓室可以換日幣 1500 元抵用券，如果搭頭等艙，不去貴賓室可以換日幣 3000 元抵用券。」小莉說：「是不是因爲航空公司在當地沒有貴賓室，而且借用別人的貴賓室成本很高，乾脆考慮直接發抵用券。但是，那些買商務艙的人，都很有錢吧！會在乎這一點錢嗎？」小白回覆說：「大部分商務艙的客人都很有錢吧！可是，我們就很窮啊！如果他給我折現，我會選擇折現喔！」

小莉很興奮的說：「是喔，但桃園機場的貴賓室不能換現金，對吧！」「還有，頭等艙與商務艙的貴賓室，竟然有差別喔！爲什麼商務艙可以換 1500 日幣，但頭等艙就能換 3000 日幣？是不是貴賓室內還有區分頭等艙與商務艙？」「還有，我聽說 A380 的飛機，商務艙有 100 多個座位，是不是因爲 A380 太大台，經濟艙坐不滿，乾脆改成商務艙啊！眞的是這樣嗎？還是說大家都很有錢，沒人搭經濟艙？」說著說著，婚宴現場燈光慢慢暗了下來，音樂響起，司儀宣布新郎與新娘要進場了。這段關於商務艙的抬槓，也就暫時告一段落了。

二、個案提及重點觀念

討論內容	對應章節
自由座折扣與購買決策間關係。	第七章 方案評估、購買行動、購後行為
財富所得與消費行為的關係。	第十章 財富、社會階級、性別、年齡
不同社會階級消費者的消費行為差異。	第十章 財富、社會階級、性別、年齡

討論內容	對應章節
購買商務艙的動機。	第三章 動機與價值
組織付費的商務艙購買決策。	第九章 家庭與組織購買決策
不使用機場貴賓室時的折現價值。	第三章 動機與價值

問題討論

1. 請說明財富、所得與商務艙購買行為的關係。
2. 高鐵商務車廂、保留座、自由座提供的產品服務有甚麼差別？
3. 高鐵可以滿足消費者的那些需求？高鐵商務車廂、保留座、自由座能夠滿足的消費者需求，有哪些「異」、「同」？
4. 消費者購買高鐵商務車廂車票的理由有哪些？
5. 飛機的商務艙與經濟艙，提供的產品與服務有甚麼差別？
6. 飛機航班可以滿足消費者的那些需求？飛機商務艙、經濟艙能夠滿足的消費者需求，有哪些「異」、「同」？
7. 如果讓搭乘商務艙的您，選擇到貴賓室休息，以及換取日幣 1500 元抵用券，或者機票直接降價日幣 1500 元，您會選擇哪一種？為什麼？您覺得選擇這三種選項的顧客，可能有哪些差別？
8. 消費者自付票價，以及由公司支付，在商務艙購買行為上，是否會有差別？為什麼？
9. 您覺得對航空公司來說，經濟艙比較好賺，或是商務艙比較好賺？為什麼？航空公司在艙等分配時，有甚麼考慮？
10. 您覺得商務艙比較容易客滿，或是經濟艙比較容易客滿？長程航線與短程航線是否會有差別？
11. 有沒有哪一個航空公司只有經濟艙，而無商務艙的？商務艙、頭等艙、經濟艙的安排與比例配置，跟飛機機型、飛航地點、飛航距離是否有關？

個案回顧測驗題

(　　) 1. 個案細節：請問個案中，最後如何去福岡？ (A) 提早一天搭飛機到大阪，再轉機到福岡 (B) 提早兩天到福岡，先去旅遊 (C) 改成搭商務艙 (D) 搭到東京，轉國內線到福岡。

(　　) 2. 個案細節：請問個案中，小莉的表姑、表弟、表妹出國旅行時，都搭商務艙，請問原因為何？ (A) 因為財富如果不拿來使用，只是銀行戶頭的數字 (B) 因為職業產生的社會階級感覺 (C) 因為是公眾人物 (D) 因為使用公費。

(　　) 3. 哪一種消費者，最有可能寧願拿現金抵用券，而不去使用機場貴賓室？ (A) 高社會階級者 (B) 高財富者 (C) 因為公費而搭乘商務艙者 (D) 因為炫耀性考量者。

(　　) 4. 某些人，堅持自己的身份，一定要搭商務艙，請問這是什麼變數對於消費行為的影響？ (A) 社會階級 (B) 組織購買行為 (C) 文化差異 (D) 歸因理論。

(　　) 5. 公司規定可以搭乘商務艙，就一定搭乘商務艙。但如果自費，就搭經濟艙，這可以用什麼理論來解釋？ (A) 代理問題 (B) 社會階級 (C) 所得財富 (D) 物質主義。

CASE 13 到網路買墨水匣：罕銷商品的網路銷售

一、個案本文

➨人物

亞莉：學校學生，需要購買印表機墨水。

➨場景

印表機沒墨水了，但需要列印期末報告，因此需要買墨水。

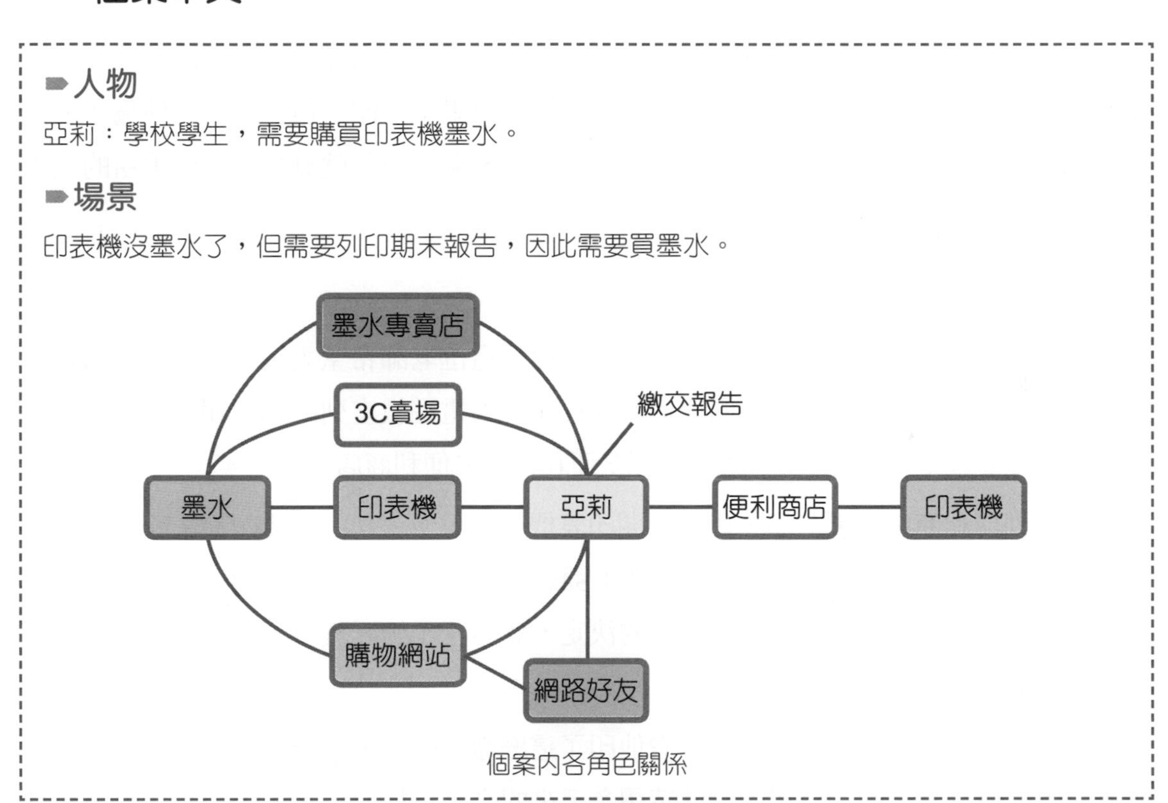

個案內各角色關係

好不容易，期末報告終於打完了，這份排版精美的期末報告，是亞莉的這兩個來禮拜來嘔心瀝血的結晶。光是最後的排版，就花了很多她很多的時間。終於，完成了。反覆看了幾次之後，把所有的打字錯誤都給調整了，版面也反覆調整了幾次，終於，亞莉決定要印了。這麼漂亮的一份期末報告，當然要印成彩色的。

列印彩色的期末報告

亞莉有一台新買沒多久的彩色噴墨印表機，亞莉很在乎這份期末報告，加上噴墨印表機並不貴，因此亞莉特別買了這台彩色噴墨印表機。相較於一台 2000 元左右的學生用印表機，這一台印表機貴了許多，功能很多，算是一台彩色噴墨事務機，不過屬於個人使用，而非設計來供辦公室用的。購買的時候，店員有告訴她說，這台算是比較高級的個人用彩色噴墨印表機，而且是最新的，可以無線網路列印、雲端列印、email 列印，也可以直接掃瞄到 email、電腦或隨身碟，功能強大，不過較貴一點，因此買的人比較少。

亞莉站在印表機旁，等待報告印出。看個報告一頁一頁印出，心中充滿期待。突然，電腦跳出一個視窗：「紅色墨水已耗盡！」天啊！怎麼會呢？印表機才剛買耶！怎麼會這樣！眞是人間慘事。

亞莉心中很是懊悔。因為前幾天，亞莉就收到印表機的通知，告訴她說黑色墨水已耗盡。這台聰明的印表機並且問她：「是否要以彩色墨水列印黑色」，當時他為了要能繼續列印，就選擇了要用彩色墨水列印黑色。所以，現在亞莉就算想列印成黑白的期末報告，也是沒辦法了。

超商列印

已經是午夜了，明天一早就得交報告了，而且這位老師希望大家交一份紙本報告，而且老師就已經說過，為了避免同學們到學校才要去電腦教室列印期末報告，期末報告一上課就必須繳交，不能遲交。怎麼辦呢？亞莉只好去便利商店列印了。

深夜到便利商店說要列印，店員打開印表機，並說了一句：「要印期末報告啊！彩色、黑白都可以印喔！但彩色不便宜喔！」亞莉思考了一下，決定印彩色的。畢竟，這是她多天努力辛苦的結晶。不過，這樣的決定，竟然花了她好幾百元，便利商店的彩色列印竟然這麼貴。

隔天，報告終於交了。同班同學看他印了這麼漂亮的期末報告，都非常欽羨佩服。亞莉心中暗自竊喜，心中浮現的成就感讓多天來的辛苦一掃而空。下課後，亞莉決定到原本買印表機的 3C 賣場，買新的墨水。畢竟這是期末考周，還有好幾份報告要交。

印表機墨水種類繁多

到了 3C 賣場，發現這家 3C 賣場是將墨水鎖在透明櫃內，確定要買哪一型墨水後，可以跟店員說，店員會幫您取出。亞莉非常驚訝！因為印表機墨水種類還眞多，隨手數了一下，有一百種以上，若再加上顏色，恐怕有數百種。亞莉找了好久，似乎還是找不到自己家中印表機的型號。亞莉到賣印表機的區域，再看了一次那台印表機，把墨水型號再看了一次，然後再到墨水區尋找，還是找不到。

終於，亞莉只好把店員找來，跟他說要買那個型號的墨水。店員首先確認了他的印表機型號，然後直接到電腦去查詢，然後告訴他說：「我們店沒有賣耶！我幫您查詢一下哪一家分店有賣。」經過幾分鐘，店員告訴她：「附近的分店都沒有耶！我可以幫您調貨！不過，因為很少分店有進貨該型號墨水，因此調貨應該需要好幾天以上的時間。」

亞莉實在難以接受！說道：「我才剛買的印表機，怎麼會沒墨水呢？我要寫期末報告耶！」店員也是大學生，就跟他解釋道：「您看印表機區有五、六個品牌，數十台印表機，而且每個月，都會有新型號的印表機上市，再加上已經停產的印表機，墨水起碼有幾百個型號。比較少賣的墨水型號，店裡就不會進貨。」解釋完之後，店員很好心的告訴他：「不然您要不要到附近的墨水專賣店試試看！」

既然店員這樣建議，亞莉就到附近的墨水專賣店試試看！結果發現好幾家墨水專賣店都跟他說：「這型號要訂貨耶！」，有些需要訂貨四天後可以取貨，有些說是三天，有些甚至無法確定幾天內可以拿到貨！

網路購買也可以

這都太慢了！我後天就要交另外一份報告耶！怎麼辦呢？亞莉氣憤之餘，立刻在自己的社交網站上跟別人抱怨。有人告訴她說：您可以到原廠去買！有人告訴她說，可以在網路跟原廠買！有人則告訴他：晚上 10 點以前網路訂貨，隔天就能拿到貨。亞莉有點懷疑，但想說還是試試看好了！

沒想到，到購物網站一查看，印表機墨水竟然有近千種，幾乎每個品牌每個型號都有賣，而且幾乎每一種印表機墨水，都有原廠、副廠的選擇，還有大容量、標準容量的差別，有時還會有連續供墨的相容墨水，種類之多，實在令人驚訝。再看一下，發現墨水的售價，比今天在墨水專賣店問到的價格還便宜一點點。雖然差價不多，不過免運費，省一點算一點吧！

亞莉在上網的過程，發現大家都說新印表機附贈的墨水，印量只有不到一半，因此墨水應該會很快地都用完了。因此，亞莉決定把四個顏色的墨水都買一份。亞莉心中有些擔心，每個 3C 賣場都說沒貨，會不會網站明天就跟他連絡說缺貨啊！若是明天晚上以前沒有到貨，他後天的期末報告就又得到便利商店去印了。帶個忐忑不安的心情，亞莉還是在網路上買了全套的墨水。

網路快速到貨

隔天中午，墨水竟然就送到了，亞莉實在驚訝到不行！眞的喔，隔天就送到了耶！高興到不行的亞莉，很興奮的告訴朋友，要買罕銷商品時，網路購物眞是不錯的選擇。

亞莉再仔細的想想，覺得印表機墨水實在是不錯的案例，可以當成下次行銷課程期末報告的討論題目。每個人家中的印表機都不同，近幾年賣出的印表機有上百種型號，但每一種印表機型號，都曾經銷售過數千台。因爲各個型號印表機的消費者平均散布在各地，因此，如果想要在 3C 賣場銷售墨水，一定是要非常暢銷的普及機種，如果每一種墨水都要銷售，那賣場非得要囤積非常多種的墨水，積壓的資金一定非常可觀。不過，如果改成網路銷售，則網站只要規模夠大，把全部消費者的需求累積起來後，每一種型號的墨水都可以有足夠的銷售量，網站自然可以預先進貨每一種墨水型號。

亞莉再細細一想，似乎也不是每個情境，都能這樣使用網路購物。以這次的例子，如果網站無法在隔天就送貨，就趕不上她的期末報告。

二、個案提及重點觀念

討論內容	對應章節
緊急的列印需求。便利商店提供便利的列印服務	第三章 動機與價值
交貨時間與購買決策的關係。賣場需要叫貨，無法立刻提供商品。	第七章 方案評估、購買行動、購後行為
網路購物的優點。	第十三章 網路消費行為。
進行購買前，諮詢網路好友的意見。	第八章 群體影響與意見領袖

問題討論

1. 在這個個案中，如果網站也需要叫貨後才確定幾日後會到貨，或者要求消費者等待三天，請問消費者是否還會進行網路購物？
2. 在這個個案中，如果消費者在 3C 賣場（或其他實體通路）就能立刻買到商品，請問消費者是否還會進行網路購物？
3. 甚麼樣的罕銷性商品，適合進行網路購物？如果全體消費者都很少該商品購買，請問網站會建立庫存嗎？網站還能隔天送貨到府嗎？

4. 請問若特定購物網站的客流量不夠，還可以提供這種隔天到貨的保證嗎？如果是一個客流量不夠的網站，網站是否該事先將所有種類的墨水都進貨？還是網站該在消費者訂貨後，才請製造廠商送貨？

5. 請問為什麼網站能保證隔天送貨到府？請問網站的物流中心在深夜是否就已開始揀貨？您覺得貨品要能夠隔天中午就送到，何時要將貨品交給貨運快遞公司的物流中心了？您猜想整個物流作業要如何安排？

6. 請您找找看，或者跟同學討論看看，有哪些罕銷性商品，跟印表機墨水一樣，適合採取網路購物。哪樣的商品，在實體通路中，消費者是很難買到的。請嘗試舉例看看。

個案回顧測驗題

(　　) 1. 個案細節：個案中，墨水匣最後在哪裡買到？ (A)3C 賣場 (B) 墨水專賣店 (C) 網路 (D) 量販店。

(　　) 2. 個案細節：個案中，該型的墨水匣為什麼比較難買到？ (A) 因為現在都沒人在賣墨水 (B) 因為該型印表機比較少見 (C) 因為該型印表機太舊 (D) 因為這家 3C 賣場只賣一種墨水。

(　　) 3. 印表機的購買，通常是哪一種購買決策？ (A) 非計畫性購買 (B) 衝動性購買 (C) 習慣性的問題解決 (D) 廣泛的問題解決。

(　　) 4. 墨水匣的購買，通常是哪一種購買決策？ (A) 深思熟慮的問題解決 (B) 衝動性的問題解決 (C) 廣泛的問題解決 (D) 重複性的購買決策。

(　　) 5. 到便利商店列印期末報告，選擇彩色列印，卻要花很多錢，此時會產生何種動機衝突？ (A) 趨近－規避的動機衝突 (B) 規避 －規避的動機衝突 (C) 趨近－趨近的動機衝突 (D) 功利與炫耀的動機衝突。

CASE 14 你不再是我的網路好友了！？

一、個案本文

➡人物

四位原本是大學時合租公寓的好友

雯茜：目前是上班族，擔任公司行政，關心此議題。

詩萍：在資訊公司擔任業務，高度關心此議題。

莉莉：碩士生，高度支持示威訴求。

小瓊：大四學生，低度關心此議題。

➡場景

四位多年好友，討論到是否該在社交網站上討論具有爭議性的社會課題。

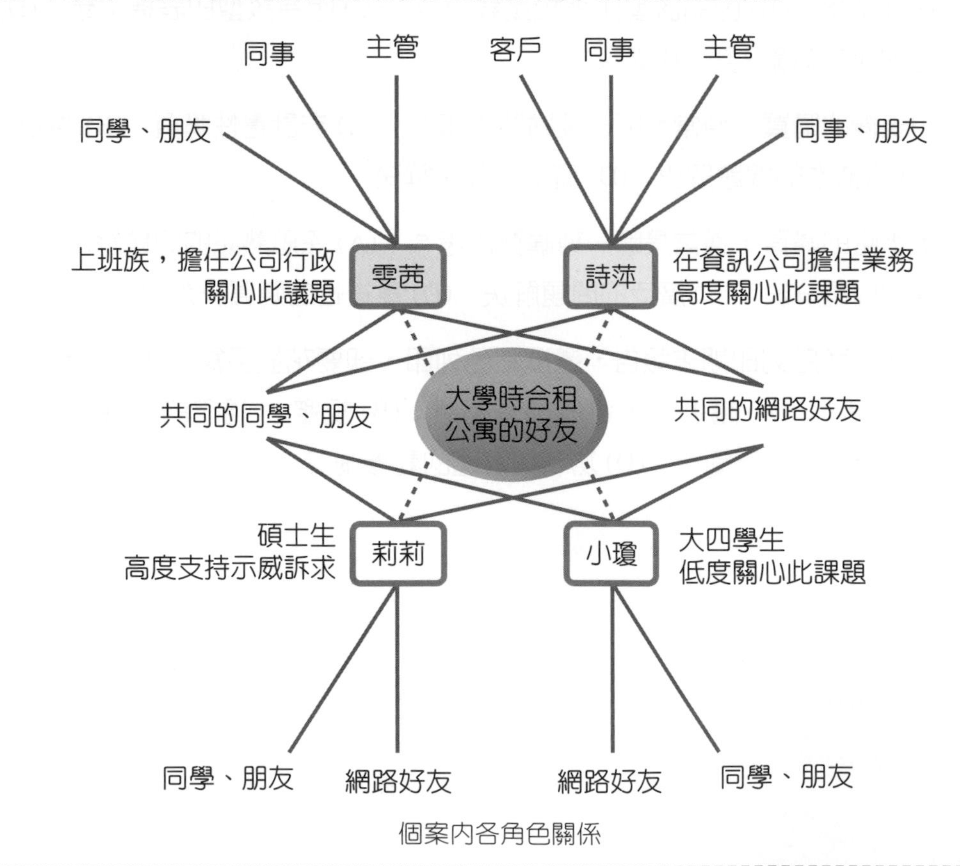

個案內各角色關係

喝咖啡、聊是非

喧囂的鬧區中，鬧中取靜的咖啡廳，寧靜但又矛盾地帶點喧嘩的咖啡廳角落，四個女孩正有說有笑。雯茜、詩萍、莉莉、小瓊，是大學時代合租公寓的好友，四位好友年級不同、科系也不同，當初只是因爲要省錢，合租公寓，沒想到最後變成好朋友。雯茜與詩萍已經大學畢業，各自往不同的目標邁進，莉莉到別的學校讀碩士班，而小瓊今年大四，正在準備研究所。四位好友各奔前程，碰面的時間也變得難能可貴。今天恰巧大家都有空，因此約了在附近的咖啡廳喝咖啡、聊是非。

爭議話題各有看法

「最近鬧得沸沸揚揚的社會議題，你們有聽說嗎？身爲國家的一份子，我們都應該要站出來發聲！自己國家一定要自己救。」正在讀碩士班的莉莉，一副熱血青年的樣子，淺嚐一口咖啡後說道。

小瓊不假思索地回應：「我倒是沒有深入探究耶！最近忙著碩士班考試，準備書面審查資料很忙，還要讀書，都沒時間了，哪還有時間關心社會議題、遊行示威？」

「這可是關係到你的未來耶！如果這次訴求未被接受，國家就斷送未來了，你的未來在哪呢？」莉莉口沫橫飛地表示，情緒非常激動。

小瓊看著莉莉，拿起咖啡杯喝了一口，卻發現裡面早已沒咖啡。放下杯子，淡淡說到：「你的說法也太偏激了吧！最近網路上和新聞媒體上全都是這個社會議題、遊行示威的相關討論，這件事情有這麼嚴重嗎？」

莉莉目前就讀碩士班，對於這次社會議題、遊行示威非常熱衷，不但主動轉貼了很多資訊，也自製了很多圖片，提供其他人分享。爲了宣揚理念，只要有人在社交網站上新增他爲好友，一律來者不拒，盼有更多的人能支持這次遊行示威的訴求。因爲這次社會運動、遊行示威，莉莉社交網站的好友人數已經增加上千人以上了。

小瓊，目前就讀大學四年級，正在準備碩士班入學考試之相關事務，對這次社會運動不太關心，而好友在社交網站上發表相關討論或資訊，偶爾會瀏覽一下，但近期因爲社交網站上都是此次社會運動的討論議題，小瓊已經對此相當反感，使用社交網站的意願也逐漸下降。

「我最近也有在關注此事，社交網站上，最近有不少朋友張貼相關資訊，我有時候會點連結進去看，但我們公司主管和同事好像對此事都不太熱衷，僅少數人參與和討論。」雯茜也參與了這個話題。

雯茜，在一般公司擔任行政職，關心此議題，但不是非常熱衷，偶而會轉貼，頻率不高，公司同事與主管也與他抱持相同態度。

公司要求不可跟顧客討論爭議話題

看到大家都在講，在資訊公司跑業務的詩萍，平常就靠講話為生，當然也加入此話題：「我們公司的主管嚴格要求，不可以在公開場合談論此事，在社交網站上，更是不能張貼相關資訊，主管說：「因為一旦表明立場，很容易得罪立場不同的客人，像我們公司這種長期與各公司打交道，有過不少合作案，一旦立場太鮮明，與顧客的立場不同時，萬一惹惱了顧客，可是很容易被找麻煩的呢！」詩萍解釋了自己目前的處境，解釋了主管不希望他們在社交網站上發表與社會運動、遊行示威有關的消息，無論是贊成或是反對。主管還告訴他，可以申請兩個不同的社交網站帳號，只給客戶一個充滿正面能量的帳號，至於要發牢騷，要講社會運動、遊行示威、政治話題，則用另一個帳號，且該帳號不能提到公司名稱，而且不能把公司客戶加入成好友。

讀書時都沒有這些限制

「好懷念以前讀大學的時光喔！那時候，我們可是時常在管理學院的戶外咖啡座，或是出租公寓樓下的簡餐店閒聊許多事情，社會時事更是不可少的一部分。現在都不行了。」詩萍無奈表示。

「對啊！以前讀書時，不小心聊得太上癮，散會之後，話題還會在網路上繼續發酵呢！哪像你老闆那麼誇張，限制言論自由，現在想抒發點個人意見都被限制，這太不合理了。」莉莉氣憤道！

莉莉經過這段時間的洗禮，對學生運動、社會運動、政治運動有了比較明確的了解，學生運動與社會運動差不多，但學生運動是以學生為主要參與者的社會運動，學生基於關心時事、關心社會， 站出來抗議政府政策。莉莉分享自己最近的心得，說道：「現在網路媒體相當發達，有許多管道可以得到關於各種社會運動的資訊，各種社群網站與社交網站，都有不少志同道合的朋友聚集在一塊，我們相互切磋交流，分享了彼此的見解，我認為我們的未來應該要交由自己掌握。所以，我嘗試發揮自身的力量，整理相關資訊並在社交網站上分享，希望可以讓更多的人明白我們的訴求。」

社交網站該談爭議話題嗎？

小瓊說：「所以，社交網站變成了您的部落格了！我還是比較喜歡用社交網站來告訴大家我的生活中點點滴滴。社交網站上的人，是我認識的朋友，大家來交換生活中的點滴，才是社交網站的目的啊！倘若我使用社交網站，但上頭的資訊都是我不感興趣的，不就失去了社交的意義了嗎？」小瓊提出自己的想法。

莉莉氣憤又神氣的說：「現在有許多社會運動，都是透過社群網路或社交網站串連起來的，像埃及的茉莉花革命，就是很典型的代表，網友們在社交網站上討論相關事項，並相互串聯，最終推翻獨裁政權。」

小瓊提高了音量說：「但我跟您說，這幾個星期以來，我受夠了，大量的社會運動資訊一直占據我的版面，考試壓力已經夠大了，原本想要看些輕鬆的資訊，看看有沒有甚麼笑話，還是漂亮的圖片、或有趣的影片，卻被強迫瀏覽許多社會運動的資料，你們認爲這樣就能改變政府的決策嗎？」小瓊並指出，這段期間，她把一些很積極在談社會運動的好友的訊息，隱藏起來，眼不見爲淨。而如果這些朋友太誇張，她甚至會解除跟這位使用者在網路上的好友關係。

網路同溫層

莉莉不同意小瓊的說法，立刻回嘴：「這些社會運動資訊能提供你許多想法，讓你以不同的觀點思考！而不是只在同溫層裡面耶！我也轉貼了許多文章在社交網站，還獲得了不少迴響和討論呢！大家都應該要站出來表達自己的看法，這樣我們的訴求才會被接受，不應該表現地漠不關心，這樣會讓大眾的權益受到莫大的犧牲。」

小瓊皺著眉頭表示：「可是，最近看到的文章，都是贊成的居多，只要有人反對，便會受到身旁的同儕或是同事排擠，立場中立者也不敢表達意見，就怕和周遭反對的朋友意見不和。反對者的意見難道就不重要嗎，難道反對就喪失了發表意見的權利嗎？這不就是我們在學校上課的時候，學到的『沈默螺旋』嗎？少數意見愈來愈聽不到！」

莉莉立即反駁道：「當然歡迎他們提出自己的觀點，相互交流及討論啊！可是無論支持或反對都需要拿出理由來說服別人呀！」

詩萍也加入討論，提出自己的疑問：「可是這次遊行示威的聲浪較大，從架設伺服器、經營網站到現場轉播，國外媒體報導還有報導，甚至人集資到海外買廣告等，鋪天蓋地的宣傳，試問站在支持政府的那一方的人，眞的有勇氣把自己的想法表達出來嗎？」

有支持也有反對

小瓊與莉莉都沒說話，反倒是雯茜娓娓道出自己的看法：「有人贊成就一定會有人反對，這是很正常的啊！但此次社會運動，延燒到社交網站上，社交網站上掀起一股風潮，和自己意見相左的人，可能會被其他好友謾罵，甚至把好友關係解除。聽說已經有不少人，因爲對此議題的意見不同，而吵的不可開交，甚至變成不再往來的仇人，認爲『道不同不相爲謀』，價值觀有所差異的就無法成爲好友，我認爲這樣的情況有點誇張了！」

莉莉激動地表示：「我承認我是有想要封鎖反對此議題者的衝動，也確實封鎖了幾個很誇張的人，我不能強迫每個人都接受我的想法，但是要提出具體的想法來說服我，而不是爲了反對而反對，那非常沒有說服力的，如果不能試圖進行溝通，只是一昧的支持政府，那我還不如拒絕得知他們發表的內容。」

看到莉莉那麼激動，小瓊也很激動的說：「甚麼叫做一昧的支持政府？爲什麼您不說是一昧的反對？」

看到兩人相持不下，詩萍平和地說：「排除這些緊張對立關係，我認爲這次社會運動，讓大家對這些新生代的年輕人刮目相看！像是巧用網路媒體，網路媒體對於社會的影響，眞是不可小覷。此外，這些年輕人的創意，爲這次遊行示威添增了不少話題，最令我佩服的就是他們的勇氣，不論遇到了什麼困境，他們的意志還是堅定且勇敢，令人佩服。」

多元包容

小瓊展開笑靨說：「如果大家都能靜下心來，呼吸一口新鮮空氣，敞開心胸容納不同人的意見，多點包容，那社會才能進步啊！社交網站上，也能夠再回復快樂的心情、好吃的美食、美美的照片，這些令人有正面能量的事情啊！」

雯茜熱切地回應著：「沒錯，希望大家可以理性判斷是非，用成熟的態度去看待此次遊行示威，任何決定都一定會有不同的聲音，理性的訴求才是絕佳的智慧，相信這次遊行示威一定能圓滿的落幕，得到雙方都滿意的答案。」

莉莉看著窗外，自信地說：「這次社會運動的啓發，給了我不少的力量，也讓我更明白自己的目標和信念，眞心投入我認爲該堅持的事情，是難能可貴的經驗。」

（本個案內容均屬虛構。個案構想係根據 2014 年 3 月的學運。但本個案與該學運無關。感謝台北大學陳巧捷、李明哲同學協助撰寫構思本個案。）

二、個案提及重點觀念

討論內容	對應章節
文化、子文化、爭議課題、多元包容。	第十一章 種族、宗教、文化差異
朋友間的意見影響態度。平衡理論、認知一致性理論。	第五章 態度、認知、情感、行為意圖
業務人員的言行對於顧客態度的影響。	第五章 態度、認知、情感、行為意圖
不同人因為人格特質、生活型態與價值觀，導致對於社會議題的關心程度差異。	第四章 人格特質與生活型態 第三章 動機與價值
社交網站的行為。	第十三章 網路消費行為
沈默螺旋。少數意見不敢表達。	第十三章 網路消費行為

問題討論

1. 請從海德 Heider 平衡理論，探討爭議話題造成朋友間人際關係的破壞。
2. 請從代言人理論，討論業務人員是否該涉入具爭議性社會運動事件。
3. 請從人格特質、生活型態、或價值觀等角度，探討不同人對於政治事件的熱衷程度。
4. 請討論看看，哪些職業的人，不適合在網路上發表爭議事件的看法，以免傷害到他的工作。
5. 請討論看看，生活中，是否有人曾經因為政治事件的討論，而在社群網站上反目成仇，或者因此而將對方封鎖。

個案回顧測驗題

(　　) 1. 個案細節：個案中，公司規範業務人員是否可在社交網站發表個人的政治立場？ (A) 公司要求如果要發表個人政治立場，不能將顧客加為社交網站朋友 (B) 可以發表，但必須聲明是個人立場 (C) 可以發表 (D) 絕對不可發表政治立場。

(　　) 2. 個案細節：有沒有人會因為政治立場差異，而在社交網站上，解除與立場不同者的好友關係？ (A) 沒有。大家立場不同，但彼此尊重 (B) 沒有。大家會維持表面和諧 (C) 有。有些人會因為立場不同，而在社交網站上出現爭執 (D) 有立場差異，但都不會有人想要解除好友關係。

(　　) 3. 哪一個理論合適用於解釋社交網站上爭議課題的討論，對於不同立場朋友間的人際關係的破壞？ (A) 平衡理論 (B) 理性行為理論 (C) 認知失調理論 (D) 代言人理論。

(　　) 4. 哪一個理論適合用來討論業務人員是否該涉入爭議性社會運動事件？ (A) 代言人理論 (B) 理性行為理論 (C) 期望理論 (D) 推敲可能模式。

(　　) 5. 哪一個概念比較適合用於討論大家對於爭議課題的立場差異？ (A) 價值觀 (B) 動機 (C) 滿意度 (D) 認知失調。

CASE 15 鬼月婚宴大促銷

一、個案本文

➠人物

承佑：在宴會餐廳擔任企劃。工作才幾個月。提出農曆七月打折承接喜宴訂桌的構想。

Amy：在宴會餐廳擔任企劃。去年才剛結婚。

Johnson：承佑在教會認識的弟兄，對於農曆七月辦婚宴並無禁忌。

廖姐：從事實際上擔任訂位組工作多年。

張協理：公司的主要股東之一，可以決定是否要舉辦農曆七月的婚宴促銷。

➠場景

喜宴餐廳員工，討論如何拯救農曆七月的喜宴業績。

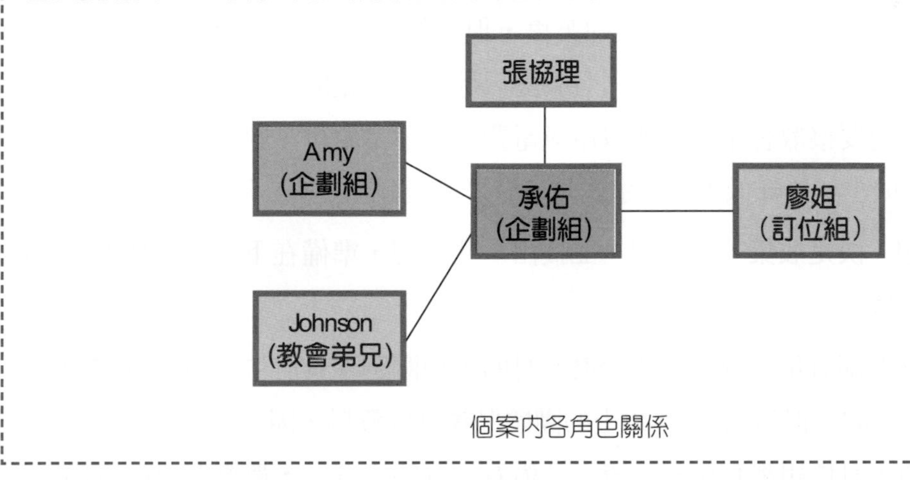

個案內各角色關係

這是一個跟平常一樣的上班日，承佑一如往常的騎機車來上班，承佑剛退伍，是大學的觀光與餐飲管理系畢業，主修管理，中餐或西餐廚藝雖有修課，但還不到可以擔任廚師的程度，他服務的公司是一家本土連鎖中餐廳，任職單位是管理部企劃組，他算是新進人員，工作才幾個月的時間，沒有固定的例行業務，主要負責的是企劃管理工作，負責構思新的經營想法。這家連鎖中餐廳有很多個分店，有的位於五星級或四星級飯店內，有的則是獨立的店面，每個餐廳的規模都不小，總桌數都在百桌以上，主要客層是婚宴、尾牙、團體聚餐、一般飲宴，當然餐廳也服務一般散客，但從營業額來看，婚宴之類的團體聚餐爲最主要的營收來源。

農曆七月強制休假

今天剛進公司，行政助理就提醒他：八月十日起到九月初，所有人要強制休假喔！每個人都要休，要休哪一天先登記先贏，每天休假人數以不超過部門人數一半爲原則，詳細規定已經用 email 寄給大家了，下周就要繳交休假登記表。

承佑收了 email 後，並跟其他資深員工詢問了一下，發現原來是因爲農曆七月是餐廳的大淡季，因此公司強迫所有員工必須在這個月休假，現場的計時制人員，因爲沒有工作就沒薪水，因此無需特別休假，月薪制的內場（廚師）與外場（服務員）工作人員，需強制休假，休假期間底薪照發，但因爲該月業績較少，所以業績獎金就隨之減少。承佑任職的企劃組，與管理部其他員工一樣都必須排輪休，除有特殊理由外，休假天數要達到勞基法規定的該年度特休假額度的一半或以上。管理部員工算是最幸運的了，因爲採取固定月薪制，強制休假並不會造成收入的減少。至於爲什麼是八月十日才開始休假呢？因爲八月八日是父親節，父親節還有一波家庭聚餐的生意。

有可能拯救農曆七月的業績嗎？

承佑能夠理解公司要安排強制休假的苦衷，但心裡在想，是否有可能採取甚麼措施，讓農曆七月的生意更好，因爲該公司各餐廳場地都是用租的，即使生意不佳，租金仍須照付，而因爲還要接散客生意，所以冷氣電費成本還是要付，廚房與外場人員也要維持基本的人數，成本無法降低太多，這個月等於是慘淡經營。

承佑想了一想，決定收集一些資料，並提出一些構想，準備在下午的管理部各組聯席會議中提出來討論。

首先，他跟管理部訂位組要了去年農曆七月的大型團體聚餐訂位資料，散客的訂位是餐廳訂位人員負責的，但超過 10 桌以上的團體聚餐訂位資料，因爲食材備料與計時工作人員調派等理由，訂位組都有紀錄可查。承佑看了資料後發現，農曆七月的團體聚餐根本屈指可數，只有少數的扶輪社、青商會、壽宴之類的聚餐。超過 20 桌以上的婚宴，更是完全沒有。

婚宴的日期

他在跟訂位組詢問資料的過程中，訂位組的廖姐還跟他講，婚宴根本只集中在少數幾個位於周末假日的黃道吉日，農曆七月沒有婚宴是理所當然的，平常即使日假日，只要沒有黃道吉日，就不會有婚宴。而黃道吉日又是假日時，根本就不用任何宣傳或促銷，還可以抬高價格。像訂位組就跟現場人員講，周末的黃道吉日每桌基本定價是 16000 元（一般餐廳）或 25000 元（五星級飯店內餐廳）起跳，而且需付訂金才能保留。喜宴的桌數較多，客人通常希望殺價，但我們都要求頂多可以「送菜」，但不可以降價。而且，這些假日黃道吉日的最低桌數要求比較高，保證桌數彈性很小，因為您知道嗎？公司在台北市、新北市、桃園市、台中市、台南市、高雄市等地的分店，這些周末假日黃道吉日的婚宴，一定是全滿，比較熱門的點，沒有半年前預訂，一定向隅。

承佑接著問到：「那如果是非黃道吉日呢？」。廖姐笑了幾聲，說到：「如果是周末假日，但非黃道吉日，但也非兇日，則會有零星婚宴訂席，但如果是兇日，則幾乎不會有生意。既然沒有訂席，我們也不會給折扣價。」「誰會跟自己一輩子的幸福開玩笑呢？」廖姐補充到。

承佑很感謝廖姐提供的資料，隨後立刻上網查詢農民曆，發現農民曆中，標明適宜「結婚姻」「嫁娶」的日子，各約佔所有日子的四分之一，但這些日子隨機分配在各星期的每一天，因此適宜嫁娶的日子，若要落在星期六、日，則一年約只有不到 30 天，若把周五也算進去，則也只有不到 45 天。但臺灣人的習俗還不僅止於要黃道吉日，還不能是農曆正月（因為很多人覺得正月不適合嫁娶），也不能是農曆七月（因為是鬼月），其實農曆正月與農曆七月仍有很多天是黃道吉日，但就是沒有人要在這時候結婚。

什麼人不會在乎婚宴日期

正當承佑查農民曆正起勁時，同樣是企劃組的 Amy 走了過來，看到承佑在查農民曆，還把宜嫁娶的日子勾了起來，立刻虧了他說：「您要結婚啦！女朋友大肚子了啊！恭喜恭喜！」承佑隨手拿了一疊紙往 Amy 腦袋敲過去，說到：「別亂說，我在查看看一年有幾天是婚宴的旺日。」

Amy 去年剛結婚，對這件事印象還很深刻，她告訴承佑說：「有些人結婚是自己看黃道吉日就決定了，但更多人結婚是找算命的合過八字後選定日子，如果要省事，結婚與宴客訂在同一天，則算命的會根據雙方生辰八字，挑選位於周末假日的好日子給您，但這種日子很少，彈性很小。如果願意將結婚與宴客選在不同天，算命的會根據生辰八字挑選一個最好的結婚日，以及靠近結婚日的一個周末假日的黃道吉日來宴客。」

Amy 繼續補充到：「別忘了還有訂婚宴或歸寧宴喔！所以，結婚要有四天好日子，包括訂婚、結婚、宴客、歸寧，訂婚與歸寧通常擇一。當然，也有人早上訂婚，中午訂婚宴，晚上結婚宴。也有人只有結婚宴，男女雙方的親友一起請客。」

承佑聽完之後，覺得好複雜喔！

此時，Amy 又俏皮的起來，說到：「但像您這種把女朋友肚子搞大的，看看黃曆選一天就行了啦！反正又不能拖。找算命的選出來的黃道吉日，會讓您女朋友的肚子太大，不好看，而且因爲是旺日，常找不到宴客餐廳的啦！即使是我們公司，也沒辦法幫您插隊。」承佑生氣的拿了剛剛的那疊紙往 Amy 腦袋用力敲過去，說到：「喂！我還沒女朋友耶！您再亂說，會害我交不到女朋友。」

Amy 扮了個鬼臉，就離開了。

不同宗教信仰的差異

信主耶穌的承佑，對於算命挑日子這件事，並不算很熟悉，但他覺得應該還是會有突破點的。他決定電話詢問一下在教會認識，最近剛結婚的弟兄 Johnson。Johnson 年紀約比承佑大五歲，新娘也是信主耶穌的，但新娘家裡是有拜祖先、神明的傳統家庭。Johnson 在電話中告訴他，他本來是完全不挑結婚的日子，只希望是在周日下午，這樣教會的弟兄姊妹們，都能來觀禮，新娘家裡略有意見，但還是尊重 Johnson 的決定。

「可是，當我去找喜宴餐廳時，想要求算便宜點，喜宴餐廳卻沒有任何折扣，我回來想了一想，既然價錢都一樣，爲何不乾脆滿足新娘家人，選個黃道吉日呢？」Johnson 這樣說道。

農曆七月婚宴優惠折扣構想

承佑整理一下自己的思緒，覺得確實有個商機，是大家沒有注意到的。他決定利用午餐的時間，把下半年所有黃道吉日與非黃道吉日整理出來，並構思一下促銷的方案。經過兩個小時的整理與構思，他想出了以下的促銷方案：

方案名稱	百年好合囍宴特惠專案。
活動內容	即日起到年底為止，在指定日期舉辦婚宴，即可享受七折起的特價優惠。
優惠方式	大喜日：飲宴照訂價七折，並加贈每桌兩瓶紅酒，果汁無限量供應。 特喜日：飲宴照訂價九折，並加贈每桌兩瓶紅酒，果汁無限量供應。 全喜日：菜色升等，每桌加贈兩瓶紅酒，果汁無限量供應。

主要訴求客層	1. 因為宗教不同，不相信農民曆的人。 2. 歸寧或補請客，不在乎是否為黃道吉日者。 3. 因為懷孕或其他理由，臨時決定結婚者。 4. 不同宗教信仰，或百無禁忌的年輕人。

下午的管理部會議中，承佑向所有管理部的同仁解釋，所謂的大喜日，就是黃曆上的兇日（標明不宜嫁娶），以及鬼月的所有日子。既然是兇日，就很少人嫁娶，此時若能吸引到一些歸寧宴，或者吸引到不信農民曆、不信傳統黃道吉日習俗的客人，則打些折扣也無妨。故意取名爲大喜，是因爲要迴避凶日的文字。

至於特喜日，就是黃道吉日上的好日子，但落在周一到周四，這種日子雖有人辦喜宴，但相對較少，因爲各餐廳在周一到周四都有空位，因此消費者選擇性高，若能吸引這些人到我們餐廳來訂喜宴，也是很不錯的。故意取名爲特喜，是因爲眞的是好日子，只是不在假日。

至於全喜日，就是原本的喜宴旺日，也就是黃道吉日且位於周五、周六、周日、假日，這些日子本來喜宴就會全滿。只是爲了避免客人會有「相對剝奪感」，覺得自己選在那一天辦喜宴，完全沒有折扣，眞是虧大了，因此推出菜色升等。顧客可以選擇將1道菜升等成較貴一級的婚宴套餐的菜色。若不選擇升等菜色，也可以改成加給小菜。之所以這樣設計，是因爲根據過去經驗，幾乎每一個訂喜宴的客人都這樣要求，宴會組的同仁也通常會允諾。至於每桌加贈兩瓶紅酒，果汁無限量供應，則是本來就有的做法，只是在宣傳活動中再次提到而已。

驚訝農曆七月婚宴促銷的構想

會議中，管理部張協理對於承佑突然提出這樣的構想，非常驚訝。張協理其實是公司的主要股東之一，草創時期是廚師，公司規模擴大後轉任管理職，他經營這家連鎖中餐廳公司已有二十年，從來沒想到有人會想要針對非黃道吉日進行促銷。

張協理對於此一構想非常懷疑，因此希望與會人員能夠多提供意見。大家七嘴八舌，對於這個構想是貶多於褒，大家主張的論點都大致相同：「誰會拿自己的終身幸福開玩笑？」大家多半認爲，此一促銷方案若是失敗，看似沒有損失，但刊登廣告本身就是一個很大的支出，各大報與主要雜誌廣告一登下去，上百萬就不見了。若明知不可行卻爲之，豈不浪費。

就在大家一面倒的反對的同時，Amy 開口幫忙承佑解圍：「大家都是拜祖先、拜七月普渡的，所以很難理解這個構想，其實這個構想很不錯，只是不容易找到這些藏在社會中的少數不信黃道吉日的消費者。若能找到他們，這個構想就可行。」

管理部張協理聽了覺得很有道理，他想了一想，說道：「不然，我們做個試辦計畫好了，不登報紙廣告，但印刷宣傳摺頁，發給各餐廳分店放於店頭供索取。另外，由承佑負責製作針對基督教與天主教教徒的宣傳品，寄給全國各教會、教堂、禮拜堂等，請其幫忙告知教友有這項活動。」

停頓了一下，管理部張協理又說道：「至於針對未婚懷孕的那一部分，不同宗教有不同看法，別跟各宗教的宣傳品放在一起，也別提到未婚懷孕。我看，就買些網路關鍵字廣告試試看，登些網路廣告，那些未婚懷孕者，應該以二十出頭歲的年輕人居多吧！折扣對他們應該是有吸引力的。只不過，他們會在我們這種大餐廳辦喜宴嗎？我有些懷疑耶！」

二、個案提及重點觀念

討論內容	對應章節
農曆七月的結婚禁忌。宗教與消費行為。	第十一章 種族、宗教、文化差異
婚宴。儀式與象徵。	第十一章 種族、宗教、文化差異
婚宴。雙方家庭的共同決策。	第九章 家庭與組織購買決策
價格折扣。	第十章 財富、社會階級、性別、年齡
婚宴的資訊搜尋。	第六章 購買決策與資訊搜尋

問題討論

1. 請說明為什麼鬼月會是婚宴的淡季？請從文化、宗教、儀式的角度出發，討論此一課題。
2. 如果一個新婚夫妻決定在農曆七月辦婚宴，您覺得這對夫妻是否會受到旁人的側目？請從社會規範的角度加以解釋。
3. 如果一個新婚夫妻將歸寧宴辦在非黃道吉日，您覺得是否較為可行？請從社會規範的角度加以解釋。

4. 結婚只需到戶政事務所登記即可，為何還要辦理婚宴？請從儀式與象徵在社會上扮演的角色，解釋為何要辦婚宴。
5. 您是否有其他更好的方法，來找出願意在非黃道吉日辦理婚宴的消費者？
6. 新婚夫妻雙方都同意在非黃道吉日辦理婚宴，但家長卻不同意。請用家庭購買行為的角度說明此事。

個案回顧測驗題

(　　) 1. 個案細節：個案中，在農曆七月，公司要求員工做什麼？ (A) 加強宣傳 (B) 強制安排休假 (C) 放無薪假 (D) 到分公司服務。

(　　) 2. 個案細節：公司主管要求針對未婚懷孕者的喜宴宣傳，應該如何處理？ (A) 跟宗教宣傳品合併 (B) 宣傳品裡面說明未婚懷孕者適用 (C) 刊登網路廣告 (D) 不要給予任何折扣。

(　　) 3. 在臺灣，農曆七月不多人舉辦婚宴，但在別的地方，就沒有這種限制，這可以用哪個觀念來解釋？ (A) 文化差異 (B) 思慮可能模式 (C) 平衡理論 (D) 理性行動理論。

(　　) 4. 婚宴的訂購，是哪一種消費決策？ (A) 非計畫性購買 (B) 衝動性購買 (C) 習慣性的問題解決 (D) 廣泛的問題解決。

(　　) 5. 舉辦婚宴，最適合用哪一種消費者行為的觀念來解釋？ (A) 儀式與象徵 (B) 物質主義 (C) 炫耀性消費 (D) 沙文主義。

參考文獻

本書參考文獻請參閱網頁

https://consumer.concepts.tw/

索引

D

E

F

G

H

I

J

L

M

N

O

P

Q

R

S

T

U

V

W

數字

NOTE

NOTE

國家圖書館出版品預行編目資料

消費者行為 / 汪志堅編著.-- 七版.-- 新北市：全華圖書. 2021.10
面 ; 公分
參考書目：面
ISBN 978-986-503-909-7(平裝)
1.消費者行為 2.消費心理學
496.34 110015912

消費者行為(第七版)

作者 / 汪志堅
發行人 / 陳本源
執行編輯 / 楊軒竺
封面設計 / 楊昭琅
出版者 / 全華圖書股份有限公司
郵政帳號 / 0100836-1 號
印刷者 / 宏懋打字印刷股份有限公司
圖書編號 / 0806406
七版二刷 / 2023 年 04 月
定價 / 新台幣 620 元
ISBN / 978-986-503-909-7(平裝)
全華圖書 / www.chwa.com.tw
全華網路書店 Open Tech / www.opentech.com.tw
若您對本書有任何問題，歡迎來信指導 book@chwa.com.tw

臺北總公司(北區營業處)
地址：23671 新北市土城區忠義路 21 號
電話：(02) 2262-5666
傳真：(02) 6637-3695、6637-3696

南區營業處
地址：80769 高雄市三民區應安街 12 號
電話：(07) 381-1377
傳真：(07) 862-5562

中區營業處
地址：40256 臺中市南區樹義一巷 26 號
電話：(04) 2261-8485
傳真：(04) 3600-9806(高中職)
(04) 3601-8600(大專)

讀者回函卡

掃 QRcode 線上填寫 ▸▸▸

姓名：＿＿＿＿＿＿ 生日：西元＿＿＿年＿＿＿月＿＿＿日 性別：□男 □女

電話：（ ）＿＿＿＿ 手機：＿＿＿＿＿＿

e-mail：（必填）＿＿＿＿＿＿

註：數字零，請用 Φ 表示，數字 1 與英文 L 請另註明並書寫端正，謝謝。

通訊處：□□□□□＿＿＿＿＿＿

學歷：□高中・職 □專科 □大學 □碩士 □博士

職業：□工程師 □教師 □學生 □軍・公 □其他

學校／公司：＿＿＿＿＿＿ 科系／部門：＿＿＿＿＿＿

・需求書類：

□ A. 電子 □ B. 電機 □ C. 資訊 □ D. 機械 □ E. 汽車 □ F. 工管 □ G. 土木 □ H. 化工 □ I. 設計

□ J. 商管 □ K. 日文 □ L. 美容 □ M. 休閒 □ N. 餐飲 □ O. 其他

・本次購買圖書為：＿＿＿＿＿＿ 書號：＿＿＿＿＿＿

・您對本書的評價：

封面設計：□非常滿意 □滿意 □尚可 □需改善，請說明＿＿＿＿＿＿

內容表達：□非常滿意 □滿意 □尚可 □需改善，請說明＿＿＿＿＿＿

版面編排：□非常滿意 □滿意 □尚可 □需改善，請說明＿＿＿＿＿＿

印刷品質：□非常滿意 □滿意 □尚可 □需改善，請說明＿＿＿＿＿＿

書籍定價：□非常滿意 □滿意 □尚可 □需改善，請說明＿＿＿＿＿＿

整體評價：請說明＿＿＿＿＿＿

・您在何處購買本書？

□書局 □網路書店 □書展 □團購 □其他＿＿＿＿＿＿

・您購買本書的原因？（可複選）

□個人需要 □公司採購 □親友推薦 □老師指定用書 □其他＿＿＿＿＿＿

・您希望全華以何種方式提供出版訊息及特惠活動？

□電子報 □ DM □廣告（媒體名稱＿＿＿＿＿＿）

・您是否上過全華網路書店？（www.opentech.com.tw）

□是 □否 您的建議＿＿＿＿＿＿

・您希望全華出版哪方面書籍？＿＿＿＿＿＿

・您希望全華加強哪些服務？＿＿＿＿＿＿

感謝您提供寶貴意見，全華將秉持服務的熱忱，出版更多好書，以饗讀者。

填寫日期： / /

2020.09 修訂

親愛的讀者：

感謝您對全華圖書的支持與愛護，雖然我們很慎重的處理每一本書，但恐仍有疏漏之處，若您發現本書有任何錯誤，請填寫於勘誤表內寄回，我們將於再版時修正，您的批評與指教是我們進步的原動力，謝謝！

全華圖書 敬上

勘誤表

書號		書名		作者	
頁數	行數	錯誤或不當之詞句		建議修改之詞句	

我有話要說：（其它之批評與建議，如封面、編排、內容、印刷品質等・・・）

創意思考

▸從正面與反面思考問題

本篇的創意思考練習，共有十四個，分別對應1-14章，可以協助進行創意思考，從不同的角度，思考消費者行為課題。各個創意思考所問的問題，都是具有正反意見的問題，每個問題都有正反面，所有同學應該要練習從正反面的角度，看待同一個問題。

多人一組或一人一組均可

在課堂授課時，可採多人一組（建議3-8人一組），依指令共同完成創意思考。如果不方便分組，也可以一人一組，獨立完成指定的創意思考練習。

六頂思考帽的換位思考

以下的創意思考練習，參考六頂思考帽的做法。六頂思考帽背後的精神，在於希望每個人能夠換位思考，用不同的角度來思考事情。思考時，若能多人一組，可以共同討論。若是一人一組，則要記得換位思考，從不同的角度，紀錄上思考的內容。

所謂的六頂思考帽，是指六種截然不同的思考立場。之所以用帽子作為譬喻，是因為以前的社會中，不同身份工作人員會戴上不同的帽子來執行勤務。例如警察工作時會戴上警帽，軍人會戴上軍帽，棒球員會戴上棒球帽，廚師在廚房會戴上廚師帽，不同行業的人，在執行他的工作角色時，會戴上它專屬角色的帽子。

六頂思考帽各自代表不同的立場

六頂思考帽的顏色與功能分別是：

白色思考帽：中立、客觀，代表「資料」。

紅色思考帽：直覺、情感，代表「情感」。

黑色思考帽：謹慎、負面，代表「批判」。

黃色思考帽：積極、正面，代表「理性」。

綠色思考帽：創意、巧思，代表「創意」。

藍色思考帽：指揮、控制，代表「決定」。

（請沿虛線撕下）

▸前置準備

六頂思考帽顧名思義應該有六頂不同顏色，在課堂上，老師也可以準備六頂不同顏色的帽子，要求同學戴上帽子，來進行討論，以增加趣味性，這帽子可以用色紙摺疊而成，以增加同學的互動，也增加授課的趣味。這種色紙摺疊而成的帽子，很容易收納。

當然，也可以不準備帽子，而是用投影片，指名現在是戴著什麼顏色的思考帽。或者，也可以用宣佈的方式，不準備任何道具與投影片。

▸進行步驟

步驟1：閱讀提供的情境問題

請仔細閱讀提供的情境問題。以下所提出的情境問題，都只是想像的狀況，學生應該仔細閱讀這些情境陳述。為了讓這情境陳述適用大部分的課堂狀況，這些情境是很簡化的，授課老師可以補充設定情境，讓同學能夠有較為詳細的背景脈絡。

如果六頂思考帽的討論，是全班同時進行，可由老師控制討論步調，宣布現在進行什麼顏色思考帽的討論。如果是各組自行控制討論步調，則由組長進行。

步驟2：以不同的角色進行思考

要求學生轉換不同的身份，依序進行不同角色的思考。

1. 白色思考帽：中立、客觀

白色象徵純白、無立場，請同學帶著白色思考帽時，要利用中立、客觀的角度看待問題，用客觀的事實、數字，以實事求是的中立、客觀角度看待本書所提出的情境問題，並尋找資訊。在此階段，只有中立客觀的想法可以提出。必須有一位同學負責記錄討論的結論。

2. 紅色思考帽：直覺、情感

紅色象徵情感，請同學帶著紅色思考帽時，要利用直覺、情感的方式來看待問題，用感性的觀點看待本書所提出的情境問題。在此階段，只有與感覺相關的想法可以提出。必須有一位同學負責記錄討論的結論。

3. 黑色思考帽：謹慎、負面

黑色象徵黑暗，請同學帶著黑色思考帽時，要利用謹慎、負面的方式來看待問題，要求同學用負面的觀點看待本書所提出的情境問題，找出此一情境問題行不通的理由、所有導致的負作用與壞處。在此階段，只有負面的想法可以提出。必須有一位同學負責記錄討論的結論。

4. 黃色思考帽：積極、正面

黃色象徵陽光，代表樂觀，涵蓋正面的思考，請同學帶著黃色思考帽時，要用正面、積極的觀點看待本書所提出的情境問題，找出此一情境問題的積極面、優點等。在此階段，只有積極的想法可以提出。必須有一位同學負責記錄討論的結論。

5. 綠色思考帽：創意、巧思

　　綠色是草地的顏色，代表富饒的生機，涵蓋創意、巧思的思考，請同學帶著綠色思考帽時，要用創意、巧思的角度，來提出與此一情境問題的相關創意與巧思，使該情境得以被加值。在此階段，只有具有創意的想法可以提出。必須有一位同學負責記錄討論的結論。

6. 藍色思考帽：指揮、控制

　　藍色代表冷靜，涉及到思考過程的控制與整頓，還有怎麼樣運用其他帽子得到的想法。在此階段，由組長或組長指定的人，扮演指揮、控制的角色，請同學回顧前面所有五種顏色思考帽所得到的想法，重新思考各種不同論點如何整合並存，並做出判斷。

　　組長認為必要時，可以重新進行任何一種顏色思考帽的討論。組長或組長指定之人，要負責記錄討論的結論。

步驟3：將討論結果，彙整整理

1. 繳回討論結果

　　討論完畢之後，最好立刻收回討論結果。

2. 繳回手寫正本

　　建議收回討論結果的手寫正本，以確保同學都有確實進行討論。如果同學要留存討論結果，建議自行拍照留存。不建議打字，以避免同學只是複製貼上。

3. 每個人都需繳交

　　即使分組，也建議每一個人都要繳交一份討論結果，以確定每一位同學都有參與。可以同組同學的討論結果放在一起繳回，方便老師知悉同組內每位同學的立場是否有所不同。

可掃描QR code觀看作者親自講解影片！

消費者行為：創意思考（六頂思考帽的進行方式）

（請沿虛線撕下）

得　分　**全華圖書**

消費者行為

創意思考練習1：T恤專賣店的構想

班級：________________
學號：________________
姓名：________________

❖ 討論問題：開一間以大學為主題的創意T恤專賣店，可行嗎？

❖ 情境說明：

影響消費行為的因素衆多，而每天上學時的衣著，也算是一種消費行為。既然同學每天都會需要穿衣服來學校，同學考量他今天要穿什麼衣服到學校的因素有哪些呢？如果來開一間以大學校徽logo、中文校名、英文校名、各種校名簡寫或系名簡寫為主題的創意T恤專賣店，可行嗎？會有人要買嗎？生意會大好嗎？這樣的構想，可行嗎？

請從消費者行為的角度，來討論這樣的構想。請問，這樣的構想，可行嗎？還是並不可行？在思考這個問題時，請從請參考六頂思考帽的做法，換位思考，用不同的角度來思考上述情境問題，並將討論結果，彙整整理。

如果不知道如何討論，可以從以下幾個角度出發：(1)有什麼好處？　(2)有什麼缺點？(3)會有同學想買嗎？還是根本就不會有人買？　(4)會賺錢嗎？還是會為賠大錢　(5)會有同學穿這樣的T恤來學校嗎？　(6)會有人穿這樣的T恤上街嗎？　(7)需要取得大學授權嗎？會不會無法取得授權？請討論。

（討論的切入點不必侷限於上述各點）

同組同學，請參考六頂思考帽的做法，用不同的角度來思考上述情境問題，有人扮演贊成的角度，有人扮演反對的角度，並將討論結果，彙整整理。六頂思考帽包括：

(1) 白色思考帽：中立、客觀

白色象徵純白、無立場，帶白色思考帽者，要用中立、客觀的角度看待問題。

(2) 紅色思考帽：直覺、情感

紅色象徵情感，帶紅色思考帽者，要用直覺、情感、感性的方式來看待問題。

(3) 黑色思考帽：謹慎、負面

黑色象徵黑暗，帶黑色思考帽者，要用謹慎、負面的方式來看待問題。

(4) 黃色思考帽：積極、正面

黃色象徵陽光，請帶著黃色思考帽者，要用正面、積極的觀點看待問題。

(5) 綠色思考帽：創意、巧思

綠色是草地的顏色，帶綠色思考帽者，要用創意、巧思的角度，來看待問題。

(6) 藍色思考帽：指揮、控制

請由組長或組長指定的人，扮演指揮、控制的角色，回顧前面所有五種顏色思考帽所得到的想法，重新思考各種不同論點如何整合並存，並做出判斷。

（請沿虛線撕下）

思考練習：T恤專賣店的構想

學號：　　　　　　　　　　　　姓名：

立場	意見彙整
白色思考帽：中立、客觀	
紅色思考帽：直覺、情感	
黑色思考帽：謹慎、負面	
黃色思考帽：積極、正面	
綠色思考帽：創意、巧思	
藍色思考帽：指揮、控制	

總結：請更精簡的將討論重點彙整於此

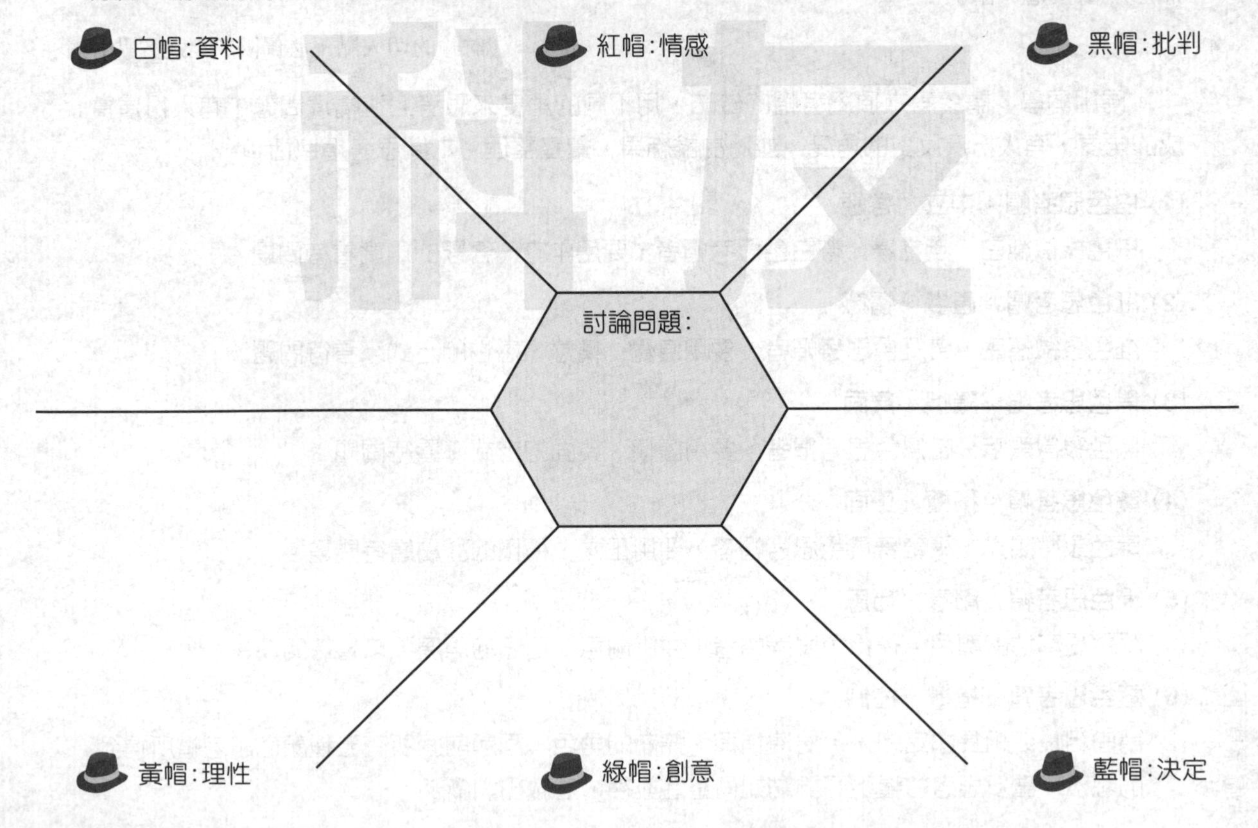

得 分 **全華圖書**（版權所有，翻印必究）

消費者行為

創意思考練習2：

彩色甜點專賣店的構想

班級：＿＿＿＿＿＿＿＿

學號：＿＿＿＿＿＿＿＿

姓名：＿＿＿＿＿＿＿＿

❖ **討論問題：如果開一家甜點店，所賣甜點都以色彩繽紛為訴求，可行嗎？**

❖ **情境說明：**

許多東南亞國家，都有色彩繽紛的甜點，但台灣的甜點用色都比較保守。如果開一家甜點店，所賣甜點用色大膽，可行嗎？網路時代，許多人喜歡拍照，甜點如果用色大膽繽紛，消費者會想要拍照打卡，在網路上流傳，應該有助於網路行銷。可是，甜點的色彩，很難完全用天然色素，很容易被質疑人工色素太多。如果來開一間甜點店，特色是色彩繽紛的甜點，這樣的構想，可行嗎？還是並不可行？

請從消費者感官知覺的角度出發，討論此一構想。

如果不知道如何討論，可以從以下幾個角度出發：

(1)色彩繽紛的甜點，會有什麼好處？ (2)有什麼缺點？ (3)消費者會來買嗎？ (4)買了一次，會來買第二次嗎？ (5)真的會在網路上引發討論嗎？ (6)會不會有很多負面評論？(7)為什麼其他甜點店都沒有這麼繽紛的色彩？ (8)色彩繽紛的甜點，成本會不會很高？請討論。

（討論的切入點不必侷限於上述各點）

同組同學，請參考六頂思考帽的做法，用不同的角度來思考上述情境問題，有人扮演贊成的角度，有人扮演反對的角度，並將討論結果，彙整整理。六頂思考帽包括：

(1) 白色思考帽：中立、客觀

白色象徵純白、無立場，帶白色思考帽者，要用中立、客觀的角度看待問題。

(2) 紅色思考帽：直覺、情感

紅色象徵情感，帶紅色思考帽者，要用直覺、情感、感性的方式來看待問題。

(3) 黑色思考帽：謹慎、負面

黑色象徵黑暗，帶黑色思考帽者，要用謹慎、負面的方式來看待問題。

(4) 黃色思考帽：積極、正面

黃色象徵陽光，請帶著黃色思考帽者，要用正面、積極的觀點看待問題。

(5) 綠色思考帽：創意、巧思

綠色是草地的顏色，帶綠色思考帽者，要用創意、巧思的角度，來看待問題。

(6) 藍色思考帽：指揮、控制

請由組長或組長指定的人，扮演指揮、控制的角色，回顧前面所有五種顏色思考帽所得到的想法，重新思考各種不同論點如何整合並存，並做出判斷。

（請沿虛線撕下）

思考練習：彩色甜點專賣店的構想

學號：　　　　　　　　　　　　　　　姓名：

立場	意見彙整
白色思考帽：中立、客觀	
紅色思考帽：直覺、情感	
黑色思考帽：謹慎、負面	
黃色思考帽：積極、正面	
綠色思考帽：創意、巧思	
藍色思考帽：指揮、控制	

總結：請更精簡的將討論重點彙整於此

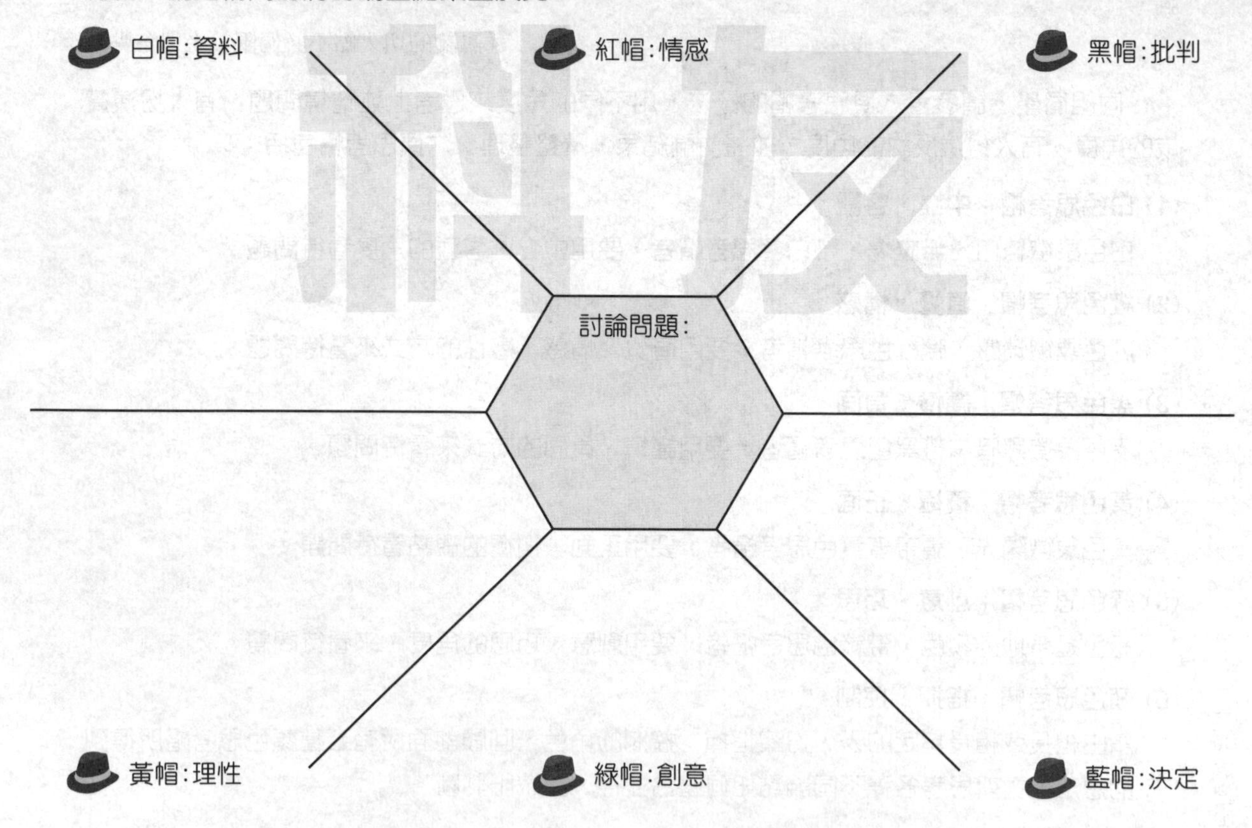

得 分

消費者行為

創意思考練習3：

學生自營咖啡店的構想

班級：＿＿＿＿＿＿

學號：＿＿＿＿＿＿

姓名：＿＿＿＿＿＿

❖ **討論問題：學校騰出空間來讓學生開咖啡店，合適嗎？**

❖ **情境說明：**

學校經常在提倡創業，很多同學都想要開咖啡廳，學校也還有一些空間，我們是否可以整理一下，讓同學來開咖啡廳，讓同學可以體驗如何做生意，也實踐課堂所學。這樣的構想，可行嗎？還是並不可行？

請從消費者或同學前往咖啡廳的動機出發，討論此一構想。

如果不知道如何討論，可以從以下幾個角度出發：

(1)在學校設一個咖啡廳，有什麼好處？ (2)有什麼缺點？ (3)會有客人嗎？還是馬上變成蚊子館？ (4)會賺錢嗎？還是會為賠大錢？ (5)會有同學想來開店嗎？ (6)會有同學想要來當員工嗎？ (7)會不會衍生很多問題？ (8)真的會有生意嗎？請討論。

（討論的切入點不必侷限於上述各點）

同組同學，請參考六頂思考帽的做法，用不同的角度來思考上述情境問題，有人扮演贊成的角度，有人扮演反對的角度，並將討論結果，彙整整理。六頂思考帽包括：

(1) 白色思考帽：中立、客觀

白色象徵純白、無立場，帶白色思考帽者，要用中立、客觀的角度看待問題。

(2) 紅色思考帽：直覺、情感

紅色象徵情感，帶紅色思考帽者，要用直覺、情感、感性的方式來看待問題。

(3) 黑色思考帽：謹慎、負面

黑色象徵黑暗，帶黑色思考帽者，要用謹慎、負面的方式來看待問題。

(4) 黃色思考帽：積極、正面

黃色象徵陽光，請帶著黃色思考帽者，要用正面、積極的觀點看待問題。

(5) 綠色思考帽：創意、巧思

綠色是草地的顏色，帶綠色思考帽者，要用創意、巧思的角度，來看待問題。

(6) 藍色思考帽：指揮、控制

請由組長或組長指定的人，扮演指揮、控制的角色，回顧前面所有五種顏色思考帽所得到的想法，重新思考各種不同論點如何整合並存，並做出判斷。

（請沿虛線撕下）

思考練習：學生自營咖啡店的構想

學號：　　　　　　　　　　　　　姓名：

立場	意見彙整
白色思考帽：中立、客觀	
紅色思考帽：直覺、情感	
黑色思考帽：謹慎、負面	
黃色思考帽：積極、正面	
綠色思考帽：創意、巧思	
藍色思考帽：指揮、控制	

總結：請更精簡的將討論重點彙整於此

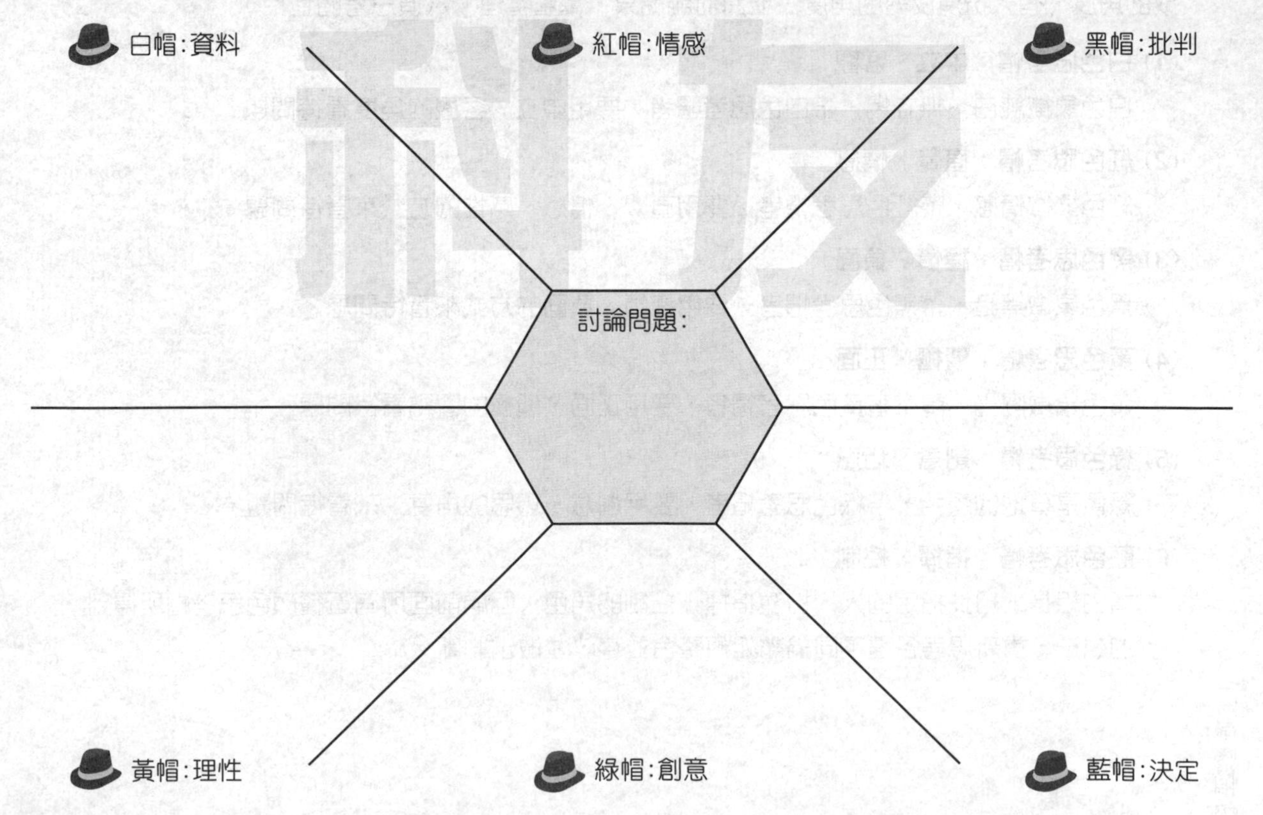

得　分

消費者行為

創意思考練習4：

整建郊區荒廢社區的構想

班級：＿＿＿＿＿＿＿＿

學號：＿＿＿＿＿＿＿＿

姓名：＿＿＿＿＿＿＿＿

❖ **討論問題：將郊區、海邊半荒廢的房屋，整修後轉賣，可行嗎？**

❖ **情境說明：**

並不是每個消費者都喜歡都市生活，有些消費者，喜歡田園生活，嚮往海邊度假或郊區度假。但是，某些社區生活機能不佳，住戶紛紛搬離，以致於呈現半荒廢狀態，房價非常便宜。如果購買這些半荒廢的房屋，加以整修後，賣給喜歡偏遠郊區、偏遠海邊這種生活型態的消費者，您覺得可行嗎？

請從消費者生活型態的角度，討論這樣的構想。請問，如果購買了這些荒廢的住宅，加以整修後，會有人想要買嗎？

如果不知道如何討論，可以從以下幾個角度出發：

(1)為什麼這些社區後來會呈現半荒廢狀態？　(2)這種社區常常還是有人住，請問您覺得什麼人還會繼續住在這樣的社區內？　(3)如果整修後，您覺得可以賣給什麼人？　(4)什麼樣生活型態的人，適合住在這樣的社區？　(5)整修後，房屋價格仍然很低，但是否無論價格多低，都仍然會滯銷？　(6)如果訴求是假日度假，可行嗎？還是連假日度假都不行？　(7)如果整修來做民宿，可行嗎？會有人願意民宿住這種地方嗎？請討論。

（討論的切入點不必侷限於上述各點）

同組同學，請參考六頂思考帽的做法，用不同的角度來思考上述情境問題，有人扮演贊成的角度，有人扮演反對的角度，並將討論結果，彙整整理。六頂思考帽包括：

(1) 白色思考帽：中立、客觀

白色象徵純白、無立場，帶白色思考帽者，要用中立、客觀的角度看待問題。

(2) 紅色思考帽：直覺、情感

紅色象徵情感，帶紅色思考帽者，要用直覺、情感、感性的方式來看待問題。

(3) 黑色思考帽：謹慎、負面

黑色象徵黑暗，帶黑色思考帽者，要用謹慎、負面的方式來看待問題。

(4) 黃色思考帽：積極、正面

黃色象徵陽光，請帶著黃色思考帽者，要用正面、積極的觀點看待問題。

(5) 綠色思考帽：創意、巧思

綠色是草地的顏色，帶綠色思考帽者，要用創意、巧思的角度，來看待問題。

(6) 藍色思考帽：指揮、控制

請由組長或組長指定的人，扮演指揮、控制的角色，回顧前面所有五種顏色思考帽所得到的想法，重新思考各種不同論點如何整合並存，並做出判斷。

（請沿虛線撕下）

思考練習：整建郊區荒廢社區的構想

學號：　　　　　　　　　　　　　　姓名：

立場	意見彙整
白色思考帽：中立、客觀	
紅色思考帽：直覺、情感	
黑色思考帽：謹慎、負面	
黃色思考帽：積極、正面	
綠色思考帽：創意、巧思	
藍色思考帽：指揮、控制	

總結：請更精簡的將討論重點彙整於此

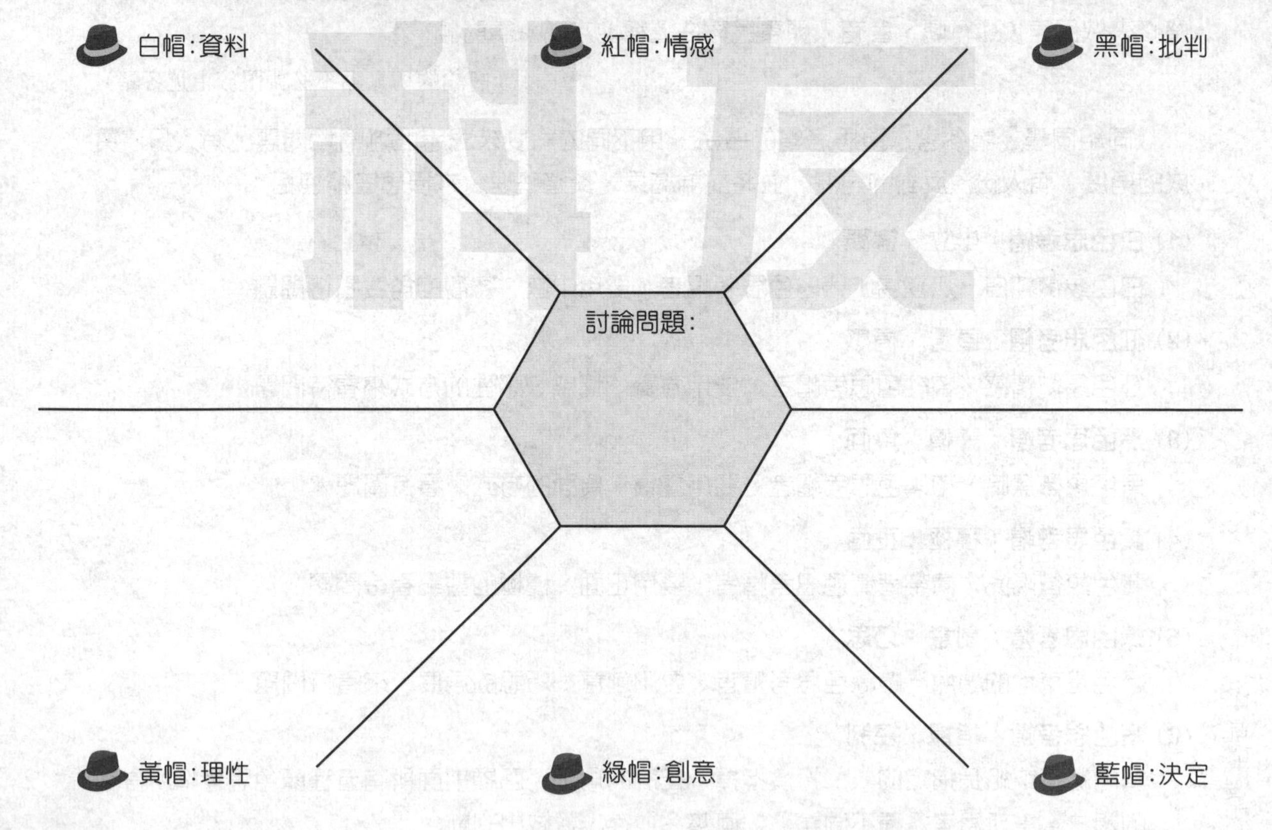

得 分　全華圖書

消費者行為

創意思考練習5：教科書降價的構想

班級：＿＿＿＿＿＿＿＿

學號：＿＿＿＿＿＿＿＿

姓名：＿＿＿＿＿＿＿＿

❖ **討論問題：如果教科書降價，大家就會都買教科書嗎？**

❖ **情境說明：**

同學對於教科書的態度如何呢？許多同學上課沒買書，許多同學覺得沒有必要買書，許多同學覺得書太貴了所以沒買書。如果教科書降價，同學就會買書嗎？有沒有可能，降價了之後，只是營收減少，讓書籍的產業雪上加霜？還是說降價後學生就會買書了？

請從消費者態度的角度，來討論教科書降價以便增加銷售量的構想，是否可行嗎？

如果不知道如何討論，可以從以下幾個角度出發：

(1)教科書降價有什麼缺點？　(2)消費者會買單嗎？還是大家反而不會珍惜？　(3)降價後，書就賣得出去嗎？還是仍然會滯銷？　(4)會有同學想買書嗎？什麼樣的同學會想買書？這些人本來就會買書嗎？　(5)如果是電子書，可以比較便宜，同學會買書嗎？還是反而不會買書？只想用盜版的？　(6)本來就賣得不好的書，因為降價使得書籍版稅再次減少，作者會不會更不想寫書？請討論。

（討論的切入點不必侷限於上述各點）

同組同學，請參考六頂思考帽的做法，用不同的角度來思考上述情境問題，有人扮演贊成的角度，有人扮演反對的角度，並將討論結果，彙整整理。六頂思考帽包括：

(1) 白色思考帽：中立、客觀

白色象徵純白、無立場，帶白色思考帽者，要用中立、客觀的角度看待問題。

(2) 紅色思考帽：直覺、情感

紅色象徵情感，帶紅色思考帽者，要用直覺、情感、感性的方式來看待問題。

(3) 黑色思考帽：謹慎、負面

黑色象徵黑暗，帶黑色思考帽者，要用謹慎、負面的方式來看待問題。

(4) 黃色思考帽：積極、正面

黃色象徵陽光，請帶著黃色思考帽者，要用正面、積極的觀點看待問題。

(5) 綠色思考帽：創意、巧思

綠色是草地的顏色，帶綠色思考帽者，要用創意、巧思的角度，來看待問題。

(6) 藍色思考帽：指揮、控制

請由組長或組長指定的人，扮演指揮、控制的角色，回顧前面所有五種顏色思考帽所得到的想法，重新思考各種不同論點如何整合並存，並做出判斷。

（請沿虛線撕下）

思考練習：教科書降價的構想

學號：　　　　　　　　　　　　　　　　姓名：

立場	意見彙整
白色思考帽：中立、客觀	
紅色思考帽：直覺、情感	
黑色思考帽：謹慎、負面	
黃色思考帽：積極、正面	
綠色思考帽：創意、巧思	
藍色思考帽：指揮、控制	

總結：請更精簡的將討論重點彙整於此

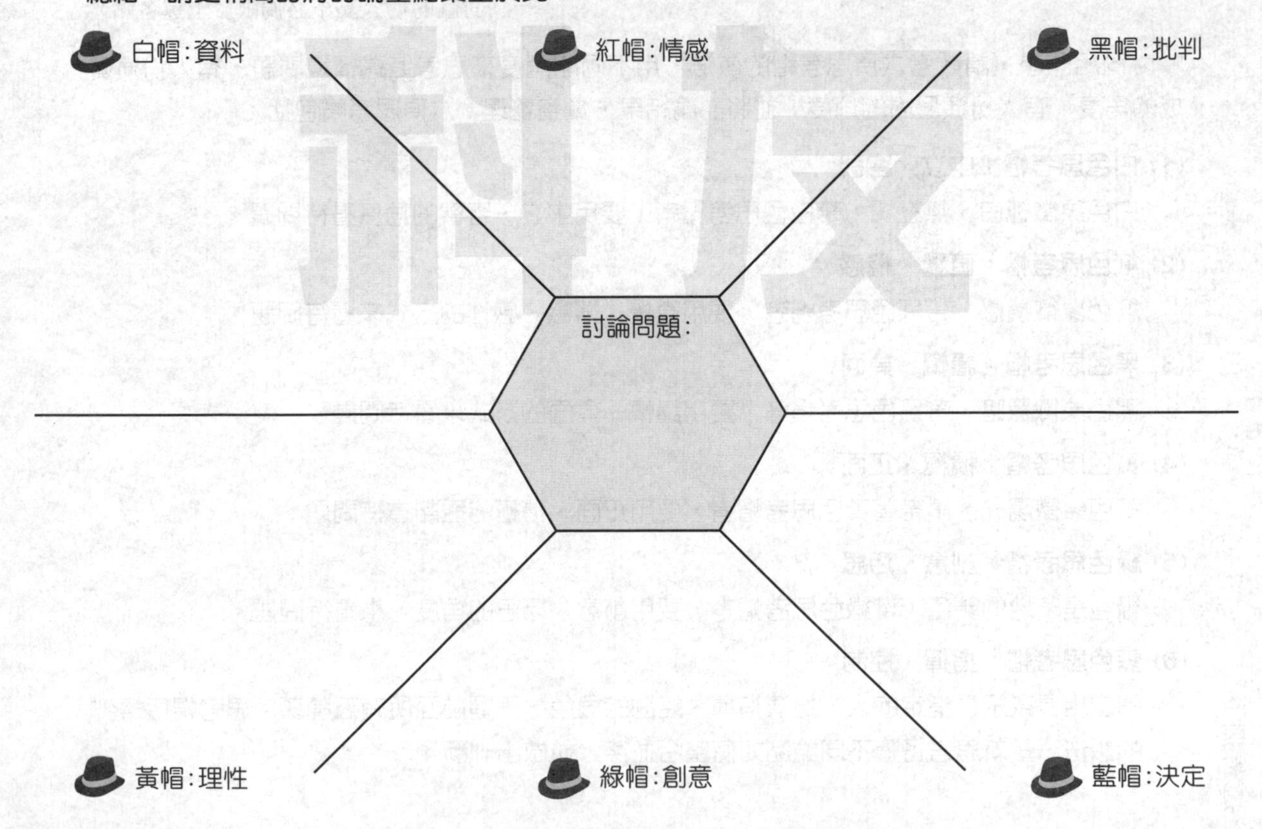

得　分 **全華圖書**（版權所有，翻印必究）

消費者行為
創意思考練習6：
老師風評網站的構想

班級：＿＿＿＿＿＿
學號：＿＿＿＿＿＿
姓名：＿＿＿＿＿＿

❖ **討論問題：設一個網站，讓同學可對老師進行評價，這樣的網站，可行嗎？**

❖ **情境說明：**

包括Google在內的許多網站，都允許消費者對餐廳、商店進行評分，留下意見。但台灣卻沒有網站，可以對學校老師進行評語，如果來開設一個網站，分門別類，按學校、科系、老師進行歸類，讓學生可以專門針對每個老師留下評語，是否可行呢？同學會想上去看老師的評價嗎？這樣的網站，會不會引發爭議？會不會有老師希望刪掉負評？會不會有老師聘請網軍，幫自己寫正評？這樣的構想，可行嗎？還是並不可行？

請從資訊搜尋的角度，討論這個構想。

如果不知如何討論，可以先從這些問題下手：

(1)誰會想要上網看老師的評價？ (2)誰會想要寫老師的評價？ (3)會有廠商下廣告嗎？ (4)老師會上來看嗎？ (5)老師會抵制這個網站嗎？ (6)老師會以學生的評價來改進教學嗎？ (7)會引發社會爭議嗎？媒體會來報導嗎？教育部會阻止這種網站出現嗎？ (8)會有獲利機會嗎？還是很快地就被抵制！請討論。

（討論的切入點不必侷限於上述各點）

同組同學，請參考六頂思考帽的做法，用不同的角度來思考上述情境問題，有人扮演贊成的角度，有人扮演反對的角度，並將討論結果，彙整整理。六頂思考帽包括：

(1) 白色思考帽：中立、客觀

白色象徵純白、無立場，帶白色思考帽者，要用中立、客觀的角度看待問題。

(2) 紅色思考帽：直覺、情感

紅色象徵情感，帶紅色思考帽者，要用直覺、情感、感性的方式來看待問題。

(3) 黑色思考帽：謹慎、負面

黑色象徵黑暗，帶黑色思考帽者，要用謹慎、負面的方式來看待問題。

(4) 黃色思考帽：積極、正面

黃色象徵陽光，請帶著黃色思考帽者，要用正面、積極的觀點看待問題。

(5) 綠色思考帽：創意、巧思

綠色是草地的顏色，帶綠色思考帽者，要用創意、巧思的角度，來看待問題。

(6) 藍色思考帽：指揮、控制

請由組長或組長指定的人，扮演指揮、控制的角色，回顧前面所有五種顏色思考帽所得到的想法，重新思考各種不同論點如何整合並存，並做出判斷。

（請沿虛線撕下）

思考練習：老師風評網站的構想

學號：　　　　　　　　　　　　　　姓名：

立場	意見彙整
白色思考帽：中立、客觀	
紅色思考帽：直覺、情感	
黑色思考帽：謹慎、負面	
黃色思考帽：積極、正面	
綠色思考帽：創意、巧思	
藍色思考帽：指揮、控制	

總結：請更精簡的將討論重點彙整於此

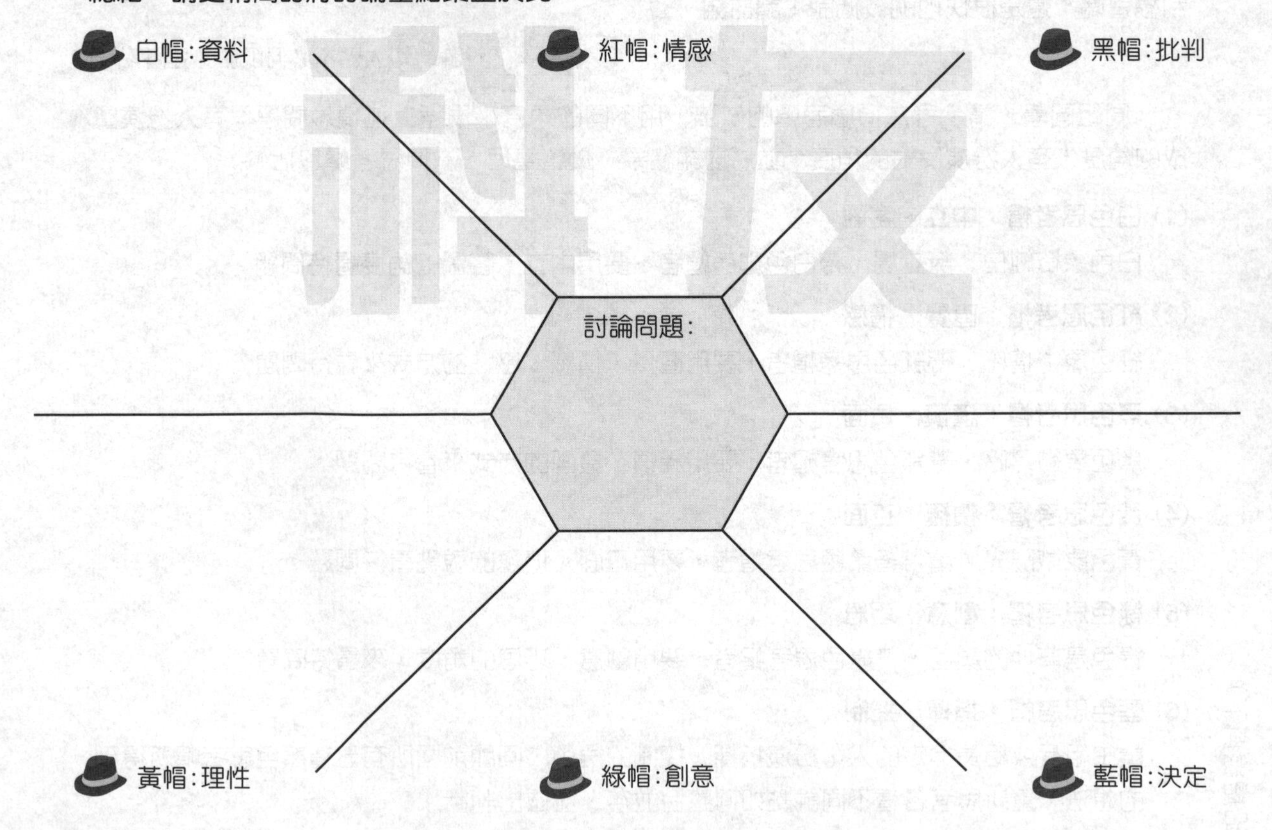

得　分

全華圖書

消費者行為

創意思考練習7：預製午餐的構想

班級：＿＿＿＿＿＿

學號：＿＿＿＿＿＿

姓名：＿＿＿＿＿＿

❖ **討論問題：午餐餐廳，是否可以先把餐點都預先做好？**

❖ **情境說明：**

學校中午吃飯時間，大家蜂擁到各餐廳，常常要等很久。有沒有可能，這些午餐餐廳事先做好很多便當，來賣給蜂擁而至的同學？有沒有可能，先煮很多水餃？先煎很多煎餃？或者先炸很多排骨呢？這樣的構想，可行嗎？還是並不可行？

請從消費者購買行為的角度，討論這個構想。

如果不知如何討論，可以先從這些問題下手：

(1)這個構想有什麼好處？　(2)有什麼缺點？　(3)消費者會買單嗎？還是大家會嫌不好吃？　(4)這些事先做好的午餐，會賣得出去嗎？還是會滯銷？　(5)會有同學想吃嗎？什麼樣的同學會想吃？　(6)需要特價打折嗎？對於店家來說划算嗎？　(7)會不會衍生很多問題？(8)真的會有客人嗎？請討論。

（討論的切入點不必侷限於上述各點）

同組同學，請參考六頂思考帽的做法，用不同的角度來思考上述情境問題，有人扮演贊成的角度，有人扮演反對的角度，並將討論結果，彙整整理。六頂思考帽包括：

(1) 白色思考帽：中立、客觀

白色象徵純白、無立場，帶白色思考帽者，要用中立、客觀的角度看待問題。

(2) 紅色思考帽：直覺、情感

紅色象徵情感，帶紅色思考帽者，要用直覺、情感、感性的方式來看待問題。

(3) 黑色思考帽：謹慎、負面

黑色象徵黑暗，帶黑色思考帽者，要用謹慎、負面的方式來看待問題。

(4) 黃色思考帽：積極、正面

黃色象徵陽光，請帶著黃色思考帽者，要用正面、積極的觀點看待問題。

(5) 綠色思考帽：創意、巧思

綠色是草地的顏色，帶綠色思考帽者，要用創意、巧思的角度，來看待問題。

(6) 藍色思考帽：指揮、控制

請由組長或組長指定的人，扮演指揮、控制的角色，回顧前面所有五種顏色思考帽所得到的想法，重新思考各種不同論點如何整合並存，並做出判斷。

（請沿虛線撕下）

思考練習：預製午餐的構想

學號：　　　　　　　　　　　　　　姓名：

立場	意見彙整
白色思考帽：中立、客觀	
紅色思考帽：直覺、情感	
黑色思考帽：謹慎、負面	
黃色思考帽：積極、正面	
綠色思考帽：創意、巧思	
藍色思考帽：指揮、控制	

總結：請更精簡的將討論重點彙整於此

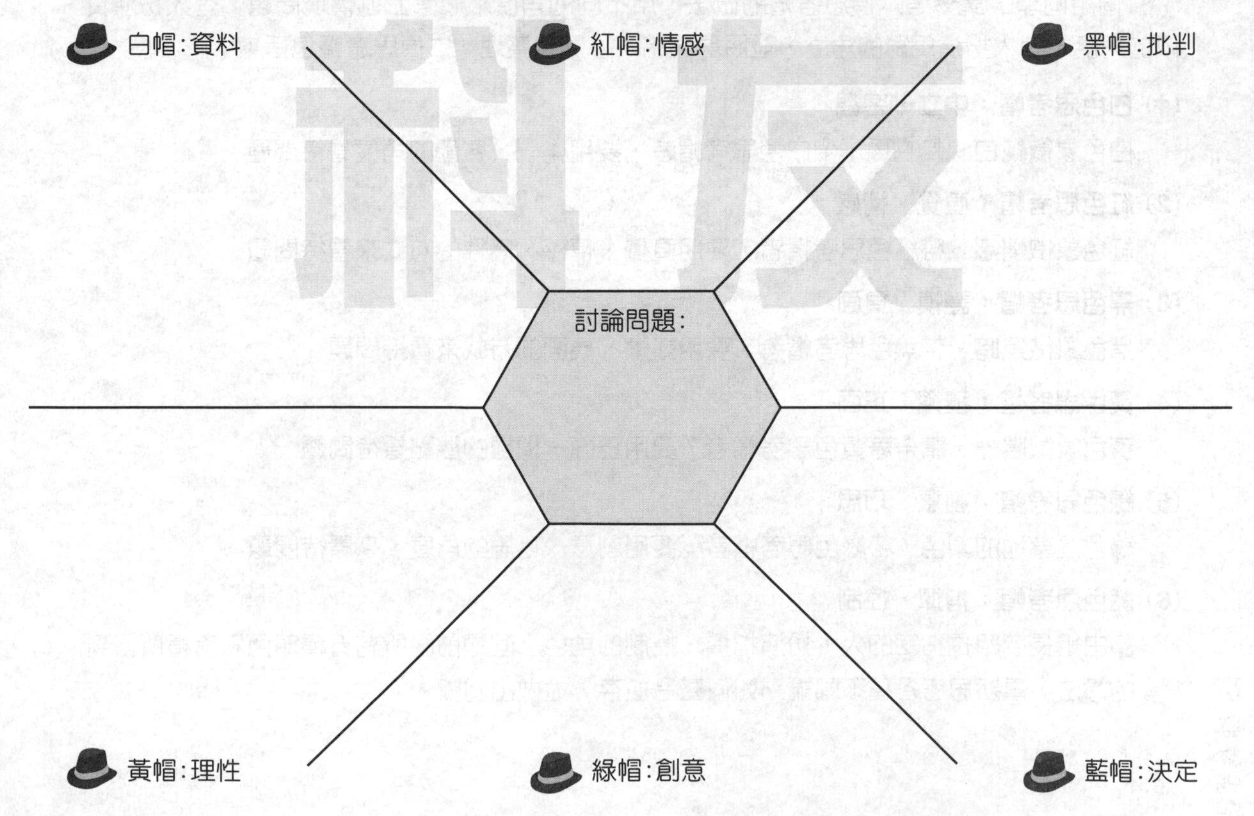

得　分　**全華圖書（版權所有，翻印必究）**

消費者行為

創意思考練習8：追星網站的構想

班級：＿＿＿＿＿＿＿＿
學號：＿＿＿＿＿＿＿＿
姓名：＿＿＿＿＿＿＿＿

❖ **討論問題：很多同學喜歡追星，追星對象各有不同，如果製作一個追星網站，把所有明星的動態都清楚調查，這會有商機嗎？**

❖ **情境說明：**

許多青少年、年輕人，都喜歡追星，每個明星也都有自己的粉絲團、後援會。既然這麼多人喜歡追星，製作一個追星網站，專門讓大家追星，可行嗎？會追星的人，只會追一個明星？還是會追很多個明星？各明星都會有自己的粉絲團，既然已有粉絲團，追星網站還有生存的空間嗎？追星網站資訊的維護，會不會很困難？還是會有很多人想要主動幫忙更新明星動態？設立追星網站這樣的構想，可行嗎？還是並不可行？

請從群體影響的角度，討論這個構想。

如果您不知如何討論，可以先從這些問題下手：

(1)誰是追星網站的主要客群？　(2)誰會幫忙更新追星網站的資訊？　(3)追星網站的資訊，如果錯誤，會發生什麼影響？如果有人故意傳播錯誤資訊，怎麼辦？　(4)誰能確保追星網站資訊的正確性？　(5)消費者只會追一個明星，還是多個明星，還是非常多的明星？(6)消費者會討厭某些特定明星嗎？如果看到某些特定明星的資訊，消費者會因此而特別生氣嗎？　(7)追星網站會有什麼營收？獲利模式是什麼？　(8)明星產生爭議事件時，追星網站會不會受波及？

（討論的切入點不必侷限於上述各點）

同組同學，請參考六頂思考帽的做法，用不同的角度來思考上述情境問題，有人扮演贊成的角度，有人扮演反對的角度，並將討論結果，彙整整理。六頂思考帽包括：

(1) 白色思考帽：中立、客觀

白色象徵純白、無立場，帶白色思考帽者，要用中立、客觀的角度看待問題。

(2) 紅色思考帽：直覺、情感

紅色象徵情感，帶紅色思考帽者，要用直覺、情感、感性的方式來看待問題。

(3) 黑色思考帽：謹慎、負面

黑色象徵黑暗，帶黑色思考帽者，要用謹慎、負面的方式來看待問題。

(4) 黃色思考帽：積極、正面

黃色象徵陽光，請帶著黃色思考帽者，要用正面、積極的觀點看待問題。

(5) 綠色思考帽：創意、巧思

綠色是草地的顏色，帶綠色思考帽者，要用創意、巧思的角度，來看待問題。

(6) 藍色思考帽：指揮、控制

請由組長或組長指定的人，扮演指揮、控制的角色，回顧前面所有五種顏色思考帽所得到的想法，重新思考各種不同論點如何整合並存，並做出判斷。

（請沿虛線撕下）

思考練習：追星網站的構想

學號：　　　　　　　　　　　　　　姓名：

立場	意見彙整
白色思考帽：中立、客觀	
紅色思考帽：直覺、情感	
黑色思考帽：謹慎、負面	
黃色思考帽：積極、正面	
綠色思考帽：創意、巧思	
藍色思考帽：指揮、控制	

總結：請更精簡的將討論重點彙整於此

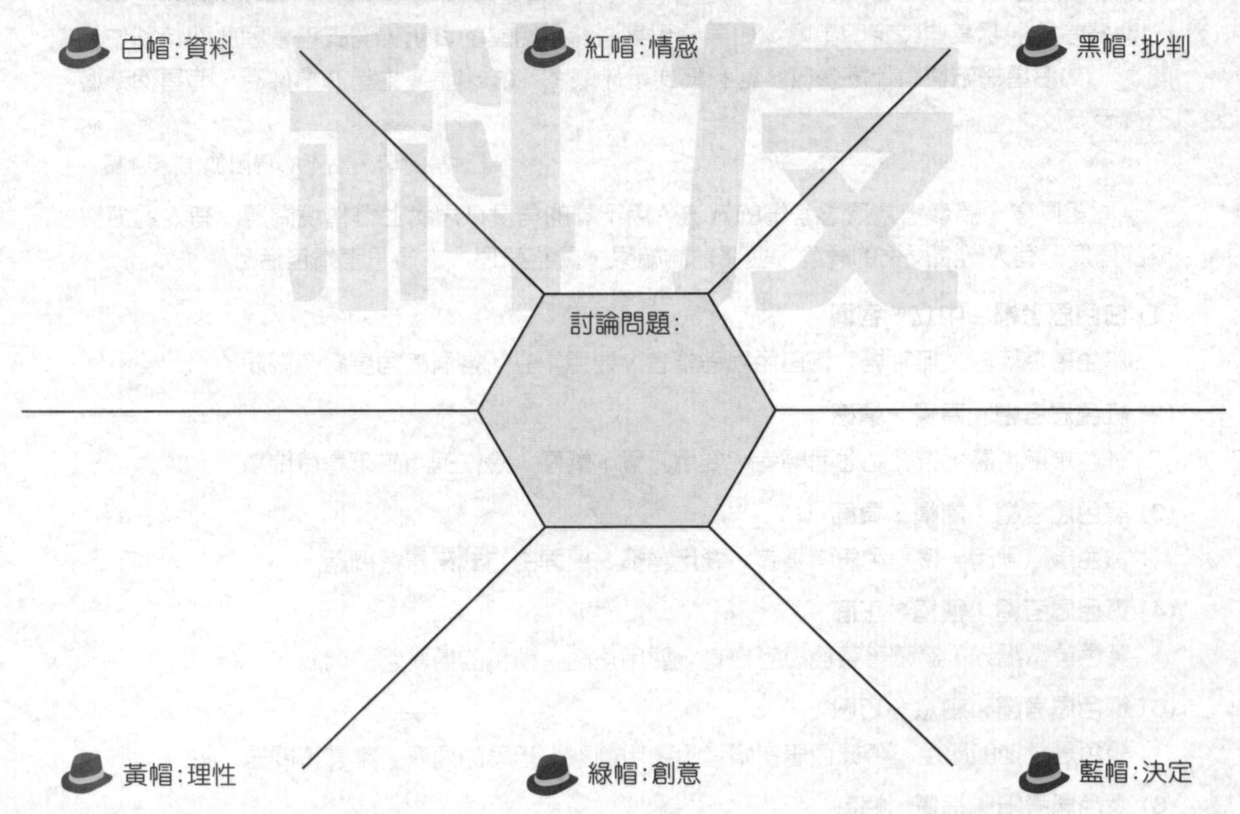

得 分 **全華圖書**

消費者行為
創意思考練習9：
銀髮族咖啡店的構想

班級：__________
學號：__________
姓名：__________

❖ **討論問題：很多咖啡廳訴求是年輕人，但銀髮族消費力不容忽視，開一間以銀髮族為目標顧客的咖啡店，可行嗎？**

❖ **情境說明：**

台灣的人口老化問題嚴重，越來越多的消費者位於空巢二期，如果專門針對這群老年消費者開設咖啡店，將店面據點選在老年人經常出現的公園或市場附近，有可行嗎？

如果您不知道從哪裡開始討論，可從以下問題開始思考：

(1)您覺得老年消費者數量夠多嗎？是否找得到夠多願意到咖啡廳消費的老年人？ (2)您覺得老年人口的消費額，是否足以維持一家咖啡店的生意？會不會只來坐，不消費？ (3)您覺得老年消費者會不會在店裡面坐特別久？還是年輕消費者坐更久？ (4)您覺得老年人口會不會喝不慣咖啡，吃不慣蛋糕？怎麼辦？ (5)您覺得老年消費者的消費時段是什麼時段？會跟年輕消費者的消費時段衝突？還是互補？ (6)您有沒有觀察到有沒有哪些咖啡店，已經充滿了老年消費者？ (7)如果咖啡店內充滿了老年消費者後，年輕消費者是否會不再光臨？還是無差異？ (8)您觀察到的有很多老年消費者的咖啡店，是否針對老年消費者特製菜單與調整產品？還是完全沒更改？

(討論時無需逐一針對每一點討論，討論範圍也不侷限於上述問題)

同組同學，請參考六頂思考帽的做法，用不同的角度來思考上述情境問題，有人扮演贊成的角度，有人扮演反對的角度，並將討論結果，彙整整理。六頂思考帽包括：

(1) 白色思考帽：中立、客觀

白色象徵純白、無立場，帶白色思考帽者，要用中立、客觀的角度看待問題。

(2) 紅色思考帽：直覺、情感

紅色象徵情感，帶紅色思考帽者，要用直覺、情感、感性的方式來看待問題。

(3) 黑色思考帽：謹慎、負面

黑色象徵黑暗，帶黑色思考帽者，要用謹慎、負面的方式來看待問題。

(4) 黃色思考帽：積極、正面

黃色象徵陽光，請帶著黃色思考帽者，要用正面、積極的觀點看待問題。

(5) 綠色思考帽：創意、巧思

綠色是草地的顏色，帶綠色思考帽者，要用創意、巧思的角度，來看待問題。

(6) 藍色思考帽：指揮、控制

請由組長或組長指定的人，扮演指揮、控制的角色，回顧前面所有五種顏色思考帽所得到的想法，重新思考各種不同論點如何整合並存，並做出判斷。

(請沿虛線撕下)

思考練習：銀髮族咖啡店的構想

學號：　　　　　　　　　　　　　　姓名：

立場	意見彙整
白色思考帽：中立、客觀	
紅色思考帽：直覺、情感	
黑色思考帽：謹慎、負面	
黃色思考帽：積極、正面	
綠色思考帽：創意、巧思	
藍色思考帽：指揮、控制	

總結：請更精簡的將討論重點彙整於此

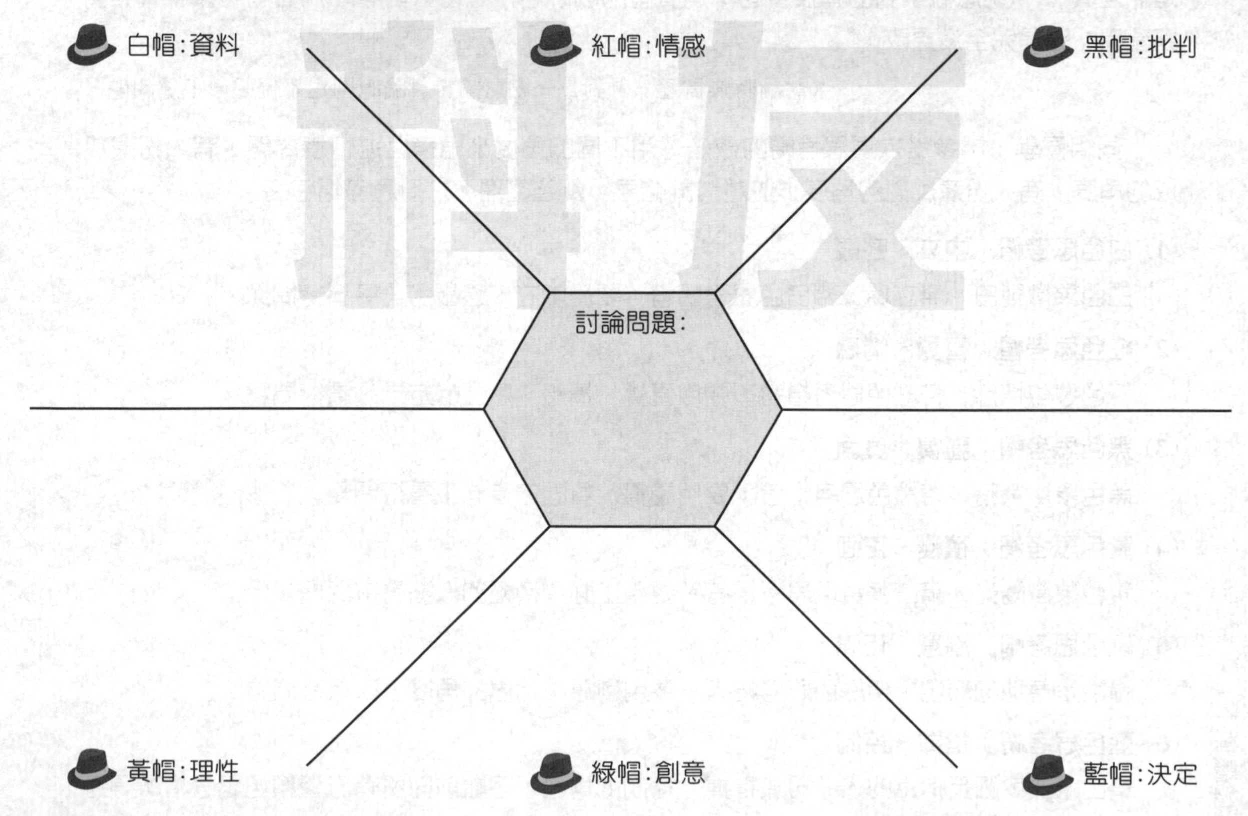

得　分　**全華圖書（版權所有，翻印必究）**

消費者行為
創意思考練習10：
女性內衣專賣店的構想

班級：________
學號：________
姓名：________

❖ **討論問題：在大學旁邊，開一間女性內衣專賣店，可行嗎？**

❖ **情境說明：**

大學生開始獨立做自己，不再凡事都倚賴家長，女大學生，已從小女孩蛻變成大女孩，中學生內衣已無法滿足女大學生的需求，女大學生而是開始需要能夠自信掌握自己，符合自己身材外型的內衣。

但是，各大學雖都有幾千名或更多的女同學，但大學附近卻都沒有專賣女性內衣的專賣店。如果，在大學附近，投資一間專門針對女大學生的內衣專賣店，會有市場嗎？您覺得可行嗎？

如果您不知道從哪裡開始討論，可從以下問題開始思考：

(1)學校有多少女學生或女性教職員？　(2)您覺得女性內衣的平均每年消費金額是多少？　(3)女同學、女教職員通常在哪裡買內衣？　(4)女同學會選擇在學校附近買內衣嗎？　(5)如果真的開店，學校附近社區的消費者也會來購買嗎？　(6)該開在哪裡？學校旁邊，還是稍微離開學校一點點，但仍在學校步行範圍內？　(7)為什麼大部分大學附近都沒有內衣專賣店？　(8)女性內衣都是到專賣店買，還是網路購物？還是到哪裡買？請討論。

（討論時無需逐一針對每一點討論，討論範圍也不侷限於上述問題）

同組同學，請參考六頂思考帽的做法，用不同的角度來思考上述情境問題，有人扮演贊成的角度，有人扮演反對的角度，並將討論結果，彙整整理。六頂思考帽包括：

(1) 白色思考帽：中立、客觀

白色象徵純白、無立場，帶白色思考帽者，要用中立、客觀的角度看待問題。

(2) 紅色思考帽：直覺、情感

紅色象徵情感，帶紅色思考帽者，要用直覺、情感、感性的方式來看待問題。

(3) 黑色思考帽：謹慎、負面

黑色象徵黑暗，帶黑色思考帽者，要用謹慎、負面的方式來看待問題。

(4) 黃色思考帽：積極、正面

黃色象徵陽光，請帶著黃色思考帽者，要用正面、積極的觀點看待問題。

(5) 綠色思考帽：創意、巧思

綠色是草地的顏色，帶綠色思考帽者，要用創意、巧思的角度，來看待問題。

(6) 藍色思考帽：指揮、控制

請由組長或組長指定的人，扮演指揮、控制的角色，回顧前面所有五種顏色思考帽所得到的想法，重新思考各種不同論點如何整合並存，並做出判斷。

（請沿虛線撕下）

思考練習：女性內衣專賣店的構想

學號：　　　　　　　　　　　　姓名：

立場	意見彙整
白色思考帽：中立、客觀	
紅色思考帽：直覺、情感	
黑色思考帽：謹慎、負面	
黃色思考帽：積極、正面	
綠色思考帽：創意、巧思	
藍色思考帽：指揮、控制	

總結：請更精簡的將討論重點彙整於此

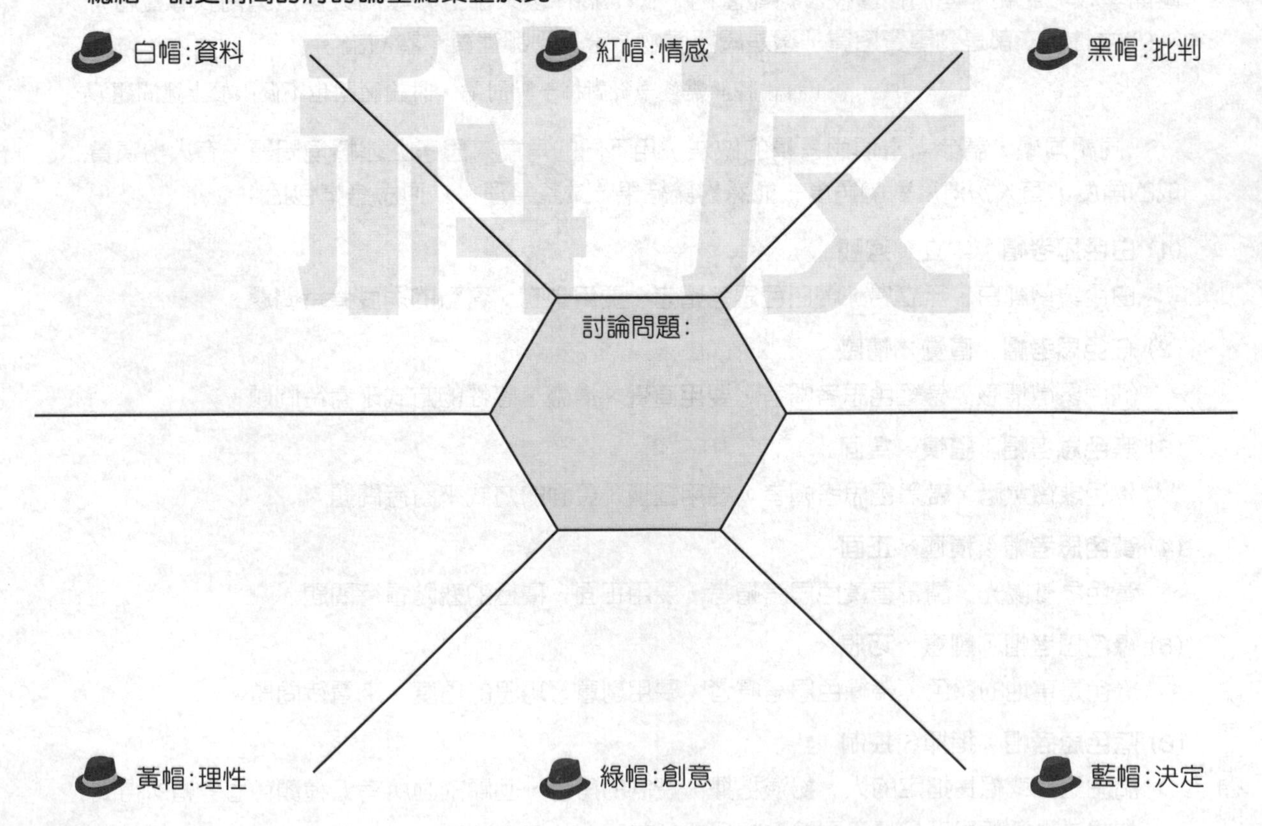

得　分　　**全華圖書**

消費者行為
創意思考練習11：
素食早餐店的構想

班級：＿＿＿＿＿＿＿＿
學號：＿＿＿＿＿＿＿＿
姓名：＿＿＿＿＿＿＿＿

❖ **討論問題：早餐店很多，但很少有素食早餐店。開一間素食早餐店，可行嗎？**

❖ **情境說明：**

許多人因為宗教緣故而吃素，或者因為許願、發願，而常態性的早餐吃素。但是，市面上雖有素食餐館，卻很少有素食早餐店，但都以素食自助餐為主。如果來開一間西式的素食早餐店，專賣素食三明治、漢堡、蘿蔔糕、咖啡紅茶果汁飲料之類，是否可行呢？

如果您不知道從哪裡開始討論，可從以下問題開始思考：

(1)您覺得大概有多少消費者早餐吃素？　(2)早餐吃素的人，會優先選擇素食餐館，還是在一般早餐店點素食餐點？　(3)早餐吃素的人，如果找不到素食餐館，會怎麼處理早餐？　(4)賣什麼產品才能吸引早餐吃素的人？　(5)早餐吃素的人，通常是那些人，這些人有什麼共同特徵？　(6)如果開了素食早餐店，不吃素的人，也會到素食早餐店消費嗎？　(7)為什麼很少有素食早餐店？是不是沒商機？　(8)為什麼大部分早餐店，並沒有提供素食餐點？是不是沒商機？還是因為鍋碗餐具難以素食專用？請討論。

（討論時無需逐一針對每一點討論，討論範圍也不侷限於上述問題）

同組同學，請參考六頂思考帽的做法，用不同的角度來思考上述情境問題，有人扮演贊成的角度，有人扮演反對的角度，並將討論結果，彙整整理。六頂思考帽包括：

(1) 白色思考帽：中立、客觀

白色象徵純白、無立場，帶白色思考帽者，要用中立、客觀的角度看待問題。

(2) 紅色思考帽：直覺、情感

紅色象徵情感，帶紅色思考帽者，要用直覺、情感、感性的方式來看待問題。

(3) 黑色思考帽：謹慎、負面

黑色象徵黑暗，帶黑色思考帽者，要用謹慎、負面的方式來看待問題。

(4) 黃色思考帽：積極、正面

黃色象徵陽光，請帶著黃色思考帽者，要用正面、積極的觀點看待問題。

(5) 綠色思考帽：創意、巧思

綠色是草地的顏色，帶綠色思考帽者，要用創意、巧思的角度，來看待問題。

(6) 藍色思考帽：指揮、控制

請由組長或組長指定的人，扮演指揮、控制的角色，回顧前面所有五種顏色思考帽所得到的想法，重新思考各種不同論點如何整合並存，並做出判斷。

（請沿虛線撕下）

思考練習：素食早餐店的構想

學號：　　　　　　　　　　　　姓名：

立場	意見彙整
白色思考帽：中立、客觀	
紅色思考帽：直覺、情感	
黑色思考帽：謹慎、負面	
黃色思考帽：積極、正面	
綠色思考帽：創意、巧思	
藍色思考帽：指揮、控制	

總結：請更精簡的將討論重點彙整於此

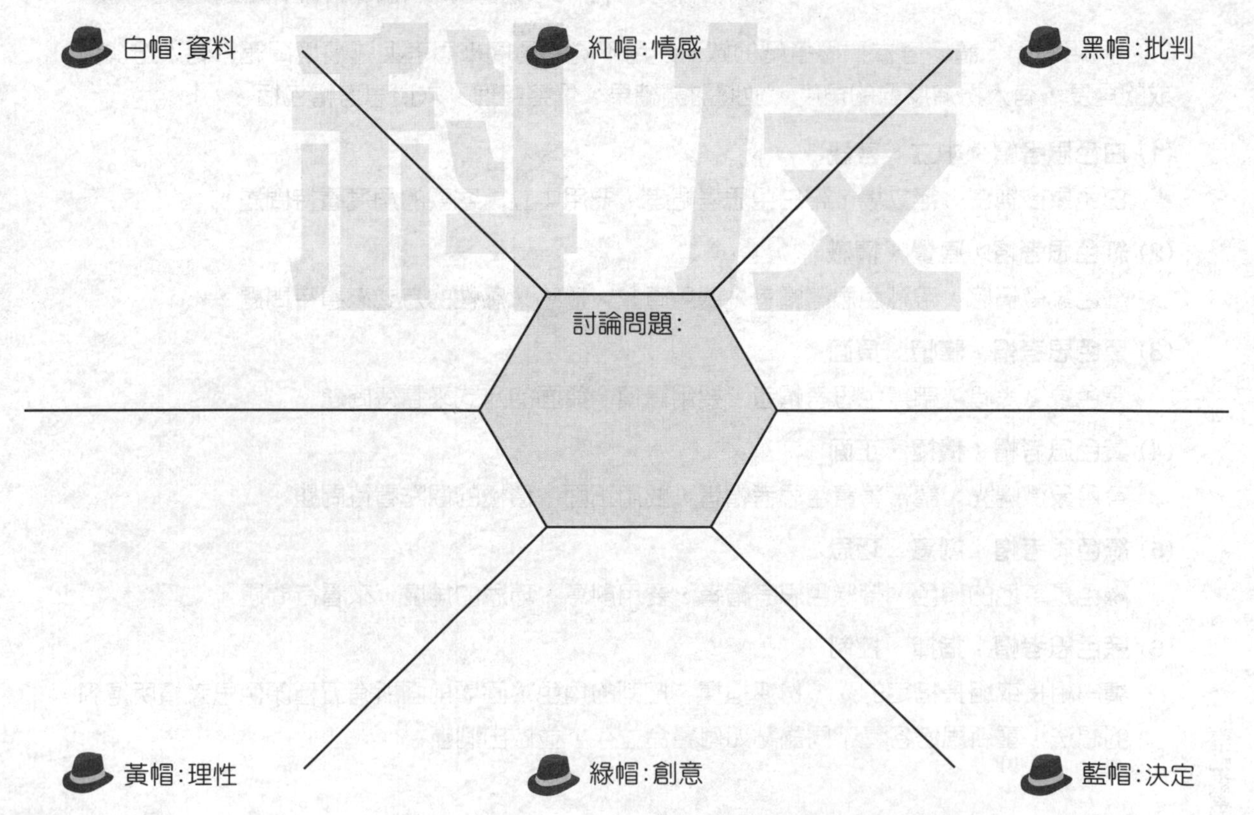

得 分

消費者行為
創意思考練習12：
新奇產品專賣店的構想

班級：＿＿＿＿＿＿
學號：＿＿＿＿＿＿
姓名：＿＿＿＿＿＿

❖ **討論問題：如果開設一個商店，專門銷售新奇創新產品，可行嗎？**

❖ **情境說明：**

有很多創新產品，非常新奇有趣。有些會讓人會心一笑，有些確實很實用，有些則是曲高和寡。但共同的特色，是這些產品的通路很少，很難有機會買到這些創新產品，廠商也很難鋪貨。如果來開一間新奇產品專賣店，專門賣這些創新產品，是否可行呢？

請從消費者的創新的角度，來討論這個問題。

如果您不知道從哪裡開始討論，可從以下問題開始思考：

(1)您覺得大概有多少消費者會想要逛這種新奇產品專賣店？ (2)您覺得有多少消費者願意嘗試購買這種新奇產品？ (3)您覺得有多少消費者，會來店裡參觀，但不會買？ (4)您覺得這些創新產品之所以沒被廣泛接受，原因是什麼？ (5)您覺得這些新產品，可以賣比較高的價格？還是比較低的價格？ (6)您覺得這間新奇產品專賣店的獲利模式是什麼？ (7)如果新奇產品銷路很好，為什麼一般通路不鋪貨？ (8)這種新奇產品專賣店，似乎該開設在人潮聚集之處，但這些地方也都租金昂貴，租金昂貴下，還會有獲利空間嗎？這種新奇產品專賣店真的可行嗎？請討論。

（討論時無需逐一針對每一點討論，討論範圍也不侷限於上述問題）

同組同學，請參考六頂思考帽的做法，用不同的角度來思考上述情境問題，有人扮演贊成的角度，有人扮演反對的角度，並將討論結果，彙整整理。六頂思考帽包括：

(1) 白色思考帽：中立、客觀

白色象徵純白、無立場，帶白色思考帽者，要用中立、客觀的角度看待問題。

(2) 紅色思考帽：直覺、情感

紅色象徵情感，帶紅色思考帽者，要用直覺、情感、感性的方式來看待問題。

(3) 黑色思考帽：謹慎、負面

黑色象徵黑暗，帶黑色思考帽者，要用謹慎、負面的方式來看待問題。

(4) 黃色思考帽：積極、正面

黃色象徵陽光，請帶著黃色思考帽者，要用正面、積極的觀點看待問題。

(5) 綠色思考帽：創意、巧思

綠色是草地的顏色，帶綠色思考帽者，要用創意、巧思的角度，來看待問題。

(6) 藍色思考帽：指揮、控制

請由組長或組長指定的人，扮演指揮、控制的角色，回顧前面所有五種顏色思考帽所得到的想法，重新思考各種不同論點如何整合並存，並做出判斷。

（請沿虛線撕下）

思考練習：新奇產品專賣店的構想

學號：　　　　　　　　　　　　　　姓名：

立場	意見彙整
白色思考帽：中立、客觀	
紅色思考帽：直覺、情感	
黑色思考帽：謹慎、負面	
黃色思考帽：積極、正面	
綠色思考帽：創意、巧思	
藍色思考帽：指揮、控制	

總結：請更精簡的將討論重點彙整於此

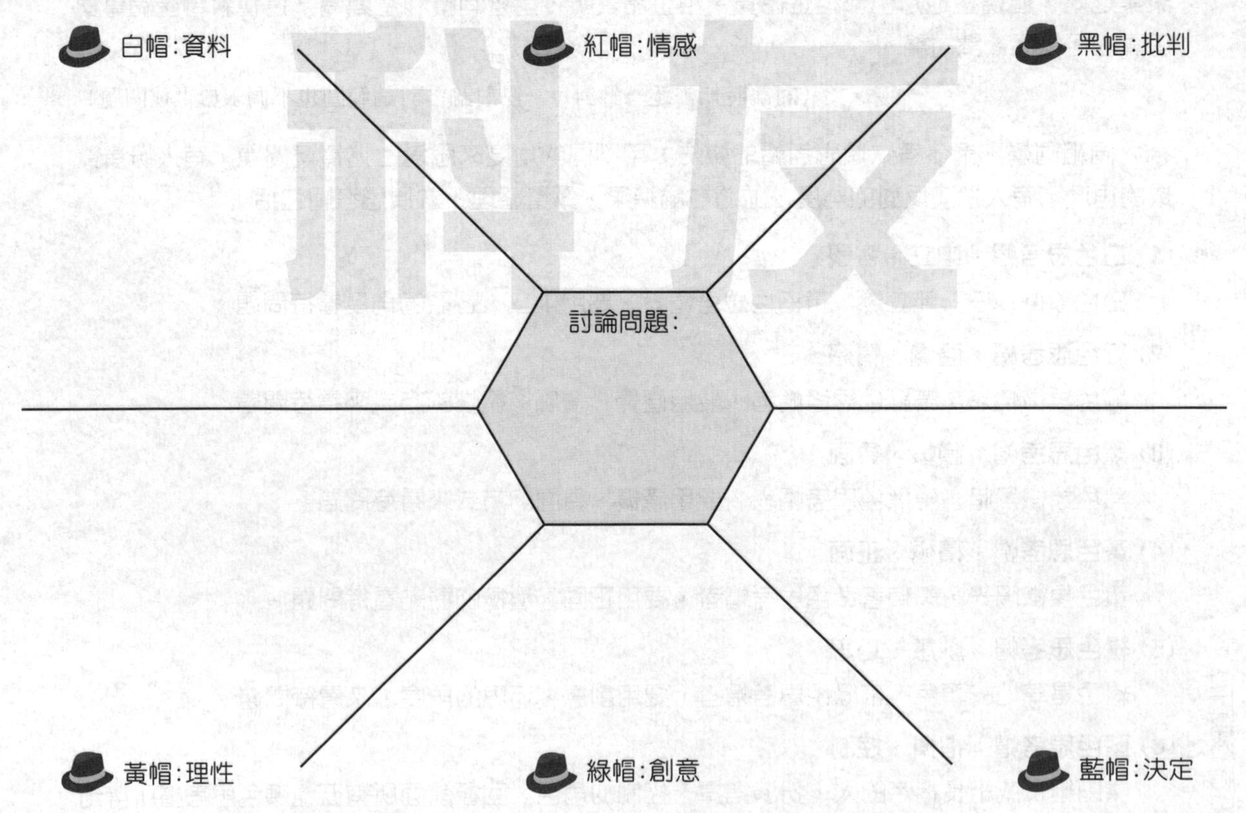

得　分　**全華圖書**（版權所有，翻印必究）

消費者行為

創意思考練習13：

網紅協助招生宣傳的構想

班級：＿＿＿＿＿＿＿＿

學號：＿＿＿＿＿＿＿＿

姓名：＿＿＿＿＿＿＿＿

❖ **討論問題：如果找網紅來幫學校代言，可行嗎？**

❖ **情境說明：**

很多產品都找網紅代言，店鋪開張也常常找網紅來增加人氣。大學也可以如法泡製嗎？可以找網紅來介紹大學的各個系所以鼓勵學生就讀嗎？會不會讓學校的形象受損？這樣的做法，真的可行嗎？還是會引發很多批評？網紅的追隨者，是否也是大學的招生對象呢？大家會因為網紅的推薦，就來就讀嗎？找網紅來代言，會不會很貴？把預算花在別的地方，會不會比較有效？

請從網路消費行為的角度，來討論這個問題。

如果您不知道從哪裡開始討論，可從以下問題開始思考：

(1)找網紅代言，會不會很貴？把錢拿來改善學校教學設備，會比會比較好？　(2)某些網紅形象不佳，會不會損及學校形象？　(3)大學科系的選擇，是家長決定？還是學生決定？網紅可以影響學生，還是影響家長？　(4)學校老師會排斥網紅代言嗎？　(5)社會大衆對於學校找網紅代言，會接受嗎？還是會排斥？　(6)您覺得網紅代言後，會不會有效？還是只是引發話題而已？　(7)網紅代言後，會不會讓社會大衆以為學校生存出現危機，只好下猛藥找網紅代言？　(8)其他學校是否會因為本校找網紅來代言，而攻擊本校？請討論。

（討論時無需逐一針對每一點討論，討論範圍也不侷限於上述問題）

同組同學，請參考六頂思考帽的做法，用不同的角度來思考上述情境問題，有人扮演贊成的角度，有人扮演反對的角度，並將討論結果，彙整整理。六頂思考帽包括：

(1) 白色思考帽：中立、客觀

白色象徵純白、無立場，帶白色思考帽者，要用中立、客觀的角度看待問題。

(2) 紅色思考帽：直覺、情感

紅色象徵情感，帶紅色思考帽者，要用直覺、情感、感性的方式來看待問題。

(3) 黑色思考帽：謹慎、負面

黑色象徵黑暗，帶黑色思考帽者，要用謹慎、負面的方式來看待問題。

(4) 黃色思考帽：積極、正面

黃色象徵陽光，請帶著黃色思考帽者，要用正面、積極的觀點看待問題。

(5) 綠色思考帽：創意、巧思

綠色是草地的顏色，帶綠色思考帽者，要用創意、巧思的角度，來看待問題。

(6) 藍色思考帽：指揮、控制

請由組長或組長指定的人，扮演指揮、控制的角色，回顧前面所有五種顏色思考帽所得到的想法，重新思考各種不同論點如何整合並存，並做出判斷。

（請沿虛線撕下）

思考練習：網紅協助招生宣傳的構想

學號：　　　　　　　　　　　　姓名：

立場	意見彙整
白色思考帽：中立、客觀	
紅色思考帽：直覺、情感	
黑色思考帽：謹慎、負面	
黃色思考帽：積極、正面	
綠色思考帽：創意、巧思	
藍色思考帽：指揮、控制	

總結：請更精簡的將討論重點彙整於此

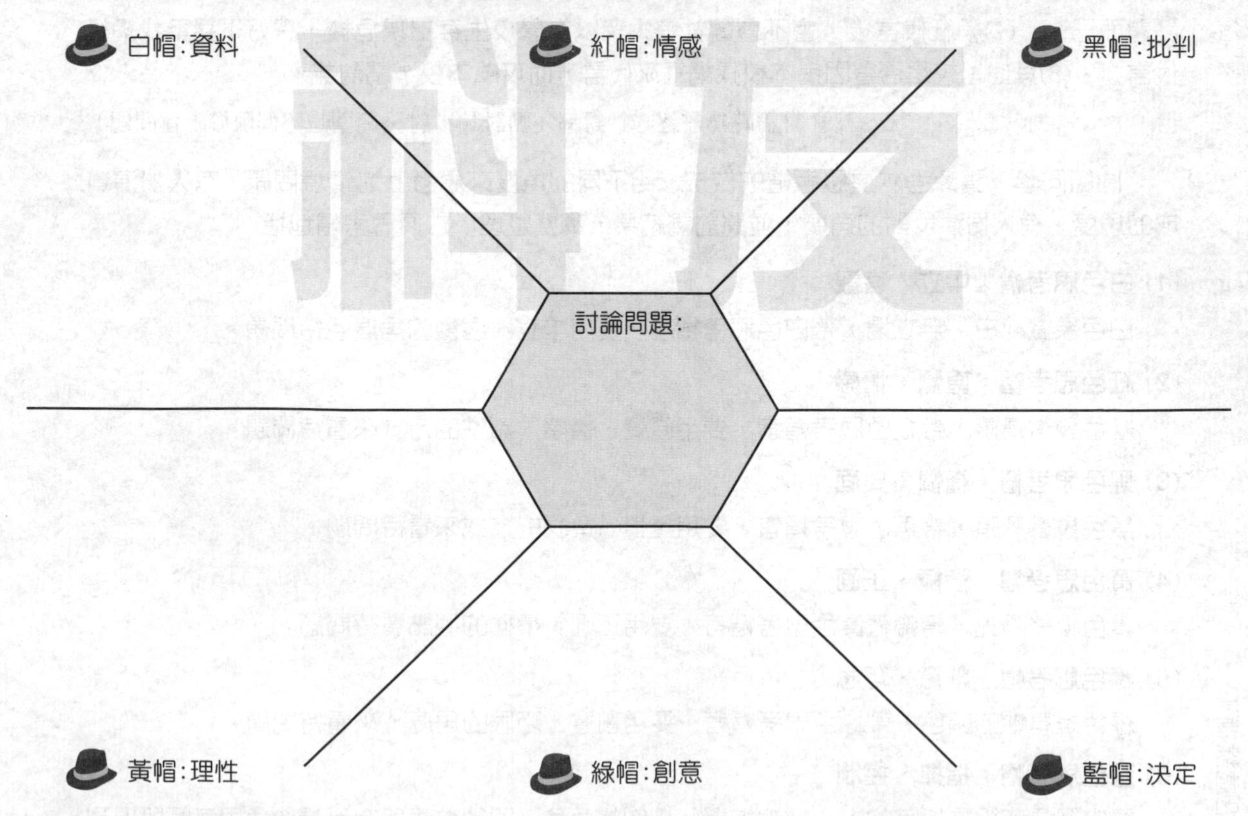

得　分　**全華圖書**(版權所有，翻印必究)

消費者行為
創意思考練習14：
學校附近開咖啡店的構想

班級：______
學號：______
姓名：______

❖ **討論問題：如果在我們學校附近開咖啡店，還會有商機嗎？**

❖ **情境說明：**

許多同學都喜歡沒事就泡咖啡店，在我們學校附近，咖啡店是否仍有商機，這是很多人想問的問題。如果再開一間咖啡店，專做學生的生意，這樣的想法，可行嗎？還是並不可行？

請從消費者行為研究的角度，來討論這個問題，請問：

(1)在我們學校附近開咖啡店有什麼好處？　(2)在我們學校附近開咖啡店有什麼缺點？(3)我們學校的同學或老師會買單嗎？還是大家並不會買單？　(4)該開哪一種等級的咖啡店？很便宜的，還是很貴的？外帶為主的？還是內用為主的？　(5)大家會在咖啡店坐多久？會不會發生大家買一杯咖啡就坐八小時的情況？　(6)同學會不會嫌咖啡太貴？　(7)寒暑假期間會不會完全沒生意？到時候怎麼辦？　(8)您覺得我們學校附近開哪一種咖啡店最容易成功？請討論。

(討論的切入點不必侷限於上述各點)

同組同學，請參考六頂思考帽的做法，用不同的角度來思考上述情境問題，有人扮演贊成的角度，有人扮演反對的角度，並將討論結果，彙整整理。六頂思考帽包括：

(1) 白色思考帽：中立、客觀

白色象徵純白、無立場，帶白色思考帽者，要用中立、客觀的角度看待問題。

(2) 紅色思考帽：直覺、情感

紅色象徵情感，帶紅色思考帽者，要用直覺、情感、感性的方式來看待問題。

(3) 黑色思考帽：謹慎、負面

黑色象徵黑暗，帶黑色思考帽者，要用謹慎、負面的方式來看待問題。

(4) 黃色思考帽：積極、正面

黃色象徵陽光，請帶著黃色思考帽者，要用正面、積極的觀點看待問題。

(5) 綠色思考帽：創意、巧思

綠色是草地的顏色，帶綠色思考帽者，要用創意、巧思的角度，來看待問題。

(6) 藍色思考帽：指揮、控制

請由組長或組長指定的人，扮演指揮、控制的角色，回顧前面所有五種顏色思考帽所得到的想法，重新思考各種不同論點如何整合並存，並做出判斷。

(請沿虛線撕下)

思考練習：學校附近開咖啡店的構想

學號：　　　　　　　　　　　　　　　　姓名：

立場	意見彙整
白色思考帽：中立、客觀	
紅色思考帽：直覺、情感	
黑色思考帽：謹慎、負面	
黃色思考帽：積極、正面	
綠色思考帽：創意、巧思	
藍色思考帽：指揮、控制	

總結：請更精簡的將討論重點彙整於此

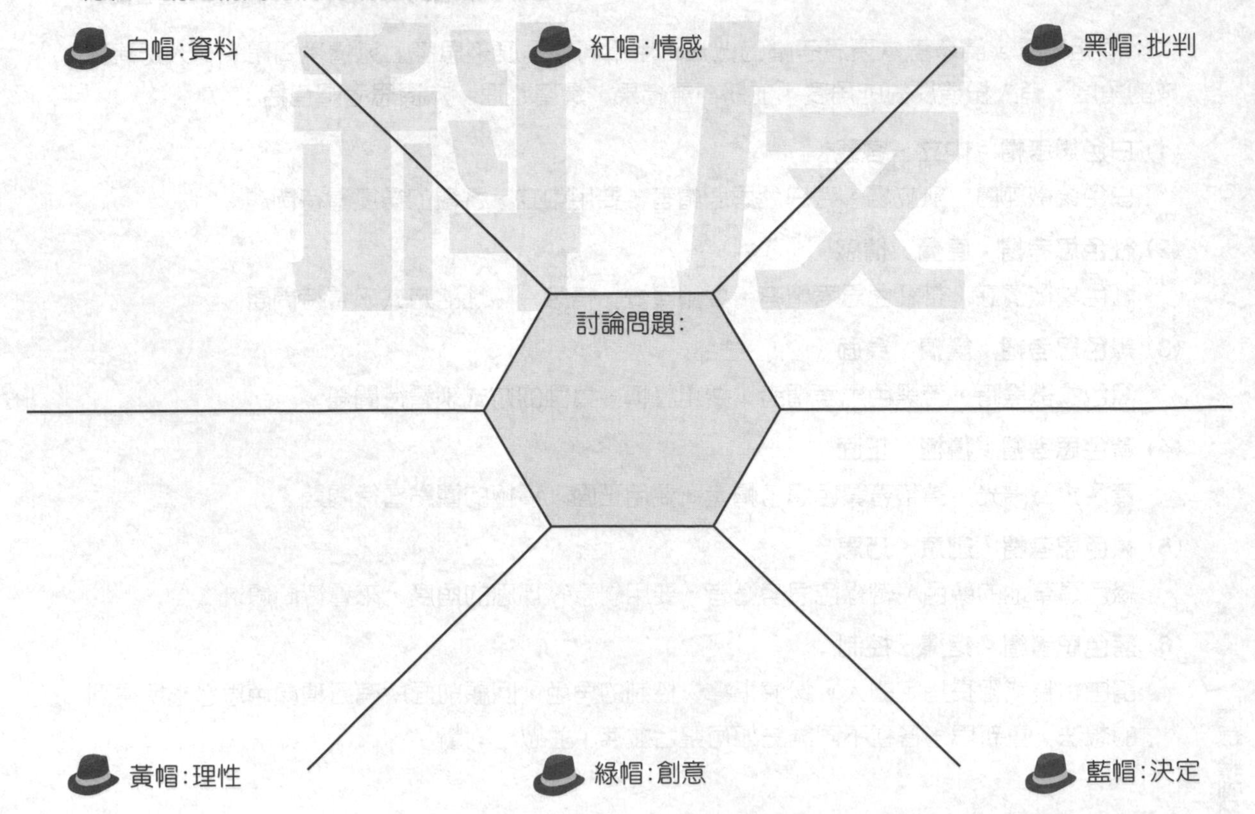